中国食品安全风险
治理体系与治理能力考察报告

吴林海　王晓莉　尹世久　张晓莉等 ◎ 著

中国社会科学出版社

图书在版编目（CIP）数据

中国食品安全风险治理体系与治理能力考察报告/吴林海等
著. —北京：中国社会科学出版社，2016.12
ISBN 978 – 7 – 5161 – 9684 – 7

Ⅰ.①中…　Ⅱ.①吴…　Ⅲ.①食品安全—风险管理—考察
报告—中国　Ⅳ.①TS201.6

中国版本图书馆 CIP 数据核字（2016）第 325793 号

出 版 人	赵剑英
责任编辑	卢小生
责任校对	周晓东
责任印制	王　超

出　　版	中国社会科学出版社
社　　址	北京鼓楼西大街甲 158 号
邮　　编	100720
网　　址	http：//www.csspw.cn
发 行 部	010 – 84083685
门 市 部	010 – 84029450
经　　销	新华书店及其他书店

印刷装订	北京君升印刷有限公司
版　　次	2016 年 12 月第 1 版
印　　次	2016 年 12 月第 1 次印刷

开　　本	710 × 1000　1/16
印　　张	48.25
插　　页	2
字　　数	820 千字
定　　价	198.00 元

目　　录

上篇　中国食品安全风险治理总体状况

**第一章　中国主要食用农产品质量安全状况与主要
风险分析（2005—2015）** ·················· 3

一　五大类食用农产品质量安全状况：基于农业部例行
监测数据 ·················· 3

二　食用农产品安全主要风险：土壤污染视角 ·········· 7

三　食用农产品安全主要风险：农药过量施用视角 ········ 14

四　食用农产品安全主要风险：病死猪流入市场视角 ······ 39

五　食用农产品安全风险演化与发展 ················ 54

**第二章　2005—2015 年中国食品加工制造环节的质量安全状况与
主要风险分析** ·················· 60

一　食品加工制造环节质量安全状况：基于国家监督
抽查数据的分析 ·················· 60

二　加工制造环节食品安全主要风险：基于国家抽查
数据的分析 ·················· 85

三　加工制造环节食品安全风险人为造假研究：食品添加剂
使用案例 ·················· 88

第三章　2011—2015 年中国进口食品质量安全状况与主要风险 ······ 104

一　进口食品贸易的基本特征 ·················· 104

二　具有安全风险的进口食品的批次与来源地 ·········· 113

三　进口食品安全主要风险 ·················· 121

四　进口食品接触产品质量状况 ……………………………… 136

五　现阶段需要解决的主要问题 ……………………………… 141

第四章　2006—2015 年中国食品安全风险在全程供应链体系中
主要环节分布 ………………………………………… 147

一　概念界定、相关说明与研究工具 ………………………… 147

二　2006—2015 年国内主流媒体报道食品安全事件的
基本特征 …………………………………………… 155

三　2006—2015 年食品安全风险在供应链与区域间的分布 …… 159

四　2006—2015 年食用农产品安全风险在供应链上的
分布：猪肉的案例 …………………………………… 162

五　流通环节和消费环节的食品安全状况与风险特征 ………… 166

六　食品安全风险在中国的特殊性与主要成因分析 …………… 200

第五章　中国食品安全风险评估与城乡居民满意度研究 ……… 215

一　2006—2015 年中国食品安全风险评估：基于熵权
Fuzzy – AHP 法 …………………………………… 215

二　城乡居民食品安全满意度：基于 2012 年、2014 年与
2016 年的调查 …………………………………… 228

三　城乡居民食品安全满意度：2005 年以来不同调查的
比较分析 …………………………………………… 238

四　城乡居民担忧的食品安全问题与政府监管等满意度：
基于 2012 年、2014 年与 2016 年的调查数据 ………… 245

中篇　政府食品安全风险治理体系与治理能力

第六章　中国食品安全法律体系建设与执法成效考察 ………… 267

一　中国食品安全法律体系建设历程 ………………………… 267

二　《食品安全法》（2015 版）基本特征与实施效果 ………… 282

三　《食品安全法》配套法律法规建设新进展 ……………… 291

四　以司法解释和典型案例解读推动食品安全法律法规
贯彻落实 …………………………………………… 300

五　司法系统依法惩处食品安全犯罪的成效…………………… 313

六　食药警察执法的成功实践：山东省的案例………………… 317

七　全面落实《食品安全法》与食品安全法制建设重点……… 320

第七章　中国食品安全监管体制改革考察…………………………… 326

一　1949—2012 年中国食品安全监管体制改革的历史演变 …… 327

二　新一轮食品安全监管体制改革的主要成效与问题………… 340

三　地方食品安全监管机构模式设置的论争…………………… 354

四　地方食品安全监管体制改革调查：江西省与山东省的
　　案例…………………………………………………………… 362

五　地方食品安全监管体制改革的广西经验…………………… 368

六　深化食品安全监管体制改革的思考………………………… 371

第八章　中国食品安全检验检测体系与能力建设考察…………… 377

一　新一轮改革后食品安全检验检测体系与能力建设的
　　规范性要求…………………………………………………… 377

二　政府食品药品检验检测机构体系与能力建设总体状况…… 385

三　政府食品检验检测体系与能力建设中存在的主要问题…… 397

四　政府食用农产品质量检测体系建设概况…………………… 403

五　食品检验检测体系的重要缺失：市场化严重不足………… 406

第九章　食品安全科技研发体系：新兴前沿研究国际比较………… 410

一　数据来源与研究方法………………………………………… 410

二　食品安全研究领域中新兴前沿的研究进展………………… 412

三　基于以国内外食物过敏研究为案例的国内外比较研究…… 433

四　比较分析与相关讨论………………………………………… 436

第十章　中国政府食品安全信息公开体系建设考察……………… 439

一　政府食品安全信息公开法律与制度建设状况……………… 439

二　政府食品安全信息公开体系建设实践……………………… 448

三　2014—2015 年政府食品安全监管透明度观察：
　　基于北京大学的研究报告…………………………………… 451

四　政府食品安全信息体系建设中存在的问题 ……………… 457

五　政府食品安全信息公开体系建设展望 ………………… 462

第十一章　国家食品安全风险监测评估与预警交流体系建设考察 …… 467

一　法律法规与体系建设概况 ……………………………… 467

二　食品安全风险监测体系建设 …………………………… 474

三　食品安全风险评估体系建设 …………………………… 489

四　食品安全风险预警体系建设 …………………………… 496

五　案例分析：江苏食品安全风险监测体系与能力现代化

建设调查 ……………………………………………… 501

六　哨点医院建设状况案例分析：基于江苏、广西与

江西的调查 …………………………………………… 506

七　食品安全风险交流体系建设 …………………………… 511

八　食品安全风险交流与公众风险感知：基于公众对网络

食品安全信息的调查 ………………………………… 515

九　未来风险监测评估与预警风险交流的若干重点 ……… 530

下篇　食品安全风险治理中的企业、市场、社会与公众行为

第十二章　食品安全风险社会共治的理论分析框架：基于中国

实践与国际经验的理论研究 ……………………… 539

一　基于全球视角的食品安全风险社会共治的产生背景 … 540

二　食品安全风险社会共治的内涵 ………………………… 542

三　食品安全风险社会共治的运行逻辑 …………………… 547

四　政府与食品安全风险社会共治 ………………………… 552

五　企业与食品安全风险社会共治 ………………………… 556

六　社会力量与食品安全风险社会共治 …………………… 558

七　理论分析框架构建思路与主要内容 …………………… 560

第十三章　食品安全风险治理中企业责任与治理行为：基于猪肉

供应链全程体系视角 ……………………………… 575

一　研究背景 ………………………………………………… 575

二　文献回顾 ·· 577

三　研究方法、实验设计与样本描述 ················· 581

四　模型构建与估计 ································· 589

五　保障猪肉质量安全主体责任的结果与分析 ········· 592

六　猪肉供应链体系中责任主体的责任行为：批发市场与
　　农贸市场猪肉销售摊主的案例 ··················· 595

七　主要研究结论与启示 ··························· 605

第十四章　食品安全风险治理中市场治理能力考察：可追溯
　　　　　猪肉市场案例 ····························· 608

一　文献回顾 ······································· 609

二　研究方法 ······································· 612

三　可追溯猪肉属性及层次的设定与问卷设计 ········· 619

四　实验城市与样本统计分析 ······················· 624

五　CVA 模型估算消费者偏好 ······················· 625

六　可追溯猪肉市场模拟 ··························· 628

七　现实情景下可追溯市场治理食品安全风险的有效性 ··· 631

第十五章　社会组织参与食品安全风险治理能力考察：农村
　　　　　村委会案例 ······························· 634

一　问题的提出 ····································· 635

二　文献回顾 ······································· 638

三　参与现实治理行为测度量表构建 ················· 642

四　调查设计与统计分析 ··························· 644

五　结果分析 ······································· 647

六　主要结论与政策建议 ··························· 651

第十六章　食品安全风险治理中公众的防范意识与行为能力：
　　　　　食源性疾病暴发与家庭食品处理风险行为视角 ········· 654

一　食源性疾病与食物中毒：基于 2001—2015 年的数据分析 ··· 654

二　食源性疾病的致病因素：基于 2001—2015 年的数据分析 ··· 660

三　食源性疾病风险的公众防范能力：家庭食品处理行为

案例 ·· 669

四　基于食源性疾病暴发视角的家庭食品处理风险行为
　　的主要特征 ··· 682

五　食源性疾病与食品安全风险防范策略 ····················· 695

第十七章　食品安全风险治理中的公众参与：基于公众监督
　　　　　　举报与消费者权益保护视角 ························· 699

一　公众参与食品安全风险治理的法理依据和现实作用 ·········· 699

二　我国城乡公众参与食品安全治理方式比较 ················· 703

三　公众自身参与食品安全治理意愿调查 ····················· 705

四　公众利用第三方监督举报食品安全问题的意愿调查 ·········· 709

五　食品安全的消费投诉与权益保护：基于全国消协等
　　数据分析 ··· 713

六　公众参与食品安全治理机制的完善路径 ················· 719

参考文献 ·· 723

后记 ··· 764

上 篇

中国食品安全风险
治理总体状况

第一章 中国主要食用农产品质量安全状况与主要风险分析（2005—2015）

研究近年来食用农产品与食品的安全状况是展开我国食品安全风险治理体系与治理能力研究的逻辑起点。考虑到食用农产品品种多而复杂，本章主要以蔬菜与水果、畜产品与水产品等我国居民消费最基本的食用农产品为研究对象，基于农业部发布的例行监测数据来展开具体的分析。

一 五大类食用农产品质量安全状况：基于农业部例行监测数据

自2005年以来，我国主要食用农产品不仅生产与市场供应总体状况良好，而且质量安全总体上稳中有升，基本保障了城乡居民的食品安全需求。

（一）蔬菜

农业部蔬菜质量主要监测各地生产和消费的大宗蔬菜品种。对蔬菜中甲胺磷、氧乐果等农药残留例行监测结果如图1–1所示。

总体来看，自2006年以来持续呈现出良好势头，农药残留超标情况明显好转，尤其是自2008年以来，全国蔬菜产品抽检合格率连续八年在96.0%以上的高位波动，这表明我国蔬菜农药残留超标状况得到了有效遏制。但仍然值得关注的是，近年来蔬菜的检测合格率呈小幅下降的态势，2015年，全国蔬菜的检测合格率为96.10%，虽然较2005年提高了4.7个百分点，但较2014年下降了0.2个百分点，蔬菜的检测合格率自2012年检测合格率达到峰值以来，2013—2015年检测合格率一直小幅下降。由于农药残留是影响食用农产品与食品质量安全的主要问题之一，农产品监管部门必须继续严格实施农药残留监测标准，继续加大监管力度。

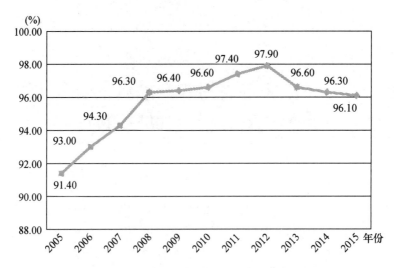

图1-1　2005—2015年我国蔬菜监测合格率

资料来源：农业部历年例行监测信息。

（二）畜产品

农业部对畜禽产品主要监测猪肝、猪肉、牛肉、羊肉、禽肉和禽蛋。2005—2015年，我国畜禽产品、生猪瘦肉精污染物例行监测合格率如图1-2所示。

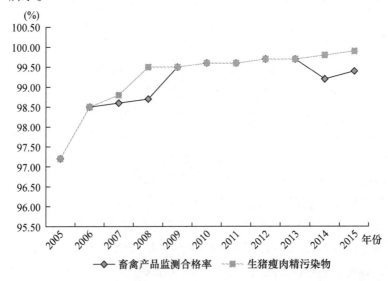

图1-2　2005—2015年我国畜禽产品、生猪瘦肉精污染物例行监测合格率

资料来源：农业部历年例行监测信息。

图 1-2 显示，2015 年畜禽产品的监测合格率为 99.40%，较 2014 年提高 0.2 个百分点，较 2005 年提高 2.0 个百分点。畜禽产品的监测合格率自 2009 年起已连续七年在 99.00% 以上的高位波动，这表明我国畜禽产品质量安全一直保持在较高水平。其中，备受关注的"瘦肉精"污染物的监测合格率为 99.90%[①]，比 2013 年又提高 0.2 个百分点，连续八年稳中有升，城乡居民普遍关注的生猪瘦肉精污染物问题基本得到控制并逐步改善。

（三）水产品

农业部对水产品主要监测对虾、罗非鱼、大黄鱼等 13 种大宗水产品。对水产品中的孔雀石绿、硝基呋喃类代谢物等开展的例行监测结果显示，水产品合格率自 2006 年开始上升，到 2009 年达到高峰 97.20%，但自 2012 年开始，连续两年下降至 93.60%。虽然 2015 年水产品检测合格率为 95.50%，较 2014 年提高 1.9 个百分点，但合格率在五大类食用农产品中合格率最低（见图 1-3）。这也表明，我国水产品质量安全水平稳定性不足，总体质量"稳中向好"态势有所逆转，水产品质量安全问题应该引起水产品从业者以及农业监管部门的高度重视。

（四）水果

农业部对水果中的甲胺磷、氧乐果等农药残留开展的例行监测结果显示，2015 年水果的合格率为 95.60%，较 2014 年下降 1.2 个百分点，较 2009 年首次纳入检测时仍回落 2.4 个百分点。总体来看，自 2009 年以来（2010 年、2011 年数据未公布），我国水果合格率相对比较平稳（见图 1-4），监测合格率一直在 95.00% 以上的高位波动，这表明我国水果质量安全状况虽然总体稳中向好，但仍有一些问题需要解决。

（五）茶叶

图 1-5 是农业部对茶叶中的氟氯氰菊酯、杀螟硫磷等农药残留开展的例行监测结果。2015 年茶叶的合格率为 97.60%，较 2014 年提高了 2.8 个百分点。图 1-5 显示，2009—2015 年，我国茶叶例行监测合格率非常不稳定，这几年茶叶合格率的波动幅度远高于其他大类的食用农产品，这

---

① 2012 年"瘦肉精"的数据为 2015 年上半年国家农产品质量安全例行监测数据。参见《2015 年上半年中国农产品总体合格率为 96.2%》，2015-06-16，http://finance.sina.com.cn/money/future/20150616/081622442569.shtml。

表明我国茶叶质量安全水平仍不稳定，质量提升有较大的空间。

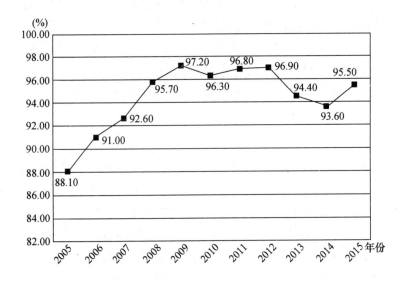

图 1 - 3 2005—2015 年我国水产品质量安全总体合格率

资料来源：农业部历年例行监测信息。

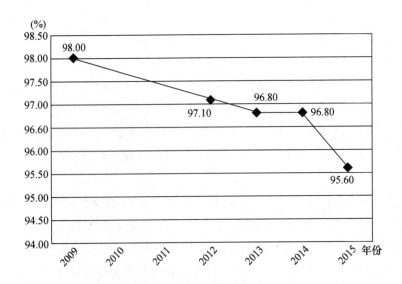

图 1 - 4 2009—2015 年我国水果例行监测合格率

资料来源：农业部历年例行监测信息。

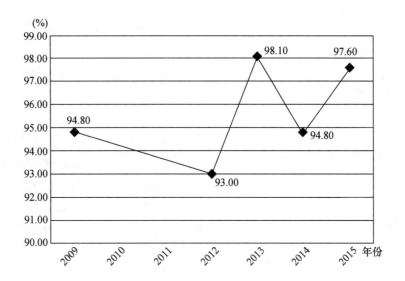

图 1-5　2009—2015 年我国茶叶例行监测合格率

资料来源：农业部历年例行监测信息。

二　食用农产品安全主要风险：土壤污染视角[①]

影响食用农产品质量安全风险的因素众多且十分复杂。土壤是农产品生产最基本的资源，非常容易受到重金属等污染，而且重金属残留在土壤中也难以分解。而目前重金属污染已经成为影响我国食用农产品与食品质量安全最主要的问题之一。本章的研究主要以食用农产品生产的土壤中的重金属污染为视角，并展开案例分析。

（一）土壤污染的总体状况[②]

2014 年 4 月 17 日，国家环境保护部和国土资源部发布了《中国土壤污染状况调查公报》。调查结果显示，中国土壤总的超标率达到 16.1%[③]，

---

①　此部分的研究成果已为教育部社科司所采纳，并采用专报形式报送相关决策部门参考。

②　土壤污染程度分为五级：污染物含量未超过评价标准的，为无污染；1—2 倍（含）的，为轻微污染；2—3 倍（含）的，为轻度污染；3—5 倍（含）的，为中度污染；5 倍以上的，为重度污染。

③　点位超标率是指土壤超标点位的数量占调查点位总数量的比例。

土壤环境状况总体不容乐观，部分地区土壤污染较严重，耕地土壤环境质量堪忧。由于此方面的网络数据非常混乱，社会上各种传言也很多，为了保证数据的可靠性、科学性与权威性，本章的相关内容主要来源于《中国土壤污染状况调查公报》。

1. 调查方法

根据国务院决定，2005 年 4 月至 2013 年 12 月，我国开展了首次全国土壤污染状况调查。调查范围为中华人民共和国境内（未含我国香港特别行政区、澳门特别行政区和台湾地区）的陆地国土，调查点位覆盖全部耕地，部分林地、草地、未利用地和建设用地，实际调查面积约 630 万平方公里。调查采用统一的方法、标准，基本掌握了全国土壤环境质量的总体情况。

2. 总体情况

全国土壤环境状况总体不容乐观，部分地区土壤污染较重，耕地土壤环境质量堪忧，工矿业废弃地土壤环境问题突出。工矿业、农业等人为活动以及土壤环境背景值高是造成土壤污染或超标的主要原因。

全国土壤总的超标率为 16.1%，其中，轻微、轻度、中度和重度污染点位比例分别为 11.2%、2.3%、1.5% 和 1.1%。污染类型以无机型为主，有机型次之，复合型污染比重较小，无机污染物超标点位占全部超标点位的 82.8%。

从污染分布情况看，南方土壤污染重于北方土壤污染；长江三角洲、珠江三角洲、东北老工业基地等部分区域土壤污染问题较为突出，西南地区、中南地区土壤重金属超标范围较大；镉、汞、砷和铅四种无机污染物含量分布呈现从西北到东南、从东北到西南方向逐渐升高的态势。

3. 污染物超标情况

（1）无机污染物。表 1 - 1 显示，镉、汞、砷、铜、铅、铬、锌和镍 8 种无机污染物点位超标率分别为 7.0%、1.6%、2.7%、2.1%、1.5%、1.1%、0.9% 和 4.8%。

（2）有机污染物。表 1 - 2 显示，六六六、滴滴涕和多环芳烃三类有机污染物点位超标率分别为 0.5%、1.9% 和 1.4%。

4. 不同土地利用类型土壤的环境质量状况

耕地：土壤点位超标率为 19.4%，其中，轻微、轻度、中度和重度污染点位比例分别为 13.7%、2.8%、1.8% 和 1.1%，主要污染物为镉、

表1-1　　　　　　　　　　**无机污染物超标情况**　　　　　　单位:%

污染物类型	点位超标率	不同程度污染点位比例			
		轻微	轻度	中度	重度
镉	7.0	5.2	0.8	0.5	0.5
汞	1.6	1.2	0.2	0.1	0.1
砷	2.7	2.0	0.4	0.2	0.1
铜	2.1	1.6	0.3	0.15	0.05
铅	1.5	1.1	0.2	0.1	0.1
铬	1.1	0.9	0.15	0.04	0.01
锌	0.9	0.75	0.08	0.05	0.02
镍	4.8	3.9	0.5	0.3	0.1

表1-2　　　　　　　　　　**有机污染物超标情况**　　　　　　单位:%

污染物类型	点位超标率	不同程度污染点位比例			
		轻微	轻度	中度	重度
六六六	0.5	0.3	0.1	0.06	0.04
滴滴涕	1.9	1.1	0.3	0.25	0.25
多环芳烃	1.4	0.8	0.2	0.20	0.20

镍、铜、砷、汞、铅、滴滴涕和多环芳烃。

林地：土壤点位超标率为10.0%，其中，轻微、轻度、中度和重度污染点位比例分别为5.9%、1.6%、1.2%和1.3%，主要污染物为砷、镉、六六六和滴滴涕。

草地：土壤点位超标率为10.4%，其中，轻微、轻度、中度和重度污染点位比例分别为7.6%、1.2%、0.9%和0.7%，主要污染物为镍、镉和砷。

未利用地：土壤点位超标率为11.4%，其中，轻微、轻度、中度和重度污染点位比例分别为8.4%、1.1%、0.9%和1.0%，主要污染物为镍和镉。

5. 典型地块及其周边土壤污染状况

（1）重污染企业用地。在调查的690家重污染企业用地及周边的5846个土壤点位中，超标点位占36.3%，主要涉及黑色金属、有色金属、皮革制品、造纸、石油煤炭、化工医药、化纤橡塑、矿物制品、金属制品、电力等行业。

（2）工业废弃地。在调查的81块工业废弃地的775个土壤点位中，超标点位占34.9%，主要污染物为锌、汞、铅、铬、砷和多环芳烃，主要涉及化工业、矿业、冶金业等行业。

（3）工业园区。在调查的146家工业园区的2523个土壤点位中，超标点位占29.4%。其中，金属冶炼类工业园区及其周边土壤主要污染物为镉、铅、铜、砷和锌，化工类园区及周边土壤的主要污染物为多环芳烃。

（4）固体废物集中处理处置场地。在调查的188处固体废物处理处置场地的1351个土壤点位中，超标点位占21.3%，以无机污染为主，垃圾焚烧和填埋场有机污染严重。

（5）采油区。在调查的13个采油区的494个土壤点位中，超标点位占23.6%，主要污染物为石油烃和多环芳烃。

（6）采矿区。在调查的70个矿区的1672个土壤点位中，超标点位占33.4%，主要污染物为镉、铅、砷和多环芳烃。有色金属矿区周边土壤镉、砷、铅等污染较为严重。

（7）污水灌溉区。在调查的55个污水灌溉区中，有39个存在土壤污染。在1378个土壤点位中，超标点位占26.4%，主要污染物为镉、砷和多环芳烃。

（8）干线公路两侧。在调查的267条干线公路两侧的1578个土壤点位中，超标点位占20.3%，主要污染物为铅、锌、砷和多环芳烃，一般集中在公路两侧150米范围内。

（二）重金属污染对食用农产品质量安全的影响：以"镉"为案例的调查

《中国土壤污染状况调查公报》显示，从点位监测看，全国土壤总的超标率达到16.1%，总体不容乐观。耕地土壤环境质量堪忧，耕地点位超标率高达19.4%。尤其需要指出的是，重金属镉污染加重，全国土地镉含量增幅最多的超过50%。本章以重金属"镉"为案例，分析重金属污染对食用农产品质量安全的影响。之所以选择镉作为重金属的案例，主要原因是最近十年来，我国连续发生了一系列的镉污染事件，比如，2005年的广东北江韶关段镉严重超标事件、2006年的湘江湖南株洲段镉污染事故、2009年的湖南省浏阳市镉污染事件，等等。2011年2月，时任国家环保部部长周生贤在出席有关重金属污染综合防治"十二五"规划会议时指出："从 2009 年至今，我国已经有 30 多起重特大重金属污染事件，严重影响群众健康。"与此同时，媒体曝光的多起"镉大米"事件更是备受国人关注。为了研究重金属"镉"对市场上食用农产品质量安全的影响，研究团队调查严格按照国办发〔2014〕18 号文件关于消费品质量市场反溯机制，组织专业人员对 A 省 B 地区大米销售市场上的"镉大米"状况进行了调查。①

1. 调查目的与组织

"镉大米"是对重金属镉含量超出食品安全标准大米的俗称。最近十年来，针对包括镉在内的重金属污染粮食问题日益凸显的状况，党和政府非常重视，相关政府部门在粮食抗镉品种的繁育种植、耕地土壤的改良、超标粮食的收购检测处置等方面出台和实施了一系列政策措施。考虑到 A 是"镉大米"事件爆发相对频繁的省份之一，江南大学粮食发酵工艺与技术国家工程实验室与食品安全风险治理研究院组成联合调查组，在 2016 年春节前夕调查了 A 省 B 地区大米销售市场上"镉大米"可购得性，旨在以 B 地区为观察窗口，研究分析政策措施的贯彻落实情况，探讨科学处置"镉大米"以确保粮食市场安全性的对策。

2. 调查方法与样本分析

"镉大米"问题关乎人民身体健康和社会稳定。为确保调查的科学性和准确性，调查之前，研究团队科学设计了调查方案。一是调查地点覆盖 B 地区不同的区域，以 B 地区所有城区为主，兼顾城郊接合部与 C、D、E 三个下辖县（市）。二是以粮油批发市场、农贸市场和超市三大面向终端消费的粮食销售业态为主要调查对象，其中，粮油批发市场调查对象是 F、G、H 地的批发市场，其销售规模位居 B 地区的前三名；农贸市场选择位于 B 地区人口最为密集区域的 I 区农贸市场、县（市）中较大规模的 J 农贸市场等为调查对象，共计 12 家；超市选择 B 地区具有代表性的沃尔玛、家润多、大润发、家乐福等为调查对象，共计 8 家。在上述 23 个销售市场共调查 57 个商家，采集 161 个有效样本。其中，粮油批发市

① 需要说明的是，为了简单化地处理问题，避免不必要的社会恐慌，在这里对具体调查的地区与调查点用 A、B、C、D、E……表示。如有相关部门与专业研究需要，笔者可以提供相关资料与具有法律效用的检验报告。

场、农贸市场和超市分别采样 58 个、72 个和 31 个，分别占总采样数的 36.0%、44.7% 和 19.3%。三是同一品牌、同一品种、同一原粮产地的籼米只采样一次，采样量 1 千克以上，不重复采样。在全程的调查过程中均同时做好拍摄、笔录等必要的见证工作，并在结束后统一编号、密封与登记归档，严格按照重要档案的方式进行管理。调查严格按照国办发〔2014〕18 号文件关于消费品质量市场反溯机制进行，由江南大学专业研究人员以普通消费者的身份主动买样，委托由国家认证认可监督管理委员会批准设立并授权的国家认可机构的 K 检测大米样本中的镉含量，并出具法定的检测报告。检测依据为 GB5009.15—2014（食品安全国家标准食品中镉的测定）。

3. 样品检测结果与调查结论

依据检测结果得出如下主要结论：

（1）大米销售市场上主要供应晚籼米。在采集的 161 个样本中，仅两个样本为早籼米，其余都为晚籼米。该现象说明，由于加工品质、食用品质较好，晚籼米成为 B 地区市场上居民购买的主要品种。其主要原因是：早籼稻由于生长期短、病虫害少、含水量低，不仅重金属和农药残留含量低于晚籼稻且耐贮藏，多被国家和地方政府所收储，主要用于工业用粮，在终端市场上难觅踪迹。因此，在粮库中积压的籼稻主要为早籼稻。晚籼稻几乎不为国家和地方政府收储，成为南方市场供应的主要稻米品种。

（2）市场上大米的镉超标较为普遍且严重。在采集的 161 个样本中镉超标率（镉含量 >0.2 毫米/千克）达 55.3%。其中，严重超标率（镉含量 >0.4 毫米/千克）达 14.3%。在 57 个商家中，仅有 9 个商家调查中未发现经销"镉大米"，即有 84% 的商家经销"镉大米"。在三大大米销售的业态中，94.7% 的粮油批发市场、80.0% 的农贸市场、75.0% 的超市经销"镉大米"。

（3）"镉大米"与原粮产地密切相关。与原粮产地不同，产地不同的大米镉超标率显著不同。调查表明，依据产地，大米镉的超标率从低到高的产地情况依次为 K（22.2%）、L（32.0%）、M（60.0%）和 N（65.0%）。

（4）不同业态的市场大米镉超标率不同。大米镉超标率由低到高依次为超市（22.6%）、粮油批发市场（46.6%）和农贸市场（72.4%）。即使在华润万家和沃尔玛等国际品牌的大型超市里仍然检出"镉大米"，其中沃尔玛经销的产自 D 县某公司品牌为信和盛的大米，其镉含量达

0.61毫克/千克，属严重超标。

（5）城乡农贸市场上大米镉超标情况差异不大。城市调查区P农贸市场上46个样本的大米镉超标率为78.3%，高于县级市调查区26个样本（Q市）的73.1%。由此可见，城乡农贸市场上大米镉超标率严重程度的差异性并不大。

4. "镉大米"形成的原因与暴露的主要问题

B地区大米销售市场上镉超标现象较为普遍，其实际上反映了水稻产业链上存在的诸多问题，研究这些问题，分析"镉大米"形成的原因，对有效治理"镉大米"的风险具有重要意义。

（1）多种污染交织是形成"镉大米"的根源。一是产地污染。沿江河流域工矿企业的"三废"排放，污染水体和耕地，通过大气沉降和水源扩散导致区域环境镉污染，而水稻是对镉吸收最强的大宗谷类作物之一。二是农用化学投入品过量使用，尤其是磷肥被广泛用于农业生产，每千克磷肥中镉的含量从数毫克到数百毫克。三是大气污染导致的酸雨增加和土壤酸化。在酸性增强的条件下，土壤中镉等重金属活性也随之增强，更易被水稻等作物吸收。由于长期累积，多种污染叠加形成的风险已日益凸显。虽然治理工作已启动10年，但由于重金属污染治理的长期性和复杂性，短期内耕地土壤重金属污染难以有较大的改观。

（2）监管缺失导致难以掌控"镉大米"源头。如何全面、精准地分类收储面广量大的重金属污染耕地生产的镉稻谷，是近20年来始终没有解决的问题。市场上频现源头不清的"镉大米"与各地没有严格执行国家发改委、国家粮食局、财政部、农业部等颁发的《关于做好2013年重金属超标稻谷收购检测及处置工作的通知》（国粮发〔2013〕285号）密切相关，由于无法知晓原粮的镉污染水平，镉含量超过0.4毫克/千克的稻谷极有可能进入粮食加工环节。

（3）现有"镉大米"处置方式并不完善。国粮发〔2013〕285号文件规定，对镉含量超过0.4毫克/千克的粮食，应视情况作为饲料、白酒或工业用粮。如果在饲料、白酒、米线等生产过程中缺乏无二次污染的除镉技术，镉必将再次进入生态链和食物链。目前，不违反政策的掺入式稀释处置方式是不可能实现真正意义上的镉无害化削减和耕地镉污染的逐步减负，只会大幅度地增加镉污染大米的数量，导致受害人群的严重扩大。以大米为主食的体重在60千克左右的一般饭量的成年人（不考虑饭量较大人群如青年、农民工、运动员、欠发达地区居民等），即使一天三顿食用 400 克镉含量已稀释至 0.15 毫克/千克的合格大米，已超过 FAO/WHO 所规定的镉每月耐受摄入量 25 微克/毫米体重的限量标准。

（4）供给侧结构性改革滞后导致早籼稻和镉稻谷高库存。我国米食文化源远流长，传统米制品种类繁多，市场需求旺盛，但米制品原料的专用化、生产的规模化和产品的标准化一直是发展的"瓶颈"。与此同时，米制品行业鱼龙混杂，以小企业、小作坊为主，生产效率低，劳动强度大，排污严重，质量标准滞后，产品品质低劣，食品安全风险高。因此，对大部分生产加工企业而言，没有动力采用无二次污染的生态友好的"镉大米"安全加工利用技术与开发米制品行业需求的标准化专用原料，大米市场供给侧的结构性改革难以有效推进。

三　食用农产品安全主要风险：农药过量施用视角[①]

如前所述，影响食用农产品质量安全风险的因素众多且十分复杂，不仅仅是重金属污染，而且过量施用农药后产生的农药残留也是影响我国食用农产品与食品质量安全最主要的问题之一。故本书主要以食用农产品生产中的农药过量施用为视角，展开必要的分析。

（一）食用农产品生产与农药施用

长期以来，在我国农药作为控制农林作物病虫害的特殊商品，在保护农业生产、促进食用农产品稳定增长，保障国内食品数量安全等方面发挥着极其重要的作用，是现代化农业不可或缺的生产资料。但农药的过量施用严重污染农业生产环境，并通过在农作物内的聚集严重影响食用农产品的质量安全，对人体产生极大的危害。现阶段，农药的过量施用已成为农业面源污染的主要来源。根据研究团队多年来对全国 10 个省（自治区、直辖市）（以下简称省市区）城乡居民的大样本跟踪调查的数据统计，"农药残留超标"是我国城乡居民普遍担忧的食用农产品质量安全风险源

---

① 本部分研究成果已为江苏省人民政府研究室《调查研究报告》所刊登，并呈报江苏省政府相关决策部门，江苏省委、省政府领导作了重要批示。

（参见本书第五章有关内容）。2015 年农业部发布的全年农产品质量安全例行监测信息显示，农产品总体合格率达 97.1%。然而，受我国农业生产方式等多种因素影响，农产品质量问题还时有发生。[①] 在现实条件下，农药仍是重要的农业生产资料。为此，必须加快推进农业生产方式转变，有效控制农药使用量，保障农业生产安全、食用农产品质量安全，促进农业可持续发展。

1. 20 多年来我国农药施用量的演化

数据显示，1993 年我国农药使用量为 84.50 万吨，1995 年我国农药施用量则突破 100 万吨，达到 108.70 万吨，1999 年达到 132.16 万吨；2006 年农药施用量超过 150 万吨，达到 153.71 万吨，2014 年则达到了 180.69 万吨的历史高峰（见图 1-6）。与 1993 年相比，2014 年的农药施用量增长将近 100 万吨，是 1993 年的 2.14 倍，21 年间的农药施用量年均增长率达 4.0% 以上。按这一增长率，简单计算，2015 年我国农药施用量将超过 200 万吨。此外，《2015 年中国国土资源公报》数据显示，截至 2015 年年末，全国耕地面积为 20.25 亿亩，因建设占用、灾毁、生态退耕、农业结构调整等原因减少耕地 450 万亩，通过土地整治、农业结构调整等增加耕地面积 351 万亩，年内净减少耕地 99 万亩。由此可知，2015 年我国每公顷耕地平均农药施用量将超过 14.81 千克。而类似于在江苏这样的发达省份，年农药用量达 7.95 万吨，虽然用量逐年下降，但目前亩均耕地农药用量仍是全国平均水平的 1.4 倍。

2. 农药施用量的国际比较分析

由病虫草害引起的农作物在生长过程中的损失最多可达 70%，合理的农药施用可以挽回 40% 左右的损失。为此，施用农药是防病治虫的重要措施。然而，随着我国耕地面积持续减少，农药施用量却大幅度地持续上涨，与发达国家的农药施用量形成了鲜明的对比。以法国为例，法国是农业生产大国，占欧盟农业生产的 18%。近年来，法国的农药施用量大幅度下降，相关数据显示，法国农药销售量呈结构性下调的趋势，农药有效成分的销售量从 1998 年的 12.05 万吨下降到 2011 年的 6.27 万吨，减少了 47.9%。其中，有机合成农药的销售量从 8.91 万吨下降到 4.88 万吨，

---

① 《农业部发布 2015 年全年农产品质量安全例行监测信息》，农业部网站，2016-01-20，http：//www.moa.gov.cn/zwllm/zwdt/201601/t20160120_4991311.htm。

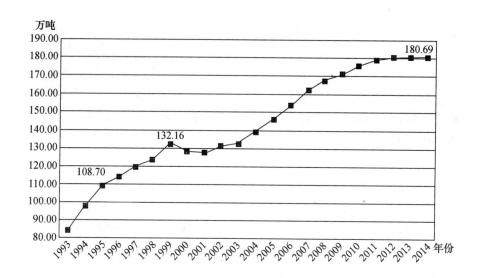

图1-6 1993—2014年中国化学农药施用量

资料来源：笔者根据《中国统计年鉴》整理形成。

减少了45.2%；铜和硫类农药的销售量从3.14万吨下降到1.39万吨，减少了55.7%。出于保障粮食增产和农民增收的需要，农药的施用在现阶段我国的农业生产中仍扮演着重要角色，但由于农药施用量过大，加之施药方法不够科学，导致农药残留超标的问题。目前，我国是世界第一农药生产和施用大国，2007年中国化学农药产量达173.1万吨，首次超过美国成为世界第一大化学农药生产国。2015年则达到374.4万吨的历史最高点。与此同时，我国单位面积化学农药的平均用量比世界平均用量高2.5—5倍，每年遭受残留农药污染的作物面积达12亿亩。但令人担忧的是，由于农药技术水平等限制，农业部公布2015年我国农药实际利用率为36.6%，比发达国家低15—25个百分点，大量的农药施用使农业生态环境恶化，农业生产的水环境、土壤环境及大气环境均不同程度地受到影响，造成的食用农产品污染日益加剧。为此，我国亟须调整农药生产结构与农药施用行为。

3. 农药残留的危害

研究已证实，人们进食残留有农药的食物，如果污染较轻、摄入的数量较少时，一般不会出现明显的症状，但往往有头痛、头昏、无力、恶心、精神不振等表现；当农药污染较重、进入体内的农药量较多时，会出现明显的不适，如乏力、呕吐、腹泻、肌颤、心慌等情况。严重者可能出现全身抽搐、昏迷、心力衰竭，甚至死亡的现象。与此同时，残留农药还可在人体内蓄积，超过一定量后会导致一些疾病，如男性不育。研究资料显示，在最近 50 年间，全世界男性精子的数量下降了 50%，不育或不孕夫妇的比例已达到 10%—15%。而造成这一切的罪魁祸首就是一些被称为环境内分泌干扰物的化学品，如六六六、一六〇五等农药。消化系统功能紊乱也与残留农药有关。有研究表明，食物中的残留农用杀虫剂能够导致消化黏膜发生炎症和形态病变。此外，帕金森病、癌症、心血管疾病和糖尿病等，也与长期接触农药有关。对于孕妇而言，则会影响胎儿的发育，甚至会导致胎儿畸形。因此，控制农药的过量施用，对保障食用农产品与食品安全，保护人们的身体健康具有重要的意义。①

4. 政府开始实施减量控害行动方案

农药过量施用的负面影响突出，我国开始通过管理和技术上的优化来改善农药施用，以控制农药的使用量。我国《农药管理条例》第二十七条规定，使用农药应当遵守国家有关农药安全、合理使用的规定按照规定的用药量、用药次数、用药方法和安全间隔期施药。第三十六条规定，任何单位和个人不得生产、经营和使用国家明令禁止生产或撤销登记的农药。国家明令禁止使用的农药有甲胺磷、六六六、滴滴涕等 33 种，限制使用、撤销登记的农药有甲拌磷、涕灭威、灭线磷等 17 种。2015 年 2 月，农业部颁布了《到 2020 年农药使用量零增长行动方案》，提出了有效控制农药使用量，实现到 2020 年农药使用量零增长的目标任务与具体路径等。

农药是重要的农业生产资料，对防病治虫、促进粮食和农业稳产高产至关重要。但由于农药使用量较大，加之施药方法不科学，带来生产成本增加、农产品残留超标、作物药害、环境污染等问题。为推进农业发展方式转变，有效控制农药使用量，保障农业生产安全、农产品质量安全和生态环境安全，促进农业可持续发展，农业部制订《到 2020 年农药使用量零增长行动方案》。

---

① 德国媒体：《有机与普通蔬果农药残留差别巨大！蔬菜瓜果农残对人体健康危害大》，http://mp.weixin.qq.com/s?__biz=MzAxNjE3NTg4OQ==&mid=401470985&idx=2&sn=6d9837a793a30644eedac3d457dc02bb&mpshare=1&scene=5&srcid=0217TtmiPtk2i6p1mGpv5XS7#rd。

（二）中国的农药施用是否过量：基于江苏苏南地区的实证研究

农产品中农药残留的形成固然与农药本身的质量与特性等密切有关，但与农药投入量密切相关。[①] 早在 20 世纪 90 年代的相关研究就认为，中国东部地区水稻的农药投入量是菲律宾的两倍。[②] 因此，探讨降低农药残留的方法，提高农产品质量安全，一个重要的现实问题是研究与回答中国化学农药施用是否过量。

1. 研究视角

在过去的 60 年中，农药的施用极大地促进了包括粮食在内的农作物产量的增加。[③] 在世界范围内，农药施用所挽回的粮食损失约占全球粮食总产量的 30%[④]，并对降低劳动强度、提高粮食生产率有着积极的意义。[⑤] 中国是农业病虫害比较严重的国家。如果不进行任何防治，平均每年由于病虫害造成的粮食作物产量将减少 15% 左右，尤其在病虫害发生的年份，损失将远远超过常年，而农药防治则可挽回大部分损失。[⑥] 随着中国工业化与城市化向纵深发展，农业耕地持续下降，而人口刚性增长，导致对粮食等需求持续增加。与此同时，由于气候变暖，病虫等抗药性不断增强，农药的施用就成为保障粮食需求的重要手段。[⑦] 图 1 - 7 显示了 1991—2010 年中国农药投入量与粮食产量的基本状况。

从图 1 - 7 中可以看出，中国实际粮食产量受自然因素影响波动幅度较大。对此，本章在图 1 - 7 中添加了 H—P 滤波（H—P Filter，λ = 100）后的粮食长期产量曲线。对比农药投入量与 H—P 滤波后的粮食

---

① 在本章中，农药以剂量为计量单位称为投入量，以货币为计量单位称为施用量。

② FAO (Food and Agriculture Organization)，"Review of Agricultural Water use Per country"，2007 - 06 - 10，http：//www. fao. org/nr/water/aquastat/water_ use/index. stm, Rome.

③ Fernandez - Cornejo, J. ，"The Seed Industry in US Agriculture：An Exploration of Data and Information on Crop Seed Markets, Regulation, Industry Structure, and Research and Development"，*Agricultural Information Bulletins*，Vol. 23, No. 6, 2004, pp. 123 - 149.

④ 刘长江、门万杰、刘彦军等：《农药对土壤的污染及污染土壤的生物修复》，《农业系统科学与综合研究》2002 年第 4 期。

⑤ Padgitt, M. ，Newton, D. ，Penn, R. et al. ，*Production Practices for Major Crops in U. S. Agriculture*，1990 - 1997, Working Paper, USDA, 2000.

⑥ 曾显光、李阳、牛小俊等：《化学农药在农业有害生物控制中的作用及科学评价》，《农药科学与管理》2002 年第 6 期。

⑦ 化学农药主要是指有机合成农药，是以有机氯、有机氟、有机硫、有机铜等化合物为有效成分的一类农药。这类农药有杀虫剂、杀菌剂、杀螨剂、除草剂、杀线虫剂及杀鼠剂，例如敌百虫、对硫磷等，是目前使用最多的一种农药。

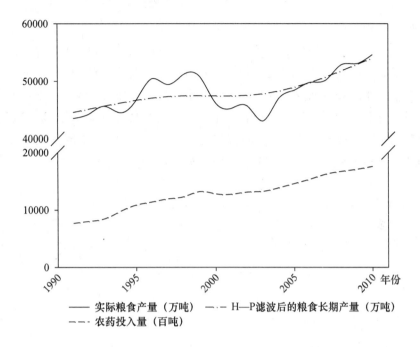

图 1 - 7　1991—2010 年我国粮食产出与农药投入

资料来源：笔者根据《中国农业统计年鉴》（2011）和《中国统计年鉴》（2011）整理而成。

长期产量，可以发现两者均呈递增趋势。基于投入—产出弹性是评估农业要素生产效率的常规方法[①]，本章应用农药投入量与 H—P 滤波后的粮食长期产量，对农药投入产出弹性进行估算，估算结果如图 1 - 8 所示。

　　图 1 - 8 显示，我国农药投入产出弹性在经过 1992—2001 年下降阶段后，从 2001 年左右开始呈现出增长趋势。如果仅从图 1 - 8 的研究结果来看，当前立足于粮食长期增长以满足市场需求，进一步加大农药投入是合理的。这可能是农药投入量持续增长的内在动因之一。事实上，投入—产出弹性的计算是把要素视为直接投入。[②] 利希滕伯格和齐尔伯曼（Licht-enberg and Zilberman）则认为，与土地、劳动和资本等常规投入对粮食等农作物产量影响的方式不同，农药是通过抑制虫害发生灾害以减少自然破

　　[①]　胡瑞法、冷燕：《中国主要粮食作物的投入与产出研究》，《农业技术经济》2006 年第 6 期。

　　[②]　吴玉鸣：《中国区域农业生产要素的投入产出弹性测算——基于空间计量经济模型的实证》，《中国农村经济》2010 年第 6 期。

坏损失的粮食产量，使粮食实际产量更接近于潜在产量。[1] 换言之，施用农药并不会直接提高粮食的产出，仅是在给定现有投入和技术水准条件下实现最大产出的保证。对此，利希滕伯格和齐尔伯曼把农药定义为损害控制剂，并指出如果把农药视为直接投入要素则会高估其边际生产率。诸多国外研究文献均得出与利希滕伯格和齐尔伯曼相似的研究结论，农户施用农药的边际生产率小于1[2]，即每增加1单位货币的农药施用量所增加的种植收入小于1，表明农户只有减少农药投入才能提高纯收入。

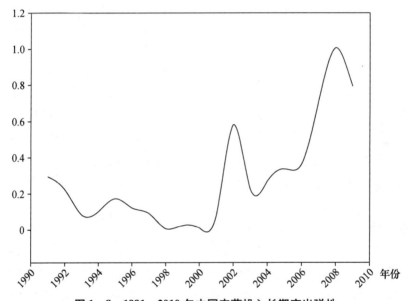

图1-8 1991—2010年中国农药投入长期产出弹性

鉴于此，本章以江苏省苏州、无锡、常州、镇江、南京等在内的苏南地区648个水稻种植农户为例，在损害控制模型框架下，对农户施用农药的边际生产率进行估算。探讨影响农户施用农药的影响因素，以期为农户减少农药施用量、降低农药残留等提供政策建议。

2. 文献综述

在早期的农药边际生产率实证研究的文献中，生产函数主要采用C—

---

① Lichtenberg, E. and Zilberman, D., "The Econometrics of Damage Control: Why Specification Matters", *American Journal of Agricultural Economics*, Vol. 68, No. 2, 1986, pp. 261–273.

② Productivity 在英语中有生产力与生产率两个意思。本章研究的是农药的边际生产率。

D 函数（Cobb – Douglas Function），结果都表明，农药投入不足。例如，希德利（Headley）首次以 1963 年美国农场 59 种主要作物为研究对象，把劳动、土地、机械、化肥、农药等均视为直接投入要素，运用 C—D 函数对农药边际生产率进行估计。[①] 估计结果表明，每增加 1 美元农药施用量，可增加 3.90—5.66 美元收入。结论显示，增加农药施用量可以提高纯收入，农药施用量明显不足。格里利克斯（Griliches）对美国农业部公布的农场收入和支出资料的研究，得出了相似的估计结果。[②]

在加拿大，坎贝尔（Campbell）采用 C—D 函数对奥肯那根山谷（Okanagan Valley）农场果树的农药边际生产率的研究表明，每增加 1 美元的农药施用量，可增加 12 美元收入。[③] 该结论和费希尔对加拿大新斯科舍省（Nova Scotia）苹果的农药研究结果近似。[④] 后之，也有学者同样应用 C—D 函数对农药边际生产率进行了研究。Fernandez – Cornejo 等利用 1991 年 18 个玉米生产州的农场横截面数据，采用 C—D 函数估计出每增加 1 美元农药施用量，可增加 1.89 美元收入，低于希德利的估计结果。[⑤] Carpentier 和 Weaver 利用 C—D 函数对法国稻谷农药施用情况的研究表明，每增加 1 美元农药施用量可增加的产值仅为 0.94 美元。[⑥]

基于 C—D 函数产出弹性不变可能导致研究结论不符合实际的缺陷，Miranowski 等构建了二次函数模型对美国 1966 年玉米生产中的农药边际生产率进行研究，结果显示，每增加 1 美元杀虫剂和除草剂施用量，可增加 2.02 美元和 1.23 美元收入。[⑦] 由于不同时期农药的品种与价格存在差

---

① Headley, J. C. , "Estimating the Productivity of Agricultural Pesticides", *American Journal of Agricultural Economics*, Vol. 50, No. 1, 1968, pp. 13 – 23.

② Griliches, Z. , "Research Expenditures, Education, and the Aggregate Agricultural Production Function", *The American Economic Review*, Vol. 54, No. 2, 1964, pp. 961 – 974.

③ Campbell, H. F. , "Estimating the Marginal Productivity of Agricultural Pesticides: The Case of Tree – fruit Farms in the Okanagan Valley", *Canadian Journal of Agricultural Economics/Revue Canadienne d' agroeconomie*, Vol. 24, No. 3, 1976, pp. 23 – 30.

④ Fisher, L. A. , "The Economics of Pest Control in Canadian Apple Production", *Canadian Journal of Agricultural Economics*, Vol. 18, No. 3, 1970, pp. 89 – 96.

⑤ Ferandez – Cornejo, J. , Jans, S. and Smith, M. , "The Economic Impact of Pesticide Use in U. S. Agriculture", Paper presented at the 1996 NAREA meeting, Atlantic City NJ, 1996.

⑥ Carpentier, A. and Weaver, R. D. , The Contribution of Pesticides to Agricultural Production: A Reconsideration, Working paper, Pennsylvania State University, 1995, pp. 17 – 20.

⑦ Miranowski, J. A. , *The Demand for Agricultural Crop Chemicals under Alternative Farm Program and Pollution Control Solutions*, PhD. thesis, Harvard University, 1975.

异，而且研究的农作物品种与价格也存在差异，因此，不同时期的文献对农药边际生产率估计无法准确地反映边际生产率递减规律。① Teague 和 Brorsen 利用随机系数模型，使生产要素的产出弹性随时间变化而变化，结果表明，美国农业部 59 种主要农作物汇总的农药边际生产率从 1949 年的 32.78 降至 1991 年的 3.19。② 从而进一步证实了农药边际生产率随时间推移递减规律确实存在。

在损害控制模型框架下，巴布科克（Babcock）等采用北卡罗来纳州（North Carolina）苹果生产者的数据，分别利用 C—D 函数和损害控制模型对农药边际生产率进行估计，结果显示，C—D 函数的农药边际生产率估计值是损害控制模型的 10 倍，验证了 C—D 函数会高估农药边际生产率的结论。③ Ajayi 采用损害控制模型对科特迪瓦玉米生产中使用农药的边际生产率进行估计，结果显示，每增加 1 个单位 CFA 的农药施用量，增加的收入为 0.47CFA—4.39CFA。④ Praneetvatakul 等也比较了 C—D 函数和损害控制模型所估计的农药边际生产率，同样发现，C—D 函数高估了农药边际生产率。⑤ Jha 和 Regmi 以尼泊尔的蔬菜种植为案例，利用损害控制模型得出了农药的边际生产率接近于 0 的研究结论，并指出尽管农药的施用对产量的影响微乎其微，但样本中超过 70% 的农户仍然过量施用农药。⑥ Asfaw 等利用损害控制模型对肯尼亚高附加值作物生产过程中的

① Roth, M. J., Martin, M. A. and Brandt, J. A., "An Economic Analysis of Pesticide Use In U. S. Agriculture: A Metaproduction Function Approach", Paper presented AAEA meetings, Utah State University, Logan, Utah. 1982.

② Teague, M. L. and Wade, Brorsen B., "Pesticide Productivity: What Are the Trends?", *Journal of Agricultural and Applied Economics*, Vol. 27, No. 1, 1995, pp. 276 – 276.

③ Babcock, B. A., Lichtenberg, E. and Zilberman, D., "Impact of Damage Control and Quality of Output: Estimating Pest Control Effectiveness", *American Journal of Agricultural Economics*, Vol. 74, No. 1, 1992, pp. 163 – 172.

④ Ajayi, O. C., "Pesticide Use Practices, Productivity and Farmers' Health: The Case of Cotton – rice System in Cote d'Ivoire, West Africa", *Pesticide Policy Project*, *Special Issue Publication Series*, Vol. 12, No. 3, 2000, pp. 234 – 256.

⑤ Praneetvatakul, S., Kuwattanasiri, D. and Waibel, H., *The Productivity of Pesticide Use in Rice Production of Thailand: A Damage Control Approach*, Chiang Mai, Thailand, 2002.

⑥ Jha, R. K. and Regmi, A. P., *Productivity of Pesticides in Vegetable Farming in Nepal*, SANDEE Working Paper No. 107 – 16, 2010.

农药施用进行了估计。① 结果显示，无论是否采纳欧盟的 GAP 标准
（Good Agricultural Practices，GAP），农药边际生产率都大于 1，不采纳
GAP 标准的农户农药施用量的边际生产率为 1.64，小于采纳 GAP 标准的
农户农药边际生产率的 5.61。这种差异是因为 GAP 最大限度地减少了农
业生产的负面影响。

Huang 等利用损害控制模型对我国的研究表明，在单季早晚稻和双季
晚稻种植中，每增加 1 元农药施用量，仅增加 0.02—0.07 千克的产出，
边际生产率小于 1，即农药被过量施用。② Huang 等同样用两阶段损害控
制模型对我国玉米种植中农药施用生产率进行了估计，结果显示，农药的
边际生产率近似为 0，农药施用明显过量。③

基于现有的文献可以发现，虽然 Huang 等在损害控制模型框架下已
针对我国农药边际生产率作了估计，但是，从图 1 - 7 中不难看出，
2000—2002 年正好是我国粮食产量处于低谷时期，因而在这一时期得出
农药过度施用的结论可能难以令人信服。此外，农药被过度施用不符合理
性人假定，但相关文献没有给出相应的解释。

3. 农药边际生产率模型框架

准确定义农药生产率是判断农户施用农药是否过量的前提。对此，以
理性人为假设条件，追求纯收入最大化的代表性农户的目标纯收入函
数为④：

$$\pi = \max_{Z} pF(X,Z) - \sum_{i} r_i X_i - wZ \tag{1-1}$$

其中，p 为产品价格，Z 为农药投入量，X_i 为除农药以外的要素投入
量，$F(\cdot)$ 为生产函数，w 为农药价格，r_i 为除农药以外的投入要素价

① Asfaw, S., Mithofer, D. and Waibel, H., "EU Food Safety Standards, Pesticide Use and Farm - level Productivity: The Case of High - value Crops in Kenya", *Journal of Agricultural Economics*, Vol. 60, No. 3, 2009, pp. 645 - 667.

② Huang, J., Qiao, F. B. and Zhang, L. et al., *Farm Pesticide, Rice Production, and Human Health*, Working paper, International Development Research Centre, Ottawa, Canada, 2000.

③ Huang, J., Hu, R. and Rozelle, S. et al., "Transgenic Varieties and Productivity of Smallholder Cotton Farmers in China", *Australian Journal of Agricultural and Resource Economics*, Vol. 46, No. 3, 2002, pp. 367 - 387.

④ Mas - Colell, A., Whinston, M. D. and Green, J. R., *Microeconomic Theory*, USA New York: Oxford University Press, 1995.

格。当农户面临着竞争性农药市场和竞争性粮食产品市场时[①]，农药投入的最优一阶条件满足：

$$pF_z(X, Z) = w \qquad\qquad (1-2)$$

其中，$F_z(X, Z)$ 为 Z 的一阶导数，$pF_z(X, Z)$ 为农药的边际产品价值（Value of the Marginal Product，VMP），农药的最优投入量决定于农药 VMP 等于农药价格 w。在相关文献中，农药边际生产率定义为每增加 1 单位农药投入量所增加的收入与农药价格的比值，或者每增加 1 单位货币的农药施用量所增加的收入，即 VMP/w。当 VMP/w > 1 时，说明农户农药投入不足；当 VMP/w < 1，农药投入过量；当 VMP/w = 1 时，说明农药投入量达到最优。[②]

基于上述分析，估算 VMP 就成为准确衡量农药边际生产率的关键。经典的微观经济理论表明，VMP 的特点是先递增后递减并迅速收敛到 0，如图 1-9 中的 B 曲线所示。在实际估算过程中，C—D 生产函数是估算 VMP 的常用方法。具体而言，C—D 生产函数可表述为：

$$Y = F(X,Z) = \lambda Z^\beta \prod_{i=1}^{n} X_i^{\alpha_i} \qquad\qquad (1-3)$$

其中，Y 为农作物总产量，Z 为农药施用量，X_i 为除农药外影响农作物收入的投入要素，如机械投入、劳动投入和化肥投入等，α、β 为参数。通过简单的计算可以发现，在 C—D 生产函数中，农药的 VMP 近似于双曲线，如图 1-9 中的 A 曲线所示。显然，C—D 生产函数所得 VMP 与实际 VMP 存在较大误差。

为了克服以上 C—D 模型无法拟合农药实际 VMP 的缺陷，利希滕伯格和齐尔伯曼建立了损害控制模型[③]：

$$Y = F[X, G(Z)] \qquad\qquad (1-4)$$

为了计量识别的方便，式（1-4）的简化形式[④]是：

---

① Rendleman, C. M., Reinert, K. A. and Tobey, J. A., "Market – based Systems for Reducing Chemical Use in Agriculture in the United States", *Environmental and Resource Economics*, Vol. 5, No. 1, 1995, pp. 51 – 70.

② Norwood, F. B. and Marra, M. C., "Pesticide Productivity of Bugs and Biases", *Journal of Agricultural and Resource Economics*, Vol. 36, No. 5, 2003, pp. 596 – 610.

③ Lichtenberg, E. and Zilberman, D., "The Econometrics of Damage Control: Why specification matters", *American Journal of Agricultural Economics*, Vol. 68, No. 2, 1986, pp. 261 – 273.

④ Shankar, B. and Thirtle, C., "Pesticide Productivity and Transgenic Cotton Technology: The South African Smallholder Case", *Journal of Agricultural Economics*, Vol. 56, No. 1, 2005, pp. 97 – 116.

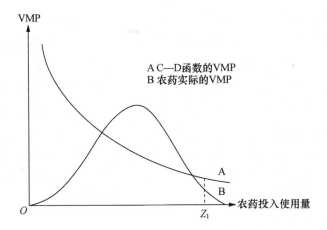

图 1 – 9　标准 C—D 函数估计农药边际生产率的偏误

$$Y = F(X)G(Z) \tag{1-5}$$

其中，Y 为总产量，Z 为损害削减投入（主要指农药），X 为常规投入（如土地、劳动、资本、化肥等提高产量的投入），$F(\cdot)$ 满足 C—D 生产函数形式，$G(\cdot)$ 是具有累计分布特性的损害削减分布函数。在损害控制模型中，农药的最优投入量满足 $pF_X(X)g(Z) = w$ 的一阶最优条件，g 是损害削减分布函数的概率密度函数。随着农药投入量 Z 的增加，概率密度函数 g 能迅速收敛到 0，因此，相对于 C—D 函数，损害控制模型更加准确。

4. 调查方案与统计特征分析

稻米是我国居民最主要的粮食作物之一，人均年食用消费大米在 80 公斤左右，大米使用消费总量（以精米测算）约 1 亿吨。[①] 随着我国粮食市场流通速度加快和稻米数量增加，人们对稻米的安全生产越来越关注，需求转向无公害稻米、绿色稻米和有机稻米等方向发展。因此，在此延续上述重金属污染的农产品品种，选择水稻作为研究对象。

（1）调查区域选择

改革开放以来，地处长三角核心地带的苏南地区（包括苏州、无锡、常州、镇江和南京五城市）发展迅速，工业化、城市化水平在我国处于

---

① 陈永红：《中国稻谷生产变化与供需平衡分析》，《经济分析与农业展望》2005 年第 3 期。

领先水平，在我国的经济社会发展中具有举足轻重的地位。但这一地区目前的粮食产出约占江苏全省粮食总产量的 16.60%[1]，平均粮食自给率不足 40%，已由历史上的鱼米之乡的粮食主产区演化为主销区。苏南地区作为江苏经济最发达的区域，农业的功能已发生根本性变化，城市的生态屏障成为这一地区农业最基本的功能之一。因此，迫切需要转变粮食生产方式，客观上要求走农业科学化、精细化、现代化的发展道路。苏南地区粮食生产过程中如果被证实农药施用过量，则减少农药施用，促进苏南农业转型就具有内在的利益动机。因此，基于苏南现实，研究苏南的农药边际生产率具有前瞻性，能够为国内其他地区粮食生产方式转型提供经验。

（2）调研方式

为全面了解苏南农户农药边际生产率和农药施用行为的真实状况，并保证样本的合理性，调查选择了常熟（苏州）、江阴（无锡）、溧阳（常州）、丹阳（镇江）和六合（南京）五个县级市作为代表。基于本章研究的主题，调研对象是具有农药施用经验的农户。为减少受访农户因文化层次的影响或理解上的偏差，确保答卷的真实性和有效性，在现场答卷过程中，调查员采取与农户一对一的直接访谈方式进行问卷调查，并由调查员负责问卷的填写。最终调查共发放 723 份（常熟 146 份、江阴 224 份、溧阳 110 份、丹阳 114 份、六合 129 份）问卷，其中，有效问卷有 648 份，有效率为 89.6%。调研时间为 2012 年 5 月。

（3）统计特征分析

调查问卷所涉及的问题包括四个部分：第一部分调查农户的基本特征，包括受访者的个体特征和家庭特征；第二部分调查农户水稻种植的基本情况，包括水稻种植的基本投入和水稻的生产条件，如水稻的种植面积、每亩的产量和收入、每亩各项种植投入、农业基础设施情况及水稻的销售情况；第三部分调查农户农药施用情况，包括农户农药投入量和农户农药施用行为；第四部分调查农户生产和生活的各个方面，收集解释变量的相关信息。

本次调查农户的个体统计特征汇总见表 1-3。表 1-3 显示的受访者

---

[1]　根据苏州、无锡、常州、镇江、南京以及江苏省 2012 年《国民经济和社会发展统计公报》相关内容整理。

的特征是：男性348人，占53.70%，男性略多于女性；41—50岁、51—60岁和61岁及以上年龄段的受访者分别占样本总数的29.17%、21.76%和35.64%，合计占86.58%，受访者以中老年为主；学历在小学及以下、初中层次的受访者占样本比例分别为38.43%、44.91%，教育层次相对较低；其中有71.22%的受访者是兼业农户。

表1-3　　　　　　　　　　个体统计特征汇总

统计特征	分类指标	样本数（人）	百分比（%）
性别特征	男	348	53.70
	女	300	46.30
年龄结构	20—30岁	21	3.24
	31—40岁	66	10.19
	41—50岁	189	29.17
	51—60岁	141	21.76
	61岁及以上	231	35.64
学历结构	小学及以下	249	38.43
	初中	291	44.91
	高中及中专	93	14.35
	大专	12	1.85
	大学及以上	3	0.46
兼业情况	没有兼业	180	27.78
	有兼业	468	71.22

表1-4显示的是样本农户家庭统计特征。从表1-4中可以看出，受访农户家庭平均年收入为6.84万元，平均人均收入为1.65万元；农业收入占家庭总收入的比例是12.93%，说明苏南农户家庭总收入中以非农业收入为主。进一步比较发现，家庭年收入的标准差高于家庭农业收入的标准差，显然，苏南农户家庭非农业收入的差异是家庭收入差异的主要根源。同时家庭总种植面积标准差为22.26（见表1-4），表明苏南农户土地出现了集中的态势，导致家庭种植面积差异扩大。而农户水稻种植的投入产出统计特征见表1-5。

表 1 - 4 农户家庭统计特征

统计特征	最小值	最大值	平均值	标准差
家庭总人口（人）	1.00	5.00	4.15	0.96
家庭年收入（万元）	0.30	50.00	6.84	6.46
家庭人均收入（万元）	0.24	10.00	1.65	1.56
家庭农业收入（万元）	0.00	20.00	0.88	1.78
农业收入占家庭总收入的比例（%）	0.00	100.00	12.93	0.19
家庭总种植面积（亩）	0.50	240.00	7.20	22.26
是否参与农业合作生产	0.00	1.00	0.34	0.47

表 1 - 5 农户水稻种植的投入产出统计特征

	水稻种植情况	最小值	最大值	平均值	标准差
产出	水稻收购价格（元/斤）	0.70	1.60	1.24	0.22
	每亩总产量（千斤）	0.50	1.50	1.00	0.16
	每亩总收入（千元）	0.50	2.20	1.24	0.30
投入	种植面积（亩）	0.50	240.00	6.14	22.10
	肥沃土地占比（%）	0.00	1.00	0.72	0.30
	每亩种子投入成本（百元）	0.02	1.00	0.25	0.19
	每亩种子投入占比	—	—	3.11	—
	每亩化肥投入成本（百元）	0.60	6.00	2.20	0.90
	每亩化肥投入占比（%）	—	—	27.48	—
	每亩机械投入成本（百元）	0.10	3.50	1.21	0.70
	每亩机械投入占比（%）	—	—	15.10	—
	每亩劳动投入成本（百元）	0.80	8.00	3.41	1.28
	每亩劳动投入占比（%）	—	—	42.61	—
	每亩农药投入成本（百元）	0.10	4.00	0.94	0.66
	每亩农药投入占比（%）	—	—	11.71	—
	农药施用次数（次）	5.00	13.00	9.04	1.42
	每亩农药投入量（斤）	0.30	15.00	2.88	2.60
	距离最近销售地点的距离（里）	1.00	20.00	5.03	4.14
	运送100斤水稻去销售地点的运输成本（百元）	0.01	2.00	0.16	0.19

从产出角度看，受访农户的水稻收购价格、每亩总产量以及每亩总收入的平均值，分别为 1.24 元/斤、1000 斤、1240 元，其中水稻收购价格差异较大，标准差为 0.22。从投入角度看，受访农户的水稻种植规模较小，平均种植面积仅为 6.14 亩，但肥沃土地比例较高，肥沃土地占比平均值为 72%，表明苏南地区农户的种植条件较好。水稻种植的各项投入占比，由低到高依次为每亩种子投入成本、每亩农药投入成本、每亩机械投入成本、每亩化肥投入成本以及每亩劳动投入成本，分别占 3.11%、11.71%、15.10%、27.48%、42.61%，可见，苏南农村水稻种植的负担最主要是来自劳动投入，这与苏南地区乡镇工业发达，农户兼业收入高等特征相关。

（4）农户对农药施用的认知

在发展中国家，大多数农户对农药施用的认知并不完全清楚，以致错误施用和过度施用农药经常发生。因此，了解农户对农药施用的认知是分析农户施用农药行为的前提。农户对农药施用的认知分析见表 1-6。

表 1-6　　　　　　　　　　农户对农药施用的认知

统计特征	分类指标	样本数	百分比（%）
是否按照推荐施用剂量施用	否	390	60.19
	是	258	39.81
是否知道推荐剂量的合理性	否	384	59.26
	是	264	40.74
施药时是否采取健康防护措施	否	198	30.56
	是	450	69.44
是否担心农药残留对人体的伤害	否	336	51.85
	是	312	48.15
是否了解农药的毒性	不了解	57	8.80
	有一些了解	387	59.72
	了解	204	31.48
是否参加过有关农药知识的培训	否	600	92.59
	是	48	7.41
对虫害压力造成损失的估计	小于60	369	56.94
	大于等于60	279	43.06

续表

统计特征	分类指标	样本数	百分比（％）
是否知道虫害有天敌	否	279	43.06
	是	369	56.94
是否采用综合虫害管理	否	462	71.30
	是	186	28.70

需要指出的是，有43.06％的农户不知道水稻生产中的虫害有天敌，71.30％的农户没有采用综合虫害管理方法，说明施用农药可能是大多数农户防治水稻虫害的主要方法。同时，有92.59％的农户没有参加过有关农药知识的培训、有超过2/3的农户不太了解农药的毒性，说明农户非常缺乏农药施用的知识。此外，有近60％的农户在自己喷洒农药时不按照说明书的推荐剂量施用农药，这或许是由于农户对农药毒性的认识不足所致。

（5）农药边际生产率实证估计

针对式（1-5）构建回归方程，相关文献有两个思路：第一，扣除价格因素，考察投入量与产出量之间的关系。①② 第二，包括价格因素，考察投入成本支出与收入之间的关系。③④ 如果仅限于考察投入产出关系，那么第一种方法最符合经济学假设。然而，农药的特殊性在于品种不一，价格也存在差异，难以合计农药投入量。对此，有文献选择考察单一品种农药⑤，但是，单一品种农药生产率难以反映总体概况。因此，在实证估计中以收入和各种投入成本作为计量的变量。同时为了便于对比分析，根

---

① Huang, J., Hu, R. and Rozelle, S. et al., "Transgenic Varieties and Productivity of Smallholder Cotton Farmers in China", *Australian Journal of Agricultural and Resource Economics*, Vol. 46, No. 3, 2002, pp. 367 - 387.

② Jha, R. K. and Regmi, A. P., *Productivity of Pesticides in Vegetable Farming in Nepal*, SANDEE Working Paper No. 107 - 116, 2010.

③ Headley, J. C., "Estimating the Productivity of Agricultural Pesticides", *American Journal of Agricultural Economics*, Vol. 50, No. 1, 1968, pp. 13 - 23.

④ Praneetvatakul, S., Kuwattanasiri, D., Waibel, H., *The Productivity of Pesticide Use in Rice Production of Thailand: A Damage Control Approach*, Chiang Mai, Thailand, 2002.

⑤ Shroder, D., Headley, J. C. and Findley, R., "The Contribution of Pesticides and Other Technologies to Corn Production in the Corn Belt Region, 1964 to 1979". Paper Presented at the Southern Agricultural Economics Association meeting, Orlando FL, 1982.

据前文的式（1-4）和式（1-5），分别构建 C—D 函数与损害控制模型对数回归方程：

$$\ln(Y_n) = \alpha + \sum \beta_i \ln(X_{in}) + \sum \rho_j M_{jn} + \beta_0 \ln(Z_n) + v_n \qquad (1-6)$$

$$\ln(Y_n) = \alpha + \sum \beta_i \ln(X_{in}) + \sum \rho_j M_{jn} + \ln[G(Z_n)] + v_n \qquad (1-7)$$

其中，Y_n 为第 n 个农户的水稻种植收入，α、β 为待估参数，v 为随机误差项，X 为投入的成本支出，M 为环境变量，Z 为农药施用，$G(Z)$ 为损害控制函数，即 Z 的累计分布函数。相关变量定义与赋值见表 1-7。在表 1-7 中，除种子、化肥、机械、劳动等成本支出外，专门增加了运输成本作为成本支出①，并增加了灌溉是否充足②、是否参与农业合作社两个变量作为环境变量。③

需要指出的是，损害控制函数 $G(Z)$ 有四种不同的概率分布形式④⑤⑥：

帕累托分布：$G(Z) = 1 - K^\lambda Z^{-\lambda}$ 　　　　　　　　　　　　　　（1-8）

Exponential 分布：$G(Z) = 1 - \exp(-\alpha Z)$ 　　　　　　　　　（1-9）

Logistic 分布：$G(Z) = (1 - \exp(\mu - \sigma Z))^{-1}$ 　　　　　　　（1-10）

Weibull 分布：$G(Z) = 1 - \exp(-Z^\gamma)$ 　　　　　　　　　　（1-11）

其中，λ、α、μ、σ 和 γ 都是需要估计损害控制函数的参数。由于帕累托分布密度函数隐含产出弹性不变的特点，不能准确地描述损害削减特征⑦，在此不予考虑。

基于损害控制模型为非线性的，采用 MLE（Maximum Likelihood Estimate）

① Stifel, D. and Minten, B., "Isolation and Agricultural Productivity", *Agricultural Economics*, Vol. 39, No. 1, 2008, pp. 1-15.

② Hamzei, J., "Seed, Oil, and Protein Yields of Canola under Combinations of Irrigation and Nitrogen Application", *Agronomy Journal*, Vol. 103, No. 4, 2011, pp. 1152-1158.

③ 唐博文、罗小锋、秦军：《农户采用不同属性技术的影响因素分析——基于 9 省（区）2110 户农户的调查》，《中国农村经济》2010 年第 6 期。

④ Regev, U., Shalit, H. and Gutierrez, A. P., "Economic Conflicts in Plant Protection: The Problems of Pesticide Resistance, Theory and Application to The Egyptian Alfalfa Weevil", *Pest Management: Proceedings of an International Conference*, Vol. 39, No. 8, 1976, pp. 281-299.

⑤ Shoemaker, D. M., "Principles and Procedures of Multiple Matrix Sampling", Ballinger, 1973.

⑥ Talpaz, H. and Borosh, I., "Strategy for Pesticide Use: Frequency and Applications", *American Journal of Agricultural Economics*, Vol. 56, No. 4, 1974, pp. 769-775.

⑦ Lichtenberg, E. and Zilberman, D., "The Econometrics of Damage control: Why Specification Matters", *American Journal of Agricultural Economics*, Vol. 68, No. 2, 1986, pp. 261-273.

表1–7   模型变量说明

变量	变量定义与赋值	均值
水稻种植收入（Y）	连续变量，每亩水稻的销售收入（元）	1240.00
种子投入（SEED）	连续变量，每亩水稻的种子成本（元）	25.00
化肥投入（FERTI）	连续变量，每亩水稻的化肥成本（元）	220.00
机械投入（MACHINE）	连续变量，每亩水稻的机械成本（元）	70.00
劳动投入（LABOR）	连续变量，每亩水稻的劳动力成本（元）	128.00
运输成本（TRANS）	连续变量，运送100斤水稻去最近的销售地点的运输成本（元）	19.00
农药施用量（Z）	连续变量，每亩水稻的农药成本（元）	66.00
灌溉是否充足（WATER）	虚拟变量，充足=1，不充足=0	0.89
是否参与农业合作社（ORG）	虚拟变量，参加=1，不参加=0	0.34

的方法对模型进行参数估计，C—D函数则运用OLS。由于在迭代过程中发现，Logistic分布损害控制模型不收敛，故仅报告了C—D模型与Exponential分布、Weibull分布损害控制模型的估计结果，见表1–8。

表1–8   损害控制模型估计结果（Eviews 6.0）

变数	C—D函数	损害控制模型	
		Exponential 分布	Weibull 分布
CONTANT	7.052（0.293）**	7.052（0.329）**	7.505（0.318）**
SEED	0.015（0.023）	0.016（0.030）	0.015（0.031）
FERTI	−0.030（0.038）	−0.023（0.043）	−0.030（0.041）
MACHINE	0.125（0.025）**	0.133（0.025）**	0.125（0.026）**
LABOR	−0.110（0.034）*	−0.116（0.037）**	−0.111（0.037）*
TRANS	−0.041（0.016）**	−0.044（0.016）**	−0.041（0.016）**
Z	0.030（0.019）	—	—
WATER	0.160（0.047）**	0.160（0.044）**	0.160（0.041）**
ORG	0.094（0.034）**	0.092（0.034）**	0.093（0.033）**
α	—	0.247（0.068）**	—
γ	—	—	0.058（0.206）
R^2	0.423		
F统计量	18.982**		
−2lnL	—	41.395**	41.633**

注：括号内的值为标准差，* 表示在5%的统计水平上显著，** 表示在1%的统计水平上显著。

表1-8给出了农药生产率模型的参数估计值与标准差。从表1-8中可以看出，Weibull分布的参数γ不显著，依据计算简便、易于理解、对资料拟合度较好的原则①，选择Exponential分布损害控制模型结果进行进一步分析。

表1-8结果表明，C—D函数与Exponential分布损害控制模型的参数大小相近，常数项（CONTANT）、机械投入（MACHINE）、劳动投入（LABOR）、运输成本（TRANS）、灌溉是否充分（WATER）、是否参加合作组织（ORG）均为显著变量。其中，机械投入、灌溉是否充分、是否参加合作组织与水稻种植收入呈正相关，劳动投入与运输成本与水稻种植收入呈负相关。其中，值得关注的是劳动投入成本与水稻种植收入呈负相关。这与Asfaw等的研究正好相反，原因是本书采用的变量是劳动投入成本，即劳动时间与劳动小时工资的乘积。② 如果劳动小时工资上升，尤其是当非农业收入增加，则农户可能会减少劳动投入，以致降低水稻种植收入。

根据表1-8的计算结果且通过简单的计算，发现以C—D函数估计的农药边际生产率为0.3946，即每增加1元的农药施用量可增加水稻种植收益0.3946元；而以Exponential分布损害模型估计的农药边际生产率接近于0，即每增加1元农药施用量，增加的收益接近于0。因此，无论是C—D模型还是损害控制模型，对农药生产率的实证结果均表明，水稻种植农户农药投入已过量。同时，研究表明，C—D模型对农药生产率的估计要高于损害控制模型估计的相应结果。这与利希滕伯格和齐尔伯曼等的研究结果相一致。③ 需要指出的是，在计算农药生产率时，并未将农药残留对环境以及人体健康等外部影响考虑在成本支出之内。如果考虑了环境成本以及人体健康成本，可能得出的农药边际生产率会更低，甚至为负值。

---

① Babcock, B. A. and Lichtenberg, E., Zilberman, D., "Impact of Damage Control and Quality of output: Estimating Pest Control Effectiveness", *American Journal of Agricultural Economics*, Vol. 74, No. 1, 1992, pp. 163-172.

② Asfaw, S., Mithofer, D., Waibel, H., "EU Food Safety Standards, Pesticide Use and Farm-level Productivity: The Case of High-value Crops in Kenya", *Journal of Agricultural Economics*, Vol. 60, No. 3, 2009, pp. 645-667.

③ Lichtenberg, E. and Zilberman, D., "The Econometrics of Damage Control: Why Specification Matters", *American Journal of Agricultural Economics*, Vol. 68, No. 2, 1986, pp. 261-273.

（6）影响农户农药施用量因素的实证估计

农药被过度投入是基于总体样本得出的结论，虽然不能以此来判断个体农户投入农药是否过度，但是，如果能从总体上提出减少农药投入量的建议，那么依然有积极意义。需要指出的是，只要农药价格没有很大的波动，减少农药投入量与减少农药施用量具有同样意义。鉴于此，则进一步分析农户农药施用量的影响因素，以期给出农户减少农药施用量的政策建议。

第一，农药施用量影响因素的多元回归。采用多元线性模型对农药施用量的影响因素进行回归分析，模型的一般形式如下：

$$\ln(Z_n) = \alpha + \sum \beta_i X_{in} + \sum \rho_i W_{in} + \varepsilon_n \qquad (1-12)$$

其中，Z_n 为第 n 个农户的农药施用量，X_i 为影响农药施用量的虚拟变量，W_i 为影响农药施用量的区间变量。基于相关文献，将影响农药施用量的因素分为 5 个方面 8 个因素作为分析的自变量（见表 1-9），即农户特征因素，包括性别[1][2]、年龄[3][4]、受教育年限[5][6]；自然特征因素，包括土地肥沃比例和虫害压力是否增加[7][8]；经济特征因素，包括农业收入比例与是否兼业[9][10]；政府和组织因素，包括参加过政府（组织）农药培

[1] Kishor, A. , "Pesticide Use Knowledge and Practices: A Gender Differences in Nepal", *Environmental Research*, Vol. 104, No. 2, 2007, pp. 305 - 311.

[2] 李科、赵惠燕、李振东：《社会性别敏感参与式农业科技推广模式研究》，《安徽农业科学》2007 年第 30 期。

[3] Ntow, W. J. , Gijzen, H. J. and Kelderman, P. et al. , "Farmer Perceptions and Pesticide Use Practices in Vegetable Production in Ghana", *Pest Management Science*, Vol. 62, No. 4, 2006, pp. 356 - 365.

[4] 周洁红、胡剑：《蔬菜加工企业质量安全管理行为及其影响因素分析——以浙江为例》，《中国农业经济》2009 年第 3 期。

[5] Isina, S. and Yildirim, I. , "Fruit - growers' Perceptions on the Harmful Effects of Pesticides and Their Reflection on Practices: The Case of Kemalpasa, Turkey", *Crop Protection*, Vol. 26, No. 7, 2007, pp. 917 - 922.

[6] Abhilash, P. C. and Nandita, S. , "Pesticide Use and Application: An Indian Scenario", *Journal of Hazard OUS Materials*, Vol. 165, No. 1, 2009, pp. 1 - 12.

[7] Cooper, J. and Dobson, H. , "The Benefits of Pesticides to Mankind and the Environment", *Crop Protection*, Vol. 26, No. 9, 2007, pp. 1337 - 1348.

[8] Robinson, E. J. Z. , Das, S. R. and Chancellor, T. B. C. , "Motivations Behind Farmers' Pesticide use in Bangladesh Rice Farming", *Agriculture and Human Values*, Vol. 24, No. 3, 2007, pp. 323 - 332.

[9] 傅新红、宋汶庭：《农户生物农药购买意愿及购买行为的影响因素分析——以四川省为例》，《农业技术经济》2010 年第 6 期。

[10] 陈华东、施国庆：《农村劳动力转移的农业面源污染模型分析》，《科技进步与对策》2009 年第 1 期。

训①；农户对农药的认知，包括农户农药施用量时是否采取防护措施②和是否知道禁用农药种类。③

基于表1－9的变量设置，采用 OLS 估计结果见表1－10。

表1－9　　　　　　　　　　　　模型变量说明

变量	变量定义与赋值	均值
农药施用量（Z）	连续变量，每亩水稻农药施用量（元）	93.81
性别（GENDER）	虚拟变量，男＝0，女＝1	0.46
年龄（AGE）	虚拟变量，40 岁以下＝0，40 岁以上＝1	0.87
受教育年限（EDU）	虚拟变量，9 年以下＝0，9 年以上＝1	0.17
肥沃土地比例（EARTH）	区间变量，肥沃土地比例［0—100%］	0.72
虫害压力是否增加（PRESS）	虚拟变量，否＝0，是＝1	0.78
农业收入比例（INCOME）	区间变量，农业收入占总收入的比例［0—100%］	0.13
兼业（PARTTIME）	虚拟变量，否＝0，是＝1	0.72
参加政府（组织）农药培训（STUDY）	虚拟变量，否＝0，是＝1	0.07
施用农药时是否采取防护措施（PROTECT）	虚拟变量，否＝0，是＝1	0.30
是否知道禁用农药种类（POISION）	虚拟变量，否＝0，是＝1	0.81

表1－10 显示常数项（CONSTANT）、肥沃土地比例（EARTH）、农业收入比例（INCOME）、兼业（PARTTIME）、参加政府（组织）农药培训（STUDY）、是否知道禁用农药种类（POISION）为显著变量。

----

① Hruska, A. J. and Corriols, M., "The Impact of Training in Integrated Pest Management Among Nicaraguan Maize Famers: Icreased Net Retures and Reduced Health Risk", *International Journal of Occupation and Environmental Health*, Vol. 8, No. 3, 2002, pp. 191－200.

② Maumbe, B. M. and Swinton, M. S., "Hidden Health Costs of Pesticide Use in Zimbabwe's Small Holder Cotton Growers", *Social Science and Medicine*, Vol. 57, No. 9, 2003, pp. 1559－1571.

③ Mekonnen, Y. and Agonafir, T., "Pesticide Sprayer's Knowledge, Attitude and Practice of Pesticide Use on Agriculture Farms of Ethiopia", *Food Policy*, Vol. 52, No. 6, 2002, pp. 311－315.

表 1 – 10　　　　　　　农药施用量影响因素估计结果（SPSS 20）

自变量	系数	标准差	Sig.
C	4.947	0.303	<0.001 **
GENDER	-0.176	0.104	0.092
EDU	-0.091	0.157	0.563
AGE	-0.089	0.173	0.606
EARTH	-0.921	0.179	<0.001 **
INCOME	1.237	0.294	<0.001 **
PARTTIME	0.402	0.122	0.001 **
STUDY	-0.857	0.201	<0.001 **
PROTECT	-0.156	0.113	0.167
POISION	-0.300	0.133	0.025 *
PRESS	0.046	0.126	0.717
R^2	0.298		
F 统计量	8.720 **		

注：＊表示在 5% 的统计水平上显著，＊＊表示在 1% 的统计水平上显著。

　　第二，农药施用量影响因素的逐步回归结果。从表 1 – 11 的结果中并不能判断出变量对回归的贡献度。对此，进一步采用逐步回归的方法寻找出对农药施用量影响最显著的因素。逐步回归是利用比较各自变量的偏回归平方和对自变量进行筛选，由大到小逐个引入回归方程，找出显著的变量。并在每一步均作 F 检验，以保证在引入新变量前回归方程中只含有显著的变量，且剔除不显著的变量。此外，逐步回归方法还可以剔除模型中可能的共线性变量。最终逐步回归估计结果见表 1 – 11 与表 1 – 12。

表 1 – 11　　　　　　　逐步回归变量引入过程（SPSS 20）

模型	引入的变数	F 值
1	EARTH	24.166
2	EARTH、STUDY	22.221
3	EARTH、STUDY、INCOME	20.658
4	EARTH、STUDY、INCOME、PARTTIME	18.628
5	EARTH、STUDY、INCOME、PARTTIME、POISION	16.335

注：变数引入准则：F – to – enter 的概率≤0.05，F – to – remove 的概率≥0.1。

表 1 - 12　　　　　　　逐步回归模型的估计结果（SPSS 20）

变量	非标准化系数	标准差	Sig.	偏回归平方和
C	4.743	0.202	<0.001**	
EARTH	-0.895	0.176	<0.001**	16.608
STUDY	-0.865	0.197	<0.001**	11.700
INCOME	1.256	0.292	<0.001**	8.606
PARTTIME	0.410	0.120	0.001**	5.702
POISION	-0.311	0.132	0.019*	3.123

注：*表示在5%的统计水平上显著，**表示在1%的统计水平上显著。

根据表 1 - 12 偏回归平方和的大小，对农户施用农药回归贡献度由高到低依次为：肥沃土地比例（EARTH）、参加政府（组织）农药培训（STUDY）、农业收入比例（INCOME）、兼业（PARTTIME）、是否知道禁用农药种类（POISION）。

第三，农药投入影响因素分析。这里包含如下内容：

（A）肥沃土地比例（EARTH）与农药施用量负相关。这与 Asfaw 等的研究结论是一致的。[1] 根据表 1 - 10，农户肥沃土地比例每上升 1%，农户的农药施用量将下降 0.62%。Asfaw 等指出，其原因在于土地肥沃意味着土壤中营养元素充足，土壤生态系统完好，农作物发生生理病害的概率小，病源性微生物不易生存，从而导致农药施用量也会减少。Lanting 认为，过多的氮会导致磷、钾、镁、硫、硅及锌等营养元素的缺乏，使病虫害容易发生。[2] 如果农户所拥有的肥沃土地比例越低，则农户施用的化肥可能越多，这将导致粮食产量的增产效应不断下降[3]，虫害风险却不断增大，从而使农户将施用更多的农药，以致资源配置失效。

（B）农业收入比例（INCOME）与农药施用量均呈正相关。这与郑龙章和姜培红的研究结果是一致的。[4][5] 根据表 1 - 12，农业收入比例每提

---

① Asfaw, S., Mithofer, D. and Waibel, H., "EU Food Safety Standards, Pesticide Use and Farm - level Productivity: The Case of High - value Crops in Kenya", *Journal of Agricultural Economics*, Vol. 60, No. 6, 2009, pp. 645 - 667.

② Lanting, M., "Pest Management: The Art of Mimicking Nature", *LEISA - LEUSDEN*, Vol. 23, No. 4, 2007, pp. 6 - 20.

③ 张利庠、彭辉、靳兴初：《不同阶段化肥施用量对我国粮食产量的影响分析——基于1952—2006 年 30 个省份的面板数据》，《农业技术经济》2008 年第 4 期。

④ 郑龙章：《茶农使用农药行为影响因素研究》，博士学位论文，福建农林大学，2009 年。

⑤ 姜培红：《影响农药使用的经济因素分析》，硕士学位论文，福建农林大学，2005 年。

高1%，农户农药施用量将增加0.87%。如果农户把农药施用量视为增加农业总收入的手段，如前所述农药已被过度施用，显示为非理性，但如果农户是风险的厌恶者，把农药视为稳定农业收入的"保险支出"，则过度施用农药未必是非理性的。这是因为，保险支付取决于投保人对风险的态度，并不是基于成本—收入的比较。一般而言，农业收入比例越高，来自自然的风险越大。如果基于农药是农户稳定农业收入"保险支出"，那么农户将倾向于增加农药施用量以保证农业收入的平稳。

（C）兼业（PARTTIME）农户倾向于多施用农药。根据表1－10，兼业农户是纯农户施用农药的1.33倍。农户兼业可能会产生两方面效果：一方面，由于国内目前非农业的单位劳动报酬高于农业，使兼业农户的总收入通常高于纯农户，以致对农药价格不敏感；另一方面，兼业农户可能相对于纯农户更缺少农药施用的剂量、毒性等相关知识，以及缺少施用农药的高效工具。基于上述两个原因，兼业农户会过多施用农药。

（D）参加政府（组织）农药培训（STUDY）对农药施用量的影响是负向的。这与杨小山等的研究结果是类似的。[1] 根据表1－12，参加政府（组织）农药知识培训的农户农药施用量比未参加的农户少45.10%。由于大多数农药施用者并不完全了解农药施用的风险[2]，也不了解农药施用的准确剂量，为了保证杀虫的效果会多施农药。事实上，本章的研究也表明，不知道禁用农药种类（POISION）的农户，施用农药较多。通过政府（组织）的农药培训，则可以提高农户对农药的了解，从而有助于降低农药施用量。

（7）研究的主要结论

本章以江苏省苏南地区648个水稻种植农户为样本，利用损害控制模型的分析框架，探讨了农户农药施用的边际生产率。研究结果表明，当前苏南水稻种植农户农药施用的边际生产率为0，即农药已经过度投入，只有减少农药的投入才能增加农业纯收入。因此，鼓励农户减少农药投入的意义就不仅仅是为了降低食品与环境中农药残留，更重要的意义在于可以

---

[1]　杨小山、林奇英：《经济激励下农户使用无公害农药和绿色农药意愿的影响因素分析》，《江西农业大学学报》（社会科学版）2011年第1期。

[2]　Rola, A. C. and Pingali, P. L., *Pesticides, Rice Productivity, and Farmers' Health: An Economic Assessment*, Losbanos, Philipines, and Washington D. C.: International Rice Research Institute and World Resource Institute, 1993.

提高农户的纯收入。基于当前农药边际生产率低下，进一步利用多元回归及逐步回归模型的研究发现，肥沃土地比例低、农业收入比例高以及兼业农户平均每亩施用农药量多，参加政府（组织）农药培训、知道禁用农药种类的农户平均每亩施用农药量少。总体而言，农药被过度施用不是一个单纯的农药配置失效的问题，而是资源配置总体失效与农药知识缺乏的综合结果。

资料显示，目前我国农药年用量为 80 万—100 万吨。其中使用在农作物、果树、花卉等方面的化学农药约占 95% 以上。因此，目前几乎不存在哪个人群在某种程度上未受到农药的污染影响。有些农药性质稳定、残留期长，一旦造成污染便很难消除。如 DDT，在土壤中，如果自行消失掉 95% 需要 4—30 年。目前，在空气、水体、土壤和食物中都发现了DDT。虽然我国的食用农产品生产中已基本不再使用剧毒农药，但过量施用化学农药必将产生农药残留。因此，对农业生产中包括化学农药在内的化学品必须严格按照规范进行。

四　食用农产品安全主要风险：病死猪流入市场视角[①]

改革开放以来，我国肉类产业发展快速，2015 年肉类产量达到 8625万吨，连续 26 年稳居世界第一位。其中，猪肉产量达到 5487 万吨，约占世界猪肉总产量的 51%，是当之无愧的猪肉生产大国。我国更是猪肉的消费大国，2015 年消费量为 5742 万吨，约占全球消费总量的 52%，人均消费量为 39.9 千克，是全球人均消费量的两倍以上。由此可见，猪肉与大米一样，是我国城乡居民最基本、最常用的食用农产品。

（一）病死猪负面处理的危害与数量的估算

最近十年来，我国猪肉质量安全事件频发，其中，病死猪流入市场达到了触目惊心的程度，严重威胁了人们的健康。保障猪肉质量安全成为食

---

① 本部分研究成果从不同角度采用不同的数据，在不同的层次上形成了多个决策咨询报告，分别由中央层次的相关内容参与江苏省人民政府研究室《调查研究报告》所刊登，相关领导同志作了批示。

品安全风险治理领域亟须关注的重大现实问题。

病死猪体内不仅含有危害微生物，而且由于病死猪生前大多经过抗生素的治疗，体内含有高浓度的兽药残留或其代谢物质以及致病菌和传染病源。① 大量的研究证实，食用含有害微生物、兽药残留或其代谢物质的肉类或其他动物源食物会威胁消费者的健康，尤其可能破坏人体胃肠道系统，引起胃肠道感染。②③ 2008 年，国家卫生部的统计数据显示，胃肠炎是仅次于高血压中国居民易患的慢性疾病。虽然难以提供病死猪肉流入市场与消费摄入量的数据，也难以提供食用病死猪肉与胃肠炎患病率间因果关系的医学证据，但生猪养殖户病死猪处理的负面行为已严重威胁猪肉安全和公众健康，影响了生态环境。④

病死猪是生猪养殖过程中不可避免的产物。然而，近年来针对我国病死猪负面处理的报道日益频繁。⑤ 最触目惊心的是 2013 年 3 月初发生在上海的"黄浦江死猪事件"。截至 2013 年 3 月 20 日，从黄浦江上海相关水域内打捞起漂浮死猪累计已达 10395 头。由于病死猪含有大量的病原微生物，在向江河湖泊等乱扔乱抛时将危害水质，污染环境，由此引发了上海市民对水质安全的恐慌，同时也引发了国际人士对中国食品安全的犀利嘲讽。在上海的"黄浦江死猪事件"发生后，虽然政府强化了监管，但是，河南信阳、湖北宜昌等多地又相继发现死猪漂浮事件。2014 年 1 月，媒体曝出 2 万吨病死猪肉流入市场，2014 年 12 月底，媒体又曝出江西省高安市病死猪肉销往广东、湖南、重庆、河南、安徽、江苏和山东七省市的特别重大事件，病死猪肉年销售量高达 2000 多万元，且部分病死猪体内含有被世界卫生组织列为 A 类烈性传染病的"5 号病"（口蹄疫），更令人惊讶的是，高安市病死猪从流入市场达到如此的规模竟潜伏了长达

---

① 倪永付：《病死猪肉的危害、鉴别及控制》，《肉类工业》2012 年第 11 期。

② Reig, M. and Toldrá, F. , "Veterinary Drug Residues in Meat: Concerns and Rapid Methods for Detection", *Meat Science*, Vol. 78, No. 1, 2008, pp. 60 - 67.

③ Marshall, B. M. and Levy, S. B. , "Food Animals and Antimicrobials: Impacts on Human Health", *Clinical Microbiology Reviews*, Vol. 24, No, 4, 2011, pp. 718 - 733.

④ Liu, C. Y. , "Dead Pigs Scandal Questions China's Public Health Policy", *The Lancet*, Vol. 381, No. 9877, 2013, p. 1539.

⑤ 在中国，按照政府的规定，病死猪必须无害化处理。因此，本书将生猪养殖户无害化处理病死猪的行为，称为正面行为。而将生猪养殖户向江、河、湖泊乱扔乱抛病死猪，以及将病死猪出售给中间商或自己直接加工后进入市场的行为，称为负面行为。

20 多年而未被发现。2015 年 6 月 15 日媒体又曝出日均 7000 斤病死猪肉在广州、佛山、肇庆一带销售。表 1 - 13 是中国近年来曝出的与病死猪乱扔乱抛或流入猪肉市场相关的典型案例。

表 1 - 13　　　　　近年来爆发或发现的病死猪不当处理行为案例

发生时间	地点	原因
2009 年 7 月	四川省绵竹市孝德镇高兴村	屠宰经营 600 余公斤病死猪肉及相关制品
2010 年 6 月	广西贵港市平南县浔江河段（珠江上游）	死猪漂浮事件
2010 年 1—10 月	浙江钱塘江中游河段富春江流域	富春江流域累计打捞病死猪 2000 余头
2010 年 11 月	云南昆明	9625 千克利用病死猪和未经检验检疫的猪肉加工的半成品且将部分病死猪肉出售给昆明理工大学的食堂
2012 年 5 月	山东省临沂市莒南县筵宾镇大文家山后村	小河以及草丛中，漂浮着被丢弃的 30 多头病死猪
2012 年 8 月	福建省龙岩市上杭县古田镇	病死猪肉加工 14000 多千克的猪肥肉、猪瘦肉、猪排骨等
2013 年 3 月	上海黄浦江	截至 2013 年 3 月 20 日上海相关水域内打捞起漂浮着死猪累计已达 10395 头
2013 年 9 月	广东深圳平湖海吉星农贸批发市场	销售广东茂名"黑工厂"加工的病死猪肉
2013 年 11 月	长江宜昌段流域	8 个月出现 3 次"猪漂流"现象
2013 年 12 月	江西瑞金市	低价收购病死猪肉制作香肠
2014 年 1 月	江西南昌青山湖区罗家镇枫下村	现场查获 2 吨病死猪肉
2014 年 1 月	广西南宁良凤江高岭村	江面上漂浮着十几个装有死猪的麻包袋
2014 年 1 月	湖南长沙县	2 万吨病死猪被货运客车运入市场
2014 年 12 月	江西省高安市	病死猪肉销往广东、湖南、重庆、河南、安徽、江苏、山东七省市的特别重大事件，病死猪肉年销售量高达 2000 多万元
2015 年 6 月	广州、佛山、肇庆一带	日均 7000 斤病死猪肉

资料来源：笔者基于新闻媒体报道的整理。

就法治层面而言，为保障猪肉质量安全，我国已颁布与实施了多项法律法规，如《动物防疫法》和《农产品质量安全法》规定，有害于人体健康的猪肉产品将不得流入市场。《动物检疫管理办法》规定，出售或者运输的动物、动物产品经所在地县级动物卫生监督机构的官方兽医检疫合格，并取得《动物检疫合格证明》后方可离开产地。与此同时，《生猪屠宰管理条例》也规定，未经定点，任何单位和个人不得从事生猪屠宰活动（农村地区个人自宰自食除外）。然而，令人费解的是，随着法律法规的陆续出台与实施，在我国病死猪乱扔乱抛或流入市场等事件却屡禁不止，甚至一些地区处于严重的无序状态。

在正常状态下，我国生猪养殖每年因各类疾病而导致的死亡率为8%—12%[①]，且生猪的正常死亡率也因不同的养殖方式而具有差异性，规模化养殖的成年生猪的死亡率约为3%，未成年生猪的正常死亡率在5%—7%，而散户养殖的生猪正常死亡率则可能高达10%。[②] 国家统计局的数据显示（见图1-10），2014年，我国肉猪的出栏量为70825万头[③]，以成年生猪最低的正常死亡率3%计算，2015年，我国的生猪正常死亡量已高达2124.75万头，2005—2015年，全国病死猪总量累计不低于21669.87万头，这是一个保守估算的数字但确实也是非常惊人的数据。然而，相关调查显示，包括生猪在内的畜禽病死后尸体被埋的比例不足20%，按照规范进行无害化处理的比例则更小。[④] 也就是说，至少80%的病死猪被乱扔乱抛或被屠宰加工后流入了猪肉市场。基于大数据挖掘工具，研究得出的相关病死猪肉流入市场的相关结论可参见本书第四章的相关内容。

（二）病死猪流入市场的事件来源与基本特点

1. 事件来源

改革开放以来，对由于极其复杂的原因而导致病死猪流入市场的食品安全事件，具体数量已经难以一一查实考证。但近年来病死猪流入市场的食品安全事件屡禁不止，并在信息不断公开的背景下，相关媒体报道逐渐

---

① 王兴平：《病死动物尸体处理的技术与政策探讨》，《甘肃畜牧兽医》2011年第6期。
② 邬兰娅、齐振宏、张董敏等：《养猪业环境外部性内部化的治理对策研究——以死猪漂浮事件为例》，《农业现代化研究》2013年第6期。
③ 《中国统计年鉴》（2015），中国统计出版社2015年版。
④ 薛瑞芳：《病死畜禽无害化处理的公共卫生学意义》，《畜禽业》2012年第11期。

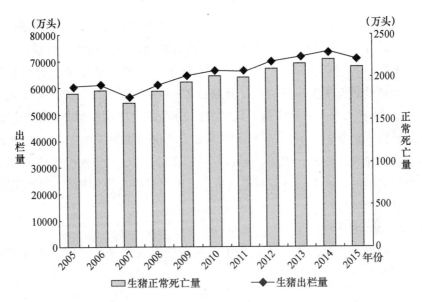

图 1 - 10 2005—2015 年我国生猪出栏量和正常死亡量

资料来源：生猪出栏头数源于国家统计数据库，生猪正常死亡量按照成年生猪最低的正常死亡率3%计算而得。

增多。考虑到数据的可得性，借鉴刘畅等①、易成非和姜福洋②、粟勤等③研究视角，为准确、全面地收集病死猪流入市场的食品安全事件，本章主要基于"掷出窗外"食品安全数据库和食品伙伴网，专门收集了2009—2014 年，媒体报道的病死猪流入市场的主要事件。需要指出的是，"掷出窗外"是一个专门收集各种主要媒体报道的食品安全事件的数据库，且所有的报道均有明确的来源，包括事发地、食品名、来源、日期、网址链接等关键词；食品伙伴网则是以关注食品安全为宗旨的网上信息交互平台，发布的食品安全的信息均来源于新华网、新浪网、人民网等主流门户网站，具有权威性和可靠性。虽然其他各种相关媒体也有病死猪流入市场的报道，但为确保真实性与可靠性，本章仅对"掷出窗外"食品安全数

① 刘畅、张浩、安玉发：《中国食品质量安全薄弱环节、本质原因及关键控制点研究——基于1460 个食品质量安全事件的实证分析》，《农业经济问题》2011 年第1 期。

② 易成非、姜福洋：《潜规则与明规则在中国场景下的共生——基于非法拆迁的经验研究》，《公共管理学报》2014 年第4 期。

③ 粟勤、刘晓娜、尹朝亮：《基于媒体报道的中国银行业消费者权益受损事件研究》，《国际金融研究》2014 年第2 期。

据库和食品伙伴网的相关报道加以整理分析，其他渠道的新闻报道没有考虑，故就完整性而言，本章在此方面所收集整理的事件难免有遗漏。①

基于《动物防疫法》《生猪屠宰管理条例》和《食品安全法》是规范病死猪处理的主要法律法规，分别自 2008 年 1 月 1 日、2008 年 8 月 1 日和 2009 年 6 月 1 日起实施，且考虑到 2008 年及以前各类媒体很少报道病死猪流入市场的事件，故本章也仅基于"掷出窗外"食品安全数据库与食品伙伴网的资料，收集、汇总与分析 2009—2014 年发生的病死猪流入市场的事件，在剔除重复报道的事件且经过最终反复筛选与仔细甄别后获得 101 个事件。

2. 基本特点

考察 2009—2014 年发生的 101 个病死猪流入市场的事件，可以归纳为如下五个基本特点。

（1）曝光数量逐年上升。2009—2014 年，我国病死猪流入市场事件的媒体曝光数量如图 1 - 11 所示。

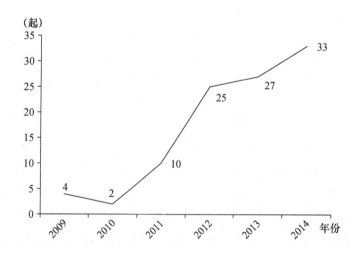

图 1 - 11　2009—2014 年病死猪流入市场事件的媒体曝光数量
资料来源：笔者根据媒体报道整理形成。

图 1 - 11 显示，2009—2010 年病死猪流入市场事件的曝光数累计仅 6 起，

① 由于"掷出窗外"有关 2015 年此方面的数据不全面，故本章以 2009—2014 年为研究周期。

而 2011 年、2012 年、2013 年分别为 10 起、25 起、27 起，2014 年则更是达到
33 起的历史新高，病死猪流入市场事件的媒体曝光数量逐年不断上升。

（2）曝光地区以生猪主产区与经济发达地区为主。图 1-12 显示，
广东、福建、湖南、山东、江苏和浙江是 2009—2014 年病死猪流入市场
事件媒体曝光数最多的 6 个省份，分别发生 23 起、13 起、9 起、9 起、8
起和 7 起，占媒体全部曝光数的 68.32%，显示了较高的集中度。进一步
分析，广东、湖南、山东也是我国生猪的主产区，2013 年生猪出栏量分
别达到 3744.8 万头、5902.3 万头和 4797.7 万头[①]，而福建、江苏和浙
江则是我国经济较为发达的三个省份，2014 年城镇人均可支配收入分别
为 30722 元、34346 元和 40393 元，在全国大陆 31 省市区中排名前
七位。[②]

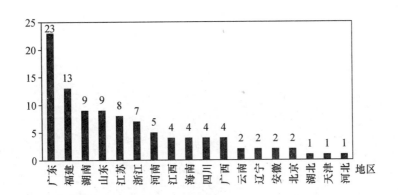

图 1-12　2009—2014 年病死猪流入市场事件的地域分布

资料来源：笔者根据媒体报道整理形成。

（3）犯罪参与主体呈多元化趋势。在 101 起曝光事件中，有 86 起事
件是私屠乱宰或黑作坊加工病死猪肉案，占曝光事件总数的 85.15%。在
这 86 起事件中有两个及以上犯罪主体（包括养殖户、猪贩子、屠宰商、
加工商、运销商等）或者团伙犯罪的事件高达 71 起。2012 年 3 月在福建
省发生的制销病死猪肉的事件中，共有福州、泉州、莆田、厦门、龙岩、

[①] 《中国统计年鉴》（2015），中国统计出版社 2015 年版。

[②] 《2014 年全国大陆 31 省区市城镇居民人均可支配收入对比表》，中研网，2015-03-06，
http://www.chinairn.com/news/20150306/104133860.shtml。

南平和漳州 7 个地市的 6 个不同的团伙参与，涉案人数 51 人①，犯罪团伙在病死猪收购、屠宰、贩卖、加工、销售等各个环节中分工明确，是本章所分析的 101 个事件中涉及的犯罪团伙数量和犯罪主体数量最多的事件。

（4）跨区域犯罪可能成为常态。在 101 起病死猪流入市场的事件中，有 68 起事件为多主体协同参与跨区域犯罪，占媒体全部曝光总数的 67.33%。

前述的发生于 2012 年 3 月的福建省制销病死猪肉事件就是一个典型的案例。图 1－13 显示，病死猪流入市场的跨地界、跨省区事件在 2009 年没有发生一起，而 2014 年则达到了 20 起左右。且图 1－13 还显示，跨地界、跨省区的多主体协同作案犯罪而导致病死猪流入市场的犯罪事件，正在代替过去主要由病死猪发生地一地简单作案的做法，并将有可能逐步成为病死猪流入市场事件的常态。

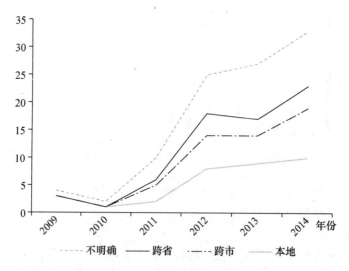

图 1－13　2009—2014 年病死猪流入市场事件的犯罪区域
资料来源：笔者根据媒体报道整理形成。

（5）监管部门失职渎职导致发生的事件占较大比重。在 101 起病死猪流入市场的事件中，监管部门不仅失职渎职导致病死猪流入市场的事件

---

① 《福建病死猪肉案细节死猪肉流向全省做成腊肠》，泉州网，2012－03－27，http：//www.qzwb. com/gb/content/2012－03/27/content_ 3940575. htm。

时有发生，且在养殖环节、屠宰环节、加工环节及销售环节均有表现。更为可怕的是，政府公职人员参与其中，成为犯罪的重要主体。统计数据显示，在曝光的 101 起病死猪流入市场的事件中，由政府公职人员参与的事件有 11 起，占全部事件的 10.89%。最为典型的是发生在 2014 年 12 月的江西高安病死猪肉流入 7 省市的事件中，政府监管部门在各个环节上均有失职渎职的行为，病死猪屠宰场"七证"齐全且有来源真实的检验检疫票据，猪贩子、生猪保险查勘员、猪肉市场管理员相互勾结，甚至不惜行贿收买公安部门。①

（三）病死猪流入市场的运行逻辑：基于破窗理论

2009 年及以后，病死猪流入市场的事件为何屡禁不止且愈演愈烈？基于破窗理论，本章在此试图构建病死猪流入市场的运行逻辑的分析框架，努力为案例分析提供理论支撑。

破窗理论是美国学者比德曼（Biderman）1967 年在研究犯罪心理学时提出的。比德曼认为，行为不检、扰乱公共秩序的行为与重大犯罪一样，都会在心理上给一般大众造成被害恐惧。② 1969 年美国心理学家津巴多（Zimbardo）进行了著名的"偷车试验"，由此证明非正常行为与特定的诱导性环境之间具有关联性。③ 1982 年，美国学者威尔逊和凯林（Wilson and Kelling）在《"破窗"——警察与邻里安全》一文中首次提出了破窗理论。破窗理论认为，在社区中出现的扰乱公共秩序、轻微犯罪等现象就像被打破而未被修理的窗户，容易给人造成社区治安无人关心的印象，如果不加干预而任其发展，可能会导致日益严重的犯罪。④ 破窗理论的核心思想是：第一，无序与犯罪之间存在相关性，无序的环境会导致该环境中的人们对犯罪产生恐惧感，进而致使该区域的社会控制力削弱，最终导致严重违法犯罪的产生。第二，大量的、集中的和被忽视的无序更容易引发犯罪，一个或少量无序的社会现象并不会轻易引起犯罪，但如果无序状态达到一定规模或无序活动十分频繁时，犯罪等社会现象就会出现；

---

① 《江西高安病死猪流入 7 省市部分携带口蹄疫病毒》，《京华时报》2014 年 12 月 28 日。

② 同春芬、刘韦钰：《破窗理论研究述评》，《知识经济》2012 年第 23 期。

③ Zimbardo, P. G., *The Human Choice*：*Individuation, Reason, and Order Versus Deindividuation, Impulse, and Chaos*, University of Nebraska Press, 1969.

④ Wilson, J. Q. and Kelling, G. L., "Broken Windows：The Police and Neighborhood Safety", *Atlantic Monthly*, Vol. 249, No. 3, 1982, pp. 29 – 38.

执法机关通过实施规则性干预措施可以有效预防和减少区域中的无序。①

基于破窗理论，可以发现，病死猪流入市场的犯罪行为与破窗行为具有以下三个共同特征：

（1）根据破窗理论，在某种不良因素的诱导下，人们会采取不良或犯罪行为由此打破"第一块玻璃"，破坏正常秩序。病死猪是生猪养殖过程中不可避免的产物，但生猪养殖户的理性相对有限，提高养殖的收益水平，成为养殖户尤其是落后与欠发达农村地区养殖户的最高目标。出于生猪养殖成本与收益的考虑，如果有外在的且能够获得预期利益的诱惑（因素），养殖户不可能采取无害化处理病死猪的行为，且在病死猪肉具有市场需求的外部环境诱惑下，选择具有更高收益的行为方式就成为养殖户的主要选项之一，即将病死猪非法出售甚至自行加工病死猪，并由此打破猪肉市场的"第一块玻璃"。

（2）破窗理论指出，在"第一块玻璃"被打碎后，"警察"若不及时采取修复措施，就可能会导致无序状态的逐步蔓延。破窗理论中所阐述的"警察"并非简单意义上的警务人员，而是指政府执法人员。"警察"在破窗理论中具有重要地位，遏制破窗效应要求"警察"及时修补。就这方面的研究而言，"警察"是指农村中监管生猪养殖的执法人员。为确保猪肉安全与市场秩序，我国乡镇政府均设立了畜牧检疫、商务、质检、工商、卫生、食品监督等部门，共同负责从养殖、屠宰、加工、流通、销售、消费等猪肉供应链体系相关环节的监管，在生猪养殖户打破"第一块玻璃"时，要求各个监管部门各司其职采取最严厉的措施，及时修复，以防范猪肉市场失序状态的蔓延。

（3）破窗理论认为，大量的无序状态对犯罪行为具有强烈的"暗示性"。在生猪养殖户打破"第一块玻璃"后，"警察"如果没有及时采取措施修复，将致使生猪养殖户非法出售甚至自行加工病死猪等行为迅速扩散与放大，众多的养殖户将采取不同的方式模仿，导致病死猪不断地被屠宰、加工并流入市场，持续增加猪肉市场的无序状态与安全风险，使猪肉市场的无序状态达到一定的规模。

基于破窗理论，结合2009—2014年病死猪流入市场基本特点的分析，可以归纳图1-14所示的病死猪流入市场的运行逻辑。

---

① 李本森：《破窗理论与美国的犯罪控制》，《中国社会科学》2010年第5期。

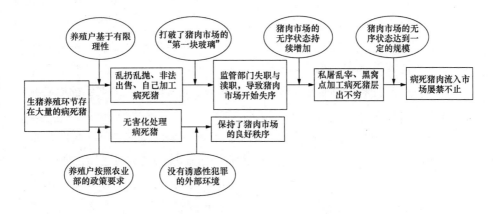

图1-14　破窗理论视角下病死猪流入市场的运行逻辑

（四）病死猪流入市场的典型案例分析

基于破窗理论的病死猪流入市场运行逻辑，从2009—2014年发生的101个事件中选择9个案例展开如下分析：

1. 养殖户病死猪的负面处理行为打破了"第一块玻璃"

负面处理行为是指生猪养殖户（养殖场的饲养员等）在生猪死亡后，未按规定进行无害化处理，而是将病死猪非法出售给商贩或者由自己私自加工后流入市场。①

案例1：养殖户非法销售病死猪并由不法加工商销往批发市场和食堂。② 王某是山东省烟台市福山区的一名生猪养殖户，从2011年起从事生猪养殖业，出于经济利益的考虑，王某将养殖过程中出现的病死猪非法销售给郑某，2011—2014年，王某共卖了七八头病死猪给郑某，最终这些病死猪被郑某加工，并向烟台市芝罘区的批发市场和一些工地食堂销售。

案例2：养殖户直接销售病死猪给猪贩子并经加工流入市场。③ 古某是山东省寿光市一家牧业公司的老板，主要从事生猪的繁育与自养。随着

① 生猪养殖户病死猪处理的负面行为多种多样，比如乱扔、乱抛，本章仅指经屠宰加工后流入市场的行为。

② 苑菲菲：《批发病死猪销往市场和食堂烟台4人被提起公诉》，《齐鲁晚报》2014年12月16日。

③ 《黑心商贩往好肉里面掺病死猪肉3个月卖1.5万斤》，中国新闻网，2014 – 04 – 23，http：//www.chinanews.com/fz/2013/04 – 23/4756188.shtml。

经营规模的不断扩大，养殖的生猪几乎每天死亡，如何降低成本并有效地处理病死猪成为古某的一块心病。由于贪利，古某委托牧业公司下属的养殖场场长沈某具体负责销售处理病死猪。2009—2013 年，古、沈合伙先后卖出 400 余头病死猪给猪贩子李某和屠宰商王某。最终这 400 余头病死猪被加工成猪肉掺进好肉中售卖。

案例 3：养殖户将病死猪出售给上门收购的屠宰加工户。[①] 在广东省佛山市高明区杨和镇杨梅一带，有很多生猪养殖场。一名业内人士称，屠宰加工户一般到高明区等地，以一头几十元甚至几元的价格直接向生猪养殖场或散户处收购病死猪。生猪养殖户考虑病死猪没有价值且出售后还能获益，一般很乐意出售病死猪，最终导致应该无害化处理的病死猪被宰杀，其中，一部分病死猪肉销售给卤肉店、烧烤店、食堂等终端。

病死猪是生猪养殖环节不可避免的产物，但必须进行无害化处理。以上 3 个案例均描述了由于生猪养殖户采用负面行为处理病死猪，打破了猪肉市场的"第一块玻璃"，破坏了猪肉市场的正常秩序。就生猪养殖户而言，病死猪死亡对其经济收益造成了直接的损失。虽然在 2011 年 7 月，农业部和财政部办公厅出台了病死猪无害化处理补助政策，对年出栏量 50 头以上生猪规模养殖场无害化处理的病死猪给予每头 80 元的无害化处理补助经费，但根据笔者对江苏省的调查，实际生猪养殖户能够获得的补贴不足 80 元，不足以支付病死猪无害化的处理成本。而且现行政策对年出栏规模低于 50 头的生猪养殖户处理病死猪不给予补贴。故在此现实情景下，养殖户基于有限理性，将病死猪非法出售给猪贩子甚至自己加工再向市场出售将成为本能的选择。与此同时，在生猪养殖户打破"第一块玻璃"时并没有受到监管部门的处罚，入睡的"警察"也没有及时修复猪肉的养殖、屠宰加工与消费市场秩序。

2. 监管部门的失职渎职导致不法商贩有恃无恐

从目前现实情况来分析，在养殖、屠宰、加工、流通、销售、消费等完整的猪肉供应链体系中所涉及的政府监管部门包括畜牧检疫、商务、质检、工商、卫生、食品监督、城管等多个部门，而且还包括保险理赔、畜

---

① 《业内人士爆料：6 成死猪送往卤肉店、烧烤店》，凤凰网，2012 – 05 – 24，http://gz. ifeng. com/zaobanche/detail_2012_05/24/206891_0. shtml。

牧兽医等负责病死猪无害化处理相关监管单位。

案例1：江西高安病死猪流入市场长达20多年竟未被发现。① 2014年12月媒体曝光，作为一名收购病死猪贩子的陈某，在江西省高安市与保险勘查员合伙收购病死猪长达10年之久，并将到处收购的病死猪销往丰城市梅林镇的一家证照齐全的屠宰场，该屠宰场把病死猪加工成70多种有检疫合格证明的产品，销往广东、湖南、重庆、河南、安徽、江苏、山东七个省市。而且由于屠宰病死猪，屠宰场周围的环境污染严重，周围居民不断举报投诉，但因为这家屠宰场行贿了公安部门，多年来竟然安然无恙。此外，陈某还将收购的病死猪出售给高安市城郊的一个黑窝点，由该黑窝点将病死猪宰杀后在高安市农贸市场销售，并长达20多年。

案例2：兽医站工作人员失职渎职导致病死猪肉在"放心肉"店出售。② 2012年3月，山东省日照市莒县库山乡的一名生猪养殖户，把一头患有蓝耳病的生猪送到库山乡兽医站后，兽医站工作人员并未对这头病猪进行检疫，而是让养殖户直接把这头病猪送往当地的生猪定点屠宰场进行加工。屠宰场的工作人员得知这头病猪是兽医站介绍的，便直接将病猪拖进屠宰间进行屠宰，最终这头病死猪与其他健康的生猪头掺杂在一起，在镇上的一家放心肉店售卖。

案例3：官商勾结孕育日产病死猪肉8000斤的屠宰场。③ 2008年6月，广东茂名钟某在光明新区光明街道木墩村经营病死猪屠宰生意，2008年6月至2012年4月，其屠宰病死猪的营业额达百万余元，日产约8000斤病死猪肉，且这些病死猪肉大部分都流向了菜市场、小饭馆、工厂食堂等，还有一些制成腊肉在深圳周边地区等销售。在四年的经营中，钟某的私宰点多次被人举报，却次次"化险为夷"，并且越做越大。案发后查实，光明新区光明执法队的执法人员潘某、张某、卜某等经常向钟某通风报信。2010年11月至2011年11月，潘某共收受钟某9000元的"关照费"，张某也收受了"好处费"。2011年11月后，卜某接替张某的工作后每月也收受了2000元的"好处费"。

实际上，上述3个案例具有共同特征，主要是政府监管部门对病死

---

① 《江西高安病死猪流入7省市部分携带口蹄疫病毒》，《京华时报》2014年12月28日。

② 《山东病死猪未经检疫流向餐桌在"放心肉"店售卖的》，中国广播网，2012-03-28，http：//china．cnr．cn/xwwgf/201203/t20120328_509343800．shtml。

③ 《深圳黑屠宰窝点私宰病死猪用甲醛保鲜盈利百万》，《南方日报》2012年8月7日。

猪的监管存在严重的失职渎职行为。为了保障猪肉安全，政府设立了多个部门对猪肉供应链体系实施监管，要求无害化处理病死猪，坚决杜绝病死猪流入市场，但以上三个案例均体现了病死猪肉逃离了多个监管部门设立的关卡而出现在百姓的餐桌上。进一步分析，这三个案例又展现了不同的特点。案例1展示了病死猪流入市场的整个黑色利益链条。保险勘查员与病死猪贩子勾结，致使病死猪被收购；猪贩子与屠宰场勾结，致使病死猪被屠宰、加工；屠宰场与卫生检验检疫人员勾结，致使屠宰的病死猪肉产品有检疫合格证明，同时也与公安执法人员勾结，逃避查处，在利益的作用下，致使病死猪肉进入菜市场，流向百姓的餐桌。而案例2反映的是在屠宰环节中相关监管人员的渎职行为。《生猪屠宰管理条例》第十条规定，生猪定点屠宰厂（场）屠宰的生猪，应当依法经动物卫生监督机构检疫合格，并附有检疫证明，但在案例2中的畜牧检验人员并没有对病死猪进行检疫，定点屠宰场在没有检验证明的情况下就将病死猪屠宰了。案例3则展现了执法人员的渎职行为。目前，我国私屠乱宰、黑作坊加工病死猪的情况层出不穷，执法人员应该打击病死猪肉加工的黑窝点，取缔私屠乱宰场，而不应该贪图小利，协助无良商贩逃避查处。

3. 病死猪肉的市场需求与监管不力形成共振加剧了市场的无序状态

在生猪养殖户选择负面行为处理病死猪，打破猪肉市场的正常秩序时，如果监管部门存在失职、渎职行为，则将直接导致非法出售与私屠乱宰病死猪、黑窝点销售病死猪肉等行为的蔓延，加剧猪肉市场的无序状态。

案例1：吉林省长春市发生的病死猪犯罪网络案。[①] 2009年10月媒体曝光，在吉林省长春市农安县有一个集购买、运输、分销等于一体的病死猪犯罪网络，每天向长春及周边地区的一些农贸批发市场输送500多公斤的病死猪肉，且当地的一些定点生猪屠宰场也参与其中。在该地区一头病死猪卖给私宰场的价格为50—200元，屠宰加工后，病死猪肉的市场价格则上涨10倍以上。由于这些病死猪肉的售价依然以低于正常猪肉价格而备受消费者青睐。

---

① 《暗访死猪私宰运销：死猪肉做羊肉卷》，《环球时报》2009年11月30日。

案例2：浙江省温岭市发生的特大制售病死猪案。① 2012 年 8 月 2 日警方破获浙江温岭的一起特大制售病死猪案，抓获 65 名犯罪嫌疑人，捣毁窝点 42 个。警方查实，以张某等为首的犯罪团伙长期从温岭太平、泽国、温峤、坞根、石桥头等各地的生猪养殖场收购病死猪，然后运至牧东村一垃圾场附近的窝点进行非法屠宰、加工，再销售给温岭牧屿、泽国、横峰、大溪、台州路桥区等地的菜场、饭馆、厂矿企业等买家，其中有一半以上买家将病死猪肉再加工制成香肠、腊肉等销售，获取高额利润。（新华网，2012 年 8 月 2 日）

案例3：广东省肇庆市发生的特大贩卖病死猪团伙案。② 2014 年 12 月 17 日，广东省肇庆市高要警方破获一起特大贩卖病死猪案，打掉 5 个犯罪团伙，抓获犯罪嫌疑人 34 人，查扣病死猪肉 24.5 吨。警方查实，黄某和马某等经常从当地的一些生猪养殖场收购病死猪，病死猪的售价一般在每斤 0.5 元左右，收购后再以每斤 1.7—2.0 元的价格卖给老主顾郭某和黄某等，郭某等买进病死猪并经初步处理、冷冻后，以每斤 4.2—4.5 元的价钱卖给钟某等，钟某团伙将病死猪肉深加工后运到东莞、佛山、江门、中山、广州、番禺等地，以每斤 17 元左右的价钱卖给当地商户或腊味厂。（新华网，2014 年 12 月 17 日）

以上 3 个案例进一步显示，由于犯罪主体出于利益的考量，更由于执法监管不力，分工合作的病死猪肉制销团伙犯罪网络愈演愈烈，涉案团伙数量与主体数量在不断攀升，猪肉市场的无序状态在一些地区不断扩大，病死猪流入市场甚至达到了相当规模。同时，以上 3 个案例还显示，病死猪流入市场事件屡禁不止的一个重要原因就在于病死猪肉有一定的市场需求，其可能的原因是：第一，病死猪货源不断，且生猪养殖户均愿意出售病死猪；第二，监管部门存在监管的疲软，未能及时从源头上切断病死猪流入市场，使猪肉市场具有无序的外部环境；第三，由于信息的不对称，更由于真假难辨，且消费者受收入水平的影响，可能会选择购买价格较低的病死猪肉或者病死猪肉制品，使病死猪肉有一定的市场需求。在猪肉市场无序的外部环境下，犯罪主体参与病死猪肉制销的利益链的分工与合作

---

① 《浙江温岭涉 46 人特大产销病死猪肉案一审宣判》，中国台州网，2013 - 03 - 13，http：//www.taizhou.com.cn/news/2013 - 03/13/content_ 1005784. htm。

② 《广东肇庆打掉贩卖病死猪团伙查扣病死猪 25.4 吨》，新华网，2014 - 12 - 18，http：//www.sc.xinhuanet.com/content/2014 - 12/18/c_ 1113682817. htm。

就理所当然。

五　食用农产品安全风险演化与发展

通过本章前四个部分的分析，可以得出的基本结论是：自 2005 年以来，我国食用农产品安全质量总体上保持了稳中向好的基本格局，但是，面临的风险日趋多元，十分复杂，治理相当艰难，考验着政府的治理能力。因此，必须从实际出发，借鉴国际经验，构建起有效的治理体系，并持续提升治理能力。

研究我国食用农产品安全风险的演化发展是推进风险治理的基础。综合已有的研究成果，笔者认为，我国的食用农产品安全风险演化与发展的基本特征、内在规律既有国际的普遍性，更具有中国的特殊性。在此，本章做简要的分析。

（一）长期以来工业化战略实施过程中引发的多种矛盾的累积

新中国成立以来，无论是改革开放前 30 年还是改革开放以来的 30 多年，工业化战略始终是我国的基本国策，且由于对客观规律认识不足，指导思想的偏差，快速的工业化发展对农业生产环境造成了极大的破坏，甚至有些是难以逆转的历史性破坏。土壤多种污染交织是"镉大米"的主要根源。进一步分析发现，主要是产地环境污染。沿江河流域工矿企业的"三废"排放，污染水体和耕地，通过大气沉降和水源扩散导致区域环境镉污染，而水稻是对镉吸收最强的大宗谷类作物之一。与此同时，工业化产生的大气污染导致的酸雨增加和土壤酸化。在酸性增强的条件下，土壤中镉等重金属活性也随之增强，更易被水稻等作物吸收。另外，农用化学投入品过量使用，尤其是磷肥被广泛用于农业生产，每千克磷肥中镉的含量从几毫克到几百毫克。由于长期累积，多种污染叠加形成的风险已日益凸显。虽然国家对"镉大米"的治理工作已启动 10 年，但由于污染治理的长期性和复杂性，短期内耕地土壤重金属污染难以有较大改观。

（二）长期以来农业生产过程中问题的累积

农业生产环境主要包括土壤、农业用水及大气质量等。农业生产环境的污染并由此导致农产品安全风险的因素并不限于工业，农业生产过程中污染也是重要的方面，主要是由于不当施用化肥、农药、农膜等农业投入品。图 1－15 显示，农产品安全风险不仅来源于农业生产环境污染的直接传导，而且通过间接传导机制对农产品安全风险产生更具持久性、复杂性、隐蔽性和滞后性等影响。改革开放之前，"以粮为纲"是农业生产的出发点与落脚点，为确保粮食生产，不惜一切代价，在此期间施用的剧毒农药对现在土壤中的农药残留具有重要影响。改革开放之后，化肥、农药、农膜等农业化学投入品仍然高强度施用，而且由于新技术的应用，各种新的化学投入品也在农业生产中广泛使用，伴随着潜在的新风险、新问题悄然滋生，而且现代技术的采用，导致传统的农耕文明的逐步消失，原来可以作为肥料使用的畜禽粪便，现在演化为严重的环境污染物。总之，现在类似于农药残留、重金属等超标等均是长期以来农业生产过程中产生累积的必然结果。

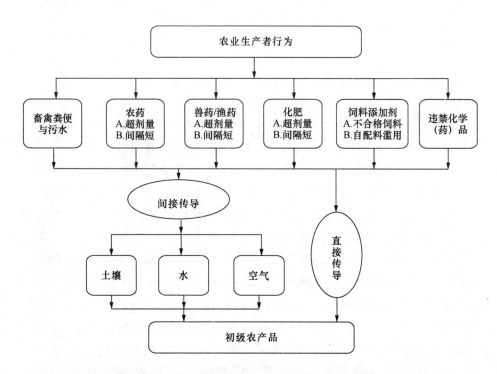

图 1－15　农业生产行为与农产品风险的传导机制

（三）与国情及所处的发展阶段密切相关

改革开放以来，家庭是我国的基本农业生产单位。由于特殊的国情，市场经济的发展并没有彻底改变我国分散化、小规模为主体的农产品生产经营方式的基本格局。虽然农业企业、农业专业合作组织、家庭农场发展较为迅速，但分散化、小规模仍然是我国农产品生产经营基本单元的特征并没有发生根本性改变。如江苏省虽然是我国经济发展领先的省份，但江苏全省目前农村户均耕地面积不足 5 亩，农业经营组织化程度仍然不高，农业生产主体仍以分散农户为主，而且随着新型城镇化的不断发展，农业收入占农村居民家庭年收入的比重仍将继续下降，农户随意使用农药相当普遍，难以有效解决一家一户类似于农药施用的"乱打药"等问题。再以生猪的养殖、屠宰加工为例。虽然自 2010 年以来农业部在全国启动实施了畜禽养殖标准化示范创建活动，规模化养殖已成为保障市场有效供给的重要力量，但不同规模、多种形式的生猪养殖方式并存，2014 年，全国生猪规模养殖约占 42%，58% 的是散户养殖。同时需要指出的是，改革开放之前，建立的基层农业技术推广体系虽然存在诸多问题，但发挥了极其重要的作用。在市场经济条件下基层农业技术推广体系基本上已名存实亡。广东省的调查表明，现在的基层农业技术推广体系名义上存在，但面临体制不顺、机制不活、队伍不稳、保障不足等一系列问题，难以支撑与满足农业生产的要求。因此，农业生产方式转型与技术推广体系的建设具有长期性、复杂性，也由此导致农产品风险治理的艰巨性。

（四）人为因素产生的风险占主导的新特点与现实道德文化环境相关

与食品相类似，目前食用农产品安全风险结构正在发生深刻的变化，人为风险已逐步超过自然风险占主导地位（参见本书第四章有关内容）。农产品安全风险与整个社会的道德文化环境密切相关。长期以来，市场经济发展与道德文化建设没有同步进行，市场经济的劣根性泛化，人们的欲望在社会快速转型的特殊时期极力膨胀，导致的道德阙如、诚信缺失、责任意识淡薄。目前分散化小农户仍然是我国农产品生产的基本主体，普遍具有理性有限、文化程度低等特征，出于改善生活水平的迫切需要，不同程度且普遍存在不规范的农产品生产经营行为。尤其值得关注的是，农产品生产经营的"一家两制"的情形。为降低成本、实现追求利润最大化，生产农户可能对面向市场销售的农产品超量使用化肥、农药、激素及添加剂，而其自身同时又是消费者，为确保自食农产品的安全，农户将单独为家庭自留一块地，对自己食用的农产品少用或不用化肥、农药、激素及添加剂，这便是农业生产中的"一家两制"行为。《中国食品安全发展报告

（2015）》在 2013 年和 2014 年的调查发现①，分别有 38.34% 和 32.83% 的受访者将自己食用的农产品与市场出售农产品采取分开种植的方式，以确保自用农产品的安全。

（五）政策执行力与政策存在缺失并存是重要因素

风险结构农产品生产经营者的不道德行为与政策密切相关。以生猪为例，2007 年开始中央政府先后出台了能繁母猪、生猪良种与疾病防疫、病死猪无害化处理等补贴，农业保险支持与规模养殖扶持等一系列政策，对促进生猪养殖业发展起到了重要作用。然而，政策执行不力在基层非常普遍。比如，农业部和财政部的政策规定，对年出栏量 50 头以上进行无害化处理病死猪的养殖户（场）给予每头 80 元补贴。但根据笔者的调查，实际生猪养殖户（场）能够获得的补贴不足 80 元，如浙江某县补贴为 64 元，不足以支付无害化处理成本，这是导致病死猪乱扔乱抛的主要政策因素。如何全面、精准地分类收储面广量大的重金属污染耕地生产的镉稻谷，是近 20 年来始终没有解决的问题。而市场上频现源头不清的"镉大米"与各地没有严格执行国家发改委、国家粮食局、财政部、农业部等颁发的《关于做好 2013 年重金属超标稻谷收购检测及处置工作的通知》（国粮发〔2013〕285 号）密切相关，由于无法知晓原粮的镉污染水平，镉含量超过 0.4 毫克/千克的稻谷极有可能进入粮食加工环节。

（六）监管体制缺失与基层监管不作为加剧了农产品安全风险

改革开放以来，我国的食品安全监管体制经历了七次改革，基本上每五年为一个周期，并由此形成了目前主要由食品药品监督总局、农业部为主体的相对集中监管模式。虽然食品安全监管体制在长期的探索中不断进步，但如何划分中央政府与地方政府间的责任，如何匹配地方政府负总责与治理能力间的关系，如何基于风险的危害程度实施分类治理等一系列问题并没有得到有效解决。2015 年 4 月，对 A 省区的专项调查发现，农贸市场上猪肉安全监管"九龙治水"的问题仍然突出。食品监管部门主导监管农贸市场食品安全的同时，农业、商务、工商、卫生部门分别监管鲜活农产品、可追溯猪肉、假冒伪劣食品、场地环境卫生。虽然部门间的职

---

① 吴林海、徐玲玲、尹世久等：《中国食品安全发展报告（2015）》，北京大学出版社 2015 年版。

责在文件上说得清楚，但在实际操作中极易产生管理交叉或空白。尤其是部分监管人员不作为甚至失职渎职行为在生猪养殖、屠宰、加工及销售环节均有表现。更可怕的是，一些政府公职人员直接参与犯罪。比如，在2014年12月的江西高安病死猪流入七省市的事件中，病死猪屠宰场七证齐全且有来源真实的检验检疫票据，猪贩子、生猪保险查勘员与猪肉市场管理员相互勾结，形成黑色利益链条。

（七）农产品生产技术与标准的缺失形成风险的重要原因

在现代技术背景下，虽然农产品生产技术不再是影响农产品质量安全的最主要因素，但仍然是一个重要的问题，而标准的缺失导致更容易造成长期的风险。以"镉大米"处置为例。国粮发〔2013〕285号文件规定，对镉含量超过0.4毫克/千克的粮食，应视情况作为饲料、白酒或工业用粮。如果在饲料、白酒、米线等生产过程中缺乏无二次污染的除镉技术，镉必将再次进入生态链和食物链。目前，不违反政策的掺入式稀释法的处置方式是不可能实现真正意义上的镉无害化削减和耕地镉污染的逐步减负，只会大幅度地增加镉污染大米的数量，导致受害人群的严重扩大。以大米为主食的体重在60千克左右的饭量的成年人（不考虑饭量较大人群如青年、农民工、运动员、欠发达地区居民等），即使一天三顿食用400克镉含量已稀释至0.15毫克/千克的合格大米，也已超过FAO/WHO所规定的镉每月耐受摄入量25微克/毫米体重的限量标准。但目前国内产业化的镉削减处理技术、在线检测与分类技术、重金属分离物无害化处理技术与低能耗、高效率重金属分离装备等仍然是空白的，必须加快支持自主创新的"镉大米"安全加工先进技术的产业化与应用示范。与此同时，我国食用农产品标准体系建设以生产标准为主，加工标准体系建设明显不足。根据农业部统计，我国现有的5000项农业行业标准中，农产品加工标准仅有579项，占11.6%，与食用农产品相关的初加工标准则更为缺乏。在已有的标准中，又普遍存在针对性、适应性不强，标准滞后等问题，标准的实施未能达到规范生产、提升农产品质量安全的目标。[①] 在此背景下，我国食用农产品加工行业的主要经营主体——分散的传统型小作坊，由于缺乏资金和技术手段，难以把握市场行情，无法产生规模经济，

---

① 农业部：《2014—2018年农产品加工（农业行业）标准体系建设规划》，农业部网站，2013 – 06 – 27，http：//www.moa.gov.cn/zwllm/ghjh/201306/t20130627_ 3505314. htm。

极易为攫取更大利益而进行违规生产。

　　综上所述，目前中国的食用农产品安全面临的风险日趋多元，技术、自然、管理与人为因素相互交叉叠加，治理的难度相当大。食品安全风险的演化发展与长期以来中国食品安全风险治理体系的缺失，治理能力的不足高度相关。有效治理食用农产品的安全风险，对改革与完善中国食品安全风险体系、提升风险的治理能力提出了一系列新的要求。

第二章 2005—2015 年中国食品加工制造环节的质量安全状况与主要风险分析

第一章重点考察了 2005—2015 年我国主要食用农产品质量安全状况，并以土壤污染、过量施用农药、病死猪流入市场等为案例，多角度地分析了食用农产品安全的主要风险问题。本章则基于国家相关部门发布食品质量抽查数据，且多角度研究我国食品加工制造环节的质量安全状况，努力挖掘加工制造环节食品安全的主要风险等，为治理食品安全风险提供科学依据。

一 食品加工制造环节质量安全状况：基于国家监督抽查数据的分析

2005—2012 年，我国食品加工制造环节的质量监督抽查工作由国家质量监督检验检疫总局负责。2013 年 3 月，国务院实施新一轮食品安全监管体制改革后，由国家食品药品监督管理总局承担食品加工制造环节的质量监督抽查工作。① 因此，本章中 2012 年及之前的国家质量抽查合格率等数据来源于国家质量监督检验检疫总局，2013—2015 年的数据则来源于新组建的国家食品药品监督。

（一）食品质量国家抽查的总体情况

如前所述，2013 年以前，我国食品加工制造环节的质量监督抽查工作由国家质量监督检验检疫总局负责。2013 年之后，由新组建的国家食品药品监督管理总局负责。2013 年以来，为进一步科学地统筹食品安全

---

① 国家质量抽查检查的是成品。成品合格率是对生产加工环节质量控制水平的综合评价，也是验证生产过程控制有效性的方法之一。国家质量抽查食品（成品）合格率可以近似地衡量食品生产加工环节的质量安全水平。

的监督抽检工作，更好地分析利用海量数据，更为准确、全面地把握全国食品安全的整体状况，国家食品药品监督管理总局逐步完善监督抽检工作，按照统一制订计划、统一组织实施、统一数据汇总、统一结果利用的"四统一"要求，全面展开监督抽检，并且突出重点品种、重点区域、重点场所和高风险品种的监督抽检力度。2015 年国家食品药品监督管理总局监督抽检涵盖了 25 类食品大类（包含保健食品和食品添加剂，下同），抽样对象覆盖了大陆地区各省市区的所有获证生产企业。与此同时，按照国家、省、市、县四级体系明确监督抽检的分工体系，科学配置相关监管资源，统一按照企业规模、业态形式、检验项目等确定抽检对象和内容，最大限度地防范了系统性、区域性的食品安全风险。2015 年，国家食品药品监督管理总局在全国范围内组织抽检了 172310 批次食品样品，其中检验不合格样品 5541 批次，样品合格率为 96.80%，比 2014 年提升了 2.1%。在抽检的 25 大类食品中，粮、油、肉、蛋、乳等大宗日常食品合格率均接近或高于 96.80% 的平均水平。

图 2-1 表明，国家质量抽查合格率的总水平由 2005 年的 80.10% 上升到 2015 年的 96.80%，十年间提高了 16.7%。2010 年以来，国家质量抽查合格率一直稳定保持在 95.00% 以上。相对于 2013 年，2014 年国家质量抽查合格率略有下降，但 2015 年的合格率有提升，接近 96.90% 的历史最高点。可见，近年来，通过政府主管部门、行业组织、消费者组织、食品经营者、消费者、新闻媒体等多方共同努力，食品加工制造环节的质量安全状况得到进一步改善，保持了稳中向好的良好态势。

（二）不合格样品的区域分布

研究不合格样品的区域分布，对在全国宏观层次上把握质量状况相对欠佳的食品生产加工企业的地域分布与实施有效监管具有重要的价值。考虑到篇幅，在此以 2015 年为案例进行简单分析。2015 年，国家食品药品监督管理总局在各省市区抽检的不合格样品，其生产企业主要位于广东省、山东省、四川省、湖南省和浙江省，这些省域企业生产的不合格食品数量占当年抽检样品不合格数量的 5% 以上；其后分别为广西壮族自治区、河南省、安徽省、陕西省、吉林省、江苏省、江西省、山西省、黑龙江省和河北省，这些省域企业生产的不合格食品数量占当年抽检样品不合格数量的 3%—5%；而福建省、辽宁省、新疆维吾尔自治区、重庆市、湖北省、甘肃省、内蒙古自治区、贵州省和上海市的企业抽检样品不合格数量占当年样品抽检总量的1%—3%；北京市、宁夏回族自治区、天津市、云南省和海南省企业生产的不合格食品样品占当年样品抽检总量的1%以下。

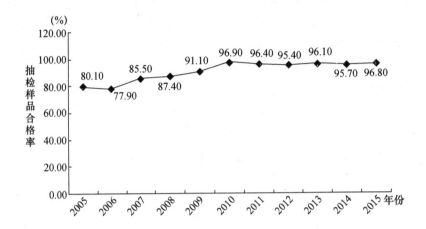

图2-1　2005—2015年食品质量国家监督抽查合格率变化

资料来源：2005—2012年的数据来源于中国质量检验协会官方网站，2013—2016年的数据来源于国家食品药品监督管理总局官方网站。

（三）主要大类食品抽查合格率与比较分析

考虑到数据的可得性，这里主要以2011—2015年为比较分析的时间段，而且重点以2014年、2015年展开比较分析。

2011年，国家质量监督检验检疫总局在全国范围内对食品生产加工环节共监测11.5万余个样品。其中，常规监测28种食品、2种食品添加剂、4种食品相关产品等133个风险项目，检测20352个食品样品，其中，689个食品样品检出质量安全问题，问题检出率为3.6%，比2010年下降了0.5个百分点。2015年，国家食品药品监督管理总局分阶段对粮食及粮食制品、食用油和油脂及其制品、肉及肉制品、蛋及蛋制品、蔬菜及其制品、水果及其制品、水产及水产制品、饮料、调味品、食糖、酒类、焙烤食品、茶叶及其相关制品和咖啡、薯类及膨化食品、糖果及可可制品、炒货食品及坚果制品、豆类及其制品、蜂产品、冷冻饮品、罐头、乳制品、特殊膳食食品、食品添加剂、餐饮食品、保健食品25类食品进行了监督抽检，共抽检了1048家大型生产企业生产的20468批次产品，样品合格率为99.4%，其中抽检的18家大型经营企业集团24328批次，样品合格率为 98.1%。由此可见，目前食品加工制造环节的质量安全监督抽检的深度、广度与宽度明显提升。

2015 年，在抽检的 25 类食品中，粮、油等大宗日常食品消费品合格率均接近或高于 96.8%的平均水平。图 2-2 显示，2015 年国家监督抽检合格率为 99.5%及以上的品种分别是乳制品和食品添加剂，位居前两位，其后是茶叶及其相关制品和咖啡、糖果及可可制品，均为 99.3%。而合格率最低的食品品种为饮料和冷冻饮品，均仅达到 94.1%。焙烤食品以 94.8%合格率，水果及其制品、水产及水产制品均以 95.3%合格率同样排位较后。与 2014 年相比，25 类食品中有 19 类食品的抽检合格率有所提升，其中，豆类及其制品、餐饮食品和酒类合格率提高的幅度较大。虽然饮料样品合格率也有较大的提升，但与其他品种相比，合格率仍然垫底，值得相关监管部门重视。主要大类食品的抽检结果如下：

1. 粮食及其粮食制品

2015 年，共抽检粮食及其粮食制品样品 23942 批次，样品合格数量 23301 批次，不合格样品数量 641 批次（2014 年共抽检粮食及其制品样品 7438 批次，覆盖 4828 家企业），合格率达到 97.3%。抽检覆盖 104470 个企业产品样品，主要包括大米制品、小麦粉、粉丝粉条等淀粉制品、米粉制品、速冻米面食品（水饺、汤圆、元宵、馄饨、包子、馒头等）及方便食品等。如图 2-3 所示，大米制品的合格率较高，达到 99.9%；其次分别为小麦粉、方便食品和生湿面制品，均达到 98.5%以上的合格率。紧随其后的是速冻米面食品和米粉制品，两者合格率分别为 97.3%和 97.0%，而玉米粉合格率仅 96.2%为最低，究其原因，主要是霉菌、大肠菌群、黄曲霉毒素 B1 超过标准值。粉丝粉条则以 96.3%的合格率位居粮食及其制品样品抽检合格率的倒数第二，其主要不合格项目是铝含量超标。需要指出的是，与 2014 年方便食品的抽检合格率仅为 93.75%相比，而在 2015 年合格率有了明显提高。2014 年粮食及其粮食制品的抽检合格率见图 2-4。

2. 食用油、油脂及其制品

如图 2-5 所示，2010—2015 年对全国 30 个省市区食用植物油样品展开抽检，结果表明，样品合格率近年来稳步提升。2015 年食用植物油样品合格率为 98.1%，比 2014 年和 2013 年样品合格率分别高出 0.4%和 0.7%。与其余各年较为类似的是，2015 年食用植物油抽检样品不合格项

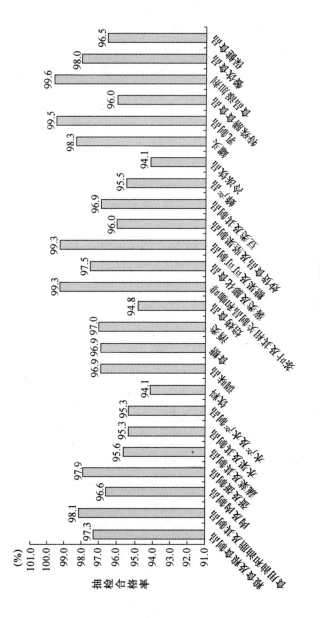

图 2 - 2　2015 年食品安全监督抽检合格率

资料来源：国家食品药品监督管理总局发布 2015 年食品安全监督抽检情况。

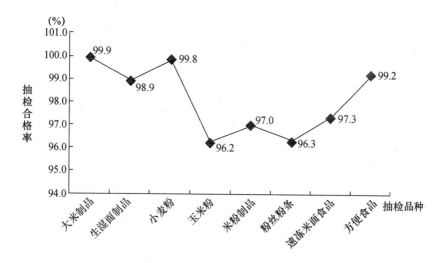

图 2-3　2015 年粮食及其制品样品国家食品药品监督管理总局抽检合格率

资料来源：笔者根据国家食品药品监督管理总局官方网站食品抽检信息整理形成。

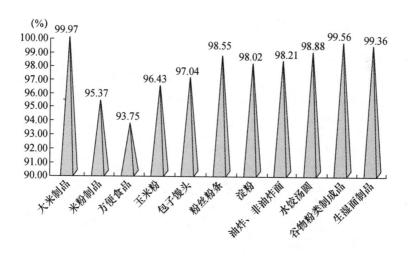

图 2-4　2014 年粮食及其制品样品国家食品药品监督管理总局抽检合格率

资料来源：笔者根据国家食品药品监督管理总局官方网站食品抽检信息整理形成。

目仍然是苯并（α）芘和过氧化值超标。

2015 年，共抽检食用油、油脂及其制品样品为 9510 批次，抽检项目达到 19 项，样品合格数量为 9329 批次，合格率达到 98.1%。主要为食用植物油，涉及品种有芝麻油、花生油、调和油、大豆油、菜籽油和玉米油、

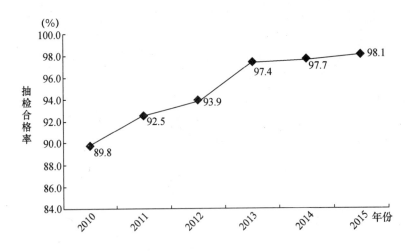

图 2 – 5　2010—2015 年食用植物油抽检合格率

资料来源：2010—2012 年数据来源于中国质量检验协会官方网站，2013—2014 年数据来源于国家食品药品监督管理总局官方网站。

葵花籽油、棉籽油和山茶油等。其中，玉米油样品抽检合格率最高，达到99.9%，棉籽油样品抽检合格率最低为 93.0%。其他品种的合格率由高到低依次为调和油 99.8%、大豆油 99.0%、芝麻油 98.6%、花生油98.2%、菜籽油 97.4%、葵花籽油 97.3% 和山茶油 97.3%（见图 2 – 6）。这些样品主要抽检不合格项目为过氧化值、溶剂残留量、苯并（α）芘、酸

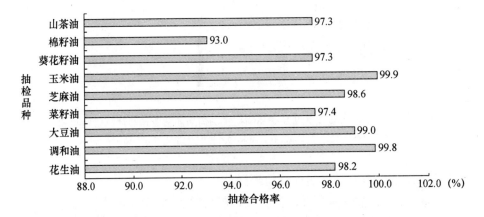

图 2 – 6　2015 年食用油、油脂及其制品样品国家食品药品监督管理总局抽检合格率

资料来源：笔者根据国家食品药品监督管理总局官方网站食品抽检信息整理形成。

值、黄曲霉毒素 B1 等超标。需要指出的是，虽然棉籽油抽检样品仅有 57
个，但其中就有 4 个产品样品不合格。针对棉籽油生产企业的监管显然需
要进一步加强。

3. 肉及肉制品

2009—2012 年国家质量监督检验检疫总局对全国近 300 种肉制品的
抽查结果表明，肉制品总体合格率由 2009 年的 93.00% 上升到 2012 年的
97.50%。被抽查的项目包括亚硝酸盐、山梨酸、苯甲酸、诱惑红、日落
黄、重金属、微生物指标、酸价、过氧化值、苯并（α）芘、盐酸克伦特
罗、莱克多巴胺、沙丁胺醇、挥发性盐基氮、三甲胺氮等项目指标。但肉
及肉制品的抽查并没有在全国范围内覆盖，抽查项目也不全面。2011 年
被抽查省市区是 28 个，2009 年仅为 22 个；2011 年抽检的项目是 25 个，
2009 年则为 22 个。有关数据见图 2 - 7。

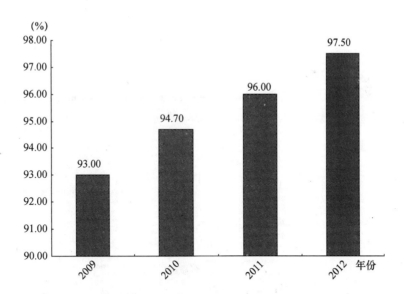

图 2 - 7 2009—2012 年肉制品样品的国家质量监督抽查合格率

资料来源：中国质量检验协会官方网站，http://www.chinatt315.org.cn/cpcc/。

2015 年，共抽检肉及肉制品样品 18344 批次，覆盖 47 个抽检项目，
13819 个产品样品（2014 年共抽检肉及肉制品样品 3721 批次，覆盖 1699
家企业），合格率为 96.6%。其中抽检样品主要包括酱卤肉制品、腌腊肉
制品、熏烧烤肉制品、熏煮香肠火腿制品和熟肉干制品等食品类别。其中

熏煮香肠火腿制品样品抽检合格率最高为 98.4%，其后分别为酱卤肉制品的 97.9%、腌腊肉制品的 97.5%、熟肉干制品的 97.4% 和熏烧烤肉制品的 97.0%（见图 2-8）。与 2014 年相比（见图 2-9），除了腌腊肉制品抽检合格率有所下降以外，其余类别均有所上升，其中虽然熏烧烤肉制品的抽检合格率提升明显，但仍然在肉及肉制品类别中处于最末位。

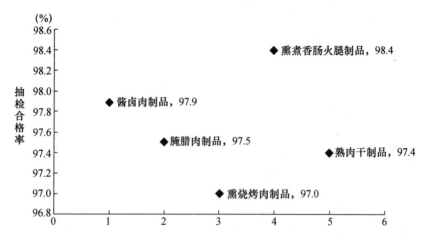

图 2-8　2015 年肉及肉制品样品国家食品药品监督管理总局抽检合格率

资料来源：笔者根据国家食品药品监督管理总局官方网站食品抽检信息整理形成。

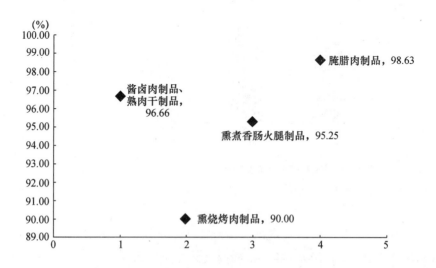

图 2-9　2014 年肉及肉制品样品国家食品药品监督管理总局抽检合格率

资料来源：笔者根据国家食品药品监督管理总局官方网站食品抽检信息整理形成。

4. 蛋及蛋制品

2015年，共抽检蛋及蛋制品样品2339批次，样品合格数量达到2291批次（2014年共抽检蛋及蛋制品样品470批次，覆盖293家企业），合格率为97.9%。主要包括鲜蛋、其他再制蛋、皮蛋（松花蛋）、干蛋类、冰蛋类等，抽检品种类似于2014年。其中，鲜蛋合格率与2014年一致，仍为100.00%，其他再制蛋抽检合格率为99.4%，比2014年提升1.15%，皮蛋（松花蛋）抽检合格率最低，为97.6%，比2014年99.30%的合格率下降明显（见图2－10）。抽检不合格项目主要是菌落总数超标。2014年的抽检蛋及蛋制品的情况如图2－11所示。

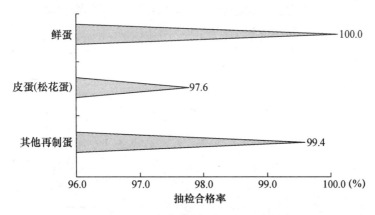

图2－10　2015年蛋及蛋制品样品国家食品药品监督管理总局抽检合格率

资料来源：笔者根据国家食品药品监督管理总局官方网站食品抽检信息整理形成。

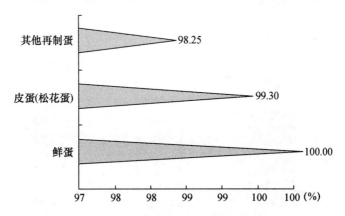

图2－11　2014年蛋及蛋制品样品国家食品药品监督管理总局抽检合格率

资料来源：笔者根据国家食品药品监督管理总局官方网站食品抽检信息整理形成。

5. 蔬菜及其制品

2015 年，共抽检蔬菜及其制品样品 5482 批次，样品合格数量为 5241 批次（2014 年共抽检蔬菜及其制品样品 370 批次，覆盖 26 个生产省份的 277 家企业），合格率达到 95.6%。主要涉及酱腌菜样品、蔬菜干制品抽检品种（自然干制品、热风干燥蔬菜、冷冻干燥蔬菜、蔬菜脆片、蔬菜粉及制品）、干制食用菌等。其中酱腌菜抽检合格率最低，仅为 93.3%，抽检不合格项目主要是苯甲酸、大肠菌群、环己基氨基磺酸钠（甜蜜素）等超标。蔬菜干制品抽检合格率最高，为 97.3%，抽检不合格项目主要是总砷、铅、镉等超标，干制食用菌抽检合格率是 95.8%，抽检不合格项目主要是镉、二氧化硫等超标（见图 2 - 12）。2014 年蔬菜及其制品抽检合格率的情况如图 2 - 13 所示。

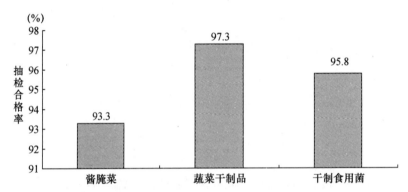

图 2 - 12 2015 年蔬菜及其制品样品国家食品药品监督管理总局抽检合格率

资料来源：笔者根据国家食品药品监督管理总局官方网站食品抽检信息整理形成。

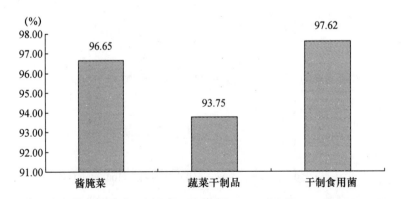

图 2 - 13 2014 年蔬菜及其制品样品国家食品药品监督管理总局抽检合格率

资料来源：笔者根据国家食品药品监督管理总局官方网站食品抽检信息整理形成。

6. 水果及其制品

2015 年，共抽检水果及其制品样品 4615 批次，涵盖了 42 个抽检项目（2014 年共抽检水果及其制品样品 492 批次，覆盖 27 个生产省份的 226 家企业），不合格样品数量 215 批次，合格率为 95.3%。主要包括蜜饯制品抽检品种、水果干制品样品、果酱样品等。其中蜜饯制品样品合格率最低，为 92.5%，不合格项目主要是环己基氨基磺酸钠（甜蜜素）、二氧化硫残留量、糖精钠、苯甲酸等超标。水果干制品样品合格率为 94.2%，主要在菌落总数、苯甲酸、山梨酸等项目超标。而果酱样品抽检合格率最高，为 98.4%。针对蜜饯制品生产企业的监管力度有待进一步加强（见图 2-14）。2014 年水果及其制品样品合格率情况如图 2-15 所示。

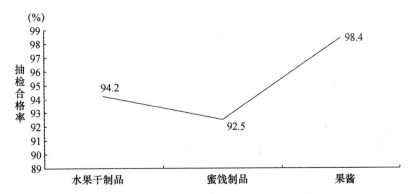

图 2-14 2015 年水果及其制品样品国家食品药品监督管理总局抽检合格率

资料来源：笔者根据国家食品药品监督管理总局官方网站食品抽检信息整理形成。

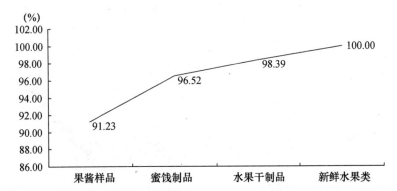

图 2-15 2014 年水果及其制品样品国家食品药品监督管理总局抽检合格率

资料来源：笔者根据国家食品药品监督管理总局官方网站食品抽检信息整理形成。

7. 水产品及水产制品

2015 年，共抽检水产品及水产制品样品 6560 批次，不合格样品数量为 309 批次（2014 年共抽检水产品及水产制品样品 792 批次，覆盖 368 家企业），合格率达到 95.3%。抽检的水产品及水产制品范围主要包括淡水鱼虾类、海水鱼虾类、熟制动物性水产品（可直接食用）、其他动物性水产干制品、其他热海水产品等。其中，其他热海水产品样品抽检合格率最低，为 90.1%，不合格项目主要是明矾（以铝计）超标。而其他动物性水产干制品样品抽检合格率最高，达到 96.2%，不合格项目主要是山梨酸、亚硫酸盐（以二氧化硫残留量计）超标。另外，熟制动物性水产品（可直接食用）样品抽检合格率为 95.8%，主要是因为大肠菌群、金黄色葡萄球菌、菌落总数等指标超出国家标准。海水鱼虾类样品抽检合格率为 95.2%，不合格项目主要是为恩诺沙星（以恩诺沙星与环丙沙星之和计）、呋喃西林代谢物、孔雀石绿、喹乙醇（以 3－甲基喹啉－2－羧酸计）超标。淡水鱼虾类样品抽检合格率 93.1%，主要是由于恩诺沙星（以恩诺沙星与环丙沙星之和计）、孔雀石绿、呋喃西林代谢物、呋喃唑酮代谢物、土霉素等指标超标（见图 2－16）。总体而言，2015 年合格率的情况比 2014 年有了较大改善。2014 年水产品及水产制品样品抽检合格

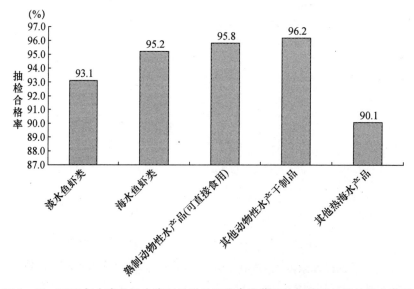

图 2－16　2015 年水产品及水产制品样品国家食品药品监督管理总局抽检合格率

资料来源：笔者根据国家食品药品监督管理总局官方网站食品抽检信息整理形成。

率见图 2 -17。图 2 -17 显示，除淡水鱼类抽检合格率为 100.00% 外，其他水产品及其制品的抽检合格率非常低，熟制动物性水产品（可直接食用）合格率为 88.94%，软体动物类和其他热海水产品的抽检合格率仅为 66.67% 和 33.33%。

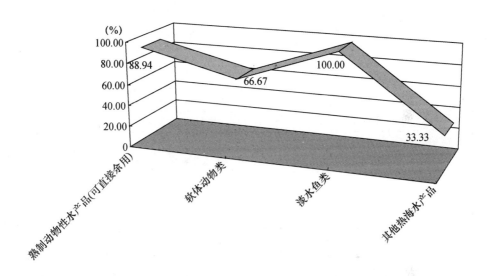

图 2 –17 2014 年水产品及水产制品样品国家食品药品监督管理总局抽检合格率

资料来源：笔者根据国家食品药品监督管理总局官方网站食品抽检信息整理形成。

8. 饮料

2015 年，共抽检饮料样品 13507 批次，涉及 56 个抽检项目，不合格样品数量 802 批次，合格率为 94.1%。抽检的饮料主要包括饮用纯净水、天然矿泉水、其他瓶（桶）装饮用水、果蔬汁饮料、碳酸饮料（汽水）、含乳饮料、茶饮料、其他蛋白饮料（植物蛋白饮料、复合蛋白饮料）等。主要不合格项目为亚硝酸盐、酵母、霉菌、溴酸盐、蛋白质、电导率、高锰酸钾消耗量、游离氯、大肠菌群、界限指标—偏硅酸、界限指标—锶、铜绿假单胞菌、余氯等。其中，天然矿泉水中铜绿假单胞菌超标尤其应受到关注。在抽检饮料中，饮用纯净水合格率为 91.8%，为饮料类样品抽检合格率最低，其次由低到高分别为其他瓶（桶）装饮用水，样品抽检合格率为 92.7%，天然矿泉水样品抽检合格率为 96.2%，其他蛋白饮料（植物蛋白饮料、复合蛋白饮料）样品抽检合格率为 99.0%，含乳饮料样品抽检合格率为99.6%，而果蔬汁饮料、碳酸饮料（汽水）和茶饮料样品抽检合格率均为100.0%（见图2-18）。

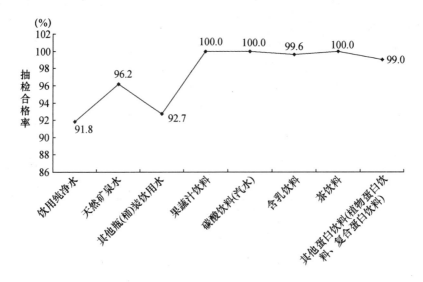

图2-18 2015年饮料样品国家食品药品监督管理总局抽检合格率

资料来源：笔者根据国家食品药品监督管理总局官方网站食品抽检信息整理形成。

2012年及以前，饮料产品的合格率按照碳酸饮料与果蔬汁饮料两大类指标，由国家质量监督检验检疫总局发布。如图2-19所示，2010—2015年，碳酸饮料（汽水）样品抽检合格率较为波动，2011年由于抽检样本数不足100份，碳酸饮料（汽水）样品合格率较2010年有较大提升，达到100.00%不足为怪。但2012年抽检合格率由于抽检更为科学，即降到95.7%，2014年抽检合格率又下降到96.2%。2015年抽检项目涉及品质指标、重金属指标、非食用物质以及食品添加剂指标和微生物指标等31个指标。与2012年抽查的不合格项目主要为二氧化碳气容量、菌落总数、甜蜜素和安赛蜜，2013年不合格项目为酵母、菌落总数、苯甲酸、二氧化碳气容量、糖精钠、环己基氨基磺酸钠（甜蜜素）和乙酰磺胺酸钾（安赛蜜），2014年不合格项目为菌落总数、苯甲酸、霉菌等情况有所不同，2015年抽检的碳酸饮料（汽水）样品合格率达到100.00%，尤其是与2011年相比，碳酸饮料（汽水）的质量安全在2015年真正有了较大改善。

在图2-20中，2010—2015年，我国果蔬汁饮料在砷、铅、铜、二氧化硫残留量、苯甲酸、山梨酸、糖精钠、甜蜜素、安赛蜜、合成着色剂、展青霉素、菌落总数、大肠菌群、霉菌、酵母、致病菌（沙门氏菌、金黄色葡萄球菌、志贺氏菌）等项目开展抽检，结果显示抽检合格率呈现出逐年上升态势。2012 年之前，果蔬汁饮料的不合格项目主要为菌落总数、霉菌、酵母等。而 2012 年不合格项目主要为原果汁含量不符合相关标准的规定；2013 年不合格的检测项目主要为菌落总数、亮蓝和霉菌。这些情况在 2014 年和 2015 年都有较大改善，2014 年和 2015 年两年，我国抽检果蔬汁样品合格率均为 100.0%，质量安全状况稳定向好。

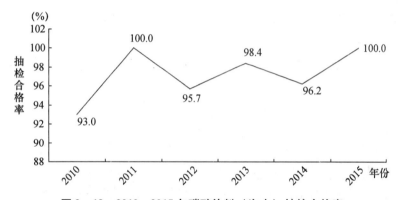

图 2-19 2010—2015 年碳酸饮料（汽水）抽检合格率

资料来源：2009—2012 年数据来源于中国质量检验协会官方网站，2013—2014 年数据来源于国家食品药品监督管理总局官方网站。

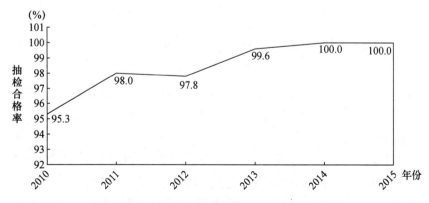

图 2-20 2010—2015 年果蔬汁饮料抽检合格率

资料来源：2010—2012 年数据来源于中国质量检验协会官方网站，2013—2015 年数据来源于国家食品药品监督管理总局官方网站。

9. 调味品

2015 年，共抽检调味品数量达到 11495 批次，不合格数量为 361 批次（2014 年共抽检调味品 3251 批次，覆盖 1573 家企业），合格率为 96.9%。包括酱油、食醋、味精和鸡精调味品、固态调味品、半固态调味品等均受到抽检。其中酱油样品抽检合格率为 96.3%，食醋样品抽检合格率为 97.3%，味精和鸡精调味品样品抽检合格率为 98.9%，固态调味品样品抽检合格率为 94.5%，半固态调味品样品抽检合格率为 96.7%。显然，调味品中固态调味料质量有待进一步提升，而味精和鸡精调味料样品抽检合格率在调味品中排名最高（见图 2－21）。2014 年调味品抽检合格率情况见图 2－22。

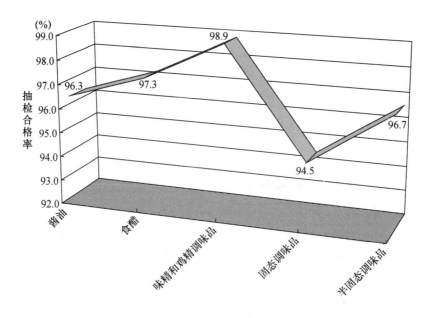

图 2－21　2015 年调味品样品国家食品药品监督管理总局抽检合格率

资料来源：笔者根据国家食品药品监督管理总局官方网站食品抽检信息整理形成。

10. 酒类

2015 年，酒类样品抽检数量达到 15963 批次，合格数量为 12705 批次，合格率达到 97.0%。抽检主要涉及白酒、黄酒、啤酒、葡萄酒及果酒和其他发酵酒等。其中白酒样品抽检合格率为 96.1%，不合格项目主要为酒精度、固形物、氰化物、甜蜜素、糖精钠、安赛蜜等超标。黄酒样

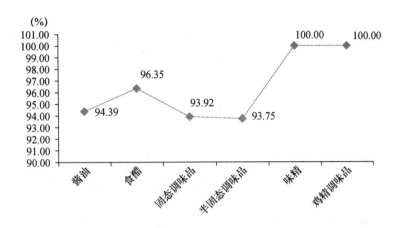

图 2 – 22　2014 年调味品样品国家食品药品监督管理总局抽检合格率

资料来源：笔者根据国家食品药品监督管理总局官方网站食品抽检信息整理形成。

品抽检合格率为 97.5%，啤酒样品抽检合格率为 100.0%，葡萄酒样品抽检合格率为 97.9%，果酒样品抽检合格率为 95.6%，其他发酵酒样品抽检合格率为 97.2%。抽检中发现，果酒样品和白酒样品的质量需要引起高度重视（见图 2 – 23）。

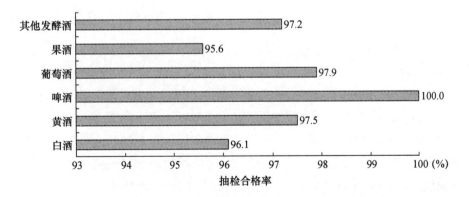

图 2 – 23　2015 年酒类样品国家食品药品监督管理总局抽检合格率

资料来源：笔者根据国家食品药品监督管理总局官方网站食品抽检信息整理形成。

如图 2 – 24 所示，2010—2015 年，对全国 28 个省市区的葡萄酒样品抽检结果表明，葡萄酒样品质量总体比较稳定。2015 年抽检项目包括重金属、污染物、食品添加剂及品质指标等 20 个指标，样品合格率为

97.9%，存在的主要问题为酒精度、干浸出物、苯甲酸、糖精钠、环己基氨基磺酸钠（甜蜜素）、苋菜红等指标不符合标准。与2013年情况最为类似。而酒精度指标不达标成为影响2015年葡萄酒样品合格率的最大问题。

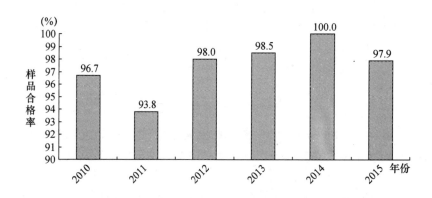

图2-24　2010—2015年葡萄酒抽检合格率

资料来源：2010—2012年数据来源于中国质量检验协会官方网站，2013—2015年数据来源于国家食品药品监督管理总局官方网站。

11. 焙烤食品

2015年，抽检焙烤食品样品为7672批次，其中402批次不合格，合格率为94.8%（2014年共抽检焙烤食品样品3489批次，覆盖1830家企业）。抽检样品主要包括糕点、月饼、饼干、粽子、面包等。其中粽子和月饼抽检合格率较高，分别为100.0%和97.2%，面包样品抽检合格率为焙烤食品样品中最低，为92.3%，而糕点和饼干样品抽检合格率分别为94.5%和94.6%。检出焙烤食品样品不合格的检测项目主要为菌落总数（见图2-25）。2014年焙烤食品抽检合格率如图2-26所示。

12. 茶叶及其相关制品、咖啡

2015年，共抽检茶叶及其相关制品、咖啡样品3605批次；涉及28个抽检项目（2014年共抽检茶叶、代用茶、速溶茶类和其他含茶制品样品1121批次，覆盖833家企业），合格率为99.3%。抽检样品主要包括茶叶、代用茶、速溶茶类和其他含茶制品，抽检结果显示，茶叶样品合格率为98.8%，代用茶样品抽检合格率为97.3%，主要问题是铅含量超标。

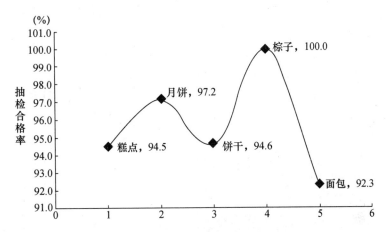

图 2 – 25　2015 年焙烤食品样品国家食品药品监督管理总局抽检合格率

资料来源：笔者根据国家食品药品监督管理总局官方网站食品抽检信息整理形成。

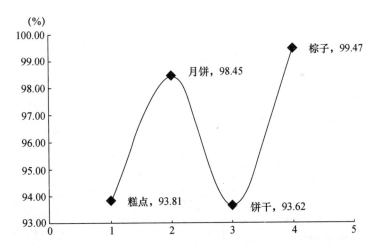

图 2 – 26　2014 年焙烤食品样品国家食品药品监督管理总局抽检合格率

资料来源：笔者根据国家食品药品监督管理总局官方网站食品抽检信息整理形成。

而速溶茶类、其他含茶制品样品抽检合格率则均为 100.0%（见图 2 – 27）。2014 年茶叶及相关制品样品抽检合格率如图 2 – 28 所示。

13. 特殊膳食食品

2015 年，特殊膳食食品样品抽检 4063 批次，涉及 67 个抽检项目，163 批次不合格，样品合格率为 96.0%。抽检样品主要包括婴幼儿配方食品、婴幼儿谷类辅助食品等。其中，婴幼儿配方食品样品抽检合格率为

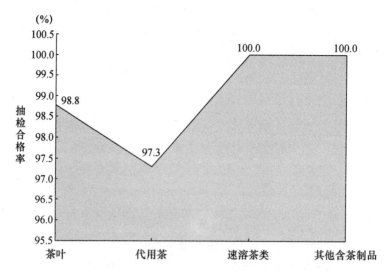

图 2 - 27 2015 年茶叶及其相关制品样品、咖啡样品国家
食品药品监督管理总局抽检合格率

资料来源：笔者根据国家食品药品监督管理总局官方网站食品抽检信息整理形成。

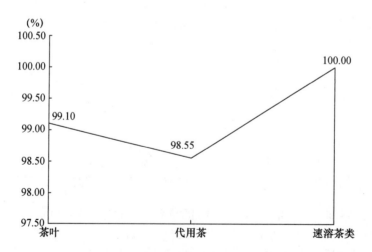

图 2 - 28 2014 年茶叶及相关制品样品、咖啡样品国家食品药品
监督管理总局抽检合格率

资料来源：笔者根据国家食品药品监督管理总局官方网站食品抽检信息整理形成。

99.3%，而婴幼儿谷类辅助食品样品抽检合格率仅为 91.5%，主要不合格项目为钠、维生素 A、维生素 B2、烟酸、菌落总数等指标不符合国家标准，相关生产企业的食品质量安全需要引起重视（见图 2 - 29）。

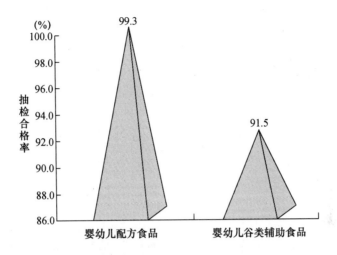

图 2 - 29　2015 年特殊膳食食品国家食品药品监督管理总局抽检合格率

资料来源：笔者根据国家食品药品监督管理总局官方网站食品抽检信息整理形成。

14. 食品添加剂

2015 年，各省市区局共新颁发食品添加剂生产许可证 217 张。截至 2015 年 11 月底，全国共有食品生产许可证 170195 张，食品添加剂生产许可证 3349 张，食品添加剂生产企业 3288 家。2015 年，针对食品添加剂生产企业共抽检食品添加剂样品 2476 批次（2014 年共抽检食品添加剂样品 936 批次，覆盖 392 家企业），抽检样品合格率为 99.6%。主要包括食品用香精、明胶和复配食品添加剂等。其中，食品用香精样品抽检合格率为 99.8%，明胶样品抽检合格率为 99.0%，而复配食品添加剂样品抽检合格率为 100.0%（见图 2 - 30）。2014 年食品添加剂样品抽检合格率如图 2 - 31 所示。

15. 液体乳

如图 2 - 32 所示，2011 年、2013 年、2014 年和 2015 年对液体乳样品抽检结果表明①，液体乳样品合格率总体仍保持在较高的水平上。2015 年液体乳样品合格率为 99.5%，较 2014 年再提升 0.5%，不合格项目主要为酸度、大肠菌群、菌落总数、霉菌、金黄色葡萄球菌等超标。总体而言，虽然近些年液体乳样品抽检合格率有所波动，但我国液体乳仍然显示

———————

① 需要说明的是，2012 年的全国液体乳产品的抽查合格率数据缺失。

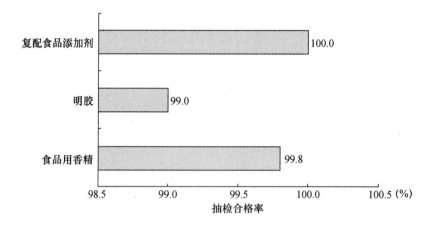

图 2-30 2015 年食品添加剂样品国家食品药品监督管理总局抽检合格率

资料来源：笔者根据国家食品药品监督管理总局官方网站食品抽检信息整理形成。

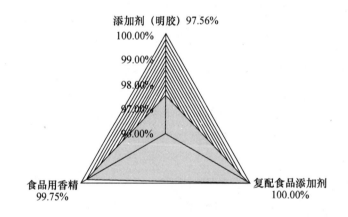

图 2-31 2014 年食品添加剂样品国家食品药品监督管理总局抽检合格率

资料来源：笔者根据国家食品药品监督管理总局官方网站食品抽检信息整理形成。

总体质量稳定向好的态势。

16. 小麦粉

如图 2-33 所示，2010—2015 年，对全国上百种小麦粉产品的抽查结果表明，除 2012 年有所波动外，小麦粉抽检合格率呈总体逐年上升态势，由 2010 年的 97.5% 上升到 2015 年的 99.8%。与其余各年不同的是，2010 年抽查发现的小麦粉产品存在的主要问题为过氧化苯甲酰实测值不符合相关标准规定和灰分未达到标准；而 2011 年和 2012 年发现的主要问题是灰分未达到标准；2014 年小麦粉的不合格检测项目为脱氧雪腐镰刀菌烯醇、过氧化苯甲酰；2015 年小麦粉样品抽检不合格项目则主要是检出禁止在面粉中使用的含铝添加剂等。

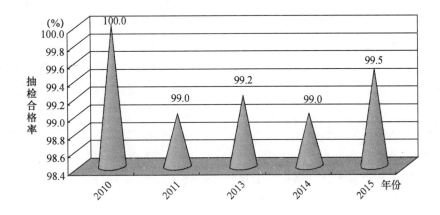

图 2 - 32 2011—2015 年液体乳抽检合格率

资料来源：2010—2011 年数据来源于中国质量检验协会官方网站，2013—2015 年数据来源于国家食品药品监督管理总局官方网站。

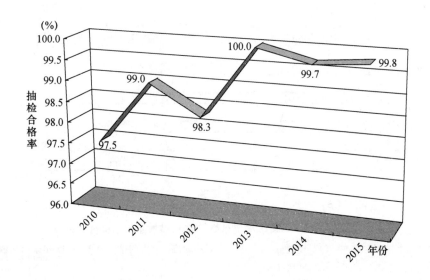

图 2 - 33 2010—2015 年小麦粉抽检合格率

资料来源：2010—2012 年的数据来源于中国质量检验协会官方网站，2013—2015 年数据来源于国家食品药品监督管理总局官方网站。

17. 其他瓶（桶）装饮用水

图 2 - 34 中，2015 年对 30 个省份其他瓶（桶）装饮用水样品的抽检结果显示，样品合格率仅为 92.7%，这也将 2015 年饮料类样品抽检合格率拉至所有抽检食品大类样品抽检合格率的最末位，但与 2011 年、2012年和 2013 年相比，其他瓶（桶）装饮用水样品合格率还是有较大提高。需要指出的是，与 2011—2014 年抽检其他瓶（桶）装饮用水样品不合格的主要问题较为相似，2015 年不合格的主要问题仍是菌落总数、电导率、霉菌和酵母、游离氯/余氯、高锰酸钾消耗量/耗氧量、溴酸盐、铜绿假单胞菌、偏硅酸、锶、亚硝酸盐、大肠菌群等项目超标，其中，铜绿假单胞菌项目备受关注。由于铜绿假单胞菌易在潮湿的环境存活，对消毒剂、紫外线等具有较强抵抗力。2009 年开始实施的《饮用天然矿泉水新国标》中，铜绿假单胞菌已被列入新增加的 3 种致病菌之一。但包括纯净水、矿泉水其他瓶（桶）装饮用水在内均等被检测出铜绿假单胞菌，表明生产企业除了杀菌不彻底外，原料水体受到污染或生产过程中卫生控制不严格，比如，从业人员未经消毒的手直接与水或容器内壁接触等造成污染，这类食品安全问题必须引起高度重视。

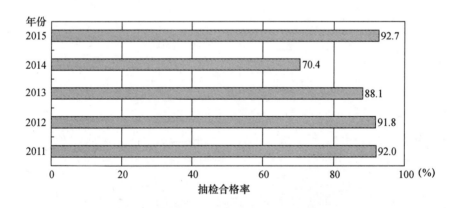

图 2 - 34　2011—2015 年其他瓶（桶）装饮用水抽检合格率

资料来源：2011—2012 年数据来源于中国质量检验协会官方网站，2013—2015 年数据来源于国家食品药品监督管理总局官方网站。

二　加工制造环节食品安全主要风险：
基于国家抽查数据的分析

归纳总结 2015 年前各年度抽查发现的主要食品问题，可以发现，微生物污染、品质指标不达标以及超量与超范围使用食品添加剂是我国食品加工和制造环节最主要的质量安全隐患。重点以 2015 年的国家食品抽检情况为案例，加工制造环节的食品质量安全的主要风险重点体现在以下五个方面。①

（一）非法添加非食用物质与不规范使用食品添加剂

2015 年食品安全监督抽检情况显示，检出非食用物质的样品占不合格样品的 1.2％，主要问题包括食品种类中个别样品检出罗丹明 B、苏丹红、过氧化苯甲酰、富马酸二甲酯、硼砂等非食用物质。而非食用物质检出主要是因为人为非法添加造成的。需要明确的是，非食用物质并非食品添加剂。在食品生产中，超出国家标准规定的范围、限量使用食品添加剂，属于"滥用食品添加剂"问题，而添加非食用物质引起的食品安全问题不应归结为滥用食品添加剂。目前，我国食品生产者一定程度混淆了食品添加剂和非食用物质的界限，将从事违法犯罪活动，向食品中添加非食用物质都称为添加剂，加深了公众对食品添加剂的误解，严重威胁食品安全。

2015 年食品安全监督抽检数据还显示，超范围、超限量使用食品添加剂问题占不合格样品的 24.8％。主要问题是部分样品有防腐剂、甜味剂、膨松剂和着色剂滥用问题，占添加剂不合格样品量的 95％以上，其中防腐剂就占 49％。涉及罐头产品山梨酸项目不合格，调味品香料中二氧化硫项目不合格，肉制品中诱惑红和柠檬黄项目不合格，水果及其制品中苯甲酸和防腐剂添加不合格等。防腐剂项目不合格的主要原因是食品生产企业为了延长产品保质期，加上缺乏对防腐剂的最大使用量的正确理解，生产过程中对质量管控不严等。而为了改善产品外观，企业可能超范

---

① 需要说明的是，虽然食品科学与技术是治理食品安全风险的基本手段，但本书主要是从管理学等社会科学的角度来展开研究的，故此方面本书并未作为主要的研究内容而涉及。

围使用色素类添加剂。当然，企业也会为了解决生产加工中产品粘连、断条等问题添加明矾，将二氧化硫用作食物和干果的防腐剂等。

目前，我国允许使用的食品添加剂有2300余种。国家卫生计生委制定发布了《食品安全国家标准食品添加剂使用标准》（GB2760）和《食品安全国家标准食品营养强化剂使用标准》（GB14880），规定了食品添加剂的使用原则，允许使用的食品添加剂品种、使用范围及最大使用量或残留量。生产企业在食品生产过程中按照国家标准使用食品添加剂，不会对人体健康造成危害。

而非法添加非食用物质和食品添加剂不符合标准主要是由生产经营环节违法违规操作引起的。目前，我国有食品经营许可证的食品经营、生产企业达1180万家，此外，还有为数众多没有领许可证的一些小作坊、小摊贩、小餐饮，"产业小散乱"的问题相当突出。食品生产中违法添加非食用物质和超范围、超限量使用食品添加剂问题，食品添加剂滥用、非法添加等安全性指标检验应继续成为今后食品安全监督抽检的重点。

（二）农兽药残留超标

2015年国家食品药品监督管理总局共抽检农兽药残留相关食品4万多批次，在所有的食品抽检中占25%。其中，农兽药残留不合格产品达到225批次，占不合格样品的3.8%。主要是部分样品中检出克百威、氯霉素、孔雀石绿、"瘦肉精"和恩诺沙星等禁限用农兽药。具体来看，涉及水产品中鳊鱼恩诺沙星和环丙沙星总量超标、黑鱼中硝基呋喃类药物，散养草鸡蛋中检出氟苯尼考等一般用于预防动物疾病的抗菌类药物等。由于国家相关标准和公告规定了相关限量。样品中出现农兽药残留，很有可能为种养殖过程中人为添加或饲料带入，也可能是运输过程中人为添加。

世界卫生组织2014年的数据显示，我国仍然是世界上滥用抗生素问题最严重的国家之一。2016年，复旦大学的一项最新研究显示，江浙沪儿童体内普遍存在兽用抗生素。其中，近八成健康学龄儿童尿液中检出一种或几种抗生素。可见，作为食品安全最大风险的农兽药残留，这类化学性风险与腐烂变质等生物性风险不同，无法被消费者用感官来识别，也无法消除，应该成为今后国家食品药品监督管理部门系统的监管重点。一方面，国家食品药品监督管理总局应加强对食品生产企业加工制造环节日常的监督；另一方面，还要建立产品可追溯体系，加强对市场上销售产品的抽检，对抽检出存在农药残留、兽药残留超标的产品进行追根溯源。

（三）微生物指标超标

2015 年，国家食品药品监督管理总局的食品安全监督抽检情况显示，抽检样品的微生物指标不合格，占不合格样品的 27.9%。主要是部分样品菌落总数、大肠菌群和霉菌等指标超标。但也有个别样品检出铜绿假单胞菌、单增李斯特菌和金黄色葡萄球菌等致病菌。其中，涉及饮料中饮用水铜绿假单胞菌不合格，薯类及膨化食品、肉及肉制品中产品菌落总数不合格，水果及其制品中菌落总数和霉菌计数不合格等。当然，造成微生物指标不合格的主要原因很可能就是企业在食品生产加工中存在污染源或储运不当。企业生产环境和卫生条件如果控制不到位，储运过程和销售终端未能持续保持储运条件，因包装不严、破损造成二次污染等原因造成微生物指标不合格非常普遍。因此，对于食品生产企业，建立良好的卫生操作规范是治本之策，包括建立 HACCP 食品安全控制体系，对每个加工工序进行详细危害分析并对关键控制点进行指标控制，以保证危害减至可接受水平；落实 GMP 标准要求，从原料、人员、设施设备、生产过程、包装运输、质量控制等方面按国家有关法规达到卫生质量要求，形成一套可操作的作业规范。监管部门应加强对企业卫生条件等监管，及时发现生产过程中存在的问题并加以改善。

（四）重金属指标超标

2015 年食品安全监督抽检数据表明，与前几年相比，重金属指标不合格仍是 2015 年影响食品安全的主要问题，占不合格样品的 8.5%。主要包括部分样品铝、铅、镉等指标超出标准限值。其中涉及粮食及粮食制品中铅含量超标，蔬菜及其制品的铅含量超标，粮食及粮食制品中镉含量超标等。重金属污染是食品安全的长期隐患。粮食及粮食制品中重金属超标污染物主要为镉、砷、铅和汞等。2015 年抽检结果显示，重金属超标率较高的粮食主要分布在南方和西南的省区，主要包括福建、江西、湖南、广东、广西、四川和云南等，与土壤重金属含量较高的省份相一致。而蔬菜重金属的污染多以铅、镉和汞三种重金属为主。

（五）品质不达标问题

2015 年，国家食品药品监督管理总局的抽检数据显示，抽检样品品质指标不达标，占不合格样品的 26.0%。而主要是部分样品酸价、酒精度和电导率等项目不合格。其中，涉及肉及肉制品、水产品及其制品、调味品等酸价超标，酒类中的葡萄酒及果酒酒精度不达标，饮用纯净水的电导率不合格等。在企业生产制造环节，品质指标不合格问题主要可能是由于企业生产工艺不合理或关键工艺控制不当造成的，当然，也不排除个别食品生产经营者故意以次充好、偷工减料，甚至违法掺杂使假的情况。国家食品药品监督管理总局食品抽检也会依据《食品安全抽样检验管理办法》规定，如食品安全监督抽检的抽样人员可以通过拍照、录像、留存购物票据等方式保存证据等。结合《国家食品安全抽样检验和风险监测工作规范（试行）》的相关抽样工作规定，确认排除企业被抽样的产品是否被违法假冒。在保持抽检数据科学规范的前提下，与企业共同查找原因、排查隐患并及时整改，防控食品安全风险。针对重点食品、重点区域和重点问题，有针对性地开展专项整治行动。

三 加工制造环节食品安全风险人为造假研究：食品添加剂使用案例

上述研究表明，超量与超范围使用食品添加剂是我国食品加工和制造环节最主要的质量安全隐患之一。超量与超范围使用食品添加剂，除极少数是由于无知与操作不当所引发，而在绝大多数情形下就是人为因素，以追求经济利益为目标。本章在此选择食品添加剂的违规使用为人为造假的具体案例，借鉴财务舞弊风险因子理论，运用 Logit 模型和 ISM 模型，利用来自 J 省 N 市食品工业企业的 194 份调查问卷进行研究分析。[①]

（一）研究方法

当前，学者们对食品安全监管的研究基本上都是建立在激励型监管的理论分析框架上的。然而，食品造假是生产者的人为行为，目的是获得非法收益。造假者忽视食品质量安全并试图通过非法手段降低成本等获取收益的意愿与自我实施质量安全控制措施保证食品安全的意愿间的矛盾是无法调和的。这就决定了激励型监管的理论分析框架对食品造假是无效的。因此，对食品造假问题的研究必须用新的理论框架来研究阻止生产者实施

---

① 需要说明的是，为了简单化地处理问题，避免不必要的社会恐慌，在这里对具体调查的地区等采用 J、N 等表示。如有相关部门与专业研究需要，笔者可以提供相关资料与具体调查数据。

造假的行为特征，以寻求有效的治理对策。目前，学术界已经认识到要在犯罪学、行为科学等理论框架下对食品造假问题进行研究。[①]

因此，本章借鉴犯罪三角、财务造假理论以及食品造假的相关研究成果，立足企业微观视角，提出食品造假风险因子构成的理论分析框架和研究假设，并利用南昌市食品工业企业的调研样本，采用 Logit – ISM 方法对理论分析框架和研究假设进行验证，以尝试性回答哪些因素会影响企业的造假行为，以及因素间的关联关系和层级结构的问题。食品添加剂违规使用是极为重要的食品安全风险因子，同时也是典型的食品造假行为，是重要的安全风险来源。2005—2014 年，国内违规使用添加剂导致的食品安全事件约占总数的 31.24%。[②] 食品添加剂在标准规定下使用，安全性是有保证的。而近年来发生的食品安全事件，如"吊白块米粉""红心鸭蛋""三鹿奶粉"等，完全是把工业用原料违规添加到食品中而引起的恶性事件，完全超出了食品添加剂的范围（杨艳涛，2012）。[③] 因此，本章选择食品添加剂的违规使用作为研究对象具有重要现实意义。

（二）分析框架

1. 理论基础

目前，国内外对造假的风险因子的研究主要集中在财务造假领域。针对财务造假，学术界提出了许多理论，其中影响较为广泛的是造假三角理论、GONE 理论和造假风险因子理论。著名的造假三角理论是由美国注册造假审核师协会的创始人阿尔布雷克特（Albrecht）博士提出的。阿尔布雷克特认为，如同燃烧需要热度、燃料、氧气这三要素才能发生一样，财务造假行为的产生需要压力、机会和借口三个要素。缺乏上述三个中的任何一个要素，都不能形成真正的造假。博洛古亚（Bologua）等提出的GONE 理论认为，财务造假受到贪婪、机会、需要和暴露四个相互作用且密不可分的因子影响，即造假者有贪婪之心，需要钱财，只要有机会且事后不会被发现，造假定会产生。[④] 随后，博洛古亚又提出了造假风险因子

① Spike, J. and Moyer, D. C., "Defining the Public Health Threat of Food Fraud", *Journal of Food Science*, Vol. 76, No. 9, 2011, pp. 157 – 163.

② 吴林海、徐玲玲、尹世久：《中国食品安全发展报告（2015）》，北京大学出版社 2015 年版。

③ 杨艳涛：《加工农产品质量安全预警与实证研究》，中国农业科学技术出版社 2012 年版。

④ Bologua, G. J., Lindquist, R. J. and Wells, J. T., *The Accountant's Handbook of Fraud and Commercial Crime*, John Wiley & Sons Inc., 1993.

理论。根据该理论，造假风险因子包括一般风险因子和个别风险因子。基于上述财务造假理论，学者们利用实证研究进行了检验和论证。如国内的周继军等基于造假三角理论实证研究了企业内部控制和公司治理对管理者造假行为的影响。[①] 韦琳等基于造假三角理论构建了财务报告造假识别模型，并实证研究发现，所建立的识别模型的正确识别率达到93.7%，有助于识别和发现造假根源。[②] 洪荭等基于造假 GONE 理论实证研究了贪婪、机会、需要和暴露四个因素对企业财务报告造假的影响。[③]

但是，作为一种典型的犯罪行为，造假不仅涉及财务造假，还涉及食品造假、学术造假等多个不同领域。根据犯罪三角理论，犯罪动机、犯罪能力和犯罪机会是犯罪形成的必备要素。当三者同时具备时，犯罪就会产生。本质上看，造假三角理论、GONE 理论和造假风险因子理论是犯罪三角理论在财务造假领域的具体应用。以犯罪三角理论为基础，借鉴财务造假的研究成果，建立食品造假的风险因子的理论框架，对正确认识和识别影响食品造假的影响因素具有重要意义。

目前，学术界通常把从行为主体角度解释犯罪现象和从外部环境角度解释犯罪现象割裂开来。但是，犯罪行为的产生既有行为主体的意识和利益追求的原因，同时也有外部环境的原因。因此，本章将两者结合起来，把食品生产者造假行为的风险因子分为外部风险因子和内部风险因子。其中，外部风险因子包括造假机会、发现可能性、造假后受惩罚的性质和程度；内部风险因子则包括造假者的道德品质以及造假的动机。当外部风险因子与内部风险因子结合在一起，并且被造假者认为有利时，造假就会发生。

2. 理论分析框架

根据上述分析，本章构建了生产者食品造假的风险因子构成的理论分析框架（见图2-35）。影响生产者造假行为的风险因子主要包括内部风险因子（即企业的社会责任意识）、外部风险因子（即造假的机会、被发现的

---

① 周继军、张旺峰：《内部控制、公司治理与管理者舞弊研究——来自中国上市公司的经验证据》，《中国软科学》2011年第8期。

② 韦琳、徐立文、刘佳：《上市公司财务报告舞弊的识别——基于三角形理论的实证研究》，《审计研究》2011年第2期。

③ 洪荭、胡华夏、郭春飞：《基于 GONE 理论的上市公司财务报告舞弊识别研究》，《会计研究》2012年第8期。

可能性以及被发现后受惩罚的程度）和控制因子（产品供应的市场）。

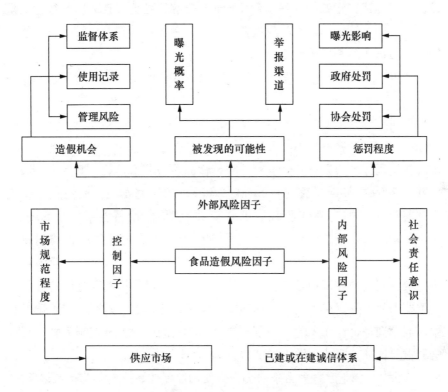

图 2 - 35　食品造假风险因子构成的理论分析框架

针对各因子与造假风险间的关系，本章提出如下假设：

（1）社会责任意识因子与造假风险。食品企业社会责任的核心是食品安全。社会责任是推动食品企业提高食品安全水平的重要因素，如克兰菲尔德（Cranfield）等研究发现，加拿大蔬菜和乳制品生产企业对消费者健康和环境保护的关注，是促使其形成有机农产品生产动机的最主要因素。[1]。陈雨生等研究发现，超市主动承担食品安全责任的倾向性越强，越愿意降低食品安全风险。[2] 在中国，企业社会责任意识缺乏是导致农村市场假冒伪劣和低劣食品泛滥的重要原因。在英国，得益于企业商业道德

---

[1]　Cranfield, J., Henson, S. and Holliday, J., "The Motives, Benefits and Problems of Conversion to Organic Production", *Agriculture and Human Values*, Vol. 27, No. 3, 2010, pp. 291 – 306.

[2]　陈雨生、房瑞景、尹世久等：《超市参与食品安全追溯体系的意愿及其影响因素——基于有序 Logistic 模型的实证分析》，《中国农村经济》2014 年第 12 期。

水平的提高，化学品掺假现象等减少，食品质量得到了提高。[1] 考虑到是否已经建立或在建诚信管理体系是企业自觉履行社会责任的实际行为的重要体现。因此，可以假设已建或在建诚信管理体系的企业的社会责任意识较高，造假风险相对较低。

假设1：已建或在建诚信管理体系反向影响造假风险。

（2）造假机会因子与造假风险。出于对利益的追求，食品生产者的内部质量控制措施的缺陷为生产者的造假行为提供了内在动力。食品属于信任品，其质量属性均不同程度地内化于整个生产过程。因此，基于食品供应链全程体系的质量安全监管对防范食品造假非常重要（F. Albersmeier et al.，2009）。[2] 斯平克（J. Spink，2012）的研究发现，加强食品企业内部的控制措施对降低造假的机会至关重要。[3] 斯特雷耶（E. Strayer，2014）对蜂蜜产业造假情况的研究发现，食品企业内部的质量控制缺陷是导致国际蜂蜜产业造假现象比较严重的重要原因。[4] 因此，企业内部是否有较为健全的控制和规范食品添加剂滥用的制度是影响和制约造假风险的重要因素。是否存在食品添加剂安全使用监督体系、是否有使用记录和添加剂管理是否存在风险是衡量与添加剂相关的内部质量控制措施完善程度的重要标准。因此，做出如下假设：

假设2：企业建立食品添加剂安全使用监督体系反向影响造假风险。

假设3：生产过程中是否有食品添加剂使用记录反向影响造假风险。

假设4：企业对食品添加剂的管理存在风险正向影响造假风险。

（3）被发现概率因子与造假风险。斯派克等（J. Spike et al.，2011）认为，可以通过增加被发现的风险降低食品造假的机会。[5] 然而，由于造

---

① Collins, E. J. T., "Food Adulteration and Food Safety in Britain in the 19th and Early 20th Centuries", *Food Policy*, Vol. 18, No. 2, 1993, pp. 95 – 109.

② Albersmeier, F., Schulze, H. and Jahn, G. et al., "The Reliability of Third – party Certification in the Food Chain: From Checklists to Risk – oriented Auditing", *Food Control*, Vol. 20, No. 3, 2009, pp. 927 – 935.

③ Spink, J., *Defining Food Fraud and the Chemistry of The Crime*, John Wiley & Sons, Inc., 2012.

④ Strayer, E., Everstine, K. and Kennedy, S., "Economically Motivated Adulteration of Honey: Quality Control Vulnerabilities in the International Honey Market", *Food Protection Trends*, Vol. 34, No. 1, 2014, pp. 8 – 14.

⑤ Spike, J. and Moyer, D. C., "Defining the Public Health Threat of Food Fraud", *Journal of Food Science*, Vol. 76, No. 9, 2011, pp. 157 – 163.

假行为被发现的概率太低，因此造假者得不到应有的政府惩罚和市场反馈。这在相当程度上激励着生产者持续造假。当前，在我国，食品添加剂违规使用被发现主要依靠媒体曝光，以及消费者与内部员工的有奖举报。因此，做出如下假设：

假设 5：媒体曝光的概率反向影响造假风险。

假设 6：有奖举报的渠道畅通反向影响造假风险。

（4）惩罚程度因子与造假风险。企业造假被抓后的惩罚和处罚的力度偏小也在一定程度上鼓励着企业的造假行为（P. Kurtzweil，1999）。[①] 食品企业违法成本不高是导致中国农村市场假冒伪劣和低劣食品泛滥的重要原因（S. X. Dong，2011）。[②] 食品造假被发现后，企业受到的损失主要来自政府的直接处罚、行业协会的处罚，以及食品品牌和企业声誉受损所带来的影响。因此，做出如下假设：

假设 7：被发现后受政府处罚的力度反向影响造假风险。

假设 8：协会的处罚反向影响着造假风险。

假设 9：被媒体曝光后市场冲击给企业带来的损失反向影响造假风险。

（5）控制因子与造假风险。销售市场的不规范也给食品造假创造了机会，而小城市中食品掺假的比例远高于大城市。由此可见，销售市场越规范，造假风险越小。因此，做出如下假设：

假设 10：销售市场的规范程度反向影响造假风险。

（三）数据来源

1. 调研区域

食品产业是 N 市确定的"四大千亿产业"之一，已形成了以酒类酿造、粮食及油脂加工、茶叶、养殖、屠宰及肉类加工、乳制品、味品、方便食品、冷饮为主的门类齐全的食品工业产业体系。2014 年，食品工业实现主营业务收入 1019. 84 亿元，在全市率先突破 1000 亿元，成为首个千亿产业。2015 年同比增长 9. 8%，达到 1129. 47 亿元。因此，选择食品产业大市 N 市作为食品企业添加剂使用行为的调研区域具有典型性。

---

① Kurtzweil, P., "Policing Economic Food Fraud", *Consumers Research Magazine*, Vol. 82, No. 5, 1999, p. 28.

② Dong, S. X., *Problem Food Designed for the Rural Market: Causes and Countermeasures – Analysis of Corporate Food Fraud*, Enterprise Vitality, 2011.

2. 问卷设计与调查方法

本次调查的对象为 J 省 N 市的使用食品添加剂进行食品生产的企业。调查问卷采用封闭型题型，主要包括食品企业的基本情况、添加剂的使用情况和食品添加剂使用影响因素三个部分，共 48 个问题。调查问卷中设置"陷阱问题"，以便于对问卷质量进行甄别识别"问题问卷"。为防止被调查者不配合导致调查资料失真，研究人员将通过谈话降低被调查者警戒心。调查共发放问卷 218 份，经甄别筛查共获得有效问卷 194 份。本次调查采用调查人员进入企业，一对一访谈，并由调查人员填写问卷的方式进行。

3. 被调查者特征

被调查企业的情况见表 2-1。从表 2-1 中可以看出，被调查企业接受调查的人员中男性和女性比例分别为 60.82% 和 39.18%。年龄主要集中在 30—49 岁的占 70.10%。在受教育程度上，大专的比例最高为 33.51%，高中和初中的比例分别为 25.77% 和 22.16%。本科及以上的比例较低为 17.01%。在职位上，高层管理者和中层管理者的比例分别为 39.69% 和 51.55%，基层管理者和普通职工的比例较少，比例分别为 7.73% 和 1.03%。在收入上，主要集中在"3001—6000 元"和"12001—20000 元"，"3000 元以下""6001—12000 元"和"20001 以上"三个区间基本持平。与年龄和受教育程度不同，收入没有呈现出"中间高两端低"的正态分布形状。原因可能是高层管理者的收入主要集中在"12001—20000 元"，中层管理者主要集中在"3001—6000 元"。调查的职位分布决定收入分布的特殊性。

(四) 模型构建与变量设置

1. 模型构建

(1) Logit 模型。本章以"食品企业对添加剂检测不合格产品的处理方式"作为衡量造假风险的替代变量。原因主要基于如下两个方面的考虑：①造假风险包括员工行为的个人造假风险和企业行为的组织造假风险。本章研究的是企业行为的组织造假风险。"食品企业对食品添加剂检测不合格产品的处理方式"能够体现出企业的意志。②本章主要研究食品企业的人为故意的造假风险。然而，通常难以判断食品安全问题究竟是因为人为故意还是无意的行为所导致的。添加剂检测不合格产品应该被直接销毁。直接出售和重新加工后再出售的行为都是典型的故意造假，存在较大的安全风险。

表 2 – 1　　　　　　　　　　被调查者特征情况

类别	特征	频数	比例（%）
性别	男	118	60.82
	女	76	39.18
年龄	20—29 岁	37	19.07
	30—39 岁	81	41.75
	40—49 岁	55	28.35
	50—59 岁	19	9.94
	60 岁及以上	2	1.03
受教育程度	小学及以下	3	1.55
	初中	43	22.16
	高中	50	25.77
	大专	65	33.51
	本科及以上	33	17.01
职位	高层管理者	77	39.69
	中层管理者	100	51.55
	基层管理者	15	7.73
	普通职工	2	1.03
收入	3000 元以下	31	15.98
	3001—6000 元	72	37.11
	6001—12000 元	29	14.95
	12001—20000 元	41	21.13
	20001 元以上	21	10.82

借鉴效用函数模型，假设企业直接出售或者处理后重新出售食品添加剂不合格产品的效用为：

$$U_i^1 = B^1 X_i + \varepsilon_i^1$$

企业直接销毁食品添加剂检测不合格产品的效用为：

$$U_i^0 = B^0 X_i + \varepsilon_i^0$$

其中，X_i 为影响企业效用的因素向量，U_i^1 和 U_i^0 分别为企业不销毁和销毁不合格产品的效用向量，B^1 和 B^0 分别为企业不销毁和销毁不合格产品的影响因素的系数向量，ε_i^1 和 ε_i^0 分别为企业销毁和不销毁不合格产品的误差项。

由此可得，$U_i^1 - U_i^0 = X_i(B^1 - B^0) + (\varepsilon_i^1 - \varepsilon_i^0)$。从而：

$$y_i^* = \Delta U_i = BX_i + \mu_i^*$$

$$P(y_i = 1) = P(y_i^* > 0) = P(\mu_i^* > -BX_i)$$

其中，y_i^* 为企业不销毁比销毁增加的净收益向量，B 为净收益的影响因素的系数向量，μ^* 为误差项。

考虑到被解释变量为 0—1 型，假设误差项满足 Logistic 分布，那么：

$$P(y_i = 1) = \frac{e^{BX_i}}{1 + e^{BX_i}}$$

（2）ISM 模型。Logit 模型可以识别出影响造假风险的显著因素，但无法反映因素间的内在关系。因此，本章引入 ISM 模型（解释结构模型）以确定显著因素间的内在关系。ISM 模型通过确定影响系统的因素及相互关系，利用关联矩阵原理和计算机技术对因素及相互关系的信息进行处理以明确因素间的关联性和层次性，以明确关键因素及其内在联系。

若影响造假风险的因素为 $S_i(i = 1, 2, \cdots, k)$；S_0 为造假风险。则因素间的邻接矩阵 R 的构成元素 r_{ij} 的取值取决于 S_i 对 S_j 是否存在直接或间接关系。若有关系，则 $r_{ij} = 1$；否则 $r_{ij} = 0$。因素间的可达矩阵 M 可由下式获得：

$$M = (R + I)^{\lambda+1} = (R + I)^{\lambda} \neq (R + I)^{\lambda-1} \neq \cdots \neq (R + I)^2 \neq (R + I)^1$$

矩阵的运算服从布尔法则，其中，I 为单位矩阵，$2 \leq \lambda \leq k$。令 $P(S_i) = \{S_j \mid m_{ij} = 1\}$，表示可达矩阵从 S_i 出发，可以到达的全部因素的集合；令 $Q(S_i) = \{S_j \mid m_{ji} = 1\}$，表示可达矩阵可以到达 S_i 的全部因素的集合。其中，m_{ij} 和 m_{ji} 都是可达矩阵元素。那么最高层因素可以由下式确定：

$$L_1 = \{S_i \mid P(S_i) \cap Q(S_i) = P(S_i); i = 1, 2, \cdots, k\}$$

确定最高层级的因素后，将该因素对应的行和列全部删除，得到新的矩阵 M'。然后重复上述程序，可以得到下一层级因素。依次类推，可以得到不同层级因素，然后可以绘出不同层级因素的关系图。

2. 变量设置

根据上述理论分析框架，社会责任因子用"是否建立企业诚信管理体系"替代；造假机会因子用"是否建立食品添加剂安全使用监督体系"

"生产过程中是否有食品添加剂使用记录"和"企业对食品添加剂的管理是否存在风险"替代；发现概率因子用"被媒体曝光的概率""内部举报的渠道是否畅通"替代；惩罚程度因子用"被政府处罚的力度""被媒体曝光的影响""是否会受到协会处罚"替代；控制变量是"产品供应的市场"。变量赋值和预期的影响方向见表 2 - 2。

表 2 - 2 变量设置

因子	变量	赋值	预期
造假行为	对食品添加剂检测不合格产品的处理	不销毁 =1，销毁 =0	
社会责任意识	是否建立企业诚信管理体系	已建或在建 =1，否 =0	－
造假机会	是否建立食品添加剂安全使用监督体系	是 =1，否 =0	－
	生产过程中是否有食品添加剂使用记录	是 =1，否 =0	－
	企业对食品添加剂的管理是否存在风险	是 =1，否 =0	+
发现概率	被媒体曝光的概率	非常大 =3，比较大 =2，不大 =1	－
	内部有奖举报的渠道是否畅通	非常顺畅 =3，比较顺畅 =2，不顺畅 =1	－
惩罚程度	被政府处罚的力度	非常大 =3，比较大 =2，不大 =1	－
	被媒体曝光的影响	非常大 =3，比较大 =2，不大 =1	－
	是否会受到协会处罚	是 =1，否 =0	
控制变量	产品供应的市场	城市中大型超市、生鲜专卖店等 =1，城市中小型超市和农贸市场 =2，农村市场 =3	+

（五）参数估计

为了使模型结果更加准确，考虑到自变量是由不同的赋值组合而成的情况，采用 Logit 模型中的似然比和 Person 卡方进行变量筛选。Person 卡方和似然比的值越大，对应的概率值（Sig.）越小，表明自变量对因变量的影响越显著。通过检验，筛选出对"食品添加剂检测不合格产品的处理"影响显著的变量有诚信管理体系、监督体系、管理风险、媒体曝光概率、举报渠道畅通、政府处罚力度、媒体曝光影响、协会处罚、供应市场。卡方检验结果如表 2-3 所示。

表 2-3　　　　　　　　　　Person 卡方和似然比结果

	Person 卡方			似然比		
	值	自由度	Sig.	值	自由度	Sig.
诚信管理体系	34.680	1	0.000	34.463	1	0.000
监督体系	47.842	1	0.000	46.692	1	0.000
使用记录	0.118	1	0.732	0.013	1	0.908
管理风险	4.061	1	0.044	3.952	1	0.047
媒体曝光概率	17.988	2	0.000	17.722	2	0.000
举报渠道畅通	9.494	2	0.009	9.843	2	0.007
政府处罚力度	9.568	2	0.008	9.624	2	0.008
媒体曝光影响	4.941	2	0.085	4.646	2	0.098
协会处罚	9.773	1	0.002	9.249	1	0.002
供应市场	7.716	3	0.052	7.932	3	0.047

采用 SPSS 19.0 版本进行回归计算。从模型检验结果看，回归模型的 Person χ^2 值显著，且 HL 统计量未达到 0.05 的显著水平。这表明回归模型符合 Person χ^2 值显著，且 Hosmer - Lemeshow 统计量未达到 0.05 的显著水平的最理想的回归模型。回归模型的预测正确率为 88.1% 。参数的估计结果见表 2-4。从表 2-4 中可以得到，诚信管理体系、是否有监督体系、是否存在管理风险、媒体曝光概率、协会惩罚变量在 5% 的水平上显著；举报渠道畅通在 10% 的水平上显著，而供应市场变量并不显著。

表 2-4　　　　　　　　　　Logit 回归结果

	B	S. E.	Wals	df	Sig.	Exp（B）
诚信管理体系	-1.666**	0.472	12.443	1	0.000	0.189
是否有监督体系	-2.220**	0.503	19.483	1	0.000	0.109
是否存在管理风险	1.428**	0.508	7.900	1	0.005	4.171
媒体曝光概率	-0.937**	0.301	9.721	1	0.002	0.392

续表

	B	S. E.	Wals	df	Sig.	Exp（B）
举报渠道顺畅	− 0. 577 *	0. 345	2. 793	1	0. 095	0. 562
政府处罚力度	− 0. 319	0. 381	0. 704	1	0. 401	0. 727
协会惩罚	− 1. 830 **	0. 568	10. 383	1	0. 001	0. 160
供应市场	0. 533	0. 368	2. 101	1	0. 147	1. 705
常量	5. 325 **	1. 681	10. 029	1	0. 002	205. 325
Person U_{ijt} 值			126. 849	12	0. 000	
Hosmer – Lemeshow			8. 006	8	0. 433	
预测正确率（%）			88. 1			

注：＊表示在 10% 的统计水平上显著；＊＊表示在 5% 的统计水平上显著。

（六）结果讨论

依据上述模型结果，可以对如下变量对企业的滥用与不规范使用食品添加剂的行为讨论如下：

1. 诚信管理体系

食品生产企业自身是否已建或在建诚信管理体系反向显著地影响造假风险，即已建或在建诚信管理体系的企业越倾向于规范使用食品添加剂。这与 Collins 和 Dong 等的研究结论相一致。根据犯罪三角理论，在机会和动机之外，犯罪者实施违法行为还需要冠冕堂皇的理由。诚信的缺失和道德的滑坡使食品生产者为自身的造假行为寻找借口提供了空间。2011 年，国家发改委和工业与信息化部发布的《食品工业"十二五"发展规划》中明确提出，要加快建立健全食品工业企业诚信管理体系。但是，时至今日诚信管理体系建设状况尚不能满足食品安全的需要。诚信缺失的企业不但会把检测不合格的产品重新加工出售或者不经任何处理直接出售，甚至会恶意地用劣质原料替代合格原料、滥用食品添加剂甚至非法使用非法添加物。这种失信行为所导致的食品安全事件，如"瘦肉精""三聚氰胺"等，都是食品企业诚信的缺失和道德的滑坡的外在表现和具体事例。是否建立或在建诚信管理体系可以在客观上明确衡量企业诚信经营的意愿和实际努力，是识别企业是否存在造假风险的重要依据。

2. 监督体系

食品生产企业是否具有包括监督有食品添加剂使用的食品安全监督体

系反向显著地影响其造假风险，即拥有完善的食品安全监督体系的企业越是倾向于规范使用食品添加剂。这与斯特雷耶等的研究结论相一致。企业层面的监督体系可以监控生产过程的每个环节中食品添加剂的使用情况。这不但可以有效地规范食品添加剂的使用行为，而且还可以防范员工或管理者恶意违规地滥用添加剂。

3. 管理风险

企业在食品添加剂管理上是否存在风险正向显著地影响造假行为，即添加剂管理存在风险的食品生产企业越是倾向于滥用或不规范地使用食品添加剂，这和预期一致。管理风险对食品生产企业造假行为的影响和监督体系的情况非常类似。管理风险较高的食品生产企业更容易出现食品添加剂不规范使用，甚至存在员工或管理者恶意违规滥用的情况。为防止经济损失，企业更加倾向于加工后重新出售不合格食品，甚至直接将问题食品推向市场。这相当于将企业内部的管理风险转化为潜在的食品安全风险，将本应该由企业承担的风险转嫁给消费者。

4. 媒体曝光概率

媒体曝光概率反向显著地影响食品生产企业的造假行为，即违规行为被媒体曝光概率越大，企业越是倾向于规范使用食品添加剂，这和预期一致。媒体曝光直接影响食品企业的声誉，对食品的品牌和销量产生直接影响。当前，媒体对食品安全问题的报道存在两个极端：一方面，由于资源缺乏和积极性不够等诸多原因，新闻媒体对食品掺假等信息的公开不充分（Md. Arifur Rahman，2015）[①]；另一方面，为吸引眼球，媒体的报道夸张食品安全问题的现象也屡禁不止。媒体对食品安全问题的不规范报道，甚至会给整个食品行业造成毁灭性的打击（曾理等，2008）。[②] 这就要求政府要科学合理地规范媒体的曝光行为。此外，国外发达国家已经开始致力于建设食品造假起诉数据库。通过数据库曝光企业的食品造假活动，以达到威胁其他企业迫使其停止造假的目的。如果政策制定者强力推进食品造假起诉数据库，造假者就会发现忽视规则的成本非常昂贵，并遵守规定而

---

① Rahman, M. A., Sultan, M. Z. and Rahman, M. S. et al., "Food Adulteration: A Serious Public Health Concern in Bangladesh", *Bangladesh Pharmaceutical Journal*, Vol. 18, No. 1, 2015, pp. 1 –7.

② 曾理、叶慧珏：《尴尬的食品安全报道——从不规范的媒体行为到不健全的信息传播体系》，《新闻记者》2008 年第 1 期。

不再造假（C. Moore，2012）。[1]

5. 举报渠道顺畅

举报渠道顺畅反向显著地影响造假行为，即顺畅的举报渠道会促使企业规范使用食品添加剂。一方面，政府利用自身资源获取执法信息成本太高，群众举报是政府低成本获取执法信息的重要途径（刘冬梅等，2014）[2]。但现实生活中，投诉无门、举报不纠的现象广泛存在，助长了食品生产经营者的违法行为。为此，《食品安全法》（2005 版）明确提出了有奖举报制度，并将举报人受奖和受保护被明确写进法律。另一方面，举报是食品违法行为被曝光的重要方式和途径。信息不对称等使消费者难以甄别问题食品，举报渠道畅通有助于食品企业的违法行为被消费者获知。

6. 政府处罚力度

政府处罚力度反向影响造假行为，即政府的处罚力度越大，企业越是倾向于规范使用食品添加剂，这和预期一致。但是，政府处罚力度的影响并不显著。原因可能在于，食品企业的行为特征主要受市场因素的影响，致力于扩大食品的销量和提高食品的利润率。只要问题食品信息被获知，消费者就会主动放弃购买，即使政府处罚力度不高甚至缺失，因品牌和声誉受损而带来的长期的销量大幅下降必然会给企业带来重大损失。因此，企业的行为决策主要受行为的市场反馈影响，而不是单纯的政府处罚。此外，学者在探讨和研究促使食品生产者自觉实施食品安全控制的激励机制中，也发现市场激励的作用大于政府监管的作用。[3] 这就表明，对企业而言，不论是否自觉加强安全控制的决策，还是放弃或实施造假行为的决策，行为的市场反馈才是决定因素，政府处罚的影响并不显著。但值得注意的是，本章的政府处罚专指经济处罚，没有考虑刑事处罚。本章不包含政府的刑事处罚对造假行为的研究。

---

[1] Moore, C. , Spink, J. and Lipp, M. , "Development and Application of A Database of Food Ingredient Fraud and Economically Motivated Adulteration from 1980 to 2010", *Journal of Food Science*, Vol. 77, No. 4, 2012, pp. 118 – 126.

[2] 刘冬梅、张忠潮：《关于农产品质量安全举报制度的几点思考》，《西北农林科技大学学报》（社会科学版）2014 年第 1 期。

[3] Fernando, Y. , Ng, H. H. and Walters, T. , "Regulatory Incentives as a Moderator of Determinants for the Adoption of Malaysian Food Safety System", *British Food Journal*, Vol. 117, No. 4, 2015, pp. 1336 – 1353.

7. 协会惩罚

协会处罚反向显著地影响造假行为，即协会处罚会促使食品生产企业规范使用食品添加剂。由于食品供应链体系的复杂性，企业的生产行为与供应链中其他企业的关系也日益密切。这些企业按照签约形成行业自律组织，比如行业协会。一旦某个食品生产企业因违法经营而被协会处罚，信誉的丧失可能会使给企业在供应链体系中处于不被信任的尴尬境地，导致企业生产经营的巨大损失。因此，企业可能不会过分在意来自政府处罚的单纯的经济损失，但是会更重视协会的处罚致使信誉受损而给企业经营带来的困难。这可能就是政府处罚影响不显著，而协会处罚显著的根本原因。

8. 供应市场

食品供应市场正向影响食品生产企业的造假行为，即食品销售市场越规范，企业使用食品添加剂也越规范。这和预期一致，但影响并不显著。原因可能在于：随着经济发展，城市中大型超市、生鲜专卖店等，城市中小型超市和农贸市场，以及农村市场的消费者对食品安全的要求之间的差距得以缩小。无论供应哪一类市场都要求企业加强对食品质量安全的重视。因此，食品供应市场的差别对企业造假行为的影响并不显著。

（七）影响因素间的相互关系

在深入分析讨论和咨询专家学者的基础上，本章得出了因素间的逻辑关系，并由此编制出连接矩阵 R。运用 Matlab 软件计算可达矩阵 M 如下：

$$R = \begin{vmatrix} 0 & 0 & 0 & 0 & 0 & 0 & 0 \\ 1 & 0 & 1 & 1 & 0 & 0 & 0 \\ 1 & 0 & 0 & 1 & 0 & 0 & 0 \\ 1 & 0 & 0 & 0 & 0 & 0 & 0 \\ 1 & 1 & 1 & 0 & 0 & 0 & 0 \\ 1 & 1 & 1 & 0 & 1 & 0 & 0 \\ 1 & 1 & 1 & 0 & 0 & 0 & 0 \end{vmatrix} \quad M = \begin{vmatrix} 1 & 0 & 0 & 0 & 0 & 0 & 0 \\ 1 & 1 & 1 & 1 & 0 & 0 & 0 \\ 1 & 0 & 1 & 1 & 0 & 0 & 0 \\ 1 & 0 & 0 & 1 & 0 & 0 & 0 \\ 1 & 1 & 1 & 1 & 1 & 0 & 0 \\ 1 & 1 & 1 & 1 & 1 & 1 & 0 \\ 1 & 1 & 1 & 1 & 0 & 0 & 1 \end{vmatrix}$$

对可达矩阵进行层级分解，识别出各因素之间的关系，可以绘出各因素间的关联关系和层级结构如图 2-36 所示。从关联关系和层级结构中可以清晰地看出 Logit 模型识别出的六个因素间的内在关系。举报渠道的畅通是媒体曝光的重要前提，媒体曝光和协会惩罚可以促进企业建立诚信管理体系，而建立诚信管理体系的企业通过完善监督体系以降低管理风险，能够实现降低造假风险的治理目的。

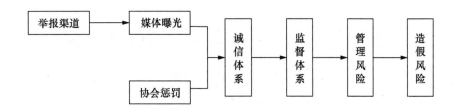

图2-36　因素间的关联性与层级结构

（八）政策含义

为解决激励型监管理论分析框架无法解释食品造假的问题，本章借鉴与食品造假本质相同的财务舞弊理论的舞弊风险因子理论，构建了食品造假风险因子构成的理论分析框架，以J省N市的食品工业企业作为研究对象，运用二元Logit模型进行实证研究，识别了影响食品生产企业滥用或不规范使用食品添加剂等造假风险的显著因子，回答了哪些因素是影响企业造假行为的关键因素，并运用ISM模型研究了显著因素间的关联关系与层级结构，为进一步认识添加剂相关的食品造假的成因和有针对性地治理食品造假提供了理论和实践依据。本章的研究所蕴含的政策含义已非常明显。主要是：必须加大对造假食品生产企业的法律处罚力度，形成法律与经济处罚相互融合的惩治体系；建立社会共治体系，鼓励建立行业组织，支持媒体参与，扩大公众举报渠道，实现过度依靠政府监管的专项整治向社会共治的转变；建立完善食品工业企业诚信管理体系，将企业过去的违规行为与未来经济活动挂钩，提高企业的专用性资产因违规行为而被套牢的风险，从源头上提高企业的违规行为的机会成本。

实际上，本章的研究对防范本书的第四章进一步讨论的食品全程供应链体系上安全风险也完全适用。因此，本章的研究结论对完善食品安全风险治理体系具有重要的参考价值。

第三章　2011—2015年中国进口食品质量安全状况与主要风险

　　进口食品已经成为我国重要的食品来源，在满足国内多样化食品消费需求，平衡食品需求结构等方面发挥了日益重要的作用。确保进口食品的质量安全，成为保障国内食品安全的重要组成部分。本章在具体阐述2008—2015年进口食品数量变化基础上，重点考察在2011—2015年进口食品的安全风险、进口食品接触产品的质量状况，研究分析进口食品的安全风险，并从强化进口食品安全风险治理体系角度提出建设性思考。①

一　进口食品贸易的基本特征

　　《中国食品安全发展报告（2015）》显示，改革开放以来，特别是20世纪90年代以来，我国食品进口贸易的发展呈现出总量持续扩大，结构不断提升，市场结构整体保持相对稳定与逐步优化的基本特征，对调节国内食品供求关系，满足食品市场多样性等方面发挥了日益重要的作用。②考虑到数据的可得性，为深入研究我国进口食品贸易的基本特征，本章重

---

　　① 本章涉及的2012年及以前年份的进口食品贸易等相关数据除来源于《中国统计年鉴》和国家质量监督检验检疫总局外，主要来自UN Comtrade，有关进口食品贸易额等数据采用国际贸易标准分类（Standard International Trade Classification，SITC）的数据。由于2013年我国进口食品相对应的SITC数据缺失，2013年的数据依据《商品名称及编码协调制度的国际公约》（简称协调制度）的数据计算、转换所得，实际数据以《中国统计年鉴》为准。2014年的数据来源与2013年相同。2015年的相关数据主要来源于商务部对外贸易司的《中国进出口月度统计报告：食品》《中国进出口月度统计报告：农产品》以及国家质量监督检验检疫总局进出口食品安全局定期发布的《进境不合格食品、化妆品信息》《全国进口食品接触产品质量状况》年度报告等。为方便读者的研究，本章的相关图、表均标注了主要数据的来源。

　　② 吴林海、徐玲玲、尹世久：《中国食品安全发展报告（2015）》，北京大学出版社2015年版。

点分析 2008—2015 年我国进口食品贸易的具体情况。

（一）进口食品的总体规模

2008 年以来，我国食品进口贸易规模变化见图 3-1。图 3-1 显示，2008 年，我国进口食品贸易规模为 226.3 亿美元，受全球金融危机的影响，2009 年进口额下降到 204.8 亿美元，下降 9.50%。之后，进口食品贸易总额强势反弹，2010—2012 年分别增长到 269.1 亿美元、368.9 亿美元和 450.7 亿美元。2013 年进口食品贸易额增长到 489.2 亿美元，我国从此成为全球第一大食品进口市场。[①] 2015 年，我国进口食品贸易在高基数上继续实现新增长，贸易总额达到 548.1 亿美元，较 2014 年增长了 6.57%，再创历史新高。七年来，我国进口食品贸易总额累计增长 142.20%，年均增长率高达 13.47%。由此可见，2008—2015 年除个别年份有所波动外，我国食品进口贸易规模整体呈现出平稳较快增长的特征。

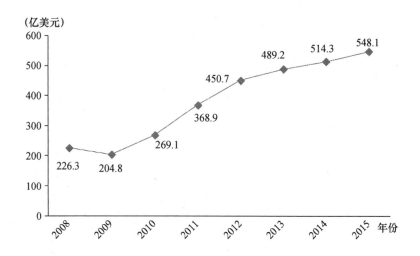

图 3-1　2008—2015 年我国食品进口贸易总额变化

资料来源：商务部对外贸易司：《中国进出口月度统计报告：食品》（2008—2015 年）。

（二）进口食品的贸易特征

近年来，我国进口食品的品种几乎涵盖了全球各类质优价廉的食品。

---

① 《2014 年度全国进口食品质量安全状况（白皮书）》，国家质量监督检验检疫总局网站，2015-04-07，http://www.aqsiq.gov.cn/zjxw/zjxw/zjftpxw/201504/t20150407_436001.htm。

虽然进口种类十分齐全，但仍然较为集中在谷物及其制品，蔬菜、水果、坚果及制品，动植物油脂及其分解产品三大类食品，并且这三类的进口贸易额接近整个贸易额的半壁江山。根据商务部发布的数据，2015 年我国进口的谷物及其制品，蔬菜、水果、坚果及制品，动植物油脂及其分解产品，分别占进口食品贸易总额的 18.66%、17.39%、14.40%，三类食品占全部进口食品贸易额的比例之和为 50.45%，比 2014 年上扬 6.75 个百分点，集中化趋势进一步加强。2008—2015 年，我国进口食品结构变化的基本态势是：

1. 谷物及制品

由于国内耕地的减少，人口刚性的增加，我国对谷物及制品的进口迅速增长，进口额从 2008 年的 14.2 亿美元迅速攀升到 2015 年的 102.3 亿美元，七年增长了 6.2 倍。尤其是 2015 年谷物及制品的进口额出现了爆炸式增长，进口额较 2014 年增加 34.2 亿美元，增幅达 50.22%，进口额占食品进口总额的 18.66%，已成为名副其实的第一大进口食品种类，预计未来谷物及制品的进口量还会进一步上升（见图 3 - 2）。

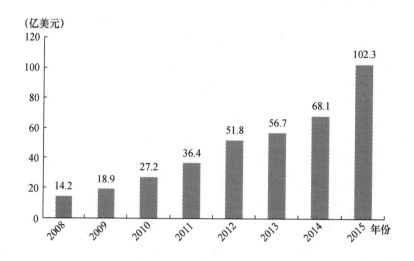

图 3 - 2 2008—2015 年我国谷物及制品进口贸易额变化

资料来源：商务部对外贸易司：《中国进出口月度统计报告：农产品》（2008—2015 年）。

2. 蔬菜、水果、坚果及制品

蔬菜、水果、坚果及制品是我国又一重要的进口食品种类。由于国内食品需求结构的升级，蔬菜、水果、坚果及制品的进口量实现显著增长。2008年我国蔬菜、水果、坚果及制品的进口额为21.2亿美元，占进口食品总额的9.37%，而2015年的进口额增加到95.3亿美元，同比增长349.53%，所占比例也提高到17.39%。随着人民生活水平的提高以及消费观念的转变，未来对进口蔬菜、水果、坚果及制品的需求还会进一步上升（见图3-3）。

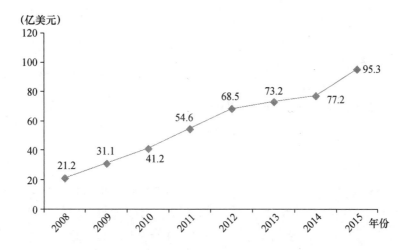

图3-3　2008—2015年我国蔬菜、水果、坚果及制品进口贸易额变化

资料来源：商务部对外贸易司：《中国进出口月度统计报告：农产品》（2008—2015年）。

3. 动植物油脂及其分解产品

近年来，我国对动植物油脂及其分解产品的进口趋势呈现出明显的倒"V"形。虽然受全球金融危机的影响，动植物油脂及其分解产品的进口额在2009年出现一定的下降，但2010年之后又表现出明显的增长，并于2012年达到130.4亿美元的历史峰值。然而，此后进口规模持续下降，2015年动植物油脂及其分解产品的进口额仅为78.9亿美元，较2012年下降39.49%。这主要是由居民健康饮食的意识增强，对油脂类产品需求减弱造成的，预计我国未来对动植物油脂及其分解产品的进口量可能还会进一步下降（见图3-4）。

4. 水产品

近年来，我国水产品进口贸易额变化较大，尽管在个别年份出现负增

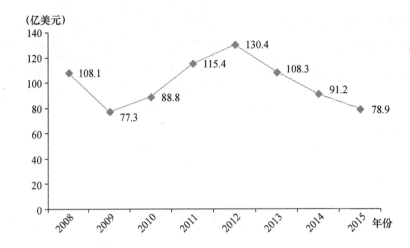

图 3 - 4 2008—2015 年我国动植物油脂及其分解产品进口贸易额变化

资料来源：商务部对外贸易司：《中国进出口月度统计报告：农产品》（2008—2015 年）。

长，但整体呈现出缓慢上升的趋势。2008 年水产品的进口额为 37.3 亿美元，2015 年则达到 65.5 亿美元，七年增长了 75.60%，但占所有进口食品总额的比例由 2008 年的 16.48% 下降到 2015 年的 11.95%。相对于谷物及制品、水果和蔬菜等其他进口食品，水产品进口增长缓慢且重要性相对降低，但依然是我国十分重要的进口食品种类（见图 3 -5）。

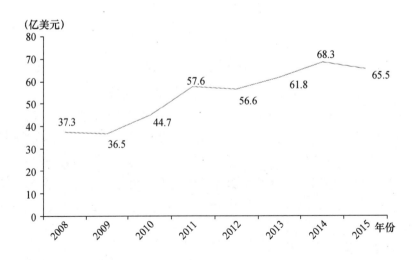

图 3 -5 2008—2015 年我国水产品进口贸易额变化

资料来源：商务部对外贸易司：《中国进出口月度统计报告：农产品》（2008—2015 年）。

5. 肉及制品

近年来，我国发生了诸多的肉类食品安全事件，如 2011 年的双汇"瘦肉精"事件、2014 年上海"福喜"事件以及病死猪肉事件等。受国内肉制品安全事件持续发生的影响，肉及制品的进口额迅速增长，由 2008 年的 23.3 亿美元迅速增长到 2015 年的 68.1 亿美元，七年增长了 192.27%，占进口食品总额的比例从 2008 年的 10.30% 缓慢增长到 2015 年的 12.42%（见图 3 - 6）。

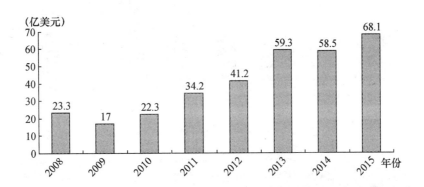

图 3 - 6　2008—2015 年我国肉及制品进口贸易额变化

资料来源：商务部对外贸易司：《中国进出口月度统计报告：农产品》（2008—2015 年）。

6. 乳品、蛋品、蜂蜜及其他食用动物产品

由于国内消费者对国产奶制品等行业的信心严重不足，导致对进口乳品、蛋品、蜂蜜及其他食用动物产品的需求不断攀升，乳品、蛋品、蜂蜜及其他食用动物产品的进口额从 2008 年的 8.7 亿美元增至 2014 年的 86.0 亿美元，7 年增长了 8.89 倍，占进口食品总额的比例从 2008 年的 3.84% 上升至 2014 年的 15.69%。然而，2015 年乳品、蛋品、蜂蜜及其他食用动物产品的进口额出现断崖式下跌，下降幅度高达 27.91%（见图 3 - 7）。

（三）进口食品的来源地特征

1. 进口食品来源地的洲际特征

2008 年，我国食品进口贸易的各大洲分布是：亚洲（92.4 亿美元、40.83%）、南美洲（41.7 亿美元，18.43%）、欧洲（40.5 亿美元，17.90%）、北美洲（35.8 亿美元，15.82%）、大洋洲（14.1 亿美元，6.23%）和非洲（1.8 亿美元，0.33%）。2015 年，我国食品进口贸易的

各大洲分布则是：亚洲（161.9 亿美元，29.54%）、欧洲（140.2 亿美元，25.58%）、北美洲（88.9 亿美元，16.22%）、大洋洲（83.1 亿美元，15.16%）、南美洲（68.6 亿美元，12.52%）和非洲（5.3 亿美元，0.97%）。

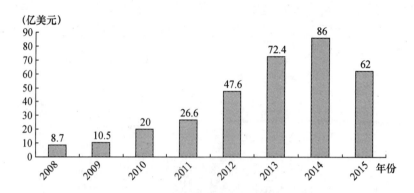

图 3 - 7　2008—2015 年我国乳品、蛋品、蜂蜜及
其他食用动物产品进口贸易额变化

资料来源：商务部对外贸易司：《中国进出口月度统计报告：农产品》（2008—2015 年）。

2008—2015 年，我国食品进口贸易的各大洲贸易额的变化见图 3 - 8。图 3 - 8 显示，亚洲稳居我国进口食品贸易的第一大来源地，但占进口食品贸易总额的比重出现明显下降；欧洲于 2009 年超越南美洲成为第二大来源地，除 2012 年外，其第二大进口食品来源地的地位逐步稳固，近年来有赶超亚洲的趋势；北美洲位列第三，其占进口食品贸易总额的比例变化不大，大洋洲则在近年来迅速追赶，2015 年与北美洲的贸易额基本相似；南美洲所占比例则呈现出下降趋势，非洲所占比例一直很低，几乎可以忽略不计。[1]

2. 进口食品来源地的地区特征

2015 年，我国进口食品来源地的主要地区是"一带一路"国家、东盟和欧盟，从上述三个地区的进口食品贸易额均超过 100 亿美元，特别是从"一带一路"国家进口食品贸易额高达 171.0 亿美元，所占市场份额接

---

[1]　需要说明的是，商务部对外贸易司《中国进出口月度统计报告：食品》中除了列举亚洲、欧洲、北美洲、大洋洲、南美洲和非洲 6 大洲外，还列举了其他地区，但由于进口量极小，本书不再列举。

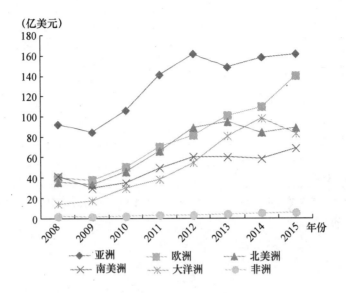

图 3 - 8 2008—2015 年我国食品进口贸易的各大洲贸易额

资料来源：商务部对外贸易司：《中国进出口月度统计报告：食品》(2008—2015 年)。

近 1/3。从拉美地区、独联体国家的进口额也相对较高，分别为 68.6 亿美元和 31.6 亿美元；中东欧国家、中东国家、南非关税区、海合会国家的市场份额则相对较小，所占比例均低于 1%。较之于 2014 年，从独联体国家、欧盟、拉美地区的食品进口额保持了两位数的较快增长，相比之下，作为我国主要贸易地区的"一带一路"国家的增长率仅为 5.82%，还有较大的增长潜力。

表 3 - 1 2014 年与 2015 年我国进口食品地区分布变化比较

单位：亿美元、%

地区分布	2015 年		2014 年		2015 年比 2014 年增减
	进口金额	比重	进口金额	比重	年增减
"一带一路"国家	171.0	31.20	161.6	31.42	5.82
东盟	125.7	22.93	126.8	24.65	-0.87
欧盟	103.1	18.81	80.7	15.69	27.76
拉美地区	68.6	12.52	58.5	11.37	17.26
独联体国家	31.6	5.77	22.2	4.32	42.34

地区分布	2015 年		2014 年		2015 年比 2014 年增减
	进口金额	比重	进口金额	比重	年增减
中东欧国家	3.2	0.58	3.5	0.68	-8.57
中东国家	2.5	0.46	2.7	0.52	-7.41
南非关税区	2.5	0.46	2.3	0.45	8.69
海合会	0.5	0.09	1.2	0.23	-58.33

资料来源：商务部对外贸易司：《中国进出口月度统计报告：食品》（2008—2015 年）。

3. 进口食品来源地的国家特征

2008 年，我国进口食品主要来源国家是：马来西亚（39.4 亿美元，17.41%）、美国（27.2 亿美元，12.02%）、印度尼西亚（23.2 亿美元，10.25%）、法国（11.4 亿美元，5.04%）、巴西（10.4 亿美元，4.60%）、泰国（8.4 亿美元，3.71%）、加拿大（8.2 亿美元，3.62%）、澳大利亚（7.7 亿美元，3.40%）和新西兰（6.3 亿美元，2.78%），从上述九个国家进口的食品贸易总额达到 142.2 亿美元，占当年食品进口贸易总额的 62.84%。2015 年，我国食品主要进口国家则分别是，美国（64.2 亿美元，11.71%）、澳大利亚（46.5 亿美元，8.48%）、印度尼西亚（38.2 亿美元，6.97%）、新西兰（36.1 亿美元，6.59%）、法国（34.0 亿美元，6.20%）、泰国（29.3 亿美元，5.35%）、加拿大（23.9 亿美元，4.36%）、巴西（23.5 亿美元，4.29%）和马来西亚（23.0 亿美元，4.20%），从以上 9 个国家进口的食品贸易总额为 318.7 亿美元，占当年所有进口食品额的 58.15%。由此可见，近年来我国食品主要进口国家基本稳定，而且以上 9 个国家所占比例维持在六成左右。

然而，我国食品主要进口国家的贸易额波动较大，主要国家的排名多次发生改变。2008—2015 年，我国主要进口食品国家贸易额的变化见图 3-9。图 3-9 显示，美国于 2011 年超越马来西亚后便稳居我国第一大进口食品来源国的地位。澳大利亚、新西兰的进口额增长迅猛，所占比例大幅提升，尤其是新西兰在 2013 年和 2014 年成为我国第二大进口食品来源国，但 2015 年的贸易额出现大幅下降，居第四位，显示我国从新西兰进口食品的贸易额还不稳定。法国、泰国、加拿大在我国食品进口市场中的份额也呈逐年上升的趋势。伴随着这些国家的超越，印度尼西亚、马来西亚、巴西对我国食品出口的市场份额则进一步缩减。

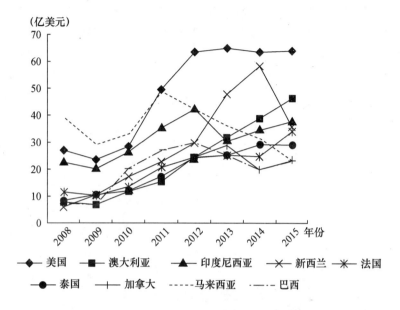

图 3 – 9　2008—2015 年我国食品进口贸易主要国家的贸易额

资料来源：商务部对外贸易司：《中国进出口月度统计报告：食品》（2008—2015 年）。

二　具有安全风险的进口食品的批次与来源地

经过改革开放30多年的发展，我国已成为进口食品农产品贸易总额排名世界第一的大国。虽然进口食品质量安全总体情况一直保持稳定，没有发生过重大进口食品质量安全问题，但随着食品进口量的大幅攀升，其质量安全的形势日益严峻。从保障食品消费安全的全局出发，基于全球食品的安全视角，分析研究具有安全风险的进口食品的基本状况，并由此加强食品安全的国际共治就显得尤为重要。

（一）具有安全风险进口食品的批次

随着经济发展和城乡居民食品消费方式的转变，国内进口食品的需求激增。伴随着进口食品的大量涌入，近年来被我国出入境检验检疫机构检出的具有安全风险进口食品的批次和数量整体呈现出上升趋势。国家质量监督检验检疫总局的数据显示，2009 年，我国进口食品的不合格批次为 1543 批次①，2010—2012 年，分别增长到 1753 批次、1857 批次和 2499 批次。虽然 2013 年进口食品的不合格批次下降到 2164 批次，但 2014 年进口食品的不合格批次迅速上扬，达到了近年来 3503 批次的最高点。2015 年，各地出入境检验检疫机构检出不符合我国食品安全国家标准和法律法规要求的进口食品共 2805 批次，虽然较 2014 年下降 19.95%，但并未改变具有安全风险进口食品批次整体上升的趋势，进口食品的问题依然严峻，其安全性备受国内消费者关注（见图 3 - 10）。

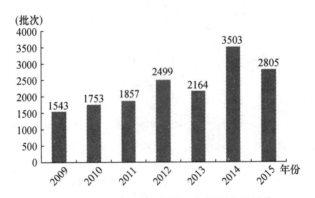

图 3 - 10 2009—2015 年进口食品不合格批次

资料来源：国家质量监督检验检疫总局进出口食品安全局：《2009—2015 年 1—12 月进境不合格食品、化妆品信息》，笔者整理形成。

（二）具有安全风险进口食品的主要来源地

图 3 - 11、图 3 - 12、图 3 - 13、图 3 - 14 与图 3 - 15 分别是 2011—2015 年我国具有安全风险进口食品来源地分布图。具体而言，其主要特点有：一是虽然每年具有安全风险进口食品的主要来源地在不断变化，但变化不大，并且具有安全风险进口食品的主要来源地相对比较集中。二是中国台湾一直是具有安全风险进口食品的第一大来源地，2011 年的不合格批次为 302 次，占所有不合格批次的 17%，而在 2015 年具有安全风险进口食品批次与占所有具有安全风险进口食品批次的比例进一步提高，分别达到 730 次、26.02%，远远超过其他国家或地区。三是从来源地的数

_____

① 由于 2008 年的数据口径与 2009 年及以后的数据口径具有差异性。故此章节的有关分析从 2009 年开始。

量来看，我国具有安全风险进口食品来源地的数量进一步扩大，2011 年为 66 个国家和地区，2015 年则达到 82 个国家和地区，具有安全风险进口食品来源地呈现出逐步扩散的趋势。

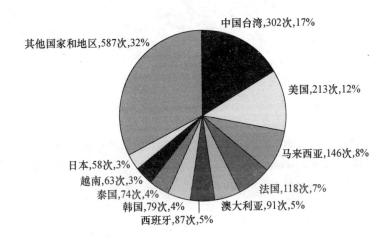

图 3 - 11　2011 年我国具有安全风险进口食品来源地分布

资料来源：中国质检总局进出口食品安全局：《2011 年 1—12 月进境不合格食品、化妆品信息》，笔者整理形成。

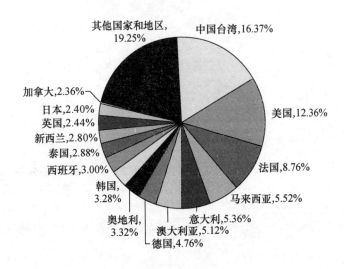

图 3 - 12　2012 年我国具有安全风险进口食品主要来源地分布

资料来源：国家质量监督检验检疫总局进出口食品安全局：《2012 年 1—12 月进境不合格食品、化妆品信息》，笔者整理形成。

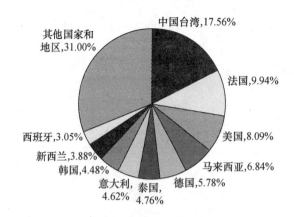

图 3 – 13 2013 年我国具有安全风险进口食品主要来源地分布

资料来源：国家质量监督检验检疫总局进出口食品安全局：《2013 年 1—12 月进境不合格食品、化妆品信息》，笔者整理形成。

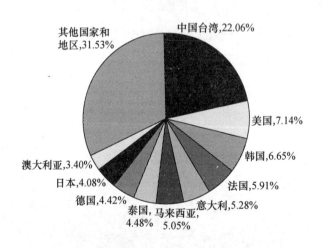

图 3 – 14 2014 年我国具有安全风险进口食品主要来源地分布

资料来源：国家质量监督检验检疫总局进出口食品安全局：《2014 年 1—12 月进境不合格食品、化妆品信息》，笔者整理形成。

表 3 – 2 是 2014—2015 年我国具有安全风险进口食品的来源地分布。根据国家质量监督检验检疫总局发布的相关资料，2014 年我国具有安全风险进口食品批次最多的前十位来源地分别是：中国台湾（773 批次，22.06%）、美国（250 批次，7.14%）、韩国（233 批次，6.65%）、法国

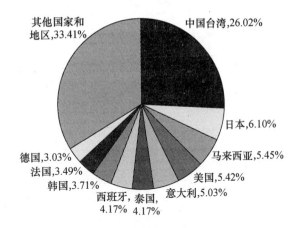

图 3 – 15　2015 年我国具有安全风险进口食品主要来源地分布

资料来源：国家质量监督检验检疫总局进出口食品安全局：《2015 年 1—12 月进境不合格食品、化妆品信息》，笔者整理形成。

（207 批次，5.91%）、意大利（185 批次，5.28%）、马来西亚（177 批次，5.05%）、泰国（157 批次，4.48%）、德国（155 批次，4.42%）、日本（143 批次，4.08%）、澳大利亚（119 批次，3.40%）。上述 10 个国家和地区不合格进口食品合计为 2399 批次，占全部不合格 3503 批次的 68.48%。

表 3 – 2　　2014—2015 年我国具有安全风险进口食品来源地区汇总

单位：次、%

2015 年			2014 年		
具有安全风险进口食品的来源国家或地区	具有安全风险进口食品批次	所占比例	具有安全风险进口食品的来源国家或地区	具有安全风险进口食品批次	所占比例
中国台湾	730	26.02	中国台湾	773	22.06
日本	171	6.10	美国	250	7.14
马来西亚	153	5.45	韩国	233	6.65
美国	152	5.42	法国	207	5.91
意大利	141	5.03	意大利	185	5.28
泰国	117	4.17	马来西亚	177	5.05

续表

2015 年			2014 年		
具有安全风险进口食品的来源国家或地区	具有安全风险进口食品批次	所占比例	具有安全风险进口食品的来源国家或地区	具有安全风险进口食品批次	所占比例
西班牙	117	4.17	泰国	157	4.48
韩国	104	3.71	德国	155	4.42
法国	98	3.49	日本	143	4.08
德国	85	3.03	澳大利亚	119	3.40
新西兰	85	3.03	西班牙	117	3.34
越南	77	2.75	越南	104	2.97
澳大利亚	74	2.64	新西兰	85	2.42
俄罗斯	60	2.14	英国	79	2.26
比利时	57	2.03	奥地利	44	1.26
印度尼西亚	52	1.85	印度尼西亚	41	1.17
土耳其	48	1.71	中国香港	40	1.14
加拿大	45	1.60	比利时	38	1.08
保加利亚	34	1.21	土耳其	38	1.08
中国香港	28	1.00	波兰	35	1.00
巴西	27	0.96	加拿大	35	1.00
荷兰	26	0.93	哈萨克斯坦	26	0.74
挪威	26	0.93	新加坡	25	0.71
英国	24	0.86	巴西	24	0.69
奥地利	19	0.68	瑞士	22	0.63
波兰	19	0.68	瑞典	21	0.60
新加坡	15	0.53	印度	21	0.60
中国澳门	13	0.46	荷兰	20	0.57
菲律宾	12	0.43	阿根廷	17	0.49
印度	12	0.43	阿联酋	17	0.49
乌拉圭	11	0.39	丹麦	17	0.49
葡萄牙	10	0.36	远洋捕捞[2]	17	0.49
智利	10	0.36	巴基斯坦	14	0.40
阿根廷	9	0.32	菲律宾	13	0.37

续表

2015 年			2014 年		
具有安全风险进口食品的来源国家或地区	具有安全风险进口食品批次	所占比例	具有安全风险进口食品的来源国家或地区	具有安全风险进口食品批次	所占比例
巴基斯坦	9	0.32	挪威	13	0.37
捷克	9	0.32	斯里兰卡	13	0.37
希腊	8	0.29	乌克兰	12	0.34
中国[①]	8	0.29	葡萄牙	11	0.31
瑞士	7	0.25	阿尔巴尼亚	10	0.29
哈萨克斯坦	6	0.21	孟加拉国	10	0.29
吉尔吉斯斯坦	6	0.21	智利	10	0.29
斯里兰卡	6	0.21	中国澳门	10	0.29
匈牙利	6	0.21	捷克	8	0.23
阿塞拜疆	5	0.17	俄罗斯	7	0.19
基里巴斯	5	0.17	克罗地亚	7	0.19
斯洛文尼亚	5	0.17	斯洛文尼亚	6	0.16
哥伦比亚	4	0.14	伊朗	6	0.16
罗马尼亚	4	0.14	埃及	5	0.14
丹麦	3	0.10	朝鲜	5	0.14
瑞典	3	0.10	南非	5	0.14
塞内加尔	3	0.10	希腊	5	0.14
芬兰	2	0.07	塔吉克斯坦	4	0.11
格鲁吉亚	2	0.07	匈牙利	4	0.11
科特迪瓦	2	0.07	中国[①]	4	0.11
立陶宛	2	0.07	爱尔兰	3	0.09
蒙古	2	0.07	法罗群岛	3	0.09
秘鲁	2	0.07	吉尔吉斯斯坦	3	0.09
摩洛哥	2	0.07	秘鲁	3	0.09
墨西哥	2	0.07	白俄罗	2	0.06
南非	2	0.07	保加利亚	2	0.06
尼泊尔	2	0.07	卢森堡	2	0.06
塞浦路斯	2	0.07	摩洛哥	2	0.06

续表

2015 年			2014 年		
具有安全风险进口食品的来源国家或地区	具有安全风险进口食品批次	所占比例	具有安全风险进口食品的来源国家或地区	具有安全风险进口食品批次	所占比例
斯洛伐克	2	0.07	亚美尼亚	2	0.06
乌克兰	2	0.07	巴拉圭	1	0.03
阿尔巴尼亚	1	0.04	厄瓜多尔	1	0.03
阿联酋	1	0.04	斐济	1	0.03
爱尔兰	1	0.04	格陵兰岛	1	0.03
冰岛	1	0.04	肯尼亚	1	0.03
玻利维亚	1	0.04	立陶宛	1	0.03
厄瓜多尔	1	0.04	罗马尼亚	1	0.03
几内亚	1	0.04	马里	1	0.03
加纳	1	0.04	马绍尔群岛	1	0.03
喀麦隆	1	0.04	缅甸	1	0.03
克罗地亚	1	0.04	莫桑比亚	1	0.03
肯尼亚	1	0.04	沙特阿拉伯	1	0.03
缅甸	1	0.04	突尼斯	1	0.03
尼日利亚	1	0.04	土库曼斯坦	1	0.03
萨摩亚	1	0.04	乌拉圭	1	0.03
沙特阿拉伯	1	0.04	乌兹别克斯坦	1	0.03
塔吉克斯坦	1	0.04	以色列	1	0.03
伊朗	1	0.04			
以色列	1	0.04			
其他③	3	0.10			
合计	2805	100.00	合计	3503	100.00

注：①2014 年国家质量监督检验检疫总局的报告中将远洋捕捞单列，本报告也采用此规范。

②货物的原产地是中国，是出口食品不合格退运而按照进口处理的不合格食品批次。

③2015 年国家质量监督检验检疫总局的报告中有部分没有标注国别，本报告将其归为"其他"。

资料来源：国家质量监督检验检疫总局进出口食品安全局：《2014 年进境不合格食品、化妆品信息》和《2015 年 1—12 月进境不合格食品、化妆品信息》。

2015 年，我国具有安全风险进口食品批次最多的前十位来源地分别是：中国台湾（730 批次，26.02%）、日本（171 批次，6.10%）、马来西亚（153 批次，5.45%）、美国（152 批次，5.42%）、意大利（141 批次，5.03%）、泰国（117 批次，4.17%）、西班牙（117 批次，4.17%）、韩国（104 批次，3.71%）、法国（98 批次，3.49%）、德国（85 批次，3.03%）（见表 3 - 2）。上述 10 个国家和地区不合格进口食品合计为 1868 批次，占全部不合格 2805 批次的 66.59%。可见，我国主要的具有安全风险进口食品来源地相对比较集中且近年来变化不大。

三 进口食品安全主要风险

进口食品安全的主要风险研究是本章的核心内容。

（一）进口食品具有安全风险的主要表现

表 3 - 3 是 2011 年我国具有安全风险性进口食品的主要原因分类。2011 年我国进口的具有风险性食品的原因主要是微生物污染、食品添加剂不合格、品质不合格、标签不合格、无法提供相关证书、重金属超标、农兽药残留超标、生物毒素超标、货证不符、包装不合格、辐照、含有违规转基因成分、来自疫区与感官检验不合格、含有禁限用物质和携带有害生物等，其中由于微生物污染的具有安全风险进口食品的批次最多，合计有 522 批次，占 2011 年所有具有安全风险进口食品批次的 28.71%（见图 3 - 16）。

表 3 - 3　　2011 年我国进口食品具有安全风险的主要原因分类　单位：次、%

具有风险性进口食品的原因	批次	所占比例
微生物污染	522	28.71
食品添加剂不合格	406	22.33
品质不合格	211	11.61
标签不合格	186	10.23
无法提供相关证书	178	9.79
重金属超标	74	4.07
农兽药残留超标	62	3.41
生物毒素超标	40	2.20

续表

具有风险性进口食品的原因	批次	所占比例
货证不符	37	2.04
包装不合格	23	1.27
辐照	11	0.61
含有违规转基因成分	10	0.55
来自疫区	10	0.55
感官检验不合格	6	0.33
含有禁限用物质	5	0.28
携带有害生物	2	0.11
其他	35	1.93
合计	1818	100.00

资料来源：中国质检总局进出口食品安全局：《2011年1—12月进境不合格食品、化妆品信息》，笔者整理形成。

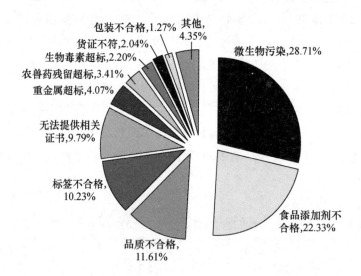

图3-16 2011年我国进口食品具有安全风险性项目的分布

资料来源：国家质量监督检验检疫总局进出口食品安全局：《2011年1—12月进境不合格食品、化妆品信息》，笔者整理形成。

表3-4显示了2014—2015年我国具有安全风险的进口食品的主要原因分类。2015年我国具有安全风险性进口食品主要原因是食品添加剂不合

表 3 - 4　2014—2015 年我国具有安全风险性进口食品的主要原因分类

单位：次、%

2015 年			2014 年		
具有风险性进口食品的原因	批次	所占比例	具有风险性进口食品的原因	批次	所占比例
食品添加剂不合格	643	22.92	食品添加剂不合格	640	18.27
微生物污染	598	21.32	微生物污染	581	16.59
标签不合格	471	16.79	标签不合格	567	16.19
品质不合格	357	12.73	品质不合格	437	12.48
证书不合格	241	8.59	证书不合格	233	6.65
超过保质期	177	6.30	超过保质期	214	6.11
重金属超标	127	4.53	重金属超标	194	5.53
未获准入许可	43	1.53	包装不合格	168	4.80
货证不符	42	1.50	未获准入许可	91	2.59
包装不合格	40	1.43	感官检验不合格	64	1.83
检出有毒有害物质	22	0.78	检出有毒有害物质	62	1.77
感官检验不合格	21	0.75	货证不符	61	1.74
含有违规转基因成分	17	0.61	风险不明	58	1.66
农兽药残留超标	2	0.07	农兽药残留超标	41	1.17
携带有害生物	2	0.07	检出异物	30	0.85
风险不明	1	0.04	含有违规转基因成分	24	0.69
来自疫区	1	0.04	非法贸易	18	0.51
			携带有害生物	7	0.20
			其他	13	0.37
总计	2805	100.00	总计	3503	100.00

　　资料来源：国家质量监督检验检疫总局进出口食品安全局：《2014 年进境不合格食品、化妆品信息》和《2015 年 1—12 月进境不合格食品、化妆品信息》，笔者整理形成。

格、微生物污染、标签不合格、品质不合格、证书不合格、超过保质期、重金属超标、未获准入许可、货证不符、包装不合格、检出有毒有害物质、感官检验不合格、含有违规转基因成分、农兽药残留超标、携带有害生物、风险不明、来自疫区等。整体来说，2015 年具有风险性进口食品的前五大原因占 82.35%，高于 2014 年 70.18% 的水平，表明近年来具有安全风险性进口食品原因呈现出集中的趋势，这有利于对进口食品安全的重点监测。在食品安全存在的问题中，食品添加剂不合格、微生物污染与重金属超标是主要问题，占检出不合格进口食品总批次的48.77%；在非食品安全存在的问题中，标签、品质、证书等不合格，与超过保质期则是主要问题，占检出不合格进口食品总批次的44.41%。2015年，进口食品中添加剂不合格与微生物污染成为我国具有安全风险性进口食品的最主要原因，共有1241批次，占全年所有具有安全风险进口食品批次的44.24%（见图3-17）。

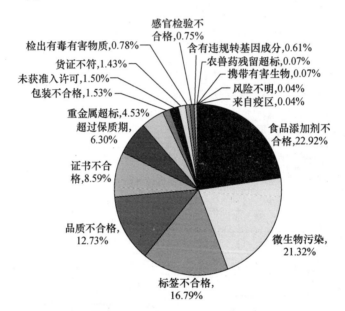

图3-17 2015年我国进口食品具有安全风险性项目的分布

资料来源：国家质量监督检验检疫总局进出口食品安全局：《2015年1—12月进境不合格食品、化妆品信息》，笔者整理形成。

比较表3-3、表3-4与图3-16、图3-17，可以发现，居进口食品具有风险性的项目前八位的项目虽有所差异，但主要是食品添加剂不合格、微生物污染、品质不合格、重金属超标。反差比较大的，就是农兽药残留超标从居2011年风险性项目的第七位降到2015年的第十四位。

（二）具有安全风险性项目的分析

1. 食品添加剂不合格

（1）具体情况。食品添加剂超标或不当使用食品添加剂是影响全球食品安全性的重要因素。2015 年，因食品添加剂不合格引起的具有安全风险性进口食品共计 643 批次，较 2014 年小幅增长，但所占比例由 18.27% 增长到 2015 年的 22.92%，增幅明显。继 2014 年之后，食品添加剂不合格仍然是我国具有安全风险性进口食品的最主要原因。2015 年由食品添加剂不合格引起的具有安全风险性进口食品主要是由着色剂、防腐剂、营养强化剂违规使用所致（见表 3-5）。

表 3-5　　　　　2014—2015 年由食品添加剂不合格引起的具有
安全风险性进口食品的具体原因分类　　　单位：次、%

序号	2015 年			2014 年		
	具有风险性进口食品的具体原因	批次	所占比例	具有风险性进口食品的具体原因	批次	所占比例
1	着色剂	214	7.63	着色剂	197	5.62
2	防腐剂	177	6.31	防腐剂	140	4.00
3	营养强化剂	103	3.67	营养强化剂	110	3.14
4	甜味剂	61	2.17	甜味剂	31	0.88
5	抗结剂	26	0.93	抗结剂	24	0.69
6	抗氧化剂	22	0.78	抗氧化剂	15	0.43
7	乳化剂	13	0.46	膨松剂	12	0.34
8	酸度调节剂	9	0.31	酸度调节剂	8	0.23
9	香料	5	0.18	加工助剂	7	0.20
10	增稠剂	5	0.18	香料	7	0.20
11	膨松剂	3	0.11	被膜剂	2	0.06
12	缓冲剂	1	0.04	缓冲剂	2	0.06
13	加工助剂	1	0.04	增稠剂	2	0.05
14	其他	3	0.11	乳化剂	1	0.03
15				其他	82	2.34
总计		643	22.92	总计	640	18.27

资料来源：国家质量监督检验检疫总局进出口食品安全局；《2014 年进境不合格食品、化妆品信息》和《2015 年 1—12 月进境不合格食品、化妆品信息》，笔者整理形成。

（2）主要来源地。如图 3-18 所示，2015 年由食品添加剂不合格引起的具有安全风险进口食品的主要来源国家和地区分别是中国台湾（121

批次，18.82%）、日本（55 批次，8.55%）、马来西亚（48 批次，7.47%）、美国（44 批次，6.84%）、泰国（41 批次，6.38%）、西班牙（38 批次，5.91%）、意大利（30 批次，4.67%）、澳大利亚（28 批次，4.35%）、印度尼西亚（27 批次，4.20%）和保加利亚（23 批次，3.57%）。以上 10 个国家和地区因食品添加剂不合格而导致我国进口食品不合格的批次为 455 批次，占所有食品添加剂不合格批次的 70.76%。

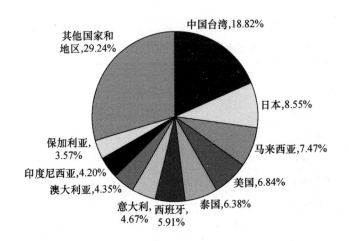

图 3－18　2015 年食品添加剂不合格引起的具有安全风险性进口食品的主要来源地

资料来源：国家质量监督检验检疫总局进出口食品安全局：《2015 年 1—12 月进境不合格食品、化妆品信息》，笔者整理形成。

（3）典型案例。近年来的典型案例是：

（A）美国好时调味牛奶违规使用诱惑红。食品添加剂诱惑红（Allura Red）是食品工业中一种非常重要的着色剂，其使用标准号为 GB 17511.1—2008。2014 年 6 月，北美地区最大的巧克力及巧克力类糖果制造商、世界 500 强企业好时公司生产的 5 批次的调味牛奶因违规使用食品添加剂诱惑红，被国家质量监督检验检疫总局做销毁处理。该 5 批次调味牛奶是由中山市汇明贸易有限公司进口，共计 4.5 吨。[①]

（B）德国水果麦片违规添加"生物素"。2015 年 1 月 3 日及 4 日，

———————

① 《2014 年 6 月进境不合格食品、化妆品信息》，国家质量监督检验检疫总局进出口食品安全局，2014－09－02，http://jckspaqj.aqsiq.gov.cn/jcksphzpfxyj/jjspfxyj/jjbhgsptb/。

市民蒋天亮在位于合肥市长江中路 98 号的北京华联超市购物时购买了 5 盒"诗尼坎普维生素 10 种水果麦片"（750 克装），一盒"诗尼坎普维生素玉米片"（225 克装），共付款 664 元。两款产品的外包装上均显示，原产国为德国，国内经销商是北京嘉盛行商贸有限公司。上述产品的外包装配料栏中标明添加了"生物素"，而根据国家食品安全标准《食品营养强化剂使用标准 GB14480—2012》，上述产品不在"生物素"允许使用范围之内。在向商家索赔遭拒的情况下，蒋天亮一纸诉状将北京华联超市起诉到合肥市庐阳区人民法院。最终，法院依据《食品安全法》（2009 版）和《最高人民法院关于审理食品药品纠纷案件适用法律若干问题的规定》的相关规定，判决北京华联公司退还蒋某购物款 664 元，并给予 10 倍赔偿 6640 元。①

2. 微生物污染

（1）具体情况。微生物个体微小、繁殖速度较快、适应能力强，在食品的生产、加工、运输和经营过程中容易因为温度控制不当或环境不洁造成污染，是威胁全球食品安全的又一主要因素。2015 年国家质量监督检验检疫总局检出的具有安全风险性进口食品中因微生物污染的共有 598 批次，占全年所有具有安全风险进口食品批次的 21.32%，虽然不合格批次较 2014 年小幅增加，但所占比例幅度较为明显，其中菌落总数超标、大肠菌群超标以及霉菌超标的情况较为严重。表 3 - 6 分析了 2014—2015 年由微生物污染引起的具有安全风险性进口食品的具体原因分类。

表 3 - 6　　　2014—2015 年由微生物污染引起的具有安全风险性
进口食品的具体原因分类　　　　单位：次、%

序号	2015 年			2014 年		
	具有安全风险性进口食品的具体原因	批次	所占比例	具有安全风险性进口食品的具体原因	批次	所占比例
1	菌落总数超标	273	9.73	菌落总数超标	200	5.71
2	大肠菌群超标	158	5.63	大肠菌群超标	189	5.40
3	霉菌超标	74	2.64	霉菌超标	70	2.00

---

① 《北京华联超市售卖滥用添加剂麦片被判赔 10 倍》，中国食品报网，2015 - 04 - 14，http://www.cnfood.cn/n/2015/0414/52426.html。

续表

序号	2015 年			2014 年		
	具有安全风险性进口食品的具体原因	批次	所占比例	具有安全风险性进口食品的具体原因	批次	所占比例
4	大肠菌群、菌落总数超标	25	0.89	细菌总数超标	27	0.77
5	酵母菌超标	18	0.64	检出金黄色葡萄球菌	19	0.54
6	霉变	8	0.29	大肠菌群、菌落总数超标	13	0.37
7	检出单增李斯特菌	6	0.21	霉变	10	0.28
8	检出沙门氏菌	6	0.21	酵母菌、霉菌超标	7	0.20
9	大肠菌群超标、霉菌超标、菌落总数超标	5	0.18	检出单增李斯特菌	6	0.17
10	酵母菌超标、菌落总数超标	5	0.18	酵母菌超标	6	0.17
11	检出金黄色葡萄球菌	3	0.11	霉菌、大肠菌群超标	6	0.17
12	霉菌、大肠菌群超标	3	0.11	霉菌、菌落总数超标	5	0.14
13	酵母菌、霉菌超标	2	0.07	乳酸菌超标	5	0.14
14	非商业无菌	1	0.04	检出副溶血性弧菌	3	0.09
15	霉菌、菌落总数超标	1	0.04	检出产气荚膜梭菌	2	0.06
16	细菌总数超标	1	0.04	检出沙门氏菌	2	0.06
17	其他	9	0.31	真菌总数超标	2	0.06
18				大肠菌群、沙门氏菌超标	1	0.03
19				金黄色葡萄球菌、菌落总数超标	1	0.03
20				非商业无菌	1	0.03
21				细菌总数、霉菌超标	1	0.03
22				其他	5	0.14
总计		598	21.32	总计	581	16.59

资料来源：国家质量监督检验检疫总局进出口食品安全局：《2014 年进境不合格食品、化妆品信息》和《2015 年 1—12 月进境不合格食品、化妆品信息》，笔者整理形成。

（2）主要来源地。如图 3 - 19 所示，2015 年由微生物污染引起的具有安全风险性进口食品的主要来源国家和地区分别是中国台湾（243 批次，40.64%）、越南（42 批次，7.02%）、马来西亚（39 批次，6.52%）、韩国（33 批次，5.52%）、新西兰（30 批次，5.02%）、美国（27 批次，4.52%）、泰国（19 批次，3.18%）、印度尼西亚（16 批次，2.68%）、俄罗斯（10 批次，1.67%）和法国（8 批次，1.34%）。以上 10 个国家和地区因微生物污染而导致食品不合格的批次为 467 批次，占所有微生物污染批次的 78.09%，成为进口食品微生物污染的主要来源地。值得注意的是，中国台湾成为进口食品微生物污染的最大来源地，所占比例超过四成。

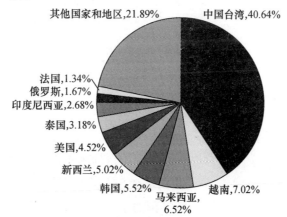

图 3 - 19 2015 年微生物污染引起的具有安全风险性进口食品的主要来源地

资料来源：国家质量监督检验检疫总局进出口食品安全局：《2015 年 1—12 月进境不合格食品、化妆品信息》，笔者整理形成。

（3）典型案例。以下案例具有一定的典型性。

（A）冷冻食品中检出金黄色葡萄球菌。金黄色葡萄球菌是人类生活中最常见的致病菌，其广泛存在于自然界中，尤其是在食品中。食品中超出一定数量的金黄色葡萄球菌就会导致食用者出现呕吐、腹泻、发烧，甚至死亡的中毒事件[1]，是引发毒素型食物中毒的三大主因之一。[2] 随着食

———————————

① 柳敦江、王鹏：《一种快速鉴定猪舍空气样品中金黄色葡萄球菌的方法》，《猪业科学》2013 年第 5 期。

② 刘海卿、佘之蕴、陈丹玲：《金黄色葡萄球菌三种定量检验方法的比较》，《食品研究与开发》2014 年第 13 期。

品安全的逐步升级，对食品中金黄色葡萄球菌的检测成为食品检测中的重要内容。2014 年，我国进口食品中仍有较多批次的金黄色葡萄球菌超标的冷冻食品，包括来自新西兰、越南、英国、法国等国的冰鲜鲑鱼、冻鱼糜、冻猪筒骨、冻猪肋排等产品，给人们的食品安全带来隐患（见表 3 - 7）。

表 3 - 7　　　　　　2014 年部分金黄色葡萄球菌不合格的冷冻产品

时间	产地	具体产品	处理方式
2014 年 3 月	新西兰	冰鲜鲑鱼	销毁
2014 年 5 月	越南	冻鱼糜	退货
2014 年 11 月	英国	冻猪筒骨	退货
2014 年 11 月	法国	冻猪肋排	退货
2014 年 11 月	马来西亚	榴莲球（速冻调制食品）	退货
2014 年 12 月	西班牙	冷冻猪连肝肉	退货

资料来源：国家质量监督检验检疫总局进出口食品安全局：《2014 年 1—12 月进境不合格食品、化妆品信息》，笔者整理形成。

（B）大连销毁 5800 多箱召回的美国蓝铃冰淇淋。2015 年 4 月 9 日，美国疾病控制预防中心宣布，美国至少 8 人因食用美国蓝铃（Blue Bell）公司冰淇淋产品后，感染李斯特杆菌而患病就医，已致 3 人死亡。获悉相关消息后，国家食品药品监管总局立即部署，要求相关省份迅速调查核实，采取控制措施。辽宁省大连市食品药品监督管理局发布消息称，大连地区共销毁 5800 多箱召回的蓝铃冰淇淋，在其他城市召回的 3426 箱蓝铃冰淇淋也分别在当地销毁。[①]

3. 重金属超标

（1）具体情况。表 3 - 8 显示，2015 年，我国进口食品中由重金属超标而被拒绝入境的批次规模呈现出明显的下降，较 2014 年下降 34.54%，占所有具有安全风险进口食品批次的比例也由 2014 年的 5.53% 下降到 2015 年的 4.53%。除常见的铜、镉、铬、铁等重金属污染物超标外，进口食品中稀土元素、镁、铅等重金属超标的现象也需引起重视。

---

① 《最全 2015 食品安全事件总汇！一起了解诺如病毒、李斯特杆菌》，食安网，2015 - 09 - 09，http：// www. cnfoodsafety. com/2015/0909/14624. html。

表 3 - 8　　　　　　　2014—2015 年由重金属超标引起的具有安全

风险性进口食品具体原因　　　　单位：次、%

序号	2015 年			2014 年		
	具体原因	批次	所占比例	具体原因	批次	所占比例
1	稀土元素超标	34	1.21	铜超标	40	1.14
2	砷超标	30	1.07	砷超标	35	1.00
3	铜超标	23	0.82	稀土元素超标	33	0.94
4	铁超标	10	0.36	铝超标	22	0.63
5	镉超标	6	0.21	镉超标	17	0.48
6	硼超标	6	0.21	铁超标	17	0.48
7	镁超标	4	0.14	铅超标	12	0.34
8	铅超标	4	0.14	铬超标	2	0.06
9	铝超标	3	0.11	汞超标	2	0.06
10	锰超标	3	0.11	镁超标	1	0.03
11	钙超标	2	0.07	锰超标	1	0.03
12	汞超标	1	0.04	锌超标	1	0.03
13	锌超标	1	0.04	其他	11	0.31
	总计	127	4.53	总计	194	5.53

资料来源：国家质量监督检验检疫总局进出口食品安全局：《2014 年进境不合格食品、化妆品信息》和《2015 年 1—12 月进境不合格食品、化妆品信息》，笔者整理形成。

（2）主要来源地。如图 3 - 20 所示，2015 年，我国由重金属超标引起的具有安全风险性进口食品的主要来源国家和地区，分别是日本（26 批次，20.47%）、中国台湾（24 批次，18.90%）、西班牙（10 批次，7.87%）、新西兰（7 批次，5.51%）、意大利（6 批次，4.72%）、泰国（6 批次，4.72%）、阿塞拜疆（5 批次，3.94%）、法国（5 批次，3.94%）、韩国（3 批次，2.36%）、斯里兰卡（3 批次，2.36%）、印度尼西亚（3 批次，2.36%）和越南（3 批次，2.36%）。以上 12 个国家和地区因重金属超标而导致食品不合格的批次为 101 批次，占所有重金属超标批次的 79.51%。

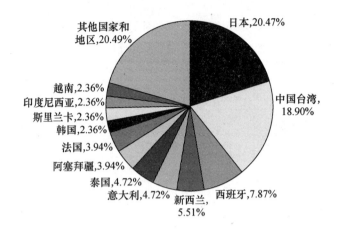

图 3 - 20 2015 年重金属超标引起的具有安全风险性进口食品的主要来源地

资料来源：国家质量监督检验检疫总局进出口食品安全局：《2015 年 1—12 月进境不合格食品、化妆品信息》，笔者整理形成。

（3）典型案例。以下是近年来我国进口食品重金属超标的典型案例。

（A）2014 年 1 月，Estabkecimiento Las Marias Sacifa 公司生产的塔拉吉精选无梗马黛茶、塔拉吉活力印第安传统马黛茶、圣恩限量精品马黛茶等 5 批茶叶被国家质量监督检验检疫总局检出稀土元素超标，共有 6.66 吨。所有的茶叶均已做退货处理。① 在一般情况下，接触稀土不会对人身带来明显危害，但长期低剂量暴露或摄入可能会给人体健康或体内代谢产生不良后果，包括影响大脑功能，加重肝肾负担，影响女性生育功能等。

（B）2015 年 7 月，河南出入境检验检疫局郑州经济技术开发区办事处发现，4 批进口食品不符合我国食品卫生标准。其中 1 批葡萄酒共计 200 纸箱，货值 0.65 万元人民币，经实验室检测检出重金属（铜）超标②。铜的过量摄入可能引发铜中毒，导致神经损伤。

4. 农兽药残留超标或使用禁用农兽药

（1）具体情况。由表 3 - 9 可以看出，相比于 2014 年，2015 年，进口食品中因农兽药残留超标和使用禁用农兽药引起的被拒绝入境的批次出

---

① 《2014 年 1 月进境不合格食品、化妆品信息》，国家质量监督检验检疫总局进出口食品安全局，2014 - 03 - 10，http：//jckspaqj. aqsiq. gov. cn/jcksphzpfxyj/jjspfxyj/jjbhgsptb/。

② 《2015 年食品重金属超标事件》，搜狐网，2015 - 08 - 24，http：//mt. sohu. com/20150824/n419613468. shtml。

现明显下降，总计仅为 2 批次，占所有不合格批次的 0.08%，表明农兽药残留超标或使用禁用农兽药已经不是导致进口食品安全风险性的主要原因。

表 3 – 9 2014—2015 年由农兽药残留超标或使用禁用农兽药等引起的
具有安全风险性进口食品具体原因分类 单位：次、%

序号	2015 年			2014 年		
	具体原因	批次	所占比例	具体原因	批次	所占比例
1	草甘膦	1	0.04	检出莱克多巴胺	29	0.82
2	氟虫腈	1	0.04	检出呋喃唑酮	5	0.14
3				吡虫啉超标	2	0.06
4				硝基呋喃超标	2	0.06
5				滴滴涕超标	1	0.03
6				尼卡巴嗪超标	1	0.03
7				乙酰甲胺磷超标	1	0.03
	总计	2	0.08	总计	41	1.17

资料来源：国家质量监督检验检疫总局进出口食品安全局：《2014 年进境不合格食品、化妆品信息》和《2015 年 1—12 月进境不合格食品、化妆品信息》，笔者整理形成。

（2）典型案例。"立顿"茶农药残留超标是近年来有代表性的案例。2012 年 4 月，"绿色和平组织"对全球最大的茶叶品牌——"立顿"牌袋泡茶叶的抽样调查发现，该组织所抽取的 4 份样品共含有 17 种农药残留，绿茶、茉莉花茶和铁观音样本中均含有至少 9 种农药残留，其中绿茶和铁观音样本中农药残留多达 13 种。而且，"立顿"牌的绿茶、铁观音和茉莉花茶三份样品，被检测出含有《中华人民共和国农业部第 1586 号公告》规定不得在茶叶上使用的灭多威，而灭多威被世界卫生组织列为高毒农药。[1] 同时，自美国进口的近 500 吨猪肉产品含莱克多巴胺事件也具有典型性。2014 年 11 月，国家质量监督检验检疫总局的天津口岸接连在进口自美国的 17 批猪肉产品中检出莱克多巴胺，累计超过 478 吨，涵盖冻猪肘、冻猪颈骨、冻猪脚、冻猪肾、冻猪心管、冻猪舌、冻猪鼻等猪

---

[1] 《茶叶被指涉有高毒性农药残留上海多超市未下架》，中国新闻网，2012 – 04 – 25，http：//finance. chinanews. com/jk/2012/04 – 25/3845646. shtml。

肉产品。所有这些猪肉产品均已做退货或销毁处理。①

5. 进口食品标签标志不合格

（1）具体情况。根据我国《食品标签通用标准》的规定，进口食品标签应具备食品名称、净含量、配料表、原产地、生产日期、保质期、国内经销商等基本内容。实践已经证明，规范进口食品的中文标签标志是保证进口食品安全、卫生的重要手段。2015 年，我国进口食品标签中存在的问题主要是食品名称不真实、隐瞒配方、标签符合性检验不合格等，共计 471 批次，较之于 2014 年下降 96 批次，占全部不合格批次总数的 16.79%。

（2）主要来源地。如图 3 - 21 所示，2015 年，由标签不合格引起的具有安全风险进口食品的主要来源国家和地区分别是中国台湾（123 批次，26.11%）、马来西亚（36 批次，7.64%）、意大利（35 批次，7.43%）、比利时（34 批次，7.22%）、俄罗斯（27 批次，5.73%）、日本（26 批次，5.52%）、韩国（25 批次，5.31%）、美国（23 批次，4.88%）、泰国（19 批次，4.03%）、法国（13 批次，2.76%）和西班牙（13 批次，2.76%）。以上 11 个国家和地区因标签不合格而导致食品不合格的批次为 374 批次，占所有标签不合格批次的 79.39%。

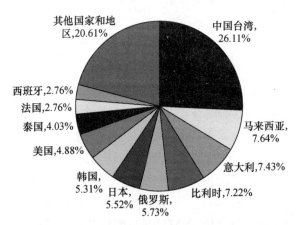

图 3 - 21　2015 年标签不合格引起的具有安全风险性进口食品的主要来源地

资料来源：国家质量监督检验检疫总局进出口食品安全局：《2015 年 1—12 月进境不合格食品、化妆品信息》，笔者整理形成。

---

① 《2014 年 11 月进境不合格食品、化妆品信息》，国家质量监督检验检疫总局进出口食品安全局，2015 - 01 - 12，http：//jckspaqj. aqsiq. gov. cn/jcksphzpfxyj/jjspfxyj/jjbhgsptb/。

（3）典型案例。（A）2014 年 1 月，国家质量监督检验检疫总局在检验进口食品时发现，来自中国台湾统一集团 5 批次统一阿 Q 桶面存在标签不合格的情况，这 5 批次的桶面因此被退货处理。①

（B）江苏省苏州市的张先生夫妇陆续在某网络科技公司开设于京东商城的网店购买了美国、德国进口的婴幼儿零食、辅食、奶粉等，总共价值 7600 多元。但他发现，这些国外进口的预包装食品上没有一样具备中文标签和中文说明书。张先生认为，这违反了《食品安全法》的规定，于是起诉销售商索赔。2015 年 6 月，苏州市吴中区人民法院支持了张先生的诉讼请求，判令销售者退还货款，并支付十倍赔偿金。②

6. 含有转基因成分的食品

（1）具体情况。作为一种新型的生物技术产品，转基因食品的安全性一直备受争议，而目前学界对于其安全性也尚无定论。2014 年 3 月 6 日，农业部部长韩长赋在十二届全国人大二次会议新闻中心举行的记者会上指出，转基因在研究上要积极，坚持自主创新，在推广上要慎重，做到确保安全。③ 我国对转基因食品的监管政策一贯是明确的。2015 年，我国进口食品中含有违规转基因成分共计 17 批次，占全部不合格批次总数的 0.61%。

（2）典型案例。2014 年 3 月，进口自中国台湾的永和豆浆因含有违规转基因成分被国家质量监督检验检疫总局的福建口岸截获，最终做退货处理。永和豆浆是大陆、台湾和香港三地著名的豆浆生产品牌，豆浆产品由永和国际开发股份有限公司生产。④ 这一事件表明国际大品牌的食品质量安全同样需要高度重视。

---

① 《2014 年 1 月进境不合格食品、化妆品信息》，国家质量监督检验检疫总局进出口食品安全局，2014－03－10，http：//jckspaqj. aqsiq. gov. cn/jcksphzpfxyj/jjspfxyj/jjbhgsptb/。

② 《无中文标签进口食品被认定不合格消费者获十倍赔偿》，中国食品报网，2015－06－11，http：//www. cnfood. cn/n/2015/0611/58255. html。

③ 《农业部部长回应转基因质疑：积极研究慎重推广严格管理》，新华网，2014－03－06，http：//news. xinhuanet. com/politics/2014－03/06/c_ 126229096. htm。

④ 《永和豆浆被检出转基因》，半月谈网，2014－05－18，http：//www. banyuetan. org/chcontent/zc/bgt/2014516/101635. html。

四 进口食品接触产品质量状况

食品接触产品是指日常生活中与食品直接接触的器皿、餐厨具等产品，这类产品会与食品或人的口部直接接触，与消费者身体健康密切相关，并且可能构成食品安全风险。近年来，随着国内居民生活水平的不断提高，高档新型的进口食品接触产品越来越受到人们的喜爱，进口数量也在快速增长，由此，因食品接触产品引发的食品安全问题已成为一个新关注点。因此，主要借鉴国家质量监督检验检疫总局发布的《全国进口食品接触产品质量状况》报告①，本章在2015年该报告的基础上继续分析进口食品接触产品的质量状况，力求全面反映我国进口食品接触产品的现状。目前，我国进口食品接触产品的规范性文件主要有《中华人民共和国进出口商品检验法》及其实施条例、国家质量监督检验检疫总局《进出口食品接触产品检验监管工作规范》及相关标准。

（一）进口食品接触产品贸易的基本特征

1. 进口规模持续增长

近年来，进口食品接触产品的规模呈现出明显的增长态势。图3-22显示，我国进口食品接触产品从2012年的14891批次增长到2014年的79562批次，并于2015年首次突破108007批次，较2014年增长35.75%，增长势头较为迅猛；进口食品接触产品的货值也从2012年的2.38亿美元增长到2014年的7.45亿美元，但2015年货值下降到6.72亿美元，较2014年下降9.80%。

2. 家电类、金属制品、塑料制品占绝大多数

2015年，我国进口食品接触产品主要包括家电类、金属制品、塑料制品、日用陶瓷、纸制品及其他材料制品。其中，家电类、金属制品和塑料制品的所占比例较高，分别为28.6%、28.5%和15.3%，是主要的产品类别。其他材料类制品以玻璃制品为主（见图3-23）。

---

① 《质检总局召开专题新闻发布会发布2015年进口消费品质量安全信息》，国家质量监督检验检疫总局网站，2016-05-18，http://www.aqsiq.gov.cn/zjxw/zjxw/zjftpxw/201605/t20160518_466548.htm。

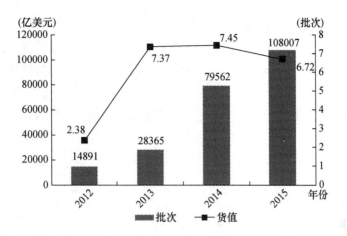

图 3 – 22 2012—2015 年进口食品接触产品的批次和货值

资料来源：国家质量监督检验检疫总局：《2012—2015 年全国进口食品接触产品质量状况》，笔者整理形成。

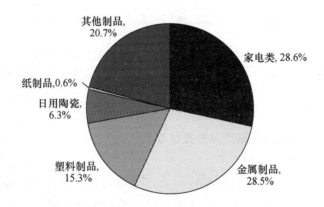

图 3 – 23 2015 年进口食品接触产品货值分布

资料来源：国家质量监督检验检疫总局：《2015 年全国进口食品接触产品质量状况》，笔者整理形成。

3. 地区分布相对集中

图 3 – 24 显示，2014 年，我国进口食品接触产品批次原产国前十位依次是韩国、日本、中国①、德国、意大利、美国、法国、英国、瑞典和土耳其。原产于该 10 国的食品接触产品合计 62732 批次，占总进口批次

———————————

① 这里主要是指出口复进口产品，因此不包括我国香港、澳洲、台湾地区。

的 78.85%。可见,我国进口食品接触产品的来源地相对集中。2015 年全国进口食品接触产品进一步零散化、小批量化,大批量、连续进口的产品较少,同一批次进口产品品种杂、规格多,且近三年来平均每批进口产品货值持续下降;各类产品原产国的前十位中出现了泰国、越南、印度等国家,反映出目前制造业向劳动力成本相对较低的东南亚转移的趋势。

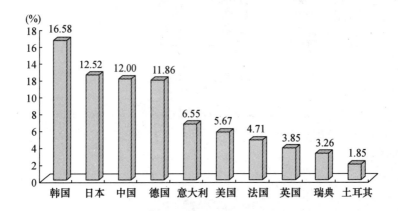

图 3 - 24 2014 年进口食品接触产品的主要来源地

资料来源:国家质量监督检验检疫总局:《2014 年全国进口食品接触产品质量状况》,笔者整理形成。

(二)进口食品接触产品质量状况

1. 检出批次与不合格率

2015 年,全国检验检疫机构检出不合格进口食品接触产品 8331 批,检验批不合格率(检验不合格批次÷进口总批次,下同)为 7.71%,其中标志标签不合格 7751 批,安全卫生项目检测不合格 204 批,其他项目检验不合格 376 批。

2015 年,全国进口食品接触产品检验批不合格率为五年来最高,且近五年呈逐年升高的趋势;实验室检测 12308 批,检测不合格 273 批,检测批不合格率为 2.22%,处于近五年平均水平。五年检验批不合格率及检测批不合格率对比如图 3 - 25 所示。

2. 不合格情况分析

我国进口食品接触产品五年来检验批不合格率逐年上升的主要原因是进口产品不符合我国法律法规和标准的情况普遍存在,且贸易相关方对我

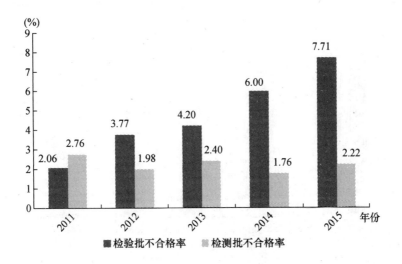

图 3 - 25　2011—2015 年进口食品接触产品不合格率

资料来源：国家质量监督检验检疫总局：《2015 年全国进口食品接触产品质量状况》，笔者整理所得。

国法律法规和标准要求尤其是关于标志标签的问题并未引起足够重视，同时国家相关部门为保护消费者健康安全而出台了一系列检验监管措施，持续加大对进口产品的把关力度。2015 年检出的进口食品接触产品不合格情况中，标志标签不合格主要表现为无中文标志标签或标志标签内容与规定不符；安全卫生项目不合格主要表现为陶瓷制品铅、镉溶出量超标，塑料制品脱色、蒸发残渣及丙烯腈单体超标，金属制品重金属溶出量、涂层蒸发残渣超标，纸制品荧光物质和铅含量超标，家电类重金属超标等；其他项目不合格主要表现为货证不符、品质缺陷等。

3. 各类产品不合格情况

从产品类别看，2014 年，进口食品接触产品的检测不合格率由高到低依次是家电类、金属制品、塑料制品、纸制品、日用陶瓷和其他制品，所占比例分别为 9.09%、3.14%、2.57%、0.76%、0.34% 和 0.18%。相对应地，2015 年进口食品接触产品的检出不合格率由高到低依次是家电类、金属制品、塑料制品、纸制品、日用陶瓷和其他制品，所占比例分别为 4.79%、3.24%、2.79%、1.79%、0.36% 和 0.76%。可见，2015年家电类的不合格率呈现明显的下降，塑料制品、纸制品和其他制品的不合格率则出现明显的上升。

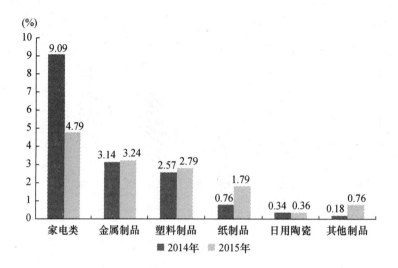

图3-26　2014—2015年不同类别进口食品接触产品的检测不合格率

资料来源：国家质量监督检验检疫总局：《2014年全国进口食品接触产品质量状况》和《2015年全国进口食品接触产品质量状况》，笔者整理形成。

4. 不合格进口食品接触产品的主要来源地

2014年，不合格进口食品接触产品的主要来源地为韩国（1214批次，25.42%）、日本（205批次，4.29%）、中国（出口复进口，179批次，3.75%）、德国（128批次，2.68%）、泰国（102批次，2.14%）、印度（65批次，1.38%）、意大利（53批次，1.11%）、中国台湾（47批次，0.98%）、法国（46批次，0.96%）和保加利亚（37批次，0.77%）。其中，韩国是我国不合格进口食品接触产品的最大来源地，所占比例超过25%。以上10个国家和地区所占比例之和为43.48%。

2015年，进口食品接触产品不合格批次原产国（或地区）前十位依次是日本（2141批次，25.70%）、韩国（1114批次，13.37%）、中国（837批次，10.05%）、法国（396批次，4.75%）、中国台湾（364批次，4.37%）、德国（309批次，3.71%）、意大利（273批次，3.28%）、泰国（196批次，2.35%）、土耳其（162批次，1.94%）和美国（151批次，1.82%）。原产上述10国（或地区）的不合格批次合计5943批，占不合格总批次的71.34%。可见，近年来，我国不合格进口食品接触产品的主要来源地相对集中且变化不大。

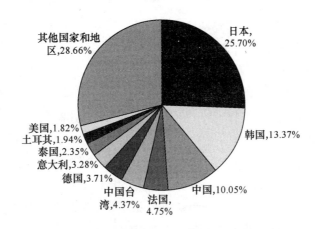

图 3 - 27　2015 年不合格进口食品接触产品的主要来源地

资料来源：国家质量监督检验检疫总局：《2015 年全国进口食品接触产品质量状况》，笔者整理形成。

五　现阶段需要解决的主要问题

面对日益严峻的进口食品安全问题，着力完善覆盖全过程的具有中国特色的进口食品安全监管体系，保障国内食品安全已非常迫切。立足于保障进口食品质量安全的现实与未来需要，应该构建以源头监管、口岸监管、流通监管和消费者监管为主要监管方式，以风险分析与预警、召回制度为技术支撑，以食品安全国际共治为外部环境保障，以安全卫生标准与法律体系为基本依据，构建与完善具有中国特色的进口食品安全监管体系。由于篇幅的限制，本章重点思考的建议是如下五个方面。

（一）实施进口食品的源头监管

国家质量监督检验检疫总局发布的《"十二五"进口食品质量安全状况（白皮书）》显示[1]，我国在进口食品源头监管方面做了大量的工作。按照国际通行做法，一是对输华食品国家（地区）食品安全管理体系进

---

[1]　《质检总局召开专题新闻发布会发布"十二五"进口食品质量安全状况》，国家质量监督检验检疫总局网站，2016 - 06 - 29，http：//www. aqsiq. gov. cn/zjxw/zjxw/zjftpxw/201606/t20160629 _ 469084. htm。

行评估和审查，符合我国规定要求的，其产品准许进口。"十二五"期间，共对63个国家（地区）的92种食品进行了管理体系评估，对其中符合我国要求的34个国家（地区）的28种食品予以准入。二是对境外输华食品生产加工企业质量控制体系进行评估和审查，符合我国规定要求的，准予注册。截至2015年，累计对肉类产品、乳制品、水产品、燕窝等产品的1.5万家境外食品生产企业进行了注册。三是对输华食品境外出口商和境内进口商实施备案，落实进出口商主体责任。截至2015年，共备案境外出口商102816家，境内进口商26065家。此外，还建立了对输华食品出具官方证书制度和进境动植物源性食品检疫审批制度，并将建立输华食品进口商对境外食品生产企业审核制度。

　　与发达国家相比，我国对进口食品的源头监管能力还有待提升。应该借鉴欧美等发达国家的经验，进一步加强对食品输出国的食品风险分析和注册管理，尤其是重要的进口食品，问题较多的进口食品，明确要求食品出口商在向中国出口食品时取得类似于危害分析及关键控制点（Hazard Analysic Critical Control Point，HACCP）认证等安全认证[①]。同时由于进口食品往往具有在境外加工、生产的特征，一国的监管者很难在本国境内全程监管这些食品的加工与生产过程，因此必要时可以对外派出食品安全官，到出口地展开实地调查和抽查，督查食品生产企业按我国食品安全国家标准进行生产，这就需要与食品出口国加强合作，构建食品安全国际共治的格局则显得十分必要。

（二）强化进口食品的口岸监管

　　如图3–28所示，2015年，我国查处不合格进口食品的主要口岸分别是上海（688批次，24.53%）、厦门（477批次，17.01%）、深圳（386批次，13.76%）、广东（361批次，12.87%）、山东（197批次，7.02%）、福建（182批次，6.49%）、北京（154批次，5.49%）、珠海（55批次，1.96%）、广西（54批次，1.93%）、内蒙古（54批次，1.93%）和浙江（54批次，1.93%）。以上11个口岸共检出不合格进口食品2 662批次，占全部不合格进口食品批次的94.92%。可见，我国进口食品的口岸相对集中。

---

　　① HAPPC危害分析及关键控制点，是一个国际认可的、保证食品免受生物性、化学性及物理性危害的预防体系。

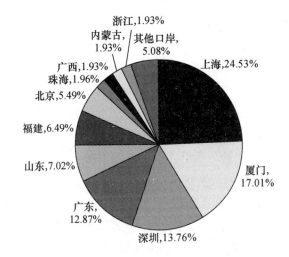

图 3 - 28　2015 年检出不合格进口食品的主要口岸

资料来源：国家质量监督检验检疫总局进出口食品安全局：《2015 年 1—12 月进境不合格食品、化妆品信息》，笔者整理形成。

进口食品的口岸监督监管是指利用口岸在进出口食品贸易中的特殊地位，对来自境外的进口食品进行入市前管理，对不符合要求的食品实施拦截的监管方式。① 强化进口食品的口岸监管，核心的问题是根据各个口岸具有安全风险进口食品的类别、来源的国别地区，实施有针对性的监管。虽然国家质量监督检验检疫总局在进口食品的口岸监管方面做出了很多努力，如"十二五"期间，我国共对 12828 批次具有安全风险进口食品实施了退运或销毁措施②，但我国进口食品的口岸监管仍存在一些问题。目前，我国对不同种类的进口食品的监管采用统一的标准和方法，不同种类的进口食品均处于同一尺度的口岸监管之下，这可能并不完全符合现实要求。以酒和米面速冻制品（如速冻水饺、小笼包等）为例，从 HAPPC 的角度而言，前者质量的关键控制点仅包括原料、加工时间和温度三个关键点，即只要控制好原料的质量、加工时间和温度这三个关键点，就能控制酒类的卫生质量。除此之外，酒类在成型后稳定性好，食品的保质期长

---

① 陈晓枫：《中国进出口食品卫生监督检验指南》，中国社会科学出版社 1996 年版。

② 《质检总局召开专题新闻发布会发布"十二五"进口食品质量安全状况》，国家质量监督检验检疫总局网站，2016 - 06 - 29，http：//www.aqsiq.gov.cn/zjxw/zjxw/zjftpxw/201606/t20160629_ 469084. htm。

（几年甚至十年以上）。而后者的质量关键控制点有面、馅的原料来源，面的发酵时间和温度，成品蒸煮的时间和温度，手工加工步骤中人员卫生因素等十几个关键控制点，控制点越多，食品质量的风险系数就越大。而且这类食品的保存要求高、保质期短、稳定性差。显然，相比酒类，米面速冻制品存在质量缺陷的可能性更大，食品安全风险更高。因此，要对不同的进口食品进行分类，针对不同食品的风险特征展开不同种类的重点检测。

（三）实施口岸检验与后续监管的无缝对接

在 2000 年我国政府机构管理体制的改革中，口岸由国家质检系统管理，市场流通领域由工商系统管理，进口食品经过口岸检验进入国内市场，相应的检测部门就由质检系统转向工商系统，前后涉及两个政府监管系统。相比于发达国家实行的"全过程管理"，我国的进口食品的分段式管理容易造成进口食品监管的前后脱节。2013 年 3 月，我国对食品安全监管体制实施了新的改革，食品市场流通领域由食品药品监管系统负责，但口岸监管仍然属于质检系统，并没有发生改变，进口食品安全监管依然是分段式管理的格局。口岸对进口食品监管属于抽查性质，在整个进口食品的监管中具有"指示灯"的作用。然而，进口食品的质量是动态的，进入流通、消费等后续环节后仍然可能产生安全风险。因此，对进口食品流通、消费环节的后续监管是对口岸检验工作的有力补充，实施口岸检验和流通监管的无缝对接就显得十分必要。

（四）完善食品安全国家标准

为进一步保障进口食品的安全性，国家卫生计生委应协同相关部门努力健全与国际接轨、同时与我国食品安全国家标准、法律体系相匹配的进口食品安全标准，最大限度地通过技术标准、法律体系保障进口食品的安全性。（1）提高食品安全的国家标准，努力与国际标准接轨。我国食品安全标准采用国际标准和国外先进标准的比例为23%，远远低于我国国家标准44.2%采标率的总体水平。[①] 我国食品安全国家标准有相当一部分都低于 CAC 等国际标准。[②] 以铅含量为例，CAC 标准中薯类、畜禽肉、

---

① 江佳、万波琴：《我国进口食品安全侵权问题研究》，《广州广播电视大学学报》2010 年第 3 期。

② 国际食品法典委员会制定的全部食品标准构成国际食品标准体系（简称 CAC 食品标准体系），该标准体系标准覆盖面广、制定重点突出、制定程序具有科学性，是唯一认可的国际食品标准体系，已成为解决国际食品贸易争端的仲裁性标准。

鱼类、乳等食品中铅限量指标分别为 0.1 毫克/千克、0.1 毫克/千克、0.3 毫克/千克、0.02 毫克/千克，而我国相应的铅限量指标分别为 0.2 毫克/千克、0.2 毫克/千克、0.5 毫克/千克、0.05 毫克/千克，标准水平明显低于 CAC 标准，在境外不合格的有些食品通过口岸流入我国就成为合格食品。（2）提高食品安全标准的覆盖面。与 CAC 食品安全标准相比，我国食品安全标准涵盖的内容范围小，提高食品安全标准的覆盖面十分迫切。（3）确保食品安全国家标准清晰明确，努力减少交叉。我国现有的食品安全标准存在相互矛盾、相互交叉的问题，这往往导致标准不一的问题，虽然近年来我国食品安全国家标准在清理、整合上取得了重要进展，但仍然不适应现实要求。（4）提高食品安全标准的制修订的速度。发达国家的食品技术标准修改的周期一般是 3—5 年①，而我国很多的食品标准实施已经达到 10 年甚至是 10 年以上，严重落后于食品安全的现实需求。因此，要加快食品安全标准的更新速度，使食品标准的制定和修改与食品技术发展、食品安全需求相匹配。

（五）构建食品安全国际共治格局

在经济全球化、贸易自由化的背景下，全球食品安全问题有几个明显的变化。② 首先，全球食品的贸易在迅猛增长，2004—2013 年，全球食品的贸易额从 1.3 万亿吨增加到 3 万亿吨，增长 131%，贸易量的增加使食品安全的压力加大。其次，全球食品的供应链更加复杂多样，原料供应从本地化为主转向全球化为主，给保障食品安全增加了难度。最后，全球食品安全问题更加凸显，随着转基因等科学技术的发展以及电子商务新型业态的出现，食品安全面临的新挑战越来越多。因此，食品安全问题是全世界共同面临的难题，加强各国（地区）之间的合作，构建食品安全国际共治格局，是未来食品安全治理的趋势。

食品安全国际共治要求世界各个国家和地区在互信的基础上共商、共建、共享，各国政府、企业、国际组织要搭建食品安全合作的平台，构建共同的食品安全预警与保障体系，一起保卫舌尖上的安全。目前，我国已在食品安全国际共治方面做出了努力。国家质量监督检验检疫总局发布的

---

① 江佳：《我国进口食品安全监管法律制度完善研究》，硕士学位论文，西北大学，2011年。

② 支树平：《食品安全习主席要求四个严》，中国食品科技网，2014 - 03 - 28，http：//www.tech - food.com/news/2015 - 3 - 28/n1190985.htm。

《"十二五"进口食品质量安全状况（白皮书）》显示①，我国为食品安全国际共治做出了很大贡献。一是加强与国际组织的合作。自 2005 年起，质检总局主持 APEC 食品安全合作论坛，积极参与 WTO、CAC、OIE、IP-PC 等国际组织活动，引领食品安全国际规则的话语权，推动食品安全多边合作，共同遵守好国际规则。二是加强政府之间的合作。"十二五"期间，质检总局与全球主要贸易伙伴共签署了 99 个食品安全合作协议，积极推进并妥善解决一系列输华食品检验检疫问题，从根本上保障进口食品安全，形成进出口方相互协作、各负其责的共治格局。三是加强政企之间的合作。大力支持"走出去"发展战略，优化"走出去"战略相关产品准入程序，简化启动检验检疫准入工作条件，推动解决我国"走出去"企业农产品返销难题，做好食品企业的服务者，让更多优秀的企业走出去，更多优质的食品输进来，促进全球食品贸易发展。今后，我国应继续推动与国际组织、政府、企业之间的食品安全多边合作，构建食品安全国际共治的格局。

从长远来看，我国对进口食品的需求将进一步上扬，进口食品质量安全面临的格局将日趋复杂化，提高进口食品安全性，根本路径在于建立健全具有中国特色的进口食品安全监管体系，这是一个较为漫长的发展与改革过程。

---

① 《质检总局召开专题新闻发布会发布"十二五"进口食品质量安全状况》，国家质量监督检验检疫总局网站，2016 - 06 - 29，http：//www.aqsiq.gov.cn/zjxw/zjxw/zjftpxw/201606/t20160629_469084.htm。

第四章　2006—2015 年中国食品安全风险在全程供应链体系中主要环节分布

前三章分别从食用农产品、加工与制造环节食品安全和进口食品三个层次上研究了我国食品安全总体状况，并以案例分析的方法研究了食用农产品与食品安全的主要风险。本章应用具有自主知识产权的食品安全风险监测的大数据挖掘工具，研究中国食品安全主要风险源，并由此研究了食品安全风险在中国的特殊性与主要成因。未来是历史的延伸与发展。本章的研究不仅对进一步深刻把握中国食品安全风险的本质特征具有重要意义，更对完善具有中国特色的食品安全风险治理体系与提升风险治理能力，以有效防范未来的食品安全风险具有重要的借鉴价值。

一　概念界定、相关说明与研究工具

研究与回答最近一个时期以来我国到底发生了多少食品安全事件，食品安全事件在供应链主要环节与区域的分布等一系列问题，首先必须准确界定食品安全事件等概念。这是本章研究的逻辑起点。

（一）概念界定

1. 食品安全事件

世界卫生组织（WHO）对食品安全的定义为，食品中有毒、有害物质对人体健康影响的公共卫生问题。[1] 虽然 WHO 并未界定食品安全事件的概念，但基于其对食品安全的定义，可以认为，食品中含有的某些有毒、有害物质（可以是内生的，也可以是外部入侵的，或者两者兼而有之）超过一定限度而影响人体健康所产生的公共卫生事件就属于食

---

① 沈红：《食品安全的现状分析》，《食品工业》2011 年第 5 期。

品安全事件。① 因此，根据 WHO 对食品安全的定义来衡量，目前媒体报道的食品事件大多数并不属于食品安全事件。② 而厉曙光等认为，食品安全事件是与食品或食品接触材料有关，涉及食品或食品接触材料有毒或有害，或食品不符合应当有的营养要求，对人体健康已经或可能造成任何急性、亚急性或者慢性危害的事件。③ 实际上，在国内外研究文献中，鲜见对食品安全事件的界定，而且近年来中国发生的影响人体健康的食品安全事件往往是由媒体首先曝光，故在目前国内已有的研究文献中，学者们较多地选取媒体报道的与食品安全相关的事件进行研究。由于中国饮食文化形态丰富，食物种类繁多，食品加工集中度低，媒体报道的食品安全事件虽然并非完全如 WHO 对食品安全的严格定义界定为食品安全事件，但同样能够反映我国现实与潜在的食品安全风险，并对消费者、生产者产生不同程度的影响。再加上中国目前处于急剧的社会转型中，人们在生活水平提高的同时，对食品安全消费产生了巨大的需求。虽然媒体发布的与食品安全相关的报道所反映的相当数量的食品安全事件对人体健康的影响程度尚待进一步考证，或者可能并不足以危及人体健康，但在现代信息快速传播的背景下，大量曝光的食品安全事件引发了人们食品安全恐慌，由此对人们脆弱的心理产生了伤害④，而对人们心理所造成的伤害对处于深度转型的中国而言则更可怕。因此，基于中国的现实，本章将从狭义、广义两个层次上来界定食品安全事件。狭义的食品安全事件是指食源性疾病、食品污染等源于食品、对人体健康存在危害或者可能存在危害的事件，与《食品安全法》（2015版）所指的"食品安全事故"完全一致；广义的食品安全事件既包含狭义的食品安全事件，同时也包含社会舆情报道的且对消费者食品安全消费心理产生负面影响的事件。除特别说明外，本章所说的食品安全事件均使用广义的概念。基于《食品安全法》（2015版）将"食品中毒"纳入食源性疾病，本章的研究中食品安全事件也将"食品中毒"

---

① 本章所研究的食品安全事件包括食用农产品安全事件。

② 《食品安全社会共治对话会在京举行媒体发表倡议书》，中国新闻，2014 - 11 - 19，http://finance. chinanews. com/jk/2014/11 - 19/6793537. shtml。

③ 厉曙光、陈莉莉、陈波：《我国2004—2012年媒体曝光食品安全事件分析》，《中国食品学报》2014年第3期。

④ 吴林海、钟颖琦、洪巍等：《基于随机 n 阶实验拍卖的消费者食品安全风险感知与补偿意愿研究》，《中国农村观察》2014年第2期。

排除在外。

2. 食品安全事件数量与食品安全事件集中度

本章通过大数据挖掘工具抓取涵盖政府网站、食品行业网站、新闻报刊等主流媒体（包括网络媒体）报道的食品安全事件。在抓取过程中，所确定的食品安全事件必须同时具备明确的发生时间、清楚的发生地点和清晰的事件过程"三个要素"。凡是缺少其中任何一个要素，由社会舆情报道的与食品安全问题相关的事件均不统计在内。本报告所指的食品安全事件与事件发生的数量是指按照上述方法统计，并以省市区或食品类别为基本单元，在统计时间区间内发生的食品安全事件及其数量，若食品安全事件涉及 N 个省市区或 N 个食品种类，相对应的食品安全事件数则分别记为 N 次。本章所说的食品安全事件集中度是指某省市区发生的食品安全事件数占全国食品安全事件总数的百分比。

（二）食品种类的分类方法

本章使用的食品种类的分类方法在食品质量安全市场准入 28 大类食品分类表的基础上，剔除其他类别，选取明确分类的前 27 类食品种类。同时，为弥补食品质量安全市场准入制度食品分类体系中缺少日常消费较多的生鲜食品的缺陷，在二级分类中增加生鲜肉类、食用菌、新鲜蔬菜、水果、鲜蛋、生鲜水产，并将相对应的一级分类修改为肉与肉制品、蔬菜与蔬菜制品、水果与水果制品、蛋与蛋制品、水产与水产制品（见表 4-1），以提高食品安全事件中食品类别的效度。

（三）数据来源与研究范围

1. 数据来源

关于现阶段对发生的食品安全事件的数据收集与筛选，国内学者们较多地选取媒体发布的，与食品安全相关的新闻事件作为食品安全事件，即本章所定义的广义食品安全事件，来源主要为主流媒体（包括网络媒体）网站报道。基于现有的研究报道，具有代表性且有较明确食品安全事件数据来源的研究成果如表 4-2 所示。

由于目前国内对食品安全事件的分析尚没有成熟的大数据挖掘工具，故现在的研究文献中有关食品安全事件的数据主要来源于学者们根据各自研究需要而进行的专门收集，收集的范围主要是门户网站、新闻网站、食品行业网站等，收集网站的数量一般在 40 个左右，收集的方法大多为人

表 4 – 1　　　　　　　　　　食品种类的分类方法

序号	一级分类	二级分类
1	粮食加工品	小麦粉
		大米
		挂面
		其他粮食加工品
2	食用油、油脂及其制品	食用植物油
		食用油脂制品
		食用动物油脂
3	调味品	酱油
		食醋
		味精
		鸡精调味料
		酱类
		调味料产品
4	肉与肉制品	肉制品
		生鲜肉类
5	乳制品	乳制品
		婴幼儿配方乳粉
6	饮料	饮料
7	方便食品	方便食品
8	饼干	饼干
9	罐头	罐头
10	冷冻饮品	冷冻饮品
11	速冻食品	速冻食品
12	薯类和膨化食品	膨化食品
		薯类食品
13	糖果制品（含巧克力及制品）	糖果制品
		果冻
14	茶叶及相关制品	茶叶
		含茶制品和代用茶

续表

序号	一级分类	二级分类
15	酒类	白酒
		葡萄酒及果酒
		啤酒
		黄酒
		其他酒
16	蔬菜与蔬菜制品	蔬菜制品
		食用菌
		新鲜蔬菜
17	水果与水果制品	蜜饯
		水果制品
		水果
18	炒货食品及坚果制品	炒货食品及坚果制品
19	蛋与蛋制品	蛋制品
		鲜蛋
20	可可及焙炒咖啡制品	可可制品
		焙炒咖啡
21	食糖	糖
22	水产与水产制品	水产加工制品
		其他水产加工制品
		生鲜水产制品
23	淀粉及淀粉制品	淀粉及淀粉制品
		淀粉糖
24	糕点	糕点食品
25	豆制品	豆制制品
26	蜂产品	蜂产制品
27	特殊膳食食品	婴幼儿及其他配方谷粉制品

资料来源：《食品质量安全市场准入 28 大类食品分类表》，食品伙伴网，2015 年 2 月 6 日，http：//bbs. foodmate. net/thread－831098－1－1. html，笔者根据本章所确定的相关定义修改形成。

表 4 - 2　　　　　　　　　　食品安全事件数据来源

论文作者	数据来源	数据量
莫鸣、安玉发、何忠伟、罗兰	中国农业大学课题组收集的"2002—2012 年中国食品安全事件集"	2002 年 1 月 1 日至 2012 年 12 月 31 日 4302 起食品安全事件，其中超市 359 起[①②]
张红霞、安玉发、张文胜	选择政府行业网站、食品行业专业网站和新闻媒体 3 类共 40 个网站，收集并进行重复性和有效性筛选	2010 年 1 月 1 日至 2012 年 12 月 31 日 628 起涉及生产企业的食品安全事件[③]。2004—2012 年 3300 起食品安全事件[④]
厉曙光、陈莉莉、陈波	收集纸媒、各大门户网络、新闻网站及政府舆情专报，并进行整理	2004 年 1 月 1 日至 2012 年 12 月 31 日 2489 起食品安全事件[⑤]
王常伟、顾海英、Yang Liu、Feiyan Liu、Jiangfang Zhang	"掷出窗外"网站（http://www.zccw.info）食品安全事件数据库，前期发布（2004—2012 年）和网友后期补充（2013—2014 年）	2004—2012 年 2173 起食品安全事件[⑥]。2004 年 1 月 1 日至 2013 年 8 月 1 日 295 起发生在北京的食品安全事件[⑦]

---

① 莫鸣、安玉发、何忠伟：《超市食品安全的关键监管点与控制对策——基于 359 个超市食品安全事件的分析》，《财经理论与实践》2014 年第 1 期。

② 罗兰、安玉发、古川等：《我国食品安全风险来源与监管策略研究》，《食品科学技术学报》2013 年第 2 期。

③ 张红霞、安玉发：《食品生产企业食品安全风险来源及防范策略——基于食品安全事件的内容分析》，《经济问题》2013 年第 5 期。

④ 张红霞、安玉发、张文胜：《我国食品安全风险识别、评估与管理——基于食品安全事件的实证分析》，《经济问题探索》2013 年第 6 期。

⑤ 厉曙光、陈莉莉、陈波：《我国 2004—2012 年媒体曝光食品安全事件分析》，《中国食品学报》2014 年第 3 期。

⑥ 王常伟、顾海英：《我国食品安全态势与政策启示——基于事件统计、监测与消费者认知的对比分析》，《社会科学》2013 年第 7 期。

⑦ Liu, Y., Liu, F. and Zhang, J. et al., "Insights Into the Nature of Food Safety Issues in Beijing Through Content Analysis of an Internet Database of Food Safety Incidents in China", *Food Control*, Vol. 51, 2015, pp. 206 - 211.

续表

论文作者	数据来源	数据量
李强、刘文、王菁等	选择 43 个我国主要网站以及与食品相关的网站，网络扒虫自行抓扒，并人工筛选	2009 年 1 月 1 日至 2009 年 6 月 30 日 5000 起食品安全事件[①]
文晓巍、刘妙玲	随机选取国家食品安全信息中心、中国食品安全资源信息库、医源世界网的"安全快报"等权威报道，并进行筛选	2002 年 1 月至 2011 年 12 月 1001 起食品安全事件[②]

资料来源：笔者根据相关资料整理。

工搜索或网络扒虫，收集后再人工进行重复性和有效性筛选。部分学者直接选取"掷出窗外"网站（http：//www. zccw. info）食品安全事件数据库。该网站 2012 年之前数据系统性较高，2012 年后采用网友补充的方式，新增数据的重复性较高，可靠性明显下降。目前，学者们研究的食品安全事件发生的时间区间大多在 2002—2013 年，总量在 5000 起以内，而且在目前的研究文献中，学者们并没有明确指出食品安全事件数量等数据的具体来源，不同数据库得出的结论不尽相同甚至差异很大，故食品安全事件数量的准确性、可靠性难以进行有效性考证。

2. 统计时间与研究范围

本章研究的时间段是 2006 年 1 月 1 日至 2015 年 12 月 31 日，研究的是在此时段内发生的食品安全事件。需要指出的是，本章所指的食品安全事件数量、区域分布等，均指发生在中国大陆境内的 31 个省市区，均不包括我国台湾、香港与澳门地区。

（四）研究工具

本书的数据来源于江南大学食品安全风险治理研究院、江苏省食品

---

① 李强、刘文、王菁等：《内容分析法在食品安全事件分析中的应用》，《食品与发酵工业》2010 年第 1 期。

② 文晓巍、刘妙玲：《食品安全的诱因、窘境与监管：2002—2011 年》，《改革》2012 年第 9 期。

安全研究基地与江苏厚生信息科技有限公司联合开发的食品安全事件大
数据监测平台 Data Base V1.0 版本。这是目前在国内食品安全治理研究
中最为先进的食品安全事件分析的大数据挖掘平台，并且具有自主知识
产权。平台的 Data Base V1.0 版本的系统框架如图 4－1 所示。该系统
采用了 Laravel 最新的开发框架，整体的系统采用模型—视图—控制器
（Model View Controller，MVC）三层的结构来设计。目前使用的食品安
全事件大数据监测平台 Data Base V1.0 版本包括原始数据、清理数据、
规则制定、标签管理和地区管理模块、数据导出等功能模块。针对大数
据数据量大、结构复杂的特点，在系统运行中，采用异步模式，提高系
统运行效率。同时，采用任务模式，把后台拆解成短小的任务集，进行
多线程处理，进一步提升系统性能。系统自动更新数据，并将网络上获
取的非结构化数据进行结构化处理，按照设定的标准进行清洗、分类识
别，将分类识别后的有效数据根据系统设定的使用权限提供给研究者，
可根据研究者的需求，实现实时统计、数据导出、数据分析、可视化展
现等功能。

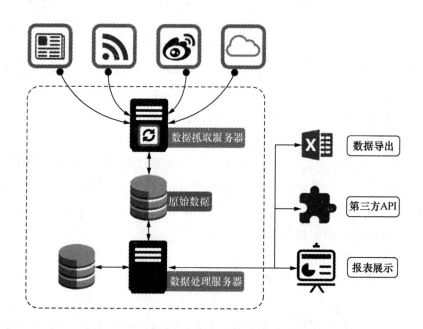

图 4－1　食品安全事件大数据挖掘与监控检测
平台 Data Base V1.0 版本系统框架

二　2006—2015 年国内主流媒体报道
食品安全事件的基本特征*

已经发生的食品安全事件是食品安全风险客观存在的具体体现。研究过去较长周期内发生的食品安全事件，对防范未来可能的食品安全风险提供了路线图。采用大数据挖掘工具的研究发现，2006—2015 年由国内主流媒体所报道的中国大陆（本报告的数据均不包括我国港澳台地区）发生的食品安全事件具有如下三个基本特征。

（一）处于高发期且近年来呈小幅增长态势

应用大数据挖掘工具的研究显示，在 2006—2015 年的十年间全国共发生的食品安全事件数量达到 245862 起，平均全国每天发生约 67.4 起。从时间序列上分析（见图 4-2），2006—2011 年食品安全事件发生的数量呈逐年上升趋势且在 2011 年达到峰值（当年发生了 38513 起）。以 2011 年为拐点，从 2012 年食品安全事件发生量开始下降且趋势较为明显，2013 年下降至 18190 起，但 2014 年出现反弹，事件发生数上升到 25006 起，2015 年呈现缓慢上升，食品安全事件数量较 2014 年增加 1125 起。在 2006—2015 年食品安全事件发生的数量，除 2010 年、2012 年、2013 年同比下降外，其余年份均不同程度地增长。其中，同比增长最快的年份为 2007 年，增长 100.12%，同比下降最快的年份则是 2013 年，下降 52.21%。2015 年，全国发生了 26231 起事件，平均每天发生约 71.9 起事件，相比于 2014 年发生的 25006 起食品安全事件，呈小幅上升。

（二）发生量最多的五大类食品是最具大众化的食品

图 4-3 显示，最具大众化的肉与肉制品、蔬菜与蔬菜制品、酒类、水果与水果制品和饮料是发生事件量最多的五大类食品，2006—2015 年发生的事件数量分别为 22436 起、20999 起、20262 起、18276 起、17594 起，占总量的比例分别为 9.13%、8.54%、8.24%、7.43% 和 7.16%，发生事件量之和占总量的 40.50%。

---

* 此部分研究成果已在 2015 年教育部办公厅《高校智库》上发表，并为党和国家领导人批示。基于江苏省、广西壮族自治区、山东省情况的研究报告，在江苏省、广西壮族自治区与山东省有关部门的内参上发表，有关领导也分别作了批示。

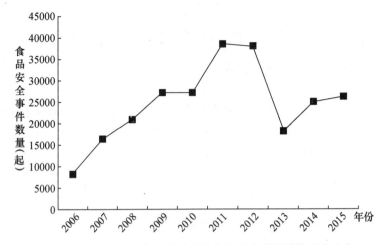

图 4 - 2 2006—2015 年中国发生的食品安全事件数的时序分布

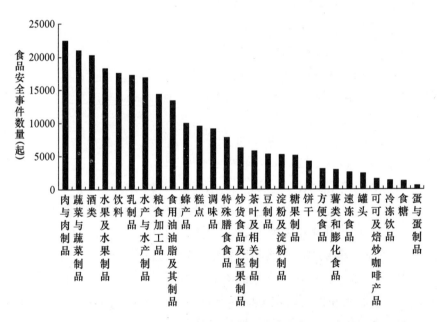

图 4 - 3 2006—2015 年中国发生的食品安全事件中食品类别分布

图 4 - 4 显示了在 2015 年主要发生的事件数量所涉及的主要食品。事件发生的数量排名前五位的食品种类分别为肉与肉制品（2600 起，9.91%）①、酒类（2272 起，8.66%）、水产与水产制品（2143 起，

---

① 括号中的数字是表示该类食品安全事件数量占所有食品安全事件数量的百分比，下同。

8.17%)、蔬菜与蔬菜制品（2035 起，7.76%）、水果与水果制品（1878
起，7.16%），这与 2006—2015 年发生的事件数量最多的五大类食品的种
类有所差异，水产与水产制品列入第三位，蔬菜与蔬菜制品、水果与水果
制品分别由排序第二、第四位调整为第五、第四位，饮料退出前五位。因
此，必须严格监控水产与水产制品的安全质量。实际上，第一章的研究已
指出，水产品在五大类食用农产品中合格率是最低的；同时第二章的研究
中也指出，除淡水鱼类抽检合格率为 100% 外，其他水产品及其制品的抽
检合格率非常低，熟制动物性水产品（可直接食用）合格率为 88.94%，
软体动物类和其他盐渍水产品的抽检合格率仅为 66.67% 和 33.33%。这
也进一步证明了本章所应用的大数据工具的科学性和可行性。

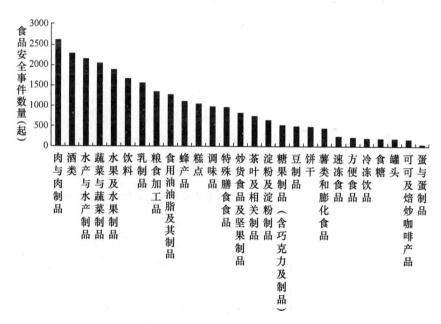

图 4 - 4　2015 年发生的食品安全事件所涉及的食品种类

（三）人源性因素是事件发生的最主要因素

食品安全事件中风险因子主要是指包括微生物种类或数量指标不合
格、农兽药残留与重金属超标、物理性异物等具有自然特征的食品安全风
险因子，以及违规使用（含非法或超量使用）食品添加剂、非法添加违
禁物、生产经营假冒伪劣食品等具有人为特征的食品安全风险因子。大数
据挖掘工具的研究表明，2006—2015 年引发食品安全事件的因素如图 4 -

5 所示, 72.33% 的事件是由人源性因素所导致, 其中违规使用添加剂引发的事件最多, 占总数的 34.36%, 其他依次为造假或欺诈、使用过期原料或出售过期产品、无证或无照的生产经营、非法添加违禁物, 分别占总量的 13.53%、11.07%、8.99%、4.38%。在非人源性因素所产生的事件中, 含有致病微生物或菌落总数超标引发的事件量最多, 占总量的 10.44%, 其他因素依次为农兽药残留、重金属超标和物理性异物, 分别占总量的 8.19%、6.71% 和 2.33%。

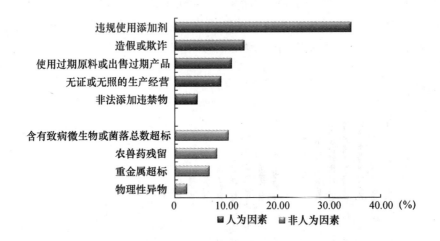

图 4 – 5 2006—2015 年中国发生的食品安全事件中风险因子分布与占比

在 2015 年发生的食品安全事件中, 由于违规使用食品添加剂、造假或欺诈、使用过期原料或出售过期产品等人为特征因素造成的食品安全事件占事件总数的 51.16%。相对而言, 自然特征的食品安全风险因子导致产生的食品安全事件仍然相对较少, 占事件总数的 48.84%。图 4 – 6 显示, 在人为特征的食品安全风险因子中违规使用食品添加剂导致的食品安全事件数量较多, 占事件总数的 19.08%, 其他依次为造假或欺诈 (16.17%)、使用过期原料或出售过期食品 (6.62%)、无证或无照的生产经营 (5.15%)、非法添加违禁物 (4.15%) 等。在自然特征的食品安全风险因子中, 农兽药残留超标产生的食品安全事件最多, 占事件总数的 15.68%, 其余依次为含有致病微生物或菌落总数超标不合格 (14.15%)、重金属超标 (14.14%)、物理性异物 (4.86%) 等。与 2006—2015 年引发食品安全事件因素相比较, 人为特征因素造成的食品安全事件占事件总数的比例有了较大幅度的下降，则主要得益于政府逐步实施强有力的监管，以及史上最严的《食品安全法》（2015 版）的颁布实施等。在 2006—2015 年引发食品安全事件因素中，虽然也有技术不足、环境污染等方面的原因，但更多的是生产经营者不当行为、不执行或不严格执行已有的食品技术规范与标准体系等违规违法行为等人源性因素造成的。人源性风险占主体的这一基本特征将在未来一个很长历史时期继续存在，难以在短时期内发生根本性改变，由此决定了我国食品安全风险防控的长期性与艰巨性。因此，食品安全风险治理能力提升的重点是防范人源性因素，且政府未来有效的监管资源也要向此方面重点倾斜。

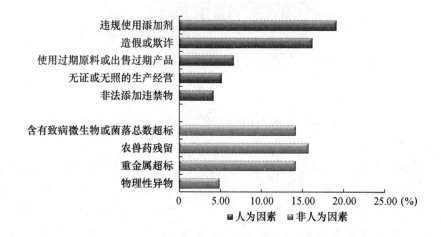

图 4 - 6　2015 年发生的食品安全事件的风险因子分布与占比

三　2006—2015 年食品安全风险在供应链与区域间的分布

研究食品安全风险在供应链与区域间的主要分布，对于未来强化食品安全风险治理体系，有效防控食品安全风险具有决定性的作用。

（一）食品安全风险在供应链上的主要分布

如前所述，已经发生的食品安全事件可近似地衡量历史上客观存在的食品安全风险。研究表明，2006—2015 年食品供应链各个主要环节均不同程度地发生了安全事件。图4-7显示，在2006—2015年全国共发生的245862起食品安全事件中，66.91%的事件发生在食品生产与加工环节，其他环节依次是批发与零售、餐饮与家庭食用、初级农产品生产、仓储与运输，分别占总量的11.25%、8.59%、8.24%和5.01%。

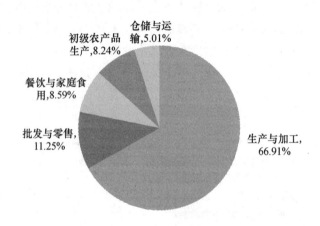

图4-7　2006—2015年食品安全风险在供应链上的分布

表4-3显示，2015年发生的食品安全事件主要集中于加工与制造环节，占总量的67.19%，其次分别是销售环节、原料环节、流通环节，事件发生量分别占总量的20.84%、6.97%、5.00%。其中，销售与消费环节以餐饮消费的事件最多，占事件总量的10.75%。在生产源头环节中，发生在养殖环节的食品安全事件数量大于种植环节，说明我国畜牧业产品的生产源头问题值得重视。在运输与流通环节中，运输过程发生的食品安全事件数量大于仓储环节的发生数，主要反映出食品运输过程中冷链技术缺失且物流系统的管理水平有待提升。与2014年相比较，2015年各环节发生的食品安全事件占比基本平稳，上浮或下降的比例较小，波动最大的为餐饮消费环节，上浮0.76个百分点，其余各环节所占比例波动均小于0.5个百分点。2014年、2015年食品安全风险在供应链上的分布与2006—2015年的总体格局并没有根本性的变化，说明近年来我国发生的食品安全事件或者说食品安全风险在供应链上的分布具有较为稳定的惯性。

表 4 - 3　　　　　　　　2015 年食品安全事件在主要环节的分布与占比

环节	关键词	2015 年		2014 年	2015 年较 2014 年
		频数（起）	占比（%）	占比（%）	升/降（百分点）
原料环节	种植	926	2.92	3.09	↓0.17
	养殖	1283	4.05	3.92	↑0.13
加工环节	生产	10864	34.28	34.22	↑0.05
	加工	5632	17.77	18.02	↓0.25
	包装	4798	15.14	15.57	↓0.43
流通环节	仓储	273	0.86	0.70	↑0.16
	运输	1313	4.14	4.07	↑0.07
销售环节	批发	2183	6.89	7.00	↓0.11
	零售	1015	3.20	3.42	↓0.22
	餐饮	3406	10.75	9.98	↑0.76
总计		31694	100	100	

注：因同一食品安全事件可以发生在多个环节，故频数总和大于食品安全事件发生数量。

（二）区域分布具有明显的区域差异与聚集特点

2006—2015 年发生的食品安全事件具有明显的区域差异与聚集特点。中国大陆 31 个省市区发生了食品安全事件，北京、山东、广东、上海、浙江是发生量最多的 5 省市区，累计总量为 100236 起，占总量的 40.77%；内蒙古、新疆、宁夏、青海、西藏则是发生数量最少的五省市区，累计总量为 11171 起，占总量的 4.54%。值得关注的是，事件发生量最多的 5 个省市区均是发达或地处东南沿海的省市，而发生量最少的 5 个省市区均分布于西北地区，区域空间分布上呈现明显的差异性。

图 4 - 8 显示了 2015 年全国 31 个省市区发生的食品安全事数量，排名前五位的区域分别为北京（3094 起，11.80%）[①]、山东（2418 起，9.22%）、广东（2155 起，8.22%）、上海（1589 起，6.06%）、浙江（1126 起，4.29%）；排名最后 5 位的省市区分别为西藏（62 起，0.24%）、青海（151 起，0.58%）、宁夏（201 起，0.77%）、新疆（246 起，0.94%）、贵

---

① 括号中的数据分别为发生在该省市区食品安全事件数量与占全国事件总量的比例（下同）。

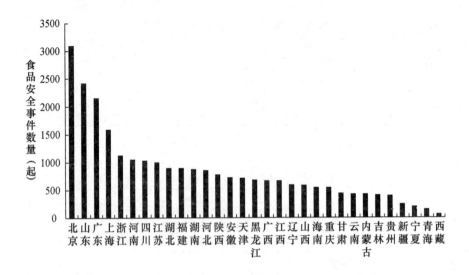

图 4－8 2015 年各省级行政区发生食品安全事件数量的分布

州（395 起，1.51%）。与 2006—2015 年食品安全事件发生量在区域分布的总体状况基本一致，2015 年发生量最多的 5 省市区没有根本性变化，只不过是排序有所变化；发生量最少的 5 省市区，新疆、宁夏、青海、西藏仍然在列，不过，排序也有所变化，变化最大的是贵州进入了最少的五省市区，而内蒙古则被排除在外。需要说明的是，北京、山东、广东、上海、浙江等经济发达地区发生的食品安全事件数量远远高于经济欠发达的区域，并不能够说明这些省区市食品安全状况比发生食品安全事件数最少的省区市差，一个重要的原因是，经济社会比较发达省市区人口集聚且流动性大、所需食品的外部输入性强，其食品安全信息公开状况相对较好，也更为国内主流媒体所关注，因此食品安全问题的报道相对更多。

四 2006—2015 年食用农产品安全风险在供应链上的分布：猪肉的案例

上述的分析中，实际上也包含食用农产品。考虑到食用农产品供应链毕竟有别于食品供应链，同时也进一步评估大数据挖掘工具的科学性，在此仍然以 2006—2015 年为研究周期，以猪肉为案例展开具体分析。之所以研究猪肉，主要考量如下原因：改革开放以来，我国肉类产业发展快速，2015 年肉类产量达到 8625 万吨，连续 26 年稳居世界第一位。其中，猪肉产量达到 5487 万吨，约占世界猪肉总产量的 51%，是当之无愧的猪肉生产大国。我国更是猪肉的消费大国，2015 年消费量为 5742 万吨，约占全球消费总量的 52%，人均消费量为 39.9 公斤，是全球人均消费量的 2 倍以上。但是，最近十年来，我国猪肉质量安全事件频发，严重威胁人们健康。保障猪肉质量安全成为食品安全风险治理领域亟须关注的重大现实问题。通过大数据挖掘工具进行的专门研究发现，2006—2015 年，国内主流网络舆情所报道的我国发生的猪肉质量安全事件具有如下五个基本特征。

（一）猪肉成为最具风险的食品之一

图 4-9 显示，2006—2015 年，我国共发生了 22436 起肉类及肉类制品质量安全事件，占此时段内发生的 245862 起全部食品安全事件总量的 9.13%（见图 4-3），事件数量位居第一，成为最具风险的大类食品。其中，猪肉质量安全事件发生 14583 起，平均每天发生约 4.0 起，且发生量自 2006 年以来逐年上升，并在 2011 年达到峰值（2630 起）。以此为拐点，2012 年发生量明显下降（1396 起），2013 年则下降至最低点（1005起），但在 2014 年出现反弹（1831 起），2015 年又缓慢下降（1690 起）。

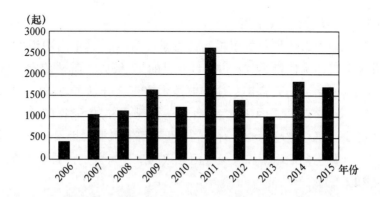

图 4-9　2006—2015 年猪肉发生的安全事件数量

（二）风险发布的主要环节

猪肉供应链主要环节如图 4-10 所示。生猪养殖、屠宰加工与销售环节事件发生量分别为 5556 起、5335 起、3692 起，分别占总量的 38.10%、36.58%、25.32%。养殖环节的非法使用添加剂、屠宰加工环节的无证屠宰与注水、销售环节的以次充好，以及全程供应链体系所出现的病死猪肉流入市场是最为突出的四类问题，事件发生量分别为 2716 起、1987 起、1896 起、1615 起，分别占总量的 18.62%、13.62%、13.01%、11.07%，累计发生量 8214 起，占总量的 56.32%。

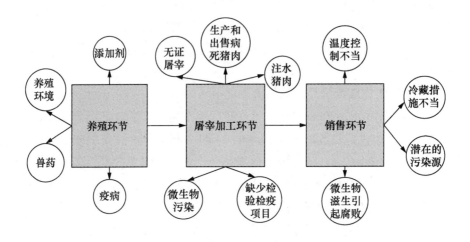

图 4 - 10　猪肉供应链主要环节安全风险主要表现示意

（三）人源性因素是主因

由人源性因素所导致的事件约占总量的 90%，其中非法添加或使用违禁物所引发的事件量最多，占事件总量的 22.83%，其他依次为造假或欺诈、出售或使用病死猪肉、注胶或注水肉等，分别占总量的 13.01%、11.07%、8.37%（见图 4 - 11）。研究还发现，约 10.08% 的猪肉质量安全事件是由菌落总数超标或含有致病微生物等非人源性因素所致，其中沙门氏菌、金黄色葡萄球菌和大肠杆菌导致的事件量分别占总量的 2.67%、2.06% 和 2.00%。

（四）病死猪肉流入市场的犯罪事件日趋增加

图 4 - 12 显示，在 2006 年以前病死猪肉流入市场的犯罪事件尚未凸显，但近年来非法屠宰或黑作坊加工病死猪肉等犯罪事件大量曝光，呈现犯罪主体多元化、团伙化，且跨地界、跨省区联合作案的态势。典型的案例如 2015 年 1 月，山西省晋城公安机关破获一起制售"病死猪"案，抓

获犯罪嫌疑人 257 名，打掉犯罪团伙 3 个，捣毁宰杀"病死猪"窝点 8 个，查封病死猪肉 3700 公斤，案值 400 余万元。这些犯罪团伙自 2012 年以来，相互勾结，在病死猪收购、屠宰、加工、销售等各个环节中分工明确，销往晋城地区的 100 余家饭店食堂，表现出高度的专业化，影响十分恶劣（参见本书第一章有关内容）。

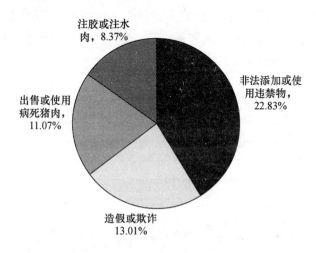

图 4-11 导致猪肉安全事件的主要人源性因素

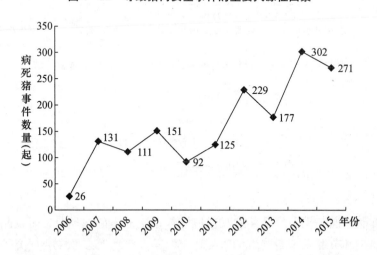

图 4-12 2006—2015 年病死猪肉流入市场的质量安全事件数量

（五）区域性特征明显

我国 31 个省市区均不同程度地发生了猪肉质量安全事件，北京、广

东、上海、山东、河南是发生量最多的 5 个省市区，累计发生 5774 起，
占事件总量的 39.60%。广东、山东、河南是我国猪肉生产与消费大省，
而北京、上海则是最大的消费区域；贵州、新疆、宁夏、青海、西藏 5 个
省市区人口相对稀少且是多民族聚居区，猪肉生产与消费量比较少，是事
件发生量最少的 5 个省区市，累计发生 615 起，占事件总量的 4.21%。
2006—2015 年，全国分地区所发生的猪肉安全事件数如图 4 - 13 所示。
与此相对应的是，病死猪流入市场的安全事件也具有区域性明显的类似特
征（参见本书第一章有关内容）。

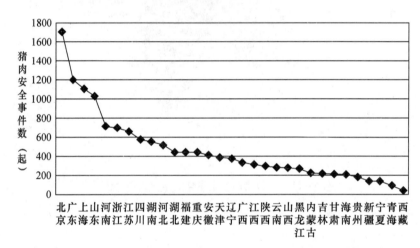

图 4 - 13　2006—2015 年全国分地区所发生的猪肉安全事件数

五　流通环节和消费环节的食品安全状况与风险特征

　　食品流通与消费环节是食品供应链体系中的基础性环节，是食品生产
制造加工环节联系消费终端的重要环节。第一章、第二章主要研究了食用
农产品、加工制造环节的食品质量安全状况与主要风险，并在不同程度上
涉及流通与消费环节的食品安全风险，但并没有展开具体的分析。故在此
重点研究流通与消费环节可能存在的主要安全风险，以便更清楚、更透彻
地把握具体食品安全风险在全程供应链体系的分布。

（一）流通与消费环节食品质量安全总体状况

2012 年及 2012 年以前，食品质量安全的市场环节在工商系统进行。2013 年 3 月改革后，由国家食品药品监督管理总局承担相应的监管职能与发布质量安全状况。由于不同的监督体制采用不同的监管方法与信息发布的指标体系，在此只能以 2012 年为时间点展开分析。

自 2006 年开始，各级工商行政管理机关普遍建立了经营者自检、消费者送检和工商机关抽检相结合的监测体系，以及省、市、县工商局与工商所四级联动的快速检测体系。与此同时，重点完善和创新流通环节食品安全抽样检验工作机制和方法，科学地确定食品抽样检验的范围、品种、项目和组织方式，努力提升依法规范食品质量抽样检验行为的能力。通过组织开展食品快速检测和质量抽样检验，从食品的入市、交易到退市实施食品市场全程的质量安全监管。此外，国家工商行政管理总局还在全国 31 个省市区建立了食品安全监测数据直报点，通过构建监管网络体系，规范食品市场的质量监管，依法加强对食品的质量监督检查。

至 2012 年年底，全国食品市场抽样检验的范围、品种不断扩大，力度不断提升，分类监管的体系逐步形成。图 4 - 14 显示，2009 年、2010 年、2011 年和 2012 年，全国工商行政管理部门依法分别抽检食品 28.52 万组、20.83 万组和 33.20 万组和 41.11 万组，并且食品质量抽样检验合格率不断上升。数据显示，2012 年 1—11 月，全国工商机关共在流通环节抽检食品 41.11 万组，综合合格率 93.06%，与 2007 年全国流通环节食品抽检合格率 80.19% 相比，提高了近 13 个百分点。①

2015 年，国家食品药品监管总局在全国范围内组织抽检了 172310 批次食品样品，其中检验不合格样品 5541 批次，样品抽检合格率为 96.78%，比 2014 年提高了 2.10%。图 4 - 15 显示了国家食品药品监管总局于 2015 年在全国范围内流通环节的有关抽检合格样品的情况。在流通环节中超市的抽检合格样品数量（批次）和不合格样品数量（批次）均最高，其次分别为批发市场和商场两个销售场所。但流通环节中抽检样品不合格率最高的并不是超市、批发市场或商场，而是其他销售场所，其抽

---

① 《工商系统 5 年查处食品安全案件 47.3 万件》，新华新闻，2013 - 01 - 08，http：//news. xin-huanet. com/food/2013 - 01/08/c_ 124204242. htm。

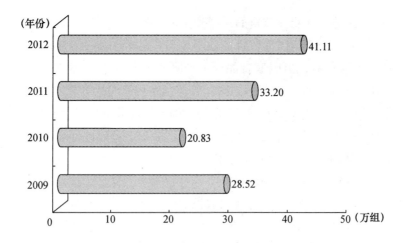

图 4 – 14 2009—2012 年全国工商管理部门抽检食品组数量

资料来源：根据国家工商行政管理总局提供的资料综合整理。

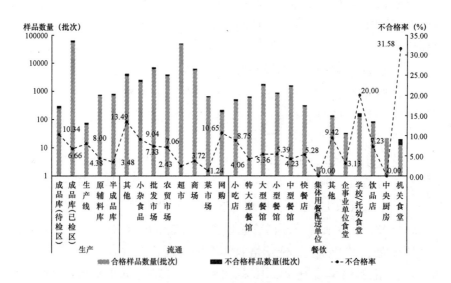

图 4 – 15 2015 年食品安全监督抽检抽样场所分布情况

资料来源：根据国家食品药品监督管理总局相关抽检数据统计整理。

检样品不合格率高达 13.29%，而采用网购方式抽检样品不合格率为 10.65%，在流通环节中排名第二。另外，在餐饮环节中大型餐馆抽检的最大合格样品数量（批次）和不合格样品数量（批次）均最高，其次为中型餐馆。需要指出的是，机关食堂被抽检的样品不合格率在餐饮环节中最高为 31.58%，超过排名第二的学校（托幼食堂）近 12 个百分点。

与此同时，国家质量监督检验检疫总局组织开展了包括食品相关产品在内产品的质量检查。2015 年国家质量监督检验检疫总局组织检查了包括食品相关产品在内的 8 大类产品，其中涉及餐具洗涤剂、食品用纸包装、容器、工业和商用电热食品加工设备、食品用塑料包装容器工具等 10 种食品相关产品的质量国家监督抽查。2015 年全年共抽查流通环节 3891 家食品相关产品企业的 4338 批次产品，抽查合格率为 96.80%，比 2014 年降低了 1.7 个百分点。而与 2011 年相比，抽查合格率则提高了 6.50%。虽然在 2013 年有所降低，但 2014 年的抽查合格率又呈现非常明显的上升态势，2015 年虽有小幅降低，但仍维持在 96% 以上的抽查合格率（见图 4 - 16）。其中，一次性竹木筷子、绝热用模塑聚苯乙烯泡沫塑料、食品用橡胶制品、铝易开盖 4 种产品的抽查合格率为 100%；食品用塑料包装、容器、工具等制品、工业和商用电热食品加工设备、铝塑复合膜袋、抽查合格率均高于 95%；餐具洗涤剂、酒瓶 2 种产品抽查合格率介于 90%—95%；食品用纸包装、容器的抽查合格率不到 90%。可见，在食品相关产品中，餐具洗涤剂、酒瓶、食品用纸包装、容器的抽查合格率还是相对较低，一定程度拉低了食品相关产品的抽查合格率。

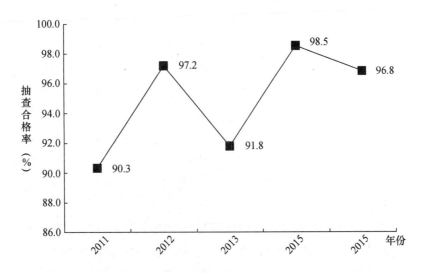

图 4 - 16 2011—2015 年流通与消费市场上食品相关产品抽查合格率
资料来源：根据国家质量监督检验检疫总局网站相关数据整理。

（二）流通与消费环节食品质量安全的监管与建设重点

流通与消费环节食品质量安全政府部门的监管与建设重点主要是：

1. 食品经营市场准入与经营者的行为监管

2012 年及 2012 年以前，工商行政管理部门的主要做法是：以落实食品安全日常巡查和属地监管责任制为主线，把市场巡查与经济户口管理、食品抽样检验与食品市场分类监管等结合起来，以"主体资格、经营条件、食品外观、食品从业人员、食品来源、包装装潢标志、商标广告、市场开办者责任、食品质量、经营者自律"为重点内容，以商场、超市、批发市场及食品批发企业等为重心，由基层工商所针对不同食品经营业态和经营场所的特点，重点监管食品经营者行为。

2008 年，全国工商行政管理部门检查食品经营者 2062.1 万户次，查处制售假冒伪劣食品案件 5.3 万件，案值 2.3 亿元。"三聚氰胺"事件爆发后，全国工商系统共检查奶制品经营主体 1895.7 万户次，下架退市的不合格奶制品 8311.7 吨，其中监督企业召回 6081.71 吨，监督企业销毁 2229.99 吨，为消费者退换奶制品 917.4 吨，维护了奶制品市场的安全消费。

2009 年，全国工商行政管理部门检查食品经营者 1290.2 万户次，检查批发市场、集贸市场等各类市场 25.5 万个次，取缔无照经营食品经营户 8.9 万户，捣毁食品制假售假窝点 3530 个，查处流通环节食品案件 7.2 万件；重点对食品添加剂经营行为实施监管，共检查食品添加剂经营者 48.6 万余户，查处食品添加剂违法案件 1257 件。2010 年，全国工商行政管理部门查处食品违法案件 7.69 万件，移送司法机关 258 件，抽查食品 12.8 万组，取缔食品无照经营 7.2 万户。

2011 年，全国工商行政管理部门共出动执法人员 1153.2 万人次，检查食品经营者 2719.6 万户次，检查批发市场、集贸市场等各类市场 61.3 万个次，取缔无照食品经营 4.6 万户，吊销营业执照 613 户，查处食品案件 6.9 万件。

2012 年，全国工商行政管理部门共出动执法人员 1177.3 万人次，检查食品经营者 2370.4 万户次，检查批发市场、集贸市场等 96.5 万个次；取缔无照经营 4.1 万户，吊销营业执照 825 户；查处不符合食品安全标准案件 11.1 万起，不正当竞争案件 3.21 万件、广告违法案件 3.64 万件，移送司法机关 406 起。

　　国家食品药品监督管理总局发布的数据显示，近年来，我国流通领域食品经营者数量不断扩大（见图 4 – 17），2013 年、2014 年，全国有效食品流通许可证分别达到 744.6 万张、775.3 万张，而到 2015 年则达到了历史最高的 819.1 万张。与此同时，相应的监管也在持续加强。2015 年，全国各地共检查食品经营者 2187.4 万家次，监督抽检食品 116.3 万批次，发现问题经营者 74.7 万家（见图 4 – 18），完成整改 70.9 万家；查处食品经营违法案件 21 万件，罚没款金额 11.65 亿元，捣毁制假售假窝点 743 个，移送司法机关的违法案件 1618 件①，有效地维护了食品市场秩序，没有发生系统性和区域性食品安全事件。

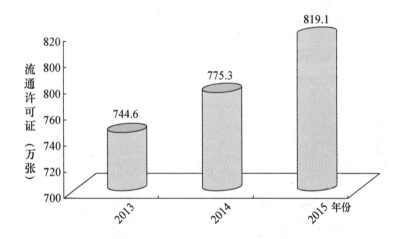

图 4 – 17　2013—2015 年我国有效食品流通许可证情况

资料来源：根据 2013—2015 年国家食品药品监管统计年报统计整理。

　　与 2014 年相比，2015 年全国食品药品监督管理系统共检查食品经营者数量显著增加，由 2014 年的 1389.3 万户次增加为 2015 年的 2187.4 万户次，增加了 57.4%；捣毁制假售假窝点显著降低，由 2014 年的 949 个降为 443 个，降低 53.3%；移送司法机关的违法案件有所增加，由 2014 年的 738 件增加为 2015 年的 1055 件，增加 43.0%（见图 4 – 19）。②

----

　　①　国家食品药品监督管理总局：《全国食品经营监管工作会议在京召开》，2016 – 01 – 21，http：//www.sda.gov.cn/WS01/CL0050/142640.html。

　　②　《全国食品经营监管工作会议在京召开》，中央政府门户网站，2015 – 01 – 29，http：//www.gov.cn/xinwen/2015 – 01/29/content_ 2811845.htm。

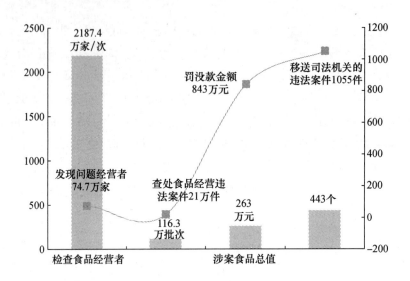

图4-18　2015年全国食品经营者行为监管情况

资料来源：根据相关资料整理。

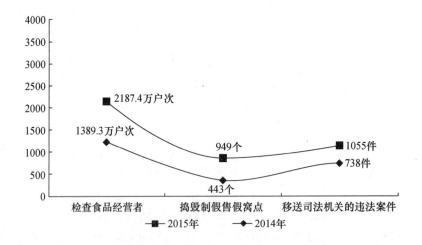

图4-19　2014年和2015年全国食品经营者行为监管对比情况

资料来源：根据相关资料整理。

2. 建设食品可追溯体系

建设食品可追溯体系，为保障食品安全，实现食品来源可查、去向可追、责任可究是多年来政府监管部门始终突出的重点。《食品安全法》（2015版）通过立法的形式突出了食品可追溯体系建设。根据新的要求与变化，工业和信息化部又具体实施了《食品安全质量安全追溯体系建设试点工作方案》，在婴幼儿配方乳粉、白酒和肉类等行业开展质量安全信息追溯体系建设试点工作，实现婴幼儿配方乳粉、白酒、肉类生产全过程信息可记录、可追溯、可管控、可召回、可查询，全面落实生产企业主体责任，保障产品质量安全。推动追溯链条向食品原料供应环节延伸，实行全产业链可追溯管理。鼓励自由贸易试验区开展进口乳粉、红酒等产品追溯体系建设。此外，截至 2015 年 11 月底，前四批肉菜流通追溯体系建设试点城市已在 1.3 万多家企业建成肉菜中药材流通追溯体系，覆盖 20 多万家商户，初步形成辐射全国、连接城乡的追溯网络，中央平台累计汇总追溯数据近 10 亿条，实现对每天 3 万多吨肉类蔬菜和中药材的信息化可追溯管理。① 消费者可以通过索证、索票的方式进行查询，查询到上游产品的来源以及其"出生地"。除各大类食品逐步推进建设食品可追溯体系，各省市区也加大食品可追溯体系的建设力度。例如，福建省漳州市 2015 年 12 月 31 日前，完成各县级分平台建设；2016 年 6 月 30 日前，将规模以上的食品生产企业、大型商超及所有食品批发企业、大型以上餐馆、10%学校及单位食堂纳入食品安全溯源系统监管。二期任务：2016 年 12 月 31 日前，将年主营业务收入在 500 万—2000 万元的食品生产企业、批零兼营食品流通企业以及纳入创城工作检查的农贸市场、中型餐馆、60%学校及单位食堂纳入食品安全溯源系统监管。三期任务：2017 年 12 月 31 日前，实现全市食品生产、流通、餐饮服务企业、学校及单位食堂 100%纳入食品安全溯源系统监管。②

3. 食品生产经营者违法食品广告的监管与预警

2009 年第四季度至 2015 年第四季度，国家工商行政管理总局和国家食品药品监督管理总局共曝光 644 种违法产品广告，包括食品（包括保健食品）、药品、医疗、化妆品及美容服务等。其中，有 170 种是保健食品广告，占曝光广告总数的 26.4%。相关数据表明，近年来被曝光的违法保健食品广告逐年递增，2009 年为 11 起，2010 年上升为 12 起，2011 年增加到 14 起，2012 年增加到 37 起，2013 年增加到 38 起，2014 年虽然有

---

① 《2015 年商务工作年终综述之二：加快推进内贸流通体制改革》，商务部网，2016 - 02 - 22，http://www.scio.gov.cn/xwfbh/xwbfbh/yg/2/Document/1469343/1469343.htm。

② 国家食品药品监督管理总局：《福建省漳州市政府大力推进食品安全溯源系统建设》，2015 - 11 - 10，http://www.sda.gov.cn/WS01/CL0005/134545.html。

所下降，2015 年又增加到 37 起（见图 4 - 20），年均递增 22.4%。2015 年，国家食品药品监督管理总局加大对违法发布药品医疗器械保健食品广告的整治力度，进一步规范广告发布秩序，并将上述违法广告依法移送工商行政管理部门查处。2009—2014 年国家工商行政管理总局和国家食品药品监督管理总局曝光的违法食品广告的具体情况见表 4 - 4，而 2015 年国家食品药品监督管理总局曝光的违法或违规保健食品广告如表 4 - 5 所示。被曝光的食品和保健食品广告主要是因为广告中出现与药品相混淆的用语，超出国家有关部门批准的保健功能和适宜人群范围，宣传食品的治疗作用，含有不科学表示产品功效的断言和保证，利用专家、消费者的名义和形象作证明，误导消费者等。

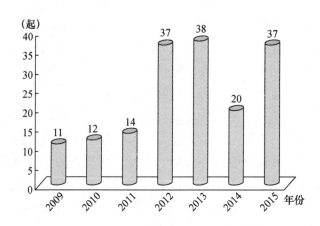

图 4 - 20　2009—2015 年被曝光的违法保健食品广告数

资料来源：根据相关资料整理。

表 4 - 4　　　　　2009—2014 年国家工商总局和国家食品药品
监督管理总局曝光的违法食品广告

序号	公告	发布时间	违法食品广告	监测时间
1	第 4 期违法药械保健食品广告（食药监稽〔2015〕1 号）	2015 年 1 月 5 日	蓝美牌清清胶囊保健食品、天光牌盐藻天然胡萝卜素软胶囊保健食品	2014 年第四季度

续表

序号	公告	发布时间	违法食品广告	监测时间
2	第3期违法药械保健食品广告（食药监稽〔2014〕244号）	2014年10月28日	红阳牌盐藻软胶囊保健食品、玛卡牌玛卡益康咀嚼片保健食品	2014年第三季度
3	第2期违法药械保健食品广告（食药监稽〔2014〕79号）	2014年7月3日	巢之安牌知本天韵胶囊保健食品、华德虫草菌丝体片保健食品	2014年第二季度
4	违法广告公告（工商广公字〔2014〕5号）	2014年6月10日	力加力胶囊违法保健食品广告	2014年第二季度
5	违法广告公告（工商广公字〔2014〕4号）	2014年4月24日	氨糖保健食品广告、苦瓜桑叶片保健食品广告、芙斯特牌肉桂胶囊保健食品广告、简亭减肥胶囊保健食品广告	2014年第一季度
6	违法广告公告（工商广公字〔2014〕3号）	2014年4月14日	盐藻（海中金牌盐藻复合片）食品广告、红棘软胶囊保健食品广告、美媛春口服液保健食品广告	2014年第一季度
7	违法广告公告（工商广公字〔2014〕2号）	2014年3月7日	天地松胶囊保健食品广告；华德虫草片保健食品广告	2013年第四季度
8	违法广告公告（工商广公字〔2014〕1号）	2014年1月28日	巢歌1+1（金奥力牌珍源软胶囊）保健食品广告、创美糖力宁胶囊保健食品广告、渔夫堡藏戈胶囊保健食品广告、汉林清脂胶囊保健食品广告	2013年第四季度
9	违法广告公告（工商广公字〔2013〕12号）	2013年12月30日	健都润通胶囊保健食品广告、九秘四排求来茶保健食品广告、丹参天麻组合保健食品广告	2013年第四季度
10	违法广告公告（工商广公字〔2013〕11号）	2013年11月27日	盈实牌参葛胶囊保健食品广告	2013年第三季度
11	违法广告公告（工商广公字〔2013〕10号）	2013年11月6日	玛卡益康保健食品广告、青钱柳降糖神茶保健食品广告、轻漾畅比芙小麦纤维素颗粒保健食品广告	2013年第三季度

续表

序号	公告	发布时间	违法食品广告	监测时间
12	违法广告公告（工商广公字〔2013〕9号）	2013年9月23日	脑鸣清保健食品广告、益寿虫草口服液保健食品广告、葵力果保健食品广告	2013年第三季度
13	违法广告公告（工商广公字〔2013〕8号）	2013年9月16日	毕挺灵芝鹿茸胶囊保健食品广告、美琳婷羊胎素口服液保健食品广告	2013年第二季度
14	违法广告公告（工商广公字〔2013〕7号）	2013年8月15日	美国NA奥复康保健食品广告、鸡尾普洱大肚子茶保健食品广告、萃能牌蓝荷大肚减肥茶保健食品广告	2013年第二季度
15	违法广告公告（工商广公字〔2013〕6号）	2013年6月26日	易道稳诺软胶囊保健食品广告、寿瑞祥全松茶保健食品广告、威士雅虫草菌丝体胶囊保健食品广告、沃能胶囊保健食品广告、玛卡益康能量片保健食品广告	2013年第二季度
16	违法广告公告（工商广公字〔2013〕4号）	2013年5月28日	龙涎降压茶保健食品广告、雪域男金保健食品广告、帝勃参茸胶囊保健食品广告、臻好牌大肚子茶保健食品广告、虫草固精丸食品广告、帝龙丸食品广告	2013年第一季度
17	违法广告公告（工商广公字〔2013〕3号）	2013年5月2日	李鸿章五日瘦身汤保健食品广告、福棠醇胶囊（深奥牌修利胶囊）保健食品广告、为公牌天麻软胶囊保健食品广告、盐藻（红阳牌海葆软胶囊）保健食品广告、扶元堂灵芝孢子粉胶囊（原名α—南瓜玉米粉）保健食品广告	2013年第一季度
18	违法广告公告（工商广公字〔2013〕2号）	2013年3月10日	东星牌灵芝益甘粉剂保健食品广告	2013年第一季度
19	违法广告公告（工商广公字〔2013〕1号）	2013年1月30日	藏达冬虫夏草保健食品广告（致仁堂牌蝙蝠蛾拟青霉菌丝胶囊）、HD元素保健食品广告、黄金菌美保健食品广告	2012年第四季度

续表

序号	公告	发布时间	违法食品广告	监测时间
20	违法广告公告（工商广公字〔2012〕13 号）	2012 年 12 月31 日	金脉胶囊保健食品广告、压美胶囊（不凡牌银菊珍珠胶囊）保健食品广告	2012 年第四季度
21	违法广告公告（工商广公字〔2012〕12 号）	2012 年 12 月5 日	藏雪玛冬虫夏草胶囊（补王虫草精）保健食品广告、问美胶囊保健食品广告	2012 年第四季度
22	违法广告公告（工商广公字〔2012〕11 号）	2012 年 11 月14 日	富康神茶保健食品广告、全清牌大肚子茶保健食品广告	2012 年第三季度
23	违法广告公告（工商广公字〔2012〕10 号）	2012 年 10 月18 日	极融牌大肚茶保健食品广告、巴西雄根（兴安健鹿牌参鹿胶囊）保健食品广告、国老问肝茶保健食品广告、妙巢胶囊保健食品广告	2012 年第三季度
24	违法广告公告（工商广公字〔2012〕9 号）	2012 年 9 月10 日	雷震子牌护康胶囊（北大护康胶囊）保健食品广告	2012 年第三季度
25	违法广告公告（工商广公字〔2012〕8 号）	2012 年 8 月16 日	藻黄金稳压肽胶囊食品广告、活益康牌益生菌胶囊（黄金菌美）保健食品广告、排毒一粒通保健食品广告、梅山牌减肥神茶保健食品广告、美国 360（广告名称：康尔健胶囊）保健食品广告	2012 年第二季度
26	违法广告公告（工商广公字〔2012〕7 号）	2012 年 7 月9 日	藏秘雪域冬虫夏草胶囊食品广告、那曲雪域冬虫夏草胶丸（批准名称灵智牌冬虫夏草胶丸）保健食品广告、三清三排保健食品广告、妙巢胶囊保健食品广告、美国 AN 奥复康保健食品广告、雷震子牌护康胶囊（批准名称北大护康胶囊）保健食品广告	2012 年第二季度
27	违法广告公告（工商广公字〔2012〕6 号）	2012 年 5 月29 日	都邦食品广告、天地通三七茶食品广告、五日瘦身汤（五日牌减肥茶）保健食品广告、中研万通胶囊保健食品广告、臻好牌大肚子茶保健食品广告	2012 年第二季度

续表

序号	公告	发布时间	违法食品广告	监测时间
28	违法广告公告（工商广公字〔2012〕4号）	2012年5月7日	古汉养生酒食品广告、富硒灵芝宝保健食品广告、雷震子牌护康胶囊（北大护康胶囊）保健食品广告	2012年第一季度
29	违法广告公告（工商广公字〔2012〕3号）	2012年3月29日	同仁益健茶保健食品广告、HD元素食品广告	2012年第一季度
30	违法广告公告（工商广公字〔2012〕2号）	2012年2月28日	前列三宝食品广告、水德胶囊（谷比利）保健食品广告	2012年第一季度
31	违法广告公告〔2012〕1号	2012年1月16日	那曲雪域冬虫夏草保健食品广告、东方之子牌双歧胶囊（双奇胶囊）保健食品广告、健都牌润通胶囊保健食品广告	2011年第四季度
32	违法广告公告（工商广公字〔2011〕5号）	2011年11月28日	问美美容宝胶囊保健食品广告、藏秘雪域冬虫夏草胶囊食品广告	2011年第三季度
33	违法广告公告（工商广公字〔2011〕4号）	2011年8月10日	颐玄虫草全松茶食品广告、金王蜂胶苦瓜软胶囊保健食品广告、国老问肝茶食品广告、同仁修复口服胰岛素保健食品广告	2011年第二季度
34	违法广告公告（工商广公字〔2011〕3号）	2011年6月13日	寿瑞祥全松茶食品广告、国研前列方食品广告、厚德蜂胶软胶囊保健食品广告	2011年第二季度
35	北京、昆明工商曝光违法广告	2011年3月10日	葵力康食品广告、虫草养生酒保健食品广告、昆明同仁唐克保健食品广告、知蜂堂蜂胶保健食品广告	2011年第一季度
36	违法广告公告（〔2011〕1号）	2011年1月30日	《郑州晚报》12月3日A31版发布的活力降压酶食品广告、《兰州晚报》12月2日A13版发布的睾根果食品广告	2010年第四季度
37	违法广告公告（工商广公字〔2010〕7号）	2010年11月11日	《三秦都市报》10月13日11版发布的MAXMAN食品广告、《太原晚报》10月13日17版发布的天脉素食品广告、新疆卫视9月3日发布的敏源清保健食品广告	2010年第三季度

续表

序号	公告	发布时间	违法食品广告	监测时间
38	违法广告公告（工商广公字〔2010〕6号）	2010 年 9 月 21 日	西木左旋肉碱奶茶食品广告、东方之子双奇胶囊食品广告、净石清玉薏茶食品广告雪樱花纳豆复合胶囊食品广告、排酸肾茶食品广告	2010 年第二季度
39	国家工商行政管理总局违法广告公告（工商广公字〔2010〕4号）	2010 年 5 月 10 日	《新晚报》（黑龙江）3 月 20 日 A10 版发布的同仁强劲胶囊食品广告、《南宁晚报》3 月 20 日 09 版发布的西摩牌免疫胶囊保健食品广告	2010 年第一季度
40	国家工商行政管理总局、国家食品药品管理局违法广告公告（工商广公字〔2010〕3号）	2010 年 2 月 10 日	《南国都市报》（广西）12 月 3 日 A09 版发布的梨花降压藤茶保健食品广告、《海峡都市报》（福建）12 月 3 日 A32 版发布的北奇神好汉两粒帮软胶囊食品广告	2009 年第四季度
41	国家工商行政管理总局违法广告公告（工商广公字〔2009〕8号）	2009 年 10 月 27 日	《作家文摘》（北京）9 月 18 日 4 版发布的泽正多维智康胶囊保健食品广告、《南宁晚报》9 月 17 日 09 版发布的都邦超英牌麦芪参胶囊保健食品广告、《京华时报》（北京）9 月 17 日 A31 版发布的肝之宝保健食品广告	2009 年第三季度
42	国家工商总局 2009 年第二季度违法广告公告（〔2009〕6号）	2009 年 7 月 29 日	《楚天都市报》（湖北）6 月 11 日发布的知蜂堂保健食品广告、《北方新报》（内蒙古）6 月 10 日发布的美国美力坚保健食品广告	2009 年第二季度
43	国家工商总局 2009 年第一季度违法广告公告（工商广公字〔2009〕5号）	2009 年 5 月 17 日	《西安晚报》3 月 18 日发布的生命 A 蛋白食品广告、《新晚报》（黑龙江）3 月 18 日发布的倍力胶囊保健食品广告、《燕赵晚报》（河北）3 月 16 日发布的仲马食品广告、青岛电视台一套节目 3 月 26 日发布的圣首荞芪胶囊保健食品广告	2009 年第一季度
44	国家工商行政管理总局公告（工商广公字〔2009〕2号）	2009 年 2 月 11 日	《半岛都市报》12 月 3 日发布的爱动力保健食品广告	2008 年第四季度

资料来源：根据国家工商行政管理总局公布的 2009—2014 年违法广告公告、国家食品药品监督管理总局公布的 2014 年违法药械保健食品广告资料整理。

表 4 - 5　2015 年国家工商行政管理总局和国家食品药品监督管理总局
曝光的违法保健食品广告

序号	公告	发布时间	违法食品广告	监测时间
1	关于 10 起保健食品虚假宣传广告的通告（2015 年第 87 号）	2015 年 11 月 16 日	康蓓健牌蜂胶软胶囊、华德虫草菌丝体片、金奥力牌氨基葡萄糖碳酸钙胶囊、海斯比婷牌胶原蛋白粉、葡番硒牌颐丽胶囊、万寿草牌灵芝灵芝孢子粉颗粒（无糖型）、康圣牌一珍胶囊、奥诺康牌多烯酸软胶囊、蜂胶维生素 E 软胶囊、祥康牌祥康酒	2015 年第四季度
2	食品药品监管总局关于 8 起虚假宣传广告的通告（2015 年第 60 号）	2015 年 9 月 3 日	益普利生牌玛咖西洋参胶囊（广告中标示名称：玛卡）、唐缘牌氨糖酪蛋白磷酸肽钙胶囊（广告中标示名称：僧中金氨糖）、福宇鑫牌太美胶囊（广告中标示名称：U 巢）、拉摩力拉牌玛卡片	2015 年第三季度
3	国家食品药品监督管理总局关于 12 起虚假宣传广告的通告（2015 年第 42 号）	2015 年 7 月 29 日	水塔牌罗布麻葛根醋软胶囊（广告中标示名称：老醋坊软胶囊）、深奥牌深奥活力胶囊、丹曲宝牌丹青胶囊	2015 年第二季度
4	食品药品监管总局曝光 8 个严重违法广告	2015 年 6 月 16 日	寿世宝元牌冬虫夏草（菌丝体）胶囊（广告中标示名称：寿世宝元冬虫夏草）、鑫康宝牌东方同康口服液（广告中标示名称：菌王 1 号）	2015 年第二季度
5	食品药品监管总局关于 2015 年第一季度违法药品医疗器械保健食品广告汇总情况的通报（食药监稽〔2015〕38 号）	2015 年 4 月 3 日	普比欧牌阿胶含片、科晶牌天然胡萝卜素维 E 软胶囊（广告中标示名称：科晶盐藻）、地奥牌紫黄精片等 18 个保健食品广告	2015 年第一季度
6	食品药品监管总局曝光 5 个严重违法广告	2015 年 3 月 25 日	巢之安牌知本天韵胶囊（广告中标示名称：巢之安）、蓝美牌清清胶囊（广告中标示名称：清清方）	2015 年第一季度

　　资料来源：根据国家工商行政管理总局公布的 2009—2014 年违法广告公告、国家食品药品监督管理总局公布的 2014 年违法药械保健食品广告资料整理。

（三）政府重点监管的流通与消费市场

无论是 2012 年及 2012 年食品监督体制改革以前，还是 2013 年改革以后，工商系统或食品药品监督管理系统对国内流通与消费市场监管的重点基本相似。以农村食品市场等六个方面为重点，展开简单的分析。

1. 农村食品市场

农村食品流通与消费市场始终是国内食品安全隐患最多的区域，是政府相关监督部门始终监管的重点。2011 年国家工商行政管理总局专门下发了《关于转发国务院食品安全委员会办公室〈关于严厉打击假劣食品，进一步提高农村食品安全保障水平的通知〉的通知》和《关于进一步加强农村食品市场监管工作的通知》，要求各地继续将保障农村食品市场消费安全作为食品市场监管工作的重中之重，严厉打击农村食品市场销售不合格食品、过期食品、"三无"食品和假冒、仿冒食品等违法行为。2011年，全国工商行政管理部门对农村食品经营户进行检查 980.6 万户次，查处农村食品案件 2.3 万件，基本维护了农村食品市场秩序。

2012 年，政府相关部门的重点是全面清查农村食品市场主体，严把农村食品市场主体准入关，有针对性地加强市场监管，加大农村食品违法案件查办力度，严厉查处各类食品违法行为。2012 年 7—9 月，全国工商系统共出动执法人员 140 万人次，检查农村食品经营者 270 万户次，检查农村批发市场、集贸市场等各类市场 10 万户次。2012 年 1—11 月，湖南省工商机关查处农村侵权和销售假冒伪劣食品案件 364 件，移送司法机关1 件。2012 年 7—11 月，浙江省工商机关查处农村食品违法案件 888 件，结案 129 件，移送司法机关 53 件，查获问题食品 199781 公斤，取缔无照经营者 204 户，切实维护农村食品市场秩序。

2013 年，国务院食品安全委员会办公室、国家食品药品监督管理总局和国家工商行政管理总局三部门共同要求，各地食品药品监管、工商行政管理等部门，针对农村食品市场突出问题，组织开展专项整治执法行动，全面核查清理农村食品经营者的主体资格，及时查处无证无照经营食品违法行为，加强农村食品市场日常监管，实施综合治理，严厉打击生产经营假冒伪劣食品行为，夯实农村食品市场监管基础，构建长效监管机制。食品安全监管工作在农村得到了新的加强。张掖市山丹县工商局以"五抓五促"为抓手，积极开展农村食品市场专项整治。2013 年上半年共检查各类经营者 960 户次，查获不合格食品约 140 公斤，下发责令整改通知书7份。① 2013 年 3—4 月，商洛市工商系统共出动执法人员 1375 人（次），检查农村食品经营者 3124 户次，批发市场、集贸市场等各类市场 35 个，查处各类食品违法违章经营案件 34 起，责令改正不规范经营行为 58 户次，收缴劣质过期食品 410 余公斤。② 2013 年 12 月，鄢陵县工商局以农村商场、食杂店为重点单位，共出动执法人员 120 人次，累计检查食品经营者 636 户次。③ 有效地净化了农村食品市场，保障了农村食品消费安全。

2014 年 8 月，国务院食品安全办、国家食品药品监督管理总局、国家工商总局联合开展农村食品市场"四打击四规范"专项整治行动。针对农村食品市场薄弱环节和突出问题，各地坚持打防结合、标本兼治的原则，依托抽检监测，充分发挥各职能部门协同作用，联合打击各类食品违法行为，全面提升监管水平。如图 4-21 所示，行动期间共检查食品生产

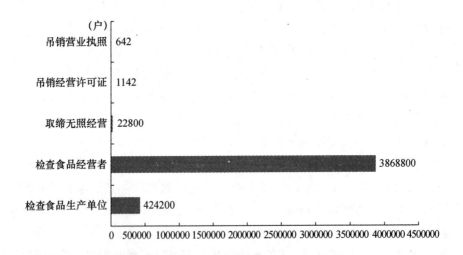

图 4-21 农村食品安全监管检查情况示意

资料来源：根据相关资料整理。

---

① 《张掖市山丹县工商局开展农村食品市场专项整治》，法制网，2013 - 07 - 10，http：// www. legaldaily. com. cn/locality/content/2013 - 07/10/content_ 4644603. htm？node = 32228。

② 《商洛市工商局农村食品市场专项整治成效明显》，商洛市政府网，2013 - 04 - 26，ht- tp：//www. shangluo. gov. cn/info/1056/31069. htm。

③ 《鄢陵县工商局四结合开展农村食品市场专项整治活动》，中新网，2013 - 12 - 10，ht- tp：//www. ha. chinanews. com/lanmu/news/1650/2013 - 12 - 10/news - 1650 - 239396. shtml。

企业 42.42 万户次、检查食品经营者 386.88 万户次，检查批发市场、集贸市场等各类市场 14.29 万个次，开展监督抽检 25.36 万批次，依法取缔无照经营 2.28 万户，吊销经营许可证 1142 户，吊销营业执照 642 户，捣毁制售假冒伪劣食品窝点 1375 个，查扣侵权仿冒食品数量 36.19 万公斤，累计查处各类食品违法案件 4.51 万件，其中移送司法机关处理案件 749 件，受理并处理消费者投诉举报 4.68 万件。① 专项整治行动基本解决和消除了农村食品市场存在的风险隐患，有效地遏制了农村食品市场突出问题多发、高发的态势，净化了农村食品市场生产经营环境，推动了农村食品安全监管长效机制建设，进一步夯实了农村地区食品安全监管基础。

2015 年，国务院食品安全办印发《关于进一步强化农村集体聚餐食品安全风险防控的指导意见》，要求各地进一步采取措施，强化对农村集体聚餐的食品安全风险防控。各地食品药品监管、工商行政管理等部门，针对农村食品市场突出问题，组织开展专项整治执法行动，加强农村食品市场日常监管，实施综合治理，严厉打击生产经营假冒伪劣食品行为，夯实农村食品市场监管基础，构建长效监管机制。2015 年 8—12 月，江西省食品安全委员会办公室在全省范围内组织开展了农村食品安全综合整治行动。其间，共出动执法人员 65709 人次，检查食品生产加工与制造单位 9884 户次，检查食品经营者 75557 户次，检查餐饮服务经营者 18582 户次，检查保健食品经营者 1091 户次（见图 4 - 22）②，查处农村食品各类违法案件 867 件，罚没金额 262.47 万元。广泛宣传，营造良好氛围。除了加强监管，江西省食品安全委员会办公室还通过宣传培训、现场观摩等形式，积极引导全社会参与农村食品安全综合治理，共印发食品安全宣传资料 20000 份，"致学生家长的一封信" 43000 份，食品药品安全警示"小贴士" 15000 份，《食品药品安全知识手册》5000 份，现场咨询会 60 余次。通过新闻媒体、乡镇文化站、学校等进行广泛宣传，巩固农村食品市场整治成果，为构建安全有序的农村食品市场环境营造浓厚的舆论氛围。

---

① 国家食品药品监督管理总局：《农村食品市场"四打击四规范"专项整治行动取得成效》，2014 - 12 - 24，http：//www.sda.gov.cn/WS01/CL0051/111321.html。

② 国家食品药品监督管理总局：《江西省强化农村食品安全综合整治》，2015 - 12 - 18，http：//www.sda.gov.cn/WS01/CL0005/138503.html。

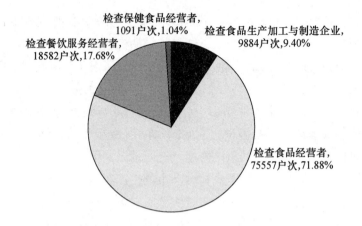

图 4 - 22 2015 年江西省农村食品安全综合整治情况

资料来源：根据相关资料整理。

2. 乳制品市场

2011 年，国家工商行政管理总局制定实施了《关于进一步完善和规范流通环节乳制品市场主体准入有关工作的通知》和《关于进一步加强流通环节乳制品抽样检验工作的通知》，并与商务部联合发布实施了《关于切实规范流通环节乳制品经营者履行进货查验和查验记录义务的实施意见》。各地工商行政管理机关认真履行流通环节乳制品监管职责，严格乳制品特别是婴幼儿配方乳制品市场主体准入，在食品流通许可项目和注册登记经营范围中分类单项审核和管理；严格质量监管，增加对婴幼儿配方乳粉的抽样检验数量和频次。2011 年，全国工商行政管理部门共对乳制品经营者进行检查 582.9 万户次，抽检乳制品 73384 组，合格 67985 组，合格率 92.64%；抽检婴幼儿乳粉 50710 组，合格 46809 组，合格率 92.31%；共查处乳制品案件 1362 件。

2012 年，国家工商行政管理总局要求各地认真履行流通环节乳制品监管职责，严格乳制品特别是婴幼儿配方乳粉市场主体准入，在食品流通许可项目和注册登记经营范围中分类单项审核和管理，进一步严格质量监管，增加对婴幼儿配方乳粉的抽样检验数量和频次，严厉打击销售假冒伪劣和不合格乳制品违法行为，切实保障乳制品市场消费安全。辽宁省各地工商部门检查乳制品经营户 7 万户次，查处不符合食品安全标准的乳制品 102 公斤。甘肃省工商系统上半年共检查食品经营者 425966 户次，检查乳制品经营者 172315 户次，查处流通环节食品案件 696 件，捣毁售假窝点 5 个，为消费者挽回经济损失 400 万元。

2013 年 6 月，《国务院办公厅转发〈食品药品监管总局等部门关于进一步加强婴幼儿配方乳粉质量安全工作意见〉的通知》。为认真贯彻落实国务院部署要求，国家食品药品监管总局制定了《婴幼儿配方乳粉生产许可审查细则》（2013 版）等一系列制度和措施，部署各地开展婴幼儿配方乳粉生产许可审查和再审核工作，以提升婴幼儿配方乳粉质量安全水平。截至 2013 年 5 月 29 日，全国共有 82 家企业获得生产许可证，生产的婴幼儿配方乳粉产品品种 1638 个，未通过审查、申请延期和注销的企业 51 家。与此同时，不断强化婴幼儿配方乳粉质量安全风险管理，开展了监督抽检、风险监测和发证检验。2013 年国家监督抽检共抽取婴幼儿配方乳粉样品 2698 个，覆盖全国 22 个省市区的 86 家企业，未发现不合格样品；共监测婴幼儿配方乳粉样品 4133 个，监测标准项目和风险项目 32 个，对发现的个别风险问题，督促企业及时整改；共抽取了 1682 个样品，对质量指标、微生物指标等 82 个检验项目进行了发证检验，初步建立了我国婴幼儿配方乳粉数据库。

2015 年 9 月，国家食品药品监督管理总局起草了《婴幼儿配方乳粉配方注册管理办法（试行）》（征求意见稿），新政规定企业依法取得婴幼儿配方乳粉生产许可后，应当按照批准注册的产品配方组织生产，如实记录产品生产销售信息，实现产品可追溯，进一步确保婴幼儿配方乳粉质量安全。与此同时，不断强化婴幼儿配方乳粉质量安全风险管理，开展了专项监督抽检和风险监测监督。2015 年 5—6 月，国家食品药品监督管理总局对婴幼儿配方乳粉开展了国家专项监督抽检，覆盖国内 85 家在产企业的产品及部分进口产品。抽检国产样品 465 批次，检出不合格样品 42 批次，合格率 91.0%。[①] 其中，不符合食品安全国家标准，存在食品安全风险的样品 11 批次，如反式脂肪酸与总脂肪酸比值、叶酸、维生素 C 等不符合食品安全国家标准；不符合产品包装标签明示值，但不存在食品安全风险的样品 31 批次。抽检进口样品 121 批次，未检出不合格样品。检出不合格样品的企业都是中小企业，样品多属婴幼儿配方羊奶粉。国家食品

① 国家食品药品监督管理总局：《关于 42 批次婴幼儿配方乳粉不合格的通告》（2015 年第 43 号），2015－08－04，http：//www.sda.gov.cn/WS01/CL0051/125920.html。

药品监督管理总局责令生产企业及时采取停止销售、召回不合格产品等措施，彻查问题原因，全面整改，并对相关企业依法进行调查处理。

3. 违法添加非食用物质和滥用食品添加剂

2011 年，国家工商行政管理总局发布了《关于认真贯彻落实〈国务院办公厅关于严厉打击食品非法添加行为切实加强食品添加剂监管的通知〉的紧急通知》。各地工商行政管理机关根据通知要求，依法严厉查处流通环节违法添加非食用物质和滥用食品添加剂、违法销售食品添加剂的行为。2011 年，全国工商行政管理部门对食品添加剂经营者检查 60.6 万户次，查扣非食用物质和食品添加剂 5.6 万公斤、滥用食品添加剂的食品 21.4 万公斤，查处案件 4611 件，对违法添加非食用物质和滥用食品添加剂的行为始终保持严管重打的高压态势。

2012 年，国家工商行政管理总局要求各地进一步建立健全食品添加剂经营主体登记和台账制度，将标签标志作为食品添加剂经营者进货查验的重要内容，强化对食品添加剂质量的监管，积极推进食品添加剂经营者自律体系建设，严格监督经营者落实管理制度和责任制度，依法严厉查处流通环节违法添加非食用物质和滥用食品添加剂、违法销售食品添加剂的行为，始终对违法添加非食用物质和滥用食品添加剂行为保持严管重打的高压态势。山东省工商局开展食品中违法添加罗丹明 B 等工业染料专项排查清理行动、对中小学周边及大学校园内食品经营场所的专项整治行动等，在各类食品专项整治中，查处不符合食品安全标准的食品案件 1595 件，案值 616.3 万元，罚没款 930.3 万元。西藏自治区工商局组织开展了涉及乳制品、地沟油、食品添加剂等各类食品安全专项整治 12 次，共查处食品违法案件 428 件，查缴假冒伪劣食品 3647 公斤，严厉打击了违法添加非食用物质和滥用食品添加剂的行为。

2013 年，全国食品药品监督管理部门和工商行政管理部门继续强化对食品添加剂质量的监管，以食品加工业和餐饮业为重点行业，积极推进食品添加剂经营者自律体系建设，严格监督经营者落实管理制度和责任制度，依法严厉查处流通环节违法添加非食用物质和滥用食品添加剂、违法销售食品添加剂的行为。复配食品添加剂是食品添加剂的重要类别，2013 年年底，国家食品药品监督管理总局部署了全国复配食品添加剂获证生产企业专项监督检查工作，重点是检查复配食品添加剂获证生产企业实际生产产品是否与许可范围一致；产品配方是否与许可一致；是否存在添加非食品添加剂和非食品原料行为；产品标签是否规范等。检查结果显示，全国复配食品添加剂获证生产企业共计 745 家，通过专项监督检查，尚未发现企业无证生产、超范围生产、非法添加非食用物质等违法行为。但在检查中也发现个别企业产品标签不规范，原辅料进货查验制度或生产管理记录制度不健全、不落实，出厂检验和销售记录不全等问题。针对上述存在的问题，国家食品药品监督管理总局已督促各地食品药品监管部门进一步强化监管，督促企业严格落实各项主体责任。同时，进一步有针对性地开展监督抽检，对于抽检查明存在产品不合格的企业，依法从严查处。

2015 年，全国食品药品监督管理部门和工商行政管理部门继续强化对食品添加剂质量的监管，以食品加工业和餐饮业为重点行业，积极推进食品添加剂经营者自律体系建设，严格监督经营者落实管理制度和责任制度，依法严厉查处流通环节违法添加非食用物质和滥用食品添加剂、违法销售食品添加剂的行为。含铝食品添加剂是食品安全监管工作的重点品种之一。2015 年 7 月以来，食品药品监管总局在全国范围内组织开展了含铝食品添加剂使用标准（GB 2760—2014）执行情况的专项检查。通过开展专项检查，含铝食品添加剂生产、销售和使用企业的食品安全主体责任得到了进一步落实，含铝食品添加剂的生产、销售和使用行为得到了进一步规范。据不完全统计，各地出动执法人员 35.26 万人次，检查食品生产经营者 48.77 万户次，责令整改 2.59 万户，查扣不符合食品安全标准的食品及食品添加剂 2245.25 公斤，罚没款 74.62 万元，立案查处 855 件，移送司法机关 109 件（见图 4 - 23）。①

4. 食用油市场与非法经营"地沟油"

2011 年，国家工商行政管理总局发布了《关于贯彻落实国务院食品安全委员会办公室〈关于印发严厉打击"地沟油"违法犯罪专项工作方案的通知〉的通知》。各地工商行政管理机关以批发市场和集贸市场为重点场所，进一步摸清了食用油经营者底细，逐步规范食用油经营主体资格，严格检查食用油经营者特别是散装食用油经营者食用油的进货来源，全面检查经营者进货查验、检验合格证明、索证索票以及散装食用油标签标志等制度落实情况，加大对销售假冒伪劣食用油特别是"地沟油"案件

---

① 国家食品药品监督管理总局：《食品药品监管总局开展含铝食品添加剂生产销售使用专项检查》，2012 - 01 - 05，http：//www. sda. gov. cn/WS01/CL0050/140800. html。

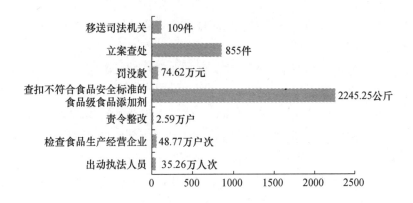

图 4 - 23 2015 年含铝食品添加剂使用标准执行情况的专项检查

资料来源：根据相关资料整理。

的查处力度，严厉打击非法经营"地沟油"和非正规来源食用油的行为。2011 年，全国工商系统查处"地沟油"和非正规来源的食用油 38.03 万公斤、不合格食用油案件 447 件，会同其他部门捣毁"地沟油"窝点 216 个，切实维护了食用油市场秩序。

2012 年，国家工商行政管理总局要求各地突出重点场所和区域，严格检查食用油经营者特别是散装食用油经营者的进货来源，全面检查经营者进货查验、检验合格证明、索证索票以及散装食用油标签标志等制度落实情况，对无标签标志、来源不明、进货价格明显偏低和无合法证照及检验合格证明的食用油要进行重点检查和查处；以集贸市场、批发市场等经营场所为重点，加大对销售假冒伪劣食用油特别是"地沟油"案件的查处力度，严厉打击非法经营"地沟油"和非正规来源食用油的行为，切实维护食用油市场秩序。北京市工商局昌平分局抽调百余人参与联合执法，共端掉 24 个泔水油黑窝点，查扣泔水油 11 吨。乌鲁木齐市工商局首次捣毁了 1 个制售地沟油黑窝点，查扣"地沟油"16.74 吨。哈密地区工商局端掉 1 个无证无照非法制售棉籽油黑窝点，查扣使用工业烧碱加速分离生产的棉籽油 4 吨，有效地打击了违法行为。

2014 年，全国各级食品安全监管部门共检查食用油生产经营单位 1072790 户次，责令整改 11884 户，取缔违法经营 348 户，立案查处食品违法案件 1604 件，移送司法机关 10 起，查扣不合格食用油 118407 公斤。其中，总局共抽检食用植物油 8806 批次，检出不合格样品 201 批次，不合格样品检出率为 2.28%；地方食品药品安全监管部门共抽检食用植物油 16271 批次，检出不合格样品 362 批次，不合格样品检出率为 2.22%（见图 4 - 24）。监督抽检涉及风险较高的黄曲霉毒素 B1、苯并芘、溶剂残留量不合格样品共 203 批次，不合格样品的标称生产企业或经营、餐饮单位共 198 家，涉及风险较低的酸值（价）、过氧化值、极性组分等不合格样品 159 批次，不合格样品的标称生产企业或经营、餐饮单位共 179 家。① 广东、山西、湖北、上海、重庆等省市食品药品安全监管部门在抽检过程中覆盖面广、抽样量大，查处工作力度大，发现的问题比较多。辽宁、黑龙江、江苏、江西、四川、贵州、西藏、宁夏 8 省区在抽检过程中则未检出不合格样品。

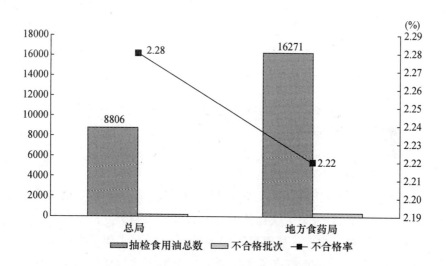

图 4 - 24 食用油质量安全监管检查情况示意

资料来源：根据相关资料整理。

2015 年，国家食品药品监督管理总局分别于 5—6 月、7—9 月、10—12 月对花生油开展了国家专项监督抽检，抽检项目包括重金属、真菌毒素、食品添加剂、品质指标等 11 个指标，覆盖 16 个生产省市区的 112 家企业，被抽检单位既包括百货公司、超市、小卖部，也涉及粮油经销部等

---

① 国家食品药品监督管理总局：《食药总局通报 2014 年食用油专项检查情况》，2015 - 05 - 13，http://www.sda.gov.cn/WS01/2015/05/13/013867421.shtml。

专营店。不合格的检测项目主要为黄曲霉毒素 B₁、酸值、苯并芘。抽检样本分别为 202 份、195 份、200 份，不合格率分别为 0.5%、2.5%、1%，较为稳定（见图 4-25）。①②③

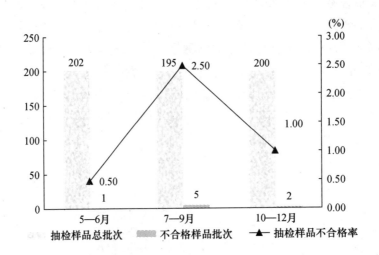

图 4-25　花生油质量安全监管检查情况示意

资料来源：根据相关资料整理。

5. 酒类市场

2011 年，国家工商行政管理总局与国家质量检验检疫总局等七部门联合制定下发了《关于联合开展打击假冒侵权酒类产品专项集中行动的通知》。各地工商行政管理机关深入开展对白酒和葡萄酒等酒类市场的专项执法检查，重点打击侵犯注册商标专用权和仿冒知名酒品牌特有名称、包装、装潢等的违法行为。对侵犯"郎""泸州"等白酒商标案件重点进行督办，组织开展了清查河北昌黎假冒伪劣和不合格葡萄酒专项整治行动。2011 年，全国工商行政管理部门共查扣假冒伪劣酒730338.5 公斤，查处酒类违法案件 7014 件。

---

① 国家食品药品监督管理总局：《关于 78 批次白酒和 1 批次花生油不合格的通告》，2015 - 09 - 08，http：//www. sda. gov. cn/WS01/CL1687/128812. html。

② 国家食品药品监督管理总局：《关于 5 批次花生油不合格的通告》（2015 年第 90 号），2015 - 11 - 19，http：//www. sda. gov. cn/WS01/CL1687/135761. html。

③ 国家食品药品监督管理总局：《关于 2 批次花生油不合格的通告》（2016 年第 9 号），2016 - 01 - 25，http：//www. sfda. gov. cn/WS01/CL1687/142961. html。

2012 年，国家工商行政管理总局组织各地工商行政管理部门全面开展对白酒和葡萄酒等酒类市场专项整治工作，加强对酒类市场的巡查，重点打击销售假冒伪劣酒类商品行为和在酒类商品经营中以"国家机关特供""军队特供"等名义进行虚假宣传的行为，切实规范酒类市场秩序。专项整治期间，全国工商系统共查处假冒伪劣酒类案件 6928 件，查获假冒伪劣酒类 178700 公斤。吉林省工商系统共查扣各类假冒白酒 975 件，查扣侵权白酒 2600 箱，查获假冒葡萄酒 1386 箱，为企业挽回经济损失 60 多万元。新疆阿克苏地区工商局查获假冒"五粮液"酒 600 瓶，涉案金额 72 万元。酒类市场专项整治行动取得初步成效。

2013 年，国家食品药品监督管理总局组织各级食药监管部门，通过强化生产许可、加强监督检查、开展监督抽检和风险监测、严厉打击违法违规行为等措施，进一步加强白酒和葡萄酒等酒类质量安全监管，提升酒类治疗安全整体水平。专项整治期间，岳阳市开展各类执法活动 120 余次，500 余人次参与，检查企业 1.4 万余次。重点开展酒类批发许可证、酒类零售备案登记证两证核查工作，逐个门店、逐个街道、乡镇、村户走访摸底核查，严格对照标准，共查处无证经营 154 起，查处无随附单酒品 600 多件，查处了 180 户未悬挂"不得向未成年销售酒类商品"牌子的行为，查处假冒、侵权酒 2500 余瓶，过期变质酒 3000 余瓶，全部进行了现场销毁。[①] 2013 年上半年，贵港市商务部门共出动酒类执法人员 2040 人次（当月 167 人次）、车辆 300 辆次（当月 27 辆次），立案处理酒类违法案件 29 起，罚没酒类商品款共 1.45 万元。[②]

在 2014 年白酒质量安全监管专项整治中，共抽检样品 3000 批次，抽检项目包括酒精度、固形物、铅、甲醇、氰化物、糖精钠、安赛蜜、甜蜜素 8 项。检出不合格样品 278 批次，样品不合格率 9.26%，涉及不合格项目 6 项，为酒精度、固形物、氰化物、甜蜜素、糖精钠、安赛蜜。其中酒精度检出不合格样品 132 批次，占抽检样品总数的 4.40%，其次是甜蜜素、糖精钠、安赛蜜等甜味剂，涉及样品 108 批次，占抽检样品总数的 3.60%，氰化物、固形物项目分别检出 26 批次、18 批次，占抽检样品总

---

① 《岳阳市 2013 年酒类市场监管情况及建议》，和讯新闻网，2014 – 01 – 15，http：// news. hexun. com/2014 – 01 – 15/161457592. html。

② 《贵港市 2013 年 1—6 月酒类流通监管情况》，和讯新闻网，2013 – 07 – 05，http：// guangxi. mofcom. gov. cn/article/sjdixiansw/201307/20130700187807. shtml。

数的 0.87%、0.60%①，如图 4 - 26 所示。

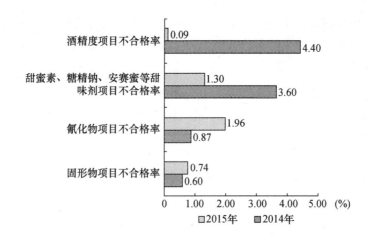

图 4 - 26 2014 年和 2015 年白酒质量安全监管检查情况对比示意

资料来源：根据相关资料整理。

　　2015 年 5—6 月，国家食品药品监督管理总局对白酒开展了国家专项监督抽检，白酒样品涉及 30 个省市区 810 家白酒生产企业，抽检样品 2148 批次，抽检项目包括酒精度、固形物、铅、甲醇、氰化物、糖精钠、安赛蜜、甜蜜素 8 项。检出不合格样品 78 批次被抽检单位主要分布于四川省、安徽省、吉林省、广东省、贵州省、广西壮族自治区等地。样品不合格率为 3.63%，较 2014 年的 9.26% 大大降低。其中，白酒检出酒精度不符合标签明示值的不合格率下降最多，由 4.40% 降为 0.09%。氰化物不符合食品安全国家标准的比例则上升较多，由 2014 年的 0.87% 上升为 1.96%（见图 4 - 26）。②

　　6. 节日性食品市场

　　2011 年，国家工商行政管理总局制订并下发了《关于加强 2011 年中秋、国庆节日期间食品市场监管工作的通知》，要求各地突出整治消费量大、消费者申诉举报多以及群众日常生活必需的食品，严厉打击销售不合

---

　　① 国家食品药品监督管理总局：《2014 年白酒专项监督抽检结果及整治情况通报》，2015 - 02 - 06，http：//www. sda. gov. cn/WS01/CL0051/114004. html。

　　② 国家食品药品监督管理总局：《关于 78 批次白酒和 1 批次花生油不合格的通告》（2015 年第 61 号），2015 - 09 - 08，http：//www. sda. gov. cn/WS01/CL1687/128812. html。

格食品和扰乱食品市场秩序的违法行为。在 2011 年中秋节期间，全国工商行政管理部门出动执法人员 50.54 万人次，检查食品经营者 147.89 万户次，其中检查月饼经营者 61.33 万户次，查处销售假冒伪劣月饼案件 301 件，查处不符合食品安全标准的月饼 2.11 万公斤，有效地保护了消费者合法权益。

2012 年，国家工商行政管理总局专门制订相关方案，要求各地突出抓好季节性、节日性食品的检查，特别是元旦、春节、"五一""十一"、中秋等节日性食品的专项检查，切实维护节日食品市场消费安全。辽宁省工商局开展元旦、春节食品市场专项执法检查，出动执法人员 2.3 万人次，检查食品经营户 3.9 万户次，查处制售假冒伪劣食品案件 125 件，查获假冒伪劣食品 5488 公斤。中秋节期间，北京市工商执法人员在全市大型商场、超市、市场内共抽取产自北京、广东、天津等 26 个厂家的 100 个月饼样本进行了检验，月饼合格率为 98%，对于不合格月饼，及时责令经营者下架，停止销售。

2014 年，国家食品药品监督管理总局专门制订相关方案，强化端午、中秋、国庆等节庆日期间的食品安全监管工作，强化粽子、月饼市场的专项执法检查。端午节前，国家食品药品监督管理总局安排抽检粽子产品 300 批次，涉及 17 个省份 80 余家生产企业，未发现不合格产品，总体质量安全状况良好。[1] 中秋节前，国家食品药品监督管理总局统一安排在商场、超市、农贸市场、批发市场等场所共抽检月饼 833 批次，覆盖全国 23 个生产省份的 374 家生产企业，检测项目涉及微生物、酸价、过氧化值、防腐剂、重金属等 30 余项。在被抽检的 833 批次月饼产品中，合格产品 806 批次，合格率为 96.8%，不合格产品 27 批次，不合格率为 3.2%。[2] 抽检结果显示，月饼质量安全总体稳定，未发现违法添加非食用物质以及金黄色葡萄球菌、志贺氏菌等致病性微生物污染等问题。

2015 年，国家食品药品监督管理总局相继发布《中秋月饼食品安全监管与消费提示》和《国家关于进一步加强中秋国庆"两节"期间食品安全监管工作的紧急通知》（食药监办电〔2015〕14 号），及时部署各级

---

① 国家食品药品监督管理总局：《粽子产品监督抽检结果显示总体质量安全状况良好》，2014 - 05 - 27，http：//www. sda. gov. cn/WS01/CL0051/100477. html。

② 国家食品药品监督管理总局：《2014 年中秋节月饼的监督抽检信息》，2014 - 09 - 01，http：//www. sda. gov. cn/xfrbdzb/news/2014/09/03/14097089346411. htm。

食品药品监管部门突出对重点区域、重点场所、重点品种和重点问题的监督检查，有针对性地强化节日期间食品安全监管。据不完全统计，"两节"期间各地食品药品监管部门共出动执法人员 37.3 万人次，检查食品生产经营企业 75.4 万户次，责令整改 12883 户次；监督抽检 1.46 万批次，查处食品安全违法案件 1088 件，查获不符合食品安全标准食品 23.6万吨，受理投诉举报事项 2194 件（见图 4 - 27）。① 中秋国庆"两节"期间全国未发生重大食品安全突发事件，食品安全状况总体稳定，"两节"期间食品安全监管工作取得成效。此外，特别强化粽子、月饼市场的专项执法检查。从北京、河北、江西、广东、四川、上海等地对月饼的检验结果来看，各地月饼抽检合格率均在 95% 以上，月饼质量总体情况良好。

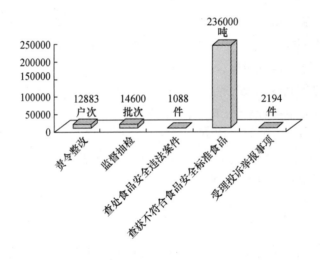

图 4 - 27　2015 年"两节"期间各地食品监管检查情况示意

资料来源：根据相关资料整理。

（四）食品流通与消费市场主要风险：农村的案例②

公众能够明显感觉到食品流通与消费市场的某些风险，但要科学列举却是比较困难的，因为这些风险难以直接体现，或很难在短时期内体现，

① 国家食品药品监督管理总局：《关于 2015 年中秋国庆期间食品安全监管工作情况的报告》，2015 - 11 - 17，http://www.sda.gov.cn/WS01/CL1348/135143.html。

② 此部分的研究成果已发表在教育部办公厅 2013 年的《专家建议》上，党和国家领导人与国家相关部委领导作了批示。

即使体现也很难感觉到，除非是类似于大面积恶性食物中毒或急性食物中毒等。为了说清楚相关问题，在此以农村流通与食品市场，以及农村消费者消费行为为案例，展开分析。

1. 农村食品流通与市场消费的主要风险与基本特征

为真实地反映当前农村食品安全消费的现实状况，江南大学食品安全研究基地就此问题进行了专门的调查。调查采用分层设计与随机抽样相结合的方法，实地走访与调查了全国 20 个省市区的 200 个行政村的 3885 个农村居民。调查显示，农村居民食品消费发生了积极且显著的变化，但与城市相对健全的食品监管体系和消费者防范意识相比较，农村流通与市场消费问题较为普遍和突出，存在诸多食品安全风险。对 3885 个农村居民的调查发现，目前农村食品流通与市场消费存在的主要风险与呈现的基本特征是：

（1）假冒伪劣、过期等问题食品在农村食品市场上较为普遍。调查发现，64.51% 的受访农民表示曾遭遇过各种不同类型的食品安全问题，其中 68.01% 的受访农民遭遇过过期食品问题，43.42% 的受访农民遇到过假冒伪劣食品问题，41.55% 的受访农民遭遇过食品没有标签或标签不完整问题，30.78% 的受访农民遇到过食品不卫生问题，23.55% 的受访农民遇到过食品包装不合格问题。总体的调查结果显示，高达 81.42% 的受访农民对日常所食用的食品安全性表示担忧，假冒伪劣、过期食品与农兽药残留、过量添加食品添加剂与非法滥用非食品用的化学物质则是他们最为关注的食品安全问题。因此，随着城市食品安全专项整治力度的加大与城市消费者食品安全意识的不断提高，致使假冒伪劣、过期食品以及被城市市场拒之门外的食品很有可能大部分流向农村食品市场，农民很有可能成为假冒伪劣食品、过期食品或其他不合格食品的主要受害者，给农村食品安全风险治理带来了新的难题，这是必须要关注的重大现实问题。

（2）肉禽副食品的安全风险较大。根据国家统计局发布的数据，从农村食品消费量和主要营养素的变动情况来分析，21 世纪头十年以来，随着农村生活水平的不断提高，农村居民食品消费水平日趋提升，食品需求结构逐步优化，主食米面等食用粮食需求已不断减少，而对肉禽、蔬果、蛋奶等副食品的需求不断增加。但近年来我国肉禽类食品安全事件频发，逐渐引起了农村消费者的严重关切。调查结果显示，在食品种类上，

80.67%的受访农民表示对农村食品市场上主食米面的安全性表示放心，而分别有42.93%、33.92%、26.56%的受访农民对农村食品市场上的肉禽副食品、乳制品和蛋类食品、蔬菜水果的安全性表示怀疑。深度访谈中发现，农村居民之所以对肉禽副食品的安全性表示忧虑，其重要的原因是非常熟悉生猪、家禽等生产饲养的环节。农村多数居民对肉禽类副食品安全性表现出的不信任态度，凸显了在农村加强生猪、家禽生产监管的紧迫性与重要性。

（3）农村食品生产与经营者诚信度不高。调查显示，57.50%的受访农民认为，目前农村食品消费的安全风险主要源头在于食品生产与经营者的不诚实，是生产经营者以追求经济利益为主要目的而不择手段所造成的。75.62%的受访农民认为，所在地区的食品行业生产经营者的诚信程度为较差和很差；65.90%的受访农民认为，农村农贸市场上的食品安全性难以保障；16.45%的受访农民反映，在购买猪肉时经营者无法提供检验检疫标志；66.12%的受访农民则认为自己所熟知的餐饮行业经营者诚实性一般或较差，并且有42.54%的受访农民反映，就餐的场所根本就不能提供正规的发票。食品生产与经营者是防范农村食品安全风险的主要责任主体，但目前农村食品生产与经营者素质良莠不齐的状况加剧了农村的食品安全风险。

（4）农民食品安全消费意愿与实际消费行为间存在较大的反差。调查显示，55.95%的受访农民认为，食品安全是其选择食品购买场所的最主要理由，并有65.90%的受访农民认为，农村农贸市场上的食品安全性难以保障，且在调查中农民认同的食品购买场所的安全性、保障性由大到小的排序依次为大型超市、食品专卖店、农贸市场、食品便利店、批发市场、小商小贩与小商品店、个体流动摊点或临时摊点。但仍有43.27%的受访农民将农贸市场、批发市场、小商小贩与小商品店、个体流动摊点或临时摊点作为购买食品的第一选择场所；64.88%的受访农民因外出需在外就餐往往将小型餐饮店、路边摊点作为主要选择。调查发现，之所以农民的食品安全消费意愿与实际消费行为间存在反差，其主要原因是农民的安全消费受其收入水平的限制，农贸市场、小商小贩与小商品店是农民食品消费的主要场所，买食品主要看价格仍然是影响农村居民食品消费的最重要因素。

（5）农民的食品消费习惯与维权意识亟待提高。调查显示，46.79%

的受访农民在购买包装食品时不注意食品的生产日期或保质期；分别有41.01%、58.58%的受访农民主要通过价格高低、食品外观是否新鲜来判断食品的质量和安全；64%的受访农民在饭店就餐后不会主动索要发票。当遇到食品安全问题时，仅有20.93%的受访农民选择举报争取赔偿。

2. 农村消费者行为可能引发的食品安全风险

在此主要依据 2014 年对全国 10 个省市区的 3984 名农村消费者的问卷调查展开分析，并与 2013 年农村消费者调研情况进行比较分析。[①] 根据调查数据，在此主要从受访者购买包装食品时对生产日期与保质期的关注、购买食品时对相关检验标志的关注以及判断食品质量和安全的方式来研究农村居民食品购买的消费行为。

（1）35.87%的受访者购买包装食品时并不关注生产日期与保质期。如图 4 - 28 所示，与 2013 年相比，2014 年受访者购买包装食品时对生产日期和保质期关注的情况有所好转。在 2013 年和 2014 年的调查中发现，分别有 31.53%和 30.57%的受访者在购买包装食品时能"每次都查看"食品的生产日期与保质期；"经常查看"生产日期与保质期的受访者从 2013

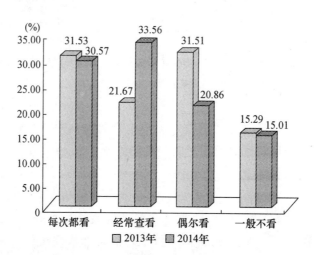

图 4 - 28　2013 年和 2014 年受访者购买包装食品时对生产日期与
保质期的关注程度的比较

① 可分别参见《中国食品安全发展报告（2013）》第六章（北京大学出版社 2013 年版）与《中国食品安全发展报告（2015）》第十三章（北京大学出版社 2015 年版）。

年的 21.67% 增加到 2014 年的 33.56%；"偶尔看"和"一般不看"生产日期与保质期的受访者，则从 2013 年的 31.51% 和 15.29% 下降到 2014 年的 20.86% 和 15.01%。由此可见，目前仍然有 35.87% 的受访者在购买食品时不注意生产日期或保质期，但这一比例低于 2013 年的 46.80%。

（2）44.60% 的受访者购买肉类等食品时不注意相关检验标志。图 4 -29 的调查结果显示，与 2013 年的调查相比，2014 年购买肉类等食品时注意有关检验标志的受访者比例由 39.20% 增加到了 43.50%；没有注意到肉类等食品包装上的有关检验标志的受访者比例则相应由 16.45% 下降到 11.90%；但不注意检验标志的受访者比例在 2014 年仍然高达 44.60%，与 2013 年 44.35% 的比例基本持平。

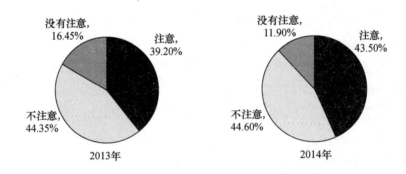

图 4 -29　2013 年和 2014 年受访者购买肉类等食品时对检验标志
关注程度的比较

（3）受访者主要通过外观是否新鲜来判断食品的质量和安全。为更深入了解农村居民消费过程与可能存在的问题，在 2014 年的调查中，增加了农村居民对食品质量和安全判断方式的调查。如图 4 -30 所示，选择"食品的外观是否新鲜等"是受访者判断食品质量和安全的最基本方式，选择的比例高达 64.48%；而通过"食品的包装是否完好""价格高低""食品的标签说明""食品的品牌"和"其他"方式判断食品质量和安全的受访者比例分别为 48.72%、41.52%、38.03%、25.25% 和 4.52%。调查结果表明，受访者更加注重食品外观的新鲜程度，其次是食品的包装和价格，并由此来判断食品的质量安全。

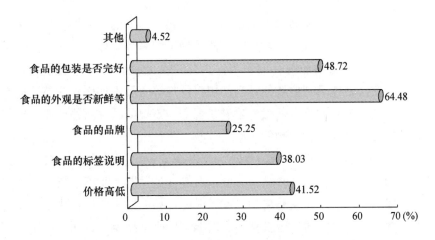

图 4 - 30　2014 年受访者判断食品质量和安全的方式

由此可见，由于消费者食品安全消费科学素养的不足，在购买食品时的不谨慎，往往容易导致食品安全风险。

3. 食品流通与消费市场风险的主要环节分布

系统总结，食品流通与消费市场风险的主要环节是：

（1）食品包装材料不符合要求。主要是缺乏识别能力而采用不安全的包装材料，为节约成本与提高经济效益而故意采用不安全的包装材料。包装管理不完善，因疏忽致使生产日期、保质期与添加剂等信息标注错误，包装方式与标签不符合规定；故意将生产日期、保质期、原料及添加剂等信息标注错误，包装方式与标签不符合规定。

（2）食品的二次污染。主要是操作人员的作业不规范或个人卫生不达标导致食品二次污染。

（3）不按规定装卸食品。主要是搬运人员粗暴作业，致使包装损坏，微生物入侵，加速腐败过程；运输工具的问题；采用无温、湿度控制装置的运输工具而引起微生物繁殖以及鲜食品腐败变质；采用非密闭运输工具而导致食品被灰尘、杂质、异物污染；运输工具清洗消毒不及时而引起食品被杂质、异物、微生物等污染；混合运输导致交叉污染；利益驱动采取生熟制品、化学试剂与食品配料混合运输等导致交叉污染；知识缺乏将已处理的食品与未经处理的食品批次进行混合运输等导致交叉污染。

（4）运输效率过低。供应网络布局不合理导致订货提前、延长运输距离、多渠道多环节流通增大微生物与有害物质污染的可能性；信息沟通不畅，管理不到位导致食品供应链物流管理不能高效运作。

（5）添加违禁物质与存储不当。为延长食品存储时间非法添加禁止使用的物质，管理不到位致使不当使用保鲜剂等食品添加剂；为节约成本采用不合理的存储方式致使微生物滋长霉变，不规范的储藏作业流程致使食品被杂质、异物、微生物等污染。

（6）销售假冒伪劣与变质食品。利益驱动，出售价格低廉而以次充好、掺杂使假的假冒伪劣食品；熟食糕点等食品过期变质不下架，继续销售；管理不规范，未能及时将超过保质期的食品下架或返厂；违法或违规添加保鲜剂等化学物质，延长食品保质期；更改食品生产日期和保质期继续销售；销售仿冒有名气的品牌包装食品；销售不合格食品；销售无生产日期、无质量合格证、无生产厂家的"三无"食品；销售未标明生产商、销售商、配料表、生产批号、执行标准与不符合国家卫生标准的食品；更改食品的生产日期再次销售；更换包装再次销售；对被召回的不合格食品进行二次生产销售。

（7）消费者自身素养不足。比如，购买包装食品时不关注生产日期与保质期，主要通过外观是否新鲜来判断食品的质量和安全，购买食品时不关注相关检验标志与重要说明书等，家庭食品的交叉污染等。

六 食品安全风险在中国的特殊性与主要成因分析

食品安全风险是世界各国共同面临的公共卫生问题，是一个全球性的问题，食品安全风险与食品安全事件不仅在中国发生，在国外也发生；不仅在发展中国家发生，在发达国家也发生，食品安全在任何国家都不可能也难以实现零风险，只不过是食品安全风险与由此引发的食品安全事件的起因、性质、在供应链上的发布与表现方式、数量与危害承担不同而已。中国的食品安全风险既具有国际性更具有中国的特殊性。研究与分析现阶段中国食品安全风险的特殊性对深化食品安全风险治理改革，促进治理能力的提升具有特别重要的价值。

（一）中国的特殊性：基于食品安全风险的国际比较

食品安全风险与由此引发的食品安全事件，产生本质上具有两大源头，一是由自然因素（包括技术因素）所引发的，具有难以抗拒的基本特征；二是由人为因素所引发的。这两大源头产生的食品安全风险与引发的食品安全事件在全球范围内均存在，只不过是程度与表现方式不同而已。

由表 4 - 6 至表 4 - 10 可知，除印度外，美国、英国、加拿大、日本、

表 4 - 6　　　　2011 年美国由食品安全风险引发的食品安全事件

国家	主要事件	发生时间	主要起因
美国	FDA 召回受大肠杆菌污染的榛子	2011 年 3 月 7 日	大肠杆菌
	超市出售的部分肉类制品中发现"超级细菌"	2011 年 4 月 20 日	超级细菌
	因食用疑遭霍乱弧菌污染的牡蛎而生病事件	2011 年 5 月 11 日	霍乱弧菌
	23 个州共 99 人因食用受沙门氏菌污染木瓜而染病	2011 年 7 月 27 日	沙门氏菌
	Taylor Farms Pacific 公司召回鸡肉与猪肉制品	2011 年 8 月 5 日	李斯特菌
	卡吉尔公司因火鸡肉被检出受沙门氏菌感染	2011 年 8 月 5 日	沙门氏菌
	因食用受李斯特菌感染香瓜爆发严重的食物中毒事件	2011 年 9 月 29 日	李斯特菌

资料来源：吴林海、钱和等：《中国食品安全发展报告（2012）》，北京大学出版社 2012 年版。

表 4 - 7　　　　2011 年英国由食品安全风险引发的食品安全事件

国家	主要事件	发生时间	主要起因	
			物理因素	其他因素
英国	召回含牛奶成分的无柑橘蛋糕	2011 年 2 月 25 日	金属碎屑	含有牛奶
	召回 4 批 Tesco 牌美味套餐	2011 年 2 月 25 日		
	某公司召回未标注牛奶过敏源的年糕	2011 年 3 月 14 日		
	某公司召回海虾鸡尾色拉	2011 年 3 月 16 日	玻璃碎片	含有牛奶未描述清楚成分
	某公司召回罐装肉饼	2011 年 4 月 1 日		
	某公司召回有机巧克力糖球	2011 年 5 月 19 日		
	雀巢奶粉含有重金属	2011 年 4 月 9 日	重金属	含有牛奶

资料来源：吴林海、钱和等：《中国食品安全发展报告（2012）》，北京大学出版社 2012 年版。

表 4 - 8   2011 年加拿大由食品安全风险引发的食品安全事件

国家	主要事件	发生时间	主要起因
加拿大	零售禽肉发现超级细菌	2011 年 2 月 18 日	超级细菌
	安大略省某公司召回感染李斯特菌的奶酪	2011 年 3 月 3 日	李斯特菌
	召回进口的草莓味乳清蛋白	2011 年 3 月 17 日	沙门氏菌
	Aliments Prince 公司碎熏肉样本检出李斯特菌	2011 年 7 月 26 日	李斯特菌
	渥太华市农田大蒜检出马铃薯茎线虫	2011 年 8 月 19 日	马铃薯茎线虫
	True Leaf Farms 牌生菜被李斯特菌感染	2011 年 10 月 3 日	李斯特菌

资料来源：吴林海、钱和等：《中国食品安全发展报告（2012）》，北京大学出版社 2012 年版。

表 4 - 9   2011 年日本由食品安全风险引发的食品安全事件

国家	主要事件	发生时间	主要起因	
			化学因素	生物因素
日本	爆发鸡类禽流感事件	2011 年 1 月 24 日		H5 型禽流感病毒
	西兰花沙拉感染沙门氏菌食物中毒事件	2011 年 2 月		沙门氏菌
	农产品受核污染	2011 年 3 月 21 日	放射性元素	
	烤肉连锁店发生食物中毒致死事件	2011 年 5 月 2 日		肠出血性大肠菌
	"明治 STEP" 牌奶粉部分产品检出放射性元素铯	2011 年 12 月 11 日	放射性元素	

资料来源：吴林海、钱和等：《中国食品安全发展报告（2012）》，北京大学出版社 2012 年版。

德国、澳大利亚、法国、意大利 8 个发达国家在 2011 年发生的 30 起食品安全事件中，只有 1 起发生在意大利的橄榄油掺假事件属于人为非法添加，占发达国家 2011 年发生的全部食品安全事件的 3.03%；表 4 - 11 是美国等 8 个发达国家 2011 年发生的食品安全事件的性质分类，其中有 19 起事件主要由生物性因素引起的，占全部事件的 63.33%。可见，在发达国家食品安全事件的主要因素是生物性因素。

表 4 – 10　2011 年德国、印度等五国由食品安全风险引发的食品安全事件

国家	主要事件	发生时间	主要起因		
			人源性因素（非法添加）	化学因素	生物因素
德国	鸡蛋及其家禽被检出含有二噁英	2011 年 1 月 8 日		二噁英[①]	
	食用毒黄瓜而感染肠出血性大肠杆菌事件	2011 年 5 月 28 日			肠出血性大肠杆菌
印度	毒面粉事件	2011 年 4 月 8 日	掺假有害物质		
	饮用水惊现"超级细菌"	2011 年 4 月 8 日			超级细菌
	爆发掺杂甲醇假酒事件	2011 年 12 月 15 日	掺杂甲醇		
澳大利亚	召回疑染沙门氏菌的鸡蛋	2011 年 3 月 5 日			沙门氏菌
法国	7 名儿童感染大肠杆菌病例	2011 年 6 月 17 日			大肠杆菌
意大利	橄榄油掺假事件	2011 年 12 月 26 日	橄榄油掺假		

资料来源：吴林海、钱和等：《中国食品安全发展报告（2012）》，北京大学出版社 2012 年版。

表 4 – 11　美国等 8 个发达国家 2011 年由食品安全风险引发的食品安全事件的性质分类

	生物性因素	化学性因素	物理性因素	人源性因素（非法添加）	其他因素
事件数	19	3	3	1	4

资料来源：吴林海、钱和等：《中国食品安全发展报告（2012）》，北京大学出版社 2012 年版。

　　不同特征的食品安全风险的比较见表 4 – 12。但是，在现阶段由人源性因素引发的食品安全风险在中国表现得尤为突出。如前所述，大数据挖掘工具的研究表明，2006—2015 年引发食品安全事件的因素 75.50% 的事件是由人源性因素所导致（见图 4 – 6）。这就是中国食品安全风险现阶段的特殊性。

---

　　① 考察这一事件，虽然起因是二噁英超标，而实际上责任企业——哈勒斯和延彻公司也负有不可推卸的责任，在明确知道其生产的脂肪酸受到了二噁英污染的情况下，非但没有立即停止生产，反而将大约 3000 吨受到二噁英污染的脂肪酸出售给了位于德国各地的数十家饲料生产企业。参见本章中的主要食品安全事件的回顾与分析。

表4-12 不同特征的食品安全风险的比较

比较分类	具有自然特征的食品安全风险	具有人为特征的食品安全风险
危害种类	由种养殖、加工环节引入的农兽药残留和重金属等化学物质污染、微生物和物理异物污染等,不能完全避免,但可预测预防或将危害降低到可接受水平	人为违法违规添加化学物质,或科学素养不高而产生的不当行为,传统管理上不可预测和预防
出现特点	多在个别行业、个别商品和个别批次中出现	具有带有系统性、连续性和全行业的特点
原因本质	主要是过失与难以抗拒的自然原因等,以及科学技术的局限性	主要是诚信和道德缺失

(二) 中国的特殊性:基于食品安全风险形成机理的分析

国际法典委员会 (Codex Alimentarius Commission, CAC) 认为,食品安全风险是指将对人体健康或环境产生不良效果的可能性和严重性,这种不良效果是由食品中的一种危害所引起的。[1] 食品安全风险主要是指潜在损坏或危害食品安全和质量的因子或因素,这些因素包括生物性、化学性和物理性 (Anonymous, 1997)。[2] 生物性危害主要指细菌、病毒、真菌等能产生毒素微生物组织,化学性危害主要指农药、兽药残留,生长促进剂和污染物,违规或违法添加的添加剂;物理性危害主要指金属、碎屑等各种各样的外来杂质。相对于生物性和化学性危害,物理性危害相对影响较小 (Valeeva et al., 2004[3]; Burlingame et al., 2007[4])。FAO/WHO (2003) 进一步指出,食品安全风险为食品中急性或慢性的、会使食物有害于消费者健康的所有危害。总之,由于技术、经济发展水平差距,不同国家面临的食品安全风险不同。

生物性、化学性和物理性是产生食品安全风险的直接因素,这些因素

---

① FAO/WHO, *Codex Procedures Manual*, 10th edition, 1997.

② Anonymous, *A Simple Guide to Understanding and Applying the Hazard Analysis Critical Control Point Concept* (2nd edition), International Life Sciences Institute (ILSI) Europe, Brussels, 1997.

③ Valeeva, N. I., Meuwissen, M. P. M., Huirne, R. B. M., "Economics of food safety in chains: a review of general principles", *Wageningen Journal of Life Sciences*, Vol. 51, No. 4, 2004, pp. 369 – 390.

④ Burlingame, B. and Pineiro, M., "The essential balance: Risks and benefits in food safety and quality", *Journal of Food Composition and Analysis*, Vol. 20, No. 1, 2007, pp. 139 – 146.

均是食品安全风险产生的自然性因素，在某种意义上说，这些因素难以完全杜绝。除生物性、化学性和物理性外，还存在由于人的行为不当、制度性等因素，包括生产经营者因素、信息不对称性因素、消费者因素、政府规制性因素、国际环境因素等也可能引发食品安全风险。由于人的行为不当、制度性等因素产生的食品安全风险可以称为人源性因素或人为性因素（吴林海等，2012）。[①] 需要指出的是，人源性因素也是通过物理性、化学性、生物性因素等体现出来的，并产生食品安全风险。

食品供应链体系中的各个环节都存在危害食品安全的潜在因素，并以直接或间接传导的方式危害食品安全。所谓间接传导机理是指食品供应链体系中的物理性、化学性、生物性和人源性危害因素通过某一媒介引发的具有隐蔽性和滞后性的食品安全风险或食品安全事件的作用机制。所谓直接传导机理是指食品供应链体系中的物理性、化学性、生物性和人源性危害因素直接引发安全风险甚至直接导致食品安全事件的作用机制。

物理性、化学性、生物性等因素以直接或间接传导的方式产生食品安全风险，但食品生产经营者不当与违规违法行为可能更为直接地产生食品安全风险，因此危害更大且影响更为恶劣。目前，我国食品安全风险与重大食品安全事件大多属于直接传导，如三鹿的"三聚氰胺"、双汇的"瘦肉精"、海南的"毒豇豆"、上海超市的"染色馒头"等事件。各种因素的相互交叉与叠加产生了食品安全风险的共振，极大地增加了食品安全风险，并由此造成食品安全事件的多发。这是中国食品安全风险特殊性的又一具体表现。

（三）中国的特殊性：基于全程食品供应链环节的人源性因素的分析

基于全程食品供应链环节，依据现有的文献与对 2006—2015 年十年间已发生的食品安全事件的综合分析，从食用农产品生产开始到餐饮消费为止（不包括家庭消费），人源性因素发生在如下五大主要环节 67 个子环节，显示了现阶段中国食品安全风险特有的防不胜防的特殊性。

1. 食用农产品生产环节

从农业生产的角度将农业生产者的生产行为划分为投入品获取、生产过程的投入品使用和初级农产品的催熟与存储三个阶段（见表 4 – 13），分析梳理了可能产生食用农产品与食品安全风险的农业生产方面的 9 个环节。

---

① 吴林海、钱和等：《中国食品安全发展报告（2012）》，北京大学出版社 2012 年版。

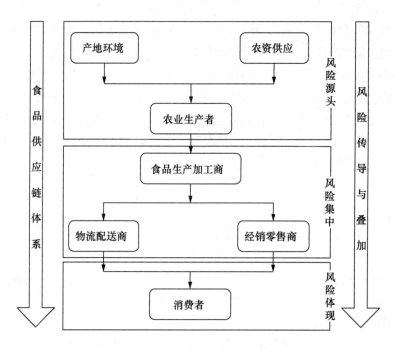

图4-31　食品安全风险因素叠加与风险的传导模式

表4-13　　可能产生食用农产品与食品安全风险的农业生产环节

阶段划分	环节的描述
投入品 获取	A. 购买违禁品（违禁品可分为明令禁止生产销售、禁止使用两种情况） A1 缺乏识别能力而购买 A2 利益驱动，明知违禁品而购买
生产过程的 投入品使用	B. 生产环节的不合理使用或违规使用行为 B1 缺乏认知能力而使用 B2 利益驱动而滥用农药、兽药、添加剂 B3 利益驱动而违规使用明令禁止生产销售的违禁品 B4 利益驱动将药品等用于禁止使用的用途
初级农产 品的催熟 与存储	C. 产后环节的违规使用行为和不当存储行为 C1 产后存储过程中违法使用违禁品 C2 不当使用果蔬产品的催熟剂、保鲜剂等 C3 不合理的存储方式导致霉变

2. 食品生产制造加工环节

从生产加工与制造的角度将生产加工与制造商的生产行为划分为准备

阶段、生产加工与制造阶段和产品加工后的待销阶段（见表 4 - 14），分析梳理了可能产生食品安全风险的生产加工与制造方面的 17 个环节。

表 4 - 14　　可能产生食品安全风险的生产加工与制造环节

阶段划分	环节的描述
准备阶段	A1. 购买不合格（违规）的原材料
	A11 检测设备不足而购买不合格原材料
	A12 利益驱动而购买不合格或违规的原材料
	A13 利益驱动而采取废料回收再利用
	A14 没有详细的采购记录台账
	A2. 原材料处置不当
	A21 储存环境控制不当引发原材料污染
	A22 食品加工之前未进行适当的进化处理
生产加工与制造阶段	B1. 生产环节的不合理或违规操作行为
	B11 生产加工与制造过程操作人员的操作不规范
	B12 违法违规添加食品添加剂等化学物质
	B13 操作人员生产过程中生产设备操作不当
	B14 产品生产过程质量实时控制的缺失
	B2. 生产环节的环境卫生不达标
	B21 环境卫生不符合相关规定
	B22 操作人员卫生不达标
	B23 废弃物没有按照规定处理，重新进入食品流通领域
产品加工后的待销阶段	C1. 产品待销售前的存储方式不当
	C11 产品存储的温度、湿度不当
	C12 加工完成后未进行及时包装，导致食品被灰尘、异物、微生物污染
	C2. 产品待销售前的检测不当
	C21 操作技术水平较低导致质量检测不足
	C22 为节约成本，不愿意采用先进的检测设备进行自检或逃避监管部门的监督检查

3. 流通环节

物流配送过程中的物流配送商的主要操作行为为食品的包装阶段、运输阶段和存储阶段（见表 4 - 15），并在进一步细分的基础上，分析梳理了可能产生食品安全风险的流通方面的 19 个环节。

表 4-15   可能产生食品安全风险的流通环节

阶段划分	环节的描述
包装阶段	A1. 包装材料不安全
	A11 缺乏识别能力而采用不安全的包装材料
	A12 为节约成本而故意采用不安全的包装材料
	A13 为增加销售而故意采用不安全的包装材料
	A2. 包装管理不完善
	A21 因疏忽致使生产日期、保质期与添加剂等信息标注错误，包装方式与标签不符合规定
	A22 故意将生产日期、保质期、原料及添加剂等信息标注错误，包装方式与标签不符合规定
	A3. 二次污染
	A31 操作人员的作业不规范导致食品二次污染
	A32 操作人员的个人卫生不达标导致食品二次污染
运输阶段	B1. 不按规定装卸食品
	B11 搬运人员粗暴作业，致使包装损坏，微生物入侵，加速腐败过程
	B2. 运输工具的问题
	B21 采用无温、湿度控制装置的运输工具而引起微生物繁殖以及鲜食品腐败变质
	B22 采用非密闭运输工具而导致食品被灰尘、杂质、异物污染
	B23 运输工具清洗消毒不及时而引起食品被杂质、异物、微生物等污染
	B3. 混合运输导致交叉污染
	B31 利益驱动采取生熟制品、化学试剂与食品配料混合运输等导致交叉污染
	B32 知识缺乏将已处理的食品与未经处理的食品批次进行混合运输等导致交叉污染
	B4. 运输效率过低
	B41 供应网络布局不合理导致订货提前、延长运输距离、多渠道多环节流通增大微生物与有害物质污染的可能性
	B42 信息沟通不畅，管理不到位导致食品供应链物流管理不能高效运作
存储阶段	C1. 添加违禁物质
	C11 为延长食品存储时间非法添加禁止使用的物质
	C12 管理不到位致使不当使用保鲜剂等食品添加剂
	C2. 存储不当
	C21 为节约成本采用不合理的存储方式致使微生物滋长霉变
	C22 不规范的储藏作业流程致使食品被杂质、异物、微生物等污染

4. 销售环节

销售作为食品供应链中最靠近消费者的重要阶段，经销商的行为直接影响食品的安全性。表 4 – 16 从进货阶段、销售阶段与不合格产品后期处理阶段，归结了可能产生食品安全风险的销售方面的 13 个环节。

表 4 – 16　　　　　　　可能产生食品安全风险的销售环节

阶段划分	环节的描述
进货阶段	A. 购进具有安全风险的食品 A11 利益驱动，采购价格低廉的假冒伪劣产品 A12 认识不足，未能识别假冒伪劣产品
销售阶段	B1. 销售变质食品 B11 利益驱动，熟食糕点等食品过期变质不下架 B12 管理不规范，未能及时将超过保质期的食品下架或返厂 B13 违法或违规添加保鲜剂等化学物质，延长食品保质期 B14 更改食品生产日期和保质期继续销售 B2. 销售假冒伪劣食品 B21 利益驱动，销售仿冒有名气的品牌包装食品 B22 利益驱动，销售以次充好掺杂使假的食品 B3. 销售不合格食品 B31 销售无生产日期、无质量合格证、无生产厂家的"三无"食品 B32 销售未标明生产商、销售商、配料表、生产批号、执行标准与不符合国家卫生标准的食品
不合格产品 后期处理阶段	C. 不合格产品后期处理 C1 更改食品的生产日期再次销售 C2 更换包装再次销售 C3 对被召回的不合格食品进行二次生产销售

5. 餐饮消费服务

销售作为食品供应链中最靠近消费者的重要阶段，餐饮消费是直接面向消费者的环节，餐饮消费商的行为更直接影响食品的安全性。表 4 – 17 从进货阶段、食品加工与烹调阶段、消费与垃圾处理阶段梳理了可能产生食品安全风险的餐饮消费方面的 9 个环节。

表 4-17　　　　　　　可能产生食品安全风险的餐饮消费服务环节

序号	环节的描述
进货阶段	A. 购进具有安全风险的食品与原材料 　A11 购买国家明令禁止的食品原材料，如地沟油等 　A12 购买农兽药残留超标、遭重金属污染的蔬菜、水果等 　A13 购买低价、劣质的其他食品原材料
食品加工与 烹调阶段	B. 加工与烹调 　B11 为了食品的口感或外观违规添加违禁食品添加剂 　B12 食品制作过程不符合卫生标准 　B13 餐饮制作人员的身体状况不符合卫生标准
消费与垃圾 处理阶段	C. 消费与垃圾处理 　C1 餐具不卫生，未进行消毒 　C2 服务人员身体状况不符合卫生标准 　C3 将餐厨垃圾进行回收后非法循环利用

（四）食品安全风险中国的特殊性的主要成因

中国是食品安全所面临的复杂风险既具有全球性的普遍规律，又具有自身的特殊性。食品安全风险的中国特殊性主要表现为，食品安全风险分布在食品供应链的全部环节，人源性、生物性、化学性、物理性因素共存，且各种因素相互交叉与叠加共振，但主要以人源性因素为主。未能够形成以统一权威的食品安全监管体制为核心的治理体系与强化有效的治理能力是中国食品安全风险特殊性的基本根源。具体分析如下：

1. 指导思想的长期偏差是人源性风险多发的宏观环境

改革开放以来，以经济建设为中心，大力推进工业化的同时，忽视了生态环境建设，一些长期积累的问题正在食品安全领域集中显现，特别是食品安全风险前移，重金属、地膜与畜禽粪便污染严重，农兽药残留超标问题突出，源头污染已成重要的风险之一，多层风险叠加导致食品安全风险层出不穷，食品安全事件高发。与此同时，农产品生产新技术、食品加工新工艺在为消费者提供新食品体验的同时，伴随着潜在的新风险、新问题悄然滋生，而且不法食品生产者对新科技的负面应用行为衍生出一系列隐蔽性较强的食品安全风险。

2. 农产品与食品生产经营方式是人源性风险多发的微观基础

多年来，我国食品生产与加工企业的组织形态虽然在转型中发生了积极的变化，但以"小、散、低"为主的格局并没有根本性改观。在全国40 多万家食品生产加工与制造企业中，90% 以上是非规模型企业，且约80% 是 10 人以下及小作坊式企业。这些企业每天需要生产与供应约 20 亿公斤的不同类型的食品，以满足全国市场的消费需求，而技术手段缺乏与道德缺失的小微型生产与加工企业成为重要的生产供应者，并成为食品安全事件的多发地带。图 4 - 32 显示了包括食用农产品、食品生产加工与制造、流通与经销、餐饮消费服务等环节在内的生产经营者主体构成复杂性。

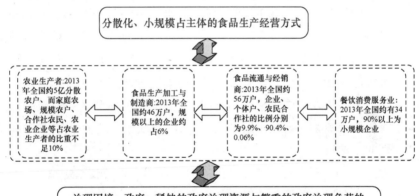

图 4 - 32　食品生产经营者主体构成复杂性示意

3. 治理体系的失范人源性风险多发的社会基础

长期以来，以经济建设为中心的指导思想导致一切以经济效率为标准，不重视社会建设与社会管理，在经济发展中导致社会治理体系的失范，追求经济利益成为社会最重要、最基本的价值观，直接的后果是不择手段，诚信缺失。与此同时，由于我国食品工业的基数大、产业链长、触点多，更由于诚信和道德缺失而产生不当行为，且经济处罚与法律制裁的不及时、不到位，在"破窗效应"的影响下，必然诱发人源性的食品安全风险并直接导致食品安全事件。分散化小农户仍然是农产品生产的基本主体，普遍具有理性有限、文化程度低等特征，出于改善生活水平的迫切需要，不同程度且普遍存在不规范的农产品生产经营行为。

4. 风险治理体系与治理能力的滞后是人源性风险多发的制度原因

改革开放以来，我国的食品安全监管体制经历了七次改革，基本上每五年为一个周期，并由此形成了目前主要由食品药品监督总局、农业部为主体的相对集中监管模式。虽然食品安全监管体制在长期的探索中不断进步，但如何处理政府、市场与社会间的关系，如何匹配地方政府负总责与治理能力间的关系，如何基于风险的危害程度实施分类治理等一系列问题并没有有效地解决。而且自上而下的治理能力与现实需求产生的矛盾越来越大，社会治理力量明显不足。频繁的改革，即便是 2013 年最新一轮的改革，也没能够建立起统一权威的食品安全监管体制。这是中国有别于发达国家甚至于其他发展中国家的体制特征。未能够形成以统一权威的食品安全监管体制为核心的治理体系与强化有效的治理能力是中国食品安全风险特殊性的基本根源。

5. 技术水平不高与标准的缺失是人源性风险多发的技术基础

下面从三个层面做简单分析。

（1）技术水平不高。图 4-33 显示，2009—2013 年，我国食品工业的技术创新投入总体呈现较为明显的增长态势。尤其在 2010 年以后，我国食品工业的 R&D 投入项目和 R&D 投入经费均急剧增加，到 2013 年，两项指标分别较 2010 年增加了 151% 和 155%，为我国食品工业转型升级提供了坚实的技术保障。但是，我国食品科学技术的投入与产出水平同发达国家相比具有明显的差距（见图 4-34 和图 4-35），导致食品科学技术总体水平仍然不高。比如，我国农产品加工业创新能力不足，模仿多、创新少，引进多、自创少，单打独斗多、联合创新少，技术装备比发达国家落后 20—25 年，核心设备主要靠进口。①

---

① 资料来源于农业部农产品加工局 2015 年 5 月发布的《关于我国农产品加工业发展情况的调研报告》。

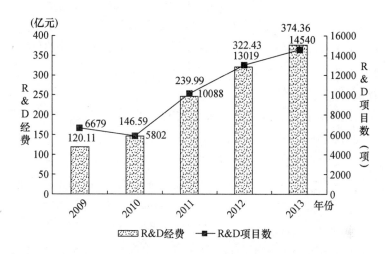

图 4-33　2009—2013 年我国食品工业的技术创新投入

资料来源：《中国统计年鉴》（2010—2014）。

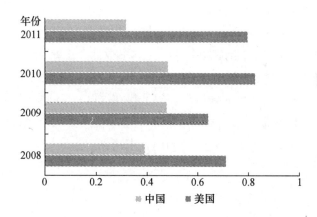

图 4-34　2008—2011 年中、美食品工业研发经费投入强度

资料来源：National Science Foundation/Division of Science Resources Statistics，Business R&D and Innovation Survey，2012；有关年份《中国科技统计年鉴》。

（2）食品安全技术标准与规范严重缺失。以食用农产品标准体系为例。据农业部统计，我国现有的 5000 项农业行业标准中，农产品加工标准仅有 579 项，占总数的 11.6%，与食用农产品相关的初加工标准则更为缺乏。现有标准中，又普遍存在针对性、适应性不强、标准滞后等问题，标准的实施未能达到规范生产、提升农产品质量安全的目标。[①] 在此背景下，我国食用农产品加工行业的主要经营主体——分散的传统型小作坊，由于缺乏资金和技术手段，难以把握市场行情，无法产生规模经济，极易为攫取更大利益而进行违规生产。

（3）食品安全的技术标准与实施的有效性不足。技术标准与规范是食品生产经营者必须遵守的准则，是各国食品安全监管部门有效监管的依据和准绳，成为防控食品安全风险的主要技术手段。但是，由于体制性障碍，食品安全的技术规范、标准体系实施的有效性不足。以危害分析的临界控制点（Hazard Analysis Critical Control Point，HACCP）体系实施为例。我国在 20 世纪 80 年代末引入了 HACCP 体系，30 年来虽然取得了一定成效，但效果并不理想，主要存在以下三个突出问题：一是无完备的统一标准提供参考。GB/T22000—2006 正式施行后，食品供应链体系链条逐步实施实行 HACCP 原理，但各类标准的不兼容性逐渐显现，导致在 HACCP 实施过程中无完备的统一标准提供参考。二是基础条件尚不具备。企业缺乏实施 HACCP 体系的能力和基础条件，并且 HACCP 体系的基础条件 GMP 和 SSOP 认证率在当前食品生产企业中很低。三是企业对 HACCP 体系认知有限。大多数食品生产企业对 HACCP 体系的认知仍然停留在表面，对 HACCP 体系产生的效果和理解上存在误区；企业缺乏实施 HACCP 体系的外部推动机制，食品企业在市场上既享受不到优质优价的激励，也无潜在惩罚危险。[②] 目前，这三个问题并未得到解决。

---

① 农业部：《2014—2018 年农产品加工（农业行业）标准体系建设规划》，农业部网站，2013 - 06 - 27，http：//www.moa.gov.cn/zwllm/ghjh/201306/t20130627_3505314.htm。

② 周洁红、姜励卿：《农产品质量安全追溯体系中的农户行为分析——以蔬菜种植户为例》，《浙江大学学报》（人文社会科学版）2007 年第 2 期。

第五章 中国食品安全风险评估与
城乡居民满意度研究

前述四章的研究指出，通过大量的数据证实了中国食品质量安全的总体状况呈稳中向好的发展态势，但同时又指出，中国食品安全来源多元且十分复杂，所面临的复杂风险既具有全球性的普遍规律，又具有自身的特殊性，食品安全风险分布在供应链的全部环节，主要由人源性因素为主所致，且由各种因素相互交叉与叠加共振所产生。中国的食品安全风险程度究竟处于什么状态？未来的走势如何？城乡居民满意度与最关注的食品安全问题是什么？这些问题既是迫切需要回答的现实问题，也是评价食品安全风险治理体系与能力的关键问题之一。本章则主要依据2006—2015年国家相关部门发布的统计数据，基于国家宏观层面，从管理学的视角，评估我国食品安全风险的现实状态与未来走势，并依据2012—2016年对全国城乡居民的调查，大样本与全景式地描述我国城乡居民满意度的现实状况与真实变化。

一 2006—2015年中国食品安全风险评估：
基于熵权 Fuzzy – AHP 法

（一）研究方法

改革与完善具有中国特色的社会共治的国家食品安全风险治理体系的基础是如何科学评估食品安全风险。虽然目前我国对食品安全风险评估的研究还处于起步阶段，但学者们在宏观性和可操作性两个层面上对食品安全风险评估模型进行了研究，设计出不同的评价指标体系以及模型。李哲敏将食品安全指标体系分割成若干独立的指标群，然后再组合成整体的食品安全指标体系。① 许宇飞根据各污染物的限量标准对食品安全状态逐级评价，对多污染物的综合评价主要是主观比较判断②，但是，缺乏量化比较。傅泽强等通过构建食物安全可持续性综合指数模型，对我国食物数量安全进行因子评价。③ 周泽义等利用模糊综合评判对北京市主要蔬菜、水果和肉类中的重金属、农药等调查结果进行评价。④ 刘华楠和徐锋将食品质量安全与信用管理相结合，通过模糊层次综合评估模型对肉类食品安全进行信用评价。⑤ 类似方法还被用于对上海市进口红酒的安全状况进行评价⑥，武力从食品供应链上建立食品安全风险评价指标体系进行风险评价。⑦ 李旸等提出，在综合评价指数法检测基础上，运用质量指数评分法划分了食品安全等级。⑧ 刘於勋将层次分析和灰度关联分析相结合，提出食品安全综合评价指标体系计算模型，并通过实例验证了模型的可行性。⑨ 刘清珺等提出，以风险可能性与风险损失度为二维矩阵的食品安全风险监测模型进行综合评估。⑩ 李为相等则将扩展粗集理论引入食品安全评价中，并对 2006 年酱菜的安全状况进行了综合评价。⑪

上述方法从不同角度对食品安全风险进行了评估，丰富与发展了食品安全风险的评估方法，取得了一定效果。但完整地研究食品安全风险

---

① 李哲敏：《食品安全内涵及评价指标体系研究》，《北京农业职业学院学报》2004 年第 1 期。

② 许宇飞：《沈阳市主要农产品污染调查下防治与预警研究》，《农业环境保护》1996 年第 1 期。

③ 傅泽强、蔡运龙、杨友孝：《中国食物安全基础的定量评估》，《地理研究》2001 年第 5 期。

④ 周泽义、樊耀波：《食品污染综合评价的模糊数学方法》，《环境科学》2000 年第 3 期。

⑤ 刘华楠、徐锋：《肉类食品安全信用评价指标体系与方法》，《决策参考》2006 年第 5 期。

⑥ 杜树新、韩绍甫：《基于模糊综合评价方法的食品安全状态综合评价》，《中国食品学报》2006 年第 6 期。

⑦ 武力：《"从农田到餐桌"的食品安全风险评价研究》，《食品工业科技》2010 年第 9 期。

⑧ 李旸、吴国栋、高宁：《智能计算在食品安全质量综合评价中的应用研究》，《农业网络信息》2006 年第 4 期。

⑨ 刘於勋：《食品安全综合评价指标体系的层次与灰色分析》，《河南工业大学学报》（自然科学版）2007 年第 5 期。

⑩ 刘清珺、陈婷、张经华：《基于于风险矩阵的食品安全风险监测模型》，《食品科学》2010 年第 5 期。

⑪ 李为相、程明、李帮义：《粗集理论在食品安全综合评价中的应用》，《食品研究与开发》2008 年第 2 期。

的整体状况评价理论的较少，特别是在食品供应链上风险的不确定性影响因素研究更少。吴林海等的《中国食品安全发展报告（2012—2014）》在充分考虑数据的可得性与科学性的基础上，主要基于管理学的视角，应用突变模型对我国食品安全风险区间进行评判与量化分析，由此分析我国食品安全风险的现实状态，虽然解决了长期以来一直没有解决的问题，总体结论比较可靠，但所处风险区间评价参考的风险值度量标准是发达国家的标准，中国的食品安全风险虽然与发达国家具有共性，但有其自身的特殊性。因此，上述研究方法也存在一定的缺陷。

需要指出的是，按照食品工业"十二五"发展规划的统计口径，目前我国的食品工业形成了 4 大类、22 个中类、57 个小类共计数万种食品。如果对品种极其繁多的食品逐一抽查检测，并公布合格率固然非常重要，但是在信息网络非常发达的背景下，新闻媒体不断报道的食品安全事件在网络传播的巨大推动下，将进一步放大老百姓的食品安全恐慌心理。因此，必须科学合理地评估食品安全的总体状况，从宏观层次上来回答中国食品安全总体情况与食品安全的风险走势，逐步消除消费者的担忧，同时可为政府的食品安全监管提供决策依据。本章主要在传统的层次分析法与应用突变模型方法的基础上，通过引入熵权和三角模糊数，建立熵权 Fuzzy - AHP 方法，较好实现食品安全风险的定性与定量分析，为在宏观层面上科学评估食品安全风险提供科学的理论依据。

（二）评价指标体系

根据政府信息公开数据的可得性，并随着研究的深入，本章的研究需要重新构建食品安全风险评价指标体系。

1. 指标选择

根据我国《食品安全法》（2015 版）的相关规定，在食品安全供应链上衡量食品安全风险的程度，主要内容包括食品以及食品相关产品中危害人体健康的物质包括致病性微生物、农药残留、兽药残留、重金属、污染物质以及其他危害人体健康的物质。另外，食品安全风险的产生既涉及技术问题，也涉及管理问题和消费者自身问题；风险的发生既可能是自然因素、经济环境，又可能是人源性因素等。上述错综复杂的问题，贯穿于整个食品供应链体系，因此，如何构建客观、准确的食品安全风险评价指标体系，对当前的食品安全风险评估起着至关重要的作用。本章构建如图 5 - 1 所示的食品安全风险评价指标体系体现了生产经营者、政府和消费者三个最基本的主体在整个食品安全体系的作用。从指标数据的构成来说具有如下特点：第一，可得性。数据绝大多数来源于国家相关部门发布的统计数据；第二，权威性。由于这些数据均来自国家有关食品安全风险监管部门，具有权威性；第三，合理性。比如，原来使用食品卫生监测总体合格率、食品化学残留检测合格率、食品微生物合格率、食品生产经营单位经常性卫生监督合格率来衡量流通环节的食品安全风险，虽有一定的价值，但由于食品安全监管体制的改革，上述相关数据已不复存在，而且这些数据即使存在，由于食品质量国家监督抽查合格率所反映的是整个食品供应链主要环节的综合安全程度，因此并不如采用食品质量国家监督抽查合格率更科学。

2. 指标体系的层次结构

为了较为直观地体现目前我国食品安全风险，本章将食品供应链简化为生产加工、流通和消费（餐饮）三个环节，通过分析食品供应链上这三个主要环节的风险来完整地评估全程供应链体系的食品安全风险。具体指标设定如下：

（1）生产加工环节安全风险（A_1）中的兽药残留（A_{11}）主要是指使用兽药后蓄积或存留于畜禽机体或产品中的原型药物或其代谢产物，包括与兽药有关的杂质的残留。蔬菜农药残留（A_{12}）主要是指随着农药在蔬菜生产中超量使用而产生的残留；水产品质量不合格（A_{13}）主要指使用水产品在生产加工过程中使用劣质或非食用物质作为原料作食品，使用违禁添加物或其他有毒有害物质等以及加工环境不卫生不符合卫生标准，加工程序不当等风险，食品中微生物超标，菌落数超标，有异物等风险。考虑到猪肉是我国最大众化的食品，因此将生猪含有瘦肉精（A_{14}）列入其中。

（2）流通环节安全风险（A_2）主要通过食品质量国家监督抽查合格率（A_{21}）、饮用水经常性卫生监测合格率（A_{22}）和全国消协受理食品投诉件数（A_{23}）三个方面来反映流通环节的食品安全风险程度。

（3）消费/餐饮环节安全风险（A_3）主要是通过食物中毒人数（A_{31}）、中毒后死亡人数（A_{32}）和中毒事件数（A_{33}）三个方面来反映消费/餐饮环节的食品安全风险程度。

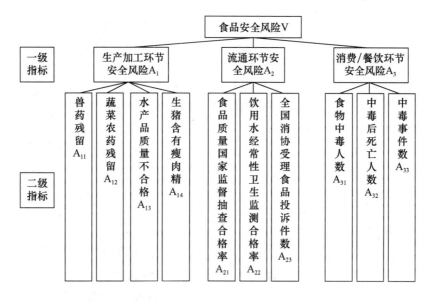

图 5 - 1　食品安全风险评价指标体系

（三）熵权 Fuzzy - AHP 基本理论与基本步骤

1. 熵权

熵（Entropy）是系统状态不确定性的一种度量，主要被用于度量评价指标体系中指标数据所蕴含的信息量。对于非模糊矩阵 A，即：

$$A = \begin{bmatrix} a_{11} & a_{12} & \cdots & a_{1n} \\ a_{21} & a_{22} & \cdots & a_{2n} \\ \vdots & \vdots & \cdots & \vdots \\ a_{n1} & a_{n2} & \cdots & a_{nn} \end{bmatrix}$$

若令 $s_i = \sum_{i=1}^{n} a_{ij}$ $(j=1, 2, \cdots, n)$ 为第 i 行元素之和，若定义 $P_{ij} = \dfrac{a_{ij}}{s_i}$ 表示矩阵中的元素 a_{ij} 在第 i 行出现的概率，则由概率矩阵（5 - 1）可求得熵（5 - 2）：

$$P = \begin{bmatrix} P_{11} & P_{12} & \cdots & P_{1n} \\ P_{21} & P_{22} & \cdots & P_{2n} \\ \vdots & \vdots & \cdots & \vdots \\ P_{n1} & P_{n2} & \cdots & P_{nn} \end{bmatrix} \qquad (5-1)$$

$$H_i = -\sum_{j=1}^{n} P_{ij}\log_2(P_{ij})(i = 1,2,\cdots,n) \tag{5-2}$$

2. 三角模糊数的定义及运算规则[①]

如果 M 为一实数集合，F 代表三角模糊数，且 $F \rightarrow [0, 1]$，则可以简单记为 $M = (1, m, u)$，其隶属函数 $V(x)$ 表示为：

$$V(x) = \begin{cases} 0 & x < a \\ \dfrac{x-a}{m-a} & a \leqslant x \leqslant m \\ \dfrac{b-x}{b-m} & m \leqslant x \leqslant b \\ 0 & x > b \end{cases} \tag{5-3}$$

对于隶属函数 $V(x)$，$1 \leqslant m \leqslant u$，其中，三角模糊数 M 的承集下界、上界分别是 a 和 b。对于 M（三角模糊数），若定义 $M_1 = (1_1, m_1, u_1)$，$M_2 = (1_2, m_2, u_2)$ 是隶属函数 $V(x)$ 的两个模糊数，满足 $M_1 \oplus M_2 = (1_1 + 1_2, m_1 + m_2, u_1 + u_2)$ 和 $M_1 \otimes M_2 = (1_1 1_2, m_1 m_2, u_1 u_2)$，并且对于任意 λ，有 $\lambda M = \lambda(1, m, u) = (\lambda 1, \lambda m, \lambda u)$。

假设截集 $\beta \in [0, 1]$，运用模糊数 $\tilde{1}$、$\tilde{3}$、$\tilde{5}$、$\tilde{7}$、$\tilde{9}$，其特征参数及置信区间见表 5-1。

表 5-1　　　　　　　模糊数的特征参数及置信区间

模糊数	特征参数	置信区间
$\tilde{1}$	(1, 1, 3)	$[1, 3-2\beta]$
$\tilde{3}$	(1, 3, 5)	$[1+2\beta, 5-2\beta]$
$\tilde{5}$	(3, 5, 7)	$[3+2\beta, 7-2\beta]$
$\tilde{7}$	(5, 7, 9)	$[5+2\beta, 9-2\beta]$
$\tilde{9}$	(7, 9, 11)	$[7+2\beta, 11-2\beta]$

3. 基于熵权 Fuzzy - AHP 的决策步骤

（1）构建层次分析模型。通过对性能指标分值的比较，用模糊数 $\tilde{1}$、

---

① 李明、刘桔林：《基于模糊层次分析法的小额贷款公司风险评价》，《统计与决策》2013年第 23 期。

$\tilde{3}$、$\tilde{5}$、$\tilde{7}$、$\tilde{9}$ 表示同一层次体系或判断矩阵中元素的相对强度，分析系统中各因素之间的关系，确定模糊权重向量 $\tilde{w}$ 和模糊判断矩阵 $\tilde{X}$，根据层次分析法的基本原理和步骤，构建总模糊判断矩阵 $\tilde{A}$，即用各准则层的模糊 $\tilde{w}$ 乘以模糊判断矩阵 $\tilde{X}$。

$$\tilde{A} = \begin{bmatrix} w_{11}a_{11} & w_{12}a_{12} & \cdots & w_{1n}a_{1n} \\ w_{21}a_{21} & w_{22}a_{22} & \cdots & w_{2n}a_{2n} \\ \vdots & \vdots & \cdots & \vdots \\ w_{n1}a_{n1} & w_{n2}a_{n2} & \cdots & w_{nn}a_{nn} \end{bmatrix} \tag{5-4}$$

（2）总模糊判断矩阵 $\tilde{A}$ 矩阵化。根据给定水平截集 β，将 $\tilde{A}$ 用区间形式表示为：

$$\tilde{A}_{\beta} = \begin{bmatrix} [a^{\beta}_{11l}, a^{\beta}_{11r}] & [a^{\beta}_{12l}, a^{\beta}_{12r}] & \cdots & [a^{\beta}_{1nl}, a^{\beta}_{1nr}] \\ [a^{\beta}_{21l}, a^{\beta}_{21r}] & [a^{\beta}_{22l}, a^{\beta}_{22r}] & \cdots & [a^{\beta}_{2nl}, a^{\beta}_{2nr}] \\ \vdots & \vdots & \cdots & \vdots \\ [a^{\beta}_{n1l}, a^{\beta}_{n1r}] & [a^{\beta}_{n2l}, a^{\beta}_{n2r}] & \cdots & [a^{\beta}_{nnl}, a^{\beta}_{nnr}] \end{bmatrix} \tag{5-5}$$

其中，$a^{\beta}_{ijl} = w^{\beta}_{il} \times x^{\beta}_{ijl}$，$a^{\beta}_{ijr} = w^{\beta}_{ir} \times x^{\beta}_{ijr}$。

在 β 水平一定的情况下，用乐观指标 λ 来判断矩阵 $\tilde{A}_{\beta}$ 的满意度，λ 代表决策者的乐观程度，λ 值越大，乐观程度就越大。用 λ 把 $\tilde{A}_{\beta}$ 转化成非模糊矩阵 $\tilde{A}$：

$$\tilde{A} = \begin{bmatrix} \tilde{a}_{11} & \tilde{a}_{12} & \cdots & \tilde{a}_{1n} \\ \tilde{a}_{21} & \tilde{a}_{22} & \cdots & \tilde{a}_{2n} \\ \vdots & \vdots & \cdots & \vdots \\ \tilde{a}_{n1} & \tilde{a}_{n2} & \cdots & \tilde{a}_{nn} \end{bmatrix} \tag{5-6}$$

其中，$\tilde{a}_{ij} = \lambda a^{\beta}_{ijr} + (1-\lambda) a^{\beta}_{ijl}$。

根据式（5-2），求得 $H_i(i=1, 2, \cdots, n)$，通过对 H_1，H_2，$\cdots$，H_n 的归一化，则得到第 i 个因素熵权为：

$$w^{i}_{H} = \frac{1-H_i}{\sum\limits_{i=1}^{n} (1-H_i)} \tag{5-7}$$

熵权 $w^{i}_{H}(i=1, 2, \cdots, n)$ 可以反映食品供应链上各个环节以及不同年份食品安全风险发生的程度。

（四）食品安全风险评估

1. 数据来源与处理

本章数据主要来源于《中国卫生统计年鉴》《中国统计年鉴》《中国食品工业年鉴》《中国食品安全发展报告（2012—2015）》等；饮用水经常性卫生监测合格率采用的是国家卫生与计划生育委员会发布的集中式供水合格率；有关消协组织受理食品投诉件数量的数据，均来源于全国消费者协会不同年度发布的《全国消费者协会组织受理投诉情况》。具体数据见表5－2。

表5－2　　　　　　　2006—2015年食品安全风险评估指标值

环节	指标	2006年	2007年	2008年	2009年	2010年	2011年	2012年	2013年	2014年	2015年
生产加工环节	兽药残留抽检合格率（%）[1]	75.0	79.2	81.7	99.5	99.6	99.6	99.7	99.7	99.2	99.4
	蔬菜农药残留抽检合格率（%）	93.0	95.3	96.3	96.4	96.8	97.4	97.9	96.6	96.3	96.1
	水产品质量抽检合格率（%）	98.8	99.8	94.7	96.7	96.7	96.8	96.9	94.4	93.6	95.5
	生猪含有瘦肉精抽检合格率（%）[2]	98.5	98.4	98.6	99.1	99.3	99.5	99.7	99.7	99.8	99.9
流通环节	食品质量国家监督抽查合格率（%）	80.8	83.1	87.3	91.3	94.6	95.1	95.4	96.5	95.7	96.8
	饮用水经常性卫生监测合格率（%）	87.7	88.6	88.6	87.4	88.1	92.1	92.1	93.4	91.6	91.6
	全国消协受理食品投诉件数（万件）	4.2	3.7	4.6	3.7	3.5	3.9	2.92	4.30	2.65	2.17
消费/餐饮环节	食物中毒人数（人）	18063	13280	13095	11007	7383	8324	6685	5559	5657	5926
	中毒后死亡人数（人）	196	258	154	181	184	137	146	109	110	121
	中毒事件数（件）	596	506	431	271	220	189	174	152	160	169

注：①由于无法查阅到2014年、2015年的兽药残留抽检合格率，这里使用畜禽产品的监测合格率；②农业部没有发布2015年的生猪含有瘦肉精抽检合格率，此为农业部发布的2015年上半年的合格率。

进一步将表5－2中的数据转化为模糊数值来对应表示不同年份的食

品安全危险程度。具体方法是将表5-2按行求极值，将极值除以5，对表5-2中原始数值落在不同区间的数值按照模糊权重$\tilde{1}$、$\tilde{3}$、$\tilde{5}$、$\tilde{7}$、$\tilde{9}$进行模糊赋值，具体数据见表5-3。然后，再对每年的各项分值进行加权平均，得到2006—2015年对三个环节的食品安全风险评估的模糊判断值，见表5-4。

表5-3　　　　　　　　各指标模糊化区间及对应模糊值

环节	最小值	模糊权重	模糊值	模糊权重	模糊值	模糊权重	模糊值	模糊权重	模糊值	模糊权重	模糊值
生产加工环节	75.00	$\tilde{9}$	79.94	$\tilde{7}$	84.88	$\tilde{5}$	89.82	$\tilde{3}$	94.76	$\tilde{1}$	99.70
	93.00	$\tilde{9}$	93.98	$\tilde{7}$	94.96	$\tilde{5}$	95.94	$\tilde{3}$	96.92	$\tilde{1}$	97.90
	93.60	$\tilde{9}$	94.84	$\tilde{7}$	96.08	$\tilde{5}$	97.32	$\tilde{3}$	98.56	$\tilde{1}$	99.80
	98.40	$\tilde{9}$	98.70	$\tilde{7}$	99.00	$\tilde{5}$	99.30	$\tilde{3}$	99.60	$\tilde{1}$	99.90
流通环节	80.80	$\tilde{9}$	84.00	$\tilde{7}$	87.20	$\tilde{5}$	90.40	$\tilde{3}$	93.60	$\tilde{1}$	96.80
	87.00	$\tilde{9}$	87.93	$\tilde{7}$	88.86	$\tilde{5}$	89.78	$\tilde{3}$	90.71	$\tilde{1}$	91.64
	2.17	$\tilde{1}$	2.66	$\tilde{3}$	3.14	$\tilde{5}$	3.638	$\tilde{7}$	4.11	$\tilde{9}$	4.60
消费/餐饮环节	5559.00	$\tilde{1}$	8059.80	$\tilde{3}$	10560.60	$\tilde{5}$	13061.40	$\tilde{7}$	15562.20	$\tilde{9}$	18063.00
	109.00	$\tilde{1}$	138.80	$\tilde{3}$	168.60	$\tilde{5}$	198.40	$\tilde{7}$	228.20	$\tilde{9}$	258.00
	152.00	$\tilde{1}$	240.80	$\tilde{3}$	329.60	$\tilde{5}$	418.40	$\tilde{7}$	507.20	$\tilde{9}$	596.00

2. 模糊权重向量的构建与总判断矩阵的计算

食品安全风险因素在整个食品供应链上层出不穷，并且相互交叉影响，因此，为了真实地反映食品供应链上每一个环节对食品安全的影响，我们运用德尔菲法，选取有关专家和有经验人员，根据上述数据对一级指标和二级指标进行两两比较，对各评价指标的重要程度采用模糊数进行打分，按构建模糊权重向量$\tilde{w} = \begin{pmatrix} A_1 & A_2 & A_3 \\ \tilde{7} & \tilde{5} & \tilde{3} \end{pmatrix}$和模糊判断矩阵$\tilde{x}$。

$$\tilde{x} = \begin{matrix} A_1 \\ A_2 \\ A_3 \end{matrix} \begin{pmatrix} 2006 & 2007 & 2008 & 2009 & 2010 & 2011 & 2012 & 2013 & 2014 & 2015 \\ \tilde{7} & \tilde{7} & \tilde{7} & \tilde{3} & \tilde{3} & \tilde{3} & \tilde{3} & \tilde{5} & \tilde{3} & \tilde{1} \\ \tilde{5} & \tilde{7} & \tilde{5} & \tilde{7} & \tilde{5} & \tilde{3} & \tilde{3} & \tilde{1} & \tilde{3} & \tilde{3} \\ \tilde{7} & \tilde{7} & \tilde{5} & \tilde{5} & \tilde{3} & \tilde{1} & \tilde{1} & \tilde{1} & \tilde{1} & \tilde{1} \end{pmatrix}$$

$$(5-8)$$

总判断矩阵为：

$$
\tilde{A} = \begin{pmatrix}
2006 & 2007 & 2008 & 2009 & 2010 & 2011 & 2012 & 2013 & 2014 \\
\tilde{7} \times \tilde{7} & \tilde{7} \times \tilde{7} & \tilde{7} \times \tilde{7} & \tilde{7} \times \tilde{3} & \tilde{7} \times \tilde{3} & \tilde{7} \times \tilde{3} & \tilde{7} \times \tilde{3} & \tilde{7} \times \tilde{5} & \tilde{7} \times \tilde{3} \\
\tilde{5} \times \tilde{9} & \tilde{5} \times \tilde{7} & \tilde{5} \times \tilde{5} & \tilde{5} \times \tilde{7} & \tilde{5} \times \tilde{5} & \tilde{5} \times \tilde{3} & \tilde{5} \times \tilde{3} & \tilde{5} \times \tilde{1} & \tilde{5} \times \tilde{3} \\
\tilde{3} \times \tilde{7} & \tilde{3} \times \tilde{7} & \tilde{3} \times \tilde{5} & \tilde{3} \times \tilde{5} & \tilde{3} \times \tilde{3} & \tilde{3} \times \tilde{1} & \tilde{3} \times \tilde{1} & \tilde{3} \times \tilde{1} & \tilde{3} \times \tilde{1}
\end{pmatrix}
$$

假设给定水平截集 $\beta = 0.5$，将 $\tilde{A}$ 用区间形式表示：

$$
\tilde{A}_\beta = \begin{pmatrix}
[36,64] & [36,64] & [36,64] & [12,32] & [12,32] & [12,32] & [12,32] & [24,48] & [12,32] & [12,32] \\
[16,36] & [24,48] & [16,36] & [24,48] & [16,36] & [8,24] & [8,24] & [4,12] & [8,24] & [4,12] \\
[12,32] & [12,32] & [8,24] & [8,24] & [4,16] & [2,8] & [2,8] & [2,8] & [2,8] & [2,8]
\end{pmatrix}
$$

3. 非模糊判断矩阵及熵权的计算

取 $\lambda = 0.6$，得到非模糊判断矩阵：

$$
\tilde{\tilde{A}} = \begin{pmatrix}
47.2 & 47.2 & 47.2 & 20.0 & 20.0 & 20.0 & 10.0 & 33.6 & 20.0 & 20.0 \\
24 & 33.6 & 24.0 & 33.6 & 24.0 & 14.4 & 14.4 & 7.20 & 14.4 & 7.2 \\
20 & 20 & 14.4 & 14.4 & 8.8 & 4.4 & 4.4 & 4.4 & 4.4 & 4.4
\end{pmatrix}
$$

利用公式（5-1）将非模糊判断矩阵转化为表 5-4 的概率矩阵。

表 5-4　　　　　　由非模糊判断矩阵转化的概率矩阵

环节	2006 年	2007 年	2008 年	2009 年	2010 年	2011 年	2012 年	2013 年	2014 年	2015 年
生产加工环节	0.423	0.423	0.423	0.263	0.263	0.263	0.263	0.357	0.263	0.263
流通环节	0.370	0.435	0.370	0.435	0.370	0.276	0.276	0.175	0.276	0.175
消费/餐饮环节	0.465	0.465	0.403	0.403	0.309	0.199	0.199	0.199	0.199	0.199

再利用式（5-2）求得各年对应熵权，见表 5-5。

表 5-5　　　　　　各年对应的食品安全风险熵权值

年份	2006	2007	2008	2009	2010	2011	2012	2013	2014	2015
熵权	1.258	1.323	1.196	1.102	0.943	0.738	0.738	0.730	0.738	0.637

（五）食品安全风险所处的区间与未来走势研判[①]

依据熵权值形成了如图 5-2 所示的 2006—2015 年我国食品安全风险

---

① 此部分的研究成果已发表在教育部办公厅 2012 年的《专家建议》上，国家相关部委领导作了批示。

度的演化图，并据此形成了如图 5 - 3 所示的生产加工、流通和消费（餐饮）三个环节的食品安全风险的相对变化。

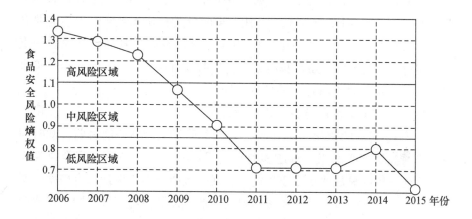

图 5 - 2　2006—2015 年食品安全风险演化

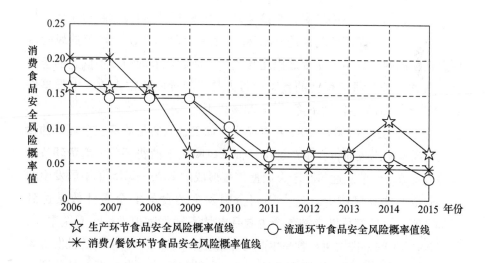

☆ 生产环节食品安全风险概率值线　　—○— 流通环节食品安全风险概率值线

※ 消费/餐饮环节食品安全风险概率值线

图 5 - 3　2006—2015 年各环节风险发生的概率值

1. 食品安全风险的总体特征

从图 5 - 2 的食品安全风险度的演化图已清楚地表明，虽然分别在2007 年、2014 年略有反弹，但 2006—2015 年我国食品安全风险度一路下行，趋势非常明显，而且在 2009 年由高风险状态进入中风险状态，并在

2011 年进入低风险状态，食品安全风险处于相对安全的区间。

2014 年略有反弹的主要原因是：2014 年农业部发布的农产品生产加工环节中兽药残留抽检合格率、蔬菜农残抽检合格率与水产品抽检合格率比 2013 年有较大幅度的下降，特别是 2014 年的饮用水经常性卫生监测合格率下降幅度较大。由此可见，从 2011 年开始我国的食品安全风险一直处于相对安全的区间，虽然稍有起伏，但并没有逆转我国食品安全保障水平"总体稳定，逐步向好"的基本格局。

2. 主要环节的风险特征与比较分析

图 5-3 显示的 2006—2015 年各环节风险发生的概率值表明，此时间段内我国食品生产加工、流通和消费（餐饮）三个环节食品安全风险变化也呈现出较明显规律：由于兽药、农残、瘦肉精等指标抽检合格率的明显提高，而食物中毒人数、中毒后死亡人数，以及中毒事件数则出现比较明显的下降，必然形成生产加工环节和消费环节的食品风险总体形态持续下降；流通环节总体上虽然也呈现下降趋势，但波动明显，由于 2009 年饮用水抽查的不合格率较高，直接导致流通环节的风险首次超过了生产加工环节风险和消费环节的风险；从 2011 年起消费（餐饮）环节的风险值明显低于前两个环节，主要成因是与生产、流通环节的情形不同，衡量消费（餐饮）环节风险程度的食物中毒人数、中毒后死亡人数、中毒事件数在 2006—2015 年持续下降了 69.22% 以上。

综上所述，在 2006—2015 年食品生产加工、流通与消费三个环节的食品安全风险相比较而言，生产加工环节的风险大于消费环节，消费环节的风险大于流通环节。这与基于大数据挖掘形成的 2006—2015 年中国发生的食品安全事件高度吻合。这十年间全国发生的食品安全事件数量达到 245862 起，而且食品供应链各个主要环节均不同程度地发生了安全事件，其中 66.91% 的事件发生在食品生产与加工环节，其他环节依次是批发与零售、餐饮与家庭食用、初级农产品生产、仓储与运输，发生事件量分别占总量的 11.25%、8.59%、8.24% 和 5.01%（参见本书第四章有关内容）。因此，生产加工环节的食品安全是政府监管部门的重点。当然，这是从宏观层次上的结论，不同的区域、不同的食品情况不一，应该从实际出发加以监管。

3. 食品安全风险的未来走势

然而，目前社会各界对我国食品安全总体水平有诸多甚至是很大的争议。比如，2012 年 5 月 7 日在"乳制品质量安全"研讨会上，中国乳制品工业协会发布的《婴幼儿乳粉质量报告》为当下国产乳粉质量给出了"历史最好"的评价，引发了"乳品史上最好乃因标准全球最差"的巨大争论。① 这一方面说明中国食品安全风险防控具有长期性、艰巨性与复杂性的特点；另一方面食品安全风险的真实状态与人们的心理预期具有反差，这既与社会转型期公众的心理状态高度相关，也与政府信息公开不完善和全社会食品安全风险交流机制不健全密切相关，普通公众难以切身感受食品安全质量状态的提升。但事实终究是客观的，可以认为，从国家食品安全宏观环境来看，在目前已有的生产技术、政府规制等背景下，特别是随着中国食品安全风险治理体系的逐步完善与治理能力的不断提升，政府食品安全监管力量重心的下移与社会力量的逐步融入，可以判断，"总体稳定，逐步向好"将成为未来我国食品安全风险的基本走势。虽然难以排除未来在食品的个别行业、局部生产区域出现反弹甚至是较大程度的波动，但如果不发生不可抗拒的大范围的突发性、灾难性事件，我国食品安全总体的这一基本走势恐怕难以改变。这既是本书的最基本的观点，也是本书对目前社会各界对我国食品安全总体保障水平诸多质疑所做出的正面回答。

（六）食品安全风险评估的研究局限

需要指出的是，受制于数据可得性等客观因素的制约，上述对2006—2015 年我国食品安全风险程度评估的准确性与科学性具有一定的局限性：

（1）有些数据的缺失影响计算结果的科学性，特别是在表 5 - 2 的数据中，由于无法查实 2014 年、2015 年的兽药残留抽检合格率，而使用畜禽产品的监测合格率；同时，农业部没有公开发布 2015 年的生猪（瘦肉精）抽检合格率，使用的数据是农业部发布的 2015 年上半年的合格率。由于数据的缺失，不仅难以精确计算生产加工环节安全的风险走势，更影响了食品安全风险的科学计算。

（2）食品安全风险的熵权值、生产加工环节、流通环节与消费/餐饮环节三个子系统各自数值的最后计算，与我国食品安全技术标准、执法的

---

① 《奶粉历史最好成为国产奶粉的一个梦》，中极网，2012 - 05 - 28，http：//www．18new．com/news/2012/0528/1437．html。

严格程度、全社会的食品安全消费意识密切相关。如果技术标准提高，风险值就上升，对应的风险区间就发生变化。因此，本章得出的我国所处的安全风险区间是基于现实技术标准而得出。本章仅提供了相对性的食品安全风险区间与未来的走势，具有一定的局限性。虽然如此，本书基于食品供应链全程视角，采用基于熵权 Fuzzy - AHP 法计算得出的我国食品安全保障水平"总体稳定，逐步向好"的基本结论是可信的，并且也符合我国食品安全风险的实际。

二　城乡居民食品安全满意度：基于 2012 年、2014 年与 2016 年的调查

目前，有关机构与学界就城乡居民食品安全满意度展开了一系列的调查。但是，不难发现，这些调查存在诸多缺陷。主要是样本缺少代表性且样本量偏小。比如，中国全面小康研究中心与清华大学媒介调查实验室等自 2011 年开始发布了消费者食品安全信心的相关报告，但此机构发布的《2011—2012 年消费者食品安全信心报告》，虽然也是在中国 31 个省市区抽样调查的基础上完成的，但全部的有效样本量为 1036 份，满意度的调查结果能否具有说服力，值得商榷。本章主要依托江南大学江苏省食品安全研究基地与食品安全风险治理研究院三年来对全国性的调查数据展开分析。

（一）2014 年以来国内对食品安全满意度的关注

国内主流媒体与网站对 2014 年公众就食品安全的关注与评价展开了多方面的报道。较为典型的有：

1. 武汉大学的研究

从 2012 年开始，武汉大学质量发展战略研究院和宏观质量管理湖北省协同创新中心连续三年组织"宏观质量观测"问卷调查，在全国 31 个省市区的 150 多个城市收集消费者对我国产品质量、民生领域服务水平的评价大数据，平均每年有效样本数量超过 5000 个，采集数据总量近 100 万条。2014 年观测中，消费者对本地区食品总体安全性的评价最低，仅为 57.97 分，不仅与排名前列的家用电器、电脑的质量安全性评分相差近 10 分，更滑落到 60 分的及格线以下，低于 2013 年的 61.37 分。在消费者

对 15 类产品的质量满意度评价中，对本地区食品质量的总体满意度仅有 59.23 分，对乳制品、食用油和肉类等食品细类的评分也分别只有 61.18 分、59.9 分和 59.46 分，紧贴及格线上下。2013 年，消费者对本地区食品总体安全性和满意度评价分数也都排在调查 15 类产品的末位，得分只有 61.37 分和 61.44 分，同样与消费者评价排名前列的产品差距甚大。[①] 这一结果与 2012 年有超过 88.32% 的消费者认为，食品是质量安全风险最高产品领域的评价基本一致。可见，三年来，消费者对我国食品质量的评价始终最低，对食品安全的不信任至今未见消除。

2. 央视新闻客户端的报道

在 2015 年全国"两会"前夕，央视新闻客户端通过大数据技术，对网民搜索浏览，发表了《2014 年网友关注食品安全热度呈下降趋势》。[②] 央视新闻客户端发布的报告指出，2014 年食品安全的搜索热度居然在"降温"。根据 2013 年与 2014 年的曲线图对比发现，从搜索的最高点来看，2014 年比 2013 年低了近 2/3。大数据公司亿赞普的海量数据分析，2014 年，人们对食品安全的平均关注指数为 34，比 2013 年也低了 14%。食品安全甚至远远落后于人们对于汽车质量、住房、教育、养老和空气污染的关注度。而且大数据通过抓取各国网民的浏览痕迹也发现，国际上对于我国食品安全的关注，也只停留在地沟油和过期肉这两个话题上，关注量比 2013 年减少了一半。亿赞普大数据发现，不管是 2013 年还是 2014 年，排在食品安全搜索热度第一位的始终是"食品安全法"。而且 2014 年还比 2013 年（93）高了 7 个点，达到了 100 的峰值。同样，在百度热搜词榜单上，它的日均搜索数量从 2013 年的第 3 名提高到了 2014 年的第 2 名。由此可见，过去人们更关注三聚氰胺、苏丹红和地沟油这类食品安全事件本身的危害，而现在则把目光从治标转向了治本，也就是监管和立法。

3.《中国青年报》的报道

2015 年全国"两会"期间，《中国青年报》通过益派咨询对 1917 人进行的一项网络调查显示，36.7% 的受访者认为食品安全问题"宁可信

① 《2014 年度民生消费与服务质量观测分析》，光明网，2015 - 03 - 11，http：//news. gmw. cn/2015 -03/11/content_ 15060705. htm。

② 《2014 年网友关注食品安全热度呈下降趋势》，新华网，2015 - 03 - 05，http：//news. xinhuanet. com/food/2015 -03/05/c_ 1114535327. htm。

其有，不可信其无"；37.5%的受访者对食品安全问题表示关注，他们认为，食品安全领域确实存在一些问题，但没有想象中那么严重；约25%的受访者对此感到无奈，认为"人总要吃东西，再怎么焦虑都没有用"。对食品安全问题，公众各有各的应对措施：66.9%的受访者选择"尽量购买有机、绿色或无公害食品"，61.3%的受访者选择"买知名品牌或价格更高的食品"，59.9%的受访者"抵制曾经发生过食品安全事故的企业"，27.8%的受访者选择"自己种菜和制作食品"，11.4%的受访者未采取任何措施。①

4. 不同地区对食品安全关注度不一

老百姓在新的一年有哪些新期待？2015年3月2日，中央电视台的报道显示，不同地区有着不同的答案。东部地区，老百姓最期待解决的是"环境治理""食品安全"和"住房保障"。中部地区，老百姓最渴望的是"简政放权""产业转型"和"经济发展"；西部地区，老百姓最想要的是"经济发展""社会保障""农村建设"和"交通基础设施建设"。②

（二）调查设计与组织实施

由于我国城乡居民食品安全认知、防范意识等存在较大差异，对其所在地区食品安全的满意度不尽相同，甚至具有很大的差异性。同时也受条件的限制难以对全国层面上展开大范围的调查。因此，2012年、2014年与2016年的调查相一致，主要采用抽样方法，选取全国部分省区的城乡居民作为调查对象，通过统计性描述与比较分析的方法，研究所调查地区的城乡居民对当前食品安全状况的评价与食品安全满意度的总体情况，以期最大限度地反映全国的总体状况。

1. 调查方法

调查采取随机抽样的方法，选取全国部分省区调查样本进行实地问卷调查。

（1）抽样设计原则。依据之前调查样本的抽样设计，调查遵循科学、效率、便利的基本原则，整体方案的设计严格按照随机抽样方法，选择的样本在条件可能的情况下基本涵盖全国典型省市区，以确保样本具有代表

---

① 《我国缺少有公信力的食品安全信息平台》，《中国食品安全报》2015年4月3日。

② 《数字两会：国家忙碌这一年百姓怎么看》，中新网，2015-03-02，http://www.chinanews.com/shipin/2015/03-02/news551167.shtml。

性。抽样方案的设计在基本相同样本量的条件下将尽可能提高调查的精确度，最大限度减少目标量估计的抽样误差。同时，设计方案注重可行性与可操作性，调查的问卷经科学设计后连续使用，并建立数据库，便于后期的数据处理与分析。

（2）随机抽样方法。主要采取分层设计和随机抽样的方法，先将总体中的所有单位按照某种特征或标志（如性别、年龄、职业或地域等）划分成若干类型或层次，然后再在各个类型或层次中采用简单随机抽样的办法抽取子样本。

2. 调查的地区

2012 年、2014 年与 2016 年的调查范围选取的省市区以下的地级市（县）等基本保持统一。比如，2016 年的调查在福建、湖南、河南、湖北、吉林、江苏、江西、山东、四川、内蒙古 10 个省市区的 29 个地区（包括城市与农村区域）展开，具体地点见表 5 - 6。

表 5 - 6　　　　　　　　2016 年调查区域与地点分布简况

省级	城市（包括县级城市）	区/县	农村行政村（或乡镇）
江西	赣州、新余	章贡区、赣县、渝水区	潭口镇、王母渡镇、下村镇、城南办
吉林	吉林、长春、四平	舒兰市、桦甸、宽城、伊通县	平安镇、明华街道、兴隆山镇、伊通镇
河南	驻马店、洛阳、南阳	平舆县、上蔡县、洛龙区、南召县	郭楼镇、杨集镇、通济街、云阳镇
江苏	连云港、南通	灌云县、新浦区、如皋县、如东县	灌云镇、杨集镇、如城镇、掘港镇
福建	泉州、漳州、福州、南平	泉港区、龙文区、福清市、延平区	东庄镇、金升、步文镇、龙田镇、水东街道
四川	南充、达州、绵阳	西充县、宣汉县、南部区、高新区	晋城镇、东乡镇、老鸦镇、普明街道
湖北	荆州、黄冈、天门（省辖县级市）、宜昌	公安县、武穴、天门（省辖县级市）、西陵区	狮子口镇、石佛寺镇、竟陵街道、杨林街道、学院街道、云集街道

省级	城市（包括县级城市）	区/县	农村行政村（或乡镇）
山东	青岛、淄博	黄岛区、胶州市、桓台县、博山区	琅琊路、福州路、马桥镇、博山镇
内蒙古	乌海、通辽、巴彦淖尔、呼和浩特	海南区、科左后旗、乌拉特中旗、玉泉区	公乌素镇、金宝屯镇、海流图镇、石羊桥东路街道
湖南	衡阳、常德市	蒸湘区、石鼓区、汉寿县	蒸湘街道、红湘街道、五一街道、山铺镇、毛家滩

3. 调查的组织

为了确保调查质量，在实施调查之前对调查人员进行了专门培训，要求其在实际调查过程中严格采用设定的调查方案，并采取一对一的调查方式，在现场针对相关问题进行半开放式访谈，协助受访者完成问卷，以提高数据的质量。调查由江南大学江苏省食品安全研究基地、食品安全风险治理研究院组织江南大学的本科生进行。

4. 调查的样本量与比较

2012 年、2014 年与 2016 年的三次调查，虽然样本量不尽相同，但基本一致。

2012 年，确定福建、贵州、河南、湖北、吉林、江苏、江西、山东、陕西、上海、四川、新疆 12 个省市区作为第一阶段的抽样地区，在 12 个省市区分别选择 2 个省辖市的市辖区[①]，以及非省辖市的 2 个县（包括县级市等，非已确定的 2 个省辖市的县或县级市）；在确定的每个市辖区、每个县中各选择 2 个街道、乡镇；在选定的每个街道、乡镇再分别确定 1 个居委会、1 个村委会等，以居委会、村委会分别代表城市、农村的调查点。每个省市区分别选择 4 个城市街道、4 个农村居委会，共确定了 96 个调查点。在每个调查点，要求被调查对象的年龄为 18 岁（含）以上，并随机确定具体的调查对象。每个调查点由经过培训的调查人员随机调查

① 各辖区、县以及下述各街道、乡镇、居委会、村委会的选择都是依据人均收入水平的高低，比如，在每个市辖区、每个县中各选择 1 个人均收入水平相对比较高和比较低的街道、乡镇。

50个城市或农村居民，城市、农村均安排调查2400个左右的居民。剔除不合格的调查问卷，最终有效样本为4289个（总体样本），有效样本率为89.35%，其中，城市和农村的有效样本分别为2143个（城市样本）、2146个（农村样本）。

2014年，相关的调查方法与2012年相同。但是，在总结2012年调查经验尤其是调查力量的基础上，在全国范围内最终选取10个省市区，由此调查了福建、湖南、河南、湖北、吉林、江苏、江西、山东、四川、内蒙古10个省市区58个城市（包括县级城市）与这些城市所辖的165个农村行政村进行了实地的问卷调查，共采集了4258个样本（总体样本），其中，城市样本2139个（城市样本），农村样本2119个（农村样本）。

2016年，继续在福建、湖南、河南、湖北、吉林、江苏、江西、山东、四川、内蒙古10个省市区进行调查，共采集了4358个样本（以下简称总体样本），其中城市居民受访样本2163个（以下简称城市样本），占总体样本的49.63%，农村区域受访样本2195个（以下简称农村样本），占总体样本的50.37%。

2012年、2014年和2016年三次调查的样本量与农村、城市样本量的构成见表5-7。由此可见，这三次覆盖全国10个省市区的较大样本的调查，样本量与构成几乎一致，并且由于抽样方法的一致性，调查区域的相似性，基本确保了食品安全满意度的准确性、可靠性。

表5-7　　　　　2012年、2014年和2016年调查样本量的比较　　　单位：个

年份	总体样本量	农村样本量	城市样本量
2012	4289	2146	2143
2014	4258	2119	2139
2016	4358	2195	2163

（三）调查对象的统计性分析与比较

2012年、2014年和2016年调查样本的统计性分析分别见表5-8、表5-9和表5-10。

表 5 - 8　　　　2012 年调查受访者相关特征的描述性统计　　　单位：个、%

特征描述	总体样本		城市样本		农村样本	
	频数	有效比例	频数	有效比例	频数	有效比例
性别						
男	2254	52.6	1144	53.4	1110	51.7
女	2035	47.4	999	46.6	1036	48.3
年龄						
18—25 岁	1205	28.1	584	27.2	621	28.9
26—40 岁	1690	39.4	923	43.1	767	35.7
41—55 岁	1078	25.1	504	23.5	574	26.8
56 岁及以上	316	7.4	132	6.2	184	8.6
婚姻状况						
未婚	1349	31.5	690	32.2	659	30.7
已婚	2940	68.5	1453	67.8	1487	69.3
学历						
研究生	185	4.3	90	4.2	95	4.4
本科	1243	29.0	758	35.4	485	22.6
大专	684	16.0	444	20.7	240	11.2
高中（含中等职业）	1044	24.3	501	23.4	543	25.3
初中或初中以下	1133	26.4	350	16.3	783	36.5
个人年收入						
1 万元及以下	1392	32.5	622	29.02	770	35.88
1 万—2 万元	897	20.9	368	17.17	529	24.65
2 万—3 万元	933	21.8	527	24.59	406	18.92
3 万—5 万元	598	13.9	353	16.47	245	11.42
5 万元以上	469	10.9	273	12.75	196	9.13
家庭人口数						
1 人	68	1.59	47	2.19	21	0.98
2 人	241	5.62	153	7.14	88	4.10
3 人	1750	40.80	1003	46.80	747	34.81
4 人	1255	29.26	554	25.85	701	32.67
5 人或 5 人以上	975	22.73	386	18.02	589	27.44
合计	4289	100	2143	100	2146	100

表 5 - 9　　　　　　**2014 年调查受访者基本特征的统计性描述**　　　单位：个、%

特征描述	具体特征	频数			有效比例		
		总体样本	农村样本	城市样本	总体样本	农村样本	城市样本
总体样本		4258	2119	2139	100.00	49.77	50.23
性别	男	2181	1079	1102	51.22	50.92	51.52
	女	2077	1040	1037	48.78	49.08	48.48
年龄	18 岁以下	162	78	84	3.80	3.68	3.93
	18—25 岁	1354	731	623	31.80	34.50	29.13
	26—45 岁	1814	840	974	42.60	39.64	45.54
	46—60 岁	732	356	376	17.19	16.80	17.58
	61 岁及以上	196	114	82	4.61	5.38	3.82
婚姻状况	未婚	1659	838	821	38.96	39.55	38.38
	已婚	2599	1281	1318	61.04	60.45	61.62
家庭人口数	1 人	74	41	33	1.74	1.93	1.54
	2 人	215	96	119	5.05	4.53	5.56
	3 人	1704	700	1004	40.02	33.03	46.94
	4 人	1306	778	528	30.67	36.72	24.68
	5 人及以上	959	504	455	22.52	23.79	21.28
受教育程度	初中或初中以下	921	585	336	21.63	27.61	15.71
	高中，包括中等职业	1024	523	501	24.05	24.68	23.42
	大专	746	300	447	17.52	14.16	20.90
	本科	1361	628	733	31.96	29.64	34.27
	研究生及以上	206	83	122	4.84	3.91	5.70
个人年收入	1 万元以下	490	268	222	11.51	12.65	10.38
	1 万—2 万元	663	378	285	15.57	17.84	13.32
	2 万—3 万元	747	356	391	17.54	16.80	18.28
	3 万—5 万元	632	262	370	14.84	12.36	17.30
	5 万元以上	725	295	430	17.03	13.92	20.10
	是学生，没有收入	1001	560	441	23.51	26.43	20.62
家庭年收入	5 万元及以下	1098	591	507	25.79	27.89	23.70
	5 万—8 万元	1248	600	648	29.31	28.32	30.29
	8 万—10 万元	1008	519	489	23.67	24.49	22.86
	10 万元以上	904	409	495	21.23	19.30	23.15

续表

特征描述	具体特征	频数			有效比例		
		总体样本	农村样本	城市样本	总体样本	农村样本	城市样本
家中是否有18岁以下的小孩	有	2304	1162	1142	54.11	54.84	53.39
	没有	1954	957	997	45.89	45.16	46.61
职业	公务员	191	77	114	4.49	3.63	5.33
	企业员工	758	290	468	17.80	13.69	21.88
	农民	496	355	141	11.65	16.75	6.59
	事业单位职员	572	237	335	13.43	11.18	15.66
	自由职业者	603	288	315	14.16	13.59	14.73
	离退休人员	180	89	91	4.23	4.20	4.25
	无业	132	81	51	3.10	3.82	2.38
	学生	1057	583	474	24.82	27.51	22.16
	其他	269	119	150	6.32	5.63	7.02

表5-10 2016年调查受访者基本特征的统计性描述 单位：个、%

特征描述	具体特征	频数			有效比例		
		总体样本	农村样本	城市样本	总体样本	农村样本	城市样本
总体样本		4358	2195	2163	100.00	50.37	49.63
性别	男	2237	1152	1085	51.33	52.48	50.16
	女	2121	1043	1078	48.67	47.52	49.84
年龄	18—25岁	1263	488	775	28.98	22.23	35.83
	26—45岁	2114	1148	966	48.51	52.30	44.66
	46—60岁	847	468	379	19.44	21.32	17.52
	61岁及以上	134	91	43	3.07	4.15	1.99
婚姻状况	未婚	1460	604	856	33.50	27.52	39.57
	已婚	2898	1591	1307	66.50	72.48	60.43
家庭人口数	1人	37	17	20	0.85	0.77	0.92
	2人	207	98	109	4.75	4.46	5.04
	3人	1765	818	947	40.50	37.27	43.78
	4人	1252	661	591	28.73	30.11	27.32
	5人及以上	1097	601	496	25.17	27.39	22.94

续表

特征描述	具体特征	频数			有效比例		
		总体样本	农村样本	城市样本	总体样本	农村样本	城市样本
受教育程度	初中或初中以下	1097	818	279	25.17	37.27	12.90
	高中，包括中等职业	1165	674	491	26.73	30.71	22.70
	大专	667	268	399	15.31	12.21	18.45
	本科	1247	369	878	28.61	16.81	40.59
	研究生及以上	182	66	116	4.18	3.00	5.36
个人年收入	1万元以下	559	303	256	12.83	13.80	11.84
	1万—2万元	552	299	253	12.67	13.62	11.70
	2万—3万元	815	473	342	18.70	21.55	15.81
	3万—5万元	708	382	326	16.25	17.40	15.07
	5万元以上	743	391	352	17.05	17.81	16.27
	无收入	981	347	634	22.50	15.82	29.31
家庭年收入	5万元以下	1289	696	593	29.58	31.71	27.42
	5万—8万元	1189	632	557	27.28	28.79	25.75
	8万—10万元	981	481	500	22.51	21.91	23.12
	10万元以上	899	386	513	20.63	17.59	23.71
家中是否有18岁以下的小孩	有	2243	1202	1041	51.47	54.76	48.13
	没有	2115	993	1122	48.53	45.24	51.87
职业	公务员	165	62	103	3.79	2.82	4.76
	企业员工	795	287	508	18.24	13.08	23.49
	农民	740	651	89	16.98	29.66	4.11
	事业单位职员	596	222	374	13.68	10.11	17.29
	自由职业者	583	335	248	13.38	15.26	11.47
	离退休人员	86	55	31	1.97	2.51	1.43
	无业	92	59	33	2.11	2.69	1.53
	学生	998	348	650	22.90	15.85	30.05
	其他	303	176	127	6.95	8.02	5.87

　　比较表5-8、表5-9和表5-10可知，2012年、2014年和2016年三次调查的样本也具有一定的相似性。比如，受访者性别。在2012年的

4289 个受访者中，男性多于女性，比例分别为 52.6% 和 47.4%。城市受访者中，男性比例相对较高，为 53.4%；农村相对较低，为 46.6%；在 2014 年的 4258 个城市受访者中，男女性的比例为 51.22% 和 48.78%；而在 2016 年的 4358 个受访者中，男女性的比例为 51.33%、48.67%。

（四）2012 年、2014 年与 2016 年城乡居民食品安全的满意度

表 5-11 显示了 2012 年、2014 年和 2016 年城乡居民食品安全的满意度，这三个年度的满意度分别是 64.26%、52.12% 和 54.55%。

表 5-11　　2012 年、2014 年和 2016 年调查的不同类别的
受访者对食品安全的满意度　　　　单位:%

年份	样本	非常不满意	不满意	一般	比较满意	非常满意	满意度
2012	总体样本	9.02	26.72	37.42	24.95	1.89	64.26
	农村样本	10.07	26.14	37.11	24.97	1.72	63.80
	城市样本	7.98	27.30	37.43	25.24	2.05	64.72
2014	总体样本	14.98	32.90	31.10	17.78	3.24	52.12
	农村样本	13.64	32.56	31.71	18.97	3.11	53.79
	城市样本	16.32	33.23	30.48	16.60	3.37	50.45
2016	总体样本	15.37	30.08	26.76	23.82	3.97	54.55
	农村样本	12.30	26.10	25.56	30.89	5.15	61.60
	城市样本	18.50	34.11	27.98	16.64	2.77	47.39

三　城乡居民食品安全满意度：2005 年以来不同调查的比较分析

本书在延续 2012 年和 2014 年调查设计的基础上，通过对 2015 年调查数据梳理，以及与 2012 年和 2014 年调查数据段对比研究，对城乡居民食品质量安全的满意度展开了多角度的动态评价。三个年度的调查结果对比不难发现，2012 年调查显示受访者对食品安全满意度最高，在 2014 年显著降低后，2016 年略有恢复，但仍与 2012 年相差将近 10 个百分点，但 2016 年城乡居民食品安全满意度仍然只有 54.55%，继续处于低迷状

态，这与我国食品安全总体稳定、趋势向好的基本态势相悖。可以预见的是，随着生活水平的不断提升，食品安全意识的日益增强，城乡居民对食品安全的要求日益增加，如果食品安全没有质的根本性变化，城乡居民食品安全满意度处于低迷状态将在未来一段较长时期内保持常态。

（一）2005 年以来的满意度

1. 2005—2008 年商务部调查的满意度比较高

2005 年开始，商务部连续四年发布了流通领域食品安全的调查报告。2005 年调查了 22 个省市区的 4507 个城乡消费者，虽然没有发布受访者对食品安全满意度的数据，但数据显示 71.80% 的城市受访者最关注食品安全。2006 年调查了 22 个省市区的 6426 个城乡消费者（其中城市消费者 3547 个，农村消费者 2879 个），结果显示，约有 79.10% 的城市受访者和 85% 的农村受访者对当时的食品安全状况表示满意与基本满意。2007 年调查了全国 22 个省市区的 9305 个城乡消费者，分别有 83.30%、86.60% 的城市、农村消费者对食品安全状况比较满意。2008 年商务部调查了 21 个省市区的 9329 个城乡消费者，由于受当年"三鹿奶粉"事件爆发的影响，受访者对食品安全的关注度迅速增加，城市与农村受访者的关注度分别高达 95.80%、94.50%，但仍然分别有高达 88.50%、89.50% 的城市、农村受访者对食品安全状况持满意与基本满意的评价（见图 5-4）。由此可见，在 2005—2008 年公众对食品安全的关注度日益提升，以城市消费者为例，关注度由 2005 年 71.80% 上升到 2008 年的 95.80%。但与此相对应的是，公众对食品安全的满意度呈持续上扬的走势。虽然此期间爆发了影响极其恶劣的"三鹿奶粉"事件，但公众的食品安全满意度并没有出现拐点。可见，这一时期公众对食品安全的满意度是较为客观的，公众的心理是较为理性的。

2. 2010—2012 年中国全面小康研究中心调查的满意度大幅下降

中国全面小康研究中心与清华大学媒介调查实验室等在 2011 年发布了《2010—2011 年消费者食品安全信心报告》。数据显示，88.20% 的受访者对食品安全表示"关注"，但只有 33.60% 的受访者对过去一年所在地区的食品安全状况感到满意。2012 年中国全面小康研究中心等发布了《2011—2012 年中国饮食安全报告》，结果显示，80.40% 的受访民众认为食品没有安全感，超过 50% 的受访民众者认为 2011 年的食品安全状况比

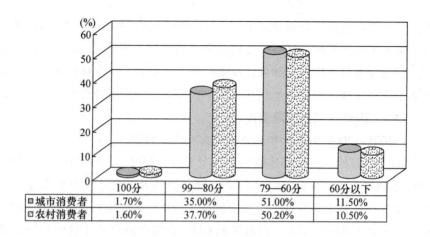

	100分	99—80分	79—60分	60分以下
城市消费者	1.70%	35.00%	51.00%	11.50%
农村消费者	1.60%	37.70%	50.20%	10.50%

图5-4 2008年商务部进行的公众食品安全满意度调查

以往更糟糕。

与此同时，2010年英国RSA保险集团也对中国公众展开了相关的调查，并发布了全球风险调查报告《风险300年：过去、现在和未来》。数据显示，中国受访者最担心的是地震，其次是不安全食品配料和水供应。由于英国RSA保险集团对中国的调查时间在青海玉树发生地震后不久，显然是中国公众将地震风险排在第一位的主要原因。由于完整的资料不可得，无法知晓英国RSA保险集团是否调查了中国公众对食品安全的满意度，但中国受访者将食品安全作为最担忧的问题，与国内调查的结论完全一致。

3.2012—2016年江苏省食品安全研究基地调查的满意度大幅下降

江南大学江苏省食品安全研究基地于2012年和2014年就公众对食品安全的满意度展开了连续性跟踪调查。2012年对福建、贵州、河南、湖北、吉林、江苏、江西、山东、陕西、上海、四川、新疆12个省市区进行了调查，采用科学的分层调查方法进行，最终有效样本为4289个，其中城市和农村的有效样本分别为2143个、2146个。调查显示，在总体样本、农村样本和城市样本中，受访者对本地区食品安全满意度分别为64.26%、63.80%和64.72%，并且分别有35.75%、34.54%、36.95%的受访者认为食品安全总体水平不但没有好转，反而变得更差了或有所变差。

2014年，江苏省食品安全研究基地对福建、湖南、河南、湖北、吉林、江苏、江西、山东、四川、内蒙古进行了调查，同样采用科学的分层调查方法进行，共调查 58 个城市（包括县级城市）2139 个城市居民，以及这些城市所辖的 165 个农村行政村的 2119 个农村居民。对 4258 个城乡居民食品安全满意度调查的结果显示，总体样本、城市样本、农村样本的满意度分别为 52.12%、50.45%、53.79%，满意度均低于 2012 年 20 个百分点左右。与此同时，分别有 33.80%、33.89%、33.60% 的受访者认为食品安全总体状况不但没有好转，反而变得更差了。

本章着重讨论了 2016 年调查的满意度。在过去多次调查的基础上，2016 年的调查在福建、湖南、河南、湖北、吉林、江苏、江西、山东、四川、内蒙古 10 个省市区的 29 个地区（包括城市与农村区域）展开。调查共采集了 4358 个样本。数据显示，总体样本、城市样本、农村样本的满意度分别为 54.55%、47.39%、61.60%，虽然总体样本的满意度略有上升，但上升的幅度并不大。

在商务部 2005—2008 年、江南大学江苏省食品安全研究基地 2012—2016 年对食品安全满意度展开调查的同时，中国全面小康研究中心也展开了调查。中国全面小康研究中心发布的《2011—2012 年消费者食品安全信心报告》，虽然也是在中国 31 个省市区抽样调查的基础上完成的，样本的分布是，每个省市区的平均有效样本量不少于 25 份，东部、中部和西部每个区域的调查样本量不少于 330 份，全部的有效样本量为 1036 份。虽然调查样本的确定兼顾性别、年龄段、收入分布，并采用统计学误差估计公式进行估算，调查在 95% 的置信度水平上，误差控制在 3.2%。但样本量比较少，故这个调查只能作为参考。商务部与江南大学江苏省食品安全研究基地的上述相关调查的样本量不同，调查的区域与采用的方法各不相同，没有绝对的可比性，但基本上能够反映出一个大体的格局，即自 2009 年以来，公众对食品安全总体状况的满意度是下降的。虽然 2016 年调查的满意度略有上升，但上升幅度仍然非常有限。需要指出的是，2012 年、2014 年和 2016 年江南大学江苏省食品安全研究基地、食品安全风险治理研究院组织的公众食品安全满意度调查，调查的实施者、调查的方法相同，调查的区域相近，更能够近似地说明近年来我国公众食品安全满意度相对比较低迷的状态。显然，这与"总体稳定、趋势向好"的我国食品安全形势基本态势相悖。

（二）满意度持续低迷的原因分析

相悖的原因多元且十分复杂，但是，最根本的原因是受频发的重大食品事件、社会舆论环境与公众非理性心理与行为等多方面的综合影响。

1. 频发的食品安全重大事件影响了公众信心

江南大学江苏省食品安全研究基地在 2012 年的调查中发现，70.20% 的受访者认为诸如地沟油等重大事件影响了食品安全消费信心；在 2014 年的调查中发现，66.44% 的受访者认为"上海黄浦江死猪事件"等重大事件影响了自己对食品安全的信心。确实，以 2008 年"三鹿奶粉"的爆发为起点，近年来我国较高频率地、连续发生了诸如瘦肉精、染色馒头、蒙牛纯牛奶强致癌物、地沟油、牛肉膏、毒豆芽等一列食品安全事件，食品安全成为中国当下最大的社会风险之一，全球瞩目，难以置信，人们甚至发出了"到底还能吃什么"的巨大呐喊。为此，十一届全国人大常委会第二十一次会议建议把食品安全纳入"国家安全"体系，这足以说明食品安全已在国家层面上成为一个极其严峻、非常严肃的重大问题。

2. 转型期间复杂的社会舆情环境影响了公众信心

现代信息条件下，发达的网络，博客、微博、BBS（论坛），以及最近两三年迅猛发展的微信等"自媒体"的快速发展，由此形成了强大的食品安全网络舆情。由于非常复杂的原因，食品安全谣言在自由、开放、隐蔽的网络中大肆传播，尤其是大量的失实报道、片面解释和随意发挥，干扰公众对食品安全事件的理性认识。最典型的是所谓"标题党"现象，在刊发或转发文章时断章取义、误导受众。比如，2006 年安徽阜阳市的"知名农产品'半截楼'西瓜被注入艾滋病人的血液"的谣言，由于以"艾滋病西瓜"为标题由此迅速在网络上广泛传播，引发了公众对食品安全的担忧。2011 年标题为"内地皮革奶粉死灰复燃，长期食用可致癌"的报道迅速登上各大商业门户网站的首页，并由此迅速吸引了公众的眼球，引起公众的担忧。虽然通过相关部门的声明谣言最终破除，但重创了公众对国内乳制品的信心。2008 年橘子生蛆虫的谣言引发公众恐慌，导致柑橘陷入滞销危机。可见，公众食品安全知识相对匮乏，在面对网络谣言时难以甄别真伪，往往"宁可信其有，不可信其无"，对食品安全事件作出非理性的判断，引发食品安全恐慌。社会舆情舆论非理性现象，往往还与媒体人员的专业素质不高有关。据中国记协统计，全国 34 万名从业记者中，没有记者证的有 10 多万名，占总人数的 1/3。缺乏食品安全专业知识的媒体工作人员往往用上网搜寻代替现场调查，用网民评论代替大多数公众意见等，造成食品安全舆情舆论场的混乱，影响公众对食品安全的满意度。

3. 公众非理性心理与行为

这是导致公众满意度走势与食品安全形势基本态势相悖的最基本原因。理性的思维方式的核心是"摆事实、讲道理"。无论是对食品安全事件的认定，还是对食品安全风险的理论探索，都需要客观的态度、科学的方法、合乎逻辑的判断和推理、平等的讨论和交流等。但现实造成食品安全舆情非理性现象的，往往是一部分公众用偏见来代替科学或客观事情。《中国食品安全网络舆情发展报告（2014）》对12个省市区、规模不同的48个城市2464个网民的调查显示，27.47%的受访者表示对政府发布的食品安全信息的真实可靠性绝不信任与不很信任。在没有验证政府食品安全信息可靠性的前提下，居然由此判断，显示出公众的非理性。一部分公众食品安全方面的科学素养不足，在没有明辨是非的情况下，通过自媒体发布不负责任的食品安全信息，甚至发泄对社会现实的不满，不惜造假与传播谣言，进而引起网民根据片面印象、造假的信息与谣言形成大量的偏激评论，妨碍一般网民对主流意识形态的准确理解和公正评价。2012年10月16日上午，在新浪微博发布一则关乎食品安全的信息称："南京农业大学动物学院研究员随机检测南京市场上猪肉，发现南京猪肉铅超标率达38%"，之后还加了一段短评："铅超标可致暴力、降低智商。铅在食物链上传递，猪变蠢无所谓，人吃多了会变得凶狠又愚蠢。"这条微博在短时间内就被疯狂转发，截至当日下午4点，微博转发量已超过2000次，拥有近450万粉丝的网络名人薛蛮子也对此进行转发，并引发了700多次的转发量。南京市相关部门第一时间介入调查，并于当日晚发微博辟谣，向媒体通报了调查结果：这位网友引用的文章中所使用的食品安全标准存在差错，导致结论错误，南京市猪肉并不存在铅超标的问题。至此，南京猪肉含铅超标的闹剧虽然逐渐平息，但对公众食品安全信心的影响却是深远的。

（三）满意度低迷将可能是一个常态

公众对食品安全状况的满意度走势与食品安全形势基本态势之间的相悖关系将持续存在，并极有可能成为未来一个时期我国食品安全风险治理中的一个常态。做出这样的预判断，主要依据是：

1. 我国食品安全事件仍将处在高发期

中国食品安全风险治理的基本国情是，以家庭为单位的食用农产品的生产方式，"点多、面广、量大"的食品生产经营格局。虽然我国食用农产品与食品生产经营方式正在逐步转型，法律法规正在逐步完善，统一权威的食品监管体系正在改革形成之中，但食品安全风险治理的基本国情难以在短时期内改变。尤其是我国的食品安全事件虽然也有技术不足、环境污染等方面的原因，但更多的是生产经营主体的违规违法的人源性因素所造成，人源性因素是导致食品安全风险最主要的源头之一。在法治不完备、诚信体系不健全、道德素养处于初级阶段的中国，要在短时期内消除食品安全风险的人源性因素是不可能的。食品安全事件仍将处在高发期的特征决定了公众满意度不可能有根本性逆转。

2. 食品安全网络舆情环境难以在短时期内得到净化

舆情舆论非理性现象的屡禁不止，更与不完善的制度环境有关。新闻传播在我国尚未立法，相关制度、规范也大大滞后于媒体的发展和变革。2013 年 9 月，最高人民法院和最高人民检察院联合发布《关于办理利用信息网络实施诽谤等刑事案件适用法律若干问题的解释》，这是一个重要进步，但仍有一些相关法律问题至今没有形成可靠共识并进入法律法规，如诽谤罪的性质界定问题、舆论监督和隐私保护的边界问题等。这就使得当非理性舆论造成破坏性后果或牟得不正当利益后，管理部门难以依据适用法规予以追究。一旦采取依据不明、程度失当的惩戒措施，反而造成公众对被惩戒对象的同情，进一步加重舆情舆论领域是非混淆的非理性状态。因此，非理性的食品安全舆情舆论环境将长期存在，影响公众的食品安全满意度。

3. 部分公众的非理性心理与行为难以在短时期内改变

影响公众个体心理与行为的主要因素有年龄、学历、收入、民族、家庭人口等个体与家庭因素，以及所在区域、周围群体、法制环境、社会风气等社会因素等，这些因素交叉在一起构成了一个非常复杂的系统，对公众心理与行为产生不同程度的影响。因此，影响与改变个体与群体的非理性心理与行为是一个十分复杂且较为漫长的过程。如前所述，一方面，我国食品安全事件仍处在高发期，不同程度地造成公众的食品安全恐慌，由此对公众的心理与行为产生的影响无法在短期内完全消除；另一方面，我国食品安全事件主要由人源性因素所造成，极易引发公众的愤怒情绪，导致公众的非理性行为。此外，政府应对不力、媒体报道夸大扭曲、网络推手推波助澜使公众长期处于信息不对称状态，影响公众对食品安全事件的理性认识。食品安全事件成因复杂，食品安全知识相对匮乏的公众容易迷失在网络信息的海洋，在从众心理与群体压力等多重作用下，往往形成非理性甚至是极端的认识。由于部分公众的非理性心理与行为受到多个层次、多个方面因素的影响，而这些因素并不能在较短时间内完全改善。系统全面地分析与掌握相关因素的作用规律，科学、谨慎地采取应对措施，才能逐渐缓解直至消除部分公众的非理性心理与行为。

公众满意度低迷将可能成为未来一个时期食品安全治理的一个常态化特征，这是我国食品安全风险治理中出现的新情况、新变化而导致的一种必然的常态。政府监管部门应该用平常心态去认真看待和对待。我们建议，政府的食品安全监管部门应会同相关职能部门经常性地展开公众的非理性心理与行为的调查报告，并及时发布调查报告与有价值的案例，引导公众准确认识食品安全风险。政府食品安全监管部门不是万能的，在我国食品安全出现"总体稳定、趋势向好"基本走势的背景下，政府食品安全治理的职能部门背上公众食品安全满意度低迷的包袱，既不实事求是，更影响政府形象。要实事求是地告知全社会，在社会转型期纷繁复杂的背景下，由于公众的非理性心理与行为的客观存在，公众满意度低迷将可能是我国食品安全治理中的一个常态，并将随着社会形态的逐步优化得到改善。

四　城乡居民担忧的食品安全问题与政府监管等满意度：基于 2012 年、2014 年与 2016 年的调查数据

了解城乡居民所担忧的食品安全问题，以及对政府监管力度等满意度，对精准监管与改革完善食品安全风险治理体系具有积极的意义。

（一）目前最突出的食品安全风险

表 5 – 12 中，2016 年调查的总体样本、农村样本和城市样本受访者认知的最突出食品安全风险有所差别。总体样本受访者认为，最突出的食品安全风险由高到低分别为农兽药残留超标、滥用添加剂与非法使用化学物质、微生物污染超标、重金属超标和食品本身的有害物质超标。城市样

本和农村样本受访者均将食品本身的有害物质超标引起的食品安全风险排在末位，但对于其余4个食品安全风险突出程度认知并不相同。

表5-12　　　　　受访者认为目前最突出的食品安全风险　　　　单位:%

样本	微生物污染超标	重金属超标	农兽药残留超标	滥用添加剂与非法使用化学物质	食品本身的有害物质超标
总体样本	48.00	45.39	56.77	54.27	23.68
农村样本	51.94	45.05	55.63	49.66	28.47
城市样本	44.01	45.72	57.93	58.95	18.82

　　图5-5中，虽然相比2014年调查数据，2016年，总体样本、农村样本和城市样本受访者认为，最突出的两个食品安全风险——农兽药残留

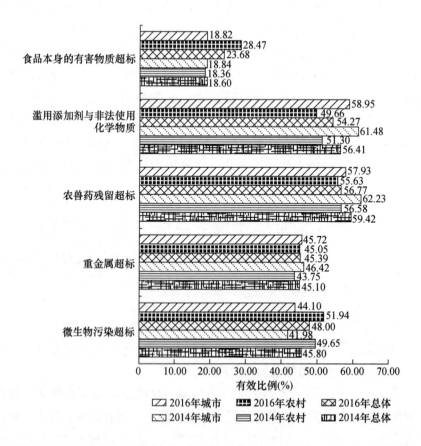

图5-5　2014年和2016年调查中不同类别样本受访者认为最突出的食品安全风险

超标、滥用添加剂与非法使用化学物质的受访者比例有所下降，但仍显示出对农兽药残留超标、滥用添加剂与非法使用化学物质两类风险最为关注。与2014年调查数据相比，总体样本、农村样本和城市样本受访者认为最突出的食品安全风险排序仍然保持不变。

再结合2012年调查数据发现（见图5-6），仅从总体样本分析，除了数据有所增减，2016年与2014年调查的受访者认为，最突出食品安全风险排序并没有发生变化，但与2012年调查的受访者认为最突出的食品安全风险排序则有较大调整，尤其2012年受访者五大风险中关注度最低的重金属超标风险，受访者比例由2012年的9.50%上升到2016年的45.39%，超过食品本身有害物质超标风险，几乎与微生物污染超标风险并驾齐驱。且2012年受访者最关注的滥用添加剂与非法使用化学物质风险也在2014年被农兽药残留超标风险超过，在2016年仍保持为第二大关注的食品安全风险。且受访者对五大风险的关注程度均在2016年有较大提升。

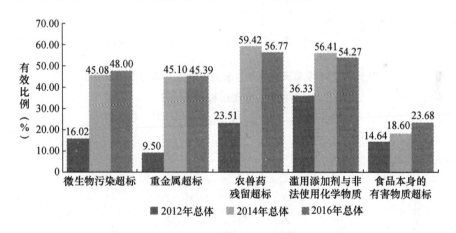

**图5-6 2012年、2014年和2016年总体样本受访者
对最突出的食品安全风险的判断**

（二）食品安全风险的担忧度

本节通过调查受访者对不当违规使用添加剂、非法添加剂的担忧，以及对重金属含量、农兽药残留、细菌与有害微生物和食品本身有害物质的担忧，分析其对食品安全主要风险的担忧程度。

1. 对不当或违规使用添加剂、非法添加剂的担忧程度

图5-7中，2016年调查数据表明，82.94%的城市样本受访者对不

当或违规使用添加、非法添加剂表示非常担忧或比较担忧，高于农村样本
受访者15.19个百分点。而表示非常不担忧或不担忧的城市样本、农村样
本受访者比例仅分别为6.33%、12.07%。表示一般担忧的农村样本受访
者比例要高于城市样本受访者比例10.52个百分点。

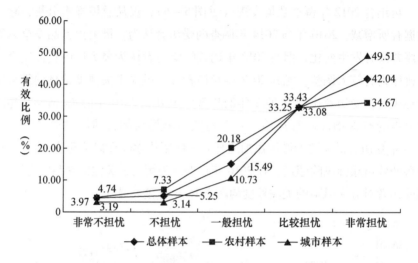

图5-7 2016年调查中受访者关于食品中不当或违规使用

添加剂、非法添加剂担忧度

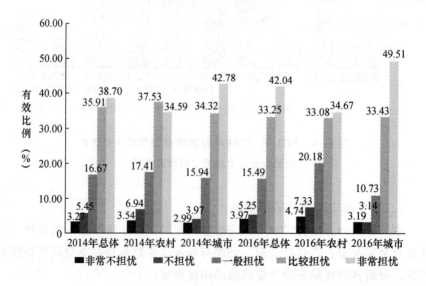

图5-8 2014年和2016年调查受访者关于食品中不当或违规

使用添加剂、非法添加剂担忧度对比

与 2014 年调查数据相比，2016 年城市样本受访者对此表示比较担忧或非常担忧的比例高出了 5.84 个百分点，农村样本受访者则相比减少了 4.36 个百分点，这也导致总体样本受访者对此表示比较担忧或非常担忧的比例增加了 0.68 个百分点。

在 2012 年的调查数据中，城市样本受访者对不当或违规使用添加剂、非法添加剂表示非常担忧或比较担忧的比例为 77.93%，高出农村样本受访者近 2 个百分点。2016 年城市样本受访者对此选项表示非常担忧或比较担忧的比例在 2014 年小幅下降后再次提升。同时，2014 年农村受访者对此选项表示非常担忧或比较担忧的比例较 2012 年数据小幅降低 3.85 个百分点后，在 2016 年该数据又减少了 4.36 个百分点。虽然城市样本受访者和农村样本受访者对此呈现不同的选择，但 2016 年总体样本受访者在此选项上仍然表示出担忧的态势。

2. 对重金属含量的担忧程度

图 5 - 9 表明，2016 年调查的总体样本、城市样本和农村样本的多数受访者都对重金属含量表示出比较担忧或非常担忧，其中城市样本受访者中表示比较担忧或非常担忧的比例最高，达到 73.23%，其次为总体样本的 66.70% 和农村样本的 60.27%。农村样本受访者对重金属含量表示一般担忧的比例同样在三个样本中最高，分别比总体样本和城市样本高出 2.98 个百分点和 6.01 个百分点。

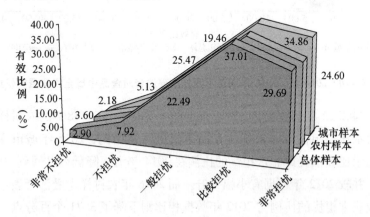

图 5 - 9　2016 年调查各类样本受访者对食品中重金属含量担忧度

图 5 - 10 中，与 2014 年的调查数据相比较发现，2014 年城市样本受访者表示对食品中重金属含量非常担忧或比较担忧的比例为 64.71%，

2016 年该数据增加了 8.52 个百分点，而 2016 年农村样本受访者表示非常担忧或比较担忧的比例则相较于 2014 年数据减少了 4.44 个百分点。同时，2016 年总体样本受访者对重金属含量表示非常担忧或比较担忧的比例则较 2014 年调查数据增加了 4.53 个百分点。2016 年总体样本受访者表示食品重金属含量非常不担忧或不担忧的比例较 2014 年增加了 0.54 个百分点。2016 年调查数据与 2014 年调查数据相同的是，各样本绝大多数受访者仍然对食品重金属含量表示出担忧的倾向。

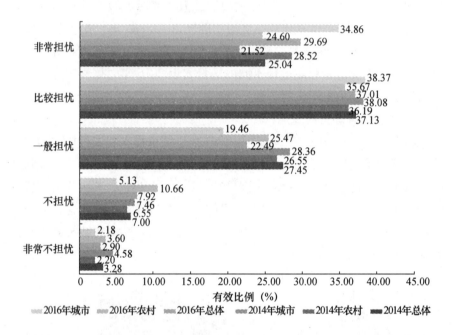

图 5 - 10 2014 年、2016 年调查不同样本受访者对食品中重金属含量担忧度

再与 2012 年调查的 71.58% 城市样本受访者，63.98% 的农村样本受访者表示比较担忧或非常担忧食品重金属污染相比，2016 年城市样本受访者表示比较担忧或非常担忧的比例在 2014 年大幅降低后又回到 2012 年水平，并较 2012 年数据有小幅提升。而 2016 年农村样本受访者表示比较担忧或非常担忧的比例与 2012 年数据相比则下降了 3.71 个百分点。

3. 对农兽药残留的担忧程度

图 5 - 11 中，2016 年有 66.2% 城市样本受访者表示出对食品农兽药残留比较担忧或非常担忧，远高于同样本 10.22% 受访者对农兽药残

留表示不担忧或非常不担忧的比例，而农村样本受访者有61.87%表示比较担忧或非常担忧，因此总体样本受访者有64.02%对食品农兽药残留表示比较担忧或非常担忧，仅有11.08%的总体样本受访者表示不担忧或非常不担忧。2016年各样本绝大多数受访者对食品农兽药残留表现出担忧态势。

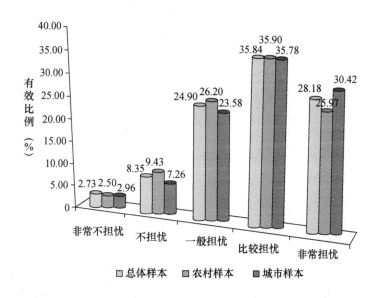

图5-11　2016年调查各样本受访者对食品中农兽药残留担忧度

图5-12中，与2014年调查数据相比，虽然2016年总体样本受访者对食品农兽药残留表示非常不担忧或不担忧的比例增加了0.87个百分点，且总体样本受访者对食品农兽药残留表示比较担忧或非常担忧的比例减少了3.32个百分点，但仍然有超过半数的受访者对食品农兽药残留表示出比较担忧或非常担忧，仅有不到25%的各样本受访者表示一般担忧。

与2012年的调查数据中74.62%城市样本受访者、71.25%的农村样本受访者对食品中的农兽药残留超标比较担忧或非常担忧相比，2016年相关数据则分别下降了8.42个百分点和9.38个百分点。可以认为，虽然2016年各样本受访者对食品农兽药残留担忧程度较2012年调查有所降低，但仍保持较高态势。

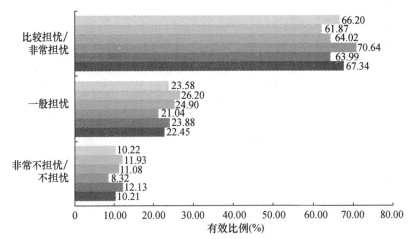

图 5 – 12 2014 年和 2016 年调查各样本受访者对食品中农兽药残留担忧度

4. 对细菌与有害微生物的担忧程度

图 5 – 13 显示了 2016 年的调查结果, 表明三个样本受访者对食品中细菌与有害微生物非常担忧或比较担忧, 其中城市样本受访者对此表示担忧的比例最高。而农村样本受访者表示对此含量一般担忧的比例为 30. 34% , 在三个样本中最高。同时, 受访者明确表示不担忧或非常不担忧的比例在三个样本中分别为: 总体样本 12. 42% 、农村样本 14. 58% 和城市样本 10. 22% , 农村样本受访者比例还是最高。

图 5 – 14 中, 与 2014 年调查数据对比发现, 2016 年城市样本受访者对细菌与有害微生物非常担忧或比较担忧的比例较 2014 年城市样本增加了 7. 25 个百分点, 农村样本受访者对此选项也较 2014 年增加了 1. 38 个百分点, 因此, 总体样本受访者比例也较 2014 年提升了 4. 26 个百分点。另外, 对于食品中细菌与有害微生物表示非常不担忧或不担忧的受访者比例, 相较于 2014 年数据, 城市样本减少了 1. 46 个百分点, 农村样本增加了 0. 75 个百分点, 总体样本减少了 0. 34 个百分点。2016 年调查数据仍呈现较高的担忧态势。

而与 2012 年调查中 67. 75% 的城市样本受访者、62. 12% 的农村样本受访者表示非常担忧或比较担忧食品中的细菌与有害微生物风险的高峰值相比, 经历 2014 年调查数据的显著降低后, 2016 年城市样本受访者比例又反弹回 2012 年水平，而 2016 年农村受访者比例则比 2014 年数据有小幅提升。

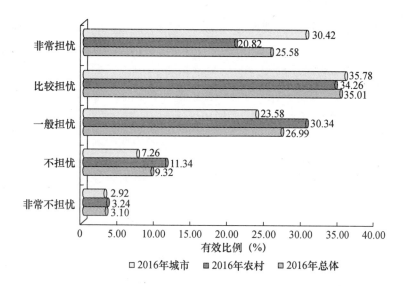

图 5 – 13 2016 年调查各样本受访者关于食品中细菌与有害微生物担忧度

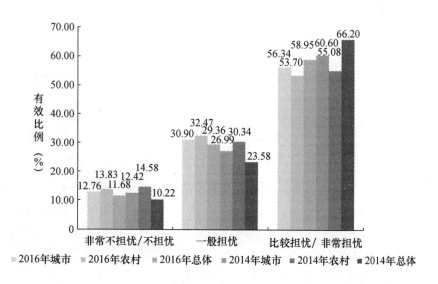

图 5 – 14 2014 年和 2016 年调查各样本受访者关于食品中细菌与有害微生物担忧度

5. 对食品本身带有的有害物质的担忧程度

图 5 - 15 中，2016 年城市样本、农村样本和总体样本的较大比例受访者都显示出对食品本身有害物质非常担忧或比较担忧。其中，城市样本受访者对食品本身有害物质非常担忧、比较担忧的比例均最高，分别高出农村受访者 3.76 个百分点和 6.61 个百分点。同时，城市样本受访者对食品本身有害物质表示一般担忧、不担忧和非常不担忧的比例却在三个样本中最低。2016 年城市样本受访者对食品本身有害物质呈现出明显的担忧，也带动了总体样本受访者的担忧势头。

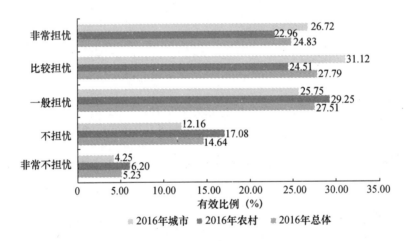

图 5 - 15 2016 年调查各样本受访者对食品中本身带有的有害物质担忧度

图 5 - 16 中，由于 2016 年城市样本受访者对食品本身带有的有害物质持比较担忧或非常担忧的比例较高，带动 2016 年总体样本受访者同样表示比较担忧或非常担忧的比例较 2014 年相关数据增加了 2.17 个百分点。需要指出的是，2016 年城市样本、农村样本和总体样本受访者对食品本身有害物质表示非常不担忧或不担忧的比例较 2014 年数据有所提升。总体来看，与 2014 年调查数据相比，2016 年各样本受访者对食品本身有害物质担忧程度有所增加。

（三）受访者对食品安全风险成因的判断

表 5 - 13 中，分别有 68.61%、66.37%、67.49% 的城市样本、农村样本、总体样本的受访者认为"企业追求利润，社会责任意识淡薄"构成了产生食品安全问题的主要原因。53.05%、54.03%、52.06% 的总体

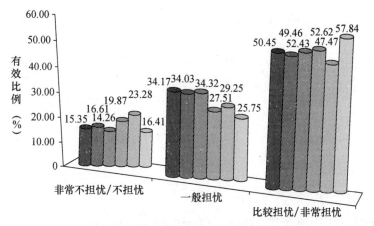

■2014年总体　■2014年农村　■2014年城市　■2016年总体　■2016年农村　□2016年城市

图5-16　2014年、2016年调查各样本受访者对食品中本身带有的有害物质担忧度

样本、农村样本和城市样本的受访者认为"信息不对称下，厂商有机可乘"是主要原因，而"政府监管不到位""环境污染严重"和"国家标准不完善"的选项，在总体样本中，分别有47.22%、29.19%和26.34%的受访者选择，另有7.66%和3.53%的总体样本受访者表示原因是"企业生产与技术水平不高"和"其他"。

表5-13　2016年调查中受访者对引发食品安全风险主要原因的判断　　单位:%

样本	信息不对称下，厂商有机可乘	企业追求利润，社会责任意识淡薄	国家标准不完善	政府监管不到位	环境污染严重	企业生产技术水平不高	其他
总体样本	53.05	67.49	26.34	47.22	29.19	7.66	3.53
农村样本	54.03	66.37	25.38	46.15	31.29	8.25	4.46
城市样本	52.06	68.61	27.32	48.31	27.05	7.07	2.59

图5-17中，相比2014年和2012年调查数据可以发现，2012年、2014年和2016年总体样本受访者对于食品安全风险成因总体判断主要集中在"企业追求利润，社会责任意识淡薄""信息不对称下，厂商有机可乘""政府监管不到位"三个选项，且这三个选项均是2012年、2014年和2016年受访者认为最重要的前三个食品安全风险成因。而对于"国家

标准不完善""环境污染严重"选项,2014年和2016年受访者选择这两项的比例大致相当,认为同属食品安全风险主要成因,而2012年选择"环境污染严重"的受访者比例与2014年和2016年差别较大,显然并不认同环境污染与食品安全问题的关联性。

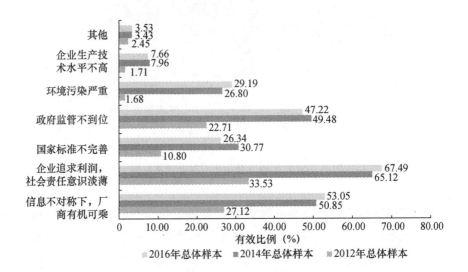

**图5-17 2012年、2014年和2016年的调查总体样本受访者对引发食品安全
风险主要成因判断的比较**

(四)对政府监管力度的满意度

延续2014年的调查,2016年的调查数据再次证实,虽然有所提升,但是受访者对政府食品安全监管工作仍不满意。

1. 对政府政策、法律法规对保障食品安全有效性的满意度

表5-14中,从总体样本看,38.87%的受访者认为政府政策、法律法规对保障食品安全的有效性是一般的;20.24%、22.81%和11.91%的受访者分别对有效性的评价是不满意、比较满意和非常不满意;只有6.17%的受访者表示非常满意。

图5-18中,将2012年、2014年和2016年总体样本受访者对政府政策、法律法规保障食品安全有效性的满意度调查进行对比发现,2016年总体样本受访者对此选项认为"一般"的比例虽然较2012年和2014年有所降低,但仍在这三年总体样本受访者比例中保持最高,2016年总体样

本受访者对政府政策、法律法规对保障食品安全有效性的满意度更加趋于中性。

表 5 - 14　　　　　2016 年调查中受访者对政府政策、法律法规对

保障食品安全有效性评价　　　　　单位:%

样本	非常不满意	不满意	一般	比较满意	非常满意
总体样本	11.91	20.24	38.87	22.81	6.17
农村样本	11.03	16.17	35.17	29.16	8.47
城市样本	12.81	24.36	42.62	16.37	3.84

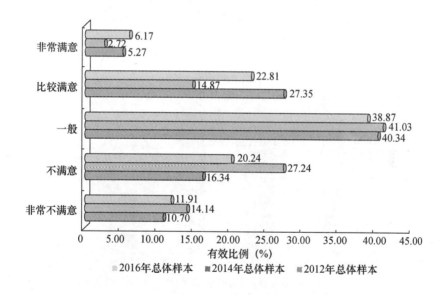

图 5 - 18　2012 年、2014 年和 2016 年调查总体样本受访者对政府政策、
法律法规对保障食品安全有效性的满意度的比较

2. 对政府保障食品安全的监管与执法力度的满意度

表 5 - 15 中,40.55% 的总体样本受访者对政府保障食品安全的监管与执法力度评价是一般;23.98%、20.93% 和 10.46% 的总体样本受访者评价是不满意、比较满意和非常不满意;只有 4.08% 的总体样本受访者表示非常满意。

表5-15   2016年调查中政府保障食品安全的监管与执法力度评价   单位:%

样本	非常不满意	不满意	一般	比较满意	非常满意
总体样本	10.46	23.98	40.55	20.93	4.08
农村样本	7.56	20.09	40.68	26.47	5.20
城市样本	13.41	27.92	40.41	15.30	2.96

图5-19中,将2012年、2014年和2016年调查的总体样本受访者对政府保障食品安全的监管与执法力度评价相比较发现,对此选项保持中立的"一般"评价在三年的总体样本中均保持最高。虽然受访者对此选项大多仍选择中立,但是,越来越多受访者开始对政府保障食品安全监管与执法的力度转变为较为肯定、积极的评价。

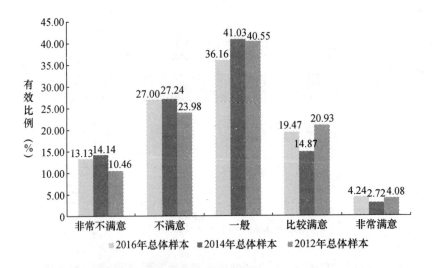

图5-19   2012年、2014年和2016年调查总体样本受访者对政府保障食品安全的监管与执法力度评价比较

3. 政府与社会团体的食品安全宣传引导能力的满意度

表5-16中,2016年总体样本受访者对该选项评价为一般的受访者有42.13%;城市样本受访者对此选项表示非常不满意或不满意的比例较高,高于农村样本受访者11.74个百分点。2016年总体样本受访者对此选项的评价呈现出中性态势。

表5－16　2016年调查中政府与社会团体的食品安全宣传引导能力评价　单位:%

样本	非常不满意	不满意	一般	比较满意	非常满意
总体样本	7.99	22.30	42.13	21.06	6.52
农村样本	6.51	17.95	42.05	24.42	9.07
城市样本	9.48	26.72	42.21	17.66	3.93

　　与2014年调查相比,2016年总体样本受访者除认为非常满意、比较满意的比例分别较2014年提高2.95个百分点和5.28个百分点外,表示一般、不满意和非常满意的受访者比例都较2014年调查的相关数据有所下降,分别下降了1.93个百分点、1.51个百分点和4.79个百分点。可见,总体来看,2016年受访者对政府与社会团体的食品安全宣传引导能力中性评价相对减少的同时,正面积极评价增多,而负面评价有一定程度降低。

　　再与2012年的调查相比,在2014年调查的总体样本受访者对政府与社会团体的食品安全宣传引导能力表示非常不满意或不满意的比例有所上升后,2016年该选项的总体样本受访者比例开始下调,而对此选项表示一般的总体样本受访者比例在2016年也有所下降。

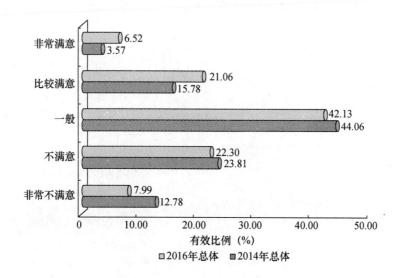

图5－20　2014年和2016年调查总体样本受访者对政府与社会团体的
食品安全宣传引导能力评价比较

4. 政府食品质量安全认证的满意度

表 5 – 17 中，2016 年 38.19% 的总体样本受访者对政府有关食品质量安全的认证评价是一般，显示较强的中性评价；而 25.01%、21.27% 和 8.81% 的总体样本受访者分别表示比较满意、不满意和非常不满意。2016 年各样本受访者对该选项的评价一定程度表现出"三足鼎立"态势，即表示不满意、一般和满意的受访者比例基本相当。

表 5 – 17　　　2016 年调查中政府食品质量安全的认证满意度的评价　　　单位:%

样本	非常不满意	不满意	一般	比较满意	非常满意
总体样本	8.81	21.27	38.19	25.01	6.72
农村样本	5.88	21.32	36.08	27.24	9.48
城市样本	11.79	21.22	40.31	22.75	3.93

而与 2014 年的调查相比，图 5 – 21 中，2016 年总体样本受访者对此选项表示为一般的比例有所下降，同时表示比较满意或非常满意的受访者比例上升了 7.73 个百分点，表示不满意或非常不满意的受访者比例下降了 4.09 个百分点。显然，2016 年总体样本受访者对政府食品质量安全的认证满意度的评价愈加倾向于正面肯定。

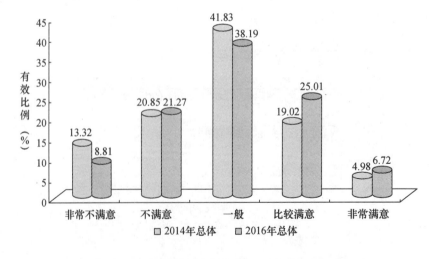

图 5 – 21　2014 年和 2016 年调查总体样本受访者对
政府食品质量安全认证的满意度

5. 食品安全事故发生后政府处置能力的满意度

表 5 - 18 中，2016 年 36.07% 的总体样本受访者对食品安全事件发生后政府及时处理事件能力的评价是一般；其次由高到低分别是 24.87%、19.16% 和 11.13% 的受访者表示比较满意、不满意和非常不满意；仅有 8.77% 的总体样本受访者表示非常满意。城市样本受访者与农村样本受访者分别显示对食品安全事故后政府处置能力的评价的不同趋势。

表 5 - 18　　　　　2016 年调查中各样本受访者对食品

安全事故后政府处置能力的评价　　　　单位：%

地区	非常不满意	不满意	一般	比较满意	非常满意
总体样本	11.13	19.16	36.07	24.87	8.77
农村样本	8.52	17.49	35.26	26.74	11.99
城市样本	13.78	20.85	36.89	22.98	5.50

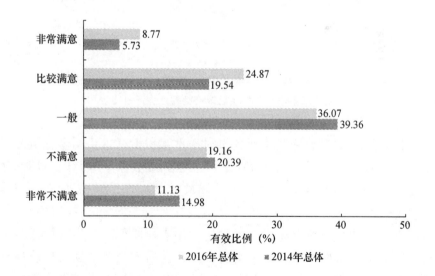

图 5 - 22　2014 年和 2016 年总体样本受访者对食品安全

事故发生后政府处置能力评价

与 2014 年调查相比较发现，2016 年总体样本受访者较 2014 年数据在表示一般的选项有所降低，对食品安全事故发生后政府处置能力的正面评价，即表示非常满意、比较满意的受访者比例均有上升，而对食品安全事故发生后政府处置能力的负面评价，即表示不满意、非常不满意的受访者比例都有所降低。总体来看，与2014年调查数据相比，2016年受访者对食品安全事故发生后政府处置能力保持中性为主，肯定、积极的评价逐步增加。

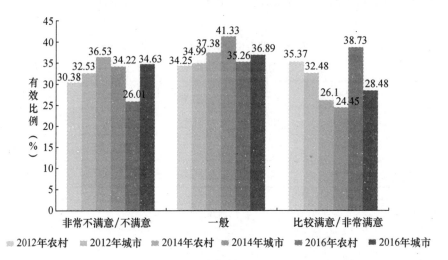

图5-23 2012年、2014年和2016年农村和城市样本受访者
对食品安全事故发生后政府处置能力评价比较

而结合2012年调查数据，从农村样本和城市样本受访者比例分析发现，2014年农村样本受访者在表示三年调查数据中最高的不满意倾向后，在2016年显著降低；而2014年城市样本受访者选择对食品安全事故发生后政府处置能力评价为一般的比例在三年调查数据中最高，2016年城市样本受访者在此选项的比例则有所降低。三年数据比较发现，2014年城市样本和农村样本受访者对食品安全事故发生后政府处置能力表示满意倾向的比例最低，而2016年农村样本受访者满意倾向最高，2016年城市样本受访者的满意倾向较2012年有所降低，较2014年有所增加。

6.政府新闻媒体、网络舆情等对监督食品安全的满意度

表5-19中，2016年总体样本37.82%的受访者对于政府的新闻媒体等舆论监督评价一般。城市样本受访者对此选项评价一般的比例最高，达

到 42.02%，而农村样本受访者评价一般的比例在三个样本中最低。

表 5 - 19　2016 年调查中受访者对政府新闻媒体舆论监督的满意度评价

单位:%

样本	非常不满意	不满意	一般	比较满意	非常满意
总体样本	12.07	19.80	37.82	24.35	5.97
农村样本	9.34	16.17	33.67	32.35	8.47
城市样本	14.84	23.49	42.02	16.23	3.42

图 5 - 24 中，从总体样本比较来看，对政府新闻媒体舆论监督的满意度表示非常满意、比较满意的 2016 年数据较 2014 年均有较大幅度提升，表示一般选项较 2014 年有所降低，表示不满意、非常不满意的受访者也有所减少。

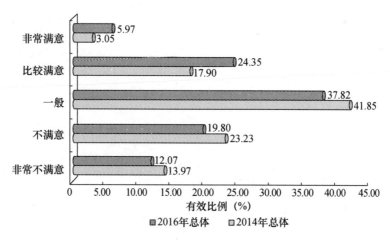

**图 5 - 24　2014 年和 2016 年总体样本受访者对政府新闻
媒体舆论监督的满意度评价**

2012 年总体样本受访者对政府的新闻媒体等舆论监督表示非常满意或比较满意比例为 32.29%，而表示不满意或非常不满意的受访者比例为 30.75%。显然，总体样本受访者表示非常满意或比较满意的比例在 2014 年显著降低后，在 2016 年又有所回升。而表示不满意或非常不满意的受访者比例在 2014 年显著提升后，2016 年则开始降低，降到与 2014 年基本持平。

综上所述，城乡居民最担忧的食品安全问题与本书第一章至第四章的研究内容完全吻合，更与第四章大数据研究得出的食品安全风险在供应链上的分布状况高度一致。对城乡居民的调查进一步验证了本书相关研究结论的科学性、可靠性。而对政府监管力度等满意度的调查，也反映了公众对现实食品安全风险治理体系建设与治理能力的评价，对思考食品安全风险治理体系的改革具有重要的参考价值。

中　篇

政府食品安全风险治理
体系与治理能力

第六章 中国食品安全法律体系建设与执法成效考察

2009 年，我国确立了以《食品安全法》为核心的食品安全法律制度框架，并持续推进相关食品安全法律法规制度的修改、完善与新的立法等建设工作。在随后的六年间，以《食品安全法》为基础，逐步构建起具有中国特色的较为完整的食品安全法律体系，食品安全领域无法可依的状态基本不复存在。尤其是 2015 年 10 月 1 日实施新修订的《食品安全法》，明确了"预防为主、风险管理、全程控制、社会共治"的食品安全风险治理的基本原则，中央层面和地方层面的法规和规章的立法工作也继续推进，各级政府制定与修改了相应的规范性文件，相对完善的食品安全法律体系我国已初步确立。

一 中国食品安全法律体系建设历程

改革开放以前，基于当时的国情，我国相关部门先后制定、颁布和实施了相应的食品卫生标准、食品卫生检验方法等规章制度与管理办法，同时逐步建立了与当时环境基本适应的食品卫生监督管理的专门机构和专业队伍。改革开放以后，随着经济体制改革的不断深入，我国的食品产业迅速发展。1987 年我国食品工业产值达到 1134 亿元，是 1978 年的 4 倍，食品工业经济总量在国民经济的产业体系中居第 3 位。[①] 进入 21 世纪以来，伴随着农业和食品加工业、食品国际贸易的发展变化，尤其是执政理念的巨大转变，我国的食品安全法律体系逐渐地建立并不断完善。2009 年 6

---

① 杨理科、徐广涛：《我国食品工业发展迅速 今年产值跃居工业部门第三位》，《人民日报》1988 年 11 月 29 日第 1 版。

月1日,《食品安全法》正式实施;2013年10月,全国人大常委会展开了《食品安全法》的修订工作;2015年4月24日,由十二届全国人表大常委会第十四次会议修订通过了该法律,并于2015年10月1日起正式实施,由此标志着我国的食品安全法律体系已基本形成。

(一)《食品安全法》(2009版)实施以前的基本概况

1. 《食品卫生法(试行)》的制定与实施

新中国成立初期,食品安全的概念主要局限于数量安全,解决温饱是当时食品安全的最大目标。由于在20世纪五六十年代食品安全事件大部分是发生在食品消费环节中的中毒事故,因此,在某种意义上说食品质量安全就等同于食品卫生。1965年,卫生部、商业部、第一轻工业部、中国工商行政管理局、全国供销合作总社联合制定实施的《食品卫生管理试行条例》,是新中国成立以来我国第一部中央层面上综合性的食品卫生管理法规[1],其在内容上体现出计划经济时代我国政府食品安全管控的体制特色。[2] 在1965年颁布实施的《食品卫生管理试行条例》的基础上,根据当时的客观要求,卫生部于1979年进一步修改并正式颁发了《食品卫生管理条例》。1978—1992年,国家的经济体制开始实施重大改革,大量个体经济和私营经济进入餐饮行业和食品加工行业,食品生产经营渠道日益多元化和复杂化,食品污染的因素和机会随之增多,出现了食物中毒事故数量不断上升的态势,有些问题甚至严重威胁人民健康和生命安全。例如,广东省广州市1979年发生食物中毒事故46起,中毒人数为302人,而1982年发生的食物中毒事故则上升至52起,中毒人数飙升至1097人。[3] 实践中发现的主要问题是,急性食物中毒不断发生,经食品传染的消化道疾病发病情况较多,农药、工业"三废"、霉变食品中毒素等有害物质对食品的污染情况在有的地区比较严重,食品生产中有些食品达不到

---

[1] 在此之前,中央和各级地方政府也曾经就某一具体的食品品种卫生管理发布过相关的条例规定和标准,1953年3月卫生部《关于统一调味粉含麸酸钠标准的通知》《清凉饮食物管理暂行办法》等,1954年卫生部《关于食品中使用糖精剂量的规定》,1957年天津市卫生部门检验发现酱油中砷含量高,提出了酱油中含砷量的标准为每公斤不超过1毫克,卫生部转发全国执行。1958年轻工业部、卫生部、第二商业部颁发了乳与乳制品部颁标准及检验方法,由1958年8月1日起实施。

[2] 天津市人民委员会:《关于转发国务院批转的〈食品卫生管理试行条例〉的通知》,《天津政报》1965年第17期。

[3] 丁佩珠:《广州市1976—1985年食物中毒情况分析》,《华南预防医学》1988年第4期。

标准，有的食品卫生严重违法事件得不到应有的法律制裁等。全社会改善食品卫生环境的需求日益迫切，对健全食品卫生法制建设提出了新的要求。①

基于上述原因，1981 年 4 月国务院就开始着手起草《食品卫生法》，并在广泛征求意见的基础上进行十多次的反复修改，最终全国人大常委会于1982 年 11 月 19 日通过了《国食品卫生法（试行）》，并于1983 年 7 月 1 日起开始试行。这部法律虽然是带有过渡性质的试行法律，体现出浓厚的妥协和折中性质，但相对于之前的食品安全管控体制而言，在内容上还是取得了一定的突破。② 该法的基本内容包括以下七个方面：（1）提出了食品的卫生要求，列出了禁止生产经营的不卫生食品的种类；（2）食品添加剂生产经营实行国家管制；（3）提出了食品容器、包装材料和食品用工具、设备的卫生要求和生产经营的国家管制方法；（4）实行食品卫生标准制度；（5）食品生产经营企业的主管部门和食品生产经营企业对食品安全承担管理义务和责任；（6）初步确立了以食品卫生监督机构为核心的包括工商行政机关和农牧渔业主管部门在内的分段监管体制；（7）明确了法律责任，尤其是增设了相应的刑事责任的规定。

2. 《食品卫生法》的制定与实施

虽然从 20 世纪 80 年代末开始，我国已在机械工业、商业、石油工业等产业领域逐步推行政企分开改革，但是食品工业领域中的政企分开改革则是在 1992 年提出建立社会主义市场经济体制目标之后。1993 年3 月召开的八届全国人大第一次会议通过的《国务院机构改革方案》决定撤销轻工业部。从食品安全监管的角度来分析，这次国务院机构改革的意义重大。存在了 44 年之久的轻工业部终于退出历史舞台，包括肉制品、酒类、水产品、植物油、粮食、乳制品等诸多食品饮料制造行业的企业在体制上正式与轻工业主管部门分离，代之以具有指导性作用的轻工总会，后又改为国家经贸委下辖的国家轻工业局，直至 2001 年再次被撤销。不管是轻工总会，还是国家经贸委下辖的轻工业局，食品工

---

① 参见当时的卫生部副部长王伟所做的《关于〈中华人民共和国食品卫生法〉（草案）的说明》。

② 刘鹏：《中国食品安全监管——基于体制变迁与绩效评估的实证研究》，《公共管理学报》2010 年第 4 期。

业领域的政企合一模式已经基本被打破。从 1983 年 7 月 1 日起开始实施《食品卫生法（试行）》到 1993 年 3 月的国务院机构改革，10 年来，中国食品工业实现了迅猛发展，食品工业企业单位数由 51734 个增加到 75362 个，从业职工人数由 213.2 万人增加到 484.6 万人，一些新型食品、保健食品、开发利用新资源生产的食品大批涌现，显然，旧有的试行版《食品卫生法》已经难以适应新的形势。[①]基于这样的历史背景，在当时的国务院法制局和卫生部的大力推动下，1995 年 10 月八届全国人大常委会第十六次会议正式通过修订后的《食品卫生法》，并由试行法调整为正式法律，将原有试行法中事业单位执法改为行政执法。为维护《食品卫生法》的稳定性、连续性，在当时的修改过程中坚持了凡试行法中经实践证明行之有效的条款或者可改可不改的条款均保留不动的原则，主要重点修改以下五个方面的内容：（1）改变了原来由卫生防疫站或者食品卫生监督检验所非行政部门直接行使行政权的方式，将食品卫生监督权授予各级卫生行政管理部门；（2）对尚无国家标准或者宣传特殊功能的进口食品的管理，要求进口单位必须提供输出国的相关资料；（3）加强食品生产经营企业责任和对街头食品、各类食品市场的管理；（4）给卫生行政部门在食品卫生执法活动中授予具体的行政强制措施的权力，如封存产品、扣留生产经营工具、查封生产经营场所等；（5）完善了对违法行为法律责任的规定，加大处罚力度，增强可操作性。

《食品卫生法》（包括试行法）的制定实施，对于解决改革开放后食品工业大发展产生的新情况、新问题发挥了巨大的作用，对当时的食品卫生监管产生了积极的效应。全国食品中毒事故爆发数量从 1991 年的 1861 件下降至 1997 年的 522 件，中毒人数由 1990 年的 47367 人剧减至 1997 年的 13567 人，死亡人数也由 338 人降至 132 人。[①] 此后，部分地方的人

---

① 刘鹏：《中国食品安全监管——基于体制变迁与绩效评估的实证研究》，《公共管理学报》2010 年第 4 期。

大常委会和政府进行了执行性立法①，充实和丰富食品卫生的法规体系。全国人大常委会对食品卫生工作也分别于 1997 年和 2002 年组织了两次《食品卫生法》的执法大检查。

3. 食品安全分段监管法律体系的确立

1998 年，国务院的政府机构改革调整了国家质量技术监督局、卫生部、粮食局、工商总局、农业部等食品安全相关监管部门的职责。这种调整为后来的分段监管体制奠定了基础，也标志着《食品卫生法》所确定的以卫生部门为主导的监管体制逐步发生了一定程度的变化，卫生部门的主导地位有所削弱。为了重新强化对以上诸多监管部门的协调，同时也受美国 FDA 食品药品监管一体化模式的影响，在 2003 年的国务院机构改革中，国务院进一步决定将国家药品监督管理局调整为国家食品药品监督管理总局，并将食品安全的综合监督、组织协调和依法组织查处重大事故的职能赋予该机构。2003—2004 年，安徽阜阳劣质奶粉事件的爆发成为催生食品安全分段监管体制的诱发因素。国务院于 2004 年 9 月颁布了《关于进一步加强食品安全工作的决定》（国发〔2004〕23 号），在已有的食品安全监管体制上首次明确了"按照一个监管环节、一个部门监管的原则，采取分段监管为主、品种监管为辅的方式"。

《食品卫生法》主要规范生产、加工、运输、流通和消费环节的食品卫生安全活动，并没有规范种植业、养殖业以及捕捞、采集、猎捕等初级农产品生产环节的监管，同时也没有规范诸如食品安全风险分析与评估、食品召回制度、食品添加剂等方面的监管，以及界定食品广告监管等一些市场经济条件下科技、法制含量较高的现代监管方式。从本质上看，《食品卫生法》更多地体现了市场经济发展初期的我国食品产业发展特征。

随着十多年来食品产业的飞速发展，食品安全监管体制已相形见绌。

---

① 地方性法规主要有：《江西省违反〈食品卫生法〉罚款细则》《云南省关于〈中华人民共和国食品卫生法〉（试行）》《河南省洛阳市〈食品卫生法（试行）〉实施细则》《北京市实施〈中华人民共和国食品卫生法〉办法》《甘肃省实施〈中华人民共和国食品卫生法（试行）〉的若干规定》《四川省〈中华人民共和国食品卫生法〉实施办法》《浙江省〈中华人民共和国食品卫生法〉实施办法》《湖北省〈中华人民共和国食品卫生法〉实施办法》《辽宁省〈中华人民共和国食品卫生法〉实施办法》《西藏自治区〈中华人民共和国食品卫生法〉实施办法》。上述部分地方性法规还进行了修改。地方性规章有《成都市〈中华人民共和国食品卫生法〉实施办法》《青岛市〈中华人民共和国食品卫生法〉实施办法》和《青海省人民政府实施〈中华人民共和国食品卫生法（试行）〉的暂行办法》等。

多部门分段监管体制的确立使《食品卫生法》的一些内容规定显得有些相对滞后，需要通过《产品质量法》《农产品质量安全法》等其他法律加以补充。《产品质量法》发轫于《工业产品质量责任条例》，主要调整产品的生产、储运、销售及对产品质量监督管理活动中发生的法律关系，重点解决产品质量宏观调控和产品质量责任两个范畴的问题。凡属于这个领域的食品、食品添加剂和食品包装等商品均属于《产品质量法》的调整范围。《产品质量法》的主要内容包括产品质量责任主体、生产许可证制度、企业质量体系认证和产品质量认证制度、产品质量监督检查制度，规定了生产者、储运者、经销者的产品质量义务、对建立质量体系、产品基本要求、交接验收等作了原则规定，明确了产品质量民事纠纷的解决途径和相关的法律责任。《产品质量法》于1993年颁布实行后，于2000年经过一次修改。目前青海、湖北、安徽和山东四省进行了地方的执行性立法。

十届全国人大常委会第二十一次会议于2006年4月29日通过、2006年11月1日起施行的《农产品质量安全法》，被认为是我国第一部关系广大人民群众身体健康和生命安全的食品安全法律。《农产品质量安全法》将"农产品"界定为来源于农业的初级产品，包括植物、动物、微生物及其产品，同时还建立了农产品质量安全标准体系。该法在内容上还包括加强农产品产地管理、规范农产品生产过程、规范农产品的包装和标志、完善农产品质量安全监督检查制度等。在立法时，考虑到《农产品质量安全法》与《产品质量法》和《食品卫生法》的相互衔接问题，且当时《食品安全法》已经在起草过程中，有部分全国人大委员对制定《农产品质量安全法》的必要性提出过质疑。[1]《农产品质量安全法》于2006年颁布实行后，宁夏、新疆和湖北分别发布了各自的《〈农产品质量安全法〉实施办法》的地方性法规，而四川省则制定了《四川省〈中华人民共和国农产品质量安全法〉实施办法》的地方规章。

2004年出台的《国务院关于进一步加强食品安全工作的决定》是明确建立食品安全分段监管模式的重要文件，明确农业部门负责初级农产品生产环节的监管；质检部门负责食品生产加工环节的监管，将现由卫生部门承担的食品生产加工环节的卫生监管职责划归质检部门；工商部门负责

---

① 参见十届全国人大常委会第十八次会议分组审议《农产品质量安全法（草案）》的意见（2005年10月22日）。

食品流通环节的监管；卫生部门负责餐饮业和食堂等消费环节的监管；食品药品监管部门负责对食品安全的综合监督、组织协调和依法组织查处重大事故。除此之外，生猪及牛、羊等禽畜的屠宰由商品流通行政主管部门管理。根据这个文件确立的职能分工体制，相应的法律配合相应的监管机关对特定的阶段和环节进行监管，这是我国在食品安全立法方面的基本构思。2006 年，《农产品质量安全法》的颁布实施，标志着我国食品安全分段监管模式完整的法律体系已正式确立。

（二）《食品安全法》（2009 版）的实施

随着中国食品产业的全面迅猛发展，食品产业的外延已经延伸到农业、农产品加工业、食品工业、食品经营业以及餐饮行业等整个产业链体系，食用农产品种植和饲养、深加工、流通以及现代餐饮业也出现了一系列新的变化，主要局限于餐饮消费环节的传统食品卫生概念已无法适应食品产业外延的扩展变化，远远不能满足社会公众对于食品安全的质量要求。而强调食品种养殖、生产加工、流通销售和餐饮消费四大环节综合安全的食品安全概念更加符合社会和公众对于食品安全消费的标准和需求。① 同时，在《食品卫生法》实施的阶段，立法者主要关注的是食源性疾病、食物中毒、小摊贩、小作坊等问题，而无证摊贩、个体户、私营企业主则是主要监管对象。但 2008 年"三鹿"奶粉事件的出现，促使立法者转变了对食品安全问题法律调控的整体看法。"三鹿"奶粉事件暴露出我国食品安全分段监管的弊端，也反映出在食品安全标准、食品安全信息公布以及食品风险监测、评估等方面缺乏统一、协调的制度。加之在加入世界贸易组织后，我国已经逐步融入世界贸易体系，世界贸易组织中的 SPS、TBT 等协议也促使我国必须在食品安全的法制领域与国际社会衔接。这些因素的合力导致立法者的思路从修改《食品卫生法》转变为制定《食品安全法》。

从《食品卫生法》转变为《食品安全法》并不是简单的概念问题，而是立法理念的变化。世界卫生组织发表的《加强国家级食品安全性计划指南》将食品安全解释为"对食品按其原定用途进行制作和食用时不会使消费者受害的一种担保"，而将食品卫生界定为"为确保食品安全性

---

① 刘鹏：《中国食品安全监管——基于体制变迁与绩效评估的实证研究》，《公共管理学报》2010 年第 4 期。

和适合性在食物链的所有阶段必须采取的一切条件和措施"，食品安全与食品卫生是两个不同的概念。总之，制定《食品安全法》取代《食品卫生法》的目的就是要对"从农田到餐桌"的全过程的食品安全相关问题进行全面规定，在一个更为科学的体系之下，用食品质量安全标准来统筹食品相关标准，避免食品卫生标准、食品质量标准、食品营养标准之间的交叉与重复。正是基于上述认识的转变，国务院法制办在起草《食品卫生法（修订草案）》的过程中将名称变为《食品安全法（草案）》。①

立法理念的变化直接影响着法律的内容。2009 年 2 月 28 日，《食品安全法》（2009 版）在十一届全国人大常委会第七次会议上获得通过。《食品安全法》（2009 版）在内容上比《食品卫生法》更为广泛，涉及了八大制度（见表 6－1），其主要亮点就在于：（1）成立国务院食品安全委员会，统筹协调和指导食品安全监管工作；（2）健全了相应的安全、事故报告与处置以及各方责任制度；（3）监管的重点是有害物质、食品添加剂的生产和使用；（4）监管范围扩大至保健食品，而不只是限于普通食品；（5）监管过程上溯到源头，初级农产品的质量安全管理由农产品质量安全法规定，而有关食用农产品的质量安全标准及公布则遵守《食品安全法》的规定；（6）对食品广告宣传实施特别限制，不允许夸大食品功能；（7）带有惩罚性质的赔偿与罚款、民事与刑事相结合的处罚制度等。

表 6－1　　《食品安全法》（2009 版）涉及八大制度及其主要内容

制度框架	立法前的体制及弊端	立法后格局
1. 监管	分段监管。农业、质检、工商、卫生、食品药品监管等部门分管生产流通环节；各管一段，协调性差	一是进一步明确分段监管的各部门具体职责。卫生部门承担食品安全综合协调职责；质检、工商、食品药品监管部门分别对食品生产与流通、餐饮服务实施监管；农业部门主要依据农产品质量安全法的规定进行监管，但制定有关食用农产品的质量安全标准、公布食用农产品安全有关信息则依照食品安全法的有关规定。二是在分段监管基础上，国务院设立食品安全委员会，作为高层次的议事协调机构，协调、指导食品安全监管工作。三是进一步加强地方政府及其有关部门的监管职责

---

① 参见曹康泰 2007 年 12 月 26 日在十届全国人大常委会第三十一次会议上所做的《关于〈中华人民共和国食品安全法（草案）〉的说明》。

续表

制度框架	立法前的体制及弊端	立法后格局
2. 风险评估监测	无	国务院卫生部门负责组织食品安全风险评估工作，成立由医学、农业、食品、营养等方面的专家组成的食品安全风险评估专家委员会，进行食品安全风险评估。卫生部门汇总信息和分析，实行风险警示和发布制度
3. 安全标准	不统一、不完整	统一制定食品安全国家标准。除此之外，不得制定其他的食品强制性标准
4. 经营者责任制	不完整	从四个方面确保食品生产经营者成为食品安全的第一责任人：食品生产经营许可、索票索证制度、食品安全管理制度以及不安全食品召回与停止经营等
5. 添加剂安全	不规范使用/滥用食品添加剂；允许使用的有 22 类1812 种	食品添加剂应当经过风险评估证明安全可靠，且技术上确有必要，方可列入允许使用的范围；食品生产者应当按照食品安全标准关于食品添加剂的品种、使用范围和用量的规定使用添加剂，不得在食品生产中使用食品添加剂以外的化学物质或者其他危害人体健康的物质
6. 保健食品监管	缺乏监管，保健食品市场"乱象"	国家对声称具有特定保健功能的食品应实行严格监管。有关监督管理部门应当依法履职，承担责任；声称具有特定保健功能的食品不得对人体产生急性、亚急性或者慢性危害，其标签、说明书不得涉及疾病预防、治疗功能，内容必须真实，应当载明适宜人群、不适宜人群、功效成分或者标志性成分及其含量等；产品功能和成分必须与标签、说明书相一致
7. 事故	报告制度有漏洞	一是报告制度。日常监管部门向卫生部门立即通报制度；卫生部门、县级政府逐级上报；任何单位或者个人不得对食品安全事故隐瞒、谎报、缓报，不得毁灭有关证据。二是事故处置。卫生部门接到食品安全事故的报告后，应当立即会同有关监管部门进行调查处理，并采取措施，防止和减轻事故危害。发生重大食品安全事故的，县级以上人民政府应当立即成立食品安全事故处置指挥机构，启动应急预案，及时进行处置。三是责任追究。发生重大食品安全事故，设区的市级以上人民政府卫生行政部门应当立即会同有关部门进行事故责任调查，督促有关部门履行职责，向本级政府提出事故调查处理报告

续表

制度框架	立法前的体制及弊端	立法后格局
8. 惩罚性	力度不够	对严重违法行为进行相关的刑事、行政和民事责任；在民事责任方面，突破目前我国民事损害赔偿的理念，确立了惩罚性赔偿制度——生产不符合食品安全标准的食品，或者销售明知是不符合食品安全标准的食品，消费者除要求赔偿损失外，还可以向生产者或者销售者要求支付价款 10 倍的赔偿金；"民事赔偿优先"——违反本法规定，应当承担民事赔偿责任和缴纳罚款、罚金，其财产不足以同时支付时，先承担民事赔偿责任

资料来源：笔者根据《食品安全法》（2009 版）的相关内容整理形成。

（三）《食品安全法》（2009 版）的修订

2013 年，全国人大常委会展开了《食品安全法》（2009 版）的修订工作，并于 2015 年 4 月 24 日由十二届全国人大常委第十四次会议修订通过，自 2015 年 10 月 1 日起施行。《食品安全法》（2009 版）的修订，主要是以法律形式固定我国食品安全监管体制的改革成果、完善监管的制度机制，解决当前食品安全领域存在的突出问题，以法治方式维护食品安全，为最严格的食品安全监管提供了体制制度保障。

1. 修订背景及过程

《食品安全法》（2009 版）对规范食品生产经营活动、保障食品安全发挥了重要作用，食品安全整体水平得到提升，食品安全形势总体稳中向好。与此同时，我国食品企业违法生产经营现象依然存在，食品安全事件时有发生，监管体制、手段和制度等尚不能完全适应食品安全需要，法律责任偏轻、重典治乱威慑作用没有得到充分发挥，食品安全形势依然严峻。十八大以来，党中央、国务院进一步改革完善我国食品安全监管体制，着力建立最严格的食品安全监管制度，积极推进食品安全社会共治格局。为了以法律形式固定监管体制改革成果、完善监管制度机制，解决当前食品安全领域存在的突出问题，以法治方式维护食品安全，为最严格的食品安全监管提供制度保障，修改《食品安全法》（2009 版）被立法部门提上日程。①《食品安全法》（2015 版）历经十二届全国人大常委会第九次会议、第十二次会议两次审议，三易其稿后终获通过。从 2013 年 10 月至 2015 年 4 月历时一年半时间，《食品安全法》修正案主要的修改历程经历了四个阶段：

（1）国家食品药品监管总局提出初步修订案并向社会公开征求意见。2013 年 5 月，国务院将《食品安全法》（2009 版）修订列入 2013 年立法计划②，并确定由国家食品药品监督管理总局牵头修订。经过广泛调研和论证，2013 年 10 月 10 日，国家食品药品监管总局向国务院报送了《食品安全法（修订草案送审稿）》。该送审稿从落实监管体制改革和政府职能转变成果、强化企业主体责任落实、强化地方政府责任落实、创新监管机制方式、完善食品安全社会共治、严惩重处违法违规行为六个方面对现行法律作了修改、补充，增加了食品网络交易监管制度、食品安全责任强制保险制度、禁止婴幼儿配方食品委托贴牌生产等规定和责任约谈、突击性检查等监管方式。在行政许可设置方面，国家食品药品监管总局经过专项论证，在送审稿中增加规定了食品安全管理人员职业资格和保健食品产品注册两项许可制度。为了进一步增强立法的公开性和透明度，提高立法质量，国务院法制办于同年 10 月 29 日将该送审稿全文公布，公开征求社会各界意见。

（2）国务院常务会议讨论通过修订草案并递交全国人大常委会审议。2013 年 10 月 30 日公布的十二届全国人大常委会立法规划中，《食品安全法》（2009 版）的修改被列为"条件比较成熟、任期内拟提请审议的法律草案"之一。③ 2014 年 5 月 14 日，国务院常务会议讨论通过《食品安全法（修订草案）》，并重点从如下四个方面进行了完善：①对生产、销售、餐饮服务等各环节实施最严格的全过程管理，强化生产经营者主体责任，完善追溯制度。②建立最严格的监管处罚制度。对违法行为加大处罚力度，构成犯罪的，依法严肃追究刑事责任。加重对地方政府负

---

① 《打响"舌尖安全"保卫战——新修订〈食品安全法〉深度解读》，中国食品网，2015 - 06 - 03，http：//www.cfqn.com.cn/jryw/5192.html。

② 在食品安全方面，2013 年列入国务院立法计划的还包括对《乳品质量安全监督管理条例》的修订，该项立法工作由农业部起草，属于"力争年内完成的项目"。但关于该条例的修改起草工作没有太多的信息，具体进展情况不明。

③ 《十二届全国人大常委会立法规划》，新华网，2013 - 10 - 30，http：//news.xinhuanet.com/politics/2013 - 10/30/c_117939129.htm。

责人和监管人员的问责。③健全风险监测、评估和食品安全标准等制度，增设责任约谈、风险分级管理等要求。④建立有奖举报和责任保险制度，发挥消费者、行业协会、媒体等监督作用，形成社会共治格局。同年 6 月 23 日，《食品安全法（修订草案）》被提交至全国人大常委会第九次会议一审。

（3）全国人大常委会二审修订草案。2014 年 12 月 22 日，十二届全国人大常委会第十二次会议对《食品安全法（修订草案）》进行二审。二审修订时出现了七个方面的变化：①增加了非食品生产经营者从事食品贮存、运输和装卸的规定；②明确将食用农产品市场流通写入食品安全法；③增加生产经营转基因食品依法进行标志的规定和罚则；④对食品中农药的使用做了规定；⑤明确保健食品原料用量要求；⑥增加媒体编造、散布虚假食品安全信息的法律责任；⑦加重了对在食品中添加药品等违法行为的处罚力度。

（4）全国人大常委会表决通过新法。2014 年 12 月 30 日至 2015 年 1 月 19 日，《食品安全法（修订草案）》第二次公开征求意见。2015 年 4 月，十二届全国人大常委会第十四次会议对《食品安全法（修订草案）》审议后表决通过。相比二审稿，《食品安全法（修订草案）》最后一次审议只是在有争议的几个核心问题上做了修改，如对剧毒、高毒农药做出的进一步限制是，不得用于"蔬菜、瓜果、茶叶和中草药材"。同时增加了规定：销售食用农产品的批发市场应当配备检验设备和人员，或者委托食品检验机构，对进场销售的食用农产品抽样检验；特殊医学用配方食品应当经国务院食品药品监督管理部门注册等。2015 年 4 月 24 日，十二届全国人大常委会第十四次会议通过了新修订的《食品安全法》（2015 版），自 2015 年 10 月 1 日起正式施行。

2. 《食品安全法》（2015 版）的主要变化

《食品安全法》（2015 版）按照习近平总书记"四个最严"（最严谨的标准、最严格的监管、最严格的处罚和最严肃问责）的要求，切实化解食品安全治理的难题，来确保人民群众的饮食安全。《食品安全法》（2015 版）共 154 条，比原法增加了 50 条，对 70% 的条文进行了实质性修改。《食品安全法》（2015 版）总结国内经验，借鉴国际有益做法，增设了食品安全基本原则，巩固深化了食品安全监管职责，改革创新了食品安全监督管理制度，强化了食品安全源头治理，严格食品生产经营者主体责任、地方政府属地管理责任以及部门监管职责，完善了社会共治，体现了"宽严相济"的法治理念，集中反映了人民群众的愿望和诉求，充分体现了党中央、国务院关于食品安全工作的一系列决策部署。① 国家食品药品监督法制司司长徐景和指出，"修订后的《食品安全法》（2015 版）最大的变化能用两个字来概括：一是'新'，二是'严'"。② 经两次审议、三易其稿，新增一些重要的理念、制度、机制和方式。以监管制度为例，增加了食品安全风险自查制度、食品安全责任保险制度、食品安全全程追溯制度、食品安全有奖举报制度等 20 多项。这些变化，主要集中体现在以下四个方面。

（1）八个方面的制度设计确保最严监管。这八个方面的制度是：①完善统一权威的食品安全监管机构。终结了"九龙治水"的食品安全分段监管模式，从法律上明确由食品药品监管部门统一监管。②建立最严格的全过程的监管制度。新法对食品生产、流通、餐饮服务和食用农产品销售等环节，食品添加剂、食品相关产品的监管以及网络食品交易等新兴业态进行了细化和完善。③更加突出预防为主、风险防范。新法进一步完善了食品安全风险监测、风险评估制度，增设了责任约谈、风险分级管理等重点制度。④建立最严格的标准。新法明确了食品药品监管部门参与食品安全标准制定工作，加强了标准制定与标准执行的衔接。⑤对特殊食品实行严格监管。新法明确特殊医学用途配方食品、婴幼儿配方乳粉的产品配方实行注册制度。⑥加强对农药的管理。新法明确规定，鼓励使用高效低毒低残留的农药，特别强调剧毒、高毒农药不得用于瓜果、蔬菜、茶叶、中草药材等国家规定的农作物。⑦加强风险评估管理。新法明确规定通过食品安全风险监测或者接到举报发现食品、食品添加剂、食品相关产品可能存在安全隐患等情形，必须进行食品安全风险评估。⑧建立最严格的法律责任制度。新法从民事和刑事等方面强化了对食品安全违法行为的惩处力度。

（2）六个方面的罚则设计确保"重典治乱"。这六个方面的罚则包括：①强化刑事责任追究。新法对违法行为的查处上做了一个很大改革，

---

① 任端平、郏文静、任波：《新食品安全法的十大亮点（一）》，《食品与发酵工业》2015年第 7 期。

② 《国家食药监总局法制司司长徐景和做客新华网》，新华网，2015 – 07 – 03，http：//news. xinhuanet. com/food/2015 – 07/03/c_ 127982277. htm。

即首先要求执法部门对违法行为进行一个判断，如果构成犯罪，就直接由公安部门进行侦查，追究刑事责任；如果不构成刑事犯罪，由行政执法部门进行行政处罚。此外还规定，行为人因食品安全犯罪被判处有期徒刑以上刑罚，则终身不得从事食品生产经营的管理工作。②增设了行政拘留。新法对用非食品原料生产食品、经营病死畜禽、违法使用剧毒高毒农药等严重行为增设拘留行政处罚。③大幅提高了罚款额度。比如，对生产经营添加药品的食品，生产经营营养成分不符合国家标准的婴幼儿配方乳粉等性质恶劣的违法行为，现行食品安全法规定最高可以处罚货值金额 10 倍的罚款，新法规定最高可以处罚货值金额 30 倍的罚款。④对重复违法行为加大处罚。新法规定，行为人在一年内累计 3 次因违法受到罚款、警告等行政处罚的，给予责令停产停业直至吊销许可证的处罚。⑤非法提供场所增设罚则。为了加强源头监管、全程监管，新法对明知从事无证生产经营或者从事非法添加非食用物质等违法行为，仍然为其提供生产经营场所的行为，规定最高处以 10 万元罚款。⑥强化民事责任追究。新法增设首负责任制，要求接到消费者赔偿请求的生产经营者应当先行赔付，不得推诿；同时消费者在法定情形下可以要求 10 倍价款或者 3 倍损失的惩罚性赔偿金。此外，新法还强化了民事连带责任，规定对网络交易第三方平台提供者未能履行法定义务、食品检验机构出具虚假检验报告、认证机构出具虚假的论证结论，使消费者合法权益受到损害的，应与相关生产经营者承担连带责任。

（3）四个方面的规定确保食品安全社会共治。这四个方面的规定主要是：①行业协会要当好引导者。新法明确，食品行业协会应当加强行业自律，按照章程建立健全行业规范和奖惩机制，提供食品安全信息、技术等服务，引导和督促食品生产经营者依法生产经营。②消费者协会要当好监督者。新法明确，消费者协会和其他消费者组织对违反食品安全法规定，损害消费者合法权益的行为，依法进行社会监督。③举报者有奖并受保护。新法规定，对查证属实的举报应当给予举报人奖励，对举报人的相关信息，政府和监管部门要予以保密。同时，参照国外的"吹哨人"制度和公益告发制度，明确规定企业不得通过解除或者变更劳动合同等方式对举报人进行打击报复，对内部举报人给予特别保护。④新闻媒体要当好公益宣传员。新法明确，新闻媒体应当开展食品安全法律、法规以及食品安全标准和知识的公益宣传，并对食品安全违法行为进行舆论监督。同时，规定对在食品安全工作中做出突出贡献的单位和个人给予表彰、奖励。

（4）三项义务强化互联网食品交易监管。明确的三项义务是：①明确网络食品第三方交易平台的一般性义务，即要对入网经营者实名登记，要明确其食品安全管理责任。②明确网络食品第三方交易平台的管理义务，即要对依法取得许可证才能经营的食品经营者许可证进行审查，特别是发现入网食品经营者有违法行为的，应当及时制止，并立即报告食品药品监管部门。对发现严重违法行为的，应当立即停止提供网络交易平台的服务。③规定消费者权益保护的义务，包括消费者通过网络食品交易第三方平台，购买食品其合法权益受到损害的，可以向入网的食品经营者或者食品生产者要求赔偿，如果网络食品第三方交易平台的提供者对入网的食品经营者真实姓名、名称、地址和有效方式不能提供的，要由网络食品交易平台提供赔偿，网络食品交易第三方平台提供赔偿后，有权向入网食品经营者或者生产者进行追偿，网络食品第三方交易平台提供者如果做出了更有利于消费者承诺的，应当履行承诺。

需要指出的是，自《食品安全法》（2015 版）颁布以来，中央层面和地方层面的法规和规章的立法工作也继续推进，各部门和各地方制定了大量的规范性文件。从国家层面来看，国家相关部门加紧完善相关配套办法①，地方政府则重点围绕"三小"（小作坊、小餐饮、小摊贩）监管等出台了若干地方性法规与文件。②

---

① 截至 2016 年 9 月，已出台了 12 部配套规章和近 20 项重要配套规范性文件。依照新法全程监管理念，强化事前注册管理，出台食品生产许可管理办法、经营许可管理办法和食品生产许可、经营许可审查通则。针对新法关于特殊食品准入管理的新规定，出台了《保健食品注册与备案管理办法》《特殊医学用途配方食品注册管理办法》《婴幼儿配方乳粉产品配方注册管理办法》等规章。创新事中事后监管方式，出台了《食品安全抽样检验办法》《食品生产经营日常监督检查管理办法》《食用农产品市场销售质量安全监督管理办法》《食品召回管理办法》《网络食品安全违法行为查处办法》等规章。

② 截至 2016 年 9 月，已有内蒙古、陕西、广东、河北、江苏、湖北、青海 7 个省份出台了食品"三小"的地方性法规。但是，还有 24 个省份尚未按照新《食品安全法》的要求，出台食品"三小"的地方性法规。资料来源：《24 省份未出台食品"三小"地方性法规》，人民网，2016 - 09 - 27，http://news. 0898. net/n2/2016/0927/c231187 - 29065143. html。

二 《食品安全法》（2015 版）基本特征与实施效果

《食品安全法》（2015 版）在总则中规定了食品安全工作要实行预防为主、风险管理、全程控制、社会共治的基本原则，要建立科学、严格的监管制度。该规定内容吸收了国际食品安全治理的新价值、新元素，不仅是《食品安全法》（2009 版）修订时遵循的理念，也是今后我国食品安全监管工作必须遵循的理念。在预防为主方面，强化了食品生产经营过程和政府监管中的风险预防要求。为此，将食品召回对象由原来的"食品生产者发现其生产的食品不符合食品安全标准，应当立即停止生产，召回已经上市销售的食品"修改为"食品生产者发现其生产的食品不符合食品安全标准或者有证据证明可能危害人体健康的，应当立即停止生产，召回已经上市销售的食品"。在风险管理方面，提出了食品药品监管部门根据食品安全风险监测、风险评估结果和食品安全状况等，确定监管重点、方式和频次，实施风险分级管理。在全程控制方面，提出了国家要建立食品全程追溯制度。食品生产经营者要建立食品安全追溯体系，保证食品可追溯。在社会共治方面，强化了行业协会、消费者协会、新闻媒体、群众投诉举报等方面的规定。

（一）《食品安全法》（2015 版）的基本特征

秉承预防为主、风险管理、全程控制、社会共治的基本原则，我们经过研究后认为，与《食品安全法》（2009 版）相比，《食品安全法》（2015 版）具有如下八个方面的基本特征。

1. 突出预防为主

"着力加强源头治理，强化过程监管，切实保障'从农田到餐桌'食品安全。"这是 2015 年 3 月国务院办公厅印发的《2015 年食品安全重点工作安排》的主要内容之一。而《食品安全法》（2015 版）中，也确定把"全程控制"作为食品安全工作的基本原则之一。国家食品药品监管总局副局长滕佳材在解读《食品安全法》（2015 版）时表示："在全程控制方面，《食品安全法》（2015 版）提出了国家要建立食品全程追溯制度。食品生产经营者要建立食品安全追溯体系，保证食品可追溯。"可以说，食品安全可追溯体系是助力保障食品全产业链安全的有效工具。"随着贸易的全球化，生产者与消费者的日益分离，消费者越来越看不到生产者。"北京食品科学研究院院长、中国肉类食品综合研究中心主任王守伟表示，生产链和供应链的复杂使消费者对获取安全产品的信心下降，对食品质量安全进行有效追踪溯源成为迫切需要解决的全球性问题。① 食品安全全程可追溯制度并不是我国首次提出的，欧盟、美国、日本等国家及地区已制定相关的法律，以法规的形式将追溯系统纳入食品的物流体系中，这说明各个国家都充分认识到可追溯体系在食品安全管理中的作用和价值。《食品安全法》（2015 版）第四十二条规定了"国家建立食品安全全程可追溯制度"，体现了国家对于食品安全工作实行预防为主、风险管理、全程控制的理念。突出预防为主，推进实施食品安全全程可追溯体系这是面对我国目前严峻的食品安全形势，国家试图从源头治理食品安全风险的一大举措。

2. 全面落实企业责任

全面落实企业责任，是《食品安全法》（2015 版）"严"的有力体现。企业在食品安全生产、销售的过程中扮演着极其重要的角色。以法律的形式强化企业主体责任的落实，明确食品生产经营企业的主要负责人对本企业的食品安全工作全面负责，给食品生产经营企业设定一系列的义务，使企业主体树立起责任意识，引导企业法人牢固树立"质量是基础、安全是底线"的理念，健全质量管理体系，提升质量管理水平。要探索建立企业责任首负、质量安全授权人、食品安全责任保险、惩罚性赔偿等制度，倒逼企业落实主体责任。《食品安全法》（2015 版）在以下三个方面强化了食品生产经营者的主体责任：（1）要求健全落实企业食品安全管理制度。提出食品生产经营企业应当建立食品安全管理制度，配备专职或者兼职的食品安全管理人员，并加强对其培训和考核。要求企业主要负责人对本企业的食品安全工作全面负责，认真落实食品安全管理制度。（2）强化生产经营过程的风险控制。提出要在食品生产经营过程中加强风险控制，要求食品生产企业建立并实施原辅料、关键环节、检验检测、运输等风险控制体系。（3）增设食品安全

① 中国医药报：《食品安全全程控制关键在于建立可追溯体系》，新华网，2015 - 05 - 15，http：//news. xinhuanet. com/info/2015 - 05/15/c_ 134240560. htm。

自查和报告制度。提出食品生产经营者要定期检查评价食品安全状况；条件发生变化，不再符合食品安全要求的，食品生产经营者应当采取整改措施；有发生食品安全事故潜在风险的，应当立即停止生产经营，并向食品药品监管部门报告。

3. 强化食品安全社会共治

食品安全是一个系统工程，与全社会所有的主体息息相关，《食品安全法》的修订，将社会共治作为一项基本原则确定了下来。在具体条文中，以下几个方面都体现了社会共治的原则：（1）明确食品行业协会应当依照章程建立健全行业规范和奖惩机制，提供食品安全信息技术等服务，引导和督促食品生产经营者依法生产经营。食品行业协会是食品行业专业的协会，在社会共治方面应该发挥重要的作用。（2）消费者协会和其他消费者组织对违反食品安全法规定，侵害消费者合法权益的行为，总则中明确规定要依法进行社会监督。食品安全共治方面消费者组织要发挥重要的作用。（3）增加规定食品安全有奖举报制度，明确对查证属实的举报应当给予举报人奖励，对举报人的相关信息，政府和监管部门要予以保密，保护举报人的合法权益，对举报所在企业食品安全违法行为的内部举报人要给予特别保护。内部举报人的保护在食品安全社会共治方面发挥着重要作用，一些国家，比如美国就有"吹哨人"制度，在日本也有公益告发制度，因为很多违法行为内部人最容易发现，为了保护内部人对食品安全违法行为举报的积极性，特别规定，明确企业不得通过解除或者变更劳动合同等方式对举报人进行打击报复，对内部举报人进行特别的保护。（4）规范食品安全信息发布，强调监管部门应当准确、及时、客观地公布食品安全信息，鼓励新闻媒体对食品安全违法行为进行舆论监督，同时规定对有关食品安全的宣传报道应当公正真实。① 《食品安全法》（2015 版）在继续强化新闻媒体进行监督的同时，提出有关食品安全的宣传报道应当真实、公正，并规定媒体编造、散布虚假食品安全信息的，由有关主管部门依法给予处罚，并对直接负责的主管人员和直接负责人员给予处分。

4. 保健食品管理制度的健全

由于保健食品法律法规不完善，保健食品市场混乱问题较为突出。针

---

① 《十二届全国人大常委会第十四次会议新闻发布会》，新华网，2016 – 03 – 04，http：//www.xinhuanet.com/politics/2016lh/zhibo/20160304a/。

对保健食品领域非法生产、非法经营、非法添加和非法宣传等众多乱象，《食品安全法》（2015 版）也有针对性地进行了立法完善，监管制度从模糊到清晰，监管措施由单一措施到多措并举，取得了重大突破和进展。特殊医学用途配方食品是适用于患有特定疾病人群的特殊食品，《食品安全法》（2009 版）对这类食品均未作规定。《食品安全法》（2015 版）对特殊医学用途配方食品参照药品管理的要求予以处理，规定该类食品应当经国家食品药品监督管理总局注册。注册时，应当提交产品配方、生产工艺、标签、说明书以及表明产品安全性、营养充足性和特殊医学用途临床效果的材料。另外，特殊医学用途配方食品广告也参照药品广告的有关管理规定予以处理。此外，对于保健食品、特殊医学用途配方食品、婴幼儿配方食品和其他专供特定人群的主辅食品等特殊食品，《食品安全法》（2015 版）规定这些特殊食品的生产企业应当按照良好生产规范的要求建立与所生产食品相适应的生产质量管理体系，定期对该体系的运行情况进行自查，保证其有效运行，并向所在地县级人民政府食品药品监督管理部门提交自查报告。《食品安全法》（2015 版）明确了对保健食品实行注册与备案分类管理的方式，改变了过去单一的产品注册制度；明确了保健食品原料目录、功能目录的管理制度，通过制定保健食品原料目录，明确原料用量和对应的功效，对使用符合保健食品原料目录规定原料的产品实行备案管理；明确了保健食品企业应落实主体责任，生产必须符合良好生产规范实行定期报告等制度；明确了保健食品广告发布必须经过省级食品药品监管部门的审查批准；明确了保健食品违法行为的处罚依据。这些条款，特别是对于保健食品的标签、广告，《食品安全法》（2015 版）和新《广告法》都有规定，应该说规定比较具体、明确，处罚的措施也比较严厉。与此同时，为了规范保健食品市场，国家食品药品监督管理总局于2015 年发布了《保健食品注册与备案管理办法（征求意见稿）》《保健食品保健功能目录原料目录管理办法（征求意见稿）》以及《保健食品标志管理办法（征求意见稿）》等。

5. 婴幼儿配方生产监督制度的完善

自 2008 年发生"三聚氰胺事件"以后，婴幼儿配方奶粉质量安全的问题一直是公众关注的焦点问题之一。实际上，从"三聚氰胺事件"之后，政府监管部门就始终高度重视奶粉行业的监管，国务院有关部门先后出台了多项措施整顿乳制品行业，制定新的奶粉企业准入细则。而在

《食品安全法》（2015 版）的修订过程中，一方面对婴幼儿配方食品实行严格管理，增设投料、半成品及成品检验等关键事项的控制要求，婴幼儿配方食品的配方方案和出厂逐批检验等义务；另一方面明确规定不得以委托、贴牌、分装方式生产婴幼儿配方乳粉。① 早在 2013 年 12 月，国家食品药品监管总局就接连出台《关于禁止以委托、贴牌、分装等方式生产婴幼儿配方乳粉的公告》《婴幼儿配方乳粉生产企业监督检查规定》《关于开展在药店试点销售婴幼儿配方乳粉工作的通知》和《关于进一步加强婴幼儿配方乳粉销售监督管理工作的通知》等规定，明确婴幼儿配方乳粉经营者应当严格落实质量安全责任追究制度，建立先行赔偿和追偿制度，按照"谁销售谁负责"的原则对消费者进行赔偿。《食品安全法》（2015 版）进一步明确规定，生产婴幼儿配方食品使用的生鲜乳、辅料等食品原料、食品添加剂等，应当符合法律、行政法规的规定和食品安全国家标准，保证婴幼儿生长发育所需的营养成分。婴幼儿配方食品生产企业应当将食品原料、食品添加剂、产品配方及标签等事项向省市区人民政府食品药品监督管理部门备案。新修订的食品安全法规定，婴幼儿配方食品生产企业应当实施从原料进厂到成品出厂的全过程质量控制，对出厂的婴幼儿配方食品实施逐批检验，保证食品安全。《食品安全法》（2015 版）特别规定：不得以分装方式生产婴幼儿配方乳粉，同一企业不得用同一配方生产不同品牌的婴幼儿配方乳粉。相较于成人，食品安全问题对婴幼儿身体机能损伤更大，而孩子的健康关系到每个家庭的幸福，更关乎民族的未来。从母婴食品安全入手，建立起从生产到流通的全流程追溯机制已势在必行。

6. 网购食品纳入监管

近年来，我国网络食品零售、网络外卖订餐、跨境食品电商等互联网食品新业态发展迅速，伪劣食品、"黑作坊"等食品安全问题不断显现。对此，监管部门反应迅速，积极探索网络食品监管法治化。《食品安全法》（2015 版）对互联网食品交易做了明确规定，明确了三项义务：①一般性义务。要求网络食品第三方交易平台要对入网食品经营者实名登记，明确其食品安全管理责任。②管理义务。要求网络食品第三方交易平台要

---

① 张全军、玄兆强、张兰：《论中国食品安全新形势及〈食品安全法〉的修订》，《农产品加工月刊》2015 年第 3 期。

对依法取得许可证才能经营的食品经营者许可证进行审查；发现入网食品经营者有违法行为的，应当及时制止，并且要立即报告食品药品监管部门；对发现严重违法行为应当立即停止提供网络交易平台的服务。③消费者权益保护义务。包括消费者通过网络食品交易第三方平台购买食品，其合法权益受到损害的，可以向入网的食品经营者或者食品生产者要求赔偿；网络食品第三方交易平台提供者不能提供入网食品经营者真实姓名、名称、地址和有效方式的，要由网络食品交易平台提供者赔偿；网络食品交易第三方平台提供者赔偿后，有权向入网食品经营者或者生产者进行追偿；网络食品第三方交易平台提供者如果做出更有利于消费者承诺的，应当履行承诺。与此同时，2015 年 8 月，国家食品药品监督公布《网络食品经营监督管理办法（征求意见稿）》；同年 10 月，国家质量监督检验检疫总局公布《网购保税模式跨境电子商务进口食品安全监督管理细则（征求意见稿）》。两部建议稿的亮点包括：网络食品经营应取得许可或备案；存在安全隐患食品要召回；网络食品交易第三方平台有一定的管理义务；进口食品应该附有合法形式的中文标签等。

7. 转基因食品的安全监管

2015 年，先后有三起状告农业部涉及转基因信息公开的行政诉讼案件被北京市第三中级人民法院受理。围绕转基因食品纷争不断，一直没有达成各方认可的意见，三起案件是希冀借助司法的力量澄清真相。2015 年年初，中共中央、国务院印发的《关于加大改革创新力度加快农业现代化建设的若干意见》（中央一号文件），首次提出要加强农业转基因生物科学普及。显然，要对转基因食品问题达成共识仍需要一个艰辛的过程。全国政协于 2015 年 10 月 8 日在京召开第 39 次双周协商座谈会，专门就"转基因农产品的机遇与风险"进行座谈。《食品安全法》（2015版）最终明确："生产经营转基因食品应当按照规定显著标示"。为深入贯彻 2015 年中央一号文件精神，切实履行《农业转基因生物安全管理条例》赋予的职责，持续加强农业转基因生物研究、试验、生产、加工的安全监管，切实做好农业转基因生物技术研究、安全管理和科学普及工作，农业部办公厅印发了《农业部 2015 年农业转基因生物安全监管工作方案》，以水稻和玉米为重点，瞄准重点单位、重点环节和重点区域，深挖扩散源头、严查农产品市场、强化执法监管、加强科普宣传，杜绝非法种植，防止未经安全评价的转基因生物及其产品流入市场。强化责任落实、把握工作重点、严格执法查处，把防止转基因作物非法扩散作为一项重要任务抓实抓细，增强工作的主动性和有效性。

8. 食用农产品的源头治理

《食品安全法》（2015 版）将食用农产品的市场销售纳入法律的调整范围，并明确规定禁止将剧毒、高毒农药用于蔬菜、瓜果、茶叶和中草药材等国家规定的农作物。县级以上食品药品监管部门在食品安全监管工作中可以采用国家规定的快速检测方法对食品进行抽查检测。对抽查检测结果表明可能不符合食品安全标准的食品，应当依法进行检验。抽查检验结果确定有关食品不符合食品安全标准的，可以作为行政处罚的依据。抽样检验是通过对末端产品依照法规标准进行检验，防止不合格产品危害消费者健康的有效手段。《食品安全法》（2015 版）实施后，将在研究加强与农业部门的产地准出和市场准入管理有效衔接机制的基础上，不断提高食用农产品的抽检覆盖率，要求食用农产品批发市场进行自检，切实履行食品安全主体责任，同时，食品药品监管部门以消费量大、社会广泛关注的蔬菜、生鲜肉、水产品等食用农产品为重点品种，以农药兽药残留为重点监测项目，在食用农产品批发市场、集贸市场、商场超市、餐饮服务单位等环节和场所进行抽样检验发现不符合食品安全标准的，将严格依法依规进行查处，并及时向社会公布抽检结果。

（二）《食品安全法》（2015 版）实施后产生的影响

《食品安全法》（2015 版）作为一部保证食品质量、保障公众饮食安全的法典，必将对食品监管、食品行业发展以及消费者的饮食安全带来直接影响。

1. 对食品监管产生的重要影响

《食品安全法》（2015 版）从监管角度出发，创新完善了诸多监管制度，为行业监管部门开展食品安全监管增添了新的"武器"。主要体现在：一是规定监管部门应根据食品安全风险监测、评估结果等确定监管重点、方式和频次，实施风险分级管理。该规定有利于监管部门合理配置监管资源，有针对性地加强对食品企业的动态监管和风险预警分析，落实食品企业质量安全主体责任。二是明确对有证据证明食品存在安全隐患但食品安全标准未作相应规定的，相关部门可规定食品中有害物质的临时限量值和临时检验方法。作为应急状态下的一项行政控制措施，这一制度的设计有利于监管部门在食品监管中对食品中有害物质含量的检测判定。三是规定食品药品监管部门可以对未及时采取措施消除隐患的食品生产经营者的主要负责人进行责任约谈；政府可以对未及时发现系统性风险、未及时消除监管区域内的食品安全隐患的监管部门主要负责人和下级人民政府主要负责人进行责任约谈。这一制度的设立，有利于监管部门进一步强化食品药品安全管理的责任意识，推动食品药品安全监管职责落实到位，有效防范食品药品安全事故的发生。四是明确食品药品监管部门应当建立食品生产经营者食品安全信用档案，依法向社会公布并实时更新。这一制度的建立不仅有利于引导食品生产经营者在生产经营活动中重质量、重服务、重信誉、重自律，进而形成确保食品安全的长效机制，而且对监管部门提升监督检查效率，增强执法威慑力具有重要意义。五是规定食品药品监管、质量监督等部门发现涉嫌食品安全犯罪的，应当按照有关规定及时将案件移送公安机关。这一规定明确了食品安全行政执法案件的移送程序和各相关部门的职责，这对畅通行政执法与刑事司法衔接、多部门联合打击食品安全违法犯罪具有重要作用。

2. 对食品行业发展的积极影响

《食品安全法》（2015 版）实施将对食品行业的发展产生重要影响。主要体现在：一是明确食品生产经营者对食品安全承担主体责任，对其生产经营食品的安全负责。这一原则性规定确立了食品生产经营者是其产品质量第一责任人的理念，对提高整个食品行业质量安全意识具有积极意义。二是规定食品生产经营者应当依法建立食品安全追溯体系，保证食品可追溯。国家鼓励食品生产经营企业采用信息化手段采集、留存生产经营信息，建立食品安全追溯体系。食品安全追溯体系的建立，便于有效追溯食品源头，分清各生产环节的责任，对提高我国整个食品安全可信度和食品企业竞争力具有重要作用。同时，通过追溯体系的健全，有利于追踪溯源地查处各类食品违法行为，对净化整个食品行业环境，促进食品产业发展意义重大。三是对保健食品管理新增多项规定。例如，改变过去单一的产品注册制度，对保健食品实行注册与备案双规制；明确保健食品原料目录、功能目录的管理制度，对使用符合保健食品原料目录规定原料的产品实行备案管理；明确保健食品企业应落实主体责任，生产必须符合良好规范并实行定期报告制度；规定保健食品广告发布必须经过省级食品药品监管部门的审查批准等。新法增加的这些规定，将使整个保健食品行业得到进一步肃清整顿，加速行业的健康成长。正如汤臣倍健公共事务部总监陈特军所言，此次食品安全法修订将对整个保健品行业的发展起到正向激励作用，既解放了行业龙头企业的生产力与创新力，也给行业注入新鲜活力，而且规范的监督也有助于重塑消费者对保健品行业的信心，促进整个行业的发展成熟。四是对婴幼儿配方乳粉管理增设新规定。例如，明确要求婴幼儿配方食品生产企业实施从原料进厂到成品出厂的全过程质量控制；婴幼儿配方乳粉的产品配方应当经国务院食品药品监督管理部门注册；不得以分装方式生产婴幼儿配方乳粉。新法明确要"加强全程质量监控"，可以最大限度地保证婴幼儿配方食品质量安全，这对规范奶粉市场秩序、重振民众对国产奶粉的消费信心具有积极的推动作用。特别是"产品配方实施注册管理"，不仅有助于政府部门通过许可手段将配方总量有限制地控制起来，促使企业更专注地将配方产品质量做好，而且对提高奶粉品牌的市场进入门槛，推动婴幼儿奶粉配方升级具有积极作用。而"禁止分装方式生产"，意在鼓励国内的生产企业集中力量提升研发能力和生产的技术水平，进一步保障婴幼儿配方乳粉的质量安全。

3. 对消费者饮食安全的保障作用

《食品安全法》（2015 版）的实施也将对保障消费者饮食安全产生积极的影响。主要体现在：一是保健食品标签不得涉及防病治疗功能。近年来，保健食品在我国销售日益火爆，但市场中鱼龙混杂的现象仍十分严重。根据国家食品药品监管总局对 2012 年全年和 2013 年 1—3 月，118 个省级电视频道、171 个地市级电视频道和 101 份报刊的监测数据显示，保健食品广告 90% 以上属于虚假违法广告，其中宣称具有治疗作用的虚假违法广告占 39%。新法要求保健食品标签不得涉及防病治疗功能，并声明"本品不能代替药物"。这些规定有助于消费者识别保健品虚假宣传，警惕消费陷阱。二是生产经营转基因食品应按规定标示。近年来，农业转基因生物产品越来越多地进入人们的生活中，关于转基因食品安全性的争议也愈演愈烈。尤其是在转基因食品标示方面，要么标志很小，消费者很难注意到；要么有些商家乱标志，以"非转基因"作为炒作噱头。新法规定了生产经营转基因食品应当按照规定显著标示，并设置了相应的法律责任。这一规定完善了我国转基因食品标志制度，充分保障了消费者对转基因食品的知情权。三是剧毒、高毒农药禁用于蔬菜瓜果。利用剧毒农药、化肥、膨大剂等对蔬菜瓜果进行病虫害防治、催肥，是消费者最担忧的食品安全问题之一。2015 年 4 月初，就有山东省即墨市、胶州市的消费者食用了产自海南的西瓜后，出现呕吐、头晕等症状，后经抽检，发现 9 批次含有国家明令禁止销售和使用的高毒农药"涕灭威"。新法明确规定，剧毒、高毒农药不得用于蔬菜、瓜果、茶叶和中草药材。这有利于进一步确保消费者的饮食安全，消除消费者对有"毒"蔬菜瓜果的担忧，提升消费者对普通食品的消费信心。

三　《食品安全法》配套法律法规建设新进展

2009 年，我国确立了以《食品安全法》为核心的食品安全法律制度框架。之后，各部门和各地方持续推进相关食品安全法律法规制度的修改、完善与新的立法等建设工作，并先后以《食品安全法》（2009 版）和《食品安全法》（2015 版）为基础，努力构建具有中国特色的较为完整的食品安全法律体系。本书主要介绍近三年来以《食品安全法》（2009 版）和《食品安全法》（2015 版）为基础，国务院、国家相关部委以及地方颁布的主要规章、规范性文件以及地方性法规。

（一）国务院发布的有关食品安全的主要规章与规范性文件

2012 年 6 月 23 日国务院下发了《关于加强食品安全工作的决定》（国发〔2012〕20 号）（以下简称《决定》）。《决定》提出了治理整顿我国食品安全问题的时间表，即用三年左右的时间，使我国食品安全治理整顿工作取得明显成效，违法犯罪行为得到有效遏制，突出问题得到有效解决；用五年左右的时间，使我国食品安全监管体制机制、食品安全法律法规和标准体系、检验检测和风险监测等技术支撑体系更加科学完善，生产经营者的食品安全管理水平和诚信意识普遍增强，社会各方广泛参与的食品安全工作格局基本形成，食品安全总体水平得到较大幅度提高。在《决定》出台以后，自 2012 年以来，国务院多次发布重要规章和规范性文件，2012—2015 年国务院发布的有关食品安全的规范性文件目录见表 6 - 2。

表 6－2   2012—2015 年国务院发布的有关食品安全的规范性文件

制定机关	文件名称	文号	制定时间
国务院	《关于加强食品安全工作的决定》	国发〔2012〕20 号	2012 年 6 月 23 日
国务院	《关于地方改革完善食品药品监督管理体制的指导意见》	国发〔2013〕18 号	2013 年 4 月 10 日
国务院办公厅	《关于印发 2013 年食品安全重点工作安排的通知》	国办发〔2013〕25 号	2013 年 4 月 7 日
国务院办公厅转发	《转发食品药品监管总局、工业和信息化部、公安部、农业部、商务部、卫生计生委、海关总署、工商总局、质检总局等部门〈关于进一步加强婴幼儿配方乳粉质量安全工作意见〉的通知》	国办发〔2013〕57 号	2013 年 6 月 16 日
国务院食品安全委员会办公室	《关于进一步加强农村儿童食品市场监管工作的通知》	食安办〔2013〕16 号	2013 年 9 月 16 日
国务院食品安全委员会办公室	《关于加强 2013 年中秋、国庆节日期间食品安全监管工作的通知》	食安办发电〔2013〕4 号	2013 年 8 月 30 日
国务院办公厅	《关于进一步加强食品药品监管体系建设有关事项的通知》	国办发明电〔2014〕17 号	2014 年 9 月 28 日
国务院办公厅	《关于印发 2014 年食品安全重点工作安排的通知》	国办发〔2014〕20 号	2014 年 4 月 29 日
国务院办公厅	《2015 年食品安全重点工作安排的通知》	国发〔2015〕10 号	2015 年 3 月 2 日
国务院食品安全委员会办公室等五部门	《关于进一步加强农村食品安全治理工作的意见》	食安办发电〔2015〕18 号	2015 年 10 月 27 日
国务院办公厅	《关于印发粮食安全省长责任制考核办法的通知》	国办发〔2015〕80 号	2015 年 11 月 3 日
国务院办公厅	《关于加快推进重要产品追溯体系建设的意见》	国办发〔2015〕95 号	2015 年 12 月 30 日

（二）国家相关部委发布的有关食品安全的重要规章

2012 年以来，国家食品药品监督总局、国家卫生和计划生育委员会、国家质量监督检验检疫总局、农业部等国家相关部委共发布规章 14 部（见表 6 - 3）。总体数量并不多，这从一个侧面反映了 2012 年以前食品安全方面的配套立法、具体制度已经基本建立，在整个食品安全的监管链条体系中基本上做到了有法可依、有章可循。需要指出的是，近年来在农产品生产环节中暴露出来的食品安全问题并不少见，但农产品质量安全事项并不属于《食品安全法》调控的领域，而主要属于《农产品质量法》为基础的法律规范体系的调整范畴。为更好地衔接食用农产品与食品的监管，国家食品药品监督于 2015 年 12 月 8 日审议通过了《食用农产品市场销售质量安全监督管理办法》（国家食品药品监督管理总局令第 20 号），并于 2016 年 1 月 5 日发布，自 2016 年 3 月 1 日起开始施行。①

表 6 - 3　2012—2015 年国家相关部委发布的有关食品安全的部委规章

制定机关	文件名称	文号	制定时间
农业部	《饲料和饲料添加剂生产许可管理办法》	农业部令 2012 年第 3 号	2012 年 5 月 2 日
农业部	《新饲料和新饲料添加剂管理办法》	农业部令 2012 年第 4 号	2012 年 5 月 2 日
农业部	《饲料添加剂和添加剂预混合饲料产品批准文号管理办法》	农业部令 2012 年第 5 号	2012 年 5 月 2 日
农业部	《绿色食品标志管理办法》	农业部令 2012 年第 6 号	2012 年 7 月 30 日
农业部	《农产品质量安全监测管理办法》	农业部令 2012 年第 7 号	2012 年 8 月 14 日
国家质量监督检验检疫总局	《进口食品境外生产企业注册管理规定》	国家质量监督检验检疫总局令第 145 号	2012 年 3 月 30 日

---

① 需要说明的是，2016 年以来，国家有关部委出台了多部规章和规范性文件，如国家食品药品监督基于《食品安全法》（2015 版）关于特殊食品准入管理的新规定，出台了《保健食品注册与备案管理办法》《特殊医学用途配方食品注册管理办法》《婴幼儿配方乳粉产品配方注册管理办法》等规章。但本书数据的统计时间均截至 2015 年 12 月，所以在此处没有列出 2016 年以来发布的规章。下文关于规范性文件的汇总统计也是如此。

续表

制定机关	文件名称	文号	制定时间
国家质量监督检验检疫总局	《进出口乳品检验检疫监督管理办法》	国家质量监督检验检疫总局令第152号	2013年1月24日
国家卫生和计划生育委员会	《新食品原料安全性审查管理办法》	国家卫生和计划生育委员会令第1号	2013年5月31日
国家食品药品监督总局	《食品药品行政处罚程序规定》	国家食品药品监督管理总局令第3号	2014年4月28日
国家食品药品监督总局	《食品药品监督管理统计管理办法》	国家食品药品监督管理总局令第10号	2014年12月19日
国家食品药品监督总局	《食品召回管理办法》	国家食品药品监督管理总局令第12号	2015年3月11日
国家食品药品监督总局	《食品生产许可管理办法》	国家食品药品监督管理总局令第16号	2015年8月31日
国家食品药品监督总局	《食品经营许可管理办法》	国家食品药品监督管理总局令第17号	2015年8月31日
国家卫生和计划生育委员会	《关于发布食品安全国家标准食品添加剂六偏磷酸钠（GB1886.4—2015）等47项食品安全国家标准的公告》	国家卫生和计划生育委员会令第9号	2015年12月30日

（三）　国家相关部委发布的有关食品安全的主要规范性文件

近年来，为更好地贯彻落实《食品安全法》等相关法律以及关于食品安全的重要规章，国家食品药品监督、农业部、国家质量监督检验检疫总局以及国家卫生和计划生育委员会（或组建前的卫生部）等国家相关部委，围绕食品的生产、加工、流通、销售以及进出口等全程供应链环节的监管，制定了大量规范性文件。为便于读者了解，本书列出 2012—2015 年国家相关部委发布的有关食品安全的部委规范性文件目录见表 6 -4。

需要指出的是，为落实国家政策法规和有关文件精神，地方各级各部门根据本地实际，制定了若干地方性法规，尤其是《食品安全法》（2015版）颁布实施以来，各省份围绕食品"三小"（小作坊、小餐饮、小摊贩）监管，正在纷纷制定或已经出台食品"三小"的地方法规，如内蒙古自治区在 2015 年 5 月 22 日召开的十二届人大常委会第十六次会议通过了《内蒙古自治区食品生产加工小作坊和食品摊贩管理条例》，为做好贯彻落实工作，内蒙古自治区食品药品监督管理局制定了《内蒙古自治区食品生产加工小作坊登记及监督管理办法（试行）》。但由于地方政府颁布的地方法规与规范性文件比较多，限于篇幅，本书不再详细介绍地方法规的详细情况。

表 6 - 4　　2012—2015 年国家相关部委发布的有关食品安全的部委规范性文件

制定机关	文件名称	文号	制定时间
国家质量监督检验检疫总局	《进出口预包装食品标签检验监督管理规定》	国家质量监督检验检疫总局 2012 年第 27 号公告	2012 年 2 月 27 日
国家质量监督检验检疫总局	《进口食品进出口商备案管理规定》	国家质量监督检验检疫总局 2012 年第 55 号公告	2012 年 4 月 5 日
国家质量监督检验检疫总局	《食品进口记录和销售记录管理规定》	国家质量监督检验检疫总局 2012 年第 55 号公告	2012 年 4 月 5 日
国家质量监督检验检疫总局	《出口食品原料种植场备案管理规定》	国家质量监督检验检疫总局 2012 年第 56 号公告	2012 年 4 月 5 日
卫生部	《关于加强饮用水卫生监督检测工作的指导意见》	卫监督发〔2012〕3 号	2012 年 1 月 10 日
卫生部	《食品安全国家标准"十二五"规划》	8 部委联合制定，卫监督发〔2012〕40 号	2012 年 6 月 11 日
卫生部	《食品安全国家标准跟踪评价规范（试行）》	卫监督发〔2012〕81 号	2012 年 12 月 19 日
国家食品药品监督管理总局、财政部	《食品药品违法行为举报奖励办法》	国食药监办〔2013〕13 号	2013 年 1 月 8 日

续表

制定机关	文件名称	文号	制定时间
国家食品药品监督管理总局	《关于进一步加强食品药品监管信息化建设的指导意见》	国食药监办〔2013〕32号	2013年2月8日
全国工业产品生产许可证审查中心	《食品生产许可证审查员及审查员教师管理办法》	许可中心〔2013〕49号	2013年3月25日
国家食品药品监督管理总局办公厅、教育部办公厅	《关于加强学校食堂食品安全监管预防群体性食物中毒的通知》	食药监办〔2013〕23号	2013年5月24日
国家食品药品监督管理总局	《关于切实强化夏季流通消费环节食品安全监管预防食物中毒的通知》	食药监办食监二〔2013〕155号	2013年6月9日
国家食品药品监督管理总局办公厅	《关于切实强化夏季流通消费环节食品安全监管预防食物中毒的通知》	食药监办食监二〔2013〕155号	2013年6月9日
国家食品药品监督管理总局	《关于进一步加强婴幼儿配方乳粉生产监管工作的通知》	食药监食监一〔2013〕121号	2013年8月2日
国家食品药品监督管理总局	《关于加强食品药品安全科技工作的通知》	食药监科〔2013〕139号	2013年9月9日
国家食品药品监督管理总局	《关于做好改革过渡期间食品安全许可证发放工作的通知》	食药监食监二〔2013〕207号	2013年10月9日
国家食品药品监督管理总局、国家卫生和计划生育委员会、国家工商行政管理总局	《关于进一步规范母乳代用品宣传和销售行为的通知》	食药监食监一〔2013〕214号	2013年10月17日

制定机关	文件名称	文号	制定时间
国家食品药品监督管理总局、国家质量监督检验检疫总局	《关于加强对进口可可壳使用管理的通知》	食药监食监一〔2013〕203号	2013年10月23日
国家食品药品监督管理总局	《婴幼儿配方乳粉生产许可审查细则》（2013版）	—	2013年12月16日
国家食品药品监督管理总局办公厅	《食品安全监督抽检和风险监测实施细则》（2014版）	食药监办食监三〔2014〕71号	2014年3月31日
国家食品药品监督管理总局	《食品安全抽样检验管理办法》	国家食品药品监督管理总局令第11号	2014年12月31日
农业部绿色食品管理办公室、中国绿色食品发展中心	《关于印发〈绿色食品标志许可审查工作规范〉和〈绿色食品现场检查工作规范〉的通知》	农绿认〔2014〕24号	2014年12月26日
中国绿色食品发展中心	《关于印发〈绿色食品标志使用证书管理办法〉和〈绿色食品颁证程序〉的通知》（2014年修订）	—	2014年12月10日
国家卫生和计划生育委员会	《关于建立卫生计生系统食品安全首席专家制度的指导意见》	国卫食品发〔2014〕84号	2014年11月14日
农业部、食品药品监管总局	《关于加强食用农产品质量安全监督管理工作的意见》	农质发〔2014〕14号	2014年10月31日
中国绿色食品发展中心	《关于印发〈关于绿色食品产品标准执行问题的有关规定〉的通知》（2014年修订）	中绿科〔2014〕153号	2014年10月10日

制定机关	文件名称	文号	制定时间
中国绿色食品发展中心	《关于严格执行〈绿色食品产地环境质量〉和〈绿色食品产地环境调查、监测与评价规范〉的通知》	中绿科〔2014〕135号	2014年8月21日
国家食品药品监督管理总局	《关于印发〈食品药品行政处罚案件信息公开实施细则（试行）〉的通知》	食药监稽〔2014〕166号	2014年8月11日
中国绿色食品发展中心	《关于印发〈绿色食品检查员注册管理办法〉的通知（2014年修订）	农绿认〔2014〕12号	2014年7月11日
国家食品药品监督管理总局、财政部	《关于印发〈食品药品监督管理人员制式服装及标志供应办法〉和〈食品药品监督管理人员制式服装及标志式样标准〉的通知》	食药监财〔2014〕15号	2014年2月12日
国家食品药品监督管理总局	《关于印发〈重大食品药品安全违法案件督察督办办法〉的通知》	食药监稽〔2014〕96号	2014年7月10日
农业部绿色食品管理办公室、中国绿色食品发展中心	《关于下发〈全国绿色食品原料标准化生产基地监督管理办法〉的通知》（2014年修订）	农绿科〔2014〕12号	2014年6月17日
农业部绿色食品管理办公室、中国绿色食品发展中心	《关于印发〈绿色食品标志许可审查程序〉的通知》（2014年修订）	农绿认〔2014〕9号	2014年5月28日
国家质量监督检验检疫总局	《关于印发〈国家级出口食品农产品质量安全示范区考核实施办法〉的通知》	国质检食〔2014〕216号	2014年4月15日

续表

制定机关	文件名称	文号	制定时间
国家食品药品监督管理总局办公厅	《关于印发〈食品安全监督抽检和风险监测工作规范（试行）〉的通知》	食药监办食监三〔2014〕55号	2014年3月31日
国家质量监督检验检疫总局	《关于发布〈进口食品不良记录管理实施细则〉的公告》	国家质量监督检验检疫总局公告2014年第43号	2014年2月26日
国家食品药品监督管理总局	《关于进一步加强白酒小作坊和散装白酒生产经营监督管理的通知》	食药监电〔2015〕1号	2015年1月23日
国家食品药品监督管理总局	《关于加强现制现售生鲜乳饮品监管的通知》	食药监食监二〔2015〕36号	2015年4月7日
国家食品药品监督管理总局	《关于进一步加强火锅原料、底料和调味料监督管理的通知》	食药监办食监二〔2015〕58号	2015年4月13日
国家食品药品监督管理总局	《关于开展含铝食品添加剂使用标准执行情况专项检查的通知》	食药监办食监二〔2015〕87号	2015年7月1日
国务院食品安全委员会办公室	《关于加强食品安全法宣传普及工作的通知》	食安办〔2015〕9号	2015年7月1日
国家食品药品监督管理总局	《关于遴选中国疾病预防控制中心营养与健康所等7家单位为国家食品药品监督管理总局保健食品注册检验机构的通知》	食药监办食监三函〔2015〕379号	2015年7月6日
国家食品药品监督管理局	《关于白酒生产企业建立质量安全追溯体系的指导意见》	食药监食监一〔2015〕194号	2015年9月9日
国家食品药品监督管理局	《关于进一步加强中秋国庆"两节"期间食品安全监管工作的紧急通知》	食药监办电〔2015〕14号	2015年9月23日

制定机关	文件名称	文号	制定时间
国家食品药品监督管理总局	《关于贯彻落实〈食品召回管理办法〉的实施意见》	食药监法〔2015〕227号	2015年9月30日
国家食品药品监督管理总局	《关于贯彻实施〈食品生产许可管理办法〉的通知》	食药监食监一〔2015〕225号	2015年9月30日
国家食品药品监督管理总局	《关于印发〈食品经营许可审查通则（试行）〉的通知》	食药监食监二〔2015〕228号	2015年9月30日
国务院食品安全委员会办公室	《关于进一步加强农村食品安全治理工作的意见》	食安办〔2015〕18号	2015年10月27日
国家食品药品监督管理总局	《关于切实做好对违法生产销售银杏叶提取物及制剂行为查处工作的通知》	食药监稽〔2015〕251号	2015年11月5日
国务院食品安全委员会办公室	《关于印发新修订〈中华人民共和国食品安全法〉宣传素材的通知》	食安办函〔2015〕43号	2015年11月26日
国家食品药品监督管理总局	《婴幼儿配方乳粉生产企业食品安全追溯信息记录规范的通知》	食药监食监一〔2015〕281号	2015年12月31日

注：表中的"—"表示数据缺失。

四　以司法解释和典型案例解读推动食品安全法律法规贯彻落实

为更好贯彻落实食品安全法律，最高人民法院、最高人民检察院先后联合发布《关于办理危害食品安全刑事案件适用法律若干问题的解释》（以下简称《解释》）和《关于办理利用信息网络实施诽谤等刑事案件适用法律若干问题的解释》等司法解释，进一步体现了食品安全立法的"严"和"厉"。同时，最高人民法院、公安部、监察部以及各级食品药品监督管理部门通过典型案例解释法律，努力推动法律规定的全面贯彻落实。

（一）发布司法解释与坚持重典治乱

1. 《关于办理危害食品安全刑事案件适用法律若干问题的解释》

2013 年 5 月 3 日，最高人民法院、最高人民检察院联合发布《关于办理危害食品安全刑事案件适用法律若干问题的解释》（以下简称《解释》），对当下危害食品安全犯罪展示了强大的威慑力。《解释》对危害食品安全犯罪领域较为突出的新情况、新问题进行了梳理分类，并根据刑法规定分别提出了法律适用意见，较为系统地解决了危害食品安全犯罪行为的定罪问题，基本实现了对当前危害食品安全犯罪行为的全面覆盖。集中体现在以下三个方面：

第一，对象全覆盖。《解释》区分不同对象，分别明确了具体的定罪处理意见。一是《刑法》第一百四十三条、第一百四十四条规定的生产、销售不符合安全标准的食品罪和生产、销售有毒、有害食品罪这两个危害食品安全犯罪基本罪名的对象不仅包括加工食品，还包括食品原料、食用农产品、保健食品等，以后者为犯罪对象的同样应适用《刑法》第一百四十三条、第一百四十四条的规定定罪处罚。二是食品添加剂和用于食品的包装材料、容器、洗涤剂、消毒剂或者用于食品生产经营的工具、设备包括餐具等食品相关产品不属于食品，以这类产品为犯罪对象的，应适用《刑法》第一百四十条的规定以生产、销售伪劣产品罪定罪处罚。

第二，链条全覆盖。鉴于危害食品安全犯罪链条长、环节多等特点，为有效打击源头犯罪和其他食品相关产品犯罪，《解释》作了以下两个方面的规定：一是针对现实生活中大量存在流通、贮存环节的滥用添加和非法添加行为，将刑法规定的"生产、销售"细化为"加工、销售、运输、贮存"等环节，明确加工、种（养）殖、销售、运输、贮存以及餐饮服务等环节中的添加行为均属生产、销售食品行为。二是明确非法生产、销售国家禁止食品使用物质的行为，包括非法生产、销售禁止用作食品添加的原料、农药、兽药、饲料等物质，在饲料等生产、销售过程中添加禁用物质，以及直接向他人提供禁止在饲料、动物饮用水中添加的有毒有害物质等，均属于违反国家规定的非法经营行为，应依法以非法经营罪定罪处罚。

第三，犯罪全覆盖。为依法惩治危害食品安全犯罪，发挥刑事打击合力作用，《解释》对各种危害食品犯罪行为的定罪意见以及罪与罪之间的关系作了规定，主要有：

一是针对食品违法添加中的突出问题，明确食品滥用添加行为将区分是否足以造成严重食物中毒事故或者其他严重食源性疾病分别以生产、销售不符合安全标准的食品罪和生产、销售伪劣产品罪定罪处罚；食品非法添加行为一律以生产、销售有毒、有害食品罪处理。

二是针对实践中存在的使用有毒、有害的非食品原料加工食品的行为，如利用"地沟油"加工所谓的食用油等，明确此类"反向添加"行为同样属于刑法规定的在"生产、销售的食品中掺入有毒、有害的非食品原料"。

三是为堵截病死、毒死、死因不明以及未经检验检疫的猪肉流入市场的通道，明确私设生猪屠宰厂（场）、非法从事生猪屠宰经营活动应以非法经营罪定罪处罚。

四是为依法惩治危害食品安全犯罪的各种帮助行为，扫除滋生危害食品安全犯罪的环境条件，对危害食品安全犯罪的共犯以及食品虚假广告犯罪作出了明确规定。

五是鉴于食品安全犯罪与一些部门监管不力、一些监管人员玩忽职守、包庇纵容有着较大关系，对食品监管渎职行为的定罪处罚意见予以明确。

为有力震慑危害食品安全犯罪，充分发挥刑事司法的特殊预防和一般预防功能，《解释》通篇贯彻了依法从严从重惩治危害食品安全犯罪的精神。集中体现在以下五个方面：

第一，细化量刑标准。为防止重罪轻处，依法从严惩处严重犯罪，《解释》花了较大篇幅对生产、销售不符合安全标准的食品罪和生产、销售有毒、有害食品罪的法定加重情节一一予以明确。

第二，明确罪名适用原则。明确危害食品安全犯罪一般应以生产、销售不符合安全标准的食品罪和生产、销售有毒、有害食品罪定罪处罚，只有在同时构成其他处罚较重的犯罪，或者不构成这两个基本罪名但构成其他犯罪的情况下，才适用刑法有关其他犯罪的规定定罪处罚。明确食品监管渎职行为应以食品监管渎职罪定罪处罚，不得适用法定刑较轻的滥用职权罪或者玩忽职守罪处理；同时构成食品监管渎职罪和商检徇私舞弊罪、动植物检疫徇私舞弊罪、徇私舞弊不移交刑事案件罪、放纵制售伪劣商品犯罪行为罪等其他渎职犯罪的，依照处罚较重的规定定罪处罚；不构成食品监管渎职罪，但构成商检徇私舞弊罪等其他渎职犯罪的，应当依照相关犯罪定罪处罚。

第三，提高罚金判罚标准。《解释》根据《刑法修正案（八）》的立法精神，对危害食品安全犯罪规定了远高于其他生产、销售伪劣商品犯罪的罚金标准，明确危害食品安全犯罪一般应当在生产、销售金额的二倍以上判处罚金，且上不封顶。

第四，严格掌握缓、免刑适用。《解释》强调，对于危害食品安全犯罪分子应当依法严格适用缓刑、免予刑事处罚；对于符合刑法规定条件确有必要适用缓刑的，应当同时宣告禁止令，禁止其在缓刑考验期限内从事食品生产、销售及相关活动。

第五，严惩单位犯罪。《解释》明确，对于单位实施的危害食品安全犯罪，依照个人犯罪的定罪量刑标准处罚。

《解释》根据危害食品安全刑事案件的特点和修改后刑事诉讼法的规定，对危害食品安全犯罪中的一些事实要件从实体上或者从程序上进行了技术处理，极大地增强了司法可操作性。集中体现在以下四个方面：

第一，转换生产、销售不符合安全标准的食品罪的入罪门槛的认定思路。《解释》基于现有证据条件，采取列举的方式将实践中具有高度危险的一些典型情形予以类型化，明确只要具有所列情形之一，比如，"含有严重超出标准限量的致病性微生物、农药残留、兽药残留、重金属、污染物质以及其他危害人体健康的物质的"，即可直接认定为"足以造成严重食物中毒事故或者其他严重食源性疾病"，从而有效地实现了证据事实与待证事实之间的对接。

第二，将有毒、有害非食品原料的认定法定化。《解释》明确，凡是国家明令禁止在食品中添加、使用的物质可直接认定为"有毒、有害"物质，而无须另做鉴定。

第三，确立人身危害后果的多元认定标准。《解释》结合危害食品安全犯罪案件的特点，从伤害、残疾程度以及器官组织损伤导致的功能障碍等多方面规定了人身危害后果的认定标准。

第四，明确相关事实的认定程序。《解释》规定，"足以造成严重食物中毒事故或者其他严重食源性疾病"、"有毒、有害非食品原料"难以确定的，司法机关可以根据检验报告并结合专家意见等相关材料进行认定。

2.《关于办理利用信息网络实施诽谤等刑事案件适用法律若干问题的解释》

2013 年 9 月公布施行的最高人民法院、最高人民检察院《关于办理利用信息网络实施诽谤等刑事案件适用法律若干问题的解释》是惩治网络谣言的一剂猛药。该《解释》第五条规定："编造虚假信息，或者明知是编造的虚假信息，在信息网络上散布，或者组织、指使人员在信息网络上散布，起哄闹事，造成公共秩序严重混乱的，依照《刑法》第二百九十三条第一款第（四）项的规定，以寻衅滋事罪定罪处罚。"根据这个规定，在网络上散布不真实信息可以按照寻衅滋事罪定罪。根据该《解释》的规定，结合犯罪行为的目的、手段等客观方面情况，散布不真实言论还可以构成诽谤、敲诈勒索、非法经营等罪名。同时，该《解释》第八条规定："明知他人利用信息网络实施诽谤、寻衅滋事、敲诈勒索、非法经营等犯罪，为其提供资金、场所、技术支持等帮助的，以共同犯罪论处。"这规定了网络服务商等主体的刑事责任。该《解释》的施行，明确了对在网络上散布不真实信息的行为进行定罪量刑的标准和尺度，为惩治、预防网络谣言提供了法律依据。

"两高"的司法解释施行后，司法机关迅速查处了一些案件。薛蛮子、秦火火等网络名人相继因为利用网络散布谣言而被捕。近日，秦志晖（网名"秦火火"）被北京市朝阳区法院以诽谤罪和寻衅滋事罪判刑三年。这对于利用网络散布谣言的犯罪行为将会发挥良好的一般预防作用。在改善、净化食品安全舆论环境方面，该《解释》将发挥关键性的作用。

（二）最高人民法院公布的典型案例

近年来，最高人民法院以公布典型案例的方式，对实践中出现的销售超过保质期的奶粉、生产病死猪肉、添加柠檬黄、罂粟壳、甲醛等违法物质、在饲料生产中添加瘦肉精、过量使用食品添加剂、监管人员未按规定检测等犯罪行为如何定罪量刑作出了指导。2012 年 3 月，最高人民法院公布了四起危害食品安全犯罪典型案件，2012 年 7 月 31 日，最高人民法院发布了《危害食品、药品安全犯罪典型案例》，其中六起是食品安全犯罪案件。以上十起危害食品安全典型案例，涉及以危险方法危害公共安全罪、生产、销售有毒、有害食品罪、生产、销售不符合卫生标准的食品罪、生产、销售伪劣产品罪定罪、非法经营罪、玩忽职守罪等。2013 年 5 月 4 日，最高人民法院召开新闻发布会，向社会公布了王长兵等生产、销售有毒食品，生产、销售伪劣产品案（生产、销售"假白酒"案件）；陈金顺等生产、销售伪劣产品，非法经营、生产、销售不符合安全标准的食品案（非法经营"病死猪"肉案件）；范光非法经营案（非法销售"瘦肉精"案件）；李瑞霞生产、销售伪劣产品案（生产、销售伪劣食品添加剂案件）；袁一、程江萍销售有毒、有害食品，销售伪劣产品案（销售"地沟油"案件）5起危害食品安全犯罪典型案例。2014年1月9日，为维护消费者合法权益，净化食品药品安全环境，最高人民法院召开新闻发布会，向社会公布了五起食品药品纠纷的典型案例。① 其目的在于统一各级法院的裁判制度，提醒消费者合理维权，同时也是向不良商家发出必须诚实经营的警示和警告。这批典型案例中有两件是涉及食品消费者获得惩罚性赔偿的案例，有一件是涉及食品消费损害赔偿主体的案例。2014年3月，最高人民法院公布了十起维护消费者权益典型案例②，其中一起也涉及食品安全法惩罚性赔偿条款的适用问题。本书从中选取四个最具代表性的案例进行详细介绍。

1. 孙银山买卖合同纠纷案

该案的基本案情是：2012年5月1日，原告孙银山在被告欧尚超市有限公司江宁店（以下简称欧尚超市）购买"玉兔牌"香肠15包，其中价值558.6元的14包香肠已过保质期（原告明知）。孙银山到收银台结账后，又径直到服务台进行索赔。因协商未果，孙银山诉至南京市江宁区人民法院，要求欧尚超市支付售价10倍的赔偿金5586元。法院认为，《消费者权益保护法》第二条规定："消费者为生活消费需要购买、使用商品或者接受服务，其权益受本法保护；本法未作规定的，受其他有关法律、法规保护。"本案中，孙银山实施了购买商品的行为，欧尚超市未提供证据证明其购买商品是用于生产销售，并且原告孙银山因购买到过期食品而要求索赔，属于行使法定权利。因此欧尚超市认为，孙银山不是消费者的抗辩理由不能成立。

食品销售者负有保证食品安全的法定义务，应当对不符合安全标准的食品及时清理下架。但欧尚超市仍然销售超过保质期的香肠，系不履行法定义务的行为，应当被认定为销售明知是不符合食品安全标准的食品。在

---

① 《最高人民法院公布五起食品药品纠纷典型案例》，中国法院网，2014 - 01 - 09，http：//www. chinacourt. org/article/detail/2014/01/id/1174682. shtml。

② 《最高法院公布10起维护消费者权益典型案例》，中国法院网，2014 - 03 - 13，http：//www. chinacourt. org/article/detail/2014/03/id/1229740. shtml。

此情况下，消费者可以同时主张赔偿损失和价款 10 倍的赔偿金，也可以只主张价款 10 倍的赔偿金。孙银山要求欧尚超市支付售价 10 倍的赔偿金，属于当事人自行处分权利的行为，应予支持。根据《食品安全法》第 96 条之规定，判决被告欧尚超市支付原告孙银山赔偿金 5586 元。现该判决已发生法律效力。该典型案例的意义在于，消费者明知是过期食品而购买，请求经营者向其支付价款 10 倍赔偿，法院应予支持。

2. 华燕人身权益纠纷案

该案的基本案情是：2009 年 5 月 6 日，原告华燕两次到被告北京天超仓储超市有限责任公司第二十六分公司（以下简称二十六分公司）处购买山楂片，分别付款 10 元和 6.55 元（为取证），在食用时山楂片中的山楂核将其槽牙崩裂。当日，华燕到医院就诊，将受损的槽牙拔除。为此，华燕共支付拔牙及治疗费 421.87 元，镶牙费 4810 元，交通费 6.4 元，复印费 15.8 元。后华燕找二十六分公司协商处理此事时，遭到对方拒绝。华燕后拨打 12315 进行电话投诉，经北京市朝阳区消费者协会团结湖分会（以下简称团结湖消协）组织调解，未达成一致意见。遂向北京市朝阳区人民法院起诉，要求被告赔偿拔牙及治疗费 421.87 元，镶牙费 4810 元，交通费 6.4 元，复印费 15.8 元，购物价款 17 元及初次购物价款 10 倍赔偿费共计 117 元，精神损害抚慰金 8000 元。团结湖消协向法院出具说明，证明华燕所购山楂片从包装完整的情况下即可看出存在瑕疵。案件审理中，北京天超仓储超市有限责任公司（以下简称天超公司）提供了联销合同及山楂片生产者的相关证照及山楂片的检验报告等，证明其销售的山楂片符合产品质量要求。经法院调查，华燕在本案事实发生前，曾因同一颗牙齿的问题到医院就诊，经治疗该牙齿壁变薄，容易遭受外力伤害。

北京市第二中级人民法院二审认为，根据国家对蜜饯产品的安全卫生标准，软质山楂片内应是无杂质的。天超公司销售的山楂片中含有硬度很高的山楂核，不符合国家规定的相关食品安全卫生标准，应认定存在食品质量瑕疵，不合格食品的销售者对其销售的不合格食品所带来的损害后果，应承担全部责任。华燕自身牙齿牙壁较薄，但对于本案损害的发生并无过错，侵权人的责任并不因而减轻。从团结湖消协出具的情况说明来看，该山楂片所存在的瑕疵是在外包装完整的情况下即可发现的，因此，产品销售商是在应当知道该食品存在安全问题的情况下销售该产品，应向消费者支付价款十倍的赔偿金。鉴于华燕因此遭受的精神损害并不严重，对其要求赔偿精神损失的主张，依法不予支持。据此，该院依照《食品安全法》第九十六条之规定，判决天超公司向华燕赔偿医疗费5231.87元，交通费6.4元、退货价款及支付价款10倍赔偿116.55元。该典型案例的意义在于，消费者因食用不合格食品造成人身损害，请求销售者依法支付医疗费和购物价款10倍赔偿金，人民法院予以支持。

3. 皮旻旻产品责任纠纷案

该案的基本案情是：2012年5月5日，皮旻旻在重庆远东百货有限公司（以下简称远东公司）购买了由重庆市武陵山珍王食品开发有限公司（以下简称山珍公司）生产的"武陵山珍家宴煲"10盒，每盒单价448元，共计支付价款4480元。每盒"武陵山珍家宴煲"里面有若干独立的预包装食品，分别为松茸、美味牛肝、黄牛肝、香菇片、老人头、茶树菇、青杠菌、球盖菌、东方魔汤料包等。每盒"武陵山珍家宴煲"产品的外包装上标注了储存方法、配方、食用方法、净含量、产品执行标准、生产许可证、生产日期、保质期以及生产厂家的地址、电话等内容，但东方魔汤料包上没有标示原始配料。山珍公司原以Q/LW7-2007标准作为企业的生产标准，该标准过期后由于种种原因未能及时对标准进行延续，且该企业仍继续在包装上标注Q/LW7-2007作为企业的产品生产标准，该企业于2012年9月向重庆市石柱土家族自治县质量技术监督局提交了企业标准过期的情况说明，于2012年10月向重庆市卫生局备案后发布了当前使用产品标准Q/LW0005S-2012。皮旻旻认为，其所购食品不合格，遂向重庆市江北区人民法院起诉，请求判令远东公司退还货款4480元，判令山珍公司承担5倍赔偿责任共计22400元。

一审法院判决：远东公司于判决生效之日起10日内退还皮旻旻货款4480元；驳回皮旻旻的其他诉讼请求。二审法院认为，食品生产经营者应当依照我国食品安全法及相关法律法规之规定从事生产经营活动，对社会和公众负责，保证食品安全，接受社会监督，并依法承担法律责任。本案双方当事人的讼争焦点为，涉案食品是否存在食品安全等问题，以及本案的法律适用和法律责任问题。

其一，涉案食品是否存在食品安全及其他问题：（1）山珍公司生产的"武陵山珍家宴煲"食品，未按卫生部门的通知要求进行食品安全企业标准备案，在其制定的Q/LW7-2007企业标准过期后继续执行该标准，违反食品强制性标准的有关规定；（2）该食品中东方魔汤料包属预包装食品，该食品预包装的标签上没有标明成分或者配料表以及产品标准代号，不符合《食品安全法》（2009 版）关于预包装食品标签标明事项的有关规定；（3）包装上的文字"家中养生我最好"是商品包装中国家标准要求必须标注事项以外的文字，符合广告特征，应适用《广告法》的规定，该文字属于国家明令禁止的绝对化用语，不合法。

其二，本案的法律适用及法律责任。《食品安全法》是《侵权责任法》的特别法，本案涉及食品安全问题的处理，应当适用《食品安全法》及相关法律法规之规定。根据上述查明的该食品存在食品安全标准、包装、广告方面的问题，该食品的生产经营者应当依照有关食品安全等法律法规之规定承担相应的法律责任。《重庆市食品安全管理办法》属于重庆市地方行政规章，在不与法律法规冲突的情况下可参照适用。皮旻旻要求参照《重庆市食品安全管理办法》第六十七条规定，退换食品，并支付价款 5 倍赔偿金，符合《食品安全法》（2009 版）第九十六条规定的精神，应予支持。遂判决：（一）维持一审判决第一项；（二）撤销一审判决第二项；（三）山珍公司支付上诉人皮旻旻赔偿金 22400 元。该典型案例的意义在于，食品存在质量问题造成消费者损害，消费者可同时起诉生产者和销售者。

4. 孟健诉产品责任纠纷案

该案的基本案情是：2012 年 7 月 27 日、28 日，孟健分别在广州健民医药连锁有限公司（以下简称健民公司）购得海南养生堂药业有限公司（以下简称海南养生堂公司）监制、杭州养生堂保健品有限责任公司（以下简称杭州养生堂公司）生产的"养生堂胶原蛋白粉"共 7 盒，合计 1736 元，生产日期分别为 2011 年 9 月 28 日、2011 年 11 月 5 日。产品外包装均显示产品标准号：Q/YST0011S，配料包括"食品添加剂（D－甘露糖醇、柠檬酸）"。各方当事人均确认涉案产品为普通食品，成分含有食品添加剂 D－甘露糖醇，属于超范围滥用食品添加剂，不符合食品安全国家标准。孟健因向食品经营者索赔未果，遂向广东省广州市越秀区人民法院起诉，请求海南养生堂公司、杭州养生堂公司、健民公司退还货款 1736 元，10 倍赔偿货款 17360 元。

一审法院判决杭州养生堂公司退还孟健所付价款 1736 元，海南养生堂公司对上述款项承担连带责任。孟健不服该判决，向广州市中级人民法院提起上诉。二审法院经审理认为：第一，本案当事人的争议焦点在于涉案产品中添加 D - 甘露糖醇是否符合食品安全标准的规定。涉案产品属于固体饮料，并非属于糖果，而 D - 甘露糖醇允许使用的范围是限定于糖果，因此，根据食品添加剂的使用规定，养生堂公司在涉案产品中添加 D - 甘露糖醇不符合食品安全标准的规定。杭州养生堂公司提供的证据不能支持其主张。第二，关于本案是否可适用《食品安全法》（2009 版）第九十六条关于 10 倍赔偿的规定。本案中，由于涉案产品添加 D - 甘露糖醇的行为不符合食品安全标准，因此，消费者可以依照该条规定，向生产者或销售者要求支付价款 10 倍的赔偿金。孟健在二审中明确只要求海南养生堂公司和杭州养生堂公司承担责任，海南养生堂公司和杭州养生堂公司应向孟健支付涉案产品价款 10 倍赔偿金。二审法院判决杭州养生堂公司向孟健支付赔偿金 17360 元，海南养生堂公司对此承担连带责任。该典型案例的意义在于，违规使用添加剂的保健食品属于不安全食品，消费者有权请求价款 10 倍赔偿。

需要指出的是，各级地方人民法院也常常通过发布召开新闻发布会、公布典型案例等方式，向社会公布打击危害食品安全犯罪的成果，营造了良好舆论氛围，充分发挥了刑事司法特殊预防与一般预防的功能。比如，2013 年 10 月 9 日，江苏省高级人民法院从近年来全省法院审结的危害食品安全犯罪案件中选取了 10 个典型案例进行发布。

（三）公安部多次通报食品犯罪典型案例

近年来，各地公安机关积极会同有关部门主动排查、重拳出击，集中侦破食品安全犯罪案件，并向社会公布典型案例，有力震慑了违法犯罪分子。先后分别于 2011 年、2013 年、2015 年集中公布典型案例。

2011 年 3 月 22 日，公安部公布了青海东垣乳品厂制售有毒有害食品案等 2010 年 10 大食品安全犯罪典型案例。2013 年 2 月 3 日，公安部公布了辽宁升泰肉制品加工厂特大制售有毒有害羊肉卷案等 10 起打击食品安全犯罪典型案例①，体现了各级公安机关高效贯彻落实公安部"打击食品

---

① 《公安部公布十起打击食品安全犯罪典型案例》，中国警察网，2013 - 02 - 03，http：//news. cpd. com. cn/n18151/c15653100/content. html. 这十起典型案件分别为：辽宁升泰肉制品加工厂特大制售有毒有害羊肉卷案、辽宁大连徐某某等制售伪劣羊肉卷案、北京阳光一佰生物技术开发有限公司特大制售有害保健品案、浙江温州李某等特大制售假洋酒案、河北石家庄底某某等制售注水牛肉案、内蒙古呼和浩特包某某制售假劣食品案、湖北襄阳公安机关捣毁 2 个制售假劣饮料"黑工厂"、广西南宁孙某某等制售假劣白酒案、宁夏银川公安机关打掉 2 个制售"毒豆芽"黑作坊和山东潍坊文某某等制售病死猪案。

犯罪保卫餐桌安全"专项行动的成果。从案情来看，这 10 起案件均具有
涉案金额特别巨大、影响范围广泛、情节特别恶劣、团伙犯罪的特征。就
犯罪的领域而言，主要集中在假劣肉制品、有害保健品、假劣酒类、假劣
饮料和毒豆芽。2013 年 5 月 2 日，公安部公布各地 10 起打击肉制品犯罪
典型案例。① 这些案件大多也是团伙作案，涉案金额特别巨大，假劣肉制
品销售范围特别广泛，社会危害性特别巨大，其中还包含一起制售有毒有
害食品致人死亡的典型案例。这 10 起肉制品犯罪典型案例，展示了公安
机关在开展私屠滥宰和"注水肉"等违法违规行为专项整治方面的战果。

　　2016 年 2 月 4 日，公安部公布了 2015 年打击食药犯罪 10 大典型案
例。其中，食品安全犯罪 5 起。这 5 起案例是：（1）浙江海宁杨某等制
售有毒有害蔬菜案。2015 年 5 月，浙江省海宁市公安机关破获一起使用
违禁农药制售有毒有害蔬菜案，抓获犯罪嫌疑人 9 名，捣毁制售有毒有害
蔬菜窝点 4 个，查扣有毒有害蔬菜 10 余吨、违禁农药 80 余瓶，案值达 50
余万元。经查，2012 年以来，犯罪嫌疑人杨某、张某等明知国家禁止在
蔬菜果树上使用甲拌磷等农药，为节省生产成本和劳作工时，在其承包的
1000 多亩农地上对种植的葱、萝卜、包心菜等蔬菜大量喷洒甲拌磷等农
药，并将涉案的 3000 余吨有毒蔬菜销往各地市场。（2）重庆垫江熊某等
制售"地沟油"案。2015 年 5 月，重庆市公安局打假总队会同垫江县公
安局破获一起特大制售"地沟油"案，捣毁制售窝点 7 个，抓获涉案人
员 43 名，查获生产线 4 条，查扣成品、半成品"地沟油"及加工废弃物
原料 80 吨，案值 8000 余万元。经查，2011 年以来，犯罪嫌疑人熊某等
人以 1400—3000 元/吨的价格从重庆、四川、湖北等地收购含淋巴、腺体
等的生猪屠宰废弃物，熬制毛油，再以 4000—5000 元/吨的价格销售至垫
江县闽杰猪油精炼加工厂，该厂经降酸、脱色、脱臭后提炼出成品食用猪
油，按 6000 元/吨的价格销往贵州、云南、四川、河南、湖南、重庆等
地。（3）山西晋城张某等制售病死猪肉案。2015 年 1 月，山西省晋城公

---

　　① 《公安部公布各地十起打击肉制品犯罪典型案例》，公安部，2013 – 05 – 02，http：//
www. gov. cn/gzdt/2013 –05/02/content_ 2394736. htm。这 10 起案例分别为：辽宁本溪时某等销售
未经检验检疫走私冻牛肉案、内蒙古包头腾达食品有限公司制售假劣牛肉案、江苏无锡卫某等制
售假羊肉案、贵州贵阳袁某制售"毒鸡爪"案、江苏镇江卢某等制售劣质猪头肉制品案、陕西
凤翔郝某等制售有毒有害食品致人死亡案、安徽宿州管某等制售病死猪案、福建漳州林某等制售
病死猪案；四川自贡陈某等制售注水猪肉案和辽宁沈阳张某等制售病死鸡案。

安机关破获一起制售病死猪肉案，抓获犯罪嫌疑人 257 名，打掉犯罪团伙
3 个，捣毁宰杀病死猪窝点 8 个，查封病死猪肉 3700 公斤，案值 400 余万
元。经查，2012 年以来，以犯罪嫌疑人张某、韩某、赵某为首的 3 个犯
罪团伙相互勾结，以收购淘汰母猪为掩护，通过猪贩子、"牙行"等中
介，从晋城当地及周边养殖户处大量低价收购病死猪，经宰杀后销往晋城
各县区 100 余家饭店食堂。（4）陕西渭南崔某等制售"毒面粉"系列案。
2015 年 8 月，陕西省渭南市公安机关破获系列制售有毒有害面粉案，抓
获犯罪嫌疑人 42 名，现场查获过氧化苯甲酰 2200 余公斤，查扣含过氧化
苯甲酰面粉 34 万余公斤，案值 700 余万元。经查，渭南市多个面粉生产
商为提高小麦出粉率，从河南焦作崔某处购买过氧化苯甲酰，添加于面粉
中，销往山东、河北、河南、陕西、山西等省。根据国家有关规定，过氧
化苯甲酰系禁止在面粉制品中添加的非食用物质。（5）上海虹口制售
"宁老大"牌假牛肉案。2015 年 5 月，上海市公安局虹口分局会同山西公
安机关侦破一起制售伪劣牛肉案，抓获犯罪嫌疑人 21 名，打掉宁老大公
司位于山西万荣县的制假工厂，查获疑似掺假牛肉制品及过期牛肉干、猪
肉脯等 10 余吨，案值 1000 余万元。经查，2014 年以来，上海宁老大食
品有限公司通过改换包装、重新标注生产日期的方式，对过期牛肉干、猪
肉脯等食品翻新，或在牛肉原料中掺假后加工成品销售，销往多家大型连
锁超市。

（四）监察部通报危害食品安全责任追究典型案例

2014 年 1 月 8 日，监察部就五起危害食品安全责任追究典型案例发
出通报①，强调食品安全是基本民生问题，保障食品安全是各级政府的重
大责任，要求各级监察机关加强监督检查，督促地方政府和相关部门认真
履行食品安全监管职责，用最严谨的标准、最严格的监管、最严厉的处
罚、最严肃的问责，确保广大人民群众"舌尖上的安全"。这五起典型案
例是：（1）安徽萧县大量制售病死猪肉失职渎职案。该县不法商贩收购
病死猪肉销往安徽、河南等地加工成熟食后，批发销售到安徽、江苏等地
零售点和菜市场。至案发时共加工病死猪肉 5 万余斤，非法获利 8 万余
元。萧县和青龙镇政府及农业、商务、工商、质监等部门存在监管不严、

---

① 《监察部通报五起危害食品安全责任追究典型案例》，人民网—中国共产党新闻网，
2014 - 01 - 08，http://fanfu.people.com.cn/n/2014/0108/c64371 - 24062082.html。

失职失察问题。安徽省监察厅责成萧县政府、青龙镇政府分别向宿州市政府、萧县政府作出深刻书面检查，萧县原副县长等 17 人受到党纪政纪处分。（2）山东潍坊市峡山区生姜种植违规使用剧毒农药失职渎职案。峡山区管委会、王家庄街道和当地农业部门存在监管不力、检查不严问题。峡山区管委会副主任等 9 人受到党纪政纪处分。（3）山东阳信县制售假羊肉失职渎职案。该县不法商贩利用羊尾油、鸭脯肉等，制成假羊肉销售。县政府和监管部门存在日常监管缺失、执法检查不到位问题。阳信县副县长等 4 人受到党纪政纪处分，3 人被移送司法机关处理。（4）江苏东海县康润食品配料有限公司非法制售"地沟油"失职渎职案。该公司从不法商人处大量收购火炼毛油（俗称"地沟油"）并制成食用油品种，销售至安徽等地上百家食用油、食品加工企业及个体粮油店，案值达 6129 万余元。东海县政府和工商、质监等部门存在监管不力、检查不严问题。东海县副县长等 5 人受到政纪处分，5 人被移送司法机关处理。（5）山西孝义市金晖小学学生集体腹泻事件失职渎职案。该学校食堂长期无证经营，且存在通风不畅、管理不严、卫生安全措施缺失等问题，致使发生 46 名学生集体腹泻事件。孝义市教育、食品药品监管部门和梧桐镇政府存在监督管理不严、督促整改不力问题。孝义市教育局局长、食品药品监管局局长等 11 人受到政纪处分。

通报要求，各级监察机关要督促地方政府和相关部门认真吸取教训，切实增强责任意识，把维护食品安全放在更加突出的位置、作为重要系统工程来抓。一是认真履行作为食品安全监管第一责任主体的职责；二是切实加强日常监管，强化源头防控，严查风险隐患，加大整治力度，严惩重处食品安全犯罪和违法乱纪行为；三是各级监察机关要强化执纪监督，建立更为严格的责任追究制度，加大对食品安全监管失职问题的查处力度，对责任人员实行最严格的责任追究。对履行食品安全监管领导、协调职责不得力，本行政区域出现重大食品安全问题的，要严肃追究地方政府有关人员的领导责任；对履行食品安全监管职责不严格、日常监督检查不到位的，要严肃追究有关职能部门和责任人员的监管责任；对滥用职权、徇私舞弊甚至搞权钱交易、充当不法企业"保护伞"等涉嫌犯罪的，要及时移送司法机关依法追究法律责任。

需要指出的是，各级行政机关也采用公布典型案例，召开新闻发布会等方式公布惩治危害食品安全违法行为的战果，表达政府对食品安全监管常抓不懈的决心和能力。例如，2013 年 12 月 3 日，厦门市食品药品监督管理局发布了 2013 年查处的十大典型案例①；2013 年 12 月 19 日，温州市食安办联合各相关职能部门及各县（市、区）食安办，公布了 2013 年温州市食品安全十大典型案件②；2014 年 1 月 27 日，乌海市食品安全委员会和乌海市药品安全工作领导小组通报 6 起食品药品安全方面典型案例③；2014 年 3 月 13 日，株洲市工商局消委会、食品科联合发布流通领域"食品安全违法十大典型案例"等。④

五　司法系统依法惩处食品安全犯罪的成效

近年来，食品安全监管相关部门依法加大了对食品安全犯罪行政处罚力度，而对隐瞒食品安全隐患、故意逃避监管等违法犯罪行为，则依法从重处罚。在严惩食品安全犯罪的过程中，各相关执法部门努力强化行政执法和刑事司法间的衔接，进一步完善涉嫌犯罪案件的移送程序，实现执法、司法信息互联互通，坚决防止有案不移、有案难移、以罚代刑，确保对食品安全犯罪行为的责任追究到位。尤其是 2015 年，以《食品安全法》（2015 版）的颁布与实施为契机，各级行政机关与司法机关通力合作，通过各种有效途径，严厉打击危害食品安全的违法犯罪行为，对保护百姓舌尖上的安全等发挥了重要作用。

（一）法院与检察院系统严惩食品安全的犯罪

1. 法院系统

近年来，全国法院系统依法严惩危害人民群众生命健康犯罪。2010—2012 年，全国法院共审结生产、销售不符合安全（卫生）标准的食品刑事案件和生产、销售有毒、有害食品刑事案件 1533 件，生效判决人数 2088 人。其中，审结生产、销售不符合安全（卫生）标准的食品案件分

---

① 陈泥：《我市公布 2013 年十大食品药品典型案例》，《厦门日报》2013 年 12 月 3 日。

② 《2013 年温州食品安全十大典型案件》，温州网，2013 – 12 – 20，http：//news. 66wz. com/system/2013/12/20/103931681. shtml。

③ 乌海市食品安全委员会：《2013 年度食品安全典型案例通报》，《乌海日报》2014 年 1 月 29 日。

④ 《2013 年食品安全违法十大典型案例曝光》，株洲网，2014 – 03 – 14，http：//www. zhuzhouwang. com/2014/0314/269706. shtml。

别为 39 件、55 件、220 件，生效判决人数分别为 52 人、101 人、446 人；审结生产、销售有毒、有害食品案件分别为 80 件、278 件、861 件；生效判决人数分别为 110 人、320 人、1059 人。① 2013 年，全国法院受理危害食品安全犯罪案件 2366 件，审结 2082 件，生效判决人数 2647 人，分别比 2012 年上升 91.58%、88.42%、75.07%。② 2014 年，全国执法和司法机关继续保持对食品药品安全犯罪严打的高压态势。新受理涉食品药品犯罪案件 1.2 万件，比上年上升 117.6%；其中，生产、销售假药罪 4417 件，上升 51.9%。生产、销售有毒、有害食品罪 4694 件，上升 157.2%；生产、销售不符合安全标准的食品罪案件 2396 件，上升 342.8%，表明近年来全国食品药品安全和监督体制改革工作和部分专项打击行动（如"严厉打击药品违法生产、严厉打击药品违法经营、加强药品生产经营规范建设和加强药品监管机制建设的'两打两建'"等）取得初步成效，最高人民法院近年来发布的有关审理食品药品犯罪案件的司法解释和典型案例发挥着越来越重要的作用。③

2015 年，法院系统坚决贯彻《刑法修正案（八）》从严惩处危害食品药品安全犯罪的立法精神，以实施新修订的食品安全法为契机，依法严厉打击危害食品安全违法犯罪行为。重点工作是：（1）制定司法解释，加大对危害食品药品安全犯罪打击力度。（2）通过积极协调构建食品安全行政执法与刑事司法衔接机制，明确食品安全犯罪侦查机构，充实人员力量。2015 年各级法院共审结相关案件 1.1 万件。

2. 检察机关

全国检察机关从严打击危害食品药品安全犯罪，开展专项立案监督。与食品药品监管总局、公安部等共同制定食品药品行政执法与刑事司法衔接工作办法，健全线索通报、案件移送、信息共享等机制。2008—2012 年，各级人民检察院严惩危害人民群众生命健康的犯罪，起诉制售假药劣药、有毒有害食品犯罪嫌疑人 11251 人，立案侦查问题奶粉、瘦肉精、地

---

① 吴林海等：《中国食品安全发展报告（2013）》，北京大学出版社 2013 年版。
② 赵刚、费文彬：《守护"舌尖上的安全"》，《人民法院报》2014 年 3 月 8 日；《2014 年最高人民法院工作报告（全文实录）》，人民网，2014 - 03 - 10，http：//lianghui. people. com. cn/2014npc/n/2014/0310/c382480 - 24592263 - 5. html。
③ 《依法惩治刑事犯罪守护国家法治生态》，汉丰网，2015 - 05 - 07，http：//www. kaixian. tv/gd/2015/0507/691405. html。

沟油、毒胶囊等事件背后涉嫌渎职犯罪的国家机关工作人员465人。[①]
2014年，最高人民检察院牵头制定办理危害药品安全刑事案件的司法解
释，开展危害食品药品安全犯罪专项立案监督。坚持依法从严原则，起诉
制售有毒有害食品、假药劣药等犯罪16428人，同比上升55.9%；在食
品药品生产流通和监管执法等领域查办职务犯罪2286人。在上海、北京
探索设立跨行政区划人民检察院，将重大食品药品安全刑事案件纳入重点
办理跨地区重大案件之中，保证国家食品安全法律的正确统一实施。[②]

2015年，督促食品药品监管部门移送涉嫌犯罪案件1646件，监督公
安机关立案877件。起诉福喜公司生产销售伪劣产品案、王少宝等44人
销售假药案等危害食品药品安全犯罪13240人。最高人民检察院对81件
制售假药劣药、有毒有害食品重大案件挂牌督办。与此同时，自2015年
7月起，以食品药品安全等领域为重点，检察机关在13个省区市开展提
起公益诉讼试点，并稳步推进跨行政区划检察院改革试点。北京市人民检
察院第四分院、上海市人民检察院第三分院积极探索跨行政区划管辖范围
和办案机制，办理了一批职务犯罪、诉讼监督等跨地区案件和食品药品安
全、知识产权、海事等特殊类型案件。

（二）公安部门出重拳下猛药

1. 依法严惩食品安全犯罪

按照刑事责任优先的精神，紧紧围绕群众反映强烈的食品安全突出问
题，全国公安系统持续组织开展"打四黑除四害""打击食品犯罪保卫餐
桌安全"等系列专项行动。近年来，全国公安机关年均破获食品安全犯
罪案件近2万起。2013年，全国公安机关破获食品犯罪案件3.4万起、
抓获犯罪嫌疑人4.8万名，捣毁黑工厂、黑作坊、黑窝点1.8万个、侦破
药品犯罪案件9000余起。[③] 2014年，公安系统在深入推进"打四黑除四
害"工作的基础上，全面开展"打击食品药品环境犯罪深化年"活动，
破获一系列食品药品重特大案件。全国公安机关共侦破食品药品案件2.1

---

① 《曹建明作最高人民检察院工作报告（实录）》，中国网，2013 – 03 – 10，http：//www.
china. com. cn/news/2013lianghui/2013 – 03/10/content_ 28191919_ 2. htm。

② 《2015年最高人民检察院工作报告》，人民网，2015 – 03 – 12，http：//lianghui. people.
com. cn/2015npc/n/2015/0312/c394473 – 26681959. html。

③ 《"食药警察"将上岗》，网易新闻，2016 – 09 – 28，http：//news. 163. com/14/0408/03/
9P9DD84600014AED. html。

万起，抓获犯罪嫌疑人近 3 万名。其中侦破一批食品安全重大犯罪案件，如山东省滕州市警方破获了涉及山东、河南、湖北、河北等 7 省份的特大制售"毒腐竹"案件，查扣有毒有害食品添加物 105 吨、毒腐竹 3.3 万余斤，涉案金额 5000 余万元。一批大案要案的相继侦破，有力打击了食品药品犯罪分子的嚣张气焰，回应了百姓关切。① 新修订的食品安全法实施以来，又侦破食品安全犯罪案件 1.5 万起，抓获犯罪嫌疑人 2.6 万余名，并且公安部先后挂牌督办重大案件 270 余起。

2. 不断加强"食药警察"队伍建设

2011 年 7 月，北京成立"公安局经侦总队食品药品案件侦查支队"，这是全国第一个在省级层面设立的"食药警察"。2014 年 3 月，上海市公安局食品药品犯罪侦查总队宣告成立。这是在 2013 年 15 个省级食品药品犯罪专业侦查机构的基础上，诞生的又一个省级打击食品药品犯罪的专门机构。2014 年包括上海、山西在内，各地纷纷推进食药打假专业侦查力量建设，打击食品药品犯罪专门机构如雨后春笋般涌现。到 2014 年年底，全国省级公安机关专业食品药品犯罪侦查机构已达到 17 个。专门的食药犯罪侦查办案人员，被百姓形象地称为"食药警察"。这一新警种的设立使公安机关更加专业有效地打击食品药品制假售假行为。以上海为例，成立不到 7 个月，就破获 190 余起案件，抓获 200 余名犯罪嫌疑人。②

3. 源头治理与专项治理相结合

按照《食品安全法》（2015 版）关于风险管理、全程控制的要求，各级公安机关在依法严厉打击违法犯罪活动的同时，进一步延伸打击防范触角，坚持关口前移、源头防范，结合加强日常基础管理，强化对黑作坊、黑工厂、黑窝点、黑市场等情况的摸排，尽全力消除防范管理的盲区死角，并积极推动相关部门出台了病死畜禽无害化处理意见、完善餐厨废弃油脂监督管理、动物屠宰加工废弃物源头管控等一系列政策措施和法规性文件，在防范地沟油、病死猪、走私冻肉犯罪等方面初步构建起风险管理、全程控制的长效机制。与此同时，集中出击，破大案、打团伙、捣窝点、断链条，成功侦破了一大批跨区域、系列性大要案件；注重紧盯线

① 《公安机关高扬法治利剑严厉打击食药犯罪综述》，四川长安网，2015 - 01 - 08，http://www.sichuanpeace.org.cn/system/20150108/000107903.html。

② 《我国食药安全步入深入治理新常态》，中国警察网，2015 - 01 - 07，http://www.cpd.com.cn/n10216060/n10216144/c27298384/content.html。

索、深化打击，既盯住老问题，始终保持对地沟油、瘦肉精、病死肉等传统领域犯罪的高压态势，坚决防止反弹；又着眼新动向，尤其是对网上食品犯罪等新情况新问题加强分析研判，及时侦破了一批利用互联网针对中老年等特殊群体的食品、保健品犯罪案件。

4. 强化部门协作与着眼能力建设

《食品安全法》（2015 版）对加强行政执法与刑事司法衔接作出了专门规定，首次明确规定了行政执法与公安机关刑事执法案件双向移送，行政执法部门为公安机关提供检验结论、认定意见、涉案物品无害化处理等协助的法律义务。2015 年 12 月，公安部、食药总局牵头，会同最高人民检察院、最高人民法院等部门联合出台了《食品药品行政执法与刑事司法衔接工作办法》，着力破解各类执法难题。各地据此进一步细化了有关规定，形成了打击整治食品安全犯罪的合力。与此同时，为切实提高公安机关打击食品犯罪的能力和水平，公安部多次举办全国性的专题培训班，重点围绕《食品安全法》（2015 版）及配套相关法律知识、专业技术、侦查技能，对全国公安机关办案骨干人员开展集中培训，并先后在全国推广了江苏无锡、山东泰安等地快速检测发现犯罪线索的工作经验，提高各地公安机关主动发现和深度打击食品犯罪的能力。

六　食药警察执法的成功实践：山东省的案例

自 2011 年 7 月北京在全国率先成立"公安局经侦总队食品药品案件侦查支队"以来，我国的食药警察专业队伍从无到有，发展迅速，成为打击食品安全犯罪行为的重要力量。山东省公安厅食品药品犯罪侦查总队成立于 2012 年 8 月 31 日，当时是继辽宁、河北、重庆之后全国第四个在省级公安机关成立的专门负责打击食品药品领域犯罪的专门机构；2013 年 1 月，更名为山东省公安厅食品药品与环境犯罪侦查总队（以下简称食药环侦总队），增加了打击环境领域违法犯罪的职能，由此也成为全国第一个专司打击食品药品与环境犯罪工作的省级公安机关内设机构。从 2013 年开始，山东省各地市陆续组建食品药品与环境犯罪侦查支队。本节主要以山东省为例展开分析。①

（一）发展过程

山东省委、省政府高度重视打击食品药品和环境犯罪专业队伍建设，在省编办、省食安办大力支持下，省公安厅于 2012 年 8 月组建了"食品药品犯罪侦查总队"，后根据省政府领导的要求，增加了打击环境犯罪职能，于 2013 年 1 月更名为"食品药品与环境犯罪侦查总队"。全省各级公安机关采取多项措施，推动落实中央及省委、省政府关于加强危害食品犯罪侦查力量建设的精神要求。目前，山东省 137 个县（市、区）编制部门共批复设立县级公安机关食药环侦机构 120 个，其中组建到位 115 个（食药环侦大队 83 个、在治安大队加挂食药环侦大队 17 个，在治安、经侦大队设食药环侦中队 15 个）。全省共有食药环侦专职民警 866 人、兼职民警 100 余人。省、市、县三级专业化打击体系逐步健全和强化。随着省、市、县三级专业化打击体系的建立，各级食药环侦部门主动打击、密切协作，不断深化"两法衔接"，最大限度发挥了打击食药犯罪的"尖刀"作用，侦办食药刑事案件数量逐年提升，以实际行动维护了人民群众的健康安全。

（二）取得的成效

2015 年全省共立案侦办食品刑事案件 2230 起，比 2014 年上升 16.7%，抓获犯罪嫌疑人 2219 人，涉案价值 9823 万元；侦办药品刑事案件 953 起（同比上升 21.2%），抓获犯罪嫌疑人 1035 人，涉案金额 16.2 亿元。其间，联合开展了食品安全违法犯罪"百日行动"，重点打击肉制品、豆制品、调味品等 8 类问题较为突出的食品违法犯罪行为，共侦办食品犯罪案件 505 起，抓获犯罪嫌疑人 623 人，打掉"黑窝点" 285 个；针对老年人等特殊群体使用的保健食品存在的问题，组织全省开展了打击保健食品非法添加犯罪"利剑·Ⅰ号行动"，共侦破非法添加违禁药物成分的保健食品犯罪案件 26 起，涉案价值 5520 万元；根据秋冬季节假劣肉制品犯罪高发的特点，组织全省开展了打击制售伪劣肉制品犯罪"利剑·Ⅱ号行动"，共发现制售假劣牛羊肉犯罪线索 115 条，据此侦破制售假劣肉制品犯罪案件 14 起，移交行政监管部门处罚 19 起，查扣假劣肉制品 10 余吨。另外，2015 年 10 月《食品安全法》（2015 版）实施以来，全省

---

① 资料来源于山东省公安厅。

公安食药环侦部门加强学习，积极探索，已办理食品违法行政拘留案件34起，行政拘留39人，逐步显现出专业化的打击效能。

（三）**基本经验**

山东省食药警察专业队伍建设的基本经验，最具特色的主要集中在以下几个方面：

1. *向基层延伸以形成大格局*

基础工作是根基，没有基础的工作是无源之水、无本之木，创新发展食药环侦工作必须加强基础工作。针对食药环侦部门人员少、任务重的现实，积极探索警务下沉、前移、外延工作机制，以向基层延伸为杠杆撬动食药环侦工作大格局，实现食药环侦工作与公安基础工作的有机融合、与监管部门的有机结合、与社会治理体系的有效契合，最大限度提升了工作效能。一是融入派出所工作中。依托派出所在日常开展单位内部安全检查、安全防范和实有人口管理、消防安全检查等工作，开展食药环安全宣传、基础信息摸排、情报信息收集，进一步扩大食药环侦部门搜集基础信息范围、扩展了案件来源，同时，也有助于巩固派出所的工作优势和群众基础，相互借力，实现"优势互补、合作共赢"。二是融入立体化社会治安防控体系。依托"天网工程"建设，会同行政监管部门共同研判本地违法犯罪重点区域，在实施食品药品犯罪和非法排放污染物的重点区域、部位，布设视频监控探头等方式，有效提高犯罪发现和打击能力。在网格化布点方面，以全面深化"社区六进"和"6＋X"管理服务工作为抓手，主动对接新型城乡社区治安防控网建设，将食药环相关企业、场所纳入网格管理范畴，提高对"藏污纳垢"、滋生违法犯罪"黑窝点"的发现、防控和打击能力。三是融入行政监管工作。传统的"两法衔接"工作已滞后于当前形势。在公安机关主动打击犯罪的模式下，我们与相关监管部门分别建立了公安机关主动介入式的联勤联动的工作机制，推动在县级及乡镇、街道建立"联打办"和联勤联动办公室，形成了"实时监测、联合研判、分类处置、及时查办"的工作模式，并联合向相关企业、食品店、药店下达食品药品守法告知《承诺书》，明确相关单位主体责任，堵住违法犯罪人员以"不明知"等借口推卸自身法律责任的可能，实现了食药环侦工作在最基层拓展，"两法衔接"在最基层落实。

2. *破解执法办案难题以形成有力保障*

实战水平高低是检验公安机关战斗力的根本标准。山东省食药环侦部门立足实战需求，积极开展具有食药环侦特色的实战保障建设。一是解决检验鉴定"瓶颈"难题。早在 2013 年，针对食品犯罪专业性强、传统侦查方式很难适应的特点，省厅坚持顶层设计，在全国率先协调解决了涉案食品检验鉴定这一制约打击食品犯罪的"瓶颈"问题。争取省财政支持设立了涉案食品检验鉴定专项经费，筛选了 9 家机构作为省公安厅协议鉴定单位，依托警务云开发了"涉案食品检验鉴定委托申报系统"，形成了"县局申报、市局审批、省厅监督"的网上协议检验鉴定工作模式。二是推进食药环侦"快检技术室"建设。利用快检技术对食品药品有毒有害成分进行定性分析，顺线摸排，收集相关证据后依法立案侦办，形成了"快速抽检、锁定目标、固定证据、立案侦办"的工作模式，为公安机关及时打击食药犯罪提供决策依据，解决了坐等检测机构鉴定而贻误战机、办案周期长、送检项目多、费用大等问题，极大地提高了打击针对性和办案效率。经积极争取，省财政为省厅批复了 100 万元的食药环侦"快检技术室"建设经费，至 2016 年 4 月已完成招标工作。全省已有 56 个县级公安机关建设了"快检技术室"，据此筛查线索 2000 余条，破获案件 300 余起，有力保障了工作的开展。三是切实发挥信息化支撑实战作用。研发了全省公安机关食品药品与环境犯罪侦查实战应用平台，实现了对食药环领域"人、企、地、物、事件"等要素动态管控；开发了互联手机 APP 数据采集端口，向基层行政监管部门开放应用，扩大了数据采集来源，实现了一体化末端采集，提高了线索研判能力。该平台在全国食药环侦系统是首个完整的实战应用系统，在全国处于领先水平。

七　全面落实《食品安全法》与食品安全法制建设重点

　　《食品安全法》（2015 版）颁布实施以来，各级各部门将新法作为开展监管工作的根本大法和基本遵循，寓宣传贯彻实施于日常监管工作之中，以法律保障监管工作的科学权威，不断健全法规制度体系，规范监管执法行为，强化企业法律意识，全面提升食品安全水平，食品安全形势总体平稳向好。但不能否认，全面贯彻落实《食品安全法》（2015 版），建成科学完备的食品药品安全法律制度体系，深入普及法治精神、法治理念与法治思维，仍需要很长的时间和巨大的努力。

（一）全面执法仍将面临巨大的困难

相比 2009 年颁布的我国第一部《食品安全法》（2009 版），《食品安全法》（2015 版）在总结近年来我国食品安全风险治理经验的基础上，确实有诸多的进步，尤其是以法律形式固定了监管体制改革成果，针对当前食品安全领域存在的突出问题，建立了最严厉的惩处制度。因此，《食品安全法》（2015 版）被称为"史上最严"的食品安全法，赢得了老百姓的点赞。

虽然《食品安全法》（2015 版）有诸多的亮点，而且目前的舆论一片赞歌，但仍然不得不说，《食品安全法》（2015 版）在未来实施中将面临诸多难点，甚至面临着巨大的困难，并不能够有效、全面地解决食用农产品与食品安全问题。

这次食品安全法的修改，是为了以法律形式固定监管体制改革成果、完善监管制度机制。也就是说，"史上最严"的食品安全法执行效果取决于食品安全监管体制改革的成效。事实上，2013 年我国的食品安全监管体制改革并不成功，到目前为止，不仅仅是改革的进度缓慢，而且质量不高，与中央的顶层设计的预期要求相去甚远。2015 年 4 月 7—10 日，本书团队在江西省南昌市就食品安全监管体制进行了调查，调查发现，该市的 B 县的原工商、质检、食药经过"三合一"的改革于 2016 年 3 月 31 日挂牌成立了"市场和质量监管局"，领导班子成员多达 14 人，而新机构编制总人数为 37 人，仅设置食品监管科一个部门在从事食品安全监管工作，仅县城就有 1000 多家餐饮企业需要监管。目前 B 县现有人口 66 万，面积 2300 平方公里，可使用的工作经费 20 万元，食品抽查检验经费 20 万元，基本没有检验检测手段，靠 10 多个监管人员能否较好地履行食品监管任务？大家非常清楚这个答案。类似的情况在全国不在少数。目前全国相当的地区实施的食品监管体制的改革，主要特征是以工商局为班底，整合质检、食药机构，将工商部门惯用的排查、索证索票等管理方式广泛用于基层市场监管，难以承担食品领域的专业监管职能。在目前的食品监管体制下，执行《食品安全法》（2015 版）基础绝不巩固。由于没有"严"的基础，"史上最严"实际上"严"不起。

分散化、小规模的食品生产经营方式与食品安全风险治理内在要求间的矛盾是我国食品安全风险治理面临的基本矛盾。事实一再表明，与发达国家发生的食品安全事件相比较，我国的食品安全事件虽然也有技术不足、环境污染等方面的原因，但更多的是生产经营主体的不当行为、不执行或不严格执行已有的食品技术规范与标准体系等违规违法的人源性因素所造成，"明知故犯"的人源性因素是导致食品安全风险重要源头之一。而小作坊、食品摊贩则是"明知故犯"的重要主体。对于食品生产加工小作坊和食品摊贩的监管，《食品安全法》（2009 版）明确规定，"由省、自治区、直辖市人民代表大会常务委员会依照本法制定"。但到 2013 年年底，四年多的时间里全国仅有河南、吉林、山西、湖南、宁夏等少数省区的省级地方人大完成了食品生产加工小作坊和食品摊贩管理办法或条例。按照新出台的《立法法》规定，法律规定明确要求国家机关对专门事项做出配套具体规定的，有关国家机关应在法律实施一年内做出规定。《食品安全法》（2015 版）在 2015 年 10 月 1 日实施，按照新出台的《立法法》的规定，在 2016 年 10 月 1 日之前，各省市区都要制定地方性法规，出台对小加工作坊和小摊贩具体的管理办法。即使各省市区均按要求完成了立法，但在实践中仍然面临执法难的问题。相当数量的小商小贩，若不依法处置，留下食品安全隐患，而依法取缔，又引发生产经营人员的失业等一系列社会问题。

又如，《食品安全法》（2015 版）强调对农药的使用实行严格的监管，并对违法使用剧毒、高毒农药的，增加了由公安机关予以拘留处罚的手段。事实上，就食用农产品的剧毒、高毒农药的监管是一个方面，由于生产源头的严格控制，剧毒、高毒农药流入农户手中的可能性正在逐步减少，而在实践中如何解决农药滥用则是更重要的一个方面。1993—2012年，我国农药施用量年均增长率为 4.31%；2012 年，农药施用量的绝对值是 1993 年的 2.14 倍，19 年农药施用量增加近百万吨。按照 4.31% 的年均增长率，2015 年，我国农药施用量将超过 200 万吨。同时，根据《2013 年中国国土资源公报》的数据，2012 年，全国共有 20.27 亿亩耕地，扣除需退耕还林、还草和休养生息与受不同程度污染不宜耕种约 1.99 亿亩，全国实际用于农作物种植的耕地约为 18.08 亿亩，据此计算，2012 年，我国每公顷耕地平均农药施用量为 14.98 公斤。而在我国一些发达的省份，单位面积的农药平均施用量更高，比如，广东农药施用量更是高达每公顷 40.27 公斤，是发达国家对应限值的 5.75 倍。在我国，农药残留使农药由过去的农产品"保量增产的工具"转变为现阶段影响农产品与食品安全的"罪魁祸首"之一。农药残留成为影响中国食用农产品安全的主要隐患之一。但是,《食品安全法》(2015 版)并未对普通化学农药的施用提出任何要求,实施《食品安全法》(2015 版)并不能有效地解决食用农产品农药残留超标的问题。

当然,《食品安全法》(2015 版)无疑是基于现阶段我国实际出台的保障食品安全的根本法律。然而,本书认为,全面执行《食品安全法》(2015 版)仍将面临巨大的困难。良法贵在执行,贵在实践,贵在实事求是地操作。全社会期待,《食品安全法》(2015 版)将是中国现实发展阶段中一部真正保障食品安全的好法律。

(二) 完善法律体系任重而道远

为全面加强食品安全法治建设,积极推进食品监管部门依法行政,如期实现食品监管系统法治建设目标,未来五年应重点完成如下五个方面的工作。

1. 加强食品法律制度体系建设顶层设计,加快配套法律法规规章的立法进度

科学制定立法规划和年度立法计划,强化立法计划执行的刚性约束。尽快修订出台《食品安全法实施条例》,尽快制修订出台食品安全事故调查处理、食品标志管理、学校食堂食品安全监督管理等规章制度。加快完善惩治食品安全犯罪的司法解释,尽快完成对《关于办理危害食品安全刑事案件适用法律若干问题的解释》修订工作,加大对食品犯罪的打击力度。积极推动地方食品监管立法,鼓励和支持地方食品药品监管部门参与制修订有关食品安全监管的地方性法规和规章,加快完成食品生产加工小作坊、食品摊贩和小餐饮等地方食品安全立法任务。及时总结地方立法经验,推动地方加快食品监管立法,创新食品监管方式方法。到 2020 年,食品安全法律法规和配套规章制修订任务基本完成。

2. 加强食品安全规范性文件合法性审查,加快规范性文件清理

建立健全食品规范性文件制定程序,落实规范性文件由食品药品监管部门法制机构进行合法性审查的要求。地方各级食品药品监管部门制定的规范性文件应当按规定向政府法制部门备案,并抄送上级食品药品监管部门。加强备案审查能力建设,加大备案审查力度,将所有的规范性文件纳入审查范围。规范性文件不得设定行政许可、行政处罚、行政强制等事项,不得减损公民、法人和其他组织合法权益或者增加其义务。根据食品

药品安全形势发展的需要，以及相关法律法规制修订情况，及时清理有关规范性文件。实行食品规范性文件目录和文本动态化管理，要根据规章、规范性文件立改废情况及时对目录和文本作出调整并向社会公布。

3. 提高食品药品监管立法公众参与度，深入开展食品药品法治宣传教育

积极拓展社会各方有序参与食品安全立法的途径和方式。建立专家论证咨询制度，重要法律制度制修订或者重大利益调整，广泛征求专家学者、社会团体、法律顾问的意见和建议。完善向社会公开征求意见机制，健全公众意见采纳情况反馈机制。除依法需要保密的外，法律法规规章草案要通过政务网站、报纸等媒体向社会公开征求意见。广泛宣传食品药品监管法律法规。各级各部门要大力宣传《食品安全法》等法律法规，充分认识到《食品安全法》等法律法规是保障人民群众饮食安全的重要法律，是食品监管部门执法的基本依据，是食品企业及其从业人员的基本行为准则。通过深入系统学习宣传教育，深刻把握食品安全各项法律制度精神实质和法律条文内涵，用好法律武器，切实保障公众饮食安全。

4. 完善食品监管立法工作机制，实现严格、规范、公正、文明执法

进一步健全食品监管立法程序，完善立项、起草、论证、协调、审议等机制，推进食品监管立法工作的科学化、精细化，进一步增强立法工作的及时性、系统性、针对性和有效性；积极开展食品安全立法前评估，建立健全重大立法项目论证和公开征求意见制度，探索委托第三方起草规章草案；组织开展食品安全立法后评价，研究分析法律法规规章实施中存在的突出问题，及时做好修订相关工作；坚持立改废释并举，完成修改、废止与食品药品产业发展和供给侧结构性改革要求不相适应的规章，保障立法与改革决策相统一、相衔接，做到改革于法有据，改革依法推进。完善食品监管执法程序。细化食品行政执法程序，规范食品行政处罚、行政强制、行政检查、行政收费等行为。落实执法全过程记录制度，完善执法调查取证规则，做到执法全过程有据可查。按照食品行政处罚程序规定，严格规范行政处罚的管辖、立案、调查取证、处罚决定、送达、执行等程序。落实食品生产经营日常监督检查管理制度，严格规范监督检查事项和监督检查具体要求，强化监督检查的标准化和规范化。建立健全行政裁量基准制度，细化、量化行政裁量的范围、种类、幅度。健全行政执法与刑事司法衔接机制，加强信息发布沟通协调，实现行政处罚和刑事司法无缝

对接。完善重大执法法制审核制度，对监管工作提供法律支持，未经法制审核或者审核未通过的，不得作出决定。

5. 加强对执法人员的法治教育培训，全面提高执法人员法治思维和依法行政能力

树立重视法治素养和法治能力的用人导向。完善领导干部选拔任用制度机制，优先提拔使用法治素养好、依法办事能力强的干部。探索建立各级领导干部述职述廉述法三位一体的考核制度，重点考评单位及个人学法遵法守法用法、重大事项依法决策和严格依法行政等方面的情况。加强对执法人员的法治教育培训。执法人员特别是领导干部要系统学习中国特色社会主义法治理论，学好宪法以及食品药品监管法律法规。健全执法人员岗位培训制度，定期组织开展行政执法人员通用法律知识、食品药品监管专业法律知识、新法律法规等专题培训。完善执法人员法治能力考查测试制度。加强对领导干部任职前法律知识考查和依法行政能力测试，将考查和测试结果作为领导干部任职的重要参考，促进监管执法人员严格履行法治建设职责。利用国家食品药品监管干部网络培训学院培训平台等多种形式，加强执法人员法治能力考查测试。

第七章　中国食品安全监管体制改革考察

　　本章研究的政府食品安全监管体制，是指关于政府食品监管机构的设置、管理权限的划分及其纵向、横向关系的制度安排。以政府食品安全监管体制（以下简称食品安全监管体制）为核心的食品安全监管体系是食品安全风险治理体系的基本组成部分，具有不可替代的作用。新中国成立以来，食品安全监管体制经历了从简单到复杂的发展变化过程，尤其是改革开放以来，伴随着市场经济体制的建立与不断完善，食品安全监管体制一直处于变化和调整之中，平均约五年为一个改革周期。2013 年 3 月，十二届全国人大第一次会议通过的《国务院机构改革和职能转变方案》[①]，作出了改革政府食品安全监管体制和组建国家食品药品监督管理总局的重大决定，启动了新一轮的食品安全监管体制改革（以下简称新一轮改革）。新一轮改革整合了工商、质监、食药等部门食品安全监管职责，将监管资源向乡镇基层纵向延伸，取得了一定成效。总体来看，新一轮改革中，中央层面机构改革迅速到位，省级层次进展尚可，但到市、县层次进展缓慢，甚至到 2016 年 6 月还没有完全改革到位，改革进程严重滞后于改革的要求。不仅如此，在改革的进程中，一些地方并没有按照国务院原则要求的模式，而是出现了多种体制模式的探索甚至出现了反复，俗称"翻烧饼"。对此，国内政界、学界仍然争论不断。本章在回顾 1949—2012 年中国食品安全监管体制的历史演化与改革历程的基础上，主要分析 2013 年以来我国食品安全监管体制改革的进展状况，探讨食品安全监管体制改革中的若干问题，并重点关注当前出现的"多合一"的市场监管机构设置模式带来的影响，进而提出相应的改革思考。

---

① 《国务院机构改革和职能转变方案》，中央政府门户网站，2013 - 03 - 15，http：// www. gov. cn/2013lh/content_ 2354443. htm。

一 1949—2012 年中国食品安全监管体制改革的历史演变

新中国成立以来，围绕不同社会发展阶段，我国食品安全监管体制也经历了从简单到复杂的发展变化过程。[①] 不同学者对阶段的划分有不同的观点，比如李泰然（2012）将新中国成立以来到 2013 年新一轮改革之前的食品安全体制改革划分为四个发展阶段。[②] 本章的研究则主要参考了吴林海等（2012）的研究成果[③]，将新中国成立以来到 2013 年新一轮改革之前的食品安全体制改革划分为三个阶段来系统考察。

（一）计划经济时期的指令型管理体制（1949—1978 年）

1949 年新中国成立到 1978 年改革开放之前的近 30 年间，我国实行的是中央集权式的计划经济体制，"解决温饱是当时食品安全的最大目标"。因此，在计划经济体制的背景下，食品质量安全在某种意义上就等同于食品卫生。当时，公私合营、政企合一、财政预算软约束的食品企业产权和预算体制决定了企业的经营管理高度依附于各个具体的主管部门，企业没有也不可能形成自身相对独立的商业利益诉求，运行的目标也几乎完全被置换为行政组织的目标。这就使这一时期的食品风险主要由非市场竞争因素所导致，在本质上是一种前市场风险。此外，政府主管部门主要采取内部管控方式对企业行为进行约束，极少运用经济奖惩、司法审判、信息披露与技术标准等现代化的食品监管的政策工具。总体而言，在这一时期我国实行的是以主管部门管控为主、卫生部门监督管理为辅、寓食品卫生管理于行政管理之中的食品安全管理体制。由于该管理体制的主要载体是指令式的计划经济，故本书将此时期的食品安全监管体制称为"指令型管理体制"。

1. 食品卫生监督体系的形成

如前所述，新中国成立初期的食品安全事件大部分是发生在消费环节

---

① 付文丽、陶婉亭、李宁：《创新食品安全监管机制的探讨》，《中国食品学报》2015 年第 5 期。

② 李泰然：《食品安全监督管理知识读本》，中国法制出版社 2012 年版，第 350—359 页。

③ 吴林海等：《中国食品安全发展报告（2012）》，北京大学出版社 2012 年版。

的食品中毒，加之当时受苏联卫生防疫体制的影响，食品卫生管理就十分自然地落到了卫生部门的职权范围之内。1949 年，长春铁路管理局成立了我国最早的卫生防疫站。从 1950 年开始，我国各级地方政府开始在原防疫大队、专业防治队等基础上自上而下地建立起了省、地（市）、县各级卫生防疫站，同时还建立了有关的专业性机构。此外，结合爱国卫生运动对主要食品、食品企业进行卫生管理，并在广泛调查的基础上陆续制订食品卫生质量要求和卫生管理办法。[①] 1953 年 1 月，政务院第 167 次会议正式批准在全国建立卫生防疫站，开展食品卫生监督检验与管理。1954年，卫生部颁布了《卫生防疫站暂行办法和各级卫生防疫站编制》。[②] 1956 年年底，全国 29 个省市区及其所属的地市、州、县（旗）全部建立了卫生防疫站。1959 年，当时大部分的人民公社也相应建立了卫生防疫机构，从而基本形成了卫生防疫和食品卫生监督体系。以食品卫生监督管理为主是 1949—1978 年我国食品安全监管的基本特征与重要特色。

1959—1961 年三年困难时期，许多地方的卫生防疫机构撤并，工作停顿，人员流失，初步建立的卫生防疫体系经受了第一次曲折。1962 年，根据中央提出的"调整、巩固、充实、提高"的方针，卫生部于 1964 年颁发实施了《卫生防疫站工作试行条例》，卫生防疫体系逐步恢复正常。该条例首次明确了卫生防疫站作为包括食品卫生监督在内的卫生监督体系主体机构的性质、任务和工作内容，并规定了卫生防疫站的组织机构与人员编制，为卫生防疫系统的发展奠定了法律基础。到 1965 年年底，全国共有各级各类卫生防疫站 2499 个，专业防治机构 822 个，人员 77179 人，其中卫生技术人员 63879 人，与 1952 年相比，机构增长了 16 倍，人员增加了 3 倍多。但在"文化大革命"期间，卫生防疫体系又遭到严重的破坏，卫生防疫和监督工作再次处于全面停顿状态。[③]

值得注意的是，从管理体制上看，虽然 1949—1978 年食品卫生管理工作由卫生防疫部门负责，但由于卫生防疫机构兼有卫生防疫和卫生监督的双重职能，工作中心在卫生防疫，卫生监督则居于从属的地位。同时卫生监督又包括环境卫生、劳动卫生、食品卫生等诸多内容，所以食品卫生

---

①　武汉医学院：《营养与食品卫生学》，人民卫生出版社 1981 年版。

②　张福瑞：《对卫生防疫职能的再认识》，《中国公共卫生管理杂志》1991 年第 2 期。

③　戴志澄：《中国卫生防疫体系五十年回顾——纪念卫生防疫体系建立 50 周年》，《中国预防医学杂志》2003 年第 4 期。

监督工作在整个卫生防疫系统乃至卫生监督系统中都处于相对边缘的位置。

2. 主管部门承担管理职责的体系形成

随着 1956 年社会主义工商业改造的结束，我国以苏联为模板建立了一套专业化分工色彩浓厚的工商业部门管理体制。由于涉及粮食、水产品、食盐、糖等多种产品的生产和销售，食品工商业在当时的国民经济体系中尚未成为一个单独的产业部门。不同的部门，如轻工业部、粮食部、农业部、化学工业部、水利部、商业部、对外贸易部、供销合作社等行业主管部门，对不同食品的卫生和质量进行监管，并都建立了确保本部门监管的食品卫生安全的、独立的卫生检验和管理机构，分别承担各自的食品卫生的管理职责（见表 7-1）。

表 7-1　　　　　　　　1949—1978 年我国食品安全管理体制的变迁

管理职能	具体的主管部门及时期
食品、盐业、制糖、酿酒等行业	轻工业部（1949 年 10 月至 1952 年 9 月）、食品工业部（1949 年 10 月至 1950 年 12 月）、财政部（1949 年 10 月至 1952 年 7 月）、地方各级工业部（1954 年 9 月至 1956 年 5 月）、食品工业部（1956 年 5 月至 1958 年 2 月）、轻工业部（1954 年 10 月至 1965 年 2 月）、第一轻工业部（1965 年 10 月至 1970 年 6 月）和轻工业部生产一组（1970 年 6 月至 1978 年）
粮食加工、食用油、饲料	粮食部（1954 年 10 月至 1970 年 6 月）和商业部（1970 年 7 月至 1978 年）
粮食生产和畜牧业	农业部（1949 年 10 月至 1970 年 6 月）和农林部（1970 年 6 月至 1979 年 2 月）
水产品生产经营质量	水产部（1956 年 5 月至 1970 年 6 月）和国家水产总局（1978 年 3 月至 1982 年 5 月）
食品卫生标准管理	国家标准计量局（1972 年 11 月至 1978 年 8 月）
食品生产经营管理	贸易部（1949 年 10 月至 1952 年 8 月）和商业部（1952 年 8 月至 1970 年 6 月）
食品购销质量管理	农产品采购部（1955 年 7 月至 1956 年 11 月）、城市服务部（1956 年 5 月至 1958 年 2 月）、供销合作总社（1955 年 1 月至 1958 年 2 月）、第二商业部（1958 年 2 月至 1962 年 7 月）、供销合作总社（1962 年 7 月至 1970 年 6 月）、商业部（1970 年 6 月至 1975 年）和供销合作总社（1975—1978 年）

续表

管理职能	具体的主管部门及时期
食品卫生检验	国家计量局（1954 年 11 月至 1958 年 3 月）、国家技术委员会（1958 年 3 月至 1972 年 11 月）和国家标准计量局（1972 年 11 月至 1978 年）
食品卫生监督查处	卫生部卫生防疫司（1953—1957 年）、卫生部卫生监督局（1957—1958 年）和卫生部卫生防疫司（1958—1978 年）
食品交易市场管理	工商行政管理局（1954 年 11 月至 1970 年 6 月）、商业部（1970 年 6 月至 1978 年）和工商行政管理局（1978—1982 年）
进出口食品管理	贸易部（1949 年 10 月—1952 年 8 月）、对外贸易部（1952 年 11 月至 1973 年 10 月）和进出口商品检验局（1973 年 10 月至 1980 年 2 月）

3. 该时期食品安全事件的主要特点

公私合营，政企高度合一的体制下，各类农副食品的价格由国家统一控制和调整，企业没有定价权，食品企业领导人由主管部门直接委派，其行为以强烈的政治升迁而非经济利润为导向，这使企业的经营管理都高度依附于其直接主管部门。不仅在体制上高度附属于政府部门，食品企业的财务、人事、物资、价格、生产、供应、销售等具体行为也都受制于主管政府部门的严格管控，没有相对独立的商业利益诉求。因为食品企业领导人没有必要冒着巨大的政治风险以弄虚作假来获取商业利润，因而该时期主管部门与食品企业间在食品质量和卫生管理方面信息不对称现象尚不普遍。

这一时期虽然也存在一些食品安全事故，但主要原因并不是食品企业出于利益冲动的偷工减料、违规掺假所致，而是受当时生产、经营、消费、技术等客观环境限制。例如，上海徐汇区 20 世纪 60 年代发生了 107起食物中毒事件，中毒人数 4237 人。中毒的主要原因分别是交叉污染（48.60%）、放置时间过长（23.36%）和食物变质（14.95%）。[1] 随着环境改善，到 70 年代中毒事件和中毒人数则分别大幅下降到 71 起和2058 人。在江苏省，1974 年、1975 年和 1976 年的三年间，分别发生 177起、133 起、96 起食物中毒事件，食物中毒致死率为 0.17%，其中 89%

---

① 陈雪珠：《徐汇区 30 年（1960—1989）食物中毒分析》，转引自上海市卫生防疫站《上海卫生防疫》，上海人民出版社 1990 年版，第 233—235 页。

是农民，主要原因是误食有毒动植物。①

4. 指令型管理体制的基本特征

在指令型管理体制下，食品企业受各自主管部门的直接管理，食品安全管理权限是根据食品企业的主管关系来划分的②，主管部门与食品企业更多的是政府部门内部上下级的行政管控关系，而不是政府与企业间的监督管理关系。这种带有非常强烈的强制和行政色彩的管控体系较多地依靠行政任免、教育说服、质量竞赛等组织内部或群众运动式的控制手段，而非法律、经济、专业化标准等来进行监督管理。1965 年，卫生部、商业部、第一轻工业部、中央工商行政管理局、全国供销合作总社制定的新中国成立以来第一部中央层面的综合食品卫生管理法规——《食品卫生管理试行条例》③ 就鲜明地体现了指令型体制下食品安全监管的特征。总体来看，主要表现为如下三个基本特征。④

（1）寓企业于行政管理之中。《食品卫生管理试行条例》规定，"食品生产、经营（包括生产、加工、采购、贮存、运输、销售）单位及其主管部门，应当把食品卫生工作纳入生产计划和工作计划，并且制定适当的机构或者人员负责管理本系统、本单位的食品卫生工作"；"卫生部门应当负责食品卫生的监督工作和技术指导"；"卫生部门制定食品卫生标准，应当事先与有关主管部门协商一致"，即实行的是以主管部门管控为主、卫生部门监督管理为辅，寓食品卫生管理于企业管理和行政管理之中的体制。

（2）管理工具以软性管控为主。《食品卫生管理试行条例》强调"食品生产、经营主管部门，应当经常对所属单位的基层领导干部、职工进行

---

① 《江苏省 1974—1976 年食物中毒情况分析》，转引自广西医学科学情报研究所《国内医学文摘卫生防疫分册（1979）》，1980 年，第 178 页。

② 中国食品报社：《食品卫生法汇编》，中国食品出版社 1983 年版。

③ 在此之前，我国中央和各级地方政府也曾经就某一具体的食品品种卫生管理发布过相关的条例规定和标准。1953 年 3 月卫生部《关于统一调味粉含麸酸钠标准的通知》《清凉饮食物管理暂行办法》等；1954 年卫生部《关于食品中使用糖精剂量的规定》；1957 年天津市卫生部门检验发现酱油中砷含量高，提出了酱油中含砷量的标准为每公斤不超过 1 毫克，卫生部转发全国执行。1958 年轻工业部、卫生部、第二商业部颁发了乳与乳制品部颁标准及检验方法，于 1958 年 8 月 1 日起实施。参见陈瑶君《我国食品卫生标准化工作 50 年》，《中国食品卫生杂志》1999 年第 6 期。

④ "指令型食品安全监管体制的基本特征"的引文均来自《天津市人民委员会关于转发国务院批转〈食品卫生管理试行条例〉的通知》，《天津政报》1965 年第 17 期。

重视卫生的思想教育，自觉地做好食品卫生工作"；同时规定，"食品生产、经营主管部门和所属单位，应当把食品卫生工作列为成绩考核和组织竞赛、评比的重要内容之一"。此外，还规定了群众性食品卫生监督工作由各级爱国卫生运动委员会负责实施。由此可见，食品安全所涉及的大部分管理工具均属于思想教育、质量竞赛、发动群众等组织内部的软性管控手段，而经济奖惩、司法审判、信息披露与技术标准等现代化的监管政策工具运用较少。

（3）司法机制很少介入。《食品卫生管理试行条例》提出，"食品生产、经营主管部门和卫生部门对认真执行本条例、经常坚持做好卫生工作的单位和个人，应当给予表扬或者奖励"；"对违犯本条例的个人和单位，应当根据情节轻重，给予批评，或者限期改进，或者责令停业改进；对情节严重、屡教不改或者造成食物中毒等重大事故的有关人员，应当给予行政处分，必要时建议法院处理"。由此可见，对于企业违规行为的外部奖惩机制控制非常薄弱，仅限于简单地表扬或批评，以及内部的行政处分，司法机制很少介入。

（二）经济转轨时期的混合型管理体制（1979—1992 年）

1979—1992 年，我国食品安全管理仍然侧重于食品卫生管理，但管理体制是介于计划经济与市场经济、政企合一与政企分离、传统管控与现代监管之间的过渡或混合模式。因此，这一时期的我国食品卫生管理体制又被称为"混合型体制"。

1. 多元所有制并存格局的形成

改革开放伊始，随着经济政策的调整与改革，与食品相关的产业部门迅速发展。农业总产值从 1978 年的 1567 亿元，增长到 1983 年的 3120.7 亿元，五年内翻了一番。[①] 食品工业总产值在 1979—1984 年年均递增 9.3%，比 1953—1978 年 6.8% 高出 2.5 个百分点[②]，到 1987 年时总产值已达到 1134 亿元，是 1978 年的 4 倍，产业规模在整个国民经济中已居第三位。[③] 产业规模的增加带动了食品生产、经营和餐饮企业数量的剧增。

---

① 中华人民共和国农牧渔业部宣传司：《新中国农业的成就和发展道路》，中国农业出版社 1984 年版。

② 吕律平：《国内外食品工业概况》，经济日报出版社 1987 年版。

③ 杨理科、徐广涛：《我国食品工业发展迅速今年产值跃居工业部门第三位》，《人民日报》1988 年 11 月 29 日第 1 版。

以乳业为例，1949 年我国各类乳制品工厂数量不超过 10 家，1980 年增长到 700 多家。①

按照当时经济改革中大力发展多种经济成分的要求和"多成分、多渠道、多形式"的原则，食品工业推行了国营、集体、个体共同发展，大中小企业与前店后厂相结合的改革举措，食品工业生产经营模式和所有制体系均发生了很大的变化。食品工业的发展不但突破了行业和地区之间的限制，更突破了所有制之间的限制，多年来国营企业一家独大的局面逐步改变。以北京市为例，仅 1984—1985 年就新增加了 560 多家集体所有制食品工业企业，520 多个个体食品加工户，还有 500 多个工商兼营的前店后厂，生产人员则由 5 万多人增加到 7 万多人。② 这种多元并存的所有制结构使计划经济时代下的以主管部门管控为主、卫生部门监督管理为辅、寓食品卫生管理于行业管理的食品卫生管控体制相形见绌。大量的集体和私营生产企业游离于主管部门的管理体制之外，而卫生部门又没有相应足够的资源对新生企业进行严格管理，从而使政府对食品卫生质量的管理开始变得力不从心。食品产业多元所有制并存格局的形成，直接动摇了计划经济时代形成的指令型食品卫生管理体制。

2. 食品卫生状况的一度恶化

1979 年，卫生部在 1965 年《食品卫生管理试行条例》的基础上，修改并正式颁布了《食品卫生管理条例》。虽然新条例规定了违反条例和标准，造成中毒等事故要进行处罚直至向司法部门起诉，但该条例多从道德规范要求出发，对违法者如何处理和量刑则没有明确规定，司法部门无法管理，肇事者往往逍遥法外。此外，卫生监督部门执法职责不明确，仍多靠说服教育；一些地方政府和部门不理解食品卫生监督的意义和作用，盲目进行干预，反而起到支持违法的作用；食品生产经营部门和单位的食品卫生管理和检验人员也无法充分发挥作用。结果导致这一过渡时期我国食品卫生状况逐步下降，食品卫生和食物中毒事故数量呈现上升趋势。例如，广州市 1979 年发生食物中毒事件 46 起，中毒人数为 302 人，而 1982 年则分别上升至 52 起，1097 人③；浙江省 1979 年发生食物中毒事件 132

---

① 张保锋：《中外乳品工业发展概览》，哈尔滨地图出版社 2005 年版。
② 北京市统计局、北京市食品工业协会、北京市人民政府食品工业办公室：《北京食品工业》，北京科技出版社 1986 年版。
③ 丁佩珠：《广州市 1976—1985 年食物中毒情况分析》，《华南预防医学》1988 年第 4 期。

起，中毒人数为 3464 人，病死率为 0.49%，而 1982 年中毒事件上升至
273 件，中毒人数上升至 3946 人，病死率上升至 0.71%。[①]

　　显然，法制不健全是这一时期全国食品卫生状况呈一度恶化态势的主
要原因。因此，起草和颁布食品卫生法，将食品卫生管理从单纯的部门行
政管理转变为法律约束，已成为当时改革的关键问题。基于当时的客观实
际，1981 年起卫生部等相关部门就进行了食品卫生法的起草工作，最终
于 1982 年 11 月正式通过了《食品卫生法（试行）》。

　　3. 混合型管理体制的基本特征

　　1979—1992 年，我国食品安全管理的混合型体制具有较为鲜明的特
征。主要体现在以下几个方面：

　　（1）卫生行政部门是食品卫生监督的执法主体。1983 年 7 月 1 日开
始实施的《食品卫生法（试行）》规定，"各级卫生行政部门领导食品卫
生监督工作"，"卫生行政部门所属县以上卫生防疫站或者食品卫生监督
检验所为食品卫生监督机构"，并规定获得食品卫生许可证是食品生产和
经营企业申请工商执照的前提要件，同时将卫生许可证的发放管理权赋予
卫生部门。因此，与计划经济时代的指令型管理体制下主管部门联合管
理、各自为政不同，混合型体制下卫生部门作为国家食品卫生监督的执法
主体地位得到了正式的确认。

　　（2）多部门共同管理食品卫生的格局继续保留。《食品卫生法（试
行）》并没有完全取消各类行政主管部门对食品卫生的管理权，仍然由
"食品生产经营企业的主管部门负责本系统的食品卫生工作，并对执行本
法情况进行检查"。因此，这一时期虽然在名义上卫生部门取得了食品卫
生监管的主导权，但由于当时食品生产经营领域中的政企合一体制并没有
彻底瓦解，食品生产经营领域各个主管部门的部分管理权依然得以保留，
卫生部门的主导监管权陷入分割化的尴尬境地。

　　（3）食品卫生管理呈现分散化态势。《食品卫生法（试行）》将一些
特殊场所的食品卫生监督权赋予了非卫生部门，例如城乡集市的食品卫生
管理由工商行政管理部门负责，畜禽兽医卫生检验由农牧渔业部门负责，
出口食品的监督检验由国家进出口商品检验部门负责，同时铁道、交通、

厂矿的食品卫生由其各自的卫生防疫机构主管；粮油、副食品、土特产、饮食服务等方面的生产经营与卫生由商业部负责；食品质量标准的制定和执行由在原国家标准局、计量局基础上组建的国家技术监督局负责。因此，从地方政府层面看，工商、标准计量、环保、环卫、畜牧兽医、食品卫生监督六个部门都涉及食品质量监督的职能。①

（4）食品卫生监督执法同时出现两个主体。《食品卫生法（试行）》明确了县级以上各级卫生防疫站或食品卫生监督检验所是国家实行食品卫生监督的执法机关。但同时又强调各级卫生行政部门领导食品卫生监督工作，致使在执法实际过程中有两个机构行使食品卫生执法权。而卫生防疫站仅是事业单位，结果造成卫生防疫站在执法过程中的诸多不协调，包括卫生许可证审核权与发放权的分割、卫生许可证的发放权与吊销权的分割、各种食品卫生标准规范的制定与审核等多个层次。②

4. 混合型食品安全监管体制面临的挑战

食品安全监管的混合型体制确立后，在当时的背景下面临非常复杂的挑战，主要体现在：

（1）食品安全开始出现市场因素。随着改革开放的推进，食品卫生监督管理的客体在数量上呈现出大规模增长的趋势，在生产规模、所有制结构、技术手段、经营规模等方面也日益复杂。新出现的集体和私营企业以追求商业利润作为最重要的目标，旧有的国营企业也因经济模式的改革而产生了独立的商业利益诉求，食品企业逃避、扭曲食品卫生管理政策的动机明显增强，食品企业和管理部门之间的信息不对称日益增强。这就意味着，除了前市场风险因素外，这一时期食品安全开始出现了市场风险，即市场经济竞争而引发的人为安全质量风险。

（2）管理主体在经济发展与食品卫生监督管理间两个目标产生冲突。大量出现的集体和私营食品企业，与国有的食品企业构成了直接的市场竞争关系。在国有食品企业的行政管理部门逐步推行统一领导、分级管理、两级核算的制度，同时逐步打破计划经济体制下统购包销、计划分配、逐级调拨的旧模式的背景下，为了保证所辖的企业能够在日益激烈的市场竞

---

① 徐维光：《食品卫生法执行中有关法规重叠问题的探讨》，《中国农村卫生事业管理》1992 年第 5 期。

② 任中善、孟光：《浅议食品卫生监督管理权的归属》，《河南卫生防疫》1987 年第 4 期。

争中占据有利地位，一些主管部门放松了食品卫生的管理要求，部门和地方保护主义盛行，严重削弱了《食品卫生法（试行）》的实施效力。政企合一的管理体制与经济利润导向的经济增长模式间的矛盾，直接导致和放大了管理主体在经济发展与食品卫生监督管理之间的矛盾和冲突。

（3）立法与经济手段的管理工具极度缺乏。虽然指令型体制下的行政命令、思想教育、群众运动等方式并没有完全退出历史舞台，但是其管理效果已经明显下降。为了适应农业与食品工业的迅速发展，政府开始有意识地通过立法、行政执法、经济奖惩和司法审判等方式来丰富食品卫生监管的政策工具。但在短时间内，当时环境下仍然无法完全取代传统管理工具。1979 年以后，我国食品卫生监督管理面临新的挑战，实际上某些方面的问题至今仍未解决。

（三）市场经济条件下的监管型体制的探索（1993—2012 年）

1992 年 10 月，党的十四大确立了我国经济体制改革的目标是建立社会主义市场经济体制。伴随着市场经济体制的不断完善，我国的食品安全管理逐步形成了基于市场经济的"监管型体制"。

1. 卫生部门主导的监管体制

20 世纪 80 年代末期开始，我国已经逐步在机械、商业、石油等领域推行政企分开改革。但食品工业领域中的政企分开改革则是在党的十四大提出建立社会主义市场经济体制的目标之后开始的。党的十四大强调"理顺产权关系、实行政企分开、落实企业自主权"；"转变政府职能的根本途径是政企分开"，"凡是国家法令规定属于企业行使的职权，各级政府都不要干预，下放给企业的权利，中央政府部门和地方政府都不得截留"。① 这无疑为 1993 年国务院政企分开的机构改革奠定了基础。

1993 年 3 月，八届全国人大一次会议通过《国务院机构改革方案》，决定撤销轻工业部、纺织工业部等 7 个部委，分别改组为轻工总会、纺织工业总会等行业协会。② 存在 44 年之久的轻工业部门退出历史舞台，食品企业开始逐步成为独立生产经营的主体。这标志着政企关系在体制上正式分离，也标志着食品安全管理体制正式转变为外部型、第三方的监管型

① 江泽民：《加快改革开放和现代化建设步伐　夺取有中国特色社会主义事业的更大胜利——在中国共产党第十四次全国代表大会上的报告》，《人民日报》1992 年 10 月 21 日第 1 版。
② 罗干：《关于国务院机构改革方案的说明——1993 年 3 月 16 日在第八届全国人民代表大会第一次会议上》，《中华人民共和国国务院公报》1993 年第 10 期。

体制。

政企分离极大地促进了食品工业的发展。① 而《食品卫生法（试行）》已难以适应新的环境和形势。1995 年 10 月，全国八届人大常委会第十六次会议通过修订后的《食品卫生法》，明确规定，"国务院卫生行政部门主管全国食品卫生监督管理工作"，有效地避免了作为事业单位的卫生防疫站或食品卫生监督所从事行政执法的尴尬境地。② 从监管体制上看，这部法律虽然并没有将食品卫生监督管理权完全授予卫生行政部门，但终归确立了卫生部门的主导地位，同时废除了政企合一体制下主管部门的相关管理职权，由此形成了相对集中与统一的食品安全监管体制，提高食品卫生监管的水平与效果。这一时期全国食品中毒事故、中毒人数迅速剧减。③

2. 多部门分段式的监管体制（2003—2008 年）

1992 年以后，经济体制改革的不断深化，不仅极大地促进了食品产业的发展，而且有效地完善了食品全程产业链体系。与此相对应的是，多环节综合安全的食品安全概念更加符合现代食品产业的发展。监管理念的微妙变化也逐步投射到监管体制的改革上。1998 年，国务院的政府机构改革中，明确由新成立的国家质量技术监督局分别承担原来由卫生部承担的食品卫生国家标准的审批、发布职能，以及由原国家粮食局承担的粮油质量标准、粮油检测制度和办法制订等职能，工商部门则取代原来由质量技术监督部门负责的流通领域食品质量监督管理职能，而农业部门则依然负责初级农产品生产源头的质量安全监督管理。这种调整为后来的分段监管体制奠定了基础。在 2003 年的国务院机构改革中，国务院决定将国家药品监督管理局改变为国家食品药品监督管理总局，并将食品安全的综合监督、组织协调和依法组织查处重大事故的职能赋予该机构。

2004 年，安徽阜阳劣质奶粉事件成为催生食品安全分段监管体制的诱发因素。这起致使 189 名婴儿出现轻中度营养不良、12 名婴儿因重度营养不良而死亡的恶性食品安全事故，引起了中央政府对于食品安全监管

① 《中国食协主办中国食品工业十年新成就展示会：食品工业成就巨大》，《食品与机械》1992 年第 1 期。

② 陈敏章：《关于〈中华人民共和国食品卫生法（修订草案）〉的说明》，《全国人民代表大会常务委员会公报》1995 年第 7 期。

③ 数据来源于《中国卫生统计年鉴》（1991、1998）。

工作前所未有的关注与重视,其中暴露出来的监管缺失与缺乏协调等问题触目惊心。基于此,国务院于 2004 年 9 月颁布了《国务院关于进一步加强食品安全工作的决定》,正式确立了"农业部门负责初级农产品生产环节的监管、质检部门负责食品加工环节的监管、工商部门负责食品流通环节的监管、卫生部门负责餐饮业和食堂等消费环节的监管;食品药品监督管理部门组织对食品安全的综合监督、组织协调和依法组织查处重大事故"。可以说,该《决定》正式从政策层面确立了分段监管体制的地位,同时将原卫生部承担的食品加工环节的监管职能赋予了质检部门,质检部门的地位和作用得到加强,而且进一步弱化了卫生部门的主导作用。食品监管体制正式从卫生部门主导的体制转变为"五龙治水"的多部门分段监管体制。

应该说,这种多部门分段监管的体制从本质上反映出我国食品产业迅猛发展之后,仅限于消费环节的食品卫生概念已经远远不能满足社会公众对于食品质量的要求。从农田到餐桌全过程的食品安全监管新模式要求农业、工商、卫生等多个部门的全程介入。比如,阜阳劣质奶粉事件暴露出因技术原因导致奶粉生产环节监管的混乱以及卫生部门的能力孱弱。而2001 年成立的质检部门比卫生部门在食品生产和加工领域的监管具有更大的技术和经验优势,因此被赋予了监管食品加工环节的职能。另外,食品、药品、保健品、化妆品等健康产品产业属性日益模糊,为了将此类产品的监管权更好地整合,决策者组建了食品药品监管局。

3. 综合协调下的部门分段监管体制(2009—2012 年)

2007 年以来,我国食品安全事件频繁发生,全社会对食品安全问题空前关注,政府也给予了足够的重视,并采取了一系列改革措施。2008年,为解决部门间职责交叉问题,国务院出台"三定"规定,由卫生部管理国家食品药品监督管理局,承担食品安全综合协调、组织查处食品安全重大事故的职责;食品餐饮消费环节的安全监管和保健品、化妆品质量监管,由国家食品药品监督管理局负责。2009 年 2 月,十一届全国人大常委会第七次会议通过《食品安全法》(2009 版)。2010 年 2 月,国务院设立国务院食品安全委员会,作为国务院食品安全工作的高层次议事协调机构;卫生部成立第一届食品安全国家标准审评委员会,下设 10 个专业分委员会。2011 年,国务院批准将卫生部食品安全综合协调、牵头组织食品安全重大事故调查、统一发布重大食品安全信息三项职责划入国务院食品安全办，同意国务院食品安全办增设政策法规司、宣传与科技司。①

《食品安全法》（2009 版）没有从本质上改变分段监管体制，只是在内容上对 2004 年的多部门分段监管体制进行了局部调整，将食品安全的综合监督、组织协调和依法组织查处重大事故的职能从食品药品监督管理局转移到卫生部，并决定在国务院层面增设国家食品安全委员会以通过引入超越部门利益至上的机制来协调食品安全监管工作，同时规定"国务院根据实际需要，可以对食品安全监督管理体制作出调整"，为下一步政府进一步改革食品安全监管体制提供了法律保障。至此，以国务院食品安全委员会为协调机构、多部门分工合作、地方政府负总责的食品安全监管体制得以正式确立。

4. 监管型体制改革的比较与总结

自 1993 年以来，虽然我国的食品安全监管体制一直处于不断的变化和调整之中，但可以明显观察到不同的管理模式及发展趋势。

（1）从管理主体角度分析。1993 年以来，中国食品安全监管体制逐步由卫生部门主导转变为多部门分段监管，同时部门间协调机制的建设逐步加强。其特征就是作为监管者的各个行政职能部门在体制上已经与作为监管对象的食品企业完全分离，内部食品安全管理体制已经被外部的食品安全监督体制所取代。

（2）从管理对象的角度分析。市场经济体制的确立与完善，不仅使得食品企业在数量、规模、所有制结构等方面发生了巨大的变化，而且改变了食品卫生的传统含义，使食品监管由仅限于消费环节的食品卫生管理逐步转向贯穿事前、事中、事后，从农田到餐桌的全过程食品安全风险监管。食品监管对象的覆盖范围和复杂程度大大增加，食品安全的主要风险由前市场风险转变为市场风险。

（3）从管理工具的角度分析。1993 年以来，传统的行政命令、思想教育、群众运动等管理手段在监管体制中发挥作用的空间已经非常有限。相反，国家立法、行政执法、经济奖惩和司法审判等经济、法律监管工具的运用继续得以强化，同时行业技术标准、质量认证体系、信息披露、风险评估与监测等与风险监管相关的监管工具逐步得以使用并扩展，有效地

---

① 参见《关于国务院食品安全委员会办公室机构编制和职责调整有关问题的批复》（中央编办复字〔2011〕216 号）。

丰富了政府食品安全监管的政策工具箱。这种食品安全管理体制被称为监管型体制。监管型体制以市场经济为基础，具有外部型、第三方监管特征，同时综合运用行政、经济、法律、科技等多种监管工具。

总结比较1949年新中国成立以来中国食品安全监管体制演化发展的历史轨迹，不同阶段不同体制的基本特点主要体现在表7-2中。可以认为，中国食品安全监管体制演化发展与中国经济社会发展阶段密切相关，是一个不断进化、不断改革、不断完善的历史过程。

表7-2　　　中国食品安全管理体制变迁与指令型、混合型和监管型体制的差异性

	指令型体制（1949—1977）	混合型体制（1978—1992）	监管型体制（1993—2012）
对待市场机制的态度	消灭市场	扩展市场	监督市场
管理主体	主管部门管控为主、卫生部门监督管理为辅和政企合一	分割化格局下的卫生部门主导体制，政企部分合一	从卫生部门主导体制变为多部门分段监管体制，政企完全分离
管理对象	公私合营、政企合一、财政预算软约束和前市场风险	所有制非国有化、政企开始分离、财政硬约束和混合风险（前市场与市场风险）	所有制多元化、政企完全分离、财政硬约束、由单一环节的食品卫生过渡到全过程的食品安全，以市场风险为主
主要政策工具	劝说教育、政治运动和直接行政干预	法律禁止、司法审判和经济处罚	产品和技术标准、特许制度及信息提供

二　新一轮食品安全监管体制改革的主要成效与问题

针对分段监管体制中存在的多头管理、分工交叉、职责不清等突出问题，经过较长时间较为充分的准备，2013年3月中央决定组建统一的食品药品监管机构，将分散在各部门的食品药品监管职能和机构进行整合，实行集中统一监管。并由农业部门负责农产品质量安全监管，由卫生部门负责食品安全风险监测和评估、食品安全标准制定。

（一）新一轮食品安全监管体制改革概况与进度

我国原有的食品安全监管体制是在计划经济向市场经济的体制转型中形成的，并在计划经济时期指令型管理体制的基础上，逐步经历了经济转轨时期的混合型管理体制和市场经济条件下的监管型体制的演化过程。《食品安全法》（2009 版）进一步强化了综合协调下的部门分段监管的食品安全监管体制。应该说，原有的监管体制曾经对提高食品安全水平发挥了积极的作用。2013 年新一轮改革后确立的新监管体制对探索与最终解决食品安全多头与分段管理，相互推诿扯皮、权责不清的顽症迈出了新的一步，对形成一体化、广覆盖、专业化、高效率的食品安全监管体系，构建食品安全监管社会共治格局具有积极的作用。

1. 新一轮改革后食品安全监管体制的基本框架

图 7－1 反映了改革之前的食品安全监管体制框架。2013 年 3 月 15日，新华社全文公布了由十二届全国人大第一次会议批准的《国务院机构改革和职能转变方案》。按照这一方案，改革后新的食品安全监管体制较以前的体制有了根本性的变化，有机整合了各种监管资源，将食品生产、流通与消费等环节进行统一监督管理，由"分段监管为主、品种监管为辅"的监管模式转变为集中监管模式，由此形成农业部和食品药品监管总局集中统一监管，以国家卫生和计划生育委员会为支撑，相关部门参与、国家食品安全委员会综合协调的体制（见图 7－2）。从食品安全监管模式看，新的监管体制主要由三个部门对食品安全进行监管，国家食品药品监督管理总局对食品的生产、流通以和消费环节实施统一监督管理，农业部主管全国初级食用农产品生产的监管工作，国家卫生和计划生育委员会负责食品安全风险评估和国家标准制定工作[①]，基本形成了"三位一体"的食品安全监管体制框架（见图 7－3）。在食品的监管环节上，原来由农业部门管理的农产品种植、养殖环节，质量监督检验检疫部门管理的食品生产、加工环节，工商行政管理部门管理的食品流通环节，食品药品监督管理部

---

①　封俊丽：《大部制改革背景下我国食品安全监管体制探讨》，《食品工业科技》2013 年第6 期。

图7-1　改革之前的食品安全监管体制框架

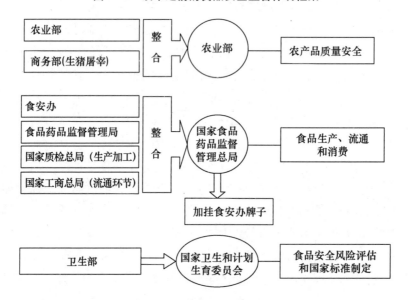

图7-2　2013年新一轮改革后的食品安全监管体制框架

图7-3　2013年新一轮改革后"三位一体"的食品安全监管体制框架

门管理的餐饮和消费环节，商务部门管理的畜禽和生猪定点屠宰环节，改革调整为由国家食品药品监督管理总局和农业部两个部门为主的监管模式，力图建立统一权威的食品安全监管体制。新一轮的改革是新中国成立以来第四次食品安全监管体制改革，与新中国成立以来的历次改革相比较，具有大部制改革的基本特点，标志着我国的食品安全监管体制初步进入了集中监管体制的新阶段。

国家食品药品监督管理总局于 2013 年 3 月 22 日正式挂牌成立，并加挂了国务院食品安全委员会办公室的牌子。2013 年 3 月 31 日，国务院办公厅印发了《国家食品药品监督管理总局主要职责内设机构和人员编制规定》，由此标志着我国食品安全监管体制"四合一"架构开始形成。所谓"四合一"架构就是原来的国务院食品安全办公室、国家工商行政管理总局分管的食品监管部门、国家质量监督检验检疫总局分管的食品监管部门，再加上原来的国家食品药品监督管理局等四个部门组成了一个统一的国家食品药品监督管理总局。

2. 新一轮食品安全监管体制改革的意义

主要表现在以下三个方面：

（1）迈出了全程无缝监管的新步伐。由"职能转变"为核心的大部制变革形成的新的食品安全监管体制，较以前的"众龙治水""分段管理"式的监管体制，可以更好地整合各种监管资源，有效解决监管重复和监管盲区并存的尴尬。理论上说，能实现我国对食品安全的集中统一监管，对生产、流通、消费环节的食品安全和药品的安全性、有效性实施统一监督管理，实现食品安全监管从"田间到餐桌"完整供应链所有环节的无缝对接。把食品生产、流通环节并入原有的食品药品监管体系中，将有利于权责的清晰和统一管理，避免监管部门"踢皮球"现象。

（2）整合了监管力量。根据《国务院机构改革和职能转变方案》和《国务院关于地方改革完善食品药品监督管理体制的指导意见》，从中央到地方各级政府，皆要"将工商行政管理、质量技术监督部门相应的食品安全监督管理队伍和检验检测机构划转为食品药品监督管理部门"，省、市、县各级工商部门及其基层派出机构要划转相应的监管执法人员、编制和相关经费，省、市、县各级质监部门要划转相应的监管执法人员、编制和涉及食品安全的检验、检测机构、人员、装备及相关经费，要确保新机构有足够力量和资源有效履行职责。同时，整合县级食品安全检验、检测资源，建立区域性的检验、检测中心。

整合各食品安全监管职能部门的食品安全检测监测能力，有助于解决检测监测信息不统一、标准不一致的问题。通过体制调整，将各部门食品安全检测监测机构划转整合，构建附属于食品安全监管部门的国家食品安全实验室系统。在整合食品安全检测监测能力的基础上，做好顶层设计，引导食品安全检测监测能力建设错位发展、特色发展，避免重复建设，建立标准统一、信息共享的食品安全检测监测信息数据库。①

（3）确立了监管重心下移的体制。改革后的新的食品安全监管体制安排中，鼓励县级食品药品监督管理机构在乡镇或区域设立食品药品监管派出机构，提出要充实基层监管力量，配备必要的技术装备，填补基层监管执法空白，确保食品和药品监管能力在监管资源整合中都得到加强。在农村行政村和城镇社区设立食品药品监管协管员，承担协助执法、隐患排查、信息报告、宣传引导等职责。进一步加强基层农产品质量安全监管机构和队伍建设。推进食品药品监管工作关口前移、重心下移，加快形成食品药品监管横向到边、纵向到底的工作体系。②

在原有的旧监管体制下，政府食品安全监管的行政机构在各大中城市只设立到区、县级。但问题食品却大都源自藏匿于市郊乡镇抑或城乡结合地带的黑工厂、黑窝点、黑作坊。在一些大城市，流通环节的食品安全危害则大多来自市内数以万计的食品经营店铺。最需要监管的基层却长期处于行政执法日常监管的空白状态，政府食品安全监管机构对食品生产领域长期普遍存在的黑工厂、黑窝点、黑作坊却始终难以做到露头就严打、查实重罚，更无法做到防患于未然。③ 同时，由于街道、乡镇一级的食品安全监管力量长期呈现空白，对各自辖区最基层的食品安全监管事务，各地食品安全监管机构只能通过不定期的街面抽检的方式应付。只有在出现了比较大的区域性的食品药品安全事件，且往往要该事件经媒体曝光揭露后，食品安全监管机构才会匆忙安排专项检查与整治。受到舆论诟病的"被动监管执法"之所以多年未见明显改观，也与市区两级食品安全监管机构的"力不从心"大有关联。

3. 新一轮食品安全监管体制改革的时序进度

总体来看，新一轮食品药品监督管理体制改革中，中央层次的机构改

---

① 焦明江：《我国食品安全监管体制的完善：现状与反思》，《人民论坛》2013 年第 5 期。

② 《国务院确定地方食品药品监督管理机构改革时间表》，新华网，2013 – 04 – 18，http：//news. xinhuanet. com/politics/2013 –04/18/c_ 115445397. htm。

③ 《53. 1% 消费者称农产品问题严重》，新华网，2013 – 06 – 19，http：//www. bj. xinhua-net. com/bgt/2013 –06/18/c_ 116188047. htm。

革迅速到位，在改革的时序上，总体进度极不理想。按照国发〔2013〕18 号文件要求，地方食药监管体制改革应于 2013 年年底前完成。但截至 2013 年 12 月 10 日，全国大陆 31 个省市区中有 23 个省市区出台了省局"三定"方案，25 个省市区明确了省级食品药品监督管理局的主要负责人；18 个省市区出台了省内食品药品监管体制改革指导意见。[①] 到 2014 年 6 月，全国 31 个省市区中公布省级食品药品监督管理机构"三定"方案的有 29 个，14 个省市区公布了省级改革实施方案，有 21 个省市区公布了省以下级别的改革实施方案。[②] 到 2014 年年底，除省级层面的改革全部结束外，各省市区的地市级与县级层面的改革参差不齐，全国尚有 30% 的市、50% 的县未完成改革。[③] 江苏省在此方面具有典型性，2014 年 11 月 7 日，江苏省人民政府办公厅印发《关于调整完善市县工商质监食品药品管理体制加强市场监管意见的通知》，要求分别于 2014 年 11 月和 12 月底完成市县两级体制改革，实际上到 2015 年 6 月 30 日，江苏省辖的地级市尚没有全面完成机构改革。根据国家食品药品监督管理总局的情况通报，截至 2016 年 6 月，省级层面机构和人员全部到位，但仍有 8% 的市、县至今没有出台"三定"方案；江苏、西藏、新疆、青海 4 个省市区县两级机构和人员至今没有到位。

纵观我国食品安全监管体制改革的历程可以发现，改革的焦点主要集中于行政部门之间如何合理分配食品安全监管职责，改革的目标是形成集中统一的监管体制。但是，对于如何转变监管职能，如何创新监管方式，如何促进社会机构和公众参与等方面还缺乏顶层设计。尤其是在战略层面如何整体优化设计我国食品安全监管体制，这方面的改革才刚刚起步。

（二）新一轮食品安全监管体制改革的主要成效

我国当前农业部和国家食品药品监督管理总局集中统一监管体制，有利于理顺部门职责关系，强化和落实监管责任，实现全程无缝监管，形成整体合力，提高行政效能，但也难以避免地仍存在着一些问题。[④] 由于机

---

① 《食品药品监管体制改革进行时：完善统一权威的监管机构》，《中国医药报》2013 年 12 月 18 日。

② 吴林海等：《中国食品安全发展报告（2014）》，北京大学出版社 2014 年版。

③ 贺澜起：《关于在食药监体制改革未完成的市县设置独立食药监管机构的建议》，民建中央网站，2014 - 12 - 30，http://www.cndca.org.cn/mjzy/lxzn/czyz/jyxc/938585/index.html。

④ 马小芳：《深化我国食品安全监管体制改革》，《经济研究参考》2014 年第 30 期。

构改革后运行时间比较短，目前尚难以对食品安全监管体制改革的成效作出全面的评估。但总体来看，经过新这一轮的改革，食品监管体制有所改善，监管能力有所增强，技术支撑得到强化，基层监管网络初步建立，监管体制改革的成效逐步显现。2015 年，国家食品药品监督管理总局质量监督抽查合格率为 96.80%，比改革前的 2012 年提高了 1.3 个百分点。食品生产经营者主体责任意识逐渐增强，食品安全监管制度逐步完善，食品安全保障水平稳步提升。

1. 职能整合基本到位，统一的食品安全监管体系初步形成

从全国范围来看，自 2013 年新一轮改革以来，各地新的食品药品监管体系初步建立，省、市、县三级职能整合与人员划转已基本到位，覆盖省、市、县、乡的四级纵向监管体系基本形成。虽然地方政府食品安全监管机构设置模式存在较大差异，改革进程总体比较缓慢，但均成立了专门机构或队伍承担了食品安全监管工作。然而，有一个值得关注的现象是改革出现反复。2014 年年底，全国有 95% 的地（市），80% 左右的县（市）独立设置了食品药品监督管理局。但到 2015 年年底，独立设置食品药品监督管理部门的地（市）减少到 82%、县（市）减少到 42%。[①]有关分析表明，在全国前 500 个食品产业大县，单设食品药品监督管理机构的仅为 48%，而在全国排名前 100 的药品产业大县中，单设食品药品监督管理机构的比例更低。[②] 总体来看，统一的食品安全监管体系初步形成，但仍不稳定。

2. 食品监管队伍不断壮大，食品监管与风险监测能力得到提高

经过 2013 年的新一轮食品安全监管体制改革，全国食品药品监管机构有所增长，尤其是基层监管机构数量增长较快，截至 2015 年 11 月底，全国共有食品药品监管行政事业单位 7116 个，其中，行政机构 3389 个，比上年增加 89 个；事业单位 3727 个，比上年增加 219 个、全国共有乡、镇（街道）食品药品监管机构 21698 个。食品监管队伍不断壮大，区县级以上食品药品监管行政机构共有编制（含市场监管机构所有编制，不含工勤编制）265895 名，比上年增长 95.6%。其中，省、副省、地市和

① 《毕井泉在全国食品药品监管工作座谈会暨仿制药一致性评价工作会议上的讲话》，仪器信息网，2016 – 06 – 29，http://www.instrument.com.cn/news/20160629/194855.shtml。
② 袁端端：《七专家再议食药改革最后一役》，《建言参考》（内部资料）2016 年第 6 期。

区县级（县级含编制在县局的乡镇机构派出人员）分别比上年增长
7.1%、96.9%、33.1%和107.7%。各级应急机制和应急预案逐步建立，
进一步明确了各部门应急工作职责、突发事件处置程序以及突发事件监测
分析、信息报告、指挥决策、调查处置、协调联动、新闻发布等机制。建
立了舆情共享机制和重大信息报送机制，建成投诉举报风险监测平台，对
突发事件和重大舆情进行专项跟踪监测的能力得到加强，应急管理能力得
到强化，应急基础能力得到提升。并制订了食品风险监测体系的制度和风
险监测计划，建立了国家食品安全风险监测体系，覆盖 31 个省和 288 个
地市的食品污染物和有害因素监测网，以及覆盖 31 个省、226 个地市、
50 个县的食源性致病菌监测网。

3. 食品综合协调能力不断提升，部门协调配合机制初步形成

进一步健全了食品案件线索共享、案件联合查办、联合信息发布等工
作机制，地方行刑衔接机制得到建立完善，行政执法与刑事司法衔接协调
有所提高，积极推进建立了部门间风险监测通报会商机制，风险监测中涉
及农业、质检等部门的问题，信息通报、相关处置工作的配合协作能力有
所提升。2015 年，部门协调配合机制进一步完善。国务院食品安全委员
会部署全国食品安全城市和农产品质量安全县创建试点，组织开展对地方
政府的评议考核，落实地方政府属地管理和各部门齐抓共管责任。国务院
食品安全办、公安部、农业部、工商总局和食品药品监督总局联合印发
《关于进一步加强农村食品安全治理工作的意见》，开展"清源""净流"
"扫雷""利剑"四项行动，净化农村食品安全环境。国家食品药品监管
总局与农业部联合印发了《关于加强食用农产品质量安全监督管理工作
的意见》和《关于进一步加强畜禽屠宰检验检疫和畜禽产品进入市场和
生产加工企业后监管工作的意见》，就食用农产品全程监管、产地准出与
市场准入衔接、食用农产品全程追溯提出明确要求。国家食品药品监督管
理总局与质检总局签订有关食品安全合作备忘录，加强国内食品、进出口
食品、食品相关产品等监管工作的衔接配合，避免监管空白和重复，形成
监管合力。国家食品药品监督管理总局与公安部、高法院、高检院联合出
台了《食品药品行政执法与刑事司法衔接工作办法》，研究解决了行政执
法与刑事司法衔接工作中存在的案件移送标准不明确、涉案物品检验认定
难、案件查办协调配合不到位等主要问题。

4. 食品安全监管制度依法落实，配套法规和标准体系建设取得进展

（1）坚持风险管理原则。国务院有关部门研究制定了食品安全风险分级监督管理办法，明确在食品生产经营单位监督检查全覆盖的基础上，实施风险分级管理，加强风险监测和预警交流，不断拓展交流渠道和形式，强化常态和突发风险预警。

（2）加强日常监督检查。结合《食品生产经营日常监督检查管理办法》的发布，制定了对食品生产者、销售者、餐饮服务提供者、保健食品生产企业的监督检查要点表，明确监督检查项目，规范监督检查行为。

（3）强化抽样检验。2015 年，食品药品监管总局安排食品抽样 16.8 万批次，各地方安排 41 万余批次，涉及近 200 种、3000 余个检验项次，抽检合格率为 96.8%。特别是对婴幼儿奶粉生产企业和国家标准规定项目实行全覆盖检验，及时公布检验结果。

（4）加强全程追溯管理。制定了《关于进一步完善食品药品追溯体系的意见》和《关于加快推进农产品质量安全追溯体系建设的意见》，进一步强化进货查验记录、生产经营记录、出厂检验记录制度的落实。

（5）加强进口食品监管。2015 年检出不合格进口食品 1.6 万批；对欧美等 35 个国家或地区的 29 种输华食品开展体系审查或回顾性审查；将 204 家进口食品违规企业列入风险预警通告；调查处理 49 批次涉及安全卫生项目的进口食品不合格信息；依法暂停 4 家不能持续符合注册要求的境外企业注册资格。

（6）推进食品工业企业诚信体系建设，组织指导 5000 余家食品工业企业建立并持续运行诚信管理体系，2015 年至今，共有 118 家食品企业通过诚信管理体系评价。①

目前，国务院正在积极推进食品安全法实施条例修订工作，修订草案已上网公开征求意见，目前正在进一步修改完善。食品药品监管总局根据修订后的食品安全法要求，出台了配套部门规章 11 部。与此同时，各省市区结合本地区实际，加快推进食品安全地方立法，使食品安全法的规定更加细化，以便于实施。2016 年 1 月，国务院专题研究部署了"十三五"

---

① 《十二届全国人大常委会第二十一次会议举行第三次全体会议张德江作关于检查食品安全法实施情况的报告》，新华社，2016 – 06 – 30，http：//news. xinhuanet. com/politics/2016 – 06/30/c＿1119143900. htm。

期间食品安全标准体系建设工作。国务院及相关部门密切配合，逐步完善标准制定与执行的有效衔接。一方面，加快既有标准的清理整合，基本解决了长期以来食品标准之间的交叉、重复、矛盾等历史遗留问题；另一方面，加快新标准的制定公布。已制定公布683项食品安全国家标准，还有450项食品安全国家标准即将公布；制定农药残留限量标准4140项、兽药残留限量标准1584项，清理了413项农残检测方法标准。[①]

（三）新一轮体制改革后中央层面与顶层设计存在的问题

虽然新一轮体制改革取得了显著成效，但仍不可避免地存在若干问题，尤其是基层食品安全监管仍面临着诸多突出矛盾，在某些地区，由于改革进展缓慢甚至出现反复，机构设置模式五花八门，导致矛盾尤为尖锐。本章主要分别从中央层面与地方层面围绕体制改革中存在的问题展开分析。

1. 食品安全风险治理体系在顶层设计上仍然缺失

从全国范围内而言，食品安全监管体制总体上已基本完成，但是从食品安全风险系统治理与社会共治的角度而言，顶层设计远远没有完成，更未展开有效的实施。特别是如何科学确定政府不同层级间的责任，明确不同层级政府间的食品安全风险治理的职能、履行职能的方式与资源；如何按照《食品安全法》（2015版）确立的社会共治的基本原则，科学地界定政府、市场与社会主体间的功能、相互关系与运行机制，明确政府激励市场、社会主体参与食品安全风险共治的规制与具体方式。这些问题急需在理论与实践相结合的角度来思考与设计。

2. 中央层面的食品安全委员会功能虚化且未能起到战略引领作用

《食品安全法》（2015版）明确规定，食品安全委员会履行食品安全监管工作协调和指导的责任。但是，新一轮改革中食品安全委员会功能普遍虚化，从中央层面不再保留原来单设的食品安全委员会办公室，由国家食品药品监督管理总局加挂牌子，在实践中食品安全委员会的权威性削弱了，难以有效发挥食品安全委员会监管顶层设计的作用，而分段监管体制下的部门管理又只能各管一摊，这就在客观上仍然造成了我国食品安全监

---

① 《十二届全国人大常委会第二十一次会议举行第三次全体会议张德江作关于检查食品安全法实施情况的报告》，新华社，2016 - 06 - 30，http：//news. xinhuanet. com/politics/2016 - 06/30/c_ 1119143900. htm。

管"头疼医头，脚疼医脚"，缺乏系统性。新体制虽然形成了食品药品监管总局为主体的集中统一监管体制，各地也纷纷建立起食品安全委员会联席会议等制度，但是，由于改革后的食品安全委员会办公室设置在食品药品监管总局，无法很好地发挥食品安全委员会的战略引领与协调统筹作用，未来需要发挥食品安全委员会的作用，明确其在食品安全监管中的战略引领职能。

3. 国家层面食品安全控制的科学和技术体系有待完善

食品安全风险治理与监管必须依靠科学技术，食品安全监管体制的有效运行、食品安全风险监测评估与标准制定等依赖食品安全科学技术的推广与进步。与此同时，新的病毒类型、新的化学物质等、新技术的负面效应给我国的食品安全带来新的风险。所有这一切均必须依靠食品安全科技的进步而逐步解决。目前，我国的食品安全监管手段还比较落后，科学技术的支撑能力还比较有限，需要在国家层次上就影响食品安全保障的关键性、共性重大科技问题进行科学布局，举全国之力来有限突破。而且在县级或县级以下的食品安全监督相当数量的监管还是停留在凭经验判断的基础上，无法适应食品加工生产新技术的快速发展，亟须按照监管能力提升的新要求，推广普及食品安全科技与配置相应的技术手段。

4. 食品安全风险监测评估与标准制定工作未达到应有的战略层级

新体制明确由国家卫生和计划生育委员会负责食品安全风险监测和评估、食品安全标准制定等工作，从而使风险评估与标准制定职能与食品安全监管部门分开，实现了风险分析与风险管理的分离，避免了过去既是裁判员又是运动员的不合理局面。但由于风险评估与标准制定直接决定着我国食品安全监管的战略方向，需要以独立、客观和中立的原则进行，也需要风险分析部门与风险管理部门之间经常性的协调，因此需要提高风险和标准制定的战略层级，在更高层次开展风险评估和标准制定工作，以避免由于部际协调不畅和部门利益所导致的战略中断等问题。

5. 监管体制仍有待完善以覆盖某些监管空白领域

《食品安全法》（2015版）沿用分段监管时期国家工商总局、质检总局制定的关于食品流通、生产管理方面的具体规章，食药部门执法权限有限，导致食品药品监管出现一些空白领域。表现为：一是按现行的食品安全监管体系，路边流动食品摊点由城管部门负责取缔，但城管部门只管场外交易行为，对售假行为的惩处力度偏低。二是学校周边的托管机构存在餐饮场所设备设施差、从业人员素质低、食品安全隐患较大等问题，但目前对这一行业如何进行规范管理既无法律法规予以明确，也无法律依据对托管机构进行处理。三是我国并未出台关于犬猫类定点屠宰管理和屠宰检疫规程，犬猫类检疫缺乏具体可操作的屠宰检疫规程，使犬猫类肉品监管在屠宰环节缺失。四是保健食品监督管理法律法规不健全，保健食品法律法规建设相对滞后，监督管理工作缺乏必要的法律支持。

（四）新一轮体制改革后地方层面食品安全监管暴露的主要问题

基层是食品安全监管的关键部位，点多、线长、面广、任务繁重。新一轮改革过程中，基层监管机构逐步建立，监管能力有所提升，但基层监管力量仍十分薄弱，"人少事多""缺枪少炮"的矛盾较为突出，"重心下移、力量下沉、保障下倾"仍有待于进一步落实。尤其是某些地方推动了"二次改革"，启动了工商、质监和食药合并的"三合一"或更多市场监管部门合并的"多合一"的市场监督管理局模式试点改革，但一些突出性矛盾和深层次问题在"二次改革"中并未得到有效解决，并出现了一系列新的问题和更为尖锐的矛盾。①

（1）改革方向不明确，步伐不一，不利于"统一"监管体系的形成。2013 年改革以来，各地实际情况不一，改革五花八门，有独立的食药机构，也有"三合一""多合一"的市场监管局。尤其是近两年来推行"三合一""多合一"市场监管综合执法的地方政府越来越多，基层食品药品监管机构飘摇不定，队伍人心波动，监管工作面临重大挑战。特别是作为2013 年国务院推动食品药品监管体制改革样本城市的陕西渭南市，五年四改监管体制，并最终于 2015 年 3 月在新一轮的改革中将下辖的县级工商、质监、食药和盐务四个部门整合组建市场监督管理局，渭南市"改革样本翻烧饼"的情况在一定程度上使全国食品药品监管系统出现了今后是否会"翻烧饼"的担忧。由于体制改革方向不明确、过渡期比较长，基层监管人员普遍觉得工作压力大、积极性不高、对改革前景悲观、精神状态普遍不佳，大量工作甚至是日常监管工作被搁置。虽然改革尝试具有一定的探索性和前瞻性，但在食品安全监管职能不断调整和统一的，机构

---

① 新一轮改革后，有关食品安全监管技术支撑能力建设的有关内容参见本书第八章的相关内容。

的改革和整合做法不一，不利于监管工作的上下衔接以及监管的连续性；频繁的改革使得监管职能模糊，监管措施不一致，监管工作效率低下，监管协调无法对接，削弱了食品安全监管的统一性和权威性。

（2）健全基层管理体系的规定缺乏刚性标准，致使基层监管所建设难以得到保障。食品安全监管责任和分工是"地方各级政府对本地区食品药品安全负总责"；改革目标及原则要求"坚持属地管理、权责一致的原则，落实好属地管理责任"。而同时规定县（市、区）食品药品监督管理局及其监督稽查机构可直接负责辖区内乡镇（街道）的食品药品监管执法工作，也可按乡镇或区域设立乡镇（街道）食品药品监督管理所，并且要求按照调整划转后的人员编制等情况研究确定派出行政机构。这一过于灵活的规定，导致在县级食品药品监管体制改革过程中，是否设置乡（镇、街道）基层监管所、是按照乡（镇、街道）设置基层监管机构还是分片按区域设置，成为食品药品监督管理部门与编制管理部门的又一个角力点。而在食品药品的实际监管工作中，一方面，县级食品药品监督管理局根本不可能离开乡（镇、街道）党委政府的支持和配合；另一方面，在农村行政村和城镇社区设立食品药品监管协管员以及进一步加强基层农产品安全监管机构和队伍建设，不断推进食品药品监管工作关口前移、重心下移，加快形成食品药品监管横向到边、纵向到底的工作体系，必须依赖乡（镇、街道）的重视和支持，才能具体落实。

（3）基层监管人员严重不足，履职能力普遍较弱。从全国来看，2013年启动的新一轮改革后，县乡基层食药监管人员占食药系统总人数的比重普遍超过80%，但基层"人少""事多"的矛盾仍然非常突出。一是人员总量不足。公开数据显示，全国工商系统公务员约为42万人，食药系统的公务员和事业单位人员总共不到9万。各地从工商划转的人员比例基本都在10%上下，而从工商划转过来的职能比例至少在50%以上。根据我们实地调研的各方反馈与有关学者的观点，从实际工作需求来看，一个食药所一般需要6人才能规范运转。然而，不少地方，无论是实际到位的人数，还是核定的编制数量，都难以满足基本需求。二是人员质量不高。为了保证人员尽快到位，各地划转了不少专业外人员。而食品安全监管专业性较强，涉及的法律法规、各类标准繁多，日常监管和专业投诉，都难以应对。此外，除部分工商划转人员外，其他人员法律意识、法律知识及执法经验都十分匮乏，难以应对基层复杂的执法现状。不仅如此，划转过来的人中，一部分年龄较大，一部分在原单位就不上班，划转质量不高。此外，几乎全国都存在的一个问题是，由于会使用的人少，很多食品检测设备都成了摆设。

（4）行政监管执法手段仍然较为传统，技术装备亟待改善。食药监管部门划归地方后，地方政府投入普遍不足，某些地区连基本的办公条件也难以保障，在食品监管执法装备、执法服装、执法车辆等配备，办公经费等方面支持投入和保障力度较小，甚至连执法记录仪、快速检验检测设备等基本装备都普遍没有配备，普遍没有达到国家食品药品监督的指导标准，一线执法人员仍主要靠"眼看、鼻闻、手摸"等落后的传统手段开展执法检查，特别是边远山区的乡镇，由于执法装备的匮乏，更是导致食品安全监管成为"盲区"。近年来，各级财政对食品安全检验检测方面投入较大，国家、省级和部分市级食品药品检验资源配备水平较高，检验能力比较强，但多数市县级的食品药品检验检测能力还相对滞后，而且随着食品安全监管工作力度加大，食品检验检测任务急剧增加。食品监管技术支撑力量的薄弱制约着食品监管的统一性和权威性。

（5）法律法规建设滞后于职能转变，基层监管执法工作亟须规范。机构改革后，基层尤其是乡镇监管执法工作迫切需要规范，主要表现为食品安全监管方面的法律法规、规章规范和标准等滞后于职能转变，使得在监管工作中面临一系列无法可依的困惑。一是监管法律法规亟须统一规范。新一轮监管体制改革完成后，新组建的食品药品监管部门除执行统一的《食品安全法》（2015 版）等法律法规以外，还执行由商务部、质检总局、工商总局、食药总局等部委局制定的部门规章规范和标准等，监管执法人员的主体资格的变化未得到相关法律法规的及时调整跟进，难免与依法执法和依法行政产生矛盾冲突，尤其是实行"多合一"的地方更是矛盾突出，主要表现在基层监管行政处罚和行政许可工作方面，管理相对人的不理解、不支持、不配合，使基层监管执法工作陷入尴尬的局面。二是执法办案程序和文书应统一规范。目前，基层食品药品监管所涉及食品生产经营和药品、医疗器械以及化妆品的监管执法，原国家局制定了《药品监督行政处罚程序规定》和文书规范，但是，在食品生产经营和医疗器械以及化妆品监管执法中没有明确行政处罚程序规定和统一的文书规范。三是执法装备和交通工具应统一规范。基层食品药品监管部门不但存在人手少，监管点多、面广、量大，同时存在办公场地等设施设备不完备和执法交通工具、检验检测设备十分欠缺等问题，如不及时得到解决，势必会严重影响对基层特别是广大农村地区的食品药品安全实施科学、有效、无缝监管，食品药品监管体制改革就是一纸空文，根本达不到其宗旨和目的。四是执法人员业务培训应统一规范。新成立的基层食品药品监管执法人员基本来自工商和原食品药监部门，熟悉食品流通监管法律法规和业务的人员不熟悉餐饮服务和药品医疗器械监管法律法规和相关业务知识，监管工作中存在偏差，执法人员需要时间学习法律法规和业务知识，但要全面熟悉掌握新法规和新知识不是一蹴而就的事情，这就要求制订学习和培训计划并及时付诸实施，定期和分期分批地培训基层食品药品监管执法人员，并进行考核考试和继续教育等工作，培养出一批食品药品安全监管综合性执法人员，以适应食品药品监管工作新特点、新形势的迫切需要。

三 地方食品安全监管机构模式设置的论争①

2013 年改革后，绝大多数省份逐步形成了在省市区、地（市）、县（区）层面均独立设置食品药品监督管理局的中央推荐模式（称为"直线形"食药单列模式），但是，伴随着全国范围进行的"大市场"的改革探索，地方政府食品安全监管机构设置出现了"多合一"的市场监管局模式（以下简称统一的市场监管局模式），最常见的是工商、质监和食药合并的"三合一"模式。特别是 2014 年 6 月，在国务院下发的《关于促进市场公平竞争维护市场正常秩序的若干意见》（国发〔2014〕20 号），提出要加快县级政府市场监管体制改革，探索综合设置市场监管机构后，各地进行了"大市场"的改革探索。配合地方政府职能转变与完成机构改革任务，各地开始探索在县级及以下层面将工商、质监、食药等部门采取"二合一""三合一"或"多合一"的模式，组建统一的市场监管机构。②到 2014 年年底，全国有 95% 的地（市），80% 左右的县（市）独立设置了食品药品监督管理局。但到 2015 年年底，独立设置食品药品监督管理

---

① 此部分的研究成果发表在教育部办公厅 2014 年《高校智库》。
② 也有很大比例的地方政府在地市级层面实行"多合一"的市场监管局模式。

部门的地（市）减少到82%、县（市）减少到42%，到2016年5月底，独立设置食品药品监管部门县（市）进一步减少到40%。① 到底是独立设置食品药品监督管理局，还是实行"多合一"的统一市场监督管理局模式，在业界引发了广泛的争论。

1. 新一轮改革后地方食品安全监管机构设置的主要模式

2013年改革之初，除浙江等个别省份外，北京、海南、广西等绝大多数省份均采用了"直线型"的食药单列模式，但2014年部分省份启动"二次改革"后，一些省份开始在县级层面或者在市、县两级层面甚至是省、市、县三级层面均进行"三合一"或"多合一"改革探索。因此，除了"直线形"的食药单列模式外，地方政府食品安全监管机构设置涌现出"纺锤形"的深圳模式、"倒金字塔形"的浙江模式和"圆柱形"的天津模式等不同类型的食品药品监管模式。新一轮改革后，目前地方食品安全监管机构设置主要有以下四种模式。

（1）"直线形"的食药单列模式。按照《国务院关于地方改革完善食品药品监督管理体制的指导意见》（国发〔2013〕18号）推荐的基本模式，在省市区、地（市）、县（区）层面原则上均需独立设置食品药品监督管理局，作为本级政府的组成部门。自2013年4月起，大多数省份均参照国务院整合食品药品监督管理职能和机构的模式，在省、市、县级政府层面将原食品安全办、原食品药品监管部门、工商行政管理部门、质量技术监督部门的食品安全监管和药品管理职能进行整合，组建食品药品监督管理局，对食品药品实行集中统一监管，同时承担本级政府食品安全委员会的具体工作。

（2）"纺锤形"的深圳模式。早在2009年的大部制体制改革中，深圳市整合工商、质检、物价、知识产权的机构和职能，组建市场监督管理局，后来又加入食品药品监管职能。2014年5月，深圳进一步深化改革，组建市场和质量监督管理委员会，下设深圳市市场监督管理局、食品药品监督管理局与市场稽查局，相应在区一级分别设置市场监管和食品监管分局作为市局的直属机构，在街道设市场监管所作为两个分局的派出机构，是典型的上下统一、中间分开的"纺锤形"结构。

---

① 《毕井泉在全国食品药品监管工作座谈会暨仿制药一致性评价工作会议上的讲话》，仪器信息网，2016 – 06 – 29，http：//www. instrument. com. cn/news/20160629/194855. shtml。

（3）"圆柱形"的天津模式。2014 年 7 月，天津实施食药、质检和工商部门"三合一"改革，成立天津市市场和质量监督管理委员会，而且从市级层面到区、街道（乡镇）全部进行"三合一"改革，街道（乡镇）设置市场监管所作为区市场监督局的派出机构，原所属食药、质检和工商的执法机构由天津市市场监管委员会垂直领导，形成了全市行政区域内垂直管理的"圆柱形"监管模式。

（4）"倒金字塔形"的浙江模式。2013 年 12 月，浙江省实施了食品安全监管机构的改革，省级机构设置基本保持不变，地级市自主进行机构设置（如舟山、宁波等市设立市场监督管理局，而金华、嘉兴等市设立食品药品监督管理局），而在县级层面则整合了原工商、质检、食药职能，组建市场监督管理局，保留原工商、质检、食药局（"食品药品监督管理局"的简称，下同）牌子。与浙江模式类似，安徽省也采取了这种基层统一、上层分立的"倒金字塔形"的机构设置模式，在地级层面组建新的食品监管局，县级以下实施工商、质检、食药部门"三合一"改革，组建市场监督管理局。此外，辽宁、吉林、武汉与上海浦东等地也在探索类似的做法。尤其是 2014 年之后，越来越多的省份（如安徽、江西、山东等）在全省或者在省内部分地市启动了"二次改革"，在县级层面或者在市、县两级层面进行"三合一"或"多合一"改革探索，开始采用"倒金字塔形"的浙江模式。

2. 统一的市场监管局模式的主要利弊

现阶段，食品安全监督体制采用什么模式更好？这确实难以下结论，现有不同的模式各自运行的时间并不长，而且各地的情况千差万别，也难以比较各自的利弊。尽管如此，仍然需要做出理性的判断与比较。

（1）统一的市场监管局模式的优势。在基层进行大市场监管实践，具有一定前瞻性，有利于精简执法机构、压缩行政成本，避免多头执法、重复执法，这些都成为市场监管局模式改革的主要理由。主要体现在以下几个方面：

第一，符合大部制改革方向。就县级政府部门而言，日常工作中专业性政策的研究制定较少，更多情况下是相关改革举措或政策规定的贯彻落实，这为组建综合性工作部门提供了有利条件。另外，在县级层面组建统一的市场监管机构，还能在有效缓解机构限额压力的基础上最大限度地节省行政成本。

第二，有利于强化基层食药监管力量。随着市场经济制度体系的日益完善，工商部门的管理和执法职能相较以前弱化趋势明显，但由于体制调整的惰性，基层沉淀了大量工作力量，工商管理人力资源闲置问题非常突出。在此前提下，推动基层组建大市场监管机构，可以在编制总量控制的前提下，实现人员编制的低成本转移。

第三，有利于基层综合执法改革。党的十八届四中全会提出要推进综合执法，大幅减少市县两级政府执法队伍种类，重点在工商、质监等领域内推行综合执法。在基层组建市场监管机构，有利于统合工商、质监、食药等涉市场监管领域的执法力量，进而为下一步行政综合执法改革积累有益经验。

（2）统一的市场监管局模式改革面临的困境。改革之初，由于没有现成经验可循，加之当前体制的运行惯性，使市场监管局模式在改革中陷入了双重困境。[1] 主要表现为：

第一，专业化监管困境。根据马克思的分工理论，社会生产现代化程度越高，分工就越精细，相应对管理的需求就越专业。据统计，按照发达国家行业界定与演变规则，目前我国行业种类大体可以分为机构组织、农林牧渔、医药卫生等 21 大类、770 多小类。另外，随着经济社会的不断发展，近年来市场领域出现了许多新型经济模式，例如，物联网、"互联网＋"等，这些新生事物与传统行业相结合，促使了部分市场领域近乎呈裂变式分化和成长。市场的高度分化，使不同行业之间的专业壁垒更为明显，具体到市场监管领域也是如此。比如，工商领域的电商监管、质监领域的特种设备监管和食品药品监管之间就有明显的专业鸿沟。面对这种情况，在基层组建的大市场监管机构，能否统配好原先分散在不同部门的人员力量以及相关检验检测和执法资源，进而对基层市场的各相关环节进行有效监管，成为当前基层大市场监管体制构建的一大困境。食品药品监管专业性强、技术要求高、标准规范严，各国均单独立法界定，一般都由专门的、权威的机构来管理。比如，美国是高度市场化的国家，但一百多年来一直保持着 FDA 的高度独立，雇员中有 1000 多名警察，这一历史经验值得借鉴。

第二，安全风险困境。安全风险作为市场监管的重要内容，在此将其

---

[1]　张金亮：《基层大市场监管体制构建的困境》，《机构与行政》2015 年第 8 期。

单独列出，并不是对上述专业化监管困境的重复强调，而是因为基层市场监管的食药领域极易发生安全事故，并且这类风险一旦产生，其造成的社会影响和舆论、问责压力，会直接对现行政府机构改革产生影响。具体而言，随着社会文明化程度的不断提高，其对个体的"人"必然越发关注。那么，在日益民主的自媒体时代，食品、药品作为可以直接对人体健康甚至生命安全产生影响的产品，由其引发的安全事故，自然可以短时间内凝聚起强大的社会关注。然而，这种关注一旦转为集体问责，就会对改革走向产生影响。例如，2008 年由三鹿集团肇始的奶粉污染事件，以及随后引起广泛关注的毒豆芽、地沟油等食品安全事件，直接推动了后来的食药监管体制改革。进而言之，也正是由于上述安全风险的存在，导致了部分地区在推动基层大市场监管体制改革时顾虑较大、态度谨慎，进退之间使改革陷入了又一困境。

　　3. 统一的市场监管局模式改革的评判

　　"多合一"的统一的市场监管局模式，在基层尤其是县级政府的实践中引起了广泛争论，尤其是其给食品安全监管可能带来不利影响，备受业界质疑。

　　(1) 在一定程度上误解了统一市场监管的理论内涵。统一的市场监管局模式被简单理解为大部门制。很显然，统一市场监管的目标是促进市场公平竞争、维护市场正常秩序，同时改革又嵌入简政放权、激发市场和社会活力的大背景中，从而具有政治意义。然而，一些地方简单把体制改革等同于大部门制，片面认为整合的机构和职能越多，改革创新的力度越大，一味"贪大求快"。实际上，事前审批部门的多与少主要影响企业办事方便程度，事中事后监管效能的高与低才真正关乎产品质量安全，两者之间没有必然相关性。习近平同志在十八届二中全会第二次全体会议上强调，"大部门制要稳步推进，但也不是所有职能部门都要大，有些部门是专项职能部门，有些部门是综合部门。"各国经验表明，市场监管体系可以统一，但食品药品监管是典型的专项职能。例如，美国政府设有监管一般市场秩序的联邦贸易委员会（FTC），同时专门设置食品药品监管局（FDA）。英国政府有专门的药品和健康产品监管机构（MHRA），而日本的厚生劳动省监管除食用农产品之外的食品安全。如果我们硬给不同属性的部门"拉郎配"，那就是误解了统一市场监管的理论内涵。但在具体实际中，正因为理论内涵理解的缺失，诸多地方并没有严格执行国发

〔2013〕18 号文件和国办发明电〔2014〕17 号文件要求组建食品药品监督管理机构，而是将食药、工商、质监甚至物价等多个部门合并，组建为"三合一""四合一"甚至"五合一"的市场监管局，目前，全国已有 15% 的地市、50% 左右的县区采取了这种"多合一"的模式，以食药、工商、质监"三合一"居多，"二次改革"渐成趋势。

（2）在很多地方弱化了食品安全监管职能。"三合一"或"多合一"的市场监管局模式，最饱受争议之处在于其可能使食药监督管理职能被边缘化，导致食药职能弱化，给食品药品安全监督带来了更多风险。实际上，新一轮机构改革后截至 2016 年 6 月底，按照各地出台的"三定"方案，全国食品药品监督管理系统（含市场监管局）人员编制约 20 万。除去市场监督管理局中工商、质监业务人员编制外，食药监督管理人员编制约 12 万，不足人口总量的万分之一。但实施"多合一"的统一的市场监管局模式后，县级市场监管局职责明显增多，在行政问责的压力下，大量监管职责被下放给市场监管所。这种做法看似落实了属地责任，实际上，以工商所为班底的乡镇市场监管所根本没有精力也没有能力承担食品生产、药品经营、特种设备等专业领域的监管。尤其是有的地方"三合一"以后，市场监管局人员基数庞大，为了与其他部门平衡，市场监管局的编制被大量压缩，各方面的人员较合并前都有所减少，而且短期内没有机会补员。

（3）在实践层面忽视了食品安全监管的专业性。食品药品监督管理本质上是风险管理，需要专门的机构、专业化的队伍。由于食品药品具有自身特殊的属性，而市场监管局模式，恰恰降低了监管体系的专业性。食品药品安全监管与一般的市场监管存在根本差异。首先，二者监管客体不同，市场监管的客体是知识产权侵权、垄断、不正当竞争、传销和违法直销、无证无照经营等违法行为，而食品药品是最基本的生活物资，安全与否直接关系公共安全。其次，二者监管目的不同，市场监管主要致力于规范市场经济秩序，促进经济发展，而食品药品安全监督管理的根本目标是保障基本民生。最后，二者监管手段不同，市场监管多是依法进行形式审查，对违法违规行为采取行政处罚，而食品安全监管专业性较强，时刻离不开现代科学技术的支撑，风险监测、风险评估、检验检测和安全追溯等技术已成为食品药品安全监督管理的重要保障。由县、区一级基层政府的市场监管机构负责食品药品安全监督管理，难以做到全方位、专业化，而且基层是食品药品安全监管的主战场，这就必然造成基层监管力量配备不足、弱化食品监管，导致食品安全系统性风险变大。总体而言，新一轮改革后食品安全监管专业队伍数量呈现了"量增质降"、"专业稀释"的状况。数据显示，截至 2016 年 6 月底，全国食品药品监督管理系统（含市场监管局），有食品药品相关专业背景的从业人员仅占 4% 左右，发达国家平均为 20% 以上；现有监管人员中 2/3 为大学本科以下学历，专业技术人员比例不足一半，专业技术人员比例由改革前的 65% 下降到不足50%，越到基层问题越突出。划转人员中，普遍缺乏与食药有关的专业知识，日常检查难以发现问题，难以适应监督检查工作的需要。新一轮食药监管体制改革的预期设计是用管药的方法管食品，但组建市场监管局的结果是用普通产品质量监管的方法来对待食品药品，与改革政策的初衷南辕北辙。采用普通产品监管的方法来对待食品，将工商部门惯用的排查、索证索票等管理方式监管市场，难以承担食品领域的专业监管。

（4）多头管理影响了基层食品安全监管效能。基层建立了市场监管部门，上一级仍是食品药品监管、工商、质检等部门，上级多头部署，下级疲于应付，存在不协调等情况。国家食品药品监督综合司于 2016 年上半年在县级食药局长培训班上做的问卷调查结果显示，"三合一"市场监管局中，从事食品药品监管的人员平均只占 32.6%。① 有的县局反映，2015 年接到 3 个上级部门下发的各种文件 1784 件，2016 年 1—5 月已接收 792 件，工作疲于应付。② 由于需要承接来自食药、工商和质监多个系统的专项任务，基层日常监管工作的有效开展。比如，根据我们的实地调研，山东省某县市场监管局在 2014 年承担专项任务 120 多项，而截至 2015 年 4 月已超过 100 项。同时，监管机构名称标志不统一、执法依据不统一、执法程序不统一、法律文书不统一等问题，影响了政府监管的效果。

（5）法律难以与统一的市场监管模式相适应。实行"多合一"市场监管体制改革的地区，难以避免地遇到不同程度和类型的执法依据等问题，如执法主体名义、食药执法权限、执法程序文书及复议诉讼等一系列

---

① 《食药体改还在河里摸石头？》，人民日报《民生周刊》杂志社官网，2015 - 07 - 11，http://www.msweekly.com/news/dujiaxinwen/2016/0711/69595.html。

② 《毕井泉在全国食品药品监管工作座谈会暨仿制药一致性评价工作会议上的讲话》，仪器信息网，2016 - 06 - 29，http://www.instrument.com.cn/news/20160629/194855.shtml。

问题。虽然有些地方研究出台了一些地方性法规，但即便如此，"三合一"市场监管改革后的监管行为，有的是有法可依的，有的是理顺的，有的也打擦边球。基层干部反映，改革后的困难主要体现在执法依据的缺失上。"总体来说是改革步子迈得快，法律配套跟进慢。"一是有执法职责，但没有执法依据。在流通环节食用农产品监管上，安全监管职责已经划转到市场监管部门，但《农产品质量安全法》自 2006 年出台以来，一直未做修改，对于普通农贸市场内、个体工商户及个人经营不合格食用农产品没有处罚依据，实际监管中执法处在"有责无据"的尴尬境地。建议通过制定地方性法规或者政府规章形式加以解决和明确执法依据。二是有管理职责，但没有具体规范。"三合一"消除了前店后厂、现场制售、流动摊贩家庭加工点等一批"灰色地带"，但由于长期没有落实监管职责，上述领域的许可方式、许可条件、现场勘验都没有标准和规范。建议尽快出台相关管理规范，或者以省政府规章、文件形式，授权各地市根据自身实际情况制定过渡性标准或规范，以满足当前迫切需要。三是原有执法依据，目前难以适用。食品分段监管时期，国家工商总局、质检总局相继制定了一批食品流通、生产管理方面的具体规章，一直是基层执法的重要依据。国家食品安全监督管理体制调整后，国家工商总局、质检总局不再承担食品安全监督管理职责，其原先制定的规章难以继续适用，而国家食品药品监督管理总局又没有能及时出台替代规章，导致大量违法行为的处理缺乏依据。建议国务院相关部委局办加快规章制定。

（6）"多合一"改革导致过渡期过长而造成持续"阵痛"。改革固然是食药监管职能整合与体系优化的必由之路，但过于频繁的改革，尤其是行动迟缓乃至"翻烧饼"式的改革，导致人心浮动与等靠思想，挫伤监管人员的工作积极性与精神风貌，致使大量工作被搁置甚至陷入混乱。比如，根据我们的实地调研，山东省烟台市实行"三合一"改革试点后，原已计划配备的制服、执法车辆、部分执法装备与办公经费等全部暂停；原有执法文书与执法规范无法使用，亟须重新规范；部分人员存在抵触情绪或改革会再次"翻烧饼"的顾虑等。

四 地方食品安全监管体制改革调查：
江西省与山东省的案例①

为深入考察地方政府食品安全监管体制改革的进展与主要成效，研究团队先后在全国 10 多个省市区进行了调查，并重点在山东、江西展开了较为系统的调查研究。由于篇幅有限，本章主要分析改革中出现的问题。

（一）山东省食品安全监管体制改革

1. 体制改革的进展状况

山东省人民政府于 2013 年 7 月重新组建了山东省食品药品监督管理局，并于当年 10 月发布实施了《关于改革完善市县食品药品工商质监管理体制的意见》（鲁政发〔2013〕24 号），在山东全省范围内启动了新一轮的食品药品监督管理体制改革。目前，改革任务已经基本完成，省、市、县三级全部建立了食品药品行政监管机构和稽查执法机构，省、市两级组建了统一的检验检测机构，县级已经建成或正在组建相应的检验检测机构。全省 1826 个乡镇（街道）中已在 1810 个乡镇建立了 1822 个食药监管所。② 行政村、城镇社区食品药品协管员队伍初步建立，覆盖省、市、县（区）、乡镇（街道）、村（社区）的纵向到底的监管体系初步形成。

但是，2014 年下半年山东烟台、潍坊、菏泽、东营 4 个地市进行了"二次改革"，启动了"大市场局"的改革试点，确定整合县（市、区）食药、工商、质检职责和机构组建市场监管局，即实现"三合一"（个别县食药与工商"二合一"）。目前，烟台、潍坊正在全市范围内对全部下辖县区进行"大市场局"改革，菏泽、东营则选择部分县区进行改革试点。山东省除上述四个地市在部分县级层面实行"三合一"或"二合一"改革，在探索"倒金字塔形"的浙江模式外，其他地区均采用了"直线型"的食药单列模式。

---

① 此部分的研究成果已分别在相关内参上发表，江西省、山东省党委与政府的领导人分别作了批示。

② 除特别说明外，本章数据主要来源于调查中由当地政府有关部门提供的有关资料。

2. 监管体制改革中存在的主要问题

经过 2013 年的新一轮食品药品监管体制改革，山东全省食品药品监管能力有了较大提升，食品药品监管的统一权威性有了新的加强。然而，必须引起高度重视的是，改革后山东全省基层食品药品监管力量仍十分薄弱，"重心下移、力量下沉、保障下倾"仍有待于进一步落实。尤其是"二次改革"推进的"三合一"试点改革，在一些突出性矛盾和深层次问题仍未得到解决的同时，又带来了一系列新的问题和较为尖锐的矛盾。

（1）责权下放与基层监管人员严重不足之间的矛盾相当尖锐。从全国来看，2013 年启动新一轮改革后，县乡基层食药监管人员占食药系统总人数的比重普遍超过 80%（山东约为 84%），但基层"人少""事多"的矛盾仍然非常突出。主要原因可能在于：一是在这一轮改革中，从省市等各级都进行了行政放权和职能调整，基层承担了更多基础性的行政许可项目与监管职能；二是基层尤其是乡镇（街道）监管所，编制仍然普遍不足且到岗率偏低（全省 1822 个乡镇监管所共核定编制 9263 名，到岗 6472 人）。如烟台市牟平区实现了"三合一"，牟平经济开发区市场监管所，核定编制 10 人，实有在岗人员 5 人，需要负责监管辖区内 1500 家企业、2000 多户个体工商户等监督检查，监管人员与企业户数比达到 1:700。此外，5 名工作人员还承担着工商业户登记、特种设备监管乃至文明城市创建、森林防火等当地政府交办的其他任务。

（2）人员老化严重且业务能力不足与监管对象复杂之间的矛盾日益突出。在基层食药监管部门的组建中，很大比例的人员是从原工商等系统划转的，这些人员普遍缺乏食药监管的相关专业背景与工作经验，同时产生因工商系统人员长期流动性不足而导致较为严重的年龄老化问题。从监管对象的变化上看，基层直接承接的诸如"三小一市场"（即小作坊、小摊贩、小餐饮和农贸市场）等监管对象，却在食品安全风险控制领域中监管难度最大，对监管人员综合素养要求更高，由此导致监管要求与监管人员业务能力间形成更为尖锐的矛盾。以山东省某市的经济开发区为例，执法人员 50 周岁以上的 81 人，占 36%；40—50 周岁的 84 人，占 37.3%；40 周岁以下的 60 人，仅占 26.7%。具有食品药品及相关专业知识背景的 9 人，仅占 4%。在基层监管所，具有食药相关专业背景的人员更是极端匮乏。在烟台市牟平区为专门创建食品安全示范城市而组建的宁海街道监管所，21 名执法人员均无食药相关专业背景。在某街道监管所的 10 名监管人员，年龄在 50 岁以上的占 8 人，且均没有相关专业背景或食药监管工作经历。年龄普遍偏大又带来培训难度大、业务能力难以提高等问题，基层食药监管人员业务素质与执法能力普遍堪忧。

（3）保障条件不足与监管手段高要求之间的矛盾逐步显现。地方政府投入严重不足，在食品监管执法装备、执法服装、执法车辆等配备，办公经费等方面支持投入和保障力度较小，不仅远远没有达到国家食品药品监督管理总局的指导标准，甚至连执法记录仪、快速检验检测设备等基本装备都普遍没有配备，一线执法人员仍主要靠"眼看、鼻闻、手摸"等落后手段开展执法检查。同时，基层人员普遍反映，由于执法程序烦琐、文书与处理依据不统一等导致缺乏监管实效，执法效能不高。

（4）专项任务繁多且普遍流于形式与日常监管薄弱之间的矛盾十分明显。表 7-3 是研究团队根据在山东的调研数据统计的基层监管人员工作时间分配情况，从表 7-3 中可知，行政许可现场核查、专项检查等成为基层监管人员的主要工作，分别占工作时间的 30% 和 35%，而日常监督检查工作的时间仅占 10%。专项任务已演化为日常工作，基层人员疲于应付各种报表，尤其是一些专项任务缺乏通盘调度，或没有充分考虑基层工作实际，专项整治工作流于形式，成效大打折扣，甚至大大阻碍了基层日常监管工作的有效开展。实行"三合一"改革试点的地区，由于需要承接来自食药、工商和质监多个系统的专项任务，问题尤为突出。比如，某市的一个区市场监管局在 2014 年承担专项任务 120 多项，而截至 2015 年 4 月已超过 100 项。

表 7-3　　　　　山东基层监管人员主要工作内容的时间占比

工作内容	工作时间占比（%）	发现问题主要类型
日常监督检查	10	综合类问题
行政许可现场核查	30	无
专项检查（含节假日检查）	35	索证索票、标签标志
投诉举报查实	10	证照
监督抽检	15	添加、微生物等
合计	100	—

（二）江西省食品安全监管体制改革

1. 体制改革的进展状况

2013 年 7 月 9 日，江西省人民政府发布《关于改革完善食品药品监督管理体制的实施意见》（赣府发〔2013〕18 号），同日，江西省人民政府办公厅下发了《关于印发江西省食品药品监督管理局主要职责内设机构和人员编制规定的通知》（赣府厅发〔2013〕15 号），全面启动了新一轮食品药品监督管理体制的改革。

时至今日，改革历时两年，经过职能整合、设备与人员划转，逐步建立起统一的食品药品监管机构。从地市级层面来看，食药监管机构设置存在三种模式：第一种是食药、工商、质监"三合一"成立市场监管局，如景德镇市、萍乡市、新余市、鹰潭市；第二种是食药单列、工商、质监"二合一"成立市场监管局，如南昌市、上饶市、吉安市、抚州市；第三种是食药、工商、质监保留原体系，但食品生产、流通监管职能划归食药监管，如赣州市、宜春市、九江市。从县级层面来看，虽然也主要采用上述三种模式，但并没有与所在的地市级层面直接对应设置相应机构。即使在同一地级市，各县（区）机构设置的模式也并不统一。如南昌市的东湖区、青山湖区、青云谱区、新建县四个县（区）均在改革中将食品药品、工商、质监"三合一"成立了市场监督管理局，没有与南昌市级机构设置保持统一，而其他县区的机构改革仍在酝酿中。在南昌市行政区域内部各区县食品药品监管机构设置也呈现多模式并存的现状。截至 2015 年 4 月 10 日，江西省食品药品监管体制改革地市级层面上的改革基本结束，正在进行县（区）层面上的改革。总体来看，江西省在食药监管机构设置模式上，混合存在着"直线型"的食药单列模式和"倒金字塔形"的浙江模式，且部分地市正处在从"直线型"的食药单列模式向"倒金字塔形"的浙江模式改革的阶段。

2. 监管体制改革中存在的主要问题

江西省 2013 年开始启动的体制改革对解决食品安全"多头管理"等问题，增强食药监管机构的统一权威性，起到了积极作用。但是，研究团队在调查中发现，仍存在一些问题值得高度关注。

（1）机构设置多种模式并存，统一权威的食品安全监管机构尚未真正建立。虽然江西省政府（赣府发〔2013〕18 号）文件明确要求，省、设区市、县级政府食品药品监督管理职能和机构的整合与设置原则上参照国务院要求的模式，并结合各地实际，组建新的食品药品监督管理机构。但调查发现，江西省各设区市的机构改革是多样化并存的模式，且上下不对应，造成政令不畅等问题。据了解，全国其他 30 个省市区也有"三合一"或"二合一"的改革模式，但大多数省区的改革至少在全省范围内保持基本统一。类似于一个省市区范围内食品药品监管机构多模式并存的改革，在全国所有省市区中确属少见，不利于形成全省统一、权威的食品安全监管体系，不利于建立有效的食品安全风险治理体系。

（2）基层监管力量仍有待强化，监管的专业性亟须增强。食品药品监管体制无论采用何种模式安排，都必须进一步强化基层监管力量，确保食品药品监管的专业性，保证监管队伍的适当规模与合理结构。这是中央的要求，也是由食品药品监管的特殊性所决定的。从研究团队在南昌等地调研的情况来分析，虽然市级层面上食品药品监管的专业人员数量上有所增加，而下辖的各县（区）级市场监管局并未增加食品药品监管专业人员的编制，即使增编也是非常有限，并且在内部机构设置上仍由原班人马履行原职责。由于原来乡镇（街道）食品药品监管系统并没有相应的分支监管机构，改革后承担食品药品监管职能的乡镇（街道）市场监管所，基本保留原工商所的班底，并没有增加食品药品专业监管人员，人员数量基本保持不变。随着监管职能的下放，一些专业要求强的监管职能大量划至基层乡镇（街道）监管机构实施监管。从南昌市、县（区）、乡镇（街道）三个层面来看，机构改革后，食品药品专业监管人员全部保留在市、县两级，乡镇基层监管人员基本没有专业监管经验。南昌市是江西经济社会发展水平最高的地区，南昌市的情况尚且如此，全省其他地区的情况更不容乐观。研究团队的初步判断是，与过去相比，改革后江西全省食品药品监管专业队伍数量呈现了"量增质降""专业稀释"的现状，基层食品药品监管力量并未得到有效强化，"重心下移、力量下沉、保障下倾"没有得到有效落实。

（3）改革缺乏统筹协调，一些地区虽然进行了改革，但仍然处于相对独立的工作状态。江西全省的改革不仅时序进度落后，而且改革的准备工作不充分，在出台改革方案时对存在的困难估计不充分，没有很好地统筹考虑相关问题。南昌市下辖的县（区）的食品药品监管体制改革并未将领导班子、人员编制、办公用房等通盘考虑，形式上进行了改革而实际上并未有效融合的情况具有一定的普遍性。比如，新建县实施"三合一"

的改革，于 2015 年 3 月 1 日成立市场监管局，3 月 31 日宣布领导班子，但由于质监、工商人员编制未下放，尚未正式挂牌，仍在原工商、食品药品、质监等各自的办公场所，按照原来的工作模式运行。新组建的市场监督管理局领导班子成员有 14 名，分别来自原来的工商、食品药品、质监部门的领导成员，改革后不仅没有根据新机构、新职能、新要求而调整领导班子，违背了国务院（国发〔2013〕18 号）文件《关于严禁在体制改革过程中超职数配备领导干部》的要求。东湖区、青山湖区、青云谱区等也存在类似情况，形式上进行了改革，而实际上职能并未有效融合，客观上再次延长了改革的过渡期。

（4）履行监管职能的条件比较差。在调查中发现，改革之前，南昌市的一些县（区）的食品药品监管部门基本的办公条件都难以保障。比如，新建县人口 66 万多，土地 2300 平方公里，各类食品药品生产经营企业达到 1200 多家，但自 2010 年起到 2015 年，财政安排的办公经费、日常监管工作经费一直是 36 万元，无法满足不断提高的食品药品监管工作的新要求。青山湖区的食品药品监管局与监管所一起办公，自 2010 年以来，一直租借在区文化馆内，而且工作经费运转也相当困难。东湖区食品药品监管局也没有办公场所，也是通过租借解决，同样日常运转非常困难。其他的保障条件，诸如执法车辆、技术手段更是普遍缺乏，以至于一些县（区）食品药品监管局负责人坦言，在自己的辖区内农村食品药品监管几乎是盲区，处于空白状态。从改革实施的初步情况来判断，已经和正在进行改革的县（区）履行监管职能的条件并未得到有效改善，这一状况在未来一个时期内恐怕也难以有实际性的改善。

（5）改革时间过长，影响了基层监管队伍的人心稳定与精神风貌。国务院（国发〔2013〕18 号）要求"省、市、县三级食品药品监督管理机构的改革，原则上分别于 2013 年上半年、9 月底和年底前完成"。江西省政府（赣府发〔2013〕18 号）也要求"设区市、县级食品药品监督管理机构的改革"执行中央要求的时间表。但调查发现，截至 2015 年 3 月，九江市、景德镇市尚未下发机构改革的"三定"方案；而在全省 100 个县（市、区）中，只有 43 个县（市、区）出台了"三定"方案，还有 57 个县（市、区）的食品药品监管体制改革尚处于等待"三定"方案出台的阶段。虽然在全国范围内有相当一部分省区并未全面按照国务院文件要求的改革时间表，但江西全省改革的时序进度恐怕尤为滞后。本书研究团队在调查中体会到，由于江西食品药品监管体制改革的过渡期比较长，基层监管人员普遍觉得工作压力大、积极性不高、对改革前景悲观、精神状态普遍不佳，大量工作甚至是日常监管工作被搁置甚至陷入混乱状态。

五 地方食品安全监管体制改革的广西经验①

目前，关于食药机构是"单列"还是"多合一"的分歧越发明显，引发了广泛关注。2016 年 6 月 30 日召开的十二届全国人大常委会第二十一次会议，建议国务院就食药监管体制改革特别是机构设立情况开展专题调研，认真总结地方和企业好的经验做法。基于这一背景，研究团队在对广西壮族自治区食药监管机构改革跟踪研究一年多的基础上，总结了相关经验与做法。

（一）以思想的高度统一引领改革

深刻理解与全面执行党中央、国务院关于食药监管体制改革"统一权威"的核心要义，思想统一，认识深刻，把握规律，是广西食药监管体制改革的最基本的经验之一。主要体现在"三个不动摇"上。

1. 全面执行中央决策不动摇

实际上，广西食药监管机构的改革也面临诸如工商、质监部门由垂直管理变分级管理后，如何控制地方政府机构数与人员编制数等困难。但自治区党委、政府始终把握"统一权威"的深刻内涵，认为独立设置食药监管机构是构建统一权威监管体制的核心。简单的部门归并虽然在形式与数量上壮大了综合执法队伍，但在客观上稀释了食药的专业监管力量，不仅有可能削弱多年来初步建成的基层食药监管体系，更曲解了中央"统一权威"的内涵，偏离了中央新一轮改革的总体方向。由于认识到位，思想高度统一，广西在改革过程中自觉以全面执行中央决策的政治意识、大局意识、看齐意识为遵循，不搞变通，不回避矛盾，不受干扰，不忘初心，在全区实行上下统一、单列的食药监管机构，确保了中央重大决策的全面贯彻落实。

---

① 此部分的研究成果已于 2016 年在国家食品药品监督管理总局的相关内参上发表。

2. 推进风险治理体系建设不动摇

确保食品药品安全是最大的民生，最基本的公共安全，是经济问题，也是政治问题。自治区党委、政府认为，在中国特色社会主义事业"五位一体"的总体布局中，食药监管机构的改革与建设，是社会建设与社会治理的重要内容，必须以推进食药安全风险治理体系与治理能力现代化为基本目标，以公共安全的功能定位来建设"统一权威"的食药监管机构。基于这一认识，广西在食品药品监管机构改革中始终以地方政府负总责为核心，着眼于系统化、配套化改革，通过持之以恒的努力，初步形成了事权清晰、责任明确、属地管理、分级负责、覆盖城乡的食药风险治理体系。

3. 坚持提升风险治理能力不动摇

食品药品是特殊商品，与普通商品相比较，食品药品的监管对象、监管目的、监管手段均具有明显的专业性和很强的技术性。基于对监管规律性的深刻把握，在推进监管机构改革的同时，自治区党委、政府责成相关部门科学规划了全区食品安全检验检测体系，构建了相对完善的自治区、市、县三级食品安全检验检测体系，并加大政府投入改善技术与执法装备，为持续提升风险治理能力奠定了基础。

（二）以扎实有效的措施推进改革

在高度思想统一的基础上，自治区党委、政府从实际出发，按照"系统性、专业性、独立性、权威性"的基本要求，扎实推进食药监管机构改革。主要做法是：

1. 统一设置机构

在自治区、市、县级食药监管部门中，明确统一设置行政管理、稽查执法、投诉举报、综合协调等专业机构；在自治区、地级市统一设置检验检测、审评查验、药品不良反应监测专业机构；统一按照"一乡镇（街道）一所"原则设立乡镇食药监管所；统一规定商务部门的屠宰管理职责全部划入水产畜牧兽医部门；统一要求公安机关成立相应的食药犯罪侦查机构。通过改革，全区食药监管不仅新增了1245个乡镇（街道）监管所，而且还增加140个专业性机构。既做到了机构统一，又做到了事权清晰。

2. 统一编制刚性指标

明确要求县级食药稽查执法机构编制原则上不低于15名，乡镇街道监管所不低于 3—5 名，并规定对人口较多或监管任务重的地方可再适当增加编制。通过改革全区食药监管机构共核编 10848 名，比改革前增加 7876 名。县乡食药监管机构人员编制占全系统的 81.4%（目前到岗率近 90%），实现了监管力量的重心下移，并逐步形成"小局大所"格局，基层监管力量显著增强。

3. 统一乡镇（街道）监管所建设标准

从实际出发，制定并实施了《乡镇（街道）食品药品监管所建设标准》，按照"十个一"标准（一处相对独立的办公场所、一辆执法车、一套快检设备、一部投诉电话、一部传真机、一台复印机、一台摄像机、一部照相机、每人一台电脑、一台打印机）建设镇（街道）监管所，自治区财政直接投入 2.19 亿元，为全区所有乡镇街道监管所解决了办公场所、配备执法设备等方面存在的困难，为打通食药监管"最后一公里"提供了有力保障。

（三）改革取得了实实在在的成效

通过改革，全区食药监管工作机构保持统一，工作机制运转顺畅，人员队伍思想稳定，监管效能显著提升，守住了不发生区域性、系统性重大食药安全事件的底线。在中央综治办、国务院食品安全办、国家食品药品监督管理总局开展的年度考评中连续三年位居全国前列。

1. 专业性与权威性显著强化

目前，在广西政府食药监管机构与专业性事业机构中，专业人员的比例分别为 79.9% 与 80.4%，所有人员中大专及以上学历占 97.8%。监管队伍专业性的提升确保了食药监管工作权威高效。2015 年，全区食药监管系统共检查食品生产经营主体 70.31 万次，完成责令整改 1.96 万家，比 2014 年分别提高了 41.16%、50.51%，有效地规范了食药生产经营秩序。

2. 风险得到有效管控

2015 年，全区食品安全监测样本总量 39 万个，比 2014 年增加样本 1.6 万个，每千人食品安全监测样品数位列全国同期前列。药品、医疗器械、化妆品不良反应监测和药物滥用监测报告年度任务完成率连续三年位居全国前列。建立起相对完善的风险评估会商机制，初步实现对各类风险隐患信息的早研判、早预警、早处置。2015 年，全区报告的群体性食物中毒事故起数、中毒人数同比分别下降 63.2%、63.5%。由于研判准确及时，"土榨花生油""走私冻肉"等舆情事件得到妥善处置。

3. 执法能力显著提升

全区食药监管机构实现了名称标志、执法依据、执法程序、法律文书"四个统一"，逐步实现了执法队伍专业化、执法装备标准化、执法行为规范化、执法流程程序化、执法管理系统化，执法能力显著提升，保证了执法的公平公正、权威高效。近年来，成功破获一批由国家总局和公安部督办、在全国有较大影响的案件，极大地震慑了不法分子。2015年，全区共查处违法案件9706起，移送司法机关处理案件161件，比2014年的3651起、74件，分别增长了1.66倍和1.18倍。

4. "放管服"改革成效显著

建成了自治区、市、县、乡四级食药监管系统"一体化"政务服务体系，网上审批已延伸到乡镇（街道）食药监管所。通过简政放权，坚持放管结合，加强事中事后监管，优化政务服务质量，下大力气为企业减负、松绑、增力，助推食品医药产业转型升级、做强做大，促进了食品药品产业供给侧结构性改革。

5. 共治共管机制协调联动

食品药品与农业、水产畜牧、工商等部门建立了执法协作联动机制；与司法机关建立了行刑衔接机制，推动食药犯罪依法快侦、快捕、快判；与党委宣传部、新闻办、网信办建立了信息发布和舆情引导机制，规范了食药宣传报道和信息传播；与卫生部门建立了应急处置协同机制，明确了事件报告信息共享、医疗救治、流行病学调查等职责分工，初步形成了监管合力。

广西全面贯彻执行中央关于食品药品监管机构改革的精神，从实际出发，深化食药监管体制改革，形成了自治区到市县直至乡镇的统一权威的监管机构，并取得了明显成效。广西贯彻中央精神的政治意识、大局意识，破解改革难题以确保食品药品安全的责任意识、担当意识是值得借鉴的。

六　深化食品安全监管体制改革的思考

改革食品药品监管体制，整合食品药品监管职能，组建"统一权威"的食品药品监管机构，是党的十八大后率先推进的全国性改革，是党的十八大和十八届二中、三中全会的重大决策部署，中央寄予厚望。基于目前食品安全监管体制改革的进展状况与存在的主要问题，在深化与完善我国食品安全监管体制改革过程中，应该在借鉴国际经验的基础上，全面贯彻执行习近平总书记关于食品安全"四个最严"的重要指示，以推进食品安全治理体系与治理能力现代化为主线，以统一权威为目标，全面深化改革，以政府食品安全监管体制的改革推动食品安全风险社会共治体系的建设。在此，主要就两个问题提出思考。

（一）加快建立统一权威的食品药品监管机构

坚持中央关于食品药品监管体制改革的决定不动摇，坚持完善统一权威食品药品监管机构不动摇，健全从中央到地方直至基层的食品药品监管体系，实现机构统一、队伍专业、执法权威，以强大的监管造就强大的食品药品产业，确保广大人民群众饮食用药安全，这是当前最紧迫的任务。

1. 实现机构统一

保持省、市、县各级政府食品药品监管机构建制，维护食品药品监管工作的独立性。已经将食品药品监管机构与工商、质监等部门"三合一"成立市场监管局的地方，应将食品药品监管职能从市场监管局分离出来独立设置，回到中发〔2013〕9 号和国发〔2013〕18 号文件的要求上来。按照"人随事走"的原则，划转并充实食品药品监管执法力量和技术资源。已经独立设置食品药品监管机构的地方，不应再进行"二次改革"。

2. 实现队伍专业

建立数量充足，结构合理的各级食品安全行政监管、监督执法和技术支撑队伍，建立与食品安全监管任务相适应的专业化监督检查员队伍。应该考虑建立县（区）乡镇（街道）监管人员配备的刚性标准，明确人员补充计划，优化食药监管队伍的年龄与专业结构，着重充实一线执法力量，形成"小局大所"的合理布局。在县（区）局应保证食药监管职能科室与人员配备齐整，食药稽查执法大队人员不得低于 15—20 人；乡镇（街道）监管站应按照监管对象情况，制定编制核定标准，每个食药所专职人员不应低于 5 人。对已建立的行政村、城镇社区建立的协管员队伍，必须尽快建立完善的考评制度与有效的激励机制。加强专业化教育培训基地和体系建设，建设覆盖全系统的网络教育培训平台。实施食品安全监管队伍素质能力提升工程，严格准入门槛，规范入职培训和在职教育，不断提高监督检查人员素质和专业化水平。建立适应食品药品检查工作特点的技术职务体系，分级定岗并与待遇挂钩，为一线检查人员畅通职业发展通道。

3. 实现执法权威

要重典治乱，推动危害食品药品安全的违法行为入罪，加大对自然人的惩戒力度。修订药品管理法，出台关于严惩食品药品犯罪的刑法修正案，完善关于食品药品造假行为定罪处罚的司法解释，将掺杂使假、擅自改变工艺、伪造生产记录、编造数据等行为入刑，加大企业法定代表人、质量负责人、管理者等的刑事责任追究，增强打击食品药品违法行为的震慑力。与此同时，严格规范基层监管执法工作。要尽快修改和制定统一规范的监管法律法规、规章规范、安全标准，特别是尽快制定出台《基层食品（药品）监管所工作条例》等法律规章，明确基层食品药品监管所的法律地位和权利义务以及主体责任范围，赋予基层食品药品监管人员执法和许可主体资格。同时，国家食品药品监督管理总局在食品、药品、医疗器械、化妆品监管执法中应统一行政处罚程序和文书，避免各自为政，制作烦琐复杂的执法文书和日常监管表册等，让基层食品药品监管执法简化程序、规范文书、科学行政、提高效率。

4. 实现基层监管执法装备条件的新提升

落实有关建设标准，加强设施装备保障，逐步实现各级食品安全监管机构的业务用房、执法车辆、执法装备配备的标准化，满足食品安全日常监管基本需要。组织开展食品快速检测方法评价，规范食品安全监管工作中快速检测方法的应用。根据实际需要，升级更新信息化设备和监管执法装备。推动地方政府在财政预算中落实专项资金，改善食药部门执法装备条件，在办公条件、执法车辆、检测设备等方面，切实保障基层食药安全的监管能力。尤其是当前应尽快统一执法装备标志，落实能满足基本监管需要的执法交通、取证、快检等执法装备。尽快结合各地实际，落实国家总局提出的《全国食品药品监督管理机构执法基本装备配备指导标准》，指导基层政府部门根据轻重缓急分步骤改善当地食药监管部门执法装备条件。

（二）进一步完善监管体系的顶层设计

政府食品药品监管体制在整个国家食品安全风险治理体系中具有举足轻重的核心地位，但也不是国家食品安全监管体系的全部。依据现实状况与未来的发展要求,进一步完善监管体系的顶层设计,至少包含两层含义:一是要科学确定政府不同层级间的责任,明确不同层级政府间的食品安全风险治理的职能、履行职能的方式与资源;二是按照《食品安全法》(2015版)确立的社会共治的基本原则,科学地界定政府、市场与社会主体间的功能、相互关系与运行机制,探索明确政府、市场、社会主体参与食品安全风险共治的规制方法与具体方式。2013年新一轮改革以来,这些深层次的体系建设尚未涉及或涉及甚少,更未见实际上的动作。根本性的原因是政府对完善整个国家的食品安全风险治理体系仍然缺少顶层设计。

1. 科学完善政府治理职能整合与体系的优化设计

政府在食品安全风险社会治理体系中发挥举足轻重、不可替代的核心职能,构建"横向到边,纵向到底,上下协调、内部有序、体系完备"的政府治理职能体系,并努力实现治理手段的现代化是实现政府治理职能的保障。应依据党的十八届三中全会《决定》确定的"加强和优化公共服务""维护市场秩序""弥补市场失灵"等是政府主要职责的总体原则和"推进国家治理体系和治理能力现代化"的基本要求,建议中央机构编制委员会办公室与国家食品药品监督管理总局等相关部门在调查研究的基础上,重点研究中央政府食品安全风险治理的职能、履行职能的方式、权限与监管资源全局性配置等问题,由此进一步研究国家食品药品监督管理总局、农业部与国家卫计委等中央政府监管部门间的职能整合与体系优化。与此同时,以解决"权威体制与有效治理,中央治理与地方政府治理,地方政府负总责与权限、手段、资源"之间的矛盾为着眼点,基于"上下分治、各负其责"的基本原则,研究中央政府与地方政府间协同的"纵向到底,上下协调"的职能分工与体系优化。

2. 科学地划分中央与地方政府的事权与全面落实食品安全属地责任

全面落实食品安全属地责任,坚持地方政府对食品安全负总责,这是食品安全风险治理不可动摇的基本原则。但是,地方政府对食品安全负总责不等于中央政府可以推卸责任。因此,在完善政府治理职能整合与体系的优化设计的同时,必须解决的一个根本性问题是,地方政府对食品安全负总责必须是基于责、权、利相匹配的原则。同时,必须科学地划分中央政府与地方政府在食品安全风险治理上的事权问题。由于中国"自下而上"的权力配置特色,中央政府应该分类出台相关政策与地方政府食品安全风险治理的指导性原则。在此前提下，才能更好地实施食品安全属地责任，才能真正落实地方负总责。

地方政府对食品安全负总责关键是要把食品安全纳入本地经济社会发展规划，进一步整合自身范围内的食品监管职责和监管资源，确保食品安全监管职能、机构、队伍、装备、经费落实保障到位。尤其是要加大专项经费补助力度，把食品安全工作经费列入本级政府财政预算，明确食品安全监管经费占各级地方财政预算的比重，探索建立食品药品安全财政资金绩效审计制度。在辖区内全部实行重大食品安全事故"一票否决制"。强化基层食品监督管理责任，帮助乡镇（区域）食品监督管理派出机构解决实际困难，实现有人员、有场所、有设备、有经费的"四有"目标。强化县级以上地方政府属地管理责任，推动乡镇一级食品安全监管力量建设。上级政府要对下一级政府的食品安全工作进行评议、考核，县级以上地方人民政府要对本级食品监督管理部门和其他有关部门的食品安全监督管理工作进行评议、考核，建立科学的责任制、责任追究制和考核制度。

3. 科学设计社会力量参与食品安全风险共治的体系

社会力量是指能够参与、作用于社会发展的基本单元，是相对独立于政府、市场的"第三领域"，主要由公民与社会组织（主要包括行业协会、专业组织、媒体、公益组织等）两类基本单元构成。社会力量参与食品安全风险治理，既是弥补食品安全风险治理中政府与市场"双重失灵"的必然选择，也是实现我国食品安全管理由传统的政府主导型治理向"政府主导、社会协同，公众参与"的协同型治理转变的迫切需要。在食品安全风险治理体系中积极引入社会机制，引导、扶持、鼓励和加强政府与市场之外的第三方监管，这既是风险治理力量的增量改革，也是风险治理理念的重构。建议中央机构编制委员会办公室、国家食品药品监督管理总局、民政部与相关行业组织进一步调查现阶段主要社会组织与公民个体参与食品安全风险治理的状况，分析社会力量参与治理的主要路径、基本行为、治理失灵的主要表现与影响因素以及因素间的相互关系，并着眼现实，突出重点，分类指导，根据不同社会组织的特点与公民具体参与的现实方式，基于"满足共治需求、主体职能明确、类型结构合理、协同合作有效"的原则，设计具有中国特色的食品安全风险社会共治的社会力量治理体系，并加以逐步推进。

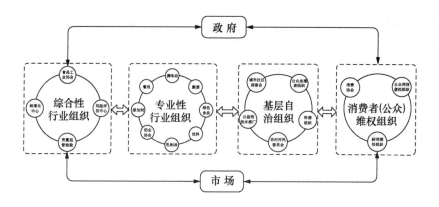

图7-4　参与食品安全风险共治的社会力量主要类型与体系构成示意

4. 加强食品安全综合协调能力

新一轮食品药品监管体制改革以后，除福建以外，从中央到地方不再保留原来单设的食品安全委员会办公室，由食品药品监管部门（或市场监管局）加挂牌子。由于没有专门机构负责综合协调工作，食品安全办的权威性大大削弱，中立性受到质疑，统筹协调、监督指导职能难以充分发挥。因此，要在实践中探索政府提升食品安全综合协调能力的路径。一个最简单的办法就是从中央政府开始，各级政府恢复单设的食品安全委员会办公室，但目前难以做到。对此，各地要从实际出发，强化食品安全委员会的统筹领导、综合协调作用，加强统筹规划和考核评价，监督指导食安委成员单位落实监管责任，推动制度机制建设，健全工作配合和衔接机制，有效发挥综合协调机构的信息枢纽作用。建立健全食品安全综合协调和部门协作机制，建立健全跨部门、跨地区食品安全信息通报、形势会商、联合执法、隐患排查、事故处置等协调联动机制，着力解决监管空白、边界不清的问题，堵塞监管漏洞，提升监管合力。健全科学决策支持系统，各省级食品安全委员会成立专家委员会，作为食品安全决策咨询机构，促进科学民主决策。

第八章　中国食品安全检验检测体系与
能力建设考察

食品药品检验检测技术体系是监管有力的技术支撑①，是政府、社会组织依法监管与企业自律检验检测的重要技术保障。尤其需要指出的是，食品安全检验检测技术体系是中国特色的食品安全风险治理体系中最基本、最直接的子系统，具有不可替代的关键作用，体系的层次与建设水平内在地直接决定了食品安全风险治理能力。本章以2013年新一轮食品安全体制改革以来，政府颁布的食品安全检验检测体系与能力建设相关文件为指导，以国家食品药品监督管理总局的有关食品安全检验检测机构调查数据与农业部发布的食用农产品安全检验检测机构的相关情况为基础，并通过案例的分析系统考察中国食品安全检验检测体系与能力建设状况。

一　新一轮改革后食品安全检验检测
体系与能力建设的规范性要求

2013年3月，中央启动了新一轮食品药品监管体制改革，要求在整合监督职能和机构的同时，有效、有序地整合技术资源。此后，国家食品药品监督管理总局等相关国家部委根据监管需求出台了多个文件，初步对全国范围内的食品安全检验检测体系与能力建设做出了全面安排。

（一）2013年新一轮改革时对食品药品监管技术资源整合的要求

2013年4月10日，国务院发布《关于地方改革完善食品药品监督管理体制的指导意见》（国发〔2013〕18号），在明确推进地方食品药品监

---

① 本章所指的食品药品包括食品、保健食品、药品、化妆品、医疗器械，本书不再一一指出。

督管理体制改革要求的同时，也对整合食品药品监管技术资源做出了明确的要求。国务院国发〔2013〕18 号文明确指出，参照《国务院机构改革和职能转变方案》关于"将工商行政管理、质量技术监督部门相应的食品安全监督管理队伍和检验检测机构划转食品药品监督管理部门"的要求，省、市、县各级工商部门及其基层派出机构要划转相应的监管执法人员、编制和相关经费，省、市、县各级质监部门要划转相应的监管执法人员、编制和涉及食品安全的检验检测机构、人员、装备及相关经费，具体数量由地方政府确定，确保新机构有足够力量和资源有效履行职责。同时，整合县级食品安全检验检测资源，建立区域性的检验检测中心。

（二）食品药品监督管理机构执法基本装备配备的要求

为进一步指导和加强全系统执法装备建设，适应食品药品监管体制改革和职能调整，保证食品药品监管基本需要，2014 年 8 月 21 日，国家食品药品监督管理总局发出《关于印发全国食品药品监督管理机构执法基本装备配备指导标准的通知》（食药监财〔2014〕204 号），其具体内容是：

1. 装备配备的主要原则

食药监财〔2014〕204 号文件提出了以下要求：一是满足基本监管需要。按照满足食品（生产、流通、消费环节）、药品日常监管以及应急处置基本需要的原则确定装备配备种类和数量。二是分级分类配置。按省、地（市）、县、乡镇（街道）四级机构分别进行配置，计划单列市和副省级省会城市可参照省级进行配备。根据装备用途，分为基本装备、取证工具、快速检测和应急处置四类装备，并根据装备特点和使用频率，按每个机构、每个小组或每个人为单位进行配置。三是注重向基层倾斜。考虑乡镇（街道）设立派出机构的实际情况，要求突出乡镇（街道）机构的执法装备，重点配备执法交通、取证、快检等装备，提高基层一线执法和应急处置能力。四是突出共享使用。对食品、药品监督执法能够共享的装备以及日常执法和应急处置能够共享的装备不分别列出，提高装备使用效率。如执法车辆、照相机、摄像机等。

2. 装备配备的主要内容

装备分为基本装备、取证工具、快速检测和应急处置四类，共 77 种。

（1）基本装备。主要用于开展监管执法、应急处置工作的基本工具，包括执法专用车辆、药品快速检验车、食品快速检测车等执法交通工具，计算机、打印机、复印机等业务工作所需设备，以及对讲机、食品药品稽查移动执法工具、执法箱包等便携式装备等。

（2）取证工具。主要用于执法取证工作，包括抽样工具包、便携式冷藏箱、现场执法音像记录仪、暗访取证设备、电视（广播）广告自动监测及回放系统等。

（3）快速检测。主要用于食品、药品快速检测和筛查，包括超声波清洗机、样品粉碎机、微型离心机、便携式水浴锅等前处置设备，药品快速检验箱、食品安全快速检验箱、农药残留快速检测仪、肉类水分快速测定仪、余氯测量仪、吊白块检测仪等快检筛查设备，以及现场快速检测盒、试剂、试纸等试剂耗材类装备。

（4）应急处置。除日常执法与应急工作共用装备外，对部分特殊应急装备进行了单列，如个人携带装备等。

3. 基本装备配备的具体要求

具体要求主要如下：一是标准所列装备是满足监管需要的基本和通用装备。各地食品药品监管机构应当根据轻重缓急集中招标采购执法装备，优先配备基层和一线执法机构，提升监管能力。二是鼓励充分利用信息化手段搭建共享平台，获取执法、快检等数据，统一开发使用具有集成功能的执法装备和快检产品，创新监管方式，提高监管效率。三是考虑科技进步和产品发展，鼓励使用具备本标准所列相应功能的新技术、新产品，切实满足监管工作需要。四是各地食品药品监管机构要按照总局《关于统一规范食品药品监管系统标志工作的通知》（食药监〔2014〕78 号）要求，统一执法装备标志。同时，要加强装备管理，规范使用，达到报废年限的装备要及时进行更新。

（三）食品药品检验检测体系建设规范

为进一步加强食品药品检验检测体系建设，更好地发挥检验检测技术支撑的重要作用，国家食品药品监管总局于 2015 年 1 月 23 日印发了《关于加强食品药品检验检测体系建设的指导意见》（食药监科〔2015〕11 号，以下简称《指导意见》）。主要内容如下：

1. 体系建设的基本原则

（1）统筹规划，合理布局。根据食品药品监管工作需要，对食品药品检验检测体系架构进行总体规划，统筹不同类别、不同层级、不同区域的检验检测资源布局，突出建设重点，强化薄弱环节，促进食品药品检验检测资源共享，提高检验检测整体能力。

（2）因地制宜，分级负责。鼓励地方特别是基层积极结合本地区产业布局情况，根据食品药品检验检测专业技术特点，因地制宜制定检验检测体系发展规划，合理确定各级政府及相关部门建设任务，各负其责，分级分步组织实施，有序推进，确保食品药品监管工作有足够的检验检测能力支撑。

（3）规范建设，科学评价。科学制定食品药品检验检测能力建设标准，促进检验检测体系和能力建设的规范化，全面提升检验检测能力。健全检验检测机构监督管理和考核评价机制，推进检验检测机构的科学评价、合理使用和有效监督，规范检验检测行为，确保检验检测结果的准确性和公信力。

2. 体系建设的总体目标

到 2020 年，建立完善以国家级检验检测机构为龙头，以省级检验检测机构为骨干，以市、县级检验检测机构为基础，科学、公正、权威、高效的食品药品检验检测体系，充分发挥第三方检验检测机构的作用，使检验检测能力基本满足食品药品监管和产业发展需要。

3. 体系的层级架构和功能定位

（1）层级架构。根据食品药品监管工作需要，食品（含保健食品，下同）检验检测体系重点支持建设国家、省、市、县四级检验检测机构；药品化妆品（以下简称药品）检验检测体系重点支持建设国家、省、市三级检验检测机构；医疗器械检验检测体系重点支持建设国家、省两级检验检测机构。鼓励各省（区、市）根据监管需要、产业发展、区域平衡、能力基础等实际情况，在符合食品药品检验检测体系建设基本原则的前提下，重点建设一批市、县级食品检验检测机构和一批市级药品检验检测机构，着力加强省级医疗器械检验检测机构建设。在部分药品、医疗器械产业聚集区和流通集散地，层级架构可根据监管需要适当向下延伸。整合县级食品安全检验检测资源，建立区域性的检验检测中心。鼓励各地因地制宜，采用多种形式推进横向、纵向食品药品检验检测资源整合，创新检验检测管理体制和机制，推动形成一批专业优势突出、资源共享共用、跨区域跨层级的食品、药品、医疗器械检验检测中心。

（2）功能定位。食品药品检验检测体系的功能定位重点强化其服务食品药品监管的核心职能，突出其公益性属性，充分发挥其技术支撑保障作用。

第一，国家级检验检测机构。能够全面提供食品药品监管技术支撑服务，具有较强的技术引领和指导能力，具备较强的基础性研究、技术创新、仲裁检验和复检能力；能够开展食品、药品、医疗器械检验检测新技术、新方法、新标准研究；能够在相关领域开展国际交流与合作，在参与国际标准制修订中发挥积极作用，具有较强的国内外公信力和影响力。能够完成相应的国家食品药品法定检验、监督检验、执法检验、生物制品批签发等任务；能够在食品药品质量安全重大突发事件应对和应急检验中发挥核心技术支撑作用；能够指导全国食品药品相关领域检验检测工作，指导有条件的省级检验检测机构开展生物制品批签发工作；能够为政府部门发布食品药品质量公告提供可靠的技术支持。

第二，省级检验检测机构。具备较高的食品药品检验检测能力，优势领域能够达到国内领先、接轨国际水平；具备一定的科研能力，能够开展相关领域的交流与合作，开展基础性、关键性检验检测技术以及快速和补充检验检测方法研究，参与标准的制修订工作；具备突发事件预警反应能力。能够完成相应的法定检验、监督检验、执法检验、应急检验等任务，指导行政区域内食品、药品、医疗器械相关领域检验检测工作。能够为政府部门发布食品药品质量公告提供可靠的技术支持。

第三，市级检验检测机构。具备食品、药品常规检验检测能力，满足批量、快速检验检测和区域监管的技术保障需求。能够完成相应的食品、药品监督执法常规性检验检测任务。能够为政府部门日常监管和执法提供可靠的技术支持。

第四，县级检验检测机构。具备对常见食品微生物、重金属、理化指标的实验室检验能力及定性快速检测能力。主要承担对检验检测时限要求较高的技术指标、不适宜长途运输品种以及区域特色食品的检验检测任务。鼓励有条件的省市区探索市、县级检验检测机构在以检验检测为核心职能的基础上，扩展风险监测、评估、预警等技术职能，推动建成多职能的综合性技术支撑机构。

4. 体系建设的重点任务

（1）落实改革任务，保证检验检测体系的系统性。按照国发〔2013〕18 号文件要求，划转各级工商、质监部门涉及食品安全的检验检测机构、人员、装备及相关经费，落实改革任务，确保食品药品监管部门有足够力量和资源有效履行职责。充分考虑食品药品不同于一般市场监管的专业性和技术性，积极推进各级食品药品检验检测机构建设，不断完善食品药品检验检测体系，保证资源配置科学合理，保持食品药品检验检测体系的系统性。

（2）强化硬件保障，加大检验检测机构建设投入力度。以国家食品药品安全相关规划为引领，加强政策扶持、加大资金投入、加快建设步伐。完善食品药品检验检测机构相关建设标准，加强与各级发展改革、财政、国土资源等部门的协调，积极推动食品药品检验检测能力建设项目的立项和实施，提高食品药品检验检测机构的基础设施和仪器装备配量水平，推动检验仪器设备自主化，推进检验检测机构基础设施建设、技术装备配置、信息化建设和检验信息共享，为全面提高检验检测能力提供有力的硬件保障。按照国家生物产业发展规划的任务要求，积极推进食品药品检验检测实验室生物安全体系建设。

（3）加强人才队伍建设，提高检验检测业务水平。加强统筹规划，以提升能力为目标，建立科学的人才培养机制，提升食品药品检验检测人才队伍素质，优化人才队伍结构，完善人才成长和发展机制，提升检验检测机构专业人才比例，加强实验室管理专业人才和检验检测技术领军人才的培养；加大检验检测人才队伍的培训力度，积极开展检验检测业务的交流与合作，打造一支素质好、业务精、专业强、水平高的检验检测队伍。

（4）完善制度体系，建立检验检测机构监督和评价机制。研究制定检验检测机构、重点实验室、生物安全实验室等监督管理制度和相关工作规范，组织修订检验检测机构资质认定条件和检验规范。研究建立检验检测机构能力评价机制，制定食品药品检验检测机构能力建设标准，明确各能力级别检验检测机构的基本要求，引导检验检测机构合理建设和规范发展，推进食品药品检验检测能力持续提升。逐步建立科学完善的制度体系，提升检验检测体系建设的系统性、协调性，推动管理工作的科学化、规范化。

（5）提升检验检测科研能力，建设食品药品监管部门重点实验室。落实创新驱动发展战略，强化检验检测技术储备和科技支撑能力。从提升检验检测能力和科学监管水平出发，采取开放、共建、共享的方式，充分利用系统内外科技资源，在"十三五"期间开展食品药品监管部门重点实验室的布局建设，建设一批具有国际一流、国内领先水平的重点实验室。根据食品药品监管现状和发展需求，在食品药品检验检测技术、风险评估、监测和预警、应急检验等重点领域，开展基础性、关键性、公益性技术研发和成果应用，打造科研和检测技术领军人才培养平台，提升食品药品安全技术保障水平。

（6）推动检验检测信息共享，促进检验结果综合利用。加强食品药品检验检测信息化建设，推动检验数据和检验报告的电子化，逐步建立功能完善、标准统一、信息共享、互联互通的食品药品检验检测信息平台。加强检验检测数据的采集、整理、挖掘和趋势分析，逐步实现检验检测信息资源整合和数据共享，促进检验结果的综合利用，为食品药品安全风险分析和监督管理提供数据支撑。

5. **体系建设的保障机制**

（1）明确机构，落实责任。国家食品药品监督管理总局科技标准管理部门要牵头组织，加强对地方的指导和协调，督促各地开展食品药品检验检测体系建设工作。各地要明确检验检测体系建设和管理牵头部门，负责完善工作机制，制订工作方案，指导和推进本行政区域食品药品检验检测体系建设工作。

（2）统筹协调，形成合力。各地要结合本地区监管和产业发展实际，加强统筹规划，积极协调争取经费支持和政策扶持，推动检验检测资源科学合理配置。通过部门会商、联席会议等多种形式，积极推动建立食品药品检验检测体系建设协作机制，形成检验检测体系建设合力。

（3）加强考核，促进发展。各地要积极开展调研，结合本地实际，研究建立科学合理的检验检测机构建设和考评工作机制，完善相关工作制度，推动检验检测体系的建设和管理工作有效开展，促进食品药品检验检测机构快速发展和检验检测水平不断提升。

（四）食品药品检验机构管理的要求

针对食品药品检验检测体系存在的能力不足、食品药品检验机构亟待加强管理等问题，食品药品监管总局办公厅于 2016 年 2 月 23 日印发了《关于进一步加强食品药品检验机构管理的通知》（食药监办科〔2016〕16 号），明确了食品药品检验机构的相关管理问题。

1. **机构的管理工作**

要求各级食品药品监督管理部门建立健全食品药品检验机构运行管理

和质量管理的工作机制，督促检验机构积极申请计量认证和资质认定，并鼓励其参加实验室间比对和能力验证，通过日常监督、考核评价等多种形式加强检验机构管理，推进对检验机构的科学评价、合理使用和有效监督，推动检验机构的检验检测能力和质量管理水平的持续提升，使其不断满足监管工作需要。

2. 机构的制度建设

食品药品检验机构应当加强管理制度建设，创新管理方式，提高工作效率；应当完善质量管理体系，规范检验行为，优化检验流程，推动检验工作的科学化、规范化，不断提高检验工作的管理水平。

3. 机构的保障工作

食品药品检验机构应当加强实验室建设，不断改善检验检测的硬件条件。新成立或新组建的检验机构，应当加快环境设施建设、仪器设备购置和人员到位，积极通过各种方式创造条件，尽快开展检验工作。食品药品检验机构要优先保障食品药品安全抽样检验工作，以及为突发事件应急处置和案件查办等提供技术支撑。食品复检机构应当积极接受复检申请，并按照相关规范和要求开展食品复检工作。

4. 机构的能力建设

食品药品检验机构应当积极申请计量认证和资质认定，尽快取得相应检验资质，并积极申请扩项增能，提高检验项目参数的覆盖率，同时应当注重检验能力的保持。食品药品检验机构应当积极参加实验室间比对和能力验证，找出差距、不断改进，切实提高自身的检验检测能力和水平。与此同时，文件还对检验检测机构的科研能力建设提出了要求，指出"食品药品检验机构应当在食品药品检验检测技术、检验方法研究及检验标准制（修）订、风险分析和预警、应急处置等方面积极开展创新性研究和科技攻关，尤其是在食品药品潜在质量风险方面要大力开展检验方法研究，为科学监管提供有力的技术支撑"。

5. 机构的人才培养

食品药品检验机构应当建立科学的人才培养机制，制订培训计划，加大检验人员培训和技术交流力度，完善人才激励机制，大力培养实验室管理专业人才和检验检测技术领军人才，不断提高人才队伍的专业素养和检验水平。

6. 风险管理

食品药品检验机构在检验工作中发现可能引发系统性风险、区域性风险或突发事件的重大质量安全问题时，应当及时、主动地向行政区域内食品药品监督管理部门报告。

7. 第三方检验服务机构管理

对于接受委托承担检验任务的第三方检验机构，各级食品药品监督管理部门应当严格按照有关要求和规定程序选择承检机构，并加大监督检查力度，确保检验过程规范、检验结果可靠。

二　政府食品药品检验检测机构体系与能力建设总体状况

政府直属的食品药品检验检测机构是我国食品药品检验检测机构的主体。此类机构的体系与能力建设的水平根本地决定了我国食品药品检验检测机构体系与能力的层次。本章主要基于国家食品药品监督管理总局的科技标准司组织的全国食品药品监督管理系统内检验检测机构调查的数据展开分析。国家食品药品监督的科技标准司组织调查了系统内所有食品药品检验检测机构，这些机构均属于政府所有。调查的主要内容包括基本情况、资质能力、检验任务、实验室间比对和能力验证、硬件和财务、人员、科研能力、信息化存在问题等内容。截至2015年10月底，全国31个省市区向国家食品药品监督的科技标准司上报了调查数据。

（一）总体情况

2015年，全国食品药品监督管理系统内的食品药品（含食品、保健食品、药品、化妆品，医疗器械，下同）检验检测机构共计1054家。其中2013年5月国家食品药品监督成立之后建设完成的检验机构共计379家，占所有检验检测机构总数的35.96%。

1. 机构的行政层级

按行政层级来看，国家食品药品监督管理总局直属检验机构1家，省级与副省级行政层级的检验机构共88家，其中副省级行政层级的检验机构17家，分别占所有检验检测机构总数的6.74%、1.61%；地市级行政层级的检验机构361家，县级行政层级的检验机构604家，占所有检验检测机构总数的 34.25%、57.31%。

2. 机构的单位性质

公益一类事业单位（全额拨款事业单位）965 家，占总数的 91.56%；公益二类事业单位（差额拨款事业单位）89 家，占总数的 8.44%。

3. 机构的地区分布

按地区来看，东部地区共计有 368 家，中部地区共计有 390 家，而西部地区共计有 296 家，分别占有检验检测机构总数的 34.91%、37.00% 和 28.08%。按省份来看，除中国食品药品检定研究院（以下简称中检院）外，各省市区各行政层级的食品药品检验检测机构数量如表 8－1 所示。

表 8－1　　　各省市区各行政层级的食品药品检验检测机构数量　　　单位：个

省份	省级	副省级	地市级	县级	共计
北京	4	0	11	5	20
黑龙江	1	1	10	10	22
吉林	3	1	9	1	14
辽宁	3	3	21	36	63
天津	3	0	11	9	23
内蒙古	1	0	13	10	24
新疆	1	0	14	1	16
宁夏	2	0	1	0	3
青海	2	0	8	1	11
甘肃	3	0	21	77	101
陕西	2	1	13	42	58
西藏	1	0	0	0	1
四川	1	1	20	12	34
重庆	2	0	4	0	6
贵州	2	0	5	1	8

续表

省份	省级	副省级	地市级	县级	共计
云南	2	0	14	42	58
山西	3	0	10	37	50
河北	3	0	9	22	34
山东	2	2	14	11	29
河南	2	0	18	101	121
安徽	1	0	18	60	79
江苏	3	0	12	28	43
上海	3	0	6	1	10
湖北	3	2	16	14	35
湖南	4	0	15	10	29
江西	3	0	12	1	16
浙江	2	2	8	32	44
福建	1	1	8	0	10
广西	2	0	13	33	48
海南	3	0	4	0	7
广东	3	3	23	7	36
共计	71	17	361	604	1053

4. 机构的职能分类

按检验职能来看，承担相应检验职能的检验机构数量分别为食品 921 家、药品 501 家、化妆品 215 家、医疗器械 75 家（其中有 38 家已取得医疗器械检验机构资质），分别占所有检验检测机构总数的 87.38%、47.53%、20.40%、7.12%。当然，其中也有部分检验机构同时承担多类产品的检验职能。需要指出的是，食品检测不同于药品检验，药品检验标准中多数规定是常量要求，而食品检测多以参数规定限量，结果不好判断，前处理复杂。因此，食品检验检测机构对人员、技术、装备等方面均有更为专业化的要求。表 8 - 2 为 2015 年我国各省级行政层级的检验机构分布情况，这些检验机构分别承担着不同产品的检验职能。

表 8 - 2 　　　　　　　　　2015 年全国省级行政层级检验机构名录

省份	检验机构名称	检验产品类别
北京	北京市食品安全监控和风险评估中心	食品
	北京市药品检验所	保健食品、药品、生物制品、化妆品、医疗器械、药品包装材料、药用辅料、洁净区（室）
	北京市药品包装材料检验所	药品、药品包装材料、食品接触材料
	北京市医疗器械检验所	医疗器械、洁净区（室）
黑龙江	黑龙江省食品药品检验检测所	食品、保健食品、药品、化妆品、医疗器械、药品包装材料、药用辅料、洁净区（室）
吉林	吉林省食品检验所	食品、保健食品、化妆品、食品接触材料
	吉林省药品检验所	食品、保健食品、药品、生物制品、化妆品、药品包装材料、药用辅料
	吉林省医疗器械检验所	医疗器械、洁净区（室）
辽宁	辽宁省食品检验检测院	食品
	辽宁省药品检验检测院	食品、保健食品、药品、化妆品、洁净区（室）
	辽宁省医疗器械检验检测院	医疗器械、药品包装材料、洁净区（室）
天津	天津市产品质量监督检测技术研究院	食品、化妆品、食品接触材料
	天津市药品检验所	食品、保健食品、药品、化妆品、医疗器械、药品包装材料、药用辅料、洁净区（室）
	天津市医疗器械质量监督检验中心	医疗器械
内蒙古	内蒙古自治区食品药品检验所	食品、保健食品、药品、化妆品、医疗器械、药品包装材料、洁净区（室）
新疆	新疆维吾尔自治区食品药品检验所	食品、保健食品、药品、化妆品、医疗器械、药品包装材料、药用辅料、洁净区（室）
宁夏	宁夏回族自治区食品检测中心	食品
	宁夏回族自治区药品检验所	食品、保健食品、药品、医疗器械
青海	青海省食品质量检验中心	食品
	青海省食品药品检验所	食品、保健食品、药品、生物制品、化妆品、医疗器械、药用辅料、洁净区（室）

续表

省份	检验机构名称	检验产品类别
甘肃	甘肃省食品检验研究院	食品、保健食品
	甘肃省药品检验研究院	食品、保健食品、药品、生物制品、化妆品、药品包装材料、洁净区（室）
	甘肃省医疗器械检验检测所	医疗器械、洁净区（室）
陕西	陕西省食品药品检验所	食品、保健食品、药品、化妆品、药品包装材料、药用辅料、洁净区（室）
	陕西省医疗器械检测中心	医疗器械、洁净区（室）
西藏	西藏自治区食品药品检验所	食品、保健食品、药品、化妆品、医疗器械、药用辅料、洁净区（室）
四川	四川省食品药品检验检测院	食品、保健食品、药品、生物制品、化妆品、医疗器械、药品包装材料、洁净区（室）
重庆	重庆市食品药品检验检测研究院	食品、保健食品、药品、化妆品、药品包装材料、食品接触材料、药用辅料、洁净区（室）
	重庆市医疗器械质量检验中心	医疗器械、洁净区（室）
贵州	贵州省食品药品检验所	食品、保健食品、药品、化妆品、药品包装材料
	贵州省医疗器械检测中心	医疗器械、药品包装材料、洁净区（室）
云南	云南省食品药品检验所	食品、保健食品、药品、生物制品、化妆品、洁净区（室）
	云南省医疗器械检验所	化妆品、医疗器械、药品包装材料、食品接触材料、洁净区（室）
山西	山西省食品质量安全监督检验研究院	食品
	山西省食品药品检验所	食品、保健食品、药品、生物制品、化妆品、医疗器械、药品包装材料、药用辅料、洁净区（室）
	山西省医疗器械检测中心	医疗器械、洁净区（室）
河北	河北省食品检验研究院	食品、化妆品、食品接触材料、洁净区（室）
	河北省药品检验研究院	食品、保健食品、药品、化妆品、洁净区（室）
	河北省医疗器械与药品包装材料检验研究院	医疗器械

续表

省份	检验机构名称	检验产品类别
山东	山东省食品药品检验研究院	食品、保健食品、药品、化妆品、洁净区（室）
	山东省医疗器械产品质量检验中心	医疗器械、药品包装材料、洁净区（室）
河南	河南省食品药品检验所	食品、保健食品、药品、化妆品、药品包装材料、药用辅料、洁净区（室）
	河南省医疗器械检验所	医疗器械、洁净区（室）
安徽	安徽省食品药品检验研究院	食品、保健食品、药品、生物制品、化妆品、医疗器械、药品包装材料、食品接触材料、药用辅料、洁净区（室）
江苏	国家有机食品质量监督检验中心（江苏）	食品
	江苏省食品药品监督检验研究院	食品、保健食品、药品、化妆品、药用辅料、洁净区（室）
	江苏省医疗器械检验所	医疗器械、药品包装材料、洁净区（室）
上海	上海市食品药品检验所	食品、保健食品、药品、生物制品、化妆品
	上海市食品药品包装材料测试所	医疗器械、药品包装材料、食品接触材料、药用辅料、洁净区（室）
	上海市医疗器械检测所	医疗器械
湖北	湖北省食品质量安全监督检验研究院	食品、保健食品、药品、化妆品、食品接触材料
	湖北省食品药品监督检验研究院	食品、保健食品、药品、生物制品、化妆品、医疗器械、药品包装材料、食品接触材料、药用辅料、洁净区（室）
	湖北省医疗器械质量监督检验中心	医疗器械、洁净区（室）
湖南	湖南省食品质量监督检验研究院	食品、保健食品、食品接触材料
	湖南省食品药品检验研究院	食品、保健食品、药品、化妆品、医疗器械、药品包装材料、洁净区（室）
	湖南药用辅料检验检测中心	药用辅料
	湖南省医疗器械与药用包装材料（容器）检测所	医疗器械、药品包装材料、洁净区（室）

续表

省份	检验机构名称	检验产品类别
江西	江西省食品检验检测研究院	食品
	江西省药品检验检测研究院	食品、保健食品、药品、化妆品、医疗器械、药品包装材料、药用辅料、洁净区（室）
	江西省医疗器械检测中心	食品、医疗器械、洁净区（室）
浙江	浙江省食品药品检验研究院	食品、保健食品、药品、化妆品、药品包装材料、药用辅料、洁净区（室）
	浙江省医疗器械检验院	医疗器械
福建	福建省食品药品质量检验研究院	保健食品、药品、化妆品、医疗器械、药品包装材料、药用辅料、洁净区（室）
广西	广西—东盟食品药品安全检验检测中心	食品、保健食品、药品、化妆品、医疗器械、药品包装材料、洁净区（室）
	广西壮族自治区食品药品检验所	食品、保健食品、药品、生物制品、化妆品、医疗器械、药品包装材料、食品接触材料、药用辅料、洁净区（室）
海南	海南省食品检验检测中心	食品、保健食品、食品接触材料
	海南省药品检验所	食品、保健食品、药品、化妆品、药用辅料、洁净区（室）
	海南省药物研究所	食品、保健食品、药品、化妆品、医疗器械、药用辅料、洁净区（室）
广东	广东省食品检验所	食品
	广东省食品药品检验所	食品、保健食品、药品、生物制品、化妆品、药用辅料、洁净区（室）
	广东省医疗器械质量监督检验所	医疗器械、药品包装材料、洁净区（室）

（二）资质能力

全国食品药品监督管理系统内检验机构可开展"四品一械"检验的项目参数合计652569项，其中获得资质认定的食品类检验项目参数合计464665项，获得计量认证的药品类检验项目参数合计154852项，占项目参数总数的33.33%；获得资质认定的医疗器械类检验项目参数合计12340项，占项目参数总数的2.66%。

而在全国食品药品监督管理系统内1054家检验机构中，目前尚未取得任何资质且未开展检验工作的检验机构共计314家，占总数的29.8%。其中成立时间2年以上（即2014年1月1日之前成立）的检验机构共计185家，均为地市级和县级行政层级的检验机构，且地市级行政层级的检验机构为18家（见表8-3）。

表8-3　　　2015年全国地市级行政层级的检验机构分布及成立时间

单位名称	所在省份	成立时间
白银市食品检验检测中心	甘肃	2013年9月4日
定西市食品检验检测中心	甘肃	2013年9月28日
甘南藏族自治州食品检验检测中心	甘肃	2013年9月27日
甘南藏族自治州药品检验检测中心	甘肃	2013年9月27日
金昌市食品检验检测中心	甘肃	2013年8月22日
临夏州食品检验检测中心	甘肃	2013年8月27日
平凉市食品检验检测中心	甘肃	2013年9月1日
武威市食品检验检测中心	甘肃	2013年8月24日
崇左市食品药品检验所	广西	2013年12月13日
贵港市食品药品检验所	广西	2013年8月12日
来宾市食品药品检验检测中心	广西	2013年10月30日
辽宁省营口市药品检验所	辽宁	1966年1月1日
果洛藏族自治州药品检验所	青海	1986年1月1日
玉树州食品药品检验所	青海	2003年6月10日
榆林市食品检验检测中心	陕西	2013年6月4日
延安市食品质量安全检验检测中心	陕西	2013年12月20日
克州食品药品检验所	新疆	2011年6月6日
大理州食品检验检测院	云南	2013年7月22日

表8-3中，大部分地市级行政层级的检验机构为新成立后且未取得资质，但是，也有部分检验机构已经成立很长时间，却因为种种原因没有取得资质和开展检验工作。总体来看，2015年我国食品药品检测机构建设的保障和执行力度亟待加强。

（三）检验任务

2013年、2014年和2015年1—8月，全国食品药品监督管理系统内检验机构已签发报告的检品数量总和分别为142.0万批、165.8万批和

114.4 万批。而按照"四品一械"（分别为食品、保健食品、药品、化妆品和医疗器械）分别统计检品量如图 8-1 所示。分析机构承担的检验任务，有以下三个特点：

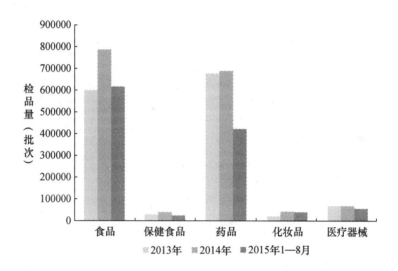

图 8-1　2013—2015 年 1—8 月全国食品药品监督管理系统"四品一械"检品量

1. 食品检品量占检品量比例的一半以上

2013—2015 年 1—8 月，全国食品药品监督管理系统内承担的"四品一械"检品数量总体上均呈逐年上升的趋势，其中食品检品量增长尤其迅速。2014 年，食品检品量占"四品一械"检品总量的近 50%，在数量上比 2013 年增加了 32%，而 2015 年 1—8 月的食品检品量已经超过 2013 年全年的食品检品量。与此同时，2013 年和 2014 年全国技术岗位人员的人均检品量分别为 63.2 批和 73.8 批，总体呈上升趋势，其中食品和药品检验人员的人均检品量如图 8-2 所示。可以看出，食品检验量增长较多。

2. 省级和副省级行政层级的检验机构检品量占检品量比例的一半

按照行政层级分析，省级和副省级行政层级的检验机构虽然只有 88 家（机构数量占全国总数的 8.3%，人员数量占全国总数的 32.4%），但是承担了全国 50% 左右的检验任务，是检验检测体系的骨干力量，而地市级和县级行政层级的检验机构承担了 50% 左右的检验任务，是检验检测体系的基础力量。

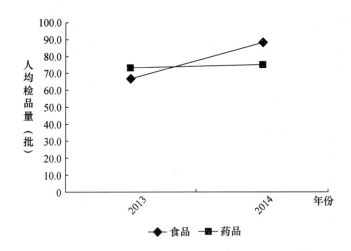

图 8-2 2013—2014 年全国食品药品检验人员的人均检品量

3. 东部地区检验机构检品量占检品量比例的 60%

按照东部、中部和西部地区分别统计检品量发现，虽然东部地区检验机构数量占全国总数的 34.9% 、人员数量占全国总数的 50.6%，却承担了全国检验任务的 60% 左右，东部地区在我国食品药品监督管理系统的检验任务相对较多。[①]

（四）参加实验室间比对和能力验证情况

实验室间比对和能力验证是指按照预先规定的条件，组织多家实验室对相同或类似的测试样品进行检测，然后对检测结果进行评价，以此确定实验室能力并分析反馈存在的问题，是评价和提高检验机构能力的重要手段，也是管理检验机构的一种方式。2012—2014 年，全国食品药品监督管理系统内检验机构每年参加的实验室间比对和能力验证项次统计如表 8-4 所示。可以发现，全国食品药品监督管理系统内检验机构积极参加实验室间比对和能力验证，项次逐年上升，满意率总体上也在升高，在一定程度上说明食品药品监督管理系统内检验机构的检验检测能力在不断提高。

---

① 东部地区是指辽宁、北京、天津、河北、山东、江苏、上海、浙江、福建、广东、广西、海南 12 个省市区，中部地区是指山西、内蒙古、吉林、黑龙江、安徽、江西、河南、湖北、湖南 9 个省市区，西部地区是指陕西、甘肃、青海、宁夏、新疆、四川、重庆、云南、贵州、西藏 10 个省市区。

表 8 – 4　2012—2014 年全国食药监管系统内检验机构实验室间比对和能力验证

年份	2012	2013	2014	总计
项次	1268	2453	2804	6525
满意度（%）	91.6	92.9	91.9	92.2

注：实验室间比对和能力验证的结果包括满意、可疑和离群（即不满意）三种，其中满意率是指满意结果的数量占所有结果总数的百分比。

　　2014 年，全国食品药品监督管理系统内检验机构参加项次排名前 15 位的组织方如图 8 – 3 所示。可以看出，2014 年食品药品监督管理系统内检验机构参加中检院组织的实验室间比对和能力验证共计 812 项次，数量最多。此外，系统内检验机构还积极参加国际上的能力验证，例如参加英国食品与环境研究院组织的 FAPAS（食品分析水平测试计划）合计 30 项次，系统内的部分检验机构在能力验证方面已经具有国际视野。

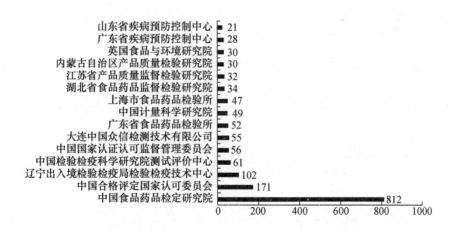

图 8 – 3　2014 年全国食品药品监督管理系统内检验机构
参加项次排名前 15 位的组织方

　　而将 2012 年、2013 年和 2014 年进行对比发现，全国食品药品监督管理系统内检验机构参加中检院组织的实验室间比对和能力验证分别共计 34 项次、516 项次和 812 项次，逐年大幅上升。在能力验证方面，中检院在 2013 年、2014 年和 2015 年组织的能力验证项目分别为 9 项、13 项和

27 项，发展速度很快。虽然目前中检院每年提供的能力验证项目只有几十项，但是，全国食品药品监督管理系统内检验机构均踊跃参加，表明我国目前有关"四品一械"的能力验证工作专业性已逐步增强。

（五）硬件条件和财务状况

全国食品药品监督管理系统内检验机构共有房屋面积 258.07 万平方米，实验室面积共计 169.55 万平方米，在职员工人均实验室面积为 52.8 万平方米，办公区面积共计 59.13 万平方米，资产总额 216.76 亿元，其中仪器设备总值为 113.66 亿元，共计 18.95 万台（套）。2014 年全国食品药品监督管理系统内检验机构的财务收入总额为 95.0 亿元，政府财政补助和主管部门拨款占财务收入总额的 72%，是检验机构最重要的财务来源。

（六）人员状况

全国食品药品监督管理系统内检验机构的人员编制共计 29638 人，编制到位率为 82.3%；在职员工共计 32107 人，其中编内与编外人员分别为 24394 人与 7713 人，分别占在职员工的 76.0% 与 24.0%。这说明，一方面，部分检验机构的编制人员尚未完全到位，尤其是新成立或新组建的县级检验机构；另一方面，一些检验机构大量聘用编外人员，而编外人员流动性强，给检验队伍的稳定性造成一定影响。相对而言，检验队伍年龄梯队较为合理，有充足的中青年力量；技术岗位人员占 76%，符合检验机构的技术特征；高级职称约占 20%，硕士和博士约占 20%，表明具有一支高素质的人才队伍。

（七）科研能力

食品药品监督管理系统内检验机构近三年内共计主持科研课题（项目）630 项，主持标准制（修）订 3800 项。目前拥有博士后工作站共计 16 个，省部级重点实验室共计 12 个。历年来共计获得国内专利 299 项、国际专利 2 项，发表国内论文 14161 篇、国外论文 436 篇，出版论著（译著）239 部；历年来共计获国家级科技奖 15 项，获省部级科技奖 202 项，获地方级科技奖 486 项。数据表明，全国食品药品监督管理系统内检验机构具有一定的科研能力，但是整体水平不高，而且其中的 12 个省部级重点实验室均为其他部门的重点实验室，食品药品监管部门尚无本部门的重点实验室，不利于对食品药品监管领域技术难点问题的科技攻关和创新研究。在检验任务更加繁重的情况下，科研工作被挤压，科研和创新能力不足。

（八）检验产品类别和项目参数数据库

调查显示，食品药品监督管理系统内检验机构已经初步建立了"检验产品类别和项目参数数据库"，借助检索界面可以搜索各检验机构能够检验的产品类别及项目参数，同时也可搜索能够检验某产品类别及项目参数的检验机构，并将这些检验机构在地图中自动标出。该数据库能够直观、便捷地对检验机构的检验能力进行检索，有利于对食品药品监督管理系统内检验能力进行多层次、多维度的分析、研究，便于国家食品药品监督管理总局对系统内检验机构资质能力的管理。可以通过继续探索完善数据上报和数据共享机制，逐步实现对系统内检验机构检验产品类别和项目参数数据的实时更新。

三　政府食品检验检测体系与能力建设中存在的主要问题

2016 年 6 月 30 日，提请全国人大常委会审议的食品安全法执法检查报告曾经指出，我国食品药品监督管理系统内的食品检验检测能力仍然不足，建议地方充分整合省、市、县各级政府部门食品检验检测资源，特别是要加强市、县基层检验检测能力建设，实现资源共享，防止重复建设。国家食品药品监督的科技标准司组织的这次调查发现，相关的问题主要是以下三个方面。

（一）资源浪费与分布不均衡

1. 重复建设

从全国食品检验检测机构的分布来看，图 8 - 4 显示，很多地方尤其是东部地区的食品检验检测机构不同程度地存在重复建设的问题。而同一区域内各级各类食品检验检测机构与实验室并存，资金重复投入，部分高校与科研机构检测任务不饱满。不同的食品检验检测机构虽然负责不同环节的食品检验检测工作，食品种类也较多，但由于食品自身属性基本相同，目前不同机构所投入的设备重复度高，如液相色谱、气相色谱、原子吸收、气质联用仪等大型仪器设备都有重复投入现象，至少两个以上机构均配备。检验项目也有大量雷同，检验资源存在闲置浪费现象。

2. 检验任务量的布局不均衡

进一步对全国东部、中部和西部地区分别进行统计分析可以发现（见图8-4），我国东部地区检验机构的人均检品量明显高于全国平均值，其中2014年超出全国平均值11.9批，而中部地区和西部地区检验机构的人均检品量均低于全国平均值水平，2014年中部地区和西部地区分别比全国平均值低11.4%和31.7%。该结果也表明就检验任务量的空间分布来看，全国食品药品监督管理系统内检验任务量的布局显然并不均衡。

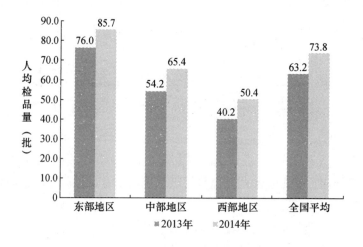

图8-4　2013—2014年我国各地域检验机构人均检品量对比

3. 不同层级机构能力建设不均衡

对食品药品监督管理系统内各行政层级检验机构的调查发现（见图8-5），仪器设备不足、人员编制不足、实验室面积不足、人员培训不足以及人员激励机制不足是不同行政层级检验机构反映最多的5个问题，均有超过60%的检验机构反映。另外，难以吸引和留住人才、向当地政府争取支持困难也有一半以上的检验机构反映。显然，检验机构不仅区域布局存在资源浪费，而且不同行政层级的检验机构也存在能力建设的不均衡。

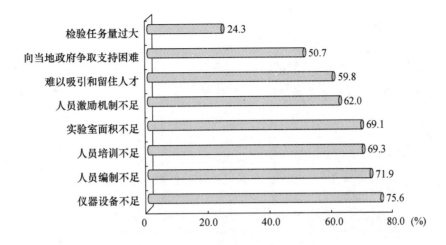

图8-5 2015年食品药品监督管理系统内检验机构存在的主要问题调查

通过对2013—2014年不同行政层级检验机构的技术岗位人员人均检品量统计分析发现（见图8-6），省级和副省级行政层级检验机构的检验任务最重，人均检品量远超过全国平均水平；而地市级和县级行政层级检验机构的人均检品量相对较少，一定程度说明检验任务量在全国不同行政层级分布并不均衡已有一段时间。虽然2015年的调查显示，只有24.3%的检验机构反映"检验量过大"，但进一步对不同行政层级的检验机构进行统计分析可以发现（见图8-7），在省级行政层级检验机构中有47.9%的机构反映"检验任务量过大"，副省级和地市级行政层级的检验机构也有超过1/3的检验机构反映此问题，而县级行政层级的检验机构则较少反映此问题，中检院甚至都没有反映该问题。

显然，县级食品检验检测机构虽然投入力度不断增强，但能力建设仍无法满足当地食品安全管理需要。主要原因是，由于县级检验机构食品检验项目不全，不具备承担抽检任务的能力，只能外送到市级、副省级、省级检验检测机构，检测结果反馈滞后。同时，县级各食品检验检测机构由于工作量少，仪器设备利用率低，其设备维护成本反而更高，一些限期使用标准试剂损耗费用也较高。县级食品检验检测机构的能力不强、效率不高的问题普遍存在。

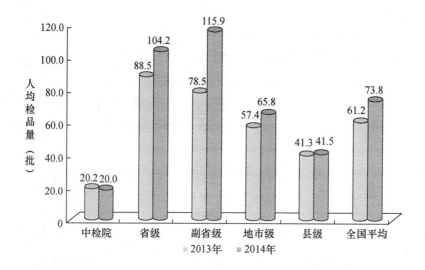

图8-6 2013—2014年各行政层级的检验机构人均检品量对比

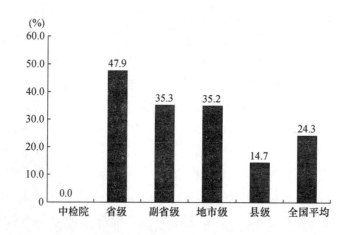

图8-7 2015年各行政层级的检验机构反映"检测量过大"的比例

（二）部分机构资质认定尚未完成与县级机构能力不强

2013年3月实施了新一轮食品药品监管机制改革，目前各地虽然已经陆续完成了机构改革和整合，但由于实验室建设、人员上岗以及计量认证和资质认定等工作尚需一段时间，在全国食品药品监管系统内承担食品检验职能的921家检验机构，已有460家取得了食品检验机构资质，其中承担食品检验的检验机构共计222家，但只有175家取得了食品检验机构资质。

　　与此同时，县级食品检验检测机构人才短缺，发展乏力问题较为突出。食品检验工作技术难度较大，对检验人员专业素质、实践经验要求高，人才培养周期长。而随着食品检验需求的增强，县级食品检验检测人才数量少、专业不平衡，稳定性不高的问题凸显。由于食品药品监督管理系统内食品检验检测机构的编外人员约占 24.0%，加上部分新成立或新组建的县级检验机构的编制人员尚未完全到位，而且一些县级检验机构本身就大量聘用编外人员，编外人员的流动性强，给县级食品检验检测队伍的稳定性造成一定影响，后续发展乏力。

（三）机构的信息化程度与共享水平不高

　　信息化程度的建设是推动信息共享，实现食品安全社会共治的重要渠道。图 8 - 8 显示，全国食品药品监督管理系统内检验机构的信息化程度不高，与检验数据联通和共享的目标有较大距离。因此，大力提高信息化建设水平，实现食品药品检验检测工作的信息化、高效率以及检验数据的共享和充分挖掘利用成为影响能力建设的主要问题。

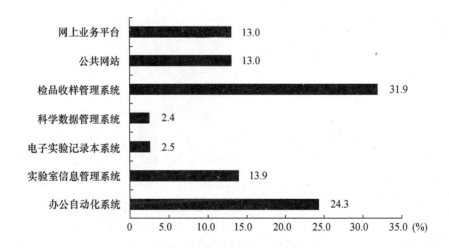

图 8 - 8　2015 年全国食品药品监督管理系统内检验机构信息化水平示意

（四）食品检验检测机构存在的问题：山东、广西的案例

　　2015 年 4—5 月，研究团队对江西、山东与广西的食品检验检测机构进行了现场考察，发现了相关问题。

1. 山东省

按照"省级检测机构为龙头，市级检测机构为骨干，县级检测机构为基层，第三方检测力量为补充"规划思路，山东省及地市各级财政加大了对技术支撑能力建设的支持。但在调研中发现，与不断增长的检测设备等硬件投入难以匹配的是，检测机构专业技术人员因素上升为主要矛盾，当前普遍存在年龄结构老化，专业素质低，一线实验人员少，检验任务严重超负荷且激励机制亟须改革等问题。如某地级市食品药品检验所的71名在编人员中，50岁以上的有27人，占38%；一线实验检测人员仅有23人，占32%。据实验人员反映，由于近年来不断加大食品抽检力度，实验检测任务连续翻番，加班加点成为常态，但按照现有规定，收入参照公务员工资标准且无任何加班费等，与第三方检测机构的薪酬形成很大差距，若长期得不到解决，难免将影响工作积极性，不利于检测机构技术能力的提升。调查发现，食品检测机构技术能力要求与技术人员匮乏且激励机制僵化之间的矛盾在山东省比较突出。

相关资料显示，山东省基层食品安全监管机构的执法装备、办公场所和检验场所普遍匮乏，加之部分市在县级机构改革尚未完成时又进行新一轮整合，极易使监管出现断档脱节，引发安全风险。此外，根据《国家食品安全监管体系"十二五"规划》要求，到2015年年底，山东省食品检测总批次应达到每年152.8万批次以上，其中监督抽检和风险监测33.8万批次，而目前全省所有食品安全检验检测能力约为13万批次每年，尚不足国家规划要求的一半。全社会整体检验检测力量不足，致使2014年全省食品抽检监测任务无法如期完成。目前，大多数发达国家都有两种并行的机构提供检验检测服务——公益性和经营性。政府通过建立政府检测机构或购买第三方机构的政府服务，以满足公益性的检测服务；而经营性机构则尽可能与国际接轨，寻求市场化。因此，山东省发展第三方食品检验检测机构已刻不容缓。发展第三方食品检验检测机构既可以节约政府投资，更可以杜绝政府主导的食品检验检测机构的天然不足，更可以引入竞争机制，倒逼政府主导的食品检验检测机构的改革。

2. 广西壮族自治区

2013年3月改革之前，广西食品药品技术支撑能力就相对薄弱。新一轮改革中，食品药品监管系统并没有从全区的质检部门划转食品检验技术资源，仅从工商部门划转了少量快速检测设备。目前，全区7个地级市还没有食品药品的检验检测技术机构，在县里基本上还是空白或正在报批，极少数的检验检测技术机构也刚刚获批。虽然百色市有 10 个县区报批成立了相应的检测技术机构，但目前仍没有形成监管能力，这是由于每个检测机构至少需要 1500 万元的建设资金（尚不包括土地费用），而百色市尚属于经济欠发达地区，依靠自身力量可能在今后五年内也无法全部建成。由于缺少检测手段，基层现场监管局限于眼看、鼻闻、手摸，发现和解决问题的能力严重滞后。甚至在百色的一些地区，迫不得已用传统的中医诊断方法判断食品安全性。即便是百色市食品药品检验所，也出现了由于技术手段的落后与装备的不足，而面临的检验项目扩项速度跟不上日常监管需要的窘境。与此同时，检验人员数量严重不足，检验任务严重超负荷且激励机制亟须改革等。另外，在基层食品监管执法的装备、服装、车辆等配备和办公经费等方面也不同程度地存在困难，特别是边远山区的乡镇，由于执法装备的匮乏，农村食品安全监管仍非常薄弱。

四　政府食用农产品质量检测体系建设概况

党的十八大以后，中央政府与地方各级政府进一步优化了食用农产品监管机构与加强质量检测体系建设。

（一）食用农产品监管机构建设

目前，我国食用农产品质量安全监管的重点和难点在基层。在中央不断强化农产品质量安全属地责任的背景下，2014 年基层食用农产品监管机构建设被纳入国办督察的重点内容。[①] 内蒙古、山西、山东等 20 多个省市区政府明确提出加快建立地、县、乡镇监管机构，湖北、浙江、陕西等 6 个省则将监管机构建设作为各级政府绩效考核的重要指标。截至2014 年年底，我国所有省级农业厅局、86% 的地市、71% 的县市和97% 的乡镇已建立农产品质量安全监管机构，落实监管服务人员 11.7 万人。

到 2016 年 6 月，全国所有省级农口厅局、88% 的地市、75% 的县、97% 的乡镇建立了监管机构，落实专兼职监管人员 11.7 万人。在执法机

---

① 农业部：《陈晓华副部长在全国农产品质量安全监管工作会议上的讲话》，农业部网站，2014 – 04 – 08，http：//www. moa. gov. cn/govpublic/ncpzlaq/201404/t20140408_ 3841945. htm。

构方面，已有 30 个省市区、271 个地市和 2322 个县开展了农业综合执法工作，在岗综合执法人员 2.8 万人，县级覆盖率达到 99%，从源头上提高了农产品质量安全监管和服务能力。

（二）食用农产品质量检测体系建设

与此同时，农业部与地方政府进一步加强技术能力建设。"十一五"以来，农业部组织实施了《全国农产品质量安全检验检测体系建设规划（2006—2010 年）》和《全国农产品质量安全检验检测体系建设规划（2011—2015 年）》，截至 2014 年，已投资 114.2 亿元，其中中央投资 81 亿元，共建设各级农业质检机构 2553 个。国家通过稳定的财政投入和更加广泛的教育培训促进其快速健康发展（见表 8 - 5）。到 2014 年已累计投资建设各级农产品质检项目 2548 个，已竣工验收的地县质检机构中有 50% 通过了计量认证，近 1/3 通过了机构考核，基层质检机构正从建设阶段逐渐过渡到考核管理和发挥作用阶段。[1] 同时加强改革创新，积极开展检验检测认证机构整合工作，进一步激发活力，促进其做大做强。[2]

表 8 - 5　　2012—2014 年全国基层农产品质量检测体系建设情况

基层检测体系建设情况	2012 年	2013 年	2014 年
财政经费支持（亿元）	15	12	17
新增检测机构（个）	494	388	398
检测人员（万人）	2.3	2.7	—*
培训（农业部组织）	7 期检测人员培训班	9 期基层监管及检测人员培训班，培训 1140 余人次	20 余期监管、检测、应急人员培训班，培训 1.2 万人

---

　　[1]　农业部：《农产品质量安全持续向好》，农业部网站，2014 - 12 - 17，http：//www. moa. gov. cn/zwllm/zwdt/201412/t20141217_ 4299189. htm。

　　[2]　农业部：《关于加强农产品质量安全检验检测体系建设与管理的意见（农质发〔2014〕11 号）》，农业部网站，2015 - 06 - 11，http：//www. moa. gov. cn/govpublic/ncpzlaq/201406/t20140611_ 3935664. htm。

续表

基层检测体系建设情况	2012 年	2013 年	2014 年
例行检测范围	5 大类 102 个品种，覆盖 150 个城市	5 大类 103 个品种，监测城市 153 个	5 大类 117 个品种，监测城市 151 个
检测标准	87 项参数。农药残留标准参照GB2763—2005/	87 项参数。农药残留标准参照GB2763—2012	94 项参数。农药残留标准参照 GB2763—2014
其他		制定发布"农产品质量安全检测员"国家标准，创建"农产品质量安全检测员"国家职业资格证书制度	修订《农产品质量安全应急预案》

注：* "—"表示数据缺失。

资料来源：农业部。

到 2016 年 6 月，全国共有部、省、市、县四级农业质检机构 3401 个（部级 264 个、省级 198 个、地市级 534 个、县级 2405 个），检测人员 3.5 万人、实验室面积 207 万平方米、仪器设备 20.3 万台（套），每年承担政府委托检测样品量 1260 万个，基本形成了布局合理、层次完整、职责明确、运行顺畅的农产品质量安全监管体系，在农产品质量安全监管实践中发挥了重要作用。

（三）能力建设实现了新提升

2001 年，农业部首次在北京、天津、上海和深圳 4 个试点城市开展蔬菜药残、畜产品瘦肉精残留例行检测，2002 年、2004 年农业部逐渐将监测工作扩展至农药、兽药残留以及水产品等。历经十余年，我国农产品质量安全监测工作不断完善。2015 年，农业部按季度组织开展了 4 次农产品质量安全例行监测，共监测全国 31 个省（自治区、市）152 个大中城市 5 大类产品 117 个品种 94 项指标，抽检样品 43998 个。

尽管农产品质量安全监管体系建设步伐不断加快，但监管能力弱的问题还很突出，特别是在县乡基层，缺条件、缺手段的问题比较普遍，与工作任务相比还有很大差距。为了提升基层农产品质量安全监管执法能力，未来的重点是，要健全农产品质量安全监管体系；抓住有利时机，补齐地、县两级农产品质量安全监管机构，充实人员队伍，为乡镇监管站补充一批专业人才，确保"有机构履职、有人员负责、有能力干事"；要努力推进农业综合执法，将农产品质量安全作为基层农业综合执法的重中之重，加强岗位练兵，建设一支高素质的农业综合执法队伍；要强化条件建设，积极争取基建、财政资金支持，强化各级农产品质量安全监管执法设施装备，完善检测体系，整体提升基层监管能力。

五　食品检验检测体系的重要缺失：市场化严重不足

国家食品药品监督管理总局发布的《关于加强食品药品检验检测体系建设的指导意见》（食药监科〔2015〕11 号），充分考虑了食品药品检验检测的专业性和技术性，按照优化配置资源、提升能力水平、保持检验检测体系的系统性的指导思想，确定了"到 2020 年建立完善以国家级检验检测机构为龙头，省级检验检测机构为骨干，市、县级检验检测机构为基础，科学、公正、权威、高效的食品药品检验检测体系，充分发挥第三方检验检测机构的作用，使检验检测能力基本满足食品药品监管和产业发展需要"的总体目标。但是，总体而言，食品检验检测体系的建设存在重要缺失，主要是市场化严重不足，第三方食品药品检验检测机构在我国发展非常不理想，难以形成适度的市场竞争。因此，建设具有中国特色的食品安全风险治理体系，必须基于政府主导、市场配置资源的原则，充分培育、发展与规范第三方食品检验检测机构，培育多元市场，形成不同规模、不同来源、不同国别、不同层次、不同所有制构成的食品检验检测体系。

（一）食用农产品与食品检验检测的现实市场与未来市场需求

食用农产品与食品检验检测客观要求地域与食品行业的覆盖面更广，监测点更全，监测参数更多，这必将催生新的市场需求。比如，未来食品污染物和有害因素监测将覆盖全部县级行政区域等。因此，一方面，政府主导的检验检测机构将承担更为繁重的任务；另一方面，需要大力发展第三方机构，以解决"政府失灵"等一系列问题。这是未来建设与改革食品检验检测体系的主要方向。

1. 2008—2015 年中国食品安全检测行业市场规模

不同的机构对未来食用农产品与食品检验检测现实市场或未来的市场需求进行了研究或预测。比如,中国产业信息网发布的《2014—2018 年中国食品安全检测仪器市场分析及投资策略咨询报告》指出:2013 年食品行业检测总额已达 260 亿元,在多方因素的影响下,食品农产品检测规范化、标准化的情况下,食品农产品检测行业有望保持 25% 的增长速度,到 2015 年,行业总额有望达到 406 亿元的规模(见图 8-9)。

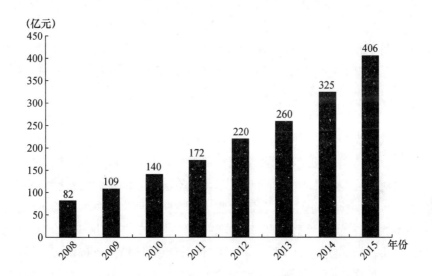

图 8-9 2008—2015 年中国食品安全检测行业市场规模

资料来源:中国产业信息网:《2014—2018 年中国食品安全检测仪器市场分析及投资策略咨询报告》。

2. 2015—2020 年中国食品安全检测行业市场规模预测

Markets and Markets 发布了报告 *Impact Analysis:China Food Safety Testing Market Regulations*。[①] 报告指出,预计到 2020 年,中国食品安全检测市场规模将达到 7.915 亿美元,2015—2020 年,该市场的复合年增长率为 9.9%。主要原因是:(1)由于病原体的传染性会引起食品污染、引发疾病,所以,在 2014 年开始病原体检测主导了中国食品安全检测市场。食品污染对消费者的健康将产生重大影响，并且中国的食品安全问题越来越严重，使得食品病原体测试越来越被需要。因此，在今后几年内食品安全检测市场具有显著的增长潜力。（2）肉类和家禽检测对于中国食品安全检测市场非常重要。由于贸易和国内需求，肉类和家禽产品经常暴露出各种弊端，如掺假。因此，预计在2015—2020年中国肉类和家禽产品的安全测试将显著增长。（3）食源性疾病的高发病率、积极的结构性变化，以及随着食品贸易的全球化、中国与世界其他地区之间的进出口活动不断加强，由此直接导致未来中国食品安全检测市场将出现显著的增长。该报告的研究指出，由于中国食品行业的全产业链的监管，从监管方到企业方很多设备还没有运转起来，现在的年市场规模不足50亿元。这其中，实验室仪器设备及耗材约25亿元，快检仪器及耗材约10亿元，第三方检测量约15亿元，将来较快速度的增长是必然的。

（二）第三方检验检测机构的建设状况

我国独立的第三方检验检测市场是在政府逐步放松规制的基础上发展起来的，经历了由国家检验检测机构负责所有商品检验，到开始对民间资本开放商品检验检测市场，再到界定行政执法性质的强制性检验检测工作与民事行为检验检测业务、民营检测机构快速发展、外资独资检测机构进入中国的发展阶段。国内现阶段检测的现状是内销产品由国家检测机构负责，如质检局、疾病预防中心等，出口主要由外国检测机构负责，因此国内第三方检测机构可谓是在夹缝中求生存。根据国家质量监督检验检疫总局发布的数据，目前，中国国有检验检测机构数占检测机构总数近80%，民营检验检测机构数量约占19.5%，外资检验检测机构数量仅占0.5%，占比悬殊。而在食品检验检测市场，政府主导的机构占比可能超过90%，只有一些特大城市与大城市有极少量的非政府主导的检验检测机构。虽然政策性文件已表明了国家的态度，即支持社会力量加入食品检验服务行业，给予其发展的政策空间，但相关数据显示，目前社会中介类的机构实力普遍弱小，符合条件接受委托的机构数目寥寥无几。如果不具备资质的话，所出具的检验检测报告就不具备法律效力，接受政府监管部门的委托就不具备资格。个别实力比较雄厚的大公司对接受政府购买服务还是有所顾虑。因为对于企业来说，首先要考虑投资风险，进行检测的仪器设备往往要占用大量资金，这部分资金能否都发挥作用还是未知数。因此，国家层面应该加快健全第三方检测监管的法律法规，并就如何扶持社会力量创办检测机构出台操作层面上的细则，建立和健全第三方检测机构管理机制，杜绝和防范检测过程中存在的弄虚作假行为，以及检测市场秩序混乱的问题，以促进第三方食品检验检测机构的发育发展。这是完善具有中国特色的检验检测体系的重要现实路径。

第九章　食品安全科技研发体系：新兴前沿研究国际比较

食品科学技术是保障食品安全，治理食品安全风险的基本手段。一个国家的食品科学技术研究体系是国家食品安全风险治理体系的重要组成部分。发展新兴食品科学技术对中国而言十分重要。基本科学指标（Essential Science Indicators，ESI）数据库是在 Web of Science 基础上建立的计量分析数据库。本章主要从引文分析角度，针对 22 个学科领域①，探讨近十年的食品安全领域前 10 位新兴前沿的科研影响力和科研创新力，并以食物过敏研究为重点，试图通过本章的分析，为了客观地评估我国食品安全研究各新兴前沿的科研绩效与战略规划提供数据支持，更为我国全面布局与推进食品安全风险治理领域的基础理论研究提供参考。需要说明的是，虽然本章的研究内容与政府食品安全风险治理体系相关性并不高，但推进创新驱动战略，为全社会提供关键的共性技术，以确保食品安全风险是政府的重大责任，而且食品安全科技研发体系与政府主导的食品安全检验检测体系与能力建设有着密切的关系。故本章的内容列入中篇，作为本书的一章内容。

一　数据来源与研究方法

（一）数据来源

引用次数是一种广泛地被用来评估研究者或出版物在学科内影响力的

---

① 主要包括农业科学、生物学与生物化学、化学、临床医学、计算机科学、经济与商业、工程学、环境科学与生态学、地球科学、免疫学、材料科学、数学、微生物学、分子生物学与遗传学、综合交叉学科、神经系统学与行为学、药理学和毒理学、物理学、植物学与动物学、精神病学与心理学、社会科学总论和空间科学 22 个学科。

一种评价方法。一篇论文的被引用次数越高，表示这篇论文的学术影响力越大，质量也就越高，论文引用次数与论文的价值大体成正比。研究前沿是一组高被引论文，通过聚类分析确定核心论文。通过聚类分析方法测度高被引论文之间的共被引关系，再通过对聚类中论文题目的分析形成相应的研究前沿。每个研究前沿涉及两组文章：高被引的核心文献和对这组核心文献作频繁共引的施引文献。一方面，通过考察被引频次排名在前1%（与同领域和同出版年的文献相比）的核心文献，有助于考察在食品安全领域做出重要贡献的国家和机构，有影响力的论文和重要出版物信息；另一方面，通过分析施引文献，有助于掌握食品安全研究中高被引核心文献的技术和理念等研究的发展脉络和研究前景。

本章选取美国科技信息所的 SCI 数据库（科学引文索引数据库扩展版）和 ESI 数据库为检索源，检索时间为 2016 年 6 月 1 日，覆盖了 2006 年 1 月 1 日至 2016 年 2 月 29 日共 10 年 2 个月的数据，登录 ISI Web of Science – SCIE 数据库平台，选择 "Essential Science Indicators ^{SM}" 分析工具，点击 Citation Analysis 模块的 "Research Fronts"，进入研究前沿检索页面，使用 BY NAME = food * 检索式，检索结果显示为 57 个研究前沿，对这 57 个研究前沿内容进行仔细辨别，通过咨询相关食品安全研究专家，最后保留了食品安全研究领域的 20 个新兴研究前沿作为本章的基本研究对象。

（二）研究方法

本章的研究结合利用 ESI 和 SCI 数据库强大的信息挖掘和分析功能，从高被引的核心文献和施引文献两个方面分析近十年来食品安全领域的新兴前沿。参考汤森路透《2014 研究前沿》报告中遴选新兴前沿的方法，对食品安全研究新兴前沿进行遴选。具有较多新近核心论文的一个研究前沿，通常提示其是一个快速发展的专业研究方向。优先考虑核心文献的时效性，赋予研究前沿中的核心论文的出版年更多的权重或优先权，只有平均核心论文出版年在 2014 年之后的研究前沿才被考虑，然后再按被引频次从高到低排列。

在本章的研究中，研究前沿的命名不仅参考了核心论文标题中出现的高频词和高频的词组，还对施引文献作了仔细的人工考察，从而提高命名的准确度。另外，需要特别说明的是，ESI 数据库不对论文的第一作者和非第一作者的贡献进行区分，机构发表论文的统计是基于论文全部作者的所属机构，即论文中只要有一位作者是某机构，那么统计该机构发表论文数量和被引频次时就计入一次。

二　食品安全研究领域中新兴前沿的研究进展

参考汤森路透《2014 研究前沿》报告中遴选新兴前沿的方法，探讨近十年间食品安全领域新兴研究前沿的核心论文和施引论文的影响力、发展力和创新力，全面系统衡量各个国家/地区的科研水平、机构学术声誉、科学家学术影响力以及期刊学术水平。

表 9 - 1　　　　　　　　食品安全领域的 10 个研究前沿

排名	研究前沿	核心论文	被引频次	核心论文平均出版年
1	婴幼儿食物过敏风险因素评估	2	83	2015
2	食用动物抗生素类药物残留监控研究	2	31	2015
3	食物过敏源特异性 IGE 检测分析研究	2	29	2015
4	分子印迹聚合物材料合成及其固相萃取技术的应用	2	27	2014. 5
5	DNA 条形码技术在食品鉴定和溯源中的应用	6	103	2014. 3
6	食品公共卫生责任研究	5	238	2014
7	欧洲食物过敏的诊断和评估	3	164	2014
8	农业集约化对土壤生物多样性的影响	3	142	2014
9	可食性食品包装膜的制备及其抗氧化活性研究	5	102	2014
10	环境可持续发展与食品安全研究	2	84	2014

由表 9 - 1 可以看出，新兴前沿 6 "食品公共卫生责任研究"的 5 篇核心文献的被引频次最高，共计达到了 238 次，说明这 5 篇文献在食品安全领域中的影响力很大，引起了较多学者的关注。在前 10 个新兴前沿中，有 3 个前沿是有关食物过敏的研究，分别是新兴前沿 1 "婴幼儿食物过敏风险因素评估"、新兴前沿 3 "食物过敏源特异性 IGE 检测分析研究"和新兴前沿 7 "欧洲食物过敏的诊断和评估"，这 3 个新兴前沿的核心论文发表时间比较短，却在短期内取得了较高的被引频次，获得了较高的影响力。吴永宁教授在 2015 年 11 月召开的中国国际食品安全与质量控制会议上说："中国人群食品过敏成因与免疫识别机制"和"新兴食品污染物的

人群分子毒理效应与健康效应"是我国"十三五"前沿基础研究领域之一，这与本章基于 ESI 平台的 3 个有关食物过敏研究的食品安全新兴前沿的内容非常吻合，说明我国在该领域也有较高的关注度，紧跟世界研究前沿步伐。

（一）婴幼儿食物过敏风险因素评估

随着人们生活水平的提高，过敏性疾病在全球的发生率呈逐年上升的趋势，已被世界卫生组织列为 21 世纪重点防治的三大重要疾病之一。世界变态反应组织（World Allergy Organization，WAO）公布了 30 个国家 12 亿人口的儿童过敏性疾病情况，调查结果显示 22% 的人口曾患此病。中国疾病预防控制中心妇幼保健中心发布中国城市婴幼儿过敏流行病学调查报告，报告显示，在参与调查的婴幼儿家长中，有 40.9% 报告孩子曾发生过或正在发生过敏性症状，12.3% 的 0—24 个月龄婴幼儿正在遭受过敏的困扰。[①] 食物过敏（Food Allergy，FA）在婴幼儿时期发病率较高，影响婴幼儿身心健康，已经成为一个公共卫生问题。目前 FA 发生机制尚未完全清楚，各国学者的研究涉及遗传因素、肠道屏障发育情况、自身免疫、喂养情况、抗原暴露的年龄、孕期饮食及吸烟情况等多种因素，但对于遗传因素、喂养方式及早期抗原接触的年龄仍有争议。[②]

表 9 - 2　　　　"婴幼儿食物过敏风险因素评估"前沿核心文献

作者	题名	来源出版物	机构
G. Du Toit 等	Randomized Trial of Peanut Consumption in Infants at Risk for Peanut Allergy	New England Journal Medicine	Kings Coll London, Guys & St. Thomas Natl Hlth Serv Fdn Trust, Univ. Southampton, Natl Inst Hlth Res
P. E. Martin 等	Whick Infants with Eczema are At Risk of Food Allergy? Results from A Population - based Cohort	Clinical Lin and Experimental Allergy	Royal Childrens Hosp, Univ. Melbourne, Barwon Hlth, Deakin Univ.

① 《中国婴幼儿过敏患病率不断攀升　水解配方奶粉降解患儿风险》，《中国食品报》2016年5月4日。

② 吕志玲：《婴儿食物过敏影响因素研究》，硕士学位论文，重庆医科大学，2010年。

由表 9 - 2 可以看出，"婴幼儿食物过敏风险因素评估"新兴前沿有 2 篇核心论文，被引频次为 83 次，核心论文平均出版年是 2015 年，分别由英国伦敦国王学院的学者拉克（G. Lack）和澳大利亚墨尔本皇家儿童医院的学者艾伦（K. J. Allen）与其他机构的学者协作完成，虽然发表时间比较短，但迅速引起了其他学者的注意，学术影响力较高。这说明著者间通过跨学科跨区域协作科研能够以新的方式和思路寻找研究领域的创新点和交叉点，结出更大的科研硕果，应当鼓励我国食品安全领域的科研工作者打破学科间的传统界限，寻找合适的合作机构和研究者，提高跨学科协作科研水平。

表 9 - 3　"婴幼儿食物过敏风险因素评估"研究前沿施引文献情况

排名	施引文献来源国	施引文献来源机构	施引文献来源期刊
1	美国（62）	Royal Childrens Hospital Melbourne（14）	Journal of Allergy and Clinical Immunology（32）
2	英国（25）	University of Melbourne（14）	Current Opinion in Allergy and Clinical Immunology（8）
3	澳大利亚（25）	University of California System（13）	New England Journal of Medicine（7）
4	德国（12）	Murdoch Children's Research Institute（12）	Current Allergy and Asthma Reports（6）
5	加拿大（9）	University of North Carolina（12）	Pediatric Clinics of North America（6）
6	瑞士（8）	University of Colorado System（11）	Allergologie（5）
7	以色列（7）	University of Manchester（11）	Clinical and Experimental Allergy（5）
8	意大利（6）	Icahn Sch Med Mt Sinai（8）	Annals of Allergy Asthma Immunology（4）
9	日本（5）	Harvard University（7）	Allergy（3）
10	中国（4）	Kings College London（7）	Pediatric Allergy and Immunology（3）

"婴幼儿食物过敏风险因素评估"新兴前沿的施引文献中，美国居于施引文献来源国首位，其余 Top10 的国家依次为英国、澳大利亚、德国、加拿大、瑞士、以色列、意大利、日本和中国。澳大利亚墨尔本皇家儿童医院和墨尔本大学在施引文献来源机构中并列排名第一，美国加州大学系统排名第二，澳大利亚默多克儿童研究所和美国北卡罗来纳大学并列排在第三位。施引文献来源期刊中，美国期刊 *Journal of Allergy and Clinical Immunology* 以刊载 32 篇该前沿的施引文献居于首位，其次是期刊 *Allergy and Clinical Immunology* 和 *New England Journal of Medicine*。通过该研究前沿的核心文献和施引文献分析可以看出，澳大利亚、英国和美国对该领域的研究关注度较高。

（二）食用动物抗生素类药物残留监控研究

抗生素大量使用造成了环境中抗生素残留的广泛存在与细菌耐药的传播扩散，进而可能影响生态环境与人类健康。抗生素环境污染与细菌耐药问题受到社会广泛关注。2013 年我国抗生素总使用量约为 16.2 万吨，其中人用抗生素占到总量的 48%，其余为兽用抗生素。[①] 自 1999 年开始，农业部每年都组织实施动物及动物产品兽药残留监控计划，年均抽检动物产品 1.4 万余批，检测包括肉、蛋、奶等 9 种动物组织样品，检测的兽药包括头孢噻呋、甲砜霉素、大环内酯类等抗生素在内共计 24 种（类）。检测结果显示，兽药残留超标率从 1999 年的 1.43% 降至 2015 年年底的 0.11%，2015 年共检测畜禽及其产品兽药残留样品 16462 批次，合格 16444 批，合格率 99.89%。[②] 2015 年，农业部制定发布了《全国兽药（抗菌药）综合治理五年行动方案（2015—2019 年）》[③]，拟利用 5 年时间综合治理兽用抗菌药残留和动物源细菌耐药性问题，切实保障动物源性食品安全和公共卫生安全。强化兽药残留监控和抗菌药专项整治，有助于保障动物产品质量安全；创新改革兽药监管机制，利用电子追溯码标志技术建设兽药产品追溯信息系统，有助于实现全程追溯管理；加强兽药使用监

---

① 《广州地化所在全国抗生素排放清单研究上取得重要进展》，中国科学院广州地球化学研究所，2015 - 06 - 11，http：//www.gig.ac.cn/xwdt/kydt/201506/t20150611_ 4372448.html。

② 吴文博：《科学看待兽用抗生素放心消费动物产品》，中国农业新闻网，2016 - 06 - 26，http：//www.farmer.com.cn/kjpd/dtxw/201602/t20160226_ 1183753.htm。

③ 《农业部启动全国兽药（抗菌药）综合治理五年行动》，农业部，2015 - 07 - 28，http：//www.moa.gov.cn/zwllm/zwdt/201507/t20150728_ 4766232.htm。

管，有助于落实兽药安全使用有关规定和严厉打击滥用抗菌药物的违法行为。

表9-4　"食用动物抗生素类药物残留监控研究"前沿核心文献

作者	题名	来源出版物	机构
T. P. Van Boeckel 等	New England Journal of Medicine	Proceedings of the National Academy of Sciences of The United States of America	Princeton Univ, Ctr Dis Dynam Econ & Policy; Univ. Libre Bruxelles, Princeton Environm Inst et al.
Q. Q. Zhang 等	Comprehensive Evaluation of Antibiotics Emission and Fate in The River Basins of China: Source Analysis, Multimedia Modeling, and Linkage to Bacterial Resistance	Environmental Science & Technology	Chinese Acad Sci, Guangzhou Inst Geochem

　　"食用动物抗生素类药物残留监控研究"新兴前沿有2篇核心论文，被引频次为31次，核心论文平均出版年是2015年，这两篇核心论文分别由美国普林斯顿大学学者范·博克尔、托马斯（T. P. Van Boeckel, P. Thomas）和中国科学院广州地球化学研究所的应国光研究员以通信作者身份发表的，迅速吸引了本研究领域其他学者的注意。这2篇核心论文发表在期刊 *Proceedings of the National Academy of Sciences of The United States of America* 和 *Environmental Science & Technology* 上，经SCI平台检索，美国学者在这2种刊物上的发文量居于首位，我国学者在其上的发文量分别排在第7位和第2位。

　　对该新兴前沿的施引文献来源国分析（发文量≥2篇），如图9-1所示，中国因发表了30篇该前沿的施引文献而领先世界其他国家，其余依次为美国、英国、荷兰、印度、越南等国家。中国科学院在施引文献来源机构中居于首位，同济大学、浙江大学和牛津大学等单位排名第二。对施引文献的基金资助情况进行统计分析发现，中国国家自然科学基金以资助了22篇施引文献遥遥领先，其次为中央高校基本科研基金资助了5

篇施引文献，国家重点基础研究发展计划（"973"）项目、国家科技重大专项和江苏省自然科学基金对该领域研究的资助排在第3位。由此不难看出，我国学者在食用动物抗生素类药物残留监控研究前沿展开了深入的研究，具有较高的国际学术影响力，国家和各省市政府也对该领域的研究资助力度很大，保障我国动物源性食品安全，保护人民群众身体健康。

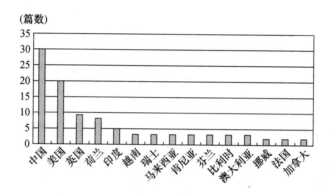

图 9－1　"食用动物抗生素类药物残留监控研究"前沿施引文献来源国统计

（三）食物过敏源特异性 IGE 检测分析研究

食物过敏主要是人们摄入某些食物蛋白质后出现的一些不良反应，属于机体对外源物质产生的一种变态反应。据调查，在发达国家约有6%的儿童和3%—4%的成年人被这种免疫介导性疾病所困扰。[1][2] 目前，食物过敏已成为世界卫生组织和联合国粮食及农业组织关注的重大卫生学问题。[3] 国内有关过敏源研究的报道较少，人们对此的关注度较低。随着我国过敏人群数量的日益增长，迫切需要采取有效措施来预防和解决。2011年4月20日我国卫生部公布的《食品标签通用标准》是我国第一

---

① Sicherer, S. H. and Sampson, H. A., "Food allergy: Recent advance in pathophysiology and treatment", *Annual Review of Medicine*, Vol. 60, 2009, pp. 261－277.

② Caleb, K. and Venu, G., "Sex disparity in food allergy: Evidence from the pubmed database", *Journal of Allergy*, 2009, pp. 1－7.

③ Barbe, R. M. S., Scott, M. B. and Greenberg, E. et al., "The parent's guide to food allergies: Clear and complete advice from the experts on raising your food－allergic child", New York: Henry Holt, 2001, p. 1.

部对过敏源提出要求的法规。其所列出的易引起过敏的食物有：含有麸质的谷物、甲壳纲类动物、鱼类、蛋类、花生、大豆、乳、坚果及包含这 8 类食物的加工制品，并且要求如果将这 8 种食物的一种或几种用作配料时，宜在配料表中使用易辨识的名称，或在配料表附近位置加以提示。

表 9 - 5 "食物过敏源特异性 IGE 检测分析研究" 前沿核心文献

作者	题名	来源出版物	机构
K. Beyer 等	Predictive Values of Component – Specific Ige for The Outcome of Peanut And Hazelnut Food Challenges in Children	Allergy	Charite, Icahn Sch Med Mt., German Red Cross Hosp et al.
B. K. Ballmer – Weber 等	Ige Recognition Patterns in Peanut Allergy Are Age Dependent: Perspectives of The Europrevall Study	Allergy	Univ. Zurich Hosp, Thermo Fisher Sci, Hosp Clin San Carlos et al.

"食物过敏源特异性 IGE 检测分析研究" 新兴前沿有 2 篇核心论文，被引频次为 29 次，核心论文平均出版年是 2015 年，这两篇核心论文均发表在美国期刊 *Allergy* 上。这 2 篇核心论文分别由德国夏里特医院的学者贝耶（K. Beyer）和苏黎世大学医院的学者鲍尔默—韦伯（B. K. Ballmer – Weber）与其他学者跨国界协作完成。经 SCI 检索，我国学者在期刊 *Allergy* 上的发文量排名世界第 23 位。

对该新兴前沿的施引文献分析，如图 9 - 2 所示，美国位于施引文献来源国的首位，其余依次为德国、意大利、西班牙、奥地利、英国等国家。美国西奈山伊坎医学院和约翰霍普金斯大学在施引文献来源机构中排名第一，在该领域开展了深入研究。奥地利科学基金会和赛默飞世尔科技公司对 "食物过敏源特异性 IGE 检测分析研究" 的施引文献资助力度最大。施引文献在 *Current Allergy and Asthma Reports*、*Allergy* 和 *Pediatric Allergy and Immunology* 这 3 种期刊上刊载量最多。

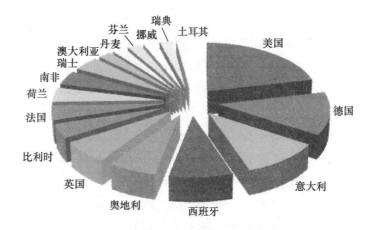

图9-2　"食物过敏源特异性 IGE 检测分析研究"前沿施引文献来源国统计

（四）分子印迹聚合物材料合成及其固相萃取技术的应用

分子印迹技术基于抗原—抗体的特异性分子识别，制备对模板分子具有独特的选择性和亲和力分子印迹聚合物并应用在固相萃取上，可以灵敏、高效、准确地检测食品中添加剂、农药、兽药残留，有效地解决了食品检测基体复杂、干扰多、前处理费时费力等难题，对于保障我国食品安全，逾越食品出口技术壁垒将起到重要作用。目前分子印迹技术已经广泛应用在环境监测、食品工业、生物工程、天然药物等领域中，并形成了一定的产业化规模。

表9-6　"分子印迹聚合物材料合成及其固相萃取技术的应用"前沿核心文献

作者	题名	来源出版物	机构
M. Behbahani 等	Synthesis, Characterization and Analytical Application of Zn（Ii）–Imprinted Polymer As An Efficient Solid–Phase Extraction Technique for Trace Determination of Zinc Ions in Food Samples	Journal of Food Composition and Analysis	Shahid Beheshti Univ., Georgia State Univ., Univ. Tehran Med Sci
M. Behbahani 等	Selective Solid–Phase Extraction and Trace Monitoring of Lead Ions in Food And Water Samples Using New Lead–Imprinted	Food Analytical Methods	Shahid Beheshti Univ., Univ. Birmingham

"分子印迹聚合物材料合成及其固相萃取技术的应用"新兴前沿有 2 篇核心论文，被引频次为 27 次，核心论文平均出版年是 2014 年 6 月，这两篇核心论文均由伊朗沙希德·贝赫什提大学的学者 M. 贝巴哈尼（Behbahani）以第一作者身份发表，为本研究前沿做出了突出贡献，具有重要影响力，分别探讨了锌（Ⅱ）离子印迹聚合物的合成及其固相萃取的应用，铅离子印迹聚合物及其在食品和水样监测中的应用。经 SCI 检索，我国学者在期刊 *Journal of Food Composition and Analysis* 和 *Food Analytical Methods* 上的发文量分别排在世界第 5 位和第 1 位。

对施引文献统计分析，伊朗位于施引文献来源国的首位，我国排名第二，埃及、印度和土耳其排名并列第三。我国国家自然科学基金在施引文献基金资助机构中排名第一，说明我国在该研究前沿的支持力度较大。期刊 *Environmental Monitoring and Assessment* 和 *Materials Science Engineering C Materials for Biological Applications* 是刊载"分子印迹聚合物材料合成及其固相萃取技术的应用"前沿施引文献最多的两种刊物，经 SCI 平台检索，我国学者在这两种期刊上的发表量排名第 3 位和第 1 位，是我国该研究领域学者偏好的期刊。

（五）DNA 条形码技术在食品鉴定和溯源中的应用

近年来，国内外不断出现产品与标签不符、食品掺假造假等食品安全问题，对人们健康及社会安定造成严重威胁，而传统的检测方法已不能满足食品鉴定的需要。DNA 条形码技术是从分子水平上对食品进行鉴定的前沿技术，有着检测范围较广、操作简单、准确度高、鉴别效率高等优点。目前，DNA 条形码技术已被美国 FDA 确定为鱼类物种鉴定的方法[①]，还被应用于可食用植物、肉类产品、乳制品和加工食品的鉴定和溯源，为食品安全领域带来了新的革命。

如表 9 - 7 所示，"DNA 条形码技术在食品鉴定和溯源中的应用"新兴前沿有 6 篇核心论文，被引频次为 103 次。意大利米兰比可卡大学的学者拉布拉（M. Labra）以通讯作者的身份发表了 2 篇高影响力的核心文献，为该领域的研究做出了突出贡献，学术影响力较高，主要开展了将

---

① Handy, S. M., Deeds, J. R. and Ivanova, N. V. et al., "Laboratory validated method for the generation of DNA barcodes for the identification of fish for regulatory", *Journal of AOAC International*, Vol. 94, No. 1, 2011, pp. 201 - 210.

DNA 条形码技术作为食品溯源新工具和鉴定百花蜂蜜植物种类的研究。

对施引文献统计分析，意大利的核心论文和施引论文的产出量均最多，远超其他国家，其中米兰比可卡大学的研究成果较好，在产出核心文献和施引文献上都居于领先地位，具有较高的国际影响力。美国、中国、英国、印度、中国台湾、巴西、加拿大、葡萄牙和西班牙的学者也已开始关注该研究前沿，拥有了一定数量的研究成果。我国在该新兴前沿的施引文献来源国（地区）中排在第 3 位，国家科技部基金为该领域的研究投入了较大的资助力量，中国医学科学研究院和中国科学院表现突出，已获得了相关的研究成果。值得一提的是，中国台湾地区在该前沿的研究中也

表 9-7　"DNA 条形码技术在食品鉴定和溯源中的应用"前沿核心文献

作者	题名	来源出版物	机构
A. Galimberti 等	DNA Barcoding as A New Tool for Food Traceability	Food Research International	Univ. Milano Bicocca, Univ. Trieste
G. Pramod 等	Estimates of Illegal and Unreported Fish in Seafood Imports to The USA	Mar Policy	Univ. British Columbia, Sustainable Incubator
M. M. Aung and Y. S. Chang	Traceability in A Food Supply Chain: Safety and Quality Perspectives	Food Control	Korea Aerosp Univ.
D. C. Carvalho 等	DNA Barcoding Identification of Commercialized Seafood in South Brazil: A Governmental Regulatory Forensic Program	Food Control	Pontificia Univ. Catolica Minas Gerais, Myleus Biotechnol Res Team, Secretaria Pesca & Maricultura
R. Lamendin 等	Labelling Accuracy in Tasmanian Seafood: An Investigation Using Dna Barcoding	Food Control	Univ. Tasmania, Univ. Western Australia, Commonwealth Sci Res & Ind Res Org
I. Bruni 等	A DNA Barcoding Approach to Identify Plant Species in Multiflower Honey	Food Chemistry	Univ. Milano Bicocca

表 9 – 8 "DNA 条形码技术在食品鉴定和溯源中的应用"
研究前沿施引文献情况

排名	施引文献来源国（地区）	施引文献来源机构	施引文献基金资助机构
1	意大利（37）	University of Milano Bicocca（14）	European Social Fund（7）
2	美国（17）	Fem2 Ambiente Srl（9）	National Funds Mec（5）
3	中国（15）	University of Pisa（9）	National Funds Through The Portuguese Science Foundation（5）
4	英国（8）	Universidade De Aveiro（5）	Promar A Portuguese Instrument for The Sectors of Fisheries and Aquaculture European Fisheries Fund within The Research Project Rastre Mar Use of Molecular Tools in The Traceability of Marine Food Products（5）
5	印度（7）	Universidade De Lisboa（5）	Fundacao Para A Ciencia E Tecnologia（4）
6	中国台湾（6）	China Academy of Chinese Medical Sciences（4）	Ministry of Science and Technology Taiwan（4）
7	巴西（5）	Chinese Academy of Sciences（4）	Conselho Nacional De Desenvolvimento Cientifico E Tecnologico Cnpq（3）
8	加拿大（5）	National Chiao Tung University（3）	European Commission（3）
9	葡萄牙（5）	Saint Louis University（3）	Forestry Bureau Council of Agriculture Executive Yuan Taiwan（3）
10	西班牙（5）	University of Oviedo（3）	Ministry of Science and Technology of China（3）

投入了较多的关注，在施引文献来源国（地区）中排在第 6 位，中国台湾科技部门和台湾当局农业委员会林业局对施引文献的资助排在第 3、第

4 位。期刊 *Food Control*、*Food Research International*、*Food Chemistry* 和 *Plos One* 是刊载该新兴前沿施引文献最多的期刊，其中 *Food Control* 以刊载 3 篇该前沿核心论文和 29 篇施引文献居于首位，是该领域学者偏好的期刊。经 SCI 平台检索，我国学者在期刊 *Food Control* 上的发文量位居该刊载文量的首位。

（六）食品公共卫生责任研究

2002 年 SARS 疫情暴发以后，公共卫生成为公共政策和卫生政策议程的优先领域，成为社会各界高度关注的热点议题。当前我国对公共卫生责任的讨论主要集中在政府责任和国家责任上，对企业担当的公共卫生责任方面探讨较少。而国外很早就开始关注企业社会责任，拥有丰富的企业社会责任理论资源和制度成果，如美国早在 20 世纪 60 年代就针对全球性环境污染问题接连颁布了《国家环境政策法》《清洁空气法》《职业安全卫生法》等法律，明确企业承担环境责任的范围和义务；德国很早就在立法中就贯彻了企业的社会责任理念并建立了具体的企业环境责任制度；日本于 2000 年颁布并实施了《建立循环型社会基本法》等一系列专门性法律，对推动日本企业积极承担环境责任发挥了巨大的力量。[①] 从国外的企业社会责任实践看，企业社会责任对于经济社会可持续发展、构建和谐社会、提高国家经济实力和企业国际竞争力具有重要意义。因此，如何增强食品生产企业的社会责任意识，构建完善的企业社会责任体系已成为公共卫生责任研究的一个重要议题。

如表 9 - 9 所示，"食品公共卫生责任研究"新兴前沿有 5 篇核心论文，被引频次为 238 次，是前 10 位新兴前沿中关注度最高、影响力最大的研究前沿。其中，墨尔本大学学者穆迪（R. Moodie）发表的论文被引频次最高，达到 178 次，说明这篇论文的学术影响力很大，是该领域的经典文献。英国南安普敦大学、伦敦卫生和热带医药学院、伦敦城市大学和伦敦刘易舍姆大学医院等机构分别参与了这 5 篇核心文献的相关研究，英国在公共卫生责任研究领域关注度较大。

[①] 《国外企业环境制度的立法状况及实践经验》，《上海法治报》2016 年 7 月 1 日。

表 9 - 9   "食品公共卫生责任研究"前沿核心文献

作者	题名	来源出版物	机构
R. Moodie 等	Profits and Pandemics：Prevention of Harmful	Lancet	Univ. Melbourne， Univ. Cambridge, Univ. Sao Paulo et al.
A. Bryden 等	Voluntary Agreements between Government and Business – A Scoping Review of The Literature with Specific Reference to The Public Health Responsibility Deal	Health Policy	London Sch Hyg & Trop Med
C. Panjwaniand M. Caraher	The Public Health Responsibility Deal：Brokering A Deal for Public Health, But on Whose Terms?	Health Policy	City Univ. London
B. Swinburn 等	Strengthening of Accountability Systems to Create Healthy Food Environments and Reduce Global Obesity	Lancet	Univ. Auckland， Deakin Univ. , Virginia Tech et al.
C. Knai 等	Has A Public – Private Partnership Resulted in Action on Healthier Diets in England? An Analysis of The Public Health Responsibility Deal Food Pledges	Food Policy	London Sch Hyg & Trop Med， Univ. Lewisham Hosp

    对施引文献统计分析，英国位于施引文献来源国的首位，其余排在前 10 位的国家依次为澳大利亚、美国、新西兰、巴西、加拿大、西班牙、印度、瑞士和南非，我国因发表了 9 篇该领域的施引文献而排在第 11 位。在前 10 位的机构中，各有 4 所英国和澳大利亚的研究机构发表该领域施引论文，其中排名前三位的分别是伦敦大学、伦敦卫生与热带医药学院和悉尼大学。期刊 *Lancet* 居于施引文献来源期刊首位，经 SCI 检索，英国学者在该刊上的载文量遥遥领先于其他国家，其次为美国、澳大利亚和德国等国家，我国学者在该刊上的发文量排在第 14 位。

表 9 – 10　　　　"食品公共卫生责任研究"前沿施引文献情况

排名	施引文献来源国	施引文献来源机构	施引文献来源期刊
1	英国（99）	University of London（46）	Lancet（23）
2	澳大利亚（78）	London School of Hygiene Tropical Medicine（38）	Obesity Reviews（17）
3	美国（53）	University of Sydney（33）	Addiction（14）
4	新西兰（34）	Deakin University（30）	BMJ British Medical Journal（13）
5	巴西（31）	University of Auckland（30）	Health Policy（12）
6	加拿大（21）	Universidade De Sao Paulo（19）	Public Health（11）
7	西班牙（13）	University of Oxford（15）	Public Health Nutrition（11）
8	印度（12）	University of Wollongong（13）	BMJ Open（8）
9	瑞士（11）	University of Liverpool（12）	BMC Public Health（6）
10	南非（10）	Australian National University（9）	Food Policy（6）

（七）欧洲食物过敏的诊断和评估

近年来食物过敏发病率上升趋势随着城市化发展、环境恶化等因素而增加，已成为人们日益关注的食品安全和公共卫生关键问题之一。目前约有 170 种食品[1]可导致食物过敏反应，但对食物过敏的生物学及免疫学机制仍不清楚，食物过敏的诊断缺乏统一标准、治疗手段单一。通过阅读食品标签获取食品中过敏源信息是消费者避免食物过敏的重要途径之一。2003 年，欧盟议会和理事会发布指令 2003/89/EC[2]，首次规定食物中致敏成分必须标注，并列出了 12 类必须标志的可能造成食品过敏和不耐性的成分和物质清单。欧盟食品中过敏源的标志法规随着社会经济的发展不断修订。2014 年 8 月，欧洲变态反应与临床免疫学会（European and Clinical Academy of Allergology，EAACI）在 *Allergy* 上发布了严重过敏反应指

---

① 陈君石：《食物过敏：一个值得关注的毒理学研究领域》，《中国毒理学会第六届全国毒理学大会论文摘要》，2013 年，第 2 页。

② European Parliament and of the Council，"Directive 2003/89/EC of the European Parliament and of the Council amending Directive 2000/13/EC as regards indication of the ingredients present in food-stuffs"，*Official Journal of the European Union*，Vol. 308，No. 11，2003，pp. 15 – 18.

南，全面阐述和讨论了疾病的定义、危险因素、临床症状、诊断标准、鉴别诊断、治疗、预防、长期的管理和教育培训等方面内容。

如表 9 - 11 所示，"欧洲食物过敏的诊断和评估"新兴前沿有 3 篇核心论文，被引频次为 164 次。这 3 篇核心文献的团体作者均为 Eaacl Food Allergy Anaphylaxis，其中，爱丁堡大学学者 A. Sheikh 以通讯作者的身份在期刊 *Allergy* 上发表了 2 篇该领域的核心文献，该组织为食物过敏研究领域做出了突出贡献。

表 9 - 11　　　"欧洲食物过敏的诊断和评估"前沿核心文献

作者	题名	来源出版物	机构
A. Murato 等	Eaaci Food Allergy and Anaphylaxis Guidelines: Diagnosis and Management of Food Allergy	Allergy	Univ. Padua, Hannover Med Sch, Med Univ. Vienna et al.
B. I. Nwaru 等	Prevalence of Common Food Allergies in Europe: A Systematic Review and Meta – Analysis	Allergy	Univ. Tampere, Univ. Edinburgh, Univ. Munich et al.
B. I. Nwaru 等	The Epidemiology of Food Allergy in Europe: A Systematic Review and Meta – Analysis	Allergy	Univ. Tampere, Univ. Munich, Univ. Edinburgh et al.

对施引文献统计分析，由图 9 - 3 可知，英国和美国在施引文献来源国（地区）中居于首位，英国的南安普顿大学和曼彻斯特大学，意大利的帕多瓦大学在施引文献来源机构中排在第三位，对该领域的研究展开了深入的探讨。期刊 *Allergy* 不仅是核心文献发表的主要刊物，而且是刊载施引文献最多的刊物，是该领域研究成果发表的重要期刊。

（八）农业集约化对土壤生物多样性的影响

土壤微生物是土壤生态系统中最重要的组成部分，土壤微生物群落多样性在土壤碳循环、有机物的分解和土壤肥力的保持等方面起着非常关键的作用，是反映土壤质量状况的重要指标。[①] 农业集约化是世界农业发展

---

① 王长庭、王根绪、刘伟等：《施肥梯度对高寒草甸群落结构、功能和土壤质量的影响》，《生态学报》2013 年第 10 期，第 3103—3113 页。

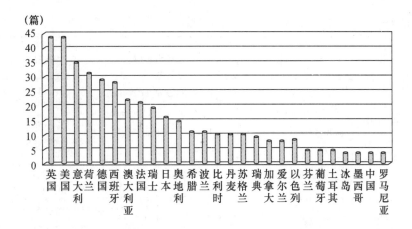

（篇）

图9-3 "欧洲食物过敏的诊断和评估"前沿施引文献来源国家统计

趋势，是发展中国家实现经济增长、生态环境持续和消除贫困等目标的必要前提。但在农业集约化过程中，受到化肥、农药、单一种植和农业环境的破坏等影响，对生物多样性造成了严重的威胁，已引起国际社会和各国政府的广泛关注。

如表9-12所示，"农业集约化对土壤生物多样性的影响"新兴前沿有3篇核心论文，被引频次为142次。3篇核心文献由瑞士联邦农业研究员的学者 M. G. A. Van Der Heijden、英国兰卡斯特大学学者 F. T. De Vries 和希腊塞萨洛尼基亚里士多德大学学者 M. A. Tsiafouli 分别以通讯作者身份与其他机构的学者跨国家协作完成。其中有2篇核心文献发表在期刊 *Proceedings of The National Academy of Sciences of The United States of America* 上，经 SCI 检索，美国学者在该刊上的发表量遥遥领先于其他国家，其次为英国和德国，我国学者在该刊上的发文量排名第7位。

美国位于施引文献来源国的首位，其余排在前10位的国家依次为荷兰、瑞士、法国、德国、中国、澳大利亚、英国、西班牙和瑞典。法国农业科学研究院和瑞士苏黎世大学是发表该领域施引文献最多的机构，中国科学院排在第四位。对施引文献的基金资助情况统计，中国自然科学基金、瑞士国家科学基金和澳大利亚研究理事会对该领域施引文献的资助力度最大。期刊 *Soil Biology Biochemistry* 和 *Applied Soil Ecology* 刊载该领域研究的施引文献最多，经 SCI 平台检索，我国学者在这两种期刊上的发文量分别排第3位和第2位。

表 9 – 12　"农业集约化对土壤生物多样性的影响"前沿核心文献

作者	题名	来源出版物	机构
C. Wagg 等	Soil Biodiversity And Soil Community Composition Determine	Proceedings of the National Academy of Sciences The Unite slates of America	Agroscope, Inst Sustainabil Sci; Univ. Zurich; Univ. Utrecht et al.
F. T. De Vries 等	Soil Food Web Properties Explain Ecosystem Services Across European Land Use Systems	Proceedings of the National Academy of Sciences	Univ. Lancaster, Univ. Manchester, Univ. Wageningen & Res Ctr et al.
M. A. Tsiafouli 等	Intensive Agriculture Reduces Soil Biodiversity Across Europe	Global Change Biology	Aristotle Univ. Thessaloniki, Univ. Paris, Wageningen Univ. et al.

表 9 – 13　"农业集约化对土壤生物多样性的影响"研究前沿施引文献情况

排名	施引文献来源国	施引文献来源机构	施引文献来源期刊
1	美国 (37)	(16)	Soil Biology Biochemistry (19)
2	荷兰 (34)	University of Zurich (16)	Applied Soil Ecology (10)
3	瑞士 (28)	University of Utrecht (15)	Nature Communications (6)
4	法国 (25)	Royal Netherlands Academy of Arts Sciences (13)	New Phytologist (6)
5	德国 (25)	Chinese Academy of Sciences (12)	Plant and Soil (6)
6	中国 (24)	Western Sydney University (12)	Plos One (6)
7	澳大利亚 (22)	Agroscope (11)	Frontiers in Microbiology (5)
8	英国 (22)	Wageningen University Research Center (11)	Agronomy for Sustainable Development (4)
9	西班牙 (17)	Centre National De La Recherche Scientifique Cnrs (9)	Proceedings of The National Academy of Sciences of The United States of America (4)
10	瑞典 (16)	Lund University (9)	Science of The Total Environment (4)

（九）可食性食品包装膜的制备及其抗氧化活性研究

随着人们对食品品质和保藏期要求的提高，以及人们环保意识的增强，可食性包装已成为食品包装领域的研究热点。可食性包装膜是以天然可食性物质（如多糖、蛋白质等）为原料，添加增塑剂、交联剂质，通过不同分子间的相互作用而形成的薄膜。可食性食品包装膜作为一种新型包装材料，具有绿色环保、生物降解、无毒无害、能够提高食品的保质期和提高食品的质量等优点，而且还具有营养价值。因此，近年来国内外对可食膜的研究越来越多，可食膜的应用范围也越来越广。

由表9－14可知，"可食性食品包装膜的制备及其抗氧化活性研究"新兴前沿有5篇核心论文，被引频次为102次。其中中国福州大学学者伍

表9－14　"可食性食品包装膜的制备及其抗氧化活性研究"前沿核心文献

作者	题名	来源出版物	机构
J. L. Wu 等	Preparation, Properties and Antioxidant Activity of An Active Film from Silver Carp (Hypophthalmichthys Molitrix) Skin Gelatin Incorporated with Green Tea Extract	Food Hydrocolloid	Fuzhou Univ.
J. H. Li 等	Preparation and Characterization of Active Gelatin – Based Films Incorporated with Natural Antioxidants	Food Hydrocolloid	Fuzhou Univ.
J. Gomez – Estaca 等	Advances in Antioxidant Active Food Packaging	Trends Food Sci Technol	IATA CSIIC
M. Jouki 等	Quince Seed Mucilage Films Incorporated With Oregano Essential Oil: Physical, Thermal, Barrier, Antioxidant and Antibacterial Properties	Food Hydrocolloid	Ferdowsi Univ. Mashhad
WU JL; LIU H; GE SY 等	The Preparation, Characterization, Antimicrobial Stability And In Vitro Release Evaluation of Fish Gelatin Films Incorporated With Cinnamon Essential Oil Nanoliposomes	Food Hydrocolloid	Fuzhou Univ. Freshwater Fisheries Res Inst Fujian Prov, Fujian Prov Tumor Hosp

久林和李建华以通讯作者身份发表了 3 篇核心文献，分别探讨了基于鱼皮明胶的可食膜制备和天然提取物作为抗氧化添加剂加入明胶膜的研究，具有较高的学术影响力。其余 2 篇核心文献分别由西班牙农业化学和食品技术研究的学者 R. Gavara 和伊朗马什哈德的菲尔多西大学的学者 M. Jouki 发表。有 4 篇核心文献发表在期刊 *Food Hydrocolloid* 上，经 SCI 检索，我国学者在该期刊上的发文量位居世界第 1 位。

由表 9 - 15 可知，中国位于"可食性食品包装膜的制备及其抗氧化活性研究"领域施引文献来源国首位，前 10 位的其余国家依次为巴西、

表 9 - 15 "可食性食品包装膜的制备及其抗氧化活性研究"前沿施引文献情况

排名	施引文献来源国	施引文献来源机构	施引文献来源期刊
1	中国 (24)	Chungnam National University (6)	Food Hydrocolloids (15)
2	巴西 (16)	Centre National De La Recherche scientifique cnrs (5)	Lwt Food Science and Technology (8)
3	西班牙 (13)	Consejo Superior De Investigaciones Cientificas Csic (5)	Journal of Applied Polymer Science (7)
4	韩国 (10)	Fuzhou University (5)	Food and Bioprocess Technology (4)
5	美国 (10)	Prince Songkla University (4)	International Journal of Biological Macromolecules (4)
6	法国 (8)	Universidade de Sao Paulo (4)	Journal of Food Science and Technology Mysore (4)
7	伊朗 (5)	Universidade Federal Do Rio Grande Do Sul (4)	Rsc Advances (4)
8	意大利 (5)	Universitat D Alacant (4)	Food Chemistry (3)
9	阿根廷 (4)	Jiangnan University (3)	Industrial Crops and Products (3)
10	泰国 (4)	University of Massachusetts Amherst (3)	Acs Sustainable Chemistry Engineering (3)

西班牙、韩国、美国、法国、伊朗、意大利、阿根廷和泰国。韩国忠南大学是发表该领域施引文献最多的机构，我国的福州大学和江南大学分别排在并列第2位和第4位。我国国家自然科学基金对该领域施引文献的研究资助力度最大。期刊 *Food Hydrocolloids* 是刊载该领域核心文献最多的、施引文献发表量最高的期刊，是"可食性食品包装膜的制备及其抗氧化活性研究"领域学者发表研究成果的重要期刊。

（十）环境可持续发展与食品安全研究

农业资源与生态环境是保障食品安全的基础，当前，中国农业资源与生态环境面临农业生态超载、农业生态环境恶化、农业生物多样性退化等问题。党的十七大报告首次提出了建设生态文明，党的十八大报告提出了包括政治、经济、文化、社会、生态在内的"五位一体"社会建设总布局，创造性地将生态文明置于"五位一体"总布局的突出地位。推动农业可持续发展有助于推动农业经济、社会形态与生态环境完美契合，从而促进农业生产向"生态农业"与"有机农业"转型，有效恢复和增强生态系统功能，减缓生物多样性衰减，优化农业结构，提高农产品质量安全。

由表9-16可知，"环境可持续发展与食品安全研究"新兴前沿有2篇核心论文，被引频次为84次。这两篇核心文献分别由美国明尼苏达大学学者蒂尔曼和韦斯特（D. Tilman and P. C. West）与其他学者合作发表在国际顶尖期刊 *Nature* 和 *Science* 上，具有较高的学术影响力。美国明尼苏达大学对环境可持续发展与食品安全研究领域具有突出的贡献。

表9-16　　"环境可持续发展与食品安全研究"前沿核心文献

作者	题名	来源出版物	机构
D. Tilman and M. Clark	Global Diets Link Environmental Sustainability and Human Health	Nature	Univ. Minnesota, Univ. Calif Santa Barbara
P. C. West 等	Leverage Points for Improving Global Food Security and the Environment	Science	Univ. Minnesota, Harvard Univ., Environm Working Grp et al.

由表 9 – 17 "环境可持续发展与食品安全研究" 前沿的施引文献统计可知，美国在施引文献来源国中居首位，前 10 位的其余国家依次为英国、中国、荷兰、澳大利亚、德国、加拿大、法国、瑞士和意大利。荷兰的瓦格宁根大学在该领域开展了深入的研究，排在施引文献来源机构第一名，其次是美国加州大学，中国科学院和苏格兰的阿伯丁大学并列排名第 3 位。中国自然科学基金对该领域的研究资助力度最大，其次是欧盟和美国国家科学基金会的资助。按照 Web of Science™ 数据库的论文学科分类，2006—2016 年该领域研究涉及最多的前 5 位学科是环境科学、多学科、饮食营养、公共环境职业健康和大气气象学。这 5 个研究方向是环境可持续发展与食品安全研究前沿领域的优势学科。该领域的研究涉及的学科主题相当广泛，覆盖面较广，表现出较明显的多学科交叉性和综合性。期刊

表 9 – 17　"环境可持续发展与食品安全研究" 前沿施引文献情况

排名	施引文献来源国	施引文献来源机构	施引文献来源期刊
1	美国 （40）	Environmental Sciences （35）	National Natural Science Foundation of China （7）
2	英国 （19）	Multidisciplinary Sciences （18）	EU （6）
3	中国 （15）	Nutrition Dietetics （14）	National Science Foundation （6）
4	荷兰 （13）	Public Environmental Occupational Health （11）	Natural Environment Research Council （4）
5	澳大利亚 （12）	Meteorology Atmospheric sciences （10）	Australian Research Council Discovery Project （2）
6	德国 （12）	Ecology （8）	Belmont Forum Facce JPI （2）
7	加拿大 （9）	Environmental Studies （8）	Gordon and Betty Moore Foundation （2）
8	法国 （8）	Plant Sciences （7）	Grantham Foundation for the Protection of the Environment （2）
9	瑞士 （8）	Green Sustainable Science Technology （6）	Institute on Environment （2）
10	意大利 （7）	Food Science Technology （5）	Natural Sciences and Engineering Research Council of Canada （2）

Environmental Research Letters、*Public Health Nutrition*、*Science* 和 *Science of the Totale Evironment* 是该领域施引文献刊载最多的 4 种期刊。经 SCI 检索，我国学者在这 4 种期刊上的发文量世界排名分别为第 3 位、第 15 位、第 10 位和第 2 位。

三 基于以国内外食物过敏研究为案例的国内外比较研究

前文论了国际食品安全领域前 10 位新兴前沿的研究进展。考虑到篇幅的有限性，以及基础理论研究的复杂性，本节主要以食物过敏研究为案例进行国内外的比较研究。

（一）国外食物过敏的研究现状

以 SCI 数据库为检索源，选择 Web of Science ™核心合集，检索主题 = "FOOD ALLERGY"，经统计 1998—2015 年国际上有关食物过敏研究的论文发表量呈逐年递增趋势，在该研究领域发表文献量前 10 位的国家依次为：美国、德国、意大利、英国、法国、西班牙、日本、荷兰、澳大利亚和瑞士，其中美国发表了 3164 篇文献，遥遥领先于其他国家，占总发文量的 25.47%。美国纽约西奈山医学院、哈佛大学和德国柏林洪堡大学对该领域的研究做出了突出贡献，发文量最多。美国国立卫生研究院（NIH）、欧洲联盟（EU）和中国国家自然科学基金（NSFC）是对食物过敏研究领域资助力度最高的 3 个机构，诺华制药有限公司（NOVARTIS）对该领域的资助力度也非常大，居第 5 位。对来源出版物统计，美国的 *Journal of Allergy and Clinical Immunology*、*Allergy* 和 *Clinical and Experimental Allergy* 3 种期刊是刊载该领域研究成果最多的刊物。

（二）国内食物过敏的研究现状

以 CNKI 数据库为检索源，"食物过敏"为检索主题统计分析国内学者在该领域的研究现状。

由图 9 – 4 可知，我国食物过敏研究的论文发表量呈逐年递增的趋势，1958—2000 年发展缓慢，在 2001 年之后该研究领域迅猛发展，2014 年达到最高峰。2014 年 6 月 9 日，EAACI 发布了食物过敏的诊断和管理指南，引起了国内外学者的更多关注。

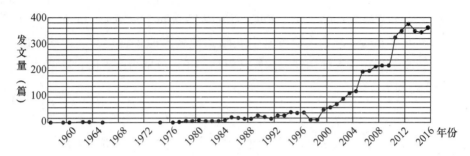

图9-4　国内食物过敏研究论文发表的总体趋势

借助 CNKI 数据库发布的新版 KNS6.6 平台的数据统计功能，对食物过敏研究的关键词共现网络分析，发现除"食物过敏"本身之外，"儿童""过敏源""食物不耐受"和"哮喘"（见图9-5）这4个关键词的节点较大，是研究者们在该领域比较关注的研究点，这与本章 ESI 平台统计出的新兴前沿1"婴幼儿食物过敏风险因素评估"、新兴前沿3"食物过敏源特异性 IGE 检测分析研究"和新兴前沿7"欧洲食物过敏的诊断和评估"的研究内容也比较吻合，说明我国学者紧跟学术研究前沿，开始关注有关食物过敏的相关研究。

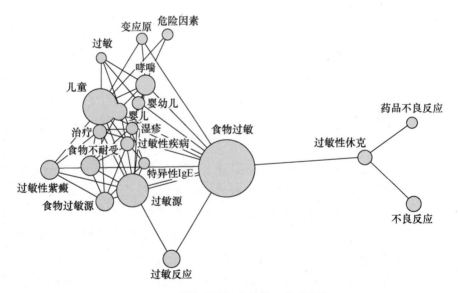

图9-5　食物过敏研究关键词共现网络

由图9-6可以看出，重庆医科大学、南昌大学、集美大学、中国医学科学院、深圳大学、中国农业大学和北京协和医院等单位对我国食物过敏领域的研究做出了巨大的贡献，其中，重庆医科大学黎海芪、南昌大学陈红兵和高金燕、深圳大学刘志刚4位学者在食物过敏研究领域开展了深入的研究，获得了丰硕的研究成果。

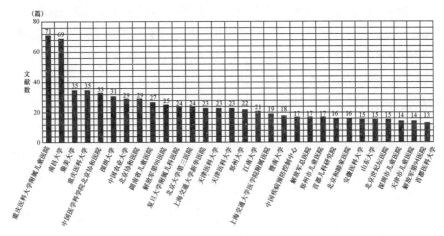

图9-6 食物过敏研究机构统计

由图9-7的统计可以看出，我国国家自然科学基金对食物过敏研究领域的资助力度最大，其次是国家高技术研究发展计划（"863"计划）和国家科技支撑计划的资助，值得一提的是，广东省自然科学基金和江西省自然科学基金对该领域研究的支持力度也非常大。

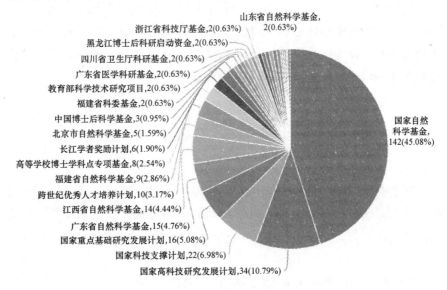

图9-7 食物过敏研究论文受基金资助情况统计

综上所述，以 SCI 数据库和 CNKI 数据库为检索源，对比国内外学者在食物过敏领域的研究成果，国外的研究中，美国学者对食物过敏领域的研究关注度最高，其中美国纽约西奈山医学院和哈佛大学在该领域开展了广泛而深入的研究，取得了较多的研究成果；美国国立卫生研究院（National Institutes of Health，NIH）对该领域投入了巨大的资助，国外除国家和政府项目资助该领域的研究外，也有企业资助该领域研究，如诺华制药有限公司（NOVARTIS）对该领域的资助力度居第 5 位。在本章研究中，刊载食物过敏研究成果最多的 3 种刊物是 *Journal of Allergy and Clinical Immunology*、*Allergy* 和 *Clinical and Experimental Allergy*。截至 2013 年，SCI 平台收录了 23 种变态反应的期刊①，出版地为美国的变态反应期刊 13 种，西班牙 2 种，德国、泰国、日本、韩国、瑞士、伊朗、波兰、意大利各 1 种。

国内的研究中，在 2001 年之后该研究领域迅猛发展，吸引了大量研究者的注意力，重庆医科大学、南昌大学和集美大学对该领域的发展做出了突出贡献；国家和各省政府机构的资助在食物过敏研究中发挥了主导作用，对该领域研究人员的培养起了重要的促进作用，其中自然科学基金对食物过敏研究领域的资助力度最大，广东省自然科学基金和江西省自然科学基金作为省政府项目对该领域的研究成果进行了有力的支持。我国有关变态反应研究的专业期刊较少，在排名前 50 位的载文期刊中仅出现了中国医学科学院和中国医学科学院北京协和医院联合创办的季刊《中华临床免疫和变态反应杂志》。经 CNKI 检索，食物过敏领域的研究成果大多发表在儿科学、预防医学与卫生学等领域的期刊上。

四　比较分析与相关讨论

在本章研究中，美国在 3 个有关食物过敏研究的新兴前沿中均居于施引文献来源国首位，澳大利亚对"婴幼儿食物过敏风险因素评估"研究前沿的关注度较高，墨尔本皇家儿童医院在该前沿的核心文献和施引文献

---

① 万跃华：《2013 年 SCI 收录变态反应期刊 23 种目录》，2016 - 07 - 01，http：//blog. sciencenet. cn/home. php？ mod＝space&uid＝57081&do＝blog&id＝746369。

的发表中都比较突出。德国对"食物过敏源特异性 IGE 检测分析研究"前沿的关注度较高，美国西奈山伊坎医学院和约翰霍普金斯大学在施引文献来源机构中排名第一，奥地利科学基金会和赛默飞世尔科技公司对"食物过敏源特异性 IGE 检测分析研究"的施引文献资助力度最大。英国对"欧洲食物过敏的诊断和评估"新兴前沿的关注度较高，其中爱丁堡大学的学者 A. Sheikh 以通讯作者的身份发表了 2 篇该领域的核心文献，EAACI 为食物过敏研究领域做出了突出贡献。期刊 *Allergy* 是食物过敏研究领域学者发表文献的主要刊物。

而美国在"农业集约化对土壤生物多样性的影响"和"环境可持续发展与食品安全研究"2 个新兴前沿中，均位居施引文献来源国的首位，对这两个领域的研究关注度较高。尤其在"环境可持续发展与食品安全研究"新兴前沿中，2 篇核心文献均由美国明尼苏达大学学者与其他机构学者协作发表在国际顶尖期刊 *Nature* 和 *Science* 上，具有较高的学术影响力。

另外，英国和澳大利亚对"食品公共卫生责任研究"新兴前沿关注度较高，该领域研究是前 10 位新兴前沿中影响力最大的研究前沿，有 5 篇核心论文，被引频次为 238 次。

当然伊朗对"分子印迹聚合物材料合成及其固相萃取技术的应用"新兴前沿也比较关注，在核心文献和施引文献的发表中均表现突出，其中伊朗沙希德·贝赫什提大学的学者 M. 贝巴哈尼以第一作者身份发表了 2 篇核心论文，为本研究前沿做出了突出贡献，具有重要影响力。

意大利对"DNA 条形码技术在食品鉴定和溯源中的应用"新兴前沿的关注度较高，其核心论文和施引论文的产出量均最多，其中米兰比可卡大学的研究成果较好，*Food Control* 是刊载该前沿核心论文和施引文献最多的期刊，是该领域学者偏好的期刊。

而我国在"食用动物抗生素类药物残留监控研究"和"可食性食品包装膜的制备及其抗氧化活性研究"2 个新兴前沿的研究中表现突出，关注度较高，均位居施引文献来源国的首位。在"食用动物抗生素类药物残留监控研究"新兴前沿中，中国科学院广州地球化学研究所的应国光研究员以通讯作者身份发表了 1 篇该前沿的核心文献，中国科学院在施引文献来源机构中居于首位，同济大学、浙江大学排名第二。中国国家自然科学基金对该领域研究的资助力度排名第一，其次为中央高校基本科研基金、国家重点基础研究发展计划（"973"）项目、国家科技重大专项和江苏省自然科学基金。在"可食性食品包装膜的制备及其抗氧化活性研究"新兴前沿中，中国福州大学学者伍久林和李建华以通讯作者身份发表了3篇核心文献，福州大学和江南大学在施引文献来源机构中分别排在第2位和第4位。我国国家自然科学基金对该领域施引文献的研究资助力度最大。说明我国国家和各省市区政府对这2个领域的研究资助力度很大，我国学者也在资助中结出了丰硕的研究成果，具有较高的国际学术影响力，科研投入与产出绩效效果好。

值得一提的是，我国在"分子印迹聚合物材料合成及其固相萃取技术的应用""农业集约化对土壤生物多样性的影响""DNA条形码技术在食品鉴定和溯源中的应用"和"环境可持续发展与食品安全研究"4个新兴前沿的引文献来源国中位居前列。其中，国家自然科学基金和国家科技部基金分别为这4个领域的研究投入了较大的资助力量，而且中国医学科学研究院和中国科学院已在"DNA条形码技术在食品鉴定和溯源中的应用"和"农业集约化对土壤生物多样性的影响"前沿的研究中获得了相关的成果，说明我国政府、科研机构及科研工作者对这4个前沿领域的研究比较关注，支持度非常高，研究紧跟世界前沿，具有较大的发展潜力，有待于进一步提高研究成果的学术影响力。

当然，我国在3个有关食物过敏研究的新兴前沿中表现却不突出，仅在"婴幼儿食物过敏风险因素评估"研究前沿的施引文献来源国中位居第10位。WHO的统计显示，全球过敏性疾病的发病率已达22%，我国发病率也已经超过了20%。① 因此，我们应当关注食物过敏领域的研究进展，进行食物过敏流行性调查、常见致敏源的检测技术、建立现代生物技术食品的过敏性安全评价、加强食物过敏成分的标志管理。另外，国外已有公司对该领域的研究进行资助，经CNKI检索，我国国家自然科学基金、广东省自然科学基金和江西省自然科学基金已对该领域的中文研究成果进行了有力的支持，应当进一步提高我国学者在食物过敏领域研究成果的国际影响力，同时丰富资助机构的渠道，加速科研成果的转化。

---

① 《2016世界过敏性疾病日百元抗敏工程在济南哮喘病医院启动》，中国山东网，2016 - 07 - 08，http：//hospital. sdchina. com/show/3841208. html。

第十章　中国政府食品安全信息
公开体系建设考察

　　食品安全风险的本质特征是信息的不对称。如果食品安全信息能够充分而有效地在政府、市场、消费者之间流动，就能够有效地防范食品安全风险。食品安全信息可以分为厂商主导信息、消费者主导信息和中性信息（政府、媒体和消费者组织等）等多种类型①，且不同主体、不同层次与不同类别的信息相互补充、互为一体，对防范食品安全风险具有不同的功能。但与政府庞大的信息资源与信息传播工具相比较，媒体和消费者皆处于劣势地位，获取食品安全信息的渠道少，成本也可能比较高，而且可信度也可能备受质疑。以政府为主体发布的信息因其客观、中立地位而更具权威性和可信度，对解决食品市场失灵、保障公众食品消费安全、维护社会正常秩序具有不可或缺的重要作用。政府的食品安全信息，从性质上看，因涉及公众健康，具有公共产品的属性；从公开方式上看，政府信息公开包括主动公开和依申请公开两种方式。因此，政府是实现食品安全信息需求与供给均衡的最重要的主体。本章主要立足于主动公开的范畴，对中国政府食品安全信息公开制度的主要内容和实施情况进行客观回顾，考察政府食品安全信息公开体系建设的基本状况。

一　政府食品安全信息公开法律与制度建设状况

　　我国政府食品安全信息公开制度经历了从无到有的过程，经过多年坚

---

　　① Hornibrook, S. A., McCarthy, M. and Fearne. A., "Consumers' Perception of Risk: The Case of Beef Purchases in Irish Supermarkets", *International Journal of Retail & Distribution Management*, Vol. 33, No. 10, 2005, pp. 701 – 715.

持不懈的努力，到目前为止，政府食品安全信息公开制度已逐步具备法治化、制度化和规范化的基本特征。但是，在客观实践中，我国政府食品安全信息公开的法律与制度化建设仍然存在明显的缺陷。

（一）主要成效

主要从中央层面上展开分析。中央层面上食品安全信息公开的法律与制度化建设在时序上，可以分为如下三个阶段。

1. 2009 年 6 月《食品安全法》（2009 版）实施之前

1983 年我国实施的《食品卫生法（试行）》第三十三条第三项规定，食品卫生监督职责包括"宣传食品卫生、营养知识，进行食品卫生评价，公布食品卫生情况"，开始涉及政府食品安全信息公开的相关条款。1995 年颁布实施的《食品卫生法》仍保留上述条款，由此奠定了我国政府有关食品安全信息公开制度的雏形。2004 年 11 月，国家食品药品监督管理总局会同农业部等部门联合颁布实施了《食品安全监管信息发布暂行管理办法》（国食药监协〔2004〕556 号），确立了"国家食品药品监督管理总局和国务院其他有关部门在各自职责范围内发布食品安全监管信息"的分散发布机制，并且对食品安全监管信息做了列举式的规定。在此基础上，2008 年 5 月 1 日施行的《政府信息公开条例》在全国各级政府及其职能部门普遍建立起政府信息公开制度。

2. 2009 年 6 月到 2015 年 9 月

2009 年 6 月 1 日实施的《食品安全法》（2009 版）第八十二条、第八十三条等明确规定我国实施食品安全信息统一公布制度。《食品安全法》（2009 版）涉及的政府食品安全信息公开的主要条款参见表 10 - 1。

**表 10 - 1　　《食品安全法》（2009 版）涉及政府食品安全
信息公开的主要条款**

相关条款	具体规定
第十二条	有关部门获知有关食品安全风险信息后，应当立即向国务院卫生行政部门通报
第十七条	国务院卫生行政部门应当及时提出食品安全风险警示，并予以公布
第五十三条	食品生产者发现其生产的食品不符合食品安全标准，应当立即停止生产，召回已经上市销售的食品，通知相关生产经营者和消费者，并记录召回和通知情况
第六十九条	国家出入境检验检疫部门应当收集、汇总进出口食品安全信息，并及时通报相关部门、机构和企业

续表

相关条款	具体规定
第七十二条	做好信息发布工作，依法对食品安全事故及其处理情况进行发布，并对可能产生的危害加以解释、说明
第八十二条	国家建立食品安全信息统一公布制度。下列信息由国务院卫生行政部门统一公布：（一）国家食品安全总体情况；（二）食品安全风险评估信息和食品安全风险警示信息；（三）重大食品安全事故及其处理信息；（四）其他重要的食品安全信息和国务院确定的需要统一公布的信息
第八十三条	县级以上卫生行政、农业行政、质量监督、工商行政管理、食品药品监督管理部门应当相互通报获知的食品安全信息

在 2009 年 7 月 20 日起实施的《食品安全法实施条例》中更加明确了食品安全信息公开的相关制度，其中，第三十八条、第四十五条分别规定了出入境检验检疫部门的食品安全信息公开义务、食品安全日常监管部门的信息公开义务等。而通过规定建立食品安全信息网络、明确各食品安全监管部门的信息公开义务，《食品安全法实施条例》（2009 版）对食品安全信息公开制度作了更加详细具体的规定，进一步提高了对该制度的重视程度。2009 年 8 月国家工商行政管理总局颁布的《流通环节食品安全监督管理办法》（国家工商行政管理总局令第 43 号）是一部专门的食品安全部门规章，对食品安全信息公开作了详细的规定。与此同时，国家有关部委颁布实施了《突发公共卫生事件应急条例》《食品安全企业标准备案办法》等，对需要公开的食品安全信息的具体内容作了详细规定。在此基础上，当时的国家食品药品监督管理总局专门于 2009 年 12 月发布了《政府信息公开工作办法》，进一步对食品药品信息公开的范围、方式、程序、监督以及保障等问题做了较为详细的规定。

2010 年 11 月 3 日，当时的国家卫生部会同农业部、商务部、国家工商行政管理总局、国家质量监督检验检疫总局、国家食品药品监督管理总局等颁布实施了《食品安全信息公布管理办法》，明确指出，要通过政府网站、公报、发布会、新闻媒体等多种渠道，及时向社会公布食品安全信息等，其具体规定包括：界定了食品安全信息的概念，明确了食品安全监管部门的职责，确定了食品安全信息公开的范围，实施监管部门的会商、报告和专家意见参考制度与食品安全信息公开情况的监督检查制度等。

《食品安全信息公布管理办法》的实施，对食品安全信息的及时、准确地发布起到了积极的促进作用。

2011 年 2 月，当时的卫生部办公厅专门下发《关于加强食品安全信息公布管理工作的通知》（卫办监督发〔2011〕16 号），督促各地认真贯彻执行《食品安全信息公布管理办法》的规定。2011 年 12 月，国家食品药品监督管理总局则专门针对餐饮服务业推出了《餐饮服务单位食品安全监管信用信息管理办法》（国食药监食〔2011〕493 号）。其后，国务院办公厅发布的《2012 年食品安全重点工作安排》（国办发〔2012〕16号）和《2013 年食品安全重点工作安排》（国办发〔2013〕25 号）都提出进一步完善食品安全信息发布机制，回应社会关注。在《2014 年食品安全重点工作安排》（国办发〔2014〕20 号）中则对建立各类食品生产经营单位的信用档案、促进企业诚信自律经营制度给予充分关注。

3. 2015 年 10 月之后

2015 年 10 月 1 日实施《食品安全法》（2015 版），用法律的形式确立了食品安全信息公开的法律地位，明确了食品安全风险警示信息、重大食品安全事故及其调查处理信息和国务院确定需要统一公布的其他信息由国务院食品监督管理部门统一公布。可见，从 2009 年 6 月以来，随着《食品安全法》的实施、修改与完善，政府的食品信息公开制度已在立法层面上基本建立，为政府全面推进食品安全信息公开体系提供了制度保障。

表 10 - 2　　　　《食品安全法》（2015 版）涉及政府食品安全
信息公开的主要条款

相关条款	具体规定
第六条	县级以上地方人民政府对本行政区域的食品安全监督管理工作负责，统一领导、组织、协调本行政区域的食品安全监督管理工作以及食品安全突发事件应对工作，建立健全食品安全全程监督管理工作机制和信息共享机制
第十七条	国家建立食品安全风险评估制度，运用科学方法，根据食品安全风险监测信息、科学数据以及有关信息，对食品、食品添加剂、食品相关产品中生物性、化学性和物理性危害因素进行风险评估 国务院卫生行政部门负责组织食品安全风险评估工作，成立由医学、农业、食品、营养、生物、环境等方面的专家组成的食品安全风险评估专家委员会进行食品安全风险评估。食品安全风险评估结果由国务院卫生行政部门公布

续表

相关条款	具体规定
第二十一条	食品安全风险评估结果是制定、修订食品安全标准和实施食品安全监督管理的科学依据 经食品安全风险评估，得出食品、食品添加剂、食品相关产品不安全结论的，国务院食品药品监督管理、质量监督等部门应当依据各自职责立即向社会公告，告知消费者停止食用或者使用，并采取相应措施，确保该食品、食品添加剂、食品相关产品停止生产经营；需要制定、修订相关食品安全国家标准的，国务院卫生行政部门应当会同国务院食品药品监督管理部门立即制定、修订
第二十二条	国务院食品药品监督管理部门应当会同国务院有关部门，根据食品安全风险评估结果、食品安全监督管理信息，对食品安全状况进行综合分析。对经综合分析表明可能具有较高程度安全风险的食品，国务院食品药品监督管理部门应当及时提出食品安全风险警示，并向社会公布
第二十三条	县级以上人民政府食品药品监督管理部门和其他有关部门、食品安全风险评估专家委员会及其技术机构，应当按照科学、客观、及时、公开的原则，组织食品生产经营者、食品检验机构、认证机构、食品行业协会、消费者协会以及新闻媒体等，就食品安全风险评估信息和食品安全监督管理信息进行交流沟通
第二十七条	食品安全国家标准由国务院卫生行政部门会同国务院食品药品监督管理部门制定、公布，国务院标准化行政部门提供国家标准编号
第二十八条	制定食品安全国家标准，应当依据食品安全风险评估结果并充分考虑食用农产品安全风险评估结果，参照相关的国际标准和国际食品安全风险评估结果，并将食品安全国家标准草案向社会公布，广泛听取食品生产经营者、消费者、有关部门等方面的意见
第三十一条	省级以上人民政府卫生行政部门应当在其网站上公布制定和备案的食品安全国家标准、地方标准和企业标准，供公众免费查阅、下载 对食品安全标准执行过程中的问题，县级以上人民政府卫生行政部门应当会同有关部门及时给予指导、解答
第三十七条	利用新的食品原料生产食品，或者生产食品添加剂新品种、食品相关产品新品种，应当向国务院卫生行政部门提交相关产品的安全性评估材料。国务院卫生行政部门应当自收到申请之日起六十日内组织审查；对符合食品安全要求的，准予许可并公布；对不符合食品安全要求的，不予许可并书面说明理由

续表

相关条款	具体规定
第三十八条	生产经营的食品中不得添加药品，但是可以添加按照传统既是食品又是中药材的物质。按照传统既是食品又是中药材的物质目录由国务院卫生行政部门会同国务院食品药品监督管理部门制定、公布
第六十三条	国家建立食品召回制度。食品生产者发现其生产的食品不符合食品安全标准或者有证据证明可能危害人体健康的，应当立即停止生产，召回已经上市销售的食品，通知相关生产经营者和消费者，并记录召回和通知情况
第七十五条	保健食品声称保健功能，应当具有科学依据，不得对人体产生急性、亚急性或者慢性危害 保健食品原料目录和允许保健食品声称的保健功能目录，由国务院食品药品监督管理部门会同国务院卫生行政部门、国家中医药管理部门制定、调整并公布
第八十八条	对依照本法规定实施的检验结论有异议的，食品生产经营者可以自收到检验结论之日起七个工作日内向实施抽样检验的食品药品监督管理部门或者其上一级食品药品监督管理部门提出复检申请，由受理复检申请的食品药品监督管理部门在公布的复检机构名录中随机确定复检机构进行复检。复检机构出具的复检结论为最终检验结论。复检机构与初检机构不得为同一机构。复检机构名录由国务院认证认可监督管理、食品药品监督管理、卫生行政、农业行政等部门共同公布
第九十四条	境外出口商、境外生产企业应当保证向我国出口的食品、食品添加剂、食品相关产品符合本法以及我国其他有关法律、行政法规的规定和食品安全国家标准的要求，并对标签、说明书的内容负责 进口商应当建立境外出口商、境外生产企业审核制度，重点审核前款规定的内容；审核不合格的，不得进口。发现进口食品不符合我国食品安全国家标准或者有证据证明可能危害人体健康的，进口商应当立即停止进口，并依照本法第六十三条的规定召回
第九十六条	国家出入境检验检疫部门应当定期公布已经备案的境外出口商、代理商、进口商和已经注册的境外食品生产企业名单
第九十九条	出口食品生产企业应当保证其出口食品符合进口国（地区）的标准或者合同要求 出口食品生产企业和出口食品原料种植、养殖场应当向国家出入境检验检疫部门备案

续表

相关条款	具体规定
第一百条	国家出入境检验检疫部门应当收集、汇总下列进出口食品安全信息，并及时通报相关部门、机构和企业：（一）出入境检验检疫机构对进出口食品实施检验检疫发现的食品安全信息；（二）食品行业协会和消费者协会等组织、消费者反映的进口食品安全信息；（三）国际组织、境外政府机构发布的风险预警信息及其他食品安全信息，以及境外食品行业协会等组织、消费者反映的食品安全信息；（四）其他食品安全信息。国家出入境检验检疫部门应当对进出口食品的进口商、出口商和出口食品生产企业实施信用管理，建立信用记录，并依法向社会公布。对有不良记录的进口商、出口商和出口食品生产企业，应当加强对其进出口食品的检验检疫
第一百一十三条	县级以上人民政府食品药品监督管理部门应当建立食品生产经营者食品安全信用档案，记录许可颁发、日常监督检查结果、违法行为查处等情况，依法向社会公布并实时更新；对有不良信用记录的食品生产经营者增加监督检查频次，对违法行为情节严重的食品生产经营者，可以通报投资主管部门、证券监督管理机构和有关的金融机构
第一百一十八条	国家建立统一的食品安全信息平台，实行食品安全信息统一公布制度。国家食品安全总体情况、食品安全风险警示信息、重大食品安全事故及其调查处理信息和国务院确定需要统一公布的其他信息由国务院食品药品监督管理部门统一公布。食品安全风险警示信息和重大食品安全事故及其调查处理信息的影响限于特定区域的，也可以由有关省、自治区、直辖市人民政府食品药品监督管理部门公布。未经授权不得发布上述信息。县级以上人民政府食品药品监督管理、质量监督、农业行政部门依据各自职责公布食品安全日常监督管理信息。公布食品安全信息，应当做到准确、及时，并进行必要的解释说明，避免误导消费者和社会舆论
第一百一十九条	县级以上地方人民政府食品药品监督管理、卫生行政、质量监督、农业行政部门获知本法规定需要统一公布的信息，应当向上级主管部门报告，由上级主管部门立即报告国务院食品药品监督管理部门；必要时，可以直接向国务院食品药品监督管理部门报告 县级以上人民政府食品药品监督管理、卫生行政、质量监督、农业行政部门应当相互通报获知的食品安全信息
第一百二十条	任何单位和个人不得编造、散布虚假食品安全信息 县级以上人民政府食品药品监督管理部门发现可能误导消费者和社会舆论的食品安全信息，应当立即组织有关部门、专业机构、相关食品生产经营者等进行核实、分析，并及时公布结果

（二）主要缺陷

《食品安全法》（2015 版）进一步明确了食品安全信息公开的重要性，规定了食品安全信息公开的具体内容。但是，在实践中仍然存在许多问题影响着食品安全信息公开的顺利进行，如政府信息公开的具体范围、公开的程序、责任追究以及商业秘密的保护等，不同程度地反映了政府食品安全信息公开在立法上存的缺陷与不足。

1. 政府食品安全信息公开的内容不完善

（1）公众知情权立法尚待完善。保障公民的知情权，让公民充分了解与自己生命健康息息相关的食品安全信息，对于减少食品安全事故的发生非常重要。但是，我国行政机关历来具有"保密主义"的传统，而在客观实际中漠视公民知情权的现象时有发生。按照我国已经签署的《国际人权公约》《公民权利和政治权力国际公约》等人权公约的规定，知情权作为一项基本人权理应得到承认和保护。我国《消费者权益保护法》中虽然规定消费者有权了解产品的相关信息，经营者有告知的义务，然而迄今为止，我国还没有一部法律对公民的"知情权"作出规定，与公民知情权相对应的政府信息公开的义务也仅规定在法规、规章的层面，没有以立法的形式予以规制。从食品安全信息公开制度上讲，对于相关信息是否公开的标准一直以来都缺乏明确的法律依据，也未有政府不公开相关信息应承担相应法律责任的规定。因此，政府往往具有很大的随意性，导致实践中政府食品安全信息公开问题丛生。

（2）"商业秘密"法律认定标准尚不明确。民法上为了保障交易的公平，在经营者附随义务中规定的一项重要内容就是对产品瑕疵的告知义务。然而，经营者为了追逐商业利益，往往会援引《反不正当竞争法》第十条规定的"商业秘密"条款来掩饰事实真相，逃避告知义务。《反不正当竞争法》对"商业秘密"规定得太笼统，导致经营者逃避公开相关信息的责任，侵害消费者的知情权。由于商业秘密界定得不清，实践中食品生产经营企业往往以保护"商业秘密"为借口，隐瞒食品的质量、成分、添加剂含量等具体信息，造成消费者处于信息不对称的状态，无法做出合理的消费选择。此外，政府为了保护企业的"商业秘密"，在收集食品安全相关信息时能够获得的有效信息十分有限，并且缺少获得相应信息的法律依据，难以及时、客观、准确地发布相关食品安全信息，保障社会公众的生命健康安全。

（3）信息公开的"特定区域"界定不清。《食品安全信息公布管理办法》第八条，明确了省级卫生部门食品安全信息公开的权限及具体内容；县级以上食品监督管理部门的日常监督信息公开权则在《流通环节食品安全监督管理办法》第三十六条中规定。《食品安全法》（2015 版）规定，特定区域的食品安全信息公开由国务院卫生部门以及省市区卫生部门负责。但是，在实践中，有关"特定区域"的界定仍然不清，难以判定。由于食品是人类日常生活所必需的物品，其流通的范围不会限定在某一固定区域，食品跨省界、跨国界流通的现象十分常见。而"特定区域"的不明确，直接影响实践中某些行政机关确信某一食品安全信息是否属于其公开的职权范围，如果该信息实际的影响范围远远大于某个省级区域而属于应当由国务院卫生部门统一发布的范围，可能导致低层级的行政机关"越级公开"相关信息，给食品安全生产经营企业造成巨大的损失。

2. 政府食品安全信息公开的程序尚不完善

政府食品安全信息公开程序一般分为主动公开和依申请公开两个部分。虽然《食品安全法》（2015 版）规定了食品安全信息的统一发布制度，明确了政府主动公开相关安全信息的义务，但是，与西方发达国家相比，我国食品安全信息公开的程序还有很多不足：第一，未确立食品安全信息依申请公开制度。第二，食品安全信息政府主动公开的，缺少时限、形式、信息载体等详细规定。如录音、电子数据、交易记录等是否属于《食品安全信息公布管理办法》规定的"有关信息"的范畴；第三，未建立食品召回安全信息分级制度。在加拿大，食品召回信息共分为三个级别，发生对消费者的危害程度最高的第一级危险时，必须在召回相关食品的同时向消费者发出警告；第二级的危险性较小，是否发出警告则需要根据实际情况决定；第三级召回的食品一般不会对消费者的生命健康造成危害，故一般不需要发出警告。[①] 我国目前还缺少这种相对明确的食品召回安全信息分级制度。

3. 政府食品安全信息公开的责任追究机制不健全

《食品安全法实施条例》第六十一条规定了信息公开的行政责任，但是比较概括、粗略。《食品安全法》（2015 版）强化了食品安全监管部门

---

① 臧东斌：《食品安全法律控制研究》，中国科学技术出版社 2013 年版。

的责任，对于不履行职责或者滥用职权、玩忽职守、徇私舞弊的，除追究行政处分责任外，还增加了刑事责任的规定。但总体而言，我国食品安全信息公开责任追究相关的法律法规目前存在如下问题：

（1）使用模糊性词语、自由裁量权过大。相关法律法规中频频出现"重大损失""严重后果"等模糊字眼，以及不履行职责或玩忽职守等规定都具有较大的裁量空间，给食品安全监管部门以及人民法院认定责任与损失造成较大的困难。①

（2）缺少法律依据，权利难以保障。食品安全监管部门未及时公开或者公开信息有误时，当事人是否可以申请行政复议或提起行政诉讼，在《食品安全法实施条例》《食品安全信息公布管理办法》以及《食品安全法》（2015 版）等法律法规中都没有做出明确规定。《信息公开条例》规定的申请复议或提起行政诉讼的条件是"侵权"或"不作为侵权"，但是，因安全信息公开"不当"造成的侵权往往难以获得有效的救济。

（3）是否适用《国家赔偿法》有待进一步明确。食品安全信息公开常常会导致侵权行为的发生，具体包括行政侵权和民事侵权。如果行政相对人要求安全信息的发布主体承担赔偿责任，能否适用《国家赔偿法》来弥补当事人的经济损失等，《食品安全法（修订草案送审稿）》的相关条文中还缺乏改革方面的具体规定。因此，明确相对人在食品安全信息公开中的权利救济方式是《食品安全法》亟须完善的重要内容之一。

二 政府食品安全信息公开体系建设实践

近年来，就总体而言，中国政府在食品安全信息公开体系建设方面展开了大量的工作。

（一）体系建设由"创立规则"转向"具体行动"

经过多年的努力，政府食品安全信息工作的重点逐步由制度建设初期的"创立规则"转入实质性的"具体行动"的阶段。作为发布主体的政府尤其是中央与省级层面的监管部门基本上形成了每月、每周都有相关信

---

① 章志远、鲍燕娇：《食品安全监管中的公共警告制度研究》，《法治研究》2012 年第 3 期。

息发布，不再像以往集中发布信息或一段时间内没有信息的不规范做法。相关政府食品安全信息公开种类见表 10 – 3。

表 10 – 3　　　　　　　　　主要的政府食品安全信息公开种类

信息名称	简要说明
食品安全抽检信息	食品安全监督检查（包括日常巡查、专项检查、质量抽查、实地核查、工作监督等）过程中获得的信息，主要有食品安全状况、不合格产品名称、不合格产品指标等
食品安全预警信息	对可能出现危害的一种警示，是预防措施信息的一种
食品生产企业信息	包括企业法人资料、企业档案、行政许可信息等
食品生产企业行政处罚信息	食品生产企业在生产活动中受到监管部门行政处罚的次数、案由、罚金数、罚没款数、没收产品名称等
食品质量安全风险分析报告	各产地食品存在的区域性、系统性食品安全风险隐患分析数据、报告

资料来源：根据相关政府网站信息整理而得。

（二）食品安全信息统一发布平台从"无"到"有"

2013 年 3 月以前，食品安全信息的发布机制实行"重大食品安全信息"由卫生部统一发布、"日常食品安全信息"由包括农业部、国家质量监督检验检疫总局、国家工商行政管理总局、商务部、公安部等部门分散发布的机制。由于农业部、商务部、国家质量监督检验检疫总局、国家工商行政管理总局等国家机关其职能不限于食品安全监管一项，要求其在网站上专门且全面公布食品安全信息也可能并不现实。2013 年 3 月，国家实施食品安全监管体制改革，国务院办公厅颁布的《国家食品药品监督管理总局主要职责内设机构和人员编制规定》（国办发〔2013〕24 号）明确规定国家食品药品监督管理总局负责建立食品安全信息统一公布制度，公布重大食品安全信息，并明确规定其内设的新闻宣传司专门负责"拟订食品安全信息统一公布制度，承担食品药品安全科普宣传、新闻和信息发布工作"。[①] 而其他食品安全监管信息仍由农业部、国家卫生和计划生育委员会、国家质量监督检验检疫总局、国家工商行政管理总局、商

务部、公安部等部门按照各自职责分别发布。机构改革方案调整了食品安全信息公开的管理体制，并且中央与地方政府依据重新调整后的职能，均不同程度地建立了相应的食品安全信息公开平台，在其门户网站上设置了专门的食品安全信息公开栏目或食品安全信息公开专网，集中发布相关信息，其信息公开栏目设置了包括公开依据、政府食品安全信息公开目录、政府食品安全信息公开指南、依申请公开和政府食品安全信息公开工作年度报告等在内的相关子栏目。

（三）食品安全标准信息的发布从"零散"到"整合"

食品安全标准的信息公开，其前提是标准的统一性和权威性。2012年11月30日，卫生部发布了《关于做好食品安全标准信息公开工作的通知》（卫监督发〔2012〕77号），强调"各级卫生行政部门要按照《食品安全法》（2009版）及其实施条例的规定，依据职责主动公开以下食品安全标准信息：（1）食品安全国家标准、地方标准管理办法和食品安全企业标准备案规定；（2）食品安全国家标准规划；（3）食品安全标准制（修）订年度计划；（4）食品安全标准征求意见稿及编制说明；（5）食品安全国家标准和地方标准文本；（6）食品安全国家标准和地方标准的解释材料；（7）依照法律、法规和国家有关规定应当主动公开的其他食品安全标准信息"。近年来，政府部门加大了食品安全标准的"整合"。2014年5月7日国家卫生计生委办公厅发布《食品安全国家标准整合工作方案（2014—2015）》（国卫办食品函〔2014〕386号），提出："到2015年年底，完成食用农产品质量安全标准、食品卫生标准、食品质量标准以及行业标准中强制执行内容的整合工作，基本解决现行标准交叉、重复、矛盾的问题，形成标准框架、原则与国际食品法典标准基本一致，主要食品安全指标和控制要求符合国际通行做法和我国国情的食品安全国家标准体系。"截至目前，与食品安全标准有关的政府信息公开已经成为重点，尽管食品安全标准的整合和信息公开的内容尚不完整，但已经初步形成了较为完整的相关信息公开规范。

（四）食品安全信息由"庞杂化"转向"专题化"

食品安全信息庞杂、类型众多，无论对发布机关还是公众都容易陷入浩如烟海的信息中而无从着手，食品安全信息的类型化和专题化是解决这个问题的重要方式之一。专题化的信息一目了然，便于公众查阅和利用。例如原卫生部，现国家卫生和计划生育委员会的"风险评估信息""风险警示信息"，农业部的"转基因食品安全专栏""全国食品安全宣传周"
等。但 2014 年以前政府的各类食品安全的专题信息仍然更多地分散在相
关政府网站的不同栏目中，查阅起来既费时又费力。直至 2014 年伊始，
国家食品药品监督管理总局食品安全信息专栏开始逐步增多，包括食品安
全风险警示信息在内的专题信息公开逐步走向正轨。食品安全风险警示信
息则将着眼点从事后的监管转向了事前的预防，通过提示性信息，引导社
会食品安全消费行为，以防范食品安全风险。从行政主体的行政行为出
发，发布提示性信息是一种典型的行政指导行为，被行政主体在各个管理
领域所广泛应用。而且 2014 年 5 月开始，国家食品药品监督管理总局分
别从监管执法和消费提示两方面公布信息，利用专题信息公开着实体现了
"依法行政"和"预防为主"的原则。

三　2014—2015 年政府食品安全监管透明度观察：基于北京大学的研究报告

尽管在政府食品安全信息公开体系建设中取得一定进展，但诸多根深
蒂固的问题仍然存在。"民以食为天"，食品安全牵动着每一个消费者。
政府监管部门是食品安全信息的最大集散中心，其透明程度直接决定普通
公众是否知情，能否放心地吃、吃得放心。但是，公开程度不高是现阶段
政府食品安全信息公开的真实写照。在此，运用北京大学公众参与研究与
支持中心发布的《2014—2015 年度中国食品安全监管透明度观察：基于
北京大学研究报告》作为主要内容来阐述这个问题。特别需要的是，虽
然相关部门对北京大学的研究报告持有不同的观点，但仍能在一定程度上
反映当前政府食品安全信息的公开状况。

（一）观察对象与评估方法

北京大学的研究报告的观察对象共 59 个，包括国家食品药品监督管
理总局、全国 31 个省级食品药品监管局和 27 个省会城市食品药品监管
局，并不涉及农业、卫生、工商、质检部门。也就是说，这个报告主要聚
焦于食药部门，重点揭示新体制下的职能部门目前的透明度究竟如何。

具体评估方法是指标体系分为三大板块、五个部分。三大板块为
"主动信息公开""信息公开网络平台建设"和"依申请信息公开"。其

中，"主动公开"下又包括"食品安全监管信息公开组织制度配套""食品安全监管静态信息公开"和"食品安全监管动态信息公开"。

（二）食品安全监管透明度整体现状

表10-4显示了观察对象各指标及整体得分率。图10-1、图10-2和图10-3分别是国家、省、市三级食药部门在信息主动公开板块三个部分的得分率。

表10-4　　　　　　　　　观察对象各指标及整体得分率　　　　　　　单位:%

测评指标 \ 测评对象	国家食品药品监督管理总局（1）	各省食品药品监督管理局（31）	各省会城市食品药品监督管理局（27）
食品安全监管政府信息公开组织制度配套	66.67	44.56	35.88
食品安全监管静态信息主动公开	83.33	50.99	45.91
食品安全监管动态信息主动公开	46.55	45.94	22.86
食品安全政府信息公开网络平台建设	65.38	41.87	27.70
食品安全监管政府信息依申请公开	46.67	65.00	61.48
总分/平均分	60.50	49.52	34.70

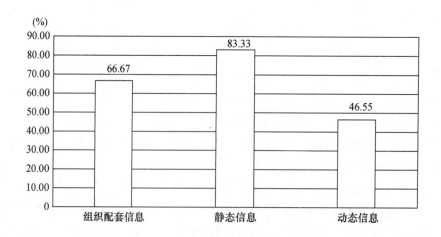

图10-1　国家食品药品监督管理总局在信息主动公开板块三个部分的得分率

观察政府食品安全监管信息公开整体现状，有以下三个基本特点：（1）在中央、省、市三级共59个评测对象中，除国家食品药品监督管理总局勉强及格外，31 个省级食药局中只有 6 个及格，27 个省会城市食品安全监管部门无一及格。（2）纵向来看，食品安全监管透明度随行政级别下沉整体递减，越到基层信息越不公开，且差距逐渐拉大。（3）从信息角度观察，静态信息公开水平整体高于动态信息，越是有关监管流程一线动态的信息越不透明。食品安全监管信息公开明显"重完成时，轻进行时"。

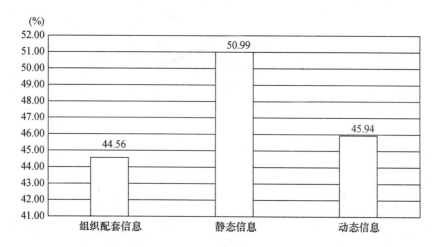

图 10-2　省级食品药品监督管理局在信息主动公开板块三个部分的得分率

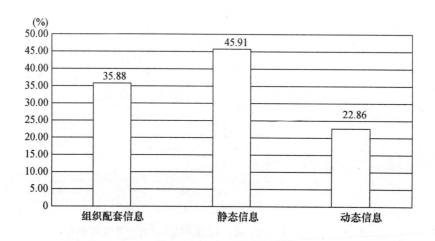

图 10-3　省会城市食品药品监督管理局在信息主动公开板块三个部分的得分率

（三）省级与省会城市食药局食品安全监管透明度状况

31 个省级食药局监管信息透明度前三名的是山东、湖北和吉林，最高 69.75 分。六个省局得分在及格线 60 分以上，占测评对象总数的比例不到 20%。最不透明的省级食药局则是内蒙古、浙江和西藏，最低得分 7.5 分，与最高分相差 8.3 倍。绝大部分省局在 50 分以下。这再次印证了我国食品安全监管透明度现状不容乐观。

27 个省会城市食药局透明度最高的是兰州 58.5 分，济南和沈阳 54.75 分并列第二。最低的为乌鲁木齐、拉萨和银川，最低为 6.5 分。没有一个省会城市食药局的透明度达到及格线，50 分以上有 5 个，14 个在 40 分以下，6 个在 20 分以下。如前所述，我国食品安全监管信息公开是越到基层越差。

（四）食品安全信息网络平台建设状况

国家食品药品监督管理总局、全国 31 个省级食品药品监管局和 27 个省会城市食品药品监管局的食品安全监管信息公开网络平台建设的得分率见图 10-4。

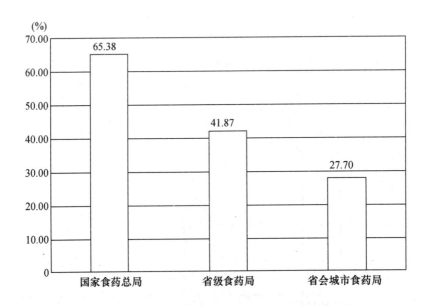

图 10-4　国家与省级、省会城市食品药品监督管理局食品
安全监管信息公开网络平台建设的得分率状况

图 10 - 4 所示，结论符合一般经验：越是低层级政府，网络平台越欠完备，上级政府部门的网站通常看起来都更"高大上"一些。但研究结论发现了"逆袭"现象。如排位省级食药局第 1 名的上海市食药局，在信息公开网络平台的完善程度上就超过了食药总局，得分率达到 70.83%。省会城市局第 1 名是兰州市，得分率为 54.17%，低于总局，但能排到 31 个省级食药局中的第 7 名（并列），高于其他 23 个省局。类似地，一般会认为网络平台建设水平取决于经济发展水平。但观测表明，经济欠发达的江西、甘肃两省食药局网络平台建设表现高居第 5 名、第 6 名，得分率为 57.29% 和 56.25%，超过了经济相对更发达的北京（35.42%，第 19 名）。省会城市食药部门中，经济欠发达的兰州（第 1 名）也超过广州（第 8 名）。由此可见，行政层级和经济水平并非网络平台建设的决定性指标。当然就整体上而言，东部沿海、经济相对发达地区的网络平台建设相对更好一些。

（五）依法向政府申请食品安全信息公开的答复状况

北京大学课题组总共发出了 235 宗检测性信息公开申请，其中针对国家食品药品监督发出三宗，对 58 个省、市级食药局每个发出四宗。

国家食品药品监督管理总局对三宗申请均在法定时间内回复，但只公开了各省上报的制售假冒伪劣商品和侵犯知识产权案件信息公开总数，对于其余两项申请以"属于内部管理信息"为由拒绝公开。内部管理信息并非《政府信息公开条例》本身规定的不公开事由，而是来源于 2010 年国务院办公厅《关于做好政府信息依申请公开工作的意见》："行政机关在日常工作中制作或者获取的内部管理信息……一般不属于《条例》所指应公开的政府信息"。北京大学课题组认为，"一般"二字表明内部管理信息不属于绝对不公开的范畴，应否公开取决于是否为公共利益所需。之前讲过，无论是工作人员总数及有相关专业背景的工作人员数量，本身都是社会关注的热点，其公开有利于公众了解食品安全监管者的规模和专业程度，但显然，国家食品药品监督管理总局做出了相反的选择。

北京大学课题组向 58 个省、市级食药局共发出 232 宗申请，收到 186 份答复，答复率为 80.17%。其中，省级食药局答复 108 份，答复率为 87.10%；省会城市食药局答复仅有 78 份，答复率为 72.22%。在答复率方面，省级食药局更胜一筹。回复的及时性方面，省级食药局的 108 份答复中，仅有 2 份（重庆和宁夏对食品抽检计划、次数和结果信息的公开申请回复）是在 15 个法定工作日之后作出的。故省级食药局答复及时率为 85.48%。在省会城市食药局的 78 份答复中，有 6 份（海口和哈尔滨各 3 宗回复）晚于 15 个法定工作日作出。故省会城市食药局答复及时率为 66.67%，回复及时性方面，省级食药局表现也一定程度优于市级。

研究表明，省级食药局在信息公开申请回复合法性的平均得分率是 59.88%。其中，回复公开全部四项申请的有山东、湖南、福建、四川、海南、湖北、黑龙江、吉林。浙江和西藏得了 0 分，前者四项申请均要求提供科研需求证明，后者则根本没有回复。省会市局依申请公开合法性平均得分率为 60.19%，略高于省局。当然，这也主要是因为得高分的观察对象数量更多。

（六）执行《食品安全法》（2015 版）信息公开要求的状况

《食品安全法》（2015 版）对各级食品药品监管部门提出了如下信息公开要求，其中国家食品药品监督管理总局须公开九项信息，省、市食药局则须公开七项信息。研究表明，国家食品药品监督管理总局得分 21.5 分，得分率为 65.15%，完成《食品安全法》（2015 版）信息公开法定要求近 2/3。而省级和市级食药局的得分率则分别只有 37.40% 和 14.27%（见图 10－5），依法公开任重道远。

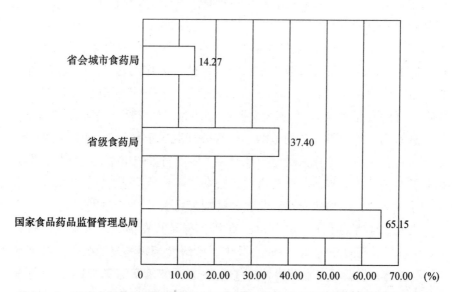

图 10－5　国家食品药品监督管理总局与省级、省会城市食品药品监督管理局执行《食品安全法》（2015 版）信息公开要求的得分状况

从信息角度观察，国家食品药品监督在食品安全国家标准及保健食品原料目录和允许保健食品声称的保健功能目录依法公开的得分率为100%。食品安全风险警示和食品抽检抽样检验结果公开得分率分别为92%和83%，透明度也较为理想。相对较差的是注册或者备案的保健食品、特殊医学用途配方食品和婴幼儿配方乳粉目录，公开率为75%；取得许可的婴幼儿配方乳粉生产企业、进口商及产品名录公开率为67%；食药同源物质目录和食品虚假宣传/违法广告的查处信息，得分率仅为一半。最不公开的是食品安全复检机构名录和食品召回信息，得分率都为零。

与国家食品药品监督管理总局相比，在完成《食品安全法》（2015版）信息公开义务方面，省市食药部门的表现差距明显。得分情况最好的两项为食品安全风险警示和食品抽检结果，但其得分率也仅为58.1%和50%。得分情况次之的指标为食品虚假宣传/违法广告查处信息以及注册或者备案的保健食品目录，其得分率为33.6%和24%；得分情况较不理想的指标为本地企业食品药品安全管理人员的培训和考核的制度与实践，其得分率仅为10.5%；得分率更低的是注册或者备案的婴幼儿配方乳粉目录和保健食品广告目录以及批准的广告内容，得分率为个位数，食品召回信息公开得分率为0。

四　政府食品安全信息体系建设中存在的问题

基于北京大学的研究报告，上述内容考察了2014—2015年度政府食品安全监管透明度问题，这从一个侧面反映了政府食品安全信息公开体系建设中存在的问题。研究团队认为，主要的问题与可能原因是：

（一）信息公开的管理机制难以落实

政府食品安全信息公开工作是一项专业性极强的工作，不但要处理好公开与不公开的关系，还要处理好何时公开、对谁公开、如何公开等问题。因此，必须有专门的内设机构和专门人员负责针对公众需求的政府信息公开工作。但研究发现，由于政府食品监管机构的改革尚未彻底完成，政府信息公开机构的建设尚未完全到位，食品安全信息公开的工作并未归口到位。截至目前，有的政府食品安全监管机构的信息公开由办公厅

（室）负责，门户网站则由信息中心管理，热点回应则为舆情监测部门；而一些地方政府食品安全监管机构的门户网站与食品安全信息公开管理机构分离，甚至有些地方政府建立的多个微信平台分属不同的部门管理。多头管理、各自为政，非但没有提升公众参与政府食品安全信息公开的程度，往往还会导致信息公开工作的内耗、对公众公开的信息口径不一、前后矛盾，不仅使政府的公信力受到影响，还制约了公众参与各级政府机构的食品安全信息公开工作的有序推进。虽然相关法律规章与制度就政府食品安全信息公开的机制已经非常明确，但是，在政府监管的中间环节难以落实。

（二）信息平台公开内容时序性断层的问题突出

信息发布不及时、不连续是我国政府信息公开领域存在的普遍问题。如何保证食品安全信息能"及时""连续"发布？《政府信息公开条例》已经为信息制作部门设置了发布的时限，即信息形成之日起 20 日。但这一规定基本上并没有得到很好的遵守。一方面，政府应主动公开其掌握的信息；另一方面，如果政府没有履行公开的义务，也可以通过任何人的申请促进政府公开信息。正因为如此，对于主动公开的政府信息没有时限的要求。"瘦肉精"抽检合格率是衡量我国食用农产品安全风险的重要指标，但农业部并未公开相关年度"瘦肉精"抽检合格率完整数据。农业部发布的农产品质量安全监测数据等信息，不仅缺乏监测地区（城市）分布，监测的主要农产品品种、主要的监测参数，监测的主要不合格的农产品品种等信息，而且缺乏以省市区为单位，各个年度监测的农产品的抽检合格率，农产品质量安全监测与监督检查能力建设等数据内容。而国家卫生和计划生育委员会没有公布化学污染物和有害因素、微生物的监测数据，包括采样单位、检测单位、数据上报单位、完成样本数、监测数据量等，没有公布以省市区为单位，分城市、农村为单元的化学污染物和有害因素、微生物的监测数据，也没有公布饮用水经常性卫生监测合格率数据。国家质量监督检验检疫总局标准法规中心过去一直定期发布的《国外扣留（召回）我国出口产品情况分析报告》（源自"技术性贸易措施网"）。但目前该网站已停止使用且无法找到相应的数据。虽然已新建立了"技术性贸易措施网"，并有一些相关的数据，但数据不全，如截至目前，都没有完整地发布 2009 年以后各年度的我国出口产品受阻情况分析报告。作为主要的食品安全信息公开平台，国家食品药品监督管理总局网站公布的食品安全数据主要是食品抽检公告，而其他诸如消费提示年度、季度总结性数据等公开信息则并不多见。而且有的部分省市级食药系统网站链接中，目前还存在链接不能使用问题。在能链接到的省市级食品药品监督管理局网站中，也主要是食品质检报告和行政动态等内容，且除北京市、上海市等直辖市食药局网站有较早时期的食品安全信息外，大部分省市级食品药品监管局网站只有 2015 年以来的数据或少部分 2014 年的数据，尤其是经济不甚发达的中西部地区的省市级食药部门网站，相关数据更是缺乏。

（三）政府食品安全信息公开栏目有待完善

时至今日，考察政府食品安全信息公开的相关网站等，仍可以非常容易地发现，一些政府食品安全监管机构食品安全信息公开栏目建设还不够规范。包括长春、武汉、广东、海南、四川、杭州、合肥、济南、郑州、西安和河北等省和相关省会城市政府食品安全监管机构网站的食品信息公开目录仍不齐全。另外，有的政府机构未提供信息公开依据，信息公开目录和依申请公开栏目链接无效；相关的新闻发布制度还未常态化、监管机构全年未召开过发布会；规范性文件放置位置不当，不少政府食品安全监管机构在门户网站上设置了多个专门发布食品安全规范性文件的栏目，但有的规范性文件被放置在"公示公告"栏目中，有的则位于"要闻通告"栏目，放置比较随意，公众难以查找；而《食品安全法》（2015版）第八十八条规定：食品复检机构名录由国务院认证认可监督管理、食品药品监督管理、卫生行政、农业行政等部门共同公布。但在食品药品监督管理总局官网上并没有相关目录，相关信息散落在农业部等网站上。食品安全行政处罚信息公开力度不大，且相关信息公开主要集中在餐饮环节，而公众比较关心的、有较多食品安全事件发生的企业生产环节的信息公开则相对较少。显然，如何继续加强依申请公开工作中登记、转办、办理、审核等环节的规范化管理，开展政府信息公开系列培训，提高信息公开工作人员能力与水平，了解信息公开的最新动态、面临的问题仍然不少。

（四）政府食品安全信息公开重静态轻动态

食品安全静态信息包括统计资料、安全标准、许可名录等相对固定的、结果性的信息，而食品安全动态信息主要涉及食品安全风险警示、食品召回、食品安全抽检、违法查处和行政处罚等监管活动信息。与食品安全静态信息相比，动态信息最值得消费者关注，而且也最应及时、高效地公开和传播。但通过国家食品药品监督管理总局网站、各省级食药局的食品安全监管信息公开发现，食药部门公开的食品安全监管工作的静态信息明显较多，比如领导讲话、会议和文件信息等，而公众更为关心的食品安全动态信息公布则相对偏少，重完成时、轻进行时。

（五）公众参与政府食品安全信息公开离公众需求差距甚大

治理食品安全问题，是政府和社会共同的责任，两者不应站在对立面，而应共同应对可能出现的问题。食品安全信息公开与公众参与是一个相辅相成的过程，信息公开既是保障公众知情权的要求，也为公众参与食品安全管理提供更多的机会和选择。保障公众参与食品安全治理过程，首先应让公众充分地了解食品安全信息，加强信息公开制度建设。其次应为公众提供便捷、多元的参与渠道，加强政府网站建设，唤醒沉睡的"意见箱""公众参与栏目"，与公众形成互动交流平台，充分吸收民智。最后应对公众的意见定期予以反馈，形成制度化、规范化的参与机制。从公众对食品安全信息需求的角度，先通过政府食品安全监管机构信息公开指南查找申请条件及流程说明的信息，如果指南中没有该信息，则在依法申请公开栏目下的申请说明中查找。通过上述方法，截至2015年，仍然发现有些政府食品安全监管机构的门户网站尚没有公开指南或者申请说明。部分政府食品安全监管机构，尤其是省市级食品安全监管机构存在对公众依法申请公开的规定说明不详或欠缺，且提供的申请方式较为单一，对申请方式的说明与实际并不相符，有的网站甚至还存在公众在线申请渠道不畅通等现象。各级政府的食品安全监管机构对于公众依法申请公开的食品安全信息工作说明名目繁多，并且不规范。而部分地方政府食品安全监管机构的政策解读栏目转载了大量国家相关部门的政策解读，但对本地政府政策解读信息较为有限，而且对相关政策的解读质量还有待提升。多数政府食品安全监管机构发布的解读内容多来源于当地新闻媒体不同角度的报道，缺乏政府主导下的全面性解读，而且多数解读只是把制定有关法规、规章及规范性文件的说明以及媒体报道照搬到网上，不仅形式呆板，针对公众需求的信息量也十分有限。如何进一步做好政策解读回应，将政策解读与信息发布统筹考虑，做好发布信息的同步解读，充分发挥专家作用，灵活运用数字化、图标图解、音频、视频等方式，深入浅出、通俗易懂等开展解读，对公众和媒体关心关注的热点问题，如何及时予以回应，提高公众参与程度势在必行。

（六）回应公众关切的食品安全热点问题能力较为薄弱

食品安全信息统一发布平台的建立有赖于不同职能部门之间的信息共享。但我国监管部门在政府食品安全信息公开回应食品安全热点问题的水平上仍有待进一步加强。一方面，食品安全信息交流存在制度上的真空，使国内信息回应热点问题总不给力。在国外，要求收集信息必须准确，并要在研究单位、政府机构、粮食生产与食品加工企业及消费者之间进行有效交流，以便增加透明度；另一方面，收集其他国家的食品安全信息并进行参照，以加强回应公众关心的热点问题水平。而在国内，不仅内部食品信息交流网络尚未架构起来，而且与国外信息交流更是少得可怜。当然，虽然不少政府食品安全监管机构已经逐步重视对于公众关切的食品安全热点问题的回应，主动性和及时性都有所增强，在一定程度上满足了人民群众的信息需求。但与此同时，一些问题也在逐渐暴露。由于各级政府监管部门之间的食品安全信息呈现分散化格局，平台之间各自为政，相互之间并无信息交流与归口管理，直接造成针对公众需求的回应模式化、回应缺乏实质内容等现象。这使针对公众的回应不仅没有起到正面的效果，反而引发了更多的质疑与不信任，降低了政府的公信力。截至目前，除了国家食品药品监督管理总局主要通过新闻发布会（包括出席人大发布会和新闻办发布会）（见图10-6）、中央电视台、"中国食品药品监管"官方微博等平台发布相关信息，且还计划开通"中国食品药品监管"官方微信平台，推进食品安全信息公开平台建设，实现"两微一端"平台建设外，虽然各省市电视、广播电台、报纸、期刊等媒体也都有监督并发布政府公开的食品安全信息的功能，但目前政府食品安全信息方面对这些传统媒体的利用却并不广泛，一方面是政府未主动要求相关媒体公布信息，另一方面是媒体为自身的效益考虑，只对影响范围广、能吸引大众的比较重要的食品安全信息有兴趣，而对不能引人关注的一般性信息则不予以报道。虽然政府逐步利用了"互联网+"手段公开食品安全信息，但某种意义上说，仍仅限于直线式的传播，并未实现网络式的共享。这也说明，政府机关在回应公众关切的食品安全问题时，最重要的还是应在推动各个政府平台之间食品安全信息归口合并，并找准公众真正的关切点，利用新闻发布会等多种手段逐步提升回应水平。

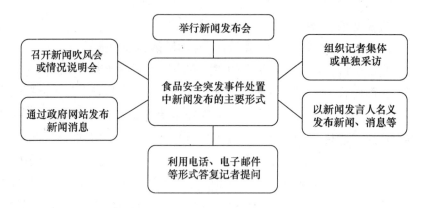

图 10 - 6　政府食品安全信息公开的新闻发布形式

五　政府食品安全信息公开体系建设展望

多主体共治的食品安全风险治理模式是我国未来食品安全风险治理的主要路径，这已经成为基本共识。而多主体共治的食品安全风险治理模式是建立在信息共享机制的基础之上。食品安全政府信息公开体系是构建信息共享机制的基础。研究团队认为，未来一个时期食品安全政府信息公开体系的建设，不仅仅要解决本章前述的主要问题，而且要构建有效的多元主体参与的信息共享体系。在此过程中，当务之急是要关注以下四个关键环节。

（一）确立政府与社会相结合的食品安全信息监管机制

食品安全信息公开既满足了公众的知情权，也是对食品生产者和经营者加强监管的手段之一。2013 年 10 月 10 日至 11 月 29 日国务院法制办公室公布了《食品安全法（修订草案送审稿）》，公开对社会各界征求意见，为了规范食品安全信息发布，送审稿第一百零三条第五款规定："任何单位和个人未经授权不得发布依法由食品安全监督管理部门公布的食品安全信息。"第一百零六条规定："任何单位和个人发布可能对社会或者食品产业造成重大影响的食品安全信息，应当事先向食品生产经营企业、行业协会、科研机构、食品安全监督管理部门核实。任何单位和个人不得发布未经核实的食品安全信息，不得编造、散布虚假食品安全信息。"这一问题的实质是食品安全信息的发布权是否属于政府或者其授权的行政主体专享，社会组织及个人未经权威机关审核是否有权发布信息。针对这一规定产生了比较大的争论，尤其是关注食品安全的非政府组织（NGO）对这一规定提出了诸多质疑，包括国际环保组织（"绿色和平"）针对"送审稿"向国务院法制办提交了修改意见①，NGO"天下公"认为，这些条款"将迫使媒体、公众放弃舆论监督"②，可见，民间组织在推动政府信息公开工作中日益凸显其作用。研究团队认为，任何社会主体发布虚假信息的行为都是违法的，这一点毋庸置疑。但社会组织、消费者发布经过调查的信息或者亲身经历的信息，并不需要经过"食品生产经营企业、行业协会、科研机构、食品安全监督管理部门"核实，如果其发布的信息经过证明是虚假的并给利害关系人造成了损失，完全可以通过民事侵权、行政处罚以及刑事制裁等途径予以解决。之所以出现社会主体发布不实的食品安全信息导致相关企业受损失的情况，正是由于政府食品安全信息狭窄、信息滞后带来的恶果。但不能因此就限制社会主体发布信息的权利，社会主体发布食品安全信息可以与政府信息相互印证，也是对政府信息的必要补充。

（二）持续推进全国食品安全信息平台建设

政府网站是公众获取政府信息的有效、便捷途径。《2014 年食品安全重点工作安排》（国办发〔2014〕20 号）再次强调了"推进食品安全监管信息化工程建设，充分利用现代信息技术，提高监管效能。鼓励各地加大资金支持，开展试点建设，推动数据共享。加快食品安全监管统计基础数据库建设，提高统计工作信息化水平"。食品安全政府信息数量大、内容庞杂，如果不对信息进行科学、合理的分类，即使信息公开也难以查找。通过美国国家食品和药品监督管理局（FDA）和中国国家食品药品监督管理总局的网站信息进行对比，不难发现其差异。"美国 FDA 掌握着数百万份关于食品和药品安全的文件，包括对公司的检查结果，以及食品安全操作与管理程序手册。1971 年以前美国 FDA 只是将 10% 的记录公之于众。但是，就在那年，该机构实施了一项新规定，使 90% 的文件得以

---

① 《NGO 食品安全信息发布或遭法律"封杀"》，新浪网，2013 – 11 – 30，http：//finance. sina. com. cn/ roll/20131130/012717484833. shtml。

② 《天下公呼吁各界关注"食品安全立法工作倒退"现象》，天下公网站，2014 – 02 – 18，http：//www. tianxiagong. org/show. asp？ id = 366。

公开"。① 美国 FDA 网站是美国食品安全政府信息公开的主要渠道之一，其网站信息的重要特点是分类明确，便于查阅。我国的食品安全监管部门应该借鉴美国 FDA 的做法。与此同时，在完善政府网站这一主要的信息公开渠道之外，还应完善多元化的信息公开方式，以政府公报，新闻发布会，信息公开栏和报刊、广播、电视等方式主动公开政府信息，构筑门户网站、传统媒体与新兴媒体统筹协调，相互配合的全方位公开体系。

（三）确立"点面结合"的信息公开目标模式

以往我国食品安全政府信息公开工作已经具有基本的框架，未来应继续推进信息公开，《2014 年政府信息公开工作要点》（国办发〔2014〕12号，国务院办公厅 2014 年 3 月 17 日发布）将推进食品安全监管信息作为重点公开内容之一。在具体的目标定位上，本书研究团队建议确立"点面结合"的工作目标。所谓"点面结合"，一方面相对于政府信息而言，食品安全信息只是政府信息这一大类中的"点"，食品安全政府信息是政府信息的一部分，因此食品安全信息公开依赖于政府信息公开制度的整体发展。在政府信息公开制度整体停滞不前的情况下，食品安全领域的政府信息公开很难取得比较大的突破，充其量只是受个别事件的影响导致部分领域信息的公开。我国有《保守国家秘密法》而没有相对应的《政府信息公开法》《政府信息公开条例》作为行政法规，地位不能与法律并肩。② 我国缺乏《政府信息公开法》是导致政府信息公开制度难以推进的重要原因之一。另一方面，对于食品安全领域的政府信息公开，由于信息量巨大、内容庞杂，短期内无法实现理想的公开目标，因此应确立整体信息与重点信息公开相结合的目标，通过以点带面的形式最终达到比较理想的食品安全政府信息公开状态。作为重点公布的食品安全信息，即《食品安全信息公布管理办法》所规定的"食品安全总体情况信息、食品安全风险评估信息、食品安全风险警示信息、重大食品安全事故及其处理信息

---

① 陈定伟：《美国食品安全监管中的信息公开制度》，《农村经济与科技》（农业产业化）2011 年第 9 期。

② 南京公益组织天下公于 2014 年 2 月 25 日向"两会"代表寄出 48 封信件，其内容之一是建议制定《食品药品信息公开法》，全面推动食品药品安全信息公开。

等"①，食品安全政府信息公开的突破口，首先应从公布这些重点类别的政府信息入手。食品安全监管部门的政府信息如果不能按照这些大类进行分类和发布，可以预见短时期内很难实现食品安全政府信息工作的实质进展。

（四）基于大数据的主体间实现共治的信息共享机制

与以往相比，当下食品安全信息政府公开的背景发生了巨大的变化，一是食品安全由政府治理向社会共识转变，这是战略层次上的巨大变化；二是食品安全风险防范参与大数据时代，这是技术层面上的巨大变化。大数据技术与互联网一样，绝不仅仅是信息技术领域的革命，更是在全球范围启动透明政府、引领社会变革的利器。建立基于大数据技术的食品安全信息共享机制与平台，是大数据与互联网时代实现食品安全信息在主体间有效流动、消除信息不对称的基本工具，更是政府、社会、市场实现风险治理有效共治的基本路径，对完善食品安全监管体系向多级平台、全程监管、跨部门联网模式过渡，实现"来源可溯、流向可追，质量可控，责任可查，风险可估，疾病可防"的目标、提升食品安全风险治理能力具有极其重大的价值。但我国目前的情况是，政府与市场主体、社会组织信息披露的状况均严重"缺位"，更难以实现信息的共享。就政府而言，信息发布主体分散且各自为政、内容狭窄且质量不高、发布不及时且时效性不足等；基于复杂的利益考虑、同业竞争、成本等诸多因素，食品生产经营主体更不愿意披露本应公开的安全信息；而社会组织与公众处于弱势地位，参与缺失，信息需求难以满足，政府、市场与社会间的信息鸿沟越来越大。为消弭监管空隙，铸造治理合力，增强治理效能，提升食品安全监管公信力，应基于生态学视角研究食品安全信息共享机制，构建贯穿食品供应链全程的安全信息生态模型，研究建立以国家食品药品监督为龙头、国家食品安全风险评估中心为技术支撑的"双活中心"模式（见图10-7），实现跨部门、跨地区的信息共享、快捷高效、无缝对接、覆盖食品生产加工、流通和消费环节的新型联动监管合作机制，在构建不同层次的、由政府主导、市场与社会共同参与的，"横向到边、纵向到底"的食品安全风险信息共享网（见图10-8）。

---

① 《食品安全信息公布管理办法》，中央政府门户网站，2010-11-10，http：//www.gov.cn/zwgk/2010-11/10/content_ 1742555.htm。

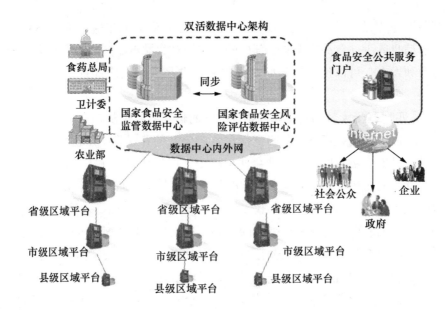

图 10-7 "双活中心"的信息共享模式示意

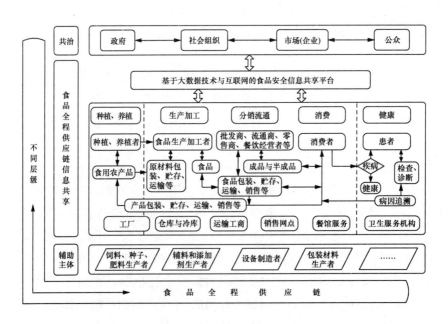

图 10-8 全国层次上的食品安全风险信息共享网示意

第十一章 国家食品安全风险监测评估与预警交流体系建设考察

食品安全风险监测是通过系统和持续地收集食源性疾病、食品污染物以及食品中有害因素的监测数据及相关信息，并进行综合分析和及时通报的活动；食品安全风险评估是对食品中化学污染物、有害因素和致病菌导致的食品污染和人体健康影响进行评估的科学活动；而食品安全风险预警是指在某种食品风险事件或情况发生之前对社会和公众作出或发布的预警。建立科学、完善的国家食品安全风险监测评估与预警交流体系，是食品安全风险治理体系的重要内容。本章在考察我国食品安全风险监测评估与预警交流体系建设演化轨迹的基础上，努力深刻把握其发展历史和现实弊端，以江苏、广西与江西的哨点医院以及江苏食品安全风险监测体系的调查为案例进行分析，并以"健康中国"为指导，尝试性地定位其未来的发展方向，努力为我国的食品安全风险监测评估与预警交流体系的建设提供参考性建议。

一 法律法规与体系建设概况

我国的相关法律法规已将食品安全风险监测评估和预警交流确立为食品安全风险治理的基本法律制度，并在法律体系建设中逐步完善了相关的具体规定。经过近年来的发展，我国的食品安全风险监测评估与预警交流的法律法规制度体系已基本形成并日趋成熟，为保障我国的食品安全奠定了法治基础。

（一）法律法规体系建设

2006 年 11 月 1 日实施的《农产品质量安全法》总则第六条，明确要求农业行政主管部门设立"农产品质量安全风险评估专家委员会"，对可能影响农产品质量安全的潜在危害进行风险分析和评估，并根据农产品质量安全风险评估结果，采取相应管理措施。

《食品安全法》（2009版）首次规定在我国实行"食品安全风险监测制度"和"食品安全风险评估制度"，第二章第十一条、第十三条明确规定由国务院卫生行政部门开展食品安全风险评估工作，并就食品安全风险监测和评估的范围、主体、原则和方法，以及食品安全风险信息的通报与发布等作了具体规定。随后出台的《食品安全法实施条例》进一步明确了食品安全风险监测和评估实施的具体内容，规定了食品安全监测计划和监测方案的制定主体。卫生部根据《食品安全法》（2009版）的要求，创新国家食品安全风险监测评估制度体系，先后会同相关部门共同制定实施了《食品安全风险评估管理规定（试行）》和《食品安全风险监测管理规定（试行）》等系列管理制度，对风险评估相关内容进行了详细的规定，明确了食品安全风险监测的范围、国家食品安全风险评估专家委员会的职责、预警管理机制、自身能力建设等相关问题。

自2010年以来，卫生部会同国务院有关部门连续六年制订并组织实施了年度国家食品安全风险监测计划，各省市依据国家监测计划组织制定并实施符合自身实际情况的食品安全风险监测方案，着重解决了监测内容和监测点的选择、监测方法等具体问题，有效地促进了风险监测评估工作的展开。在中央和地方的共同努力下，我国已基本建成"原则性基础法律—原理性指导法规—实施性细则规定""三位一体"的国家食品安全风险监测评估的法律法规体系。

《食品安全法》（2015版）进一步确立了"食品安全工作实行预防为主、风险管理、全程控制、社会共治，建立科学、严格的监督管理制度"的总要求。[①] 在完善食品安全风险监测、评估、预警制度的基础上，确立了食品安全风险交流制度。该法第二十三条规定，县级以上人民政府食品药品监督管理部门和其他有关部门、食品安全风险评估专家委员会及其技术机构，应当按照科学、客观、及时、公开的原则，组织食品生产经营者、食品检验机构、认证机构、食品行业协会、消费者协会以及新闻媒体等，就食品安全风险评估信息和食品安全监督管理信息进行交流沟通。确

---

① 《风险与责任》，中国食品安全网，2015 – 07 – 01，http：//www. cfsn. cn/2015 – 07/01/content_ 265482. htm。

立了我国食品安全风险交流的原则、内容、组织者和参与者，完善了我国的食品安全治理结构。2006 年以来，颁布实施的相关法律法规与政策如表 11 – 1 所示。

表 11 – 1　　　　我国食品安全风险监测评估与预警体系方面的
相关法律法规与制度建设

法律法规与政策名称	颁布主体	颁布时间	实施时间
《农产品质量安全法》（中华人民共和国主席令第九号）	全国人大常委会	2006 年 4 月 29 日	2006 年 11 月 1 日
《食品安全法》（中华人民共和国主席令第九号）	全国人大常委会	2009 年 2 月 28 日	2009 年 6 月 1 日
《食品安全法实施条例》（国务院令第 557 号）	国务院	2009 年 7 月 20 日	2009 年 7 月 20 日
《食品安全风险评估管理规定（试行）》（卫监督发〔2010〕8 号）	卫生部等	2010 年 1 月 21 日	2010 年 1 月 21 日
《食品安全风险监测管理规定（试行）》（卫监督发〔2010〕17 号）	卫生部等	2010 年 1 月 25 日	2010 年 1 月 25 日
《关于严厉打击食品非法添加行为切实加强食品添加剂监管的通知》（国办发〔2011〕20 号）	国务院办公厅	2011 年 4 月 21 日	2011 年 4 月 21 日
《关于做好严厉打击食品非法添加行为切实加强食品添加剂监管工作的通知》（卫监督发〔2011〕34 号）	卫生部等	2011 年 4 月 25 日	2011 年 4 月 25 日
《关于加强食品安全工作的决定》（国发〔2012〕20 号）	国务院	2012 年 6 月 23 日	2012 年 6 月 23 日
《国家食品安全监管体系"十二五"规划》（国发〔2012〕36 号）	国务院	2012 年 6 月 28 日	2012 年 6 月 28 日
《关于进一步做好食品安全相关工作的通知》（卫计生发〔2013〕25 号）	国家卫生计生委	2013 年 5 月 16 日	2013 年 5 月 16 日
《关于进一步加强食品安全风险监测工作的通知》（国卫食品发〔2013〕6 号）	国家卫生计生委	2013 年 7 月 15 日	2013 年 7 月 15 日

续表

法律法规与政策名称	颁布主体	颁布时间	实施时间
《关于关于征求〈食源性疾病管理办法〉（征求意见稿）意见的函》（国卫办食品函〔2013〕486号）	国家卫生计生委办公厅	2013年12月10日	2013年12月10日
《关于印发食品安全风险交流工作技术指南的通知》（国卫办食品发〔2014〕12号）	国家卫生计生委办公厅	2014年2月17日	2014年2月17日
《关于食品安全监督抽检和风险监测工作规范（试行）的通知》（食药监办食监三〔2014〕55号）	国家食品药品监督管理总局	2014年3月31日	2014年3月31日
中华人民共和国食品安全法主席令第21号	全国人大常委会	2015年4月24日	2015年10月1日

资料来源：笔者根据相关资料整理形成。

（二）公共卫生应急管理的制度建设

自2003年以来，基于应对SARS疫情的国际经验和国家安全需求，我国食品安全预警与应急管理工作进入了快速发展期。2003年5月，国务院制定颁布了《突发公共卫生事件应急条例》，重点针对突发公共卫生事件应急管理中存在的"信息渠道不通顺、信息统计不准确、应急反应不迅速、应急准备不充分"等问题，对有关政府及其部门对突发公共卫生食品事件隐瞒、缓报、谎报和对上级部门的调查阻碍干涉或者不予配合的，以及拒不履行职责、玩忽职守、失职、渎职等行为，规定了严格的法律责任。2003年11月，卫生部颁布的《突发公共卫生事件与传染病疫情监测信息报告管理办法》（2006年修订）明确了各级疾病预防控制机构（以下简称"疾控机构"）与各类医疗机构承担责任范围内突发公共卫生事件和传染病疫情监测、信息报告与管理工作的具体职责，对疫情的报告、调查、信息监管与通报、监督管理、处罚等都做了详细规定。2007年11月1日实施的《突发事件应对法》，将公共卫生事件纳入突发事件的范围之内，从突发事件应对的应急准备、监测预警、应急处置与救援、事后恢复与重建等方面，初步构建了我国食品安全应急管理的法律框架和预案制度。在上述立法基础上，《食品安全法》（2009版）第七章进一步规定了食品安全事故应急处置的具体步骤和方法。这些法律法规的出台不仅完善了我国食品安全应急管理体系，也从法律上保障了食品安全应急体系的有效运行。为了加强突发公共卫生事件的应急处置能力建设，国家采用应急处置预案管理制度。2006 年 6 月 27 日，国务院颁布实施的《国家重大食品安全事故应急预案》，对应急处理指挥机构、监测、预警与报告系统、重大食品安全事故的应急响应、后期处理及应急保障都做了详细规定。2011 年 10 月 5 日，国务院对该预案进行了修订，并更名为《国家食品安全事故应急预案》，健全应对突发重大食品安全事故的救助体系与运行机制，明确将食品安全事故划分为四级，即特别重大、重大、较大和一般食品安全事故。根据食品安全事故分级情况，食品安全事故应急响应分为Ⅰ级、Ⅱ级、Ⅲ级和Ⅳ级响应，明确了"统一领导、综合协调、分类管理、分级负责、属地管理为主"的食品安全事故应急机制。国家层面的食品安全事故应急管理相关法规与预案如表 11 - 2 所示。

表 11 - 2　　　　　国家食品安全事故应急管理相关法规与预案

名称	发布部门	实施时间
《突发公共卫生事件应急条例》	国务院	2003 年 5 月 9 日
《国突发事件应对法》	全国人大常委会	2007 年 11 月 1 日
《国家突发公共事件总体应急预案》	国务院	2006 年 1 月 8 日
《国家食品安全事故应急预案》	国务院	2011 年 10 月 5 日修订

资料来源：根据相关资料由笔者整理形成。

（三）体系与制度建设

依据《食品安全法》等法律规范，从实际出发，我国逐步构建了以国家食品安全风险监测评估中心为龙头，地方风险评估技术支持机构为支撑，协调高效、运转通畅的全国食品安全风险监测、评估、预警与交流的体制。

1. 食品安全风险监测体系

截至 2014 年年底，22 个省级卫生计生行政部门组建了食品安全风险监测工作部门，12 个省市区在市（地、州）疾控机构加挂了食品安全风险监测市（地、州）中心的牌子。① 江苏南通、浙江衢州、广东广州、广西南宁等地通过增加疾控机构人员编制的方式增加食品安全风险监测的力量。在食品安全标准与风险监测的体系融合创新实验中，湖北省卫生和计划生育委员会与仙桃市政府于 2014 年 8 月 26 日签订合作协议，建设湖北省第一个省市共建食品安全标准与风险监测体系的试点，试点区域的食品安全标准制定与风险监测工作跨出通常的以职能为主的限制。②

2. 食品安全风险评估体系

为了充分发挥专家的"智库"作用，2007 年 5 月 17 日，农业部依据《农产品质量安全法》的要求，成立了国家农产品质量安全风险评估专家委员会。委员会涵盖了农业、卫生、商务、工商、质检、环保和食品药品等部门，汇集了农学、兽医学、毒理学、流行病学、微生物学、经济学等学科领域的专家。③④ 2009 年 12 月 8 日，卫生部成立了国家食品安全风险评估专家委员会，承担国家食品安全风险评估工作，参与制订食品安全风险评估相关的监测评估计划，拟定国家食品安全风险评估的技术规则，解释食品安全风险评估结果，开展食品安全风险评估交流，并承担卫生部委托的其他风险评估相关任务。⑤ 2011 年 10 月 13 日，卫生部成立"国家食品安全风险评估中心"，负责承担国家食品安全风险的监测、评估、预警、交流和食品安全标准等技术支持工作。食品安全风险评估中心是我国第一家国家级食品安全风险评估专业技术机构，在增强我国食品安全研究和科学监管能力、提高食品安全水平、保护公众健康、加强国际合作交流等方面发挥了重要作用。同年，农业部启动农产品质量安全风险评估体系建设规划，在全国范围内遴选了 65 家"首批农产品质量安全风险评估实

---

① 《国家卫生计生委员会办公厅关于 2014 年食品安全风险监测督察工作情况的通报》（国卫办食品函〔2015〕289 号），国家卫生和计划生育委员会，2015 - 04 - 16，http：//www. moh. gov. cn/sps/s7892/201504/0b5b49026a9f44d794699d84df81a5cc. shtml。

② 《全省首个食品安全标准与风险监测体系仙桃开建》，《湖北日报》2014 年 8 月 27 日。

③ 《国家农产品质量安全风险评估专家委员会正式成立》，中央政府门户网站，2007 - 05 - 17，http：//www. gov. cn/jrzg/2007 - 05/17/content_ 617467. htm。

④ 《农业部组建农产品质量安全专家组》，农业部，2011 - 09 - 09，http：//www. moa. gov. cn/zwllm/zwdt/201109/t20110909_ 2202218. htm。

⑤ 《第一届国家食品安全风险评估专家委员会成立大会在京召开》，卫生部新闻办公室，2009 - 12 - 08，http：//www. mov. cn/publicfiles/htmlfiles/chenxh/pldhd/200912/44861. htm。

验室"，逐步构建起由国家农产品质量安全风险评估机构、风险评估实验室和主产区风险评估实验站共同组成的国家农产品质量安全风险评估体系，包括36家专业性风险评估实验室和29家区域性风险评估实验室①，基本涵盖了我国农产品的主要类别和行政区域。②

3. 食品安全应急处置体系

国家相关部门制定与实施了《国家食品安全事故应急预案》，根据《国家食品安全事故应急预案》规定，食品安全事故发生后，卫生行政部门将首先依法组织对事故进行分析评估，确定事故级别。对于特别重大食品安全事故，卫生部将会同食品安全办向国务院提出启动 I 级响应的建议，经国务院批准后，成立国家特别重大食品安全事故应急处置指挥部，统一领导和指挥事故应急处置工作，指挥部的成员单位将根据事故的性质和应急处置工作的需要确定；对于重大、较大、一般食品安全事故，分别由事故所在地省、市、县级人民政府组织成立相应应急处置指挥机构，统一组织开展本行政区域事故应急处置工作。其中，卫生部下设卫生应急办公室，是突发性卫生公共事件应急指挥中心，应对、处置包括食源性疾病引起的各类突发卫生公共事件。由卫生部牵头、会同公安部、监察部以及相关部门负责调查事故发生的原因，评估事故影响，做出调查结论并提出防范意见。由事故发生环节的具体监管职能部门牵头，会同相关监管部门监督、指导事故发生地政府职能部门召回、下架、封存有关食品、原料、食品添加剂及食品相关产品，严格控制流通渠道，防止危害蔓延扩大。目前构建的我国国家食品安全应急管理流程如图 11 - 1 所示。

（四）协同与沟通机制

随着我国食品安全风险监测工作量的增大和要求的不断深入，近年来食品安全风险监测工作机制不断完善，国家层面的风险监测报告与通报机制更加完善。地方食品安全监管部门对食品安全风险监测结果的交流和通报也更加重视，已经初步形成了有效的机制。例如浙江、湖南、广东等省以专报、季报和"白皮书"等形式，将风险监测结果及时报告至省级政府和省食品安全委员会，并实现了食品安全监管相关部门之间的通报；江

---

① 《农业部关于公布首批农业部农产品质量安全风险评估实验室名单的通知》（农质发〔2011〕14 号），2011 年 12 月 30 日，http：//www. moa. gov. cn/govpublic/ncpzlaq/201201/t20120112_ 2455790. htm。

② 范南虹：《农产品质量安全与标准研究所挂牌成立》，《海南日报》2011 年 12 月 11 日。

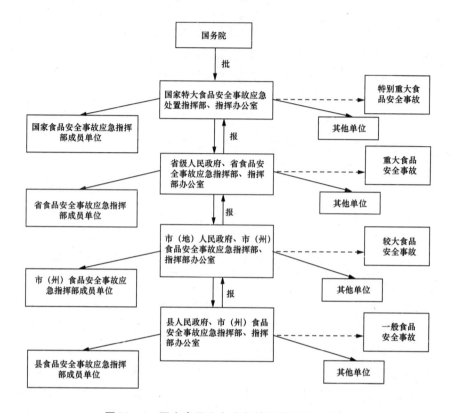

图 11 -1　国家食品安全应急管理体系流程示意

西建立风险监测结果系列报告流程，从最基础的检测机构直到省级政府，全程规范报告，及时通报。通报和报告制度的建立和完善，为各级政府依据风险监测的科学数据进行风险防控提供了重要的技术支撑。浙江、云南、甘肃等省将风险监测列入省政府与各市（地、州）政府的责任目标。

二　食品安全风险监测体系建设

食品安全风险监测是通过系统和持续地收集食源性疾病、食品污染物以及食品中有害因素的监测数据及相关信息，并进行综合分析和及时通报的活动。① 食品安全风险监测能够为食品安全风险评估、预警、交流和食品安全标准的制定提供科学数据和实践经验，是实施食品安全监督管理的重要手段，在食品安全风险治理体系中具有不可替代的作用。图 11 - 2 大致显示了食品安全风险监测、评估、预警和交流之间的相互关系。《食品安全法》（2009 版）规定食品安全风险监测工作以来，我国的食品安全风险监测体系实现了"自上而下"的新完善，监测能力有了新提升，监测内容有了新扩展。

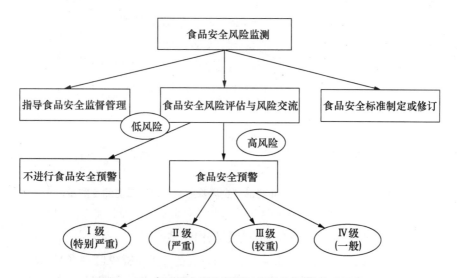

图 11 -2　食品安全风险监测、评估和预警关系示意

（一）基本形成了"自上而下"的四级架构体系

国家食品安全风险监测网络自 2010 年年初建成以来，由国家、省级、地市级和县（区）级四层架构形成的立体化监测网络不断优化。2010 年监测网络实现全国 31 个省市区的全覆盖，之后地市级监测点以年均 30% 的增长速度，在 2013 年实现了 100% 的全覆盖。而食品安全风险监测网络建设最艰难的县级监测点覆盖，在逐年增加 10% 年均增长速率的年度目标规划指导下，截至 2015 年，实现了全国 80% 县级区域监测点的覆盖，覆盖的数量如图 11 -3 所示。河北、黑龙江、辽宁等部分省市区已经

---

① 《食品安全风险监测管理规定（试行）》，中央政府门户网站，2010 - 01 - 25，http：// www. gov. cn/gzdt/2010 - 02/ 11/content_ 1533525. htm。

率先实现了监测点的县级区域全覆盖。广西的食品安全风险监测点增加到101 个，覆盖全区所有县级行政区域并继续向乡村延伸，南宁铁路局机车和站点食品首次纳入风险监测范畴。① 湖北省宜昌市 9 个县市区的风险监测采样点已覆盖总人数的 75% 以上。可以预见的是，实现国家食品安全风险监测网络四层架构体系的建设目标指日可待。

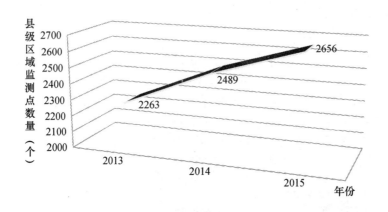

图 11 - 3 2013—2015 年食品安全风险监测县级区域监测点数量

（二）基本形成了布局合理的监测机构体系

为了全面提升我国食品安全风险监测能力，增强省级监测水平，2013年国家卫生计生委在全国 31 个省市区和新疆生产建设兵团设置了"国家食品安全风险监测（省级）中心"，以省级疾病预防控制中心为依托单位，承担省级食品安全风险监测方案的制订、实施，以及数据分析，并提交辖区内食品安全风险监测报告。根据国家卫生计生委《关于省级疾病预防控制机构加挂国家食品安全风险监测（省级）中心及参比实验室牌子的通知》（国卫食品发〔2013〕36 号），国家卫生计生委于 2013 年在北京、上海、江苏、浙江、湖北及广东 6 家有条件的省级疾病预防控制中心设置了首批"国家食品安全风险监测参比实验室"，主要负责承担全国食品安全风险监测的质量控制、监测结果复核等相关工作，同时承担技术培训、新方法、新技术等科学研究的研究工作。其中，北京市疾病预

---

① 《广西全面开展食品安全风险监测涵盖 16 类样品》，食品伙伴网，2016 - 02 - 20，ht-tp：//news. foodmate. net/2016/02/354677. html。

防控制中心承担兽药、有害元素、非法添加物的参比项目，上海市疾控中心承担农药残留的参比项目，江苏省疾控中心负责有机污染物的参比项目，浙江省疾控中心负责真菌毒素的参比项目，湖北省疾控中心负责二噁英的参比项目，而广东省疾控中心则主要负责重金属的参比项目。①

（三）基本形成了科学完善的国家风险监测计划体系

国家食品安全风险监测计划是近年来食品安全风险管理的重要指导性基础文件，随着监测工作逐渐进入常态化，该计划在实践中不仅规范了常规监测内容，而且逐步进行专项监测、应急监测和具有前瞻性的监测。历经六年的实践探索，国家食品安全风险监测计划体系由包含食品中化学污染物和有害因素监测、食源性致病菌监测和食源性疾病监测和食品中放射性物质监测四大类，逐步调整为食品污染及食品中的有害因素监测和食源性疾病监测两大类，使分类更加科学。新的分类以及监测内容如图 11 - 4 所示。

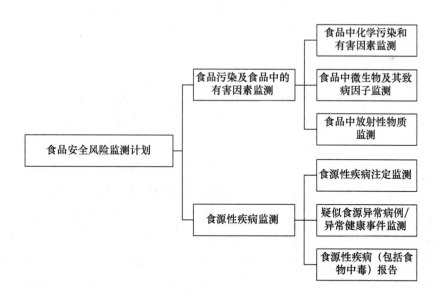

图 11 -4　食品安全风险监测计划主要内容

———————

①　《国家卫生计生委关于省级疾病预防控制机构加挂国家食品安全风险监测（省级）中心及参比实验室牌子的通知》，国家风险评估中心，2013 - 12 - 11，http：//www. nhfpc. gov. cn/sps/s5853/201312/cff064ad808144f1b3576d7b3fcc772b. shtml。

1. 食品污染及食品中的有害因素监测

食品污染及食品中有害因素监测包括常规监测和专项监测两类。常规监测的主要目的是了解我国食品中污染物总体污染状况及污染趋势，并为食品安全风险评估、标准制（修）订提供重要的监测数据，同时也可以对食品安全隐患进行警示。专项监测的主要目的是及时发现食品安全隐患，为食品安全监管提供线索。食品中化学污染物和有害因素监测、食品微生物及其致病因子监测以及食品放射性物质监测在分类以及监测内容上都有了显著变化，常规监测食品类别与内容逐渐完善，专项监测内容逐渐增加。化学污染物和有害因素专项监测中，除 28 大类食品之外，还包括食品添加剂、加工中使用明胶的食品、食品包装材料及餐饮具、餐饮食品、保健食品等相关产品共 13 大类，监测的危害也扩大为有害元素、生物毒素、农药残留、禁用药物、食品添加剂、非法添加物质和包装材料迁移物等指标。食品微生物及其致病因子专项监测中拓展婴儿配方食品生产加工过程和城市流动早餐点的相关微生物指标，以及葡萄球菌肠毒素的监测。食品中放射性物质监测将监测点拓展到核电站周边范围食品中放射性水平监测。

2. 食源性疾病监测

食源性疾病监测是食品安全风险监测中不容忽视的重要内容。通过坚持不懈的努力，截至 2014 年年底，全国已实现了食源性疾病监测网络在全国 80% 县级行政区域的覆盖，哨点医院由 2013 年的 538 家增加到 1965 家，疾控机构由 2013 年的 439 家增加到 1537 家，各机构充分利用信息化和致病菌分子分型溯源技术，开展病例、暴发事件和病源食品分子溯源监测，实现了食源性病源的"早发现、早分析、早通报"。在哨点医院数量逐年增加的同时哨点医院的分布也呈现出巨大的变化，如图 11 – 5 所示，2013 年的哨点医院以三级医疗机构为主，占所有哨点医院的 58.37%，二级医疗机构占 33.27%，一级医疗机构占 8.37%；2014 年的哨点医院则以二级医疗机构为主，且不断向一级医疗机构延伸，其中，二级医疗机构占 54.92%，一级医疗机构占 36.33%，三级医疗机构仅占 8.75%。此外，各地方也积极探索，因地制宜，在食源性疾病监测工作中有了极大的发展。在食源性疾病监测网络建设中，截至 2015 年年底，河北、黑龙江、辽宁、云南等地实现了监测点、哨点医院的县级区域全覆盖；青海省卫生计生系统注重增点扩面，全省食源性疾病监测哨点医院由 10 家扩增至 60

家，覆盖所有的市州和县区，并在 15 家乡镇卫生院和社区卫生服务中心
开展了食源性疾病监测延伸试点工作；安徽省食源性疾病监测哨点医院数
量由 10 家扩展到 228 家，覆盖了所有二级医疗机构；天津市食源性疾病
监测哨点医院数量增加到 86 家，不仅扩大到所有二级以上医疗机构，更
涉及部分一级医疗机构。① 在食源性疾病监测工作体系中，吉林省积极探
索建立食源性疾病监测的奖惩机制，山西省对每项监测指标设置质量控制
确认程序并开展督察。②

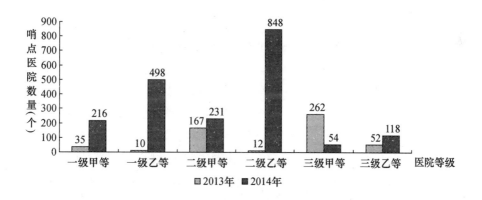

图 11 - 5　2013—2014 年哨点医院分布状况

　　食源性疾病监测主要包括食源性疾病主动监测、疑似食源性异常病例
（异常健康事件）监测和食源性疾病（包括食物中毒）报告三大类。食源
性疾病主动监测主要有哨点医院监测、实验室监测和流行病学调查三部分
内容；疑似食源性异常病例（异常健康事件）的监测是指与食品相关的
异常病例和异常健康事件；食源性疾病（包括食物中毒）报告是指所有
调查处置完毕的食源性疾病（包括食物中毒）事件。食源性疾病监测主
要内容示意如图 11 -6 所示。

---

① 《天津市食品安全风险监测哨点医院增至 86 家》，食品伙伴网，2016 - 04 - 07，http：//
news. foodmate. net/2016/04/373115. html。

② 《国家卫计委通报：2014 年共接到食源性疾病暴发事件 1480 起》，食品科技网，2015 -
04 -22，http：//www. tech - food. com/news/detail/n1198373. htm。

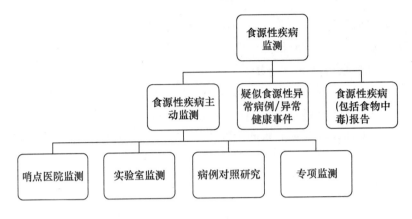

图 11－6　食源性疾病监测主要内容示意

（1）疑似食源性异常病例/异常健康事件监测。我国从 2010 年开始重点建设以哨点医院为主体的用于预警的疑似食源性异常病例/异常健康事件监测报告系统①②，其对早期发现具有潜在公共卫生意义的食源性健康损害，实现食源性疾病早发现、早诊治的监测目标具有重要价值。在疑似食源性异常病例/异常健康事件监测中，各家哨点医院根据自身特点，制订且实施符合本院的食源性疾病监测方案，指定专门部门（预防保健科）和人员负责食源性疾病报告信息收集，确定相关科室作为哨点科室（如肠道门诊）③④，具体报告流程如图 11－7 所示。

（2）食源性疾病报告制度。根据食源性疾病监测计划，由县级以上卫生行政部门组织调查处置完毕的食源性疾病事件，发病人数在 2 人及以上时，就必须按照食源性疾病（包括食物中毒）报告制度逐级上报。2013 年对事件报告的条件进行了调整，新增"死亡人数为 1 人及以上"，使食源性疾病事件启动报告的条件更加严格，不仅是 2 人发病需要报告，如果是发生 1 人死亡病例，同样必须报告。随着监测报告数据的积累和统

①　许毅、吴婷、吕宇：《2009—2011 年四川省食物中毒现况》，《职业卫生与病伤》2012 年第 3 期。

②　朱江辉、李凤琴、李宁：《构建全国食源性疾病主动报告系统初探》，《卫生研究》2013 年第 5 期。

③　周伟杰、诸芸、艾永才：《建立食源性疾病监测预警信息系统的研究》，《中国公共卫生管理》2009 年第 2 期。

④　丁翀、盛发林、朱杰等：《地区性食源性疾病病例实时监测系统的开发与实现》，《食品安全质量检测学报》2016 年第 2 期。

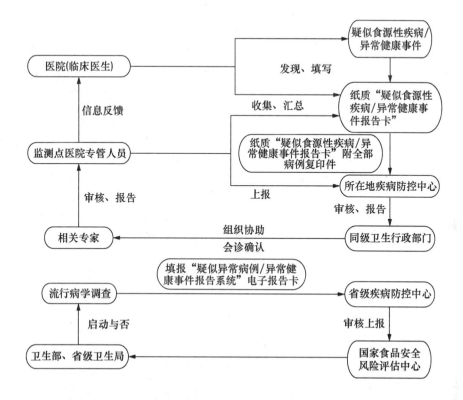

图 11 - 7　疑似食源性异常病例/异常健康事件监测报告流程示意

计，报告制度与流程逐渐完善，数据报告越来越准确、及时。食源性疾病（包括食物中毒）的报告流程示意如图 11 - 8 所示。

（3）食源性疾病主动监测。充足的食源性疾病信息对食源性疾病的日常监测非常重要。[1] 但我国地区经济发展不平衡，大部分农村地区实验室检测能力薄弱，食源性疾病监测主要依靠临床医生的敏锐性，信息产出能力较低，不仅不能了解病原—食物—人群的作用关系，更关键的是不能做到关键风险的识别与信息累积，无益于食源性疾病的监测与预防。[2][3]因此，哨点医院在食源性疾病主动监测中，要做好食源性腹泻病例信息和

---

① 杜萍、王心祥、付竹霓：《食源性疾病及食源性疾病微生物监测是全球性工作》，《医学动物防治》2008 年第 3 期。

② 《关于印发 2013 年全国食品安全风险监测计划的通知》（卫办监督发〔2012〕131 号），卫生部，2012 - 10 - 29，http：//www. byswsj. com. cn/gwfb/ShowArticle. asp？ArticleID = 963。

③ 黄兆勇、唐振柱：《食源性疾病的流行和监测现状》，《应用预防医学》2012 年第 2 期。

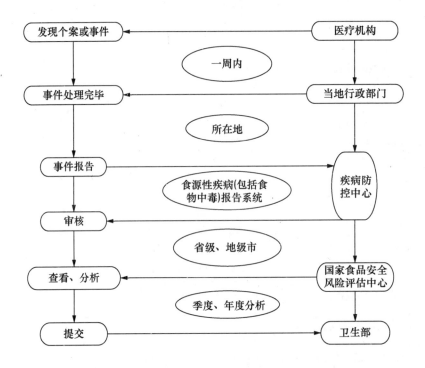

图 11-8 食源性疾病（包括食物中毒）的报告流程示意

粪便标本的采集、食品污染来源的识别和明确①、病原体信息的分析②、和食源性疾病人群信息的收集工作等。③

（四）基本形成重点区域与产品的风险监测格局

针对历年来风险监测数据的分析，国家加强了对风险区域的监测。一是加大对农产品主产区、食品加工业集聚区、农产品和食品批发市场、农村集贸市场、城乡接合部等重点区域的监管力度；二是加强对学校食堂、旅游景区、铁路站车等就餐人员密集场所的食品安全监管，对农村集体聚餐进行指导，防范食物中毒事故的发生；三是加强对网购食品的风险监测，防范大规模食品安全事件的发生。④ 同时，各省市区从

---

① 王维业、王相明：《食源性疾病监测管理与分析》，《海南医学》2012 年第 24 期。

② 《食源性疾病的监测和监控模式/粮农组织共用文件库（议题 9）》，联合国粮农组织、世界卫生组织，2004-05-27，http://www.fao.org/docrep/meeting/006/J2381C.html。

③ 周伟杰、诸芸、艾永才：《建立食源性疾病监测预警信息系统的研究》，《中国公共卫生管理》2009 年第 2 期。

④ 《2013 年河南省食品安全风险监测方案确定》，《郑州晚报》2013 年 3 月 21 日。

各自的实际出发，结合地域特点加强相关风险监测，形成了各具特色、丰富多样的区域食品安全风险监测体系。四川省开展餐饮从业人员带菌状况监测；上海市开展在校学生腹泻缺课监测；北京市开展单增李斯特菌专项监测等，河南省、山东省、北京市和太原市开展对网购食品的风险监测，不仅包括风险食品的监测、还有风险致病因子、化学污染物和有害因素以及食品包装的监测。①②③ 可以说，这些做法为建立地方性食源性疾病的溯源管理积累了数据，为地方食品安全监管提供了技术依据。

（五）基本形成了风险监测数据库

目前，国家食品安全风险监测数据库有"全国食品污染物监测数据汇总系统"和"全国食源性致病菌监测数据汇总系统"。天津市为实现对食源性疾病的主动监测，结合本市地域特征和饮食习惯，扩大了食品污染物和有害因素监测，以及食源性疾病监测的覆盖面。形成了覆盖全市种植、生产等各个环节，包括粮食、蔬菜、水果、水产品等百姓日常消费的各类食品的食品安全风险监测点和食品采样点，通过获取的数万条数据建立了天津市食品污染物数据库。④ 浙江、广东、江苏等省建立了哨点医院信息系统（HIS 系统）整合食源性疾病信息采集，完成了食源性疾病信息数据库的建立，提高了监测效率与报告质量。珠海市政府安装校园食品安全监控系统，开展"阳光厨房"进校园活动，试点校园安装视频监控系统、农产品快速检测系统、食堂主要食材原料及食品添加剂开展电子追溯管理等，同时建立校园食谱数据库、风险评估数据库等，建立起校园食品安全实时动态电子化的现代管理模式。⑤

（六）风险监测能力实现新提升

近年来，在初步形成以监测评估为支撑、标准制定为导向的国家、

① 《聊城市全面启动 2013 年食品安全风险监测》，中国疾病预防控制中心，2013 - 04 - 07，http：// www. chinacdc. cn/dfdt/201304/t20130407_ 79538. htm。

② 《网购食品今年纳入安全监管》，中国疾病预防控制中心，2013 - 02 - 25，http：// epaper. jinghua. cn/ html/2013 - 02/25/content1970423. htm。

③ 《太原：启动网购食品安全风险监测》，《三晋都市报》2013 年 3 月 13 日。

④ 《天津市建成食品污染物数据库》，中国食品安全网，2015 - 11 - 21，http：// paper. cfsn. cn/content/2015 - 11/21/content_ 31845. htm。

⑤ 《走在幸福的路上系列报道之九——打造校园"阳光厨房"加强食品安全风险监测》，珠海电视台，2014 - 12 - 27，http：//www. n21. cc/xw/zh/2014 - 12 - 27/content_ 105131. shtml。

省、市、县四级食品安全工作体系的同时，国家通过技术规范与能力培训不断缩小基层监测点的监测能力差距，提高整体监测数据的真实性、可比性和有效性。[①] 在中央财政预算中加大财政支持力度，重点购置必要的检验检测仪器和设备，以加强国家整体的食源性致病微生物的生化鉴定、金属元素和食品添加剂等实验室的检验检测能力。[②] 如图 11 - 9 所示，2010—2015 年，我国食品中化学污染及有害因素以及微生物风险监测完成样本数与监测数据量呈上升趋势并趋于稳定，6 年间共完成对粮油、果蔬、婴幼儿食品等 29 大类近 600 种食品的风险监测，囊括259 项指标，累计获得 1000 余万个监测数据。同时，通过深化部门联动机制，在完善国家风险监测数据库的基础上，构建多层次的数据网络，提高了监测数据的有效利用率。[③] 2014 年中国已建成全球规模最大的法定传染病疫情和突发公共卫生事件网络直报系统，100% 的县级以上疾病预防控制机构、98% 的县级以上医疗机构、94% 的基层医疗卫生机构实现了法定传染病实时网络直报，平均报告时间由直报前的 5 天缩短为目前的 4 个小时。[④] 此外，各地方也积极探索，不仅在硬件和软件方面取得了极大的拓展，更结合自身地域特点确定监测重点、优化监测资源。甘肃省食品药品监管局研发并投入使用食品安全抽检监测信息管理系统，构建了以计划下达、现场抽样、检验检测、报告签发、结果共享及后处理功能为一体的全省统一的食品安全抽检平台。国家食品安全风险监测江西中心和江西省食品安全风险评估中心正式挂牌运行，组织各级疾控中心建立食品化学性污染物、病原微生物及食源性疾病监测工作等。

---

① 《2016 年全国卫生计生综合监督和食品安全标准与监测评估工作会议召开》，国家卫生和计划生育委员会，2016 - 01 - 28，http：//www. moh. gov. cn/sps/s7886/201601/5af8016efcc14e049f84b28289d3caae. shtml。

② 《卫生项目 2012 年中央预算内投资计划下达》，浙江省卫生厅，2012 - 08 - 16，http：//www. zjwst. gov. cn/art/2012/8/16/art_ 2521_ 196298. html。

③ 《食品安全风险监测数据库系统第二次工作会议召开》，国家食品安全风险评估中心，2012 - 09 - 21，http：//www. chinafoodsafety. net/newslist/newslist. jsp? id = 1389&anniu= Denger_ dect_ 4&actType = News。

④ 《中国疾病预防控制工作进展（2015 年）》，国家卫生和计划生育委员会，2015 -04 - 15，http：//www. nhfpc. gov. cn/jkj/s7915v/201504/d5f3f871e02e4d6e912def7ced719353. shtml。

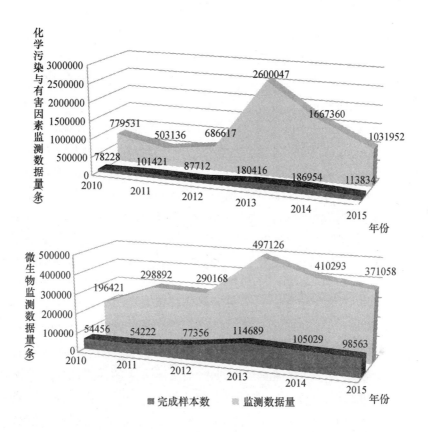

图 11 - 9　2010—2015 年食品中化学污染和有害因素以及微生物监测数据量

（七）食品安全风险监测取得新发展

近年来，国家食品安全风险监测在对有毒有害物质的风险监测基础上，对餐饮食品、食品添加剂和主要食品种类的风险进行连续监测，监测的基本情况如下：

1. 食品中有毒有害成分风险的监测

（1）荧光增白剂的风险监测。食品生产者为了增加白度、掩盖缺陷、降低成本，在纸质食品包装材料中非法添加了荧光增白剂。荧光增白剂成为国家食品安全风险监测中的重要内容。监测结果显示，大部分纸质包装材料普遍存在非法添加 DSD - FWAs 的情况。纸袋问题最为严重，其次为纸质食品包装盒、碗、桶和食品包装纸，而纸杯和其他纸制品情况稍好，没有标签的散装样品问题比定型包装的更严重，网店、学校周边小卖店和农贸市场等的荧光增白剂问题突出。

（2）有害元素的风险监测。对有害元素进行风险监测，并对食用农产品中有害元素开展溯源分析，不仅可以了解我国食品中有害元素的污染水平和趋势，确定污染的可能分布范围和来源，及时发现食品中有害元素污染隐患，还能为风险评估、风险预警和标准制（修）订提供科学依据。其中，为了获取多年有害元素污染水平数据并进行趋势分析，铅、镉、汞、砷、镍、铬等成为重金属监测的常规监测项目和重点开展的持续监测项目；为了获取风险评估的基础数据，硼、铜和稀土元素被作为食品安全风险评估的优先项目。监测结果表明，2010—2015 年，叶菜类、甘蓝类和茎类蔬菜中铅的超标率总体呈下降趋势，但仍有部分重点地区的蔬菜存在铅污染。从蔬菜的类别分析，茎类蔬菜污染问题最为突出，其次是茎类蔬菜。小麦粉、玉米面和大米中重金属含量总体良好，但传统污染区大米镉污染仍未见好转，污染分布呈明显的地域性差异。生乳中重金属含量均未见明显异常。2009—2015 年的连续监测结果显示，畜禽肉类中重金属污染水平较低，但畜类肾脏中呈现地域性的镉污染，总体污染未见改善趋势。2015 年监测样本中，肉与肉制品中铅、汞和砷的超标率显著低于2012 年；鲜蛋、咸蛋和皮蛋样品未见明显的镉和汞的污染，皮蛋中铅污染水平在 2010 年基础上进一步降低，但仍存在部分铅严重超标；甲壳类尤其是海蟹中镉的污染状况仍未得到改善；部分配制酒产品铅含量超标；茶叶中稀土元素含量仍处于较高水平，且铝本底含量较高；婴幼儿配方食品和辅助食品中镍和铝本底含量处于较低水平。

（3）生物毒素的风险监测。通过对粮食及其制品、食用植物油、豆类及其制品、调味品、水产品及其制品和特殊膳食用食品中真菌毒素的监测，可得到代表性数据，掌握污染状况，发现安全隐患并为标准的修订提供基础数据。2014—2015 年监测中发现，部分地区烤鱼片和织纹螺中仍检出河豚毒素，问题样品仍主要来源于农贸市场和网店。部分地区散装花生油中黄曲霉毒素超标率高，同时首次发现玉米油中玉米赤霉烯酮检出率和检出均值高。

（4）农药残留的风险监测。在常规监测的基础上重点对蔬菜、果品、茶叶、食用菌、粮油作物产品、畜禽产品、生鲜奶、水产品、蜂产品等重要"菜篮子"和"米袋子"农产品质量安全状况进行专项评估；对农产品在种养和收贮运环节带入的重金属、农兽药残留、病原微生物、生物毒素、外源添加物等污染物进行验证评估；对农产品质量安全方面的突发问题进行应急评估；并对禁限不绝的禁限用农兽药、"瘦肉精"、孔雀石绿、硝基呋喃等问题进行跟踪评估。监测结果表明：食品中农药残留风险多以农贸市场销售的本地产品为主，总体状况控制良好，风险水平不断降低。

（5）禁用药物风险监测。2013—2015 年禁用药物的监测发现，肝脏和肾脏中"瘦肉精"的残留高于畜肉，淡水鱼中氯霉素、硝基呋喃代谢物、孔雀石绿及隐性孔雀石绿检出现象较为普遍，且多数禁用药物的检出率仍呈现一种上升趋势。除此之外，还引发了一些新的食品安全隐患，如牛、羊肉及肝脏中 β - 受体激动剂类药物检出增多，均高于猪肉中检出率。

2. 主要食品种类风险的监测

所有监测项目中，微生物检测因其检测手段简单、指标明确、易于判别，成为各类食品的主要风险监测项目。其中，在生畜肉（猪肉、牛肉、羊肉等）、生禽肉（鸡肉、鸭肉等）、生猪肉和生牛肉等肉及肉制品的风险监测中，单核细胞增生李斯特菌在预包装样品中的检出率明显高于散装食品，大型餐馆单核细胞增生李斯特菌的不合格率明显高于中型餐馆和小型餐馆；单核细胞增生李斯特菌、金黄色葡萄球菌在不同食品类别、不同采样地点、不同包装形式和不同季度的检出率差异无统计学意义，但是禽肉中沙门氏菌检出率明显高于畜肉；生食肉类产品卫生状况差，食源性致病菌污染程度较高，风险较大，冷冻肉糜制品微生物污染程度好于调理肉制品、生食肉类产品。乳及乳制品风险监测中，金黄色葡萄球菌与蜡状芽孢杆菌等食源性致病菌的检出率较低，风险隐患较小。婴幼儿配方乳粉的风险监测中，虽有阪崎肠杆菌的少量检出，但是未有其他致病菌的检出，总体状况控制良好。水产动物及其制品监测中，淡水动物性水产品中，不同内陆监测点，淡水养殖场的水体、水底沉积物及淡水鱼中均发现存在副溶血性弧菌、创伤弧菌和溶藻弧菌等嗜盐性弧菌的污染，且流通环节污染严重。海水中常见嗜盐性弧菌，已在内陆淡水养殖、流通和餐饮各环节检出。淡水鱼养殖环节霍乱弧菌的检出率较高，污染率远高于各种嗜盐性弧菌。淡水鱼养殖、流通和餐饮环节霍乱弧菌的检出率均高于海水鱼。冷冻鱼糜制品中检出单核细胞增生李斯特菌、副溶血性弧菌和沙门氏菌；冷冻挂浆制品中单核细胞增生李斯特菌和副溶血性弧菌的检出率较高。熟制动物性水产品整体卫生状况较好，但仍有个别样品检出副溶血性弧菌超限量，具有一定的食品安全风险。生食贝类水产品的监测中，副溶血性弧菌和诺如病毒的污染情况呈上升趋势。以皮蛋为例的蛋及蛋制品监测中，沙门氏菌食品安全状况较好，在不同包装形式、不同采样地点、城市和农村、不同季度之间，沙门氏菌检出率均无统计学差异。调味品的风险监测发现，我国调味酱的食品安全状况总体较好。

3. 餐饮食品与食品添加剂风险的监测

餐饮食品较难监管，是近年来监管的重点。通过分析目前在餐饮环节中可能存在的食品安全问题，可以掌握我国餐饮食品安全现状，及时发现风险隐患，并为食品安全监管提供线索。监测结果表明，餐饮店和饮品店中自制饮料存在铅污染的隐患，采自小型餐饮店和街头摊点的样品铅含量高于大型饭店，自制饮料中甜味剂使用超出限量，且餐饮服务单位经营的食品中含有罂粟碱、吗啡、可待因、那可丁、蒂巴因等罂粟壳等非法添加。流动街头餐饮肉制品存在的主要问题为红 2G 的检出，无论是检出样品数量，还是检测最小值、最大值、平均值上，红 2G 均高于其他各类工业染料。蔬菜及其制品中咸菜、土豆丝和其他蔬菜制品检出农药品种均大于 10 种，生菜检出农药品种为 9 种，主要为拟除虫菊酯类农药。对酒类的添加剂监测中发现，葡萄酒和果酒中都存在超范围使用防腐剂、甜味剂和着色剂的问题，果酒检出率高于葡萄酒。葡萄酒和果酒中 6 种着色剂均有检出，其中苋菜红检出率最高。熟肉制品中亚硝酸钠存在超限量问题，农贸市场采集的样品中亚硝酸钠检出率和超标率均高于商店，采集的散装样品超标率高于定型包装样品。玉米粉、小米粉和小米存在超范围使用着色剂的问题，其中柠檬黄检出率高于日落黄。

4. 食源性疾病的监测

食源性疾病监测是食品安全风险监测中不容忽视的重要内容，六年来，共监测获得 60 万份食源性疾病病例信息，基本摸清了我国食源性疾病分布状况。图 11 – 10 的统计数据显示，2001—2014 年，我国食源性疾病累计暴发共 9228 起，累计发病 211509 人次。其中，2014 年食源性疾病暴发事件数和涉及发病人数均达到历史最高点，分别为 1480 起和 29259 人。以 2010 年为转折，2010 年之前，我国食源性疾病暴发事件数和涉及发病人数总体呈下降趋势，虽然 2011—2013 年涉及发病人数呈低位波动，但整体上说，2010 年以后我国的食源性疾病暴发事件数与患者人数呈上升趋势。2014 年接到食源性疾病暴发事件 1480 起，监测食源性疾病 16 万人次，报告事件数和监测病例数较 2013 年分别增长 47.9% 和 103%。这表明，自 2010 年建立起食源性疾病主动监测网络以来，我国食源性疾病暴发监测与报告系统的敏感度提高，有助于防范食源性疾病。①②

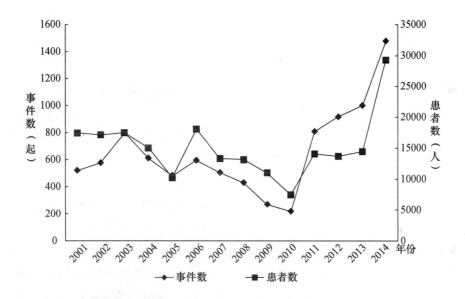

图 11 - 10　2001—2014 年我国食源性疾病暴发的总体状况

资料来源：徐君飞、张居作：《2001—2010 年中国食源性疾病暴发情况分析》，《中国农学通报》2012 年第 27 期；《中国卫生统计年鉴》（2013—2014）；国家卫生计生委办公厅：《2014 年食品安全风险监测督察工作情况的通报》。

三　食品安全风险评估体系建设

食品安全风险评估指对食品、食品添加剂中生物性、化学性和物理性

---

① 徐君飞、张居作：《2001—2010 年中国食源性疾病暴发情况分析》，《中国农学通报》2012 年第 27 期。

② 《中国卫生统计年鉴》（2013），国家卫生和计划生育委员会，2014 - 04 - 26，http：// www. nhfpc. gov. cn/htmlfiles/zwgkzt/ptjnj/year2013/index2013. html。

危害对人体健康可能造成的不良影响所进行的科学评估，包括危害识别、危害特征描述、暴露评估、风险特征描述等。作为安全风险分析的重要环节，食品安全风险评估是国际通行的制定食品法规、标准和政策措施的基础。① 在食品安全风险监测体系持续优化的基础上，我国持续展开食品安全风险评估项目，对食用农产品与食品安全风险进行有重点、有优先性的评估，并取得了新成效。

（一）风险评估的基础性工作和优先项目

我国的食品安全风险评估工作起步于 20 世纪 70 年代，卫生部先后组织开展了食品中污染物和部分塑料食品包装材料树脂及成型品浸出物等的危险性评估。加入世界贸易组织后，我国进一步加强食品中微生物、化学污染物、食品添加剂、食品强化剂等专题评估工作，开展了一系列应急和常规食品安全风险评估项目。自 2010 年以来，基于食品安全风险监测工作的不断深入，卫生部共开展优先评估项目 20 项，应急风险评估项目 10 余项，针对风险监测结果的评估工作约 190 余项，涉及食品中危害因素近100 种。先后完成了食品中铅、反式脂肪酸、苏丹红，零售鸡肉中弯曲杆菌，即食食品中单增李斯特菌，酒类氨基甲酸乙酯，油炸食品中丙烯酰胺，酱油中的氯丙醇，面粉中溴酸钾，婴幼儿配方乳粉中碘和三聚氰胺、双酚 A、PVC 保鲜膜中的加工助剂、红豆杉、二噁英污染等风险评估的基础性工作②③④⑤⑥，以及我国主要植物性食品及食品原料中铝本底含量调

---

① 唐晓纯：《多视角下的食品安全预警体系》，《中国软科学》2008 年第 6 期。

② 《我国零售鸡肉中弯曲菌风险评估结果研讨会在京召开》，国家食品安全风险评估中心，2014 - 04 - 30，http：//www. cfsa. net. cn/Article/News. aspx? id = E3B67015ADED8690F92AAF58F3621A3D3FA46D760CF34D89。

③ 《中国食品污染物监测网络覆盖 15 省年监测 54 种食品》，中国经济网，2007 - 07 - 10，http：//www. ce. cn/xwzx/gnsz/gdxw/200707/10/t20070710_ 12116078. shtml。

④ 《国家食品安全风险评估专家委员会第八次全体会议召开》，国家食品安全风险评估中心，2014 - 02 - 25，http：//www. cfsa. net. cn/Article/News. aspx? id = D34CD05E22C2C7D77C4721CEAF6F6FDF14297AE57CF08FB9。

⑤ 《卫生部会同有关部门研究加强双酚 A 监管措施》，国家卫生和计划生育委员会，2011 - 04 - 20，http：//www. moh. gov. cn/publicfiles/business/htmlfiles/mohbgt/s3582/201104/51378. htm。

⑥ 《卫生部办公厅关于征求禁止双酚 A 用于婴幼儿食品用容器公告意见的函》，国家卫生和计划生育委员会，2011 - 04 - 20，http：//www. moh. gov. cn/publicfiles/business/htmlfiles/mohwsjdj/s10602/201104/51363. htm。

查①，水产品中硼的本底调查②，牛乳头奶中硫氰酸盐本底调查，即食食品中单增李斯特菌定量风险评估③，我国居民膳食铜营养状况、铝、脱氧雪腐镰刀菌烯醇（DON），以及二噁英和稀土元素暴露风险评估等④⑤⑥⑦。截至 2016 年年初，国家已经正式发布的食品安全风险评估报告，如表11 - 3 所示。

表 11 - 3　　　　　　　　已发布的国家食品安全风险评估报告

发布时间	评估报告	发布者
2016 年 2 月 24 日	膳食二噁英暴露风险评估	国家食品安全风险评估专家委员会
2016 年 2 月 24 日	膳食稀土元素暴露风险评估	国家食品安全风险评估专家委员会
2015 年 3 月 31 日	酒类中氨基甲酸乙酯风险评估	国家食品安全风险评估专家委员会
2015 年 3 月 31 日	鸡肉中弯曲杆菌风险评估	国家食品安全风险评估专家委员会
2015 年 3 月 31 日	即食食品中单增李斯特菌风险评估	国家食品安全风险评估专家委员会
2014 年 6 月 23 日	中国居民膳食铝暴露风险评估	国家食品安全风险评估专家委员会
2013 年 11 月 12 日	中国居民反式脂肪酸膳食摄入水平及其风险评估	国家食品安全风险评估专家委员会

---

① 《我国主要植物性食品及食品原料中铝本底含量调查中期工作会议在广州召开》，国家食品安全风险评估中心，2014 - 03 - 27，http：//www. cfsa. net. cn/Article/News. aspx？id = 86C0A11 C145D5C4E03424EE52DAF660AF6B32B254125C9CB。

② 《中国居民膳食铜营养状况风险评估和水产品中硼的本底调查工作方案研讨会召开》，国家食品安全风险评估中心，2014 - 04 - 23，http：//www. cfsa. net. cn/Article/News. aspx？id = 8E3140135F4F5D62D44F7EF3968907D6。

③ 《单增李斯特菌定量风险评估工作研讨会在京召开》，国家食品安全风险评估中心，2014 - 04 - 01，http：//www. cfsa. net. cn/Article/News. aspx？id = 3AD251AAF436C5CB882FFB347FB 845991FD31F83029502D5。

④ 《中国居民膳食脱氧雪腐镰刀菌烯醇暴露风险评估项目方案研讨会在京召开》，国家食品安全风险评估中心，2014 - 05 - 05，http：//www. cfsa. net. cn/Article/News. aspx？id = 8CDBC0EC63306CCA49C6 233F80C16F2B3B6BD1363BB798F9。

⑤ 《中国居民膳食稀土元素暴露风险评估项目实施方案研讨会在京召开》，国家食品安全风险评估中心，2014 - 05 - 21，http：//www. cfsa. net. cn/Article/News. aspx？id = 1CECFCFB38CA 0886F0A8BBE130E 8C918B18EADB1209FF50B。

⑥ 《评估报告——中国居民膳食铝暴露风险评估》，国家食品安全风险评估中心，2014 - 06 - 23，http：//www. cfsa. net. cn/Article/News. aspx？id = D451A0282DBC8B2F0793BC071555E677EF 79259692C58165。

⑦ 《国家食品安全风险评估专家委员会第十次全体会议在京召开》，国家食品安全风险评估中心，2016 - 03 - 04，http：//www. cfsa. net. cn/Article/News. aspx？id = 7EA381E34F41B1E051D1 AED2395FAC61073C40031481BDBE。

续表

发布时间	评估报告	发布者
2012 年 3 月 15 日	中国食盐加碘和居民碘营养状况的风险评估	国家食品安全风险评估专家委员会
2012 年 3 月 15 日	苏丹红的危险性评估报告	国家食品安全风险评估专家委员会
2012 年 3 月 15 日	食品中丙烯酰胺的危险性评估	国家食品安全风险评估专家委员会

资料来源：笔者根据相关资料整理形成。

（二）食品安全风险评估工作体系建设

1. 国家食品安全风险评估工作网络的完善

为进一步健全风险评估技术机构网络，中国科学院上海生命科学研究院和军事医学科学院毒物药物研究所作为评估中心的分中心挂牌成立。[①]各省、市、自治区疾控中心作为省级评估机构，在各省食品安全监管、地方标准制定及应急事件处置和风险交流中积极发挥技术支撑作用。此外，国家质量监督检验检疫总局进出口食品化妆品风险评估中心，作为国家级评估机构为开展基于风险评估的进出口食品化妆品风险管理提供科技支撑。[②]

2. 食品安全风险评估制度建设的加强[③][④]

为加强食品安全国家标准制定、修订与执行情况的有机衔接，进一步推进标准跟踪评价工作，国家食品安全风险评估中心依托现有的食品安全国家标准数据检索平台，拓展建立了标准跟踪评价及意见反馈渠道。通过广泛收集标准使用者对现行所有食品安全国家标准的意见和建议，了解标准适用性、科学性和可行性。同时，根据《农产品质量安全法》《食品安全法》和《食品安全法实施条例》的规定，农业部组织制订了《2015 年

---

① 《我中心在京召开食品安全风险评估规划（2016—2020）研讨会》，国家食品安全风险评估中心，2015 - 10 - 13，http：//www. cfsa. net. cn/Article/News. aspx? id = BC04C6C2CA0B2726 42A92A491D9AA2A1F1BCCFD535C764C2。

② 《质检总局进出口食品化妆品风险评估中心在京揭牌》，食品伙伴网，2015 - 10 - 14，http：//news. foodmate. net/2015/10/333488. html。

③ 《国家食品安全风险评估中心发布标准跟踪评价及意见反馈方式》，食品伙伴网，2015 - 03 - 18，http：//news. foodmate. net/2015/03/299935. html。

④ 《农业部关于印发〈2015 年度国家农产品质量安全风险评估项目计划〉的通知（农质发〔2015〕7 号）》，食品伙伴网，2015 - 09 - 06，http：//www. foodmate. net/law/shipin/187604. html。

度国家农产品质量安全风险评估项目计划》，针对当前我国农产品种养和收贮环节中存在的重金属、农兽药、病原微生物、生物毒素和外源添加物等农产品质量安全隐患进行风险评估。此外，在国家、省、市、县四级多部门通报会商联动机制完善的基础上，及时研判应对小龙虾致横纹肌溶解症、赤潮贝类毒素蓄积、烤鱼片河豚毒素污染等风险隐患。发布《中国居民膳食指南（2016）》，积极开展食品营养安全科普宣传，努力提高人民群众的健康素养。

（三）食品安全风险评估能力建设

1. 风险评估的机构与实验室建设

目前我国的国家食品安全风险评估实验室包括由农业部负责的国家农产品质量安全风险评估实验室与由卫生部负责的国家食品安全风险评估实验室。农业部于 2012 年完成了对首批的 65 个农产品质量安全风险评估实验室的认定工作。农产品质量安全风险评估实验室相继开展了针对主要食用农产品的风险隐患摸底排查工作，并先后对重点产品、重点区域、重点风险因子进行了专项风险评估工作，为农产品质量安全监管提供了技术支撑。[①] 目前，农业部在全国建有 100 家专业性或区域性风险评估实验室、145 家主产区风险评估实验站。[②] 以风险评估实验室和试验站为依托，我国初步建立起了以国家农产品质量安全风险评估机构（农业部农产品质量标准研究中心）为龙头，农产品质量安全风险评估实验室为主体，农产品质量安全风险评估实验站为基础的三级风险评估网络。[③] 2015 年，国家农产品质量安全风险评估项目，重点对蔬菜、果品、茶叶、食用菌、粮油作物产品、畜禽产品、生鲜奶、水产品、蜂产品等重要"菜篮子"和"米袋子"农产品质量安全状况进行专项评估，对农产品在种养和收贮运环节带入的重金属、农兽药残留、病原微生物、生物毒素、外源添加物等污染物进行验证评估；对农产品质量安全方面的突发问题进行应急评估；对禁限不绝的禁限用农兽药、"瘦肉精"、孔雀石绿、硝基呋喃等问题进

---

① 《第二届国家农产品质量安全风险评估专家委员会在京成立》，中国日报网，2012 - 12 - 28，http：// www. chinadaily. com. cn/hqcj/zxqxb/2012 - 12 - 28/content_ 7893243. html。

② 《陈晓华副部长在 2016 年全国农产品质量安全监管工作会议上的讲话》，农业部，2016 - 01 - 28，http：// www. moa. gov. cn/govpublic/ncpzlaq/201604/t20160420_ 5102113. htm。

③ 《农业部认定 145 家农产品质量安全风险评估实验站》，新华网，2014 - 01 - 13，ht-tp：// www. gov. cn/jrzg/2014 - 01/13/content_ 2565740. htm。

行跟踪评估。2015 年，国家农产品质量安全风险评估财政专项，共设立 14 个评估总项目，34 个评估项目；同时设立农产品质量安全风险隐患基准性验证评估项目、农产品质量安全突发问题应急处置项目和农产品质量安全风险交流项目。[①]

表 11 - 4　　2011—2015 年农产品质量安全风险评估机构发展情况

发展情况	2011 年	2012 年	2013 年	2014 年	2015 年
重要事件	遴选出首批专业性和区域性农业部农产品质量安全风险评估实验室	建立国家农产品质量安全风险评估制度	着手编制全国农产品质量安全风险评估体系能力建设规划	认定首批主产区风险评估实验站；全面推进风险评估的项目实施	全面推进风险评估的项目实施
风险评估实验室数量	65 个（专业性 36 个，区域性 29 个）	65 个（专业性 36 个，区域性 29 个）	88 个（专业性 57 个，区域性 31 个）	98 个（专业性 65 个，区域性 33 个）	98 个（专业性 65 个，区域性 33 个）
风险评估实验站数量	0	0	0	145 个*	145 个*
风险评估项目实施	对 8 大类农产品进行质量安全风险摸底评估	对 21 个专项进行风险评估	对 9 大类食用农产品中的 10 大风险隐患进行专项风险评估	对 12 大类农产品进行专项评估、应急评估、验证评估和跟踪评估	共设 14 个评估总项目，34 个评估项目，重点针对"菜篮子"和"米袋子"农产品质量安全状况进行专项评估

注：* 代表风险评估实验站于 2013 年 10 月组织申报，2014 年 1 月公布认定名单。风险评估实验站用于承担风险评估实验室委托的风险评估、风险监测、科学研究等工作。

资料来源：笔者根据中央一号文件、农业部农产品质量安全监管相关文件整理形成。

国家卫生计生委食品安全风险评估重点实验室在原国家卫生部二噁英实验室、中国疾病预防控制中心化学污染与健康安全重点实验室、世界卫

---

① 《农业部关于印发〈2015 年度国家农产品质量安全风险评估项目计划〉的通知》，农业部，2015 - 07 - 27，http://www.cnfood.com/news/37/183358.html。

生组织食品污染监测合作中心（中国）基础上，联合中国科学院上海生命科学研究院营养科学研究所食品安全研究中心，以国家食品安全风险评估中心为依托组建而成。近年来，重点实验室获得多项资质认证，检验检测能力和认证认可程度得到了进一步的提升，由 2013 年开始能够从事国产和进口保健食品的注册检验、复核检验工作，具有出具检验报告资质①，以及复检农药残留、兽药残留、重金属、非法添加物、食品添加剂、其他有毒有害物、生物毒素、营养成分、相应的质量指标、致病微生物等项目的资格。此外，为更好地促进区域间食品安全风险管理的合作，2013 年 11 月 24 日，京津地区食品绿色加工与安全控制协同中心组建成立。根据京津地区食品产业特点，该中心将兼顾环渤海区域食品产业结构，以创新为手段，进行传统主食现代化制造研究、现代食品绿色和健康加工研究、食品贮运和现代物流研究、食品安全评估控制研究和高效检测技术与装备研究等平台的创新研究。②

2. 风险评估关键技术的提升

随着社会信息化和组织机构信息化程度的不断提高，计算机网络和信息系统已成为社会经济发展和日常生活中不可或缺的工具，信息安全问题所导致的损失也在成倍增加。我国已经建立了完善的信息安全评估体系，其能够识别组织机构的信息安全需求，为信息安全建设提供必要的依据③，包括规划和实施两个阶段，在 GB/T 22080—2008 的 ISMS 建设中具有非常重要的地位。正确的风险评估方法能更准确地识别风险，对制定安全策略和实施安全措施起到指导性作用，是 ISMS 成功实施的关键。在建立 ISMS 过程中，需要按照业务需求来确定风险评估方法，概括起来可分为定量的风险评估方法、定性的风险评估方法和半定量的风险评估方法三大类。为了使评估结果既全面深刻又客观严谨，我国在信息安全体系建立过程的信息风险评估中一般采用定性与定量相结合的半定量评估方法。

---

① 《实验室获保健食品注册检验机构资质》，国家食品安全风险评估中心，2013 - 09 - 09，http：//www. cfsa. net. cn/Article/News. aspx? id = AE44D8EAF15681CED86DA112837D4BE3C1AE 564E90708EF8。

② 《京津地区食品绿色加工与安全控制协同创新中心组建》，国家食品安全风险评估中心，2013 - 11 - 28，http：//www. cfsa. net. cn/Article/News. aspx? id = AEA8F8ABCD1F5A36B91F2189 04B1CD54B852D4C 93EE1C9AF。

③ 《检验检疫：运用风险评估梳理信息安全》，《中国国门时报》2015 年 12 月 15 日。

四　食品安全风险预警体系建设

建立食品安全风险预警体系，及时发布食品安全风险的预警信息，有利于及时引导消费与保护消费者健康，促进食品行业和企业的自律，有助于国际社会理解我国的食品安全管理政策。随着国家食品安全风险监测范围的不断扩大，风险评估技术水平的不断提高，食品和农产品的风险预防控制能力也在逐步提升。2013 年 3 月，新组建的国家食品药品监督管理总局成立后，食品安全风险预警职能做了相应调整，农业部承担以农产品质量安全监管为基础的摸底排查和风险评估预警工作，国家卫计委承担食品安全风险监测评估预警工作，并发布食物中毒和食源性疾病的相关预警信息；国家质量监督检验检疫总局承担进出口食品的风险预警工作，初步建立了较为清晰的从初级农产品到食品的风险预警管理体制。同时，《食品安全法》（2015 版）中也明确了食品安全风险预警的法律地位，第二十二条规定，国务院食品药品监督管理部门应当会同国务院有关部门，根据食品安全风险评估结果、食品安全监督管理信息，对食品安全状况进行综合分析。对经综合分析表明可能具有较高程度安全风险的食品，国务院食品药品监督管理部门应当及时提出食品安全风险警示，并向社会公布。自此，食品安全风险预警工作中存在的预警交流制度缺失、手段有限、统计分析数据不足、深度不够的问题得到了有效改善。[①] 但是，当前我国食品安全风险预警工作仍存在市县两级工作开展不均衡、基础建设亟待完善、工作质量亟待提高、核查处置的有效性亟待加强、风险预警体系亟待深入等挑战。

（一）农产品风险预警体系建设

根据《农产品质量安全法》《食品安全法》的相关要求，各级农业职能部门积极建设和完善内部的预警体系，努力将风险防控落到实际监管中。农产品质量安全的风险评估预警建设，受到中央财政连续支持，年度项目预算经费约为农产品质量安全监管总投入的1/3。按照国家项目管理

---

① 《全国食品安全抽检监测和预警交流工作会议在北京召开》，国家食品药品监督总局网，2016 - 01 - 28，http：//www. sfda. gov. cn/WS01/CL0050/143268. html。

机制，农产品质量安全风险评估预警体系已经开展粮油、蔬菜、生鲜水果、生鲜乳、畜禽产品、水产品、食用菌、茶叶和特色产品的质量安全风险评估，以及产后储藏运输环节和产地环境因子的风险评估，为风险预警提供科学依据。

地方也结合区域特色，积极探索，在各级政府的推动下，开展了一系列的农产品质量安全风险预警基础性工作。例如，浙江省武义县在全国率先组建了县级农产预警分析师队伍，定期开展辖区的粮油、茶叶、水果、蔬菜、畜牧等农产品的动态监测分析，并根据农产品供需变化和市场行情，深入到种养大户、农业龙头企业嫁接的基地、农民专业合作社调研，提供月度品种分析报告，季度定期会商，实现农产品的市场研判和预警。广东省东莞市建设了农产品安全预警与追溯技术研究团队，2013 年，为了加强"动物产品质量安全监督信息中心"，研究团队新增东莞市动物卫生监督所，以实现东莞主要肉食品质量安全信息溯源提供研究"大数据"。2014 年，湖南省常宁市针对标准体系、安全追溯、分析预警、监管执法、检测管理、农事管理、农业投入品管理、产地环境监测、农产品价格和管理系统十大领域，按照国家级标准建成了"常宁农产品质量安全监管网"，开展综合平台建设，实现对生产企业、农民合作组织和规模生产基地的农产品质量可追溯管理。目前，我国预警管理和追溯制度已经逐渐成为现代农业的发展方向。

（二）食品安全风险预警体系

在国家食品安全风险监测能力不断提升的背景下，风险评估预警工作开始进入实质性的规范化建设阶段，相关职能部门依据职责和工作计划，开展了有针对性的预警机构设置、人员配置与职责划分等相关基础工作。

1. 风险预警平台建设①

信息化平台的建设是预警工作最重要的硬件基础，2013 年年初，为规范风险监测数据的收集、分析、研判和预警信息化，国家食品药品监督管理总局监管司对保健食品化妆品风险监测和预警平台建设方案（征求意见稿）公开征求意见。2014 年，国家食品药品监督管理总局官方网站

---

① 《四川推进食品药品风险监测和风险预警平台建设》，中国食品报网，2016 - 02 - 18，http：//www.cnfood.cn/n/2016/0218/79017.html。

设立了食品安全风险预警交流专栏，下设"食品安全风险解析""食品安全消费提示"两个子栏目发布食品安全知识解读信息与消费提示信息。近年来，"食品安全风险解析"子栏目中共发布了35条关于新食品标准、食品安全事件相关知识的解读的信息；"食品安全消费提示"子栏目发布了14条风险警示消费提示，包括春节期间农产品监管及食品生产经营、夏季食品安全消费和各类食物中毒风险提示等。为食品安全风险预警交流做出了贡献。

在地方食品安全风险预警体系建设中，江苏省苏州市食品药品监督管理局专门设立了预警平台办公室，定期召开专题会机制，同时制定预警信息实施细则，将预警信息的收集、研判、处置等工作职责分解至各处室，确保预警平台工作的有序开展。同时，将短信平台、药械网上直通车、不良反应检测平台、药械监管网络群等统一纳入信息发布渠道建设，基本实现预警信息的定点、定位发布。南京市食品安全风险监测评估和预警网络平台实现了食品风险监测和食源性疾病监测的数据在线上报、分析和评估预警功能，有效提升食品安全风险监测的整体能力和水平。四川省食品药品监管局将风险研判纳入食品药品监管系统"一把手"工程，出台《四川省食品安全风险研判例会制度》和《四川省药品质量安全风险研判例会制度》，将"大数据"平台引入风险研判中，促进风险防范的精细化和精准化。

2. 风险预警等级管理建设①

预警机制主要包含信息交流机制、信息评估机制、处置机制、分级响应机制等。《食品安全法》（2015版）中更是将风险治理的理念贯彻到了食品生产经营的全过程和食品监督管理的各方面，增加了食品安全风险管理的分级制度、交流制度、自查制度和约谈制度。预警工作作为一个综合系统，运行机制决定着系统的运行和效率，为此，各省市在食品药品质量安全预警机制建设中积极探索。浙江省杭州市从预警信息的收集、发布、风险等级、分类评估、重大预警信息会商等方面，建立了安全风险预警机制，并实行等级管理。依据信息性质、危害程度、涉及范围，将风险等级设为特别严重、严重、较严重、一般，对应为红、橙、黄、蓝的四种颜

---

① 《新增"风险分级"等四制度进一步保障食品安全风险管理》，中国记协网，2015 - 07 - 29，http：//news. xinhuanet. com/zgjx/2015 - 07/29/c_ 134459138. htm。

色。同时将预警信息分为五类，分别为系统内部预警、行业预警、区域预警、社会预警和政府预警，不同类型预警信息发布范围不同，科学化解和降低重大事件的风险影响。河北省食品药品监督管理局制定了《食品药品安全预警信息交流制度（试行）》，明确食品药品监管的应急管理、稽查、检验检测等机构的监管职责，分解了监督抽检、媒体舆情、举报信息、不良反应监测等方面信息的收集、整理、汇总分析与研判。

3. 食品安全风险预警公告常规化

预警公告作为消费者最常接触到的一类预警信息，如今已经逐渐常态化，各种相关的信息提醒，也正在成为公众的习惯接收信息，不仅提高了消费者的风险防范能力，也在一定程度上提高了消费者的风险认知水平。各地方针对地方食品安全风险特征，开展了有针对性的食品安全风险预警工作，河南省在夏季高温节气发布食物中毒预警公告，提醒各餐饮单位和广大消费者注意饮食卫生安全，并要求省属各级监管部门加强餐饮食品安全监管。陕西省食药局就冬季群体性中毒高发节气发布餐饮服务食品安全预警，要求各类食堂、餐饮企业等集体用餐场所注意食品安全，同时提醒市民预防豆角、马铃薯发芽中毒。云南省食品药品监督管理局发布冬季食品安全预警，严禁餐饮单位和集体食堂加工地方特色有毒食品草乌，同时提醒家庭不要擅自加工制作草乌食用。此外，为强化食品安全风险预警工作，江苏省委将"建立科学高效的食品安全风险预警体系"纳入《省委全面深化改革领导小组 2015 年工作要点》，在食品安全监督抽检和风险监测过程中，大力强化舆情监测的预警功能。在实践中探索与新华网合作，建立江苏食品药品安全舆情 24 小时不间断监测体系。加大对广播、电视、报刊和互联网等媒体发布的食品药品安全相关信息的监测力度，根据舆情发展态势及时发出食品药品安全分级预警，切实做到敏感舆情及时通报、重要舆情及时上报和负面舆情及时处置，充分发挥舆情警示作用。截至目前，已编印《江苏食品药品舆情分析报告》（年报）1 期、《江苏食品药品舆情分析报告》（月报）15 期、《江苏食品药品舆情通报》（旬报）27 期、《江苏食品药品舆情专报》50 期。

（三）进出口食品风险预警体系建设

进出口食品的风险预警主要由国家质量监督检验检疫总局进出口食品安全局负责监管和信息发布，设有进境食品风险预警、出境食品风险预警和进出口食品安全风险预警通告三个窗口，按月发布预警信息。在风险预警分类管理中主要有进出口食品安全风险预警通告和进境食品风险预警两大类。其中，进出口食品安全风险预警通告分为进口和出口两类通告，进口食品安全风险预警通告分为进口商、境外生产企业和境外出口商三个小门类，使得通告类型更为细化，便于查询。进境食品风险预警信息则按月发布，并发布郑重声明：进口不合格食品信息仅指所列批次食品，不合格问题是入境口岸检验检疫机构实施检验检疫时发现并已依法做退货、销毁或改作他用处理，且这些不合格批次的食品未在国内市场销售。目前实施的进出口食品风险预警信息的组成如图 11-11 所示。

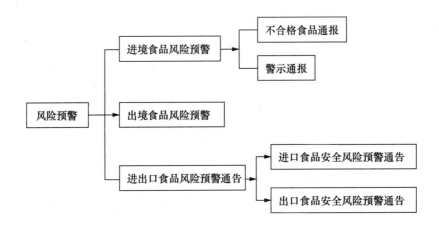

图 11-11　我国进出口食品风险预警信息组成示意

自 2011 年起，我国已成为全球最大的食品农产品进口国，进口食品增长态势仍将持续，进出口食品安全监管及预警责任愈加重大。十多年来，进出口食品安全风险预警基本形成了规范化，信息公开程度较高。在工作中遵循四项原则，迎接"新挑战"。按照"预防为主、风险管理、全程控制和社会共治"的四项原则，更加突出生产经营者质量主体责任，更加强化进出口食品安全监管责任，更加严格进出口食品安全监管措施，更加严厉对违法行为的处罚力度。

同时，落实四个最严，构建"新体系"，取得了一系列的进展。为贯彻落实用"最严谨的标准、最严格的监管、最严厉的处罚、最严肃的问责"保障食品安全的重要指示，国家质量监督检验检疫总局从以下三个方面进行了努力：一是建立完善的进出口食品安全法规体系。建立完善的进出口食品法规体系；制定《输华食品国家或地区食品安全体系评估管理办法》《进口食品口岸分级管理办法》等一批新的规章制度。二是建立最严格的进出口食品安全监管制度体系。在进口方面，建立覆盖进口前、进口时、进口后三个环节的全程监管体系。严把对华出口食品国家和地区"准入关"，境外输华食品生产企业"注册关"，输华食品进出口商"备案关"。进口时严格分类监管，组织专家采用风险评估模型，利用检验检疫大数据，对进口食品进行风险评估，提高监管科学性、有效性。进口后加强事后监管，建立进口食品生产经营企业信誉记录制度，严格处罚有不良记录的生产经营企业。三是建立科学的进出口食品安全支撑体系。成立中国进出口食品安全专家委员会与质检总局进出口食品风险评估中心，参与我国进出口食品安全决策，开展进出口食品检验检疫风险评估，制定科学有效的监管措施。同时，建立境外输华食品国家或地区食品安全体系评估和审查的专门队伍，利用"大数据""互联网＋"技术，创建"智慧进出口食品安全监管"，全面提升进出口食品安全治理能力。

五　案例分析：江苏食品安全风险监测 体系与能力现代化建设调查

习近平总书记在全国卫生与健康大会上指出，要把人民健康放在优先发展的战略地位，加快推进健康中国建设。完善食品安全风险监测体系，提升风险监测能力是全面贯彻总书记讲话精神，坚持中国特色卫生与健康发展道路，推进"健康中国"建设的基础性内容。前面已从全国宏观层次的角度分析了食品安全风险监测体系的状况。在此，以江苏省为案例，进一步分析现状与存在的问题。

（一）主要建设成效

江苏省是我国经济社会发展较为领先的省份。目前，江苏省已形成了相对完善的食品安全风险监测体系，但面对"农田到餐桌"全程食物供应链中复杂性、持久性、隐蔽性和滞后性兼具的食品安全风险，调查发现，江苏省风险监测体系与能力建设尚存在突出问题，需要引起高度重视并采取有效的措施逐步解决。

自2010年开始建设食品安全风险监测体系以来，通过坚持不懈的努力，江苏省的风险监测体系与能力建设取得了重要进展。

1. 形成了三级架构的监测体系

截至 2015 年，江苏省已基本完成覆盖省、市、县（区）三级架构的食品安全风险监测体系建设，风险监测点达到了县级区域的全覆盖。其中，以疾病预防控制中心（以下简称疾控中心）为指导，以哨点医院为基础的食源性疾病监测网络实现了跨越式的发展。目前全省共设置食源性疾病监测哨点医院 380 家，覆盖 13 个省辖市、56 个市辖区和全部 42 个县级行政区域，且疑似食源性异常病例/异常健康事件监测医院覆盖了全省所有二级以上医院。

2. 构建了多种形态相融合的监测格局

根据国家统一的安排，江苏省已形成了常规监测规范化、专项监测多样化、应急监测快速化等多种形态相融合的食品安全风险监测格局，基本满足了监测需求。在完善"菜篮子"和"米袋子"食品中化学污染物和有害因素、食源性致病菌、食源性疾病和放射性物质等的常规监测的同时，加强了对街头流动餐、网店自制食品、学生餐、外卖配送餐、小龙虾相关横纹肌溶解综合征等的专项监测，开展了集体用配送餐、地方特色食品盐水鸭等地方标准跟踪评价，并持续推进社区人群食源性疾病负担调查、食源性致病菌耐药检测与致病菌分子分型监测，为科学评估江苏省食品安全风险提供了数据基础。

3. 实现了风险监测能力的新提升

目前，江苏省已建立了覆盖 13 个省辖市疾控中心的食源性致病菌分子分型网络实验室，开展了食源性致病菌 PFGE 分子分型用于食物中毒溯源分析，并不断加大食品化学污染物及有害因素监测、食源性致病菌监测、食源性疾病监测以及放射性物质监测中专项监测和主动监测的比重。近五年来，全省累计采集检测各类食品样品 5 万余份，调查社区人群超过 4 万人，形成了由超过 40 万个数据组成的风险监测数据库，及时发现了食用油中邻苯二甲酸酯类及苯并（a）芘，鲜活淡水鱼中氯霉素、硝基呋喃代谢物、孔雀石绿，烤鱼片中河豚毒素以及食源性致病菌中副溶血性弧菌和诺如病毒等高风险隐患，有效地保障了人民群众的身体健康。

（二）建设中存在的突出问题

虽然江苏省食品安全风险监测体系与能力建设取得了长足发展，但仍然存在一些突出的矛盾，需要相关方面高度重视。

1. 食品安全风险监测的协同机制并未有效建立

食品安全风险监测是一项系统性、连续性和综合性的任务，需要卫生、农业、出入境检验检疫、质量技术监督与食药等多部门间的协同合作。但在实际监测工作中，这些部门分段监测，各自为政，没有形成有效的协同机制。与此同时，医疗机构与疾控中心间的医防合作机制缺失，没有沿着"实验室确诊病例—临床病例—发病病例—暴露食源性疾病病原体人数"的食源性疾病发生过程与病例可能去向，设计科学的监测环节，难以及时地调查并处置食源性疾病事件，影响了食品安全风险的早发现、早回溯、早追踪与早预警。

2. 风险监测数据未能发挥应有的功能

未来是历史的延伸与发展。长期形成的食品安全风险监测数据是预测未来风险的窗口。深入挖掘已获得的风险监测历史数据，发现丰富数据反映的内在规律性，是早发现、早预警、早控制和早处理食品安全风险的重要科学依据，是真正实现风险监测良性循环的关键。但遗憾的是，目前江苏省承担食品安全风险监测任务的各部门相对独立，数据库结构和上报系统各成体系，监测系统敏感性不高，数据的综合分析和属地化利用能力不强，难以通过分析现有标准不一且分散的数据来发现未来食品安全风险的走向，难以真正把握可能存在的系统性食品安全风险。

3. 日益繁重的监测任务与相对有限的监测资源间的矛盾较为突出

2010—2015 年，江苏省食品安全风险监测的样品量与完成的监测数据年均分别增长了 174.9%、191.7%。面对日益繁重的监测任务，江苏省风险监测资源投入明显不足。省疾控中心承担实验室检测的人员均为一岗多职，现场专职从事风险监测与流行病学调查的工作人员仅有 4 人，人员严重不足。虽然基层技术人员的综合能力有所优化，但高层次人员普遍青黄不接。与此同时，自 2010 年以来，虽然省级财政安排了相应的食品安全专项经费，但部分市和绝大部分县（市、区）并没有在专项经费中安排相应的风险监测经费，多数市（县、区）疾控中心每年的项目经费仅为 8 万元且多用于培训、采样、检测等，仅能完成上级要求的监测任务，远不能满足地方风险监测的需求。

4. 现有的技术装备难以满足有效的监测需求

国家发展改革委等部门《食品安全风险监测能力（设备配置）建设

方案》（发改社会〔2013〕422 号）明确规定了省、市（地）两级疾控中心能力建设与技术装备的具体要求。但江苏省相应的两级疾控中心的技术装备既没有达到规定的标准，又满足不了需求。以食品添加剂为例，由于关键技术装备的缺乏，仅具备对个别添加剂残留的检测能力，并不具备对食品添加剂产品进行综合分析的能力。更令人尴尬的是，江苏省大多数两级疾控中心不仅要承担食品监测，还要开展环境、职业卫生、化妆品等相关样品的监测，仪器设备混合使用，严重影响了未知添加物鉴定确证和食源性疾病因子鉴定的准确性。苏北和苏中县级疾控机构近十年没有增加食品检测设备，监测能力在某些方面甚至落后于西部地区。

（三）主要对策建议

贯彻习近平总书记提出的"把人民健康放在优先发展战略地位"的要求，加快推进健康江苏建设，努力全方位、全周期保障人民健康，必须加快推进江苏省食品安全风险监测体系与能力建设。根据目前存在的问题，我们建议从以下四个方面做出努力。

1. 健全工作机制，强化相互合作，在监测效能上求实效

建议在省食品安全委员会的框架下，建立由省卫计委牵头的食品安全风险监测联席会议机制，明确卫生、农业、出入境检验检疫、质量技术监督与食药监督等部门在履行各自职责的基本规范，确保统一实施风险监测计划方案，统一采样、检验、数据报送、技术培训、质量控制、督导检查等规范。由省卫计委负责规范建立全省医疗机构与疾控机构间的医防合作机制，实现食源性疾病监测由病例监测向病原体监测的深度转变，提高病原体信息的有效样本与监测数据的利用率。通过完善工作机制，避免监测资源的重复建设与浪费，提升监测效能。

2. 完善信息体系，统一数据规范，在发挥数据功能上求实效

按照"来源可溯、流向可追，质量可控，责任可查，风险可估，风险可测、疾病可防"的要求，建立以省卫计委为中心、省疾控中心为支撑，各部门、各地区共同参与的"无缝对接，横向到边，纵向到底"的风险监测信息体系，并将其纳入全省食品安全监管信息系统之中。重点是在建立与完善数据技术标准与管理规范的基础上，建立健全覆盖全省跨部门、跨地区的信息共享的食品污染物、食源性致病菌等监测和食源性疾病三大数据系统，最大限度地实现卫生、食药、农业、进出口、质监等相关部门与地区间的信息共享与便捷使用。借鉴南京食源性疾病监测信息平台与苏州食源性疾病致病因子与病因性食品溯源平台建设的经验，实现基于市、县区哨点医院 HIS 系统的食源性疾病实时监控以及哨点医院 HIS 系统与疾控监测系统的网络对接。加强数据人才的培养，提高数据分析能力，发挥数据的早发现、早回溯和早追踪的风险监测功能。

3. 加大财政投入，加强人才队伍建设，在提升监测能力上求实效

从全省的实际出发，全面执行国家发展改革委《食品安全风险监测能力（设备配置）建设方案》，明确全省疾控中心的技术装备的配置要求，明确各级政府财政技术装备投入的具体要求，有效推进江苏省风险监测机构规范化的建设。建立风险监测机构日常工作经费与监测任务挂钩的财政投入机制，解决日常经费难以保障监测需要的普遍性问题。以省、市疾控中心为依托，加快培养风险监测现场采样、监测检验和质量控制的专业队伍。从实际出发，贯彻中央机构编制委员会办公室《关于印发疾病预防控制中心机构编制标准指导意见的通知》精神（中央编办发〔2014〕2 号），通过多种有效途径，缓解省、市、县（区）三级疾控中心风险监测专业人员严重不足的问题，建立人员编制与监测任务相向变动的机制。坚持效率优先、兼顾公平的原则，突破沿用政府公务员管理办法管理专业性技术人员的传统思维，力争为专业技术人员解决多劳不多得的体制性障碍。

4. 引入社会机制，发挥社会力量，在形成社会参与新格局上求实效

把握政府、市场与社会间的关系，努力发挥市场与社会力量的积极作用，既是弥补政府监测资源与能力不足的重要路径，也是深化改革的基本方向。一是在全省风险监测体系中积极发挥市场机制的作用，重点引入第三方技术支撑资源，弥补现有技术能力的不足，并逐步形成竞争局面，提高体制内风险监测机构的活力。二是鼓励发展法律地位明确、公益属性强的社会组织，发挥其专业性、自治性等优势，推进风险监测体系的增量改革，实现风险监测体系的重构。三是加强与各类媒体平台的合作，鼓励公众与参与，发挥公众舆情在食品安全风险监测中的作用，建立风险监测结果及时向社会通报的机制，推动公众与媒体形成共同参与食品安全风险监测的社会共治格局。

六 哨点医院建设状况案例分析：基于 江苏、广西与江西的调查

食源性疾病是困扰世界各国的公共卫生难题，全球范围内消费者普遍面临着不同程度的食源性疾病风险，每年仅因食源性和水源性腹泻导致约220万人死亡。2011年和2012年，国家卫生部分别对6个省39686人次和9个省52204人次的食源性急性肠胃炎状况进行了入户调查，推算出中国每年有2亿—3亿人次发生食源性疾病的参考性数据，其消耗的医疗和社会资源难以估计。为了有效防范食源性疾病，我国基本形成了以国家、省、市、县卫生行政部门为指导，以各级疾病预防控制机构为技术支撑，监测医院为哨点的食源性疾病风险监测系统，其中哨点医院发挥了重要的"前哨作用"，但是，实践中也存在诸多问题。基于哨点医院在我国食源性疾病监测体系中的重要作用，在此，研究团队基于江苏、广西与江西调查展开分析，进一步揭示现实情景下存在的突出问题，并提出对策建议。

（一）江苏、广西与江西哨点医院建设中存在的突出问题

由于行政推动力不够，管理不完善，哨点医院建设工作中仍然存在一些突出的矛盾，并出现了值得关注的新问题，可以归纳为以下几个方面：

1. 食源性疾病监测的协同机制尚需完善

调查发现，江苏、广西与江西均能够按照年度《国家食品安全风险监测计划》和《食品安全风险监测质量手册》的要求，制订年度食源性疾病监测计划，明确相关部门在食源性疾病监测中的责任与要求。但食源性疾病监测包括监测计划的制订、抽样设计、采样、样品运送和保存、实验室检测到数据上报和整理等过程，是一个科学而复杂的系统，需要多部门间与部门内的有效合作。调查中发现，江苏、江西以及广西在哨点医院建设中均并没有依据"实验室确诊病例—临床病例—发病病例—暴露食源性疾病病原体人数"的食源性疾病发生过程以及病例可能去向设计科学的监测环节与有效的部门协作机制。医疗机构与疾病预防控制机构难以充分发挥各自优势，规范及时地调查并处置食源性疾病事件。主要是省（区）卫生与计生委系统疾控中心与哨点医院之间相互协同不够，食源性疾病监测与医院分属食品处和医政处管理，哨点医院认为，此项工作属于疾控部

门的范畴，而疾控中心认为，此项工作属于哨点医院的职责。由于哨点医院并不重视此项工作，其内部临床科室与辅助科室之间协作失调则更是普遍，普遍缺乏有效的公共卫生应急机制，沟通不畅，个别工作人员缺少责任心，使很简单的工作变得复杂化，工作难以有效落实，一般暴发食源性疾病后果不堪设想。此外，各地哨点医院之间的合作普遍缺失，食源性疾病主动监测数据库系统的不全面，使监测数据存在缺失、漏报等情况，食源性疾病主动监测数据难以实现共享。除江苏与江西省在哨点医院 HIS 系统建设中有了探索与进展以外，广西壮族自治区的相关建设却远远落后。

2. 医务人员认知水平与专业培训欠缺的问题较为突出

江苏、广西与江西基层承担食源性疾病监测的哨点医院多为综合性医院，医疗任务非常繁重，更由于长期以来形成的重治疗轻预防观念，哨点医院所承担的食源性疾病监测工作质量普遍不高。一方面，由于医院领导对开展工作的不重视，在工作的开展中缺乏合理规划，相关部门考核不力，相关人员责任心缺乏，往往落实不到位。另一方面，哨点医院医务人员食源性疾病认知水平与专业培训严重欠缺，对食源性疾病诊断的敏感性不足，且缺乏相应的质量控制手段，所获取数据的准确性与完整性都有待考量。对江苏、广西以及江西的调查中均发现，目前哨点医院一般只有预防科的一位兼职人员承担食源性疾病监测的日常工作，且兼职从事此项工作的一般是医院内的防保人员，这些人员由于专业的局限性，不能够将培训中的疾病的临床表现、病例特征、病情转归等专业知识正确传递给临床医师，造成临床医师在实际工作中不能准确做出正确诊断，造成监测数据的漏报。同时，虽然江西省已制定相关制度，由疾控机构定期组织对哨点医院的食源性疾病监测数据进行质量控制与督察。但数据的质量控制只围绕实验室检测，尚未对样品采集、检验、数据审核分析和数据上报等环节展开，且以内部质量控制为主，上报数据的完整性与准确性有待考量，这已经成为大部分基层哨点医院的主要问题。与此同时，为了完成食源性疾病信息的收集等任务，各地发展出奖励激励措施以鼓励医疗人员，但是实际中却名存实亡。江苏、广西基层哨点医院普遍规定发现 1 例病例给予奖励（一般不超过 10 元）的措施来激励专业医生的积极性，但奖励少且繁重的医疗工作量导致其在实际工作中不能及时发现疑似病例，并将病原样本做到有效处理。江西省更缺少奖励机制，没有鼓励只强调责任，做多责任、多错误、风险多的现状，使得临床医疗人员的积极性普遍不高。

3. 基层技术人员与日常工作经费供需间的矛盾较为突出

对于基层医院来说，人才极为宝贵，要从各相关科室抽调人员来开展食源性疾病监测工作必须要有足够的经费支持。但调查发现，江苏、广西与江西食源性疾病监测中的经费支持力度不够，仅依靠中央转移支付资金资助，政府特别是地方政府的投入严重不足。江苏省从 2006 年起，省财政每年预算安排并拨付 2000 万元用于全省卫生计生系统食品安全监测经费，其中 400 余万元用于食源性疾病的监测，分配到各市（县）疾控中心为 3 万—4 万元，并由市（县）疾控中心拨付给各自承担哨点功能的指定医院。省财政自 2006 年以来用于哨点医院的食源性疾病监测与资金安排一直维持在 400 万元左右，并没有随着哨点医院食源性疾病监测业务量的提升而增加，日常工作经费供需间的矛盾突出。同时，每年下拨的经费大多拨付给了疾控部门或相关行政部门，真正获得经费的基层医疗机构却少之甚少，江西和广西的省（区）级财政经费无法直接拨付给哨点医院，不仅各哨点医院每年用于食源性疾病监测的经费仅来源于国家下拨的 1 万元经费，且经费下达往往在下半年。江西省哨点医院疑似食源性异常病例/异常健康事件监测中每家二级医院全年收集报送病例信息不少于 30 份，综合性人民医院（三级）全年收集报送病例信息不少于 50 份，甚至远低于广西壮族自治区哨点医院收集 120 例病例的要求，不仅无法满足监测工作需要，更造成工作上的被动。并且广西壮族自治区经济相对不发达，基础条件较差，事业单位待遇不能满足生活需求，有能力的技术人员更倾向于向高收入的发达地区或私立检测机构流动，使高层次人才流失严重。

4. 各地监测检测能力差异较大

作为食源性疾病监测的"前哨卫士"，哨点医院应具备相对完善的医学专科配置（至少具有肠道门诊、儿科、神经内科和肾内科等），并具有一定的诊断和排除疑难杂症的能力，以及实验室病原识别能力。而目前江苏、广西与江西哨点医院食源性疾病监测能力普遍不高且参差不齐。江西省食源性疾病监测中多关注群体性致病菌污染，而医院里致病菌检验是薄弱环节，具有病原检测能力的哨点医院仅占所有哨点医院的 32%，且食源性疾病监测设备陈旧老化，病原检测手段以传统的培养分离为主，缺乏分子水平的 PCR 检测和脉冲电泳凝胶检测等，病原检出率较低，且差异较大，不能满足高层次的检测需求。广西壮族自治区的哨点医院对食源性致病菌的检测能力有待提高，在哨点医院实验室检测得到的整体阳性率偏低，而且病毒检测等项目仍不能开展，需要送至疾控机构检测，延误诊断和治疗时间，造成食源性疾病的误报和漏报，导致食源性疾病的暴发流行。江苏省的检测水平同样参差不齐，2015 年 13 个省辖市哨点医院的生物标本病原体平均检出率在 3.70%—27.97%，检测水平差异较大，一方面无法指导临床正确治疗，造成误诊和延误治疗时机；另一方面造成抗生素滥用，产生大量耐药性。

（二）提升哨点医院能力建设的建议

食源性疾病监测有助于早期发现食源性疾病的病原体和高危食品，计算食源性疾病的负担，确定公共卫生的重点领域并对政策和干预措施效果进行评价。为全面贯彻"十三五"规划中"健康中国"建设，建议江苏、广西与江西等从以下几个方面加快推进哨点医院体系建设与提升食源性疾病监测能力的现代化。

1. 理顺部门职责、强化协作配合，进一步健全风险监测工作机制

在食源性疾病风险监测中，要继续全面贯彻国家卫生和计划生育委员会颁布的《关于进一步加强食品安全风险监测工作的通知》和《食源性疾病管理》，深刻理解与把握食源性疾病监测的内涵。在食源性疾病监测工作体系上下功夫，各级疾病预防控制机构和医疗机构要加强沟通协调，密切配合，强化食源性疾病和突发公共卫生事件报告意识。由省卫生与计划生育委员会负责建立全省医疗机构与疾控机构的常规医防合作机制与公共卫生应急机制，全面规范风险监测计划方案的制订、采样、检验、数据报送、技术培训、质量控制、督导检查等工作程序，进一步明确责任、工作内容和目标方法等，对薄弱地区开展专项检查、调研和督察，切实落实医务人员和医疗机构报告责任。解决疑似食源性疾病监测由病例监测向病原体监测的深度转变，提高病原体信息的有效样本与监测数据的利用率。

2. 注重思想引领、加强专业培训，不断提升医务人员认知水平与监测能力

一方面，各级疾控机构与基层医院管理者应增强对食源性疾病监测工作的认识与重视，扭转基层医疗机构管理者"重治疗轻预防"的思想，加强业务指导与专业培训工作，不断增强食源性疾病监测工作的力量。对临床医护人员开展专业知识培训，及时更新观念，除对传统腹泻病专业知识进行培训外，着重加强如非法添加化学污染物、农药兽药残留、重金属中毒及各类寄生虫病知识等临床体征和实验室诊断的培训，以及食源性疾病数

据库的基本知识，不断提高医护人员对食源性疾病的认知水平与监测能力。

另一方面，鉴于基层临床医务人员工作普遍繁重的现状，针对不同科室的医务人员开展内容有区别的专业培训，改变现有授课加试验的全国性培训方式，将部分需要重点培训的技术人员安排到遴选出的实验室进行学习和实践，确保融会贯通。同时创新培训形式，通过发放食源性疾病知识手册、微信等便于临床医生学习食源性疾病知识方式，提高对食源性疾病的识别能力。

3. 加大经费投入、提高经费拨付效率，确保监测经费足额并及时到位

各级医疗机构是食源性疾病早期发现的"前哨卫士"，从样品采集、运送、保存、病原诊断、试剂耗材购置、菌株毒株转运确认、仪器检定维护、实验室环境维持、病例信息收集到人员培训均需要大量的经费支持，但目前的经费预算难以满足实际监测工作的需要。当前最重要的是，从全国改革的实际出发，按照"分层布局、优化配置、形成体系、开放合作"的要求，建立风险监测机构日常工作经费与监测任务挂钩的财政投入机制，解决日常经费难以保障监测需要的普遍性问题。在国家财政投入的基础上，建议江苏、广西、江西等相关主管部门积极争取省级和市（区）及县级财政给予相应的配套经费。省、市人民政府要把食品安全风险监测日常工作经费列入财政预算，把经费拨付和疾控机构及哨点医院的工作绩效挂钩，严格考核，按进度拨付，确保把食品安全风险监测工作经费足额与及时拨付。

4. 多措并举、着力加强人才队伍建设，切实增强基层哨点医院的有效监测力量

针对目前基层技术人员不足、人才队伍流失严重的客观现状，第一，加强人才队伍建设，积极引进预防医学相关专业背景人才，在人员总量和结构上加快优化组合。省、市人社和卫生行政部门在人才引进和选调方面要为哨点医院大开绿灯，多渠道引进预防医学与检测检验专业技术人才。重视人员培训工作，力争使所有相关临床医务人员接受培训，确保监测工作中所获取数据的准确性。第二，建立监测工作奖励机制，对监测工作中完成任务量大且有突出贡献的医务人员给予奖励，借此调动各级医务人员的积极性。第三，开发订单业务，结合现有绩效考核制度，在实际的风险监测中施行多劳多得的策略，弥补职称限制下技术人员待遇水平偏低的现状，使技术监测机构能够"进得来人，留得住人"，形成基层监测能力的良性循环。

5. 合理配置实验室设备、提升病原监测能力，逐步提高病原检出水平

针对哨点医院检测能力发展不平衡、检测能力参差不齐的现状，加大对哨点医院仪器设备配置的投入，克服"短板效应"，科学规划、合理布局，加强技术设备储备，加强检测手段的研究和更新，针对性提高食源性致病因素的检测能力，尤其是提高对新致病因素的检测能力。在满足常规病原检出需求的基础上，针对基层机构具有的检测技术优势，突出实验室特色，避免低水平重复建设，满足特殊的病原检测需求。全面推广"食源性疾病监测信息平台"和"食源性疾病致病因子与病因性食品溯源平台"的建设，实现市、县区哨点医院 HIS 系统的内部对接以及哨点医院 HIS 系统与监测系统的网络对接，实现检测信息的共享，提高病原检出水平。

上述建议虽然是基于江苏、广西与江西的调查得出，实际上，对全国哨点医院的建设同样具有参考价值。

七　食品安全风险交流体系建设

食品安全风险交流工作的重要作用已经逐渐显现，并且被越来越多的国家和地区认可，其不仅成为管理决策的依据，而且成为国家战略的重要组成部分。以欧盟和美国为例，2009 年欧洲食品安全局发布了《2010 年到 2013 年欧洲食品安全局交流战略》，明确了交流的策略和方法，强调了各个利益相关方的参与作用；同年美国制订了《FDA 风险交流策略计划》，确立了风险交流工作的目标、策略及方法，提出"结果导向性风险交流"中 FDA 作为主体的重要导向作用。[1] 但是，我国的食品安全风险交流工作尚处于起步阶段，且随着新媒体的快速发展，网络新媒体成为信息传播的重要途径，舆情作用不仅加剧了人们对食品安全问题的担忧，更严重影响了消费行为，成为风险交流面临的新问题。在信息不对称的传播模式下，正确的风险交流能够提升公众对食品安全现状的认知，而错误的风险交流则会将行业推向另一个深渊，因此必须正确地使用这把"双刃剑"。近年来，国家食品安全风险交流在体系与制度建设上取得了一些新

---

[1]　马仁磊：《食品安全风险交流国际经验及对我国的启示》，《中国食物与营养》2013 年第 3 期。

的进展，但也面临一系列新的问题。

（一）风险交流的法制化

食品安全社会共治中要求政府、生产经营者、第三方机构、新闻媒体、公众的共同参与。因此，《食品安全法》（2015 版）在完善食品安全风险监测、风险评估制度的基础上，确立了食品安全风险交流制度。该法第二十三条规定，县级以上人民政府食品药品监督管理部门和其他有关部门、食品安全风险评估专家委员会及其技术机构，应当按照科学、客观、及时、公开的原则，组织食品生产经营者、食品检验机构、认证机构、食品行业协会、消费者协会以及新闻媒体等，就食品安全风险评估信息和食品安全监督管理信息进行交流沟通。确立了我国食品安全风险交流的原则、内容、组织者和参与者，完善了我国食品安全治理结构，有利于推动食品安全风险交流的有序开展。

（二）技术培训的常规化

国家的风险监测水平代表着我国食品安全风险管理能力的高低，随着我国科技文化水平的不断提升，技术从业人员数量也与日俱增。技术人员的专业素养，一方面决定了我国风险评估水平；另一方面也是国家宏观调控的重要工具。为此，我国技术培训工作常规化，例如，2014 年的国家食品安全风险监测农药残留检测技术培训[①]、食品包装材料中荧光增白剂检测技术培训[②]、有机物检测技术培训[③]、全国食品微生物监测技术培训班等。[④] 2015 年的国家食品安全风险监测农药残留检测技术培训[⑤]、全国

[①] 《2014 年国家食品安全风险监测农药残留检测技术培训班在杭州举办》，国家食品安全风险评估中心，2014 - 03 - 18，http：//www. cfsa. net. cn/Article/News. aspx？id = 1DDA8A2EC32045615CAA9FBB406A92F3。

[②] 《2014 年国家食品安全风险监测荧光增白剂检测技术培训班在福州举办》，国家食品安全风险评估中心，2014 - 05 - 20，http：//www. cfsa. net. cn/Article/News. aspx？id = F7128C4F32DED5B29B60CF9877DC475193C5BF1063B9E083。

[③] 《2014 年国家食品安全风险监测有机污染物检测技术培训班在武汉举办》，国家食品安全风险评估中心，2014 - 06 - 30，http：//www. cfsa. net. cn/Article/News. aspx？id = 1129E96C6E0B4C3CA5B5D361DFC84A26959B670D530EB451。

[④] 《2014 年全国食品微生物监测技术培训班在青海西宁举办》，国家食品安全风险评估中心，2014 - 08 - 18，http：//www. cfsa. net. cn/Article/News. aspx？id = 6162DE580B19B17ED181C5FF942689D8712C369486DFD04F。

[⑤] 《2015 年国家食品安全风险监测农药残留检测技术培训工作顺利完成》，国家食品安全风险评估中心，2015 - 04 - 29，http：//www. cfsa. net. cn/Article/News. aspx？id = E2DD3180A4ED4F23339B951BF3E4EAB3471574053EF1C398。

食品寄生虫检测技术培训班①、2015 年食品中生物毒素和兽药残留检测技术培训班②、2015 年全国食品微生物风险评估技术培训班等。③ 与此同时，地方性培训逐渐系统化。为提高风险监测的专业水平，各地区根据本地的风险监测水平和监管特色，也在积极举办不同规模不同主题的培训活动。例如，江苏省 2014 年编制印发了食源性致病菌监测工作手册等系列技术文件、食品安全风险监测工作标准操作规程，详细规定食品安全风险监测工作环节的工作要求，举办各类技术培训班 13 次，培训基层工作人员 877 人次，有效指导基层工作人员规范开展工作。湖北保康县邀请湖北省襄阳市食品安全专家，重点对辖区内食品生产企业、食品流通企业、餐饮服务单位、学校食堂后勤管理人员、村级食品安全监管员、农贸市场管理人员和食品安全监管人员等 200 多人，进行了《食品安全法》（2015版）解读、企业主体责任制落实、通用卫生规范、餐饮服务食品安全风险监管和餐饮服务食品安全操作规范等相关法律法规知识的培训。

（三）开放日活动的常态化与规模化

国家风险交流策略的主要目标之一，是提升公众食品消费信心，提高公众对政府、企业控制风险能力的信任。自 2012 年国家卫生计生委在全国范围首次开展"食品安全宣传周"活动以来，初步形成了全国性的年度宣传周活动机制。开放日活动的举办更加频繁更加专业，满足了消费者和生产者的现实需求。2013 年 6 月 17 日，国务院安全办会同相关部门，在北京启动以"社会共治同心携手维护食品安全"为主题的全国食品安全宣传周活动，主办单位由 2012 年的 10 个增至 14 个。此外，2013 年举办了具有国际影响力的"第五届中国食品安全论坛"，在食品安全知识宣传、教育、交流风险防控方面获得显著效果。④ 2014 年举办了"控铝促健

---

① 《2015 年全国食品寄生虫检测技术培训班在杭州举办》，国家食品安全风险评估中心，2015 – 05 – 26，http：//www. cfsa. net. cn/Article/News. aspx？id = 12FD862831D7CB4D0E209E02C8D6080 CBCA22C28F9DC5E9D。

② 《我中心举办 2015 食品中生物毒素和兽药残留检测技术培训班》，国家食品安全风险评估中心，2015 – 06 – 02，http：//www. cfsa. net. cn/Article/News. aspx？id = D656DB06C4CED6427CB6 E909F875602551A4CA9B5AF28D28。

③ 《2015 年食品微生物风险评估技术培训班在四川成都召开》，国家食品安全风险评估中心，2015 – 05 – 29，http：//www. cfsa. net. cn/Article/News. aspx？id = 05F596FA2128ABE5F9C37D2376C 565665160D63F9A323A42。

④ 《关于开展 2013 年全国食品安全宣传周活动的通知》，中央政府门户网站，2013 – 05 – 24，http：//www. gov. cn/gzdt/2013 – 05/24/content_ 2410456. htm。

康"为主题的开放日，及时帮助消费者和生产者了解最新政策及其变化。① 并对《特殊医学用途配方食品通则》（GB 29922—2013）《特殊医学用途配方食品良好生产规范》（GB 29923—2013）《预包装特殊膳食用食品标签》（GB 13432—2013）和《食品中致病菌限量》（GB 29921—2013）食品安全国家标准进行了解读。② 2015 年在食品安全宣传周活动的推动下，国家食品药品监督、卫生计生委等十部委依据所承担的职责，在食品安全宣传周相继举办了不同形式的主题活动，分别召开了食品安全风险交流国际研讨会和国际食品安全大会，举办了"世界卫生日"主题开放日和食品安全检查和风险交流讲座，国际性的经验交流与讨论为我国食品安全风险管理体系建设提供了有益借鉴。③④⑤⑥

（四）主题开放日活动形式多样化

自 2012 年国家风险评估中心举办食品安全风险交流开放日活动以来，参与的媒体、消费者等不同人群不断增加，不同主题和不同的对话方式，受到了民众的广泛关注。因此，除传统方式的开放日宣传活动外，利用新媒体方式的"主题开放日"日益普遍。如 2013 年在"食品安全宣传周开放日"基础上，"反式脂肪酸的功过是非""食源性疾病知多少"等开放日活动中，国家风险评估中心通过新浪微访谈，开展专家与网友的交流、互动，共同讨论了 52 个相关问题，涵盖了食品安全标准、反式脂肪酸的健康影响、平衡膳食、营养标签等多个方面，吸引了更多人的参与。⑦

---

① 《我中心"控铝促健康"开放日活动》，国家食品安全风险评估中心，2014 - 06 - 16，http：//www. cfsa. net. cn/Article/News. aspx？ id = 61E3CFC52AB1B1F406323266E8708921D6A4B93 22E5F0FFC。

② 《我中心举办第九期开放日活动》，国家食品安全风险评估中心，2014 - 02 - 19，http：//www. cfsa. net. cn/Article/News. aspx？ id = 74B330BF2EEB73FDB994AB18FDEDA22E778C4E 3425BA9F19。

③ 《2015 年食品安全风险交流国际研讨会在京召开》，食品伙伴网，2015 - 07 - 06，http：//news. foodmate. net/2015/07/317462. html。

④ 《2015 年国际食品安全大会召开 荷兰皇家菲仕兰分享经验》，食品伙伴网，2015 - 04 - 23，http：//news. foodmate. net/2015/04/305962. html。

⑤ 《国家食品安全风险评估中心举办"世界卫生日"主题开放日活动》，食品伙伴网，2015 - 04 - 07，http：//news. foodmate. net/2015/04/303196. html。

⑥ 《食药监总局举办食品安全检查和风险交流讲座并组织外方专家实地参访》，食品伙伴网，2015 - 05 - 20，http：//news. foodmate. net/2016/05/381359. html。

⑦ 《我中心专家就"奶粉检出反脂"事件做客新浪微访谈》，国家食品安全风险评估中心，2013 - 08 - 28，http：//www. cfsa. net. cn/Article/News. aspx？ id = F948B99A22F89FF0CEF8039E1A F0BDDC7FB9D0 5266AF 3BB15EACE07B804FA4D6A5F85236E66C8C 7C8。

（五）食品安全风险交流面临的挑战

中国的食品安全风险交流工作刚刚起步，尚缺乏公众对食品安全风险感知特征的研究。随着近年来新媒体的快速发展，食品安全逐渐成为网络新媒体的重要传播议题，曝光的食品安全问题极易引发社会公众的高度关注，舆情作用也加剧了人们对食品安全问题的担忧，甚至影响到消费行为，成为风险交流面临的新问题。例如，2008 年发生的三聚氰胺配方奶粉事件，由于媒体的曝光效应，致使消费者几乎丧失了对整个行业的信心，即便政府对违法犯罪行为进行了严厉的打击，相关事件也已过去了七年，但是，至今国产奶粉依然面临信心重塑的困难。显然，消费者感受到的风险并未达到减小和消除的预期。在信息不对称的传播模式下，公众如果接受夸大的风险，从而放大了感知到的风险，不仅导致自身消费行为变化，更有可能导致消费信心下降，甚至导致负面情绪激化，出现恐慌性社会问题。因此，如何消除当下消费者普遍的食品安全消费恐慌心理，就成为我国食品安全风险交流面临的主要挑战。

八　食品安全风险交流与公众风险感知：基于公众对网络食品安全信息的调查

食品安全风险交流的效果与公众的科学素养密切相关。一方面，客观要求公众具备良好的科学素养，能够感知具有常识性的食品安全风险；另一方面，在目前现代化信息技术背景下，公众识别食品安全网络舆情真实性的能力与心理素质较低。目前，食品安全信息尤其是网络信息的传播对公众影响最便捷、最有效的渠道是网络。要消除消费者的食品安全消费恐慌心理，有效开展风险交流，首先需要研究公众对网络食品安全信息的感知特征及其影响。现有的研究认为，食品安全网络舆情主要体现在食品安全信息和网络表达两个方面，参考相关已有定义，食品安全网络信息的内涵可以界定为：社会各个主体依法利用互联网平台，发表和传播职责规定、自己关注或与自身利益紧密相关的食品安全事务的规制、意见、态度、认知、情感、意愿的综合。那么，依据风险和感知的内涵，可以初步界定食品安全网络信息的风险感知，即通过网络传播的食品安全信息，判断食品危害发生的可能性，以及对健康影响的严重性程度。由于风险判断是人的主观感觉，消费者对风险的感受会因人而异，因此，只有在大样本量的情况下，才可以客观地反映消费者对问题风险的感知程度，而网络信息的传播特性，例如，信息的真实性、信息发布主体的受信任程度等，都会影响消费者的风险感受。为此，研究团队曾对北京、广州、上海、杭州、太原、石家庄的城区专门进行了公众随机问卷调查，获得1083份有效问卷，研究了食品安全风险交流与公众风险感知特征，重点分析了公众对网络食品安全信息的风险感知。①

（一）公众对网络信息的关注与信任

1. 对网络信息真实性的认可度较高

公众对网络媒体信息真实性的信任情况调查结果如图11-12所示。认为网络信息非常真实、比较真实、真实的受访者分别占7.11%、41.37%、30.66%，共计79.14%。而认为网络信息不真实和完全不真实的受访者分别占17.82%和3.05%。由此可见，受访者对网络信息真实性的认可度较高。

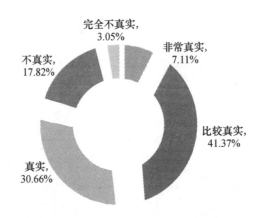

图11-12 受访者对网络媒体信息真实性的信任情况

注：因四舍五入，百分比之和不等于100%。

2. 网络媒体信息的关注度比较高

调查结果如图11-13所示。对媒体曝光食品安全事件非常关注、比

---

① 唐晓纯、赵建睿、刘文等：《消费者对网络食品安全信息的风险感知与影响研究》，《中国食品卫生杂志》2015年第7期。

较关注、一般关注、不关注、完全不关注的受访者分别占 17.45%、38.23%、27.15%、13.85%、3.32%。可见，公众对媒体曝光食品安全事件的关注度较高，而且通过对"完全不关注"选项的统计发现，在北京、广州和上海这样的大城市，几乎没有受访者完全不关注媒体曝光的食品安全事件，因此关注度与城市的经济发展呈正相关性。

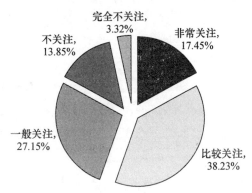

图 11-13　消费者对媒体曝光食品安全事件的关注程度

进一步调查公众最新一次关注到网络报道的食品安全事件的时间，结果如图 11-14 所示。最近关注时间在一个月以内的受访者占比最高，为24.86%。其余调查结果的占比分布较均匀，最近关注网络报道食品安全事件的时间在"一周内""三个月""半年""一年及以上""从来没有"的受访者占比分别为 14.64%、13.67%、13.81%、13.26%、12.71%。

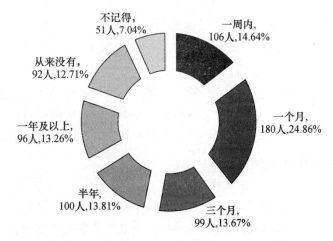

图 11-14　受访者关注网络媒体的时间间隔比较

注：因四舍五入，百分比之和不等于100%。

3. 关注网络信息的途径主要是微博和门户网站

从被选择频率的高低顺序看，受访者关注食品安全网络信息的途径依次为微博（39.61%）、新浪等门户网站（37.86%）、微信（36.38%）、部门官网（35.36%）、政府网站（31.58%）、论坛或 BBS（22.07%）、企业网站（14.04%）、博客（11.08%），如图 11 - 15 所示。可见，受访者主要通过微博和门户网站关注网络报道的食品安全信息。

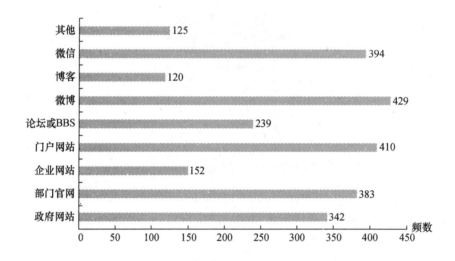

图 11 - 15 受访者关注网络信息的途径

4. 主要运用手机、电脑传播信息

调查结果如图 11 - 16 所示。分别有 59.28%、55.31%、45.43%、21.98%、17.64%的受访者选择使用手机、电脑、电视、报纸杂志、广播等媒介来传播信息。这一结果反映出受访者对手机、电脑等新型传播媒介的偏好，这与近年来互联网的飞速发展以及手机网民规模的迅速增加有密切的关联。而与之相对应的，受访者对报纸杂志和广播等传统的信息传播媒介的偏好则比较低。

5. 对政府网站的信任度最高

随着网络信息传播形式的演变，出现了越来越多的企业和个人信息发布平台，在信息传播更加便捷的同时也让公众对网络信息难辨真假。调查数据由 5 分量表的均值反映信息途径的信任差异，均值越小，信任越高，如图 11 - 17 所示。因此，受访者在关注食品安全信息时，对不同信息传

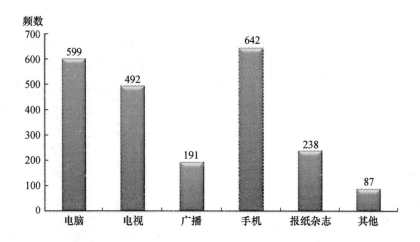

图 11 - 16 受访者愿意使用的信息传播媒介

播途径的信任情况可分为三个层次，排在第一层次，即受访者信任度较高的依次是新华网等政府网站、卫生部等监管部门官网、新浪网等门户网站；排在第二层次，即受访者信任度适中的依次为食品企业网站、微博、论坛或 BBS、微信；排在第三层次，即受访者信任度最低的是博客。可见，受访者对政府网站、主流网站的信任度明显偏高。

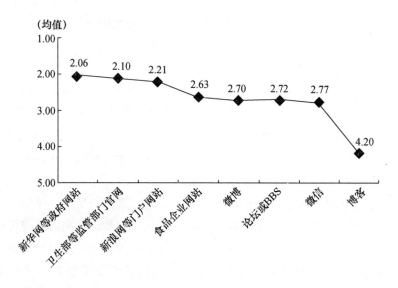

图 11 - 17 受访者对不同信息传播途径信任的均值比较

注：5 分量表，分值越小表示影响越大。

6. 最信任政府发布的食品安全信息

发布的食品安全信息的主体越来越多，本次调查列举了政府、食品生产经营者、媒体、专家学者等 13 类主体，调查公众对不同主体的信任度。图 11－18 的结果表明，政府和消费者保护机构是受访者最信任的食品安全信息发布主体，其次是媒体和专家学者；而对意见领袖、知名人士和食品生产经营者发布的食品安全信息的信任程度则比较低。

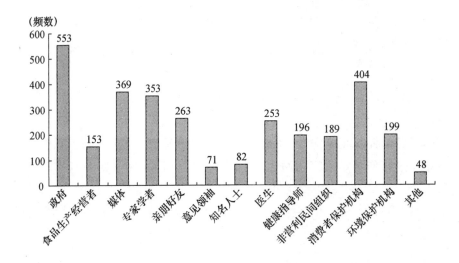

图 11－18　受访者对食品安全信息发布主体的信任比较

7. 网络信息对企业与公众的影响均较大

调查结果如图 11－19 所示。分别有 37.30%、40.26%、15.42%、5.26%、1.75% 的受访者认为网络媒体的曝光对食品企业及相关行业的影响非常大、很大、略大、很小、完全没影响。可见，大部分受访者认为，网络媒体曝光食品安全事件对食品企业及相关行业具有较大的影响。

网络媒体曝光食品安全事件对公众同样具有不可忽视的影响。统计结果表明，当媒体曝光食品安全事件后，受访者的选择依次为，尽快了解事件相关信息、尽量减少购买被曝光品牌的次数和数量、短期内不购买被曝光品牌食品、购买代替品、选择信任的其他品牌的此类食品、长期拒绝被曝光品牌食品、选择信任的场所购买此类食品。而受访者对"完全不受影响"的选择最低。相关排序统计结果见图 11－20。可见，大部分受访者有较高的食品安全风险感知，以及规避风险的意识。

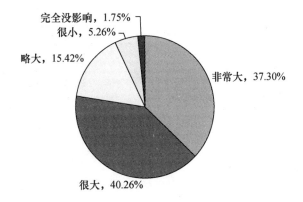

图 11 – 19 网络媒体曝光对食品企业的影响

注：因四舍五入，百分比之和不等于100%。

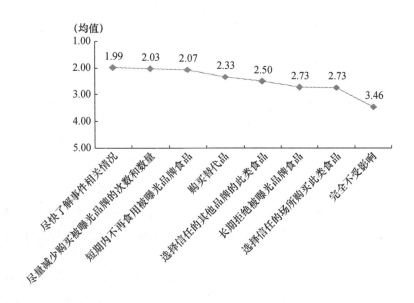

图 11 – 20 网络媒体曝光食品安全事件对受访者的影响

注：5分量表，分值越小表示影响越大。

8. 对网络曝光事件的情绪反应途径主要为电话、短信和微信

调查结果如图 11 – 21 所示。当网络曝光食品安全事件后，受访者主要选择用电话、短信、微信和邮件这些最便捷的通信工具来告诉亲朋好友自己的观点，进而成为消费者情绪反应的主要载体。而极少受访者选择在媒体上公开自己的观点，可见，大多数受访者对此持审慎态度。

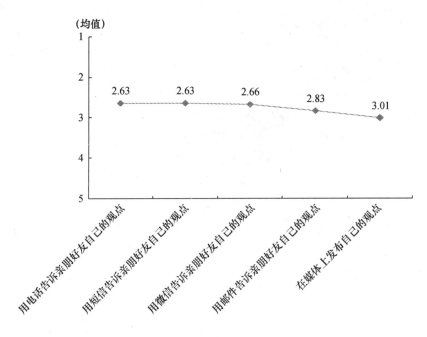

图 11 - 21　受访者对网络媒体曝光事件的情绪反应

注：5 分量表，分值越小表示影响越大。

(二) 公众对食品安全风险的感知与影响因素

1. 食品安全风险感知水平

风险通常是以发生的可能性和严重性作为内涵的两个方面，本次调查针对食品安全风险的可能性和严重性，分别设计议题"认为被动消费到不安全食品的可能性"和"因为食用不安全食品而对健康产生影响"，进行调查与统计。

统计结果表明，认为自己可能会被动消费到"不安全食品"的受访者高达 76.10%，统计均值为 2.99 (标准差为 1.190，N = 1081)，说明受访者的总体担忧程度处于中等偏上水平①；而对食用不安全食品对健康产生影响的统计发现，99.82% 的受访者认为食用不安全食品会影响健康，其中超过四成的人表示影响很大，统计均值为 2.25 (标准差为 0.789，

---

① 统计的均值是 6 分量表，1 分最高，6 分最低，对应风险等级为非常高、较高、中等、较低、非常低、无。

N = 1083），说明对食用不安全食品会影响健康的认可度较高。①

2. 风险感知的影响要素

主要运用结构方程模型分析影响公众食品安全风险感知的主要因素，模型分析中涉及的变量与赋值如表 11 - 5 所示。应用 SPSS 19.0 对变量进行信度检验，结果显示，克伦巴赫系数 α 和折半信度系数分别为 0.731 和 0.529②，表明样本数据内部一致性较高。因子分析适当性检验结果，KMO 度量系数为 0.799③，样本分布 Bartlett 球形检验卡方值为 6962.146，P 值为 0，显著性水平小于 0.01，说明数据具有相关性，适合因子分析。

采取主成分分析法提取公因子，根据特征值大于 1 准则和碎石图检验标准，抽取到 5 个公因子，累计可解释总方差的 65.184%。通过最大方差法进行正交旋转，并选择载荷值大于 0.5，归纳出 5 个公因子相应的解释变量，用加粗字体显示，如表 11 - 6 所示。对因子分析法抽取的公因子分别命名为，自媒体的信任、门户网站的信任、网络信息态度、事件报道影响和媒体监管影响，以这五个维度为潜变量，得到图 11 - 22 的路径。

运用 AMOS17.0 分析软件对结构方程的路径图进行拟合，绝对拟合指数的卡方值为 80.456，P = 0.730，GFI、RMR 和 RMSEA 值分别为 0.992、0.018 和 0.000，考虑到 AMOS 以卡方统计量进行检验时，P > 0.05 即表明模型具有良好的拟合度，但是，卡方统计量容易受到样本大小影响，样本量较大时，卡方值会相应增高。所以，除卡方统计量外，还需同时参考其他拟合度指标。综合增值拟合度指标、配适指标、精简拟合度指标的假设模型整体拟合结果显示，各个评价指标均达到理想程度，模型整体拟合性较好，建立的模型与实际调查结果拟合模型有效。表 11 - 7 为得到的 SEM 变量间回归权重表。

（1）结构模型的影响路径分析。由表 11 - 7 可见，网络信息态度、事件报道影响对"风险感知"的标准化系数分别为 - 0.636、0.147，并在 0.001 水平上显著，网络信息态度具有显著负相关性，事件报道影响具

---

① 统计均值采用 5 分量表，1 分最高，5 分最低，对应等级为非常高、较高、中等、较低、非常低。

② 克伦巴赫系数 α 小于 0.35 属低信度，需删除，大于 0.7 为高信度；需符合大于 0.5 标准。

③ KMO 越接近于 1，越适合做因子分析。

表11-5 变量及赋值

	变量名称	符号	变量赋值	均值	标准差
内生变量	可能性	Y_1	1=极大；2=很大；3=较大；4=略大；5=很小；6=无影响	2.72	1.178
	严重性	Y_2	1=极大；2=很大；3=较大；4=略大；5=很小；6=无影响	2.99	1.190
	性别	X_1	0=男；1=女	0.62	0.490
	年龄	X_2	1=18岁以下；2=18—29岁；3=30—39岁；4=40—49岁；5=50—59岁；6=60岁以上		
	学历	X_3	1=小学及以下；2=初中；3=高中/中专；4=大专；5=本科；6=硕士及以上		
	职业	X_4	1=文教卫生；2=公务员；3=企业员工；4=学生；5=农民；6=其他		
外生变量	家庭月收入	X_5	1=2千元以下；2=2—5千元；3=5千—1万元；4=1万—5万元；5=5万—10万元；6=10万元以上	2.25	0.789
	自我健康评价	X_6	1=非常健康；2=比较健康；3=一般；4=较差；5=非常差	3.22	1.179
	不合格率担忧程度	X_7	1=非常担心；2=比较担心；3=一般；4=不担心；5=完全不担心	3.17	1.101
	食品安全状况满意度	X_8	1=非常满意；2=比较满意；3=满意；4=不满意；5=非常不满意	2.50	0.954
	国内事件报道的影响	X_9	1=影响非常大；2=影响非常大；3=一般；4=影响较大；5=完全没影响	3.05	1.080
	国外事件报道的影响	X_{10}	1=影响非常大；2=影响较大；3=一般；4=影响小；5=完全没影响		

续表

	变量名称	符号	变量赋值	均值	标准差
外生变量	对网络信息真实性的信任	X_{11}	1 = 非常信任；2 = 比较信任；3 = 一般；4 = 不信任；5 = 完全不信任	2.68	0.941
	对网络信息的关注度	X_{12}	1 = 非常关注；2 = 比较关注；3 = 一般；4 = 不关注；5 = 完全不关注	2.47	1.032
	对新华网等政府门户网站的信任	X_{13}	1 = 非常信任；2 = 比较信任；3 = 一般；4 = 不信任；5 = 完全不信任	2.06	0.879
	对卫生部等政府监管部门官网的信任	X_{14}	1 = 非常信任；2 = 比较信任；3 = 一般；4 = 不信任；5 = 完全不信任	2.10	0.924
	对新浪网、凤凰网等门户网站的信任	X_{15}	1 = 非常信任；2 = 比较信任；3 = 一般；4 = 不信任；5 = 完全不信任	2.21	0.805
	对食品企业网站的信任	X_{16}	1 = 非常信任；2 = 比较信任；3 = 一般；4 = 不信任；5 = 完全不信任	2.63	0.984
	对论坛、BBS 的信任	X_{17}	1 = 非常信任；2 = 比较信任；3 = 一般；4 = 不信任；5 = 完全不信任	2.72	0.871
	对微博的信任	X_{18}	1 = 非常信任；2 = 比较信任；3 = 一般；4 = 不信任；5 = 完全不信任	2.70	0.862
	对博客的信任	X_{19}	1 = 非常信任；2 = 比较信任；3 = 一般；4 = 不信任；5 = 完全不信任	2.82	0.835
	对微信的信任	X_{20}	1 = 非常信任；2 = 比较信任；3 = 一般；4 = 不信任；5 = 完全不信任	2.77	0.886
	网络曝光对食品企业影响	X_{21}	1 = 影响非常大；2 = 影响较大；3 = 一般；4 = 影响小；5 = 完全没影响	1.94	0.944
	媒体监督对推动食品安全治理的作用	X_{22}	1 = 非常同意；2 = 比较同意；3 = 同意；4 = 不同意；5 = 完全不同意	2.39	0.934

表 11 - 6　　　　　　　　　旋转后的因子载荷矩阵分析结果

可测变量名称	成分				
	1	2	3	4	5
对博客的信任	**0.893**	0.147	0.027	0.041	0.072
对微博的信任	**0.884**	0.149	0.025	0.073	0.040
对微信的信任	**0.863**	0.069	0.075	0.020	0.071
对论坛、BBS 的信任	**0.750**	0.270	- 0.046	0.061	0.045
对食药等政府监管主体官网的信任	0.054	**0.891**	- 0.033	- 0.011	0.083
对新华网等政府门户网站的信任	0.092	**0.867**	- 0.018	0.048	0.151
对新浪网等门户网站的信任	0.361	**0.712**	0.099	0.050	0.018
对食品企业网站的信任	0.403	**0.626**	- 0.108	0.094	0.047
网络信息关注度	0.016	0.036	**0.830**	0.064	0.056
网络信息真实性的信任	0.032	0.060	**0.806**	0.014	0.178
不合格率的担忧	0.011	- 0.041	**0.633**	0.123	0.073
食品安全状况满意度	- 0.001	0.170	**- 0.593**	0.229	0.301
国外事件报道影响	0.055	- 0.003	- 0.079	**0.890**	0.001
国内事件报道影响	0.110	0.128	0.208	**0.825**	- 0.022
媒体监管推动了食品安全治理	0.107	0.135	0.140	- 0.124	**0.628**
自我健康评价	0.014	- 0.100	- 0.267	0.250	**0.627**
网络曝光对食品企业影响	0.057	0.172	0.237	- 0.061	**0.502**

注：利用 KAISER 标准化的正交旋转，5 次迭代后收敛；黑体数字为载荷值大于 0.5 的公因子。

有显著正相关性。自媒体的信任、媒体监管影响对"风险感知"的标准化系数为 0.090、- 0.223，并在 0.05 水平上显著，自媒体的信任具有显著正相关性，媒体监管影响具有显著负相关性。门户网站的信任对"风险感知"的正相关性未通过显著性检验。

（2）测量模型的因子载荷分析。载荷系数反映了可测变量对潜变量的影响程度，模型的拟合结果显示，在 0.001 显著性水平下，共有 11 个可测变量对 5 个潜变量具有显著性影响。①对微信的信任、对博客的信任、对微博的信任与自媒体的信任的标准化系数分别为 0.841、0.896、0.862，且显著正相关；②对新浪等门户网站的信任、对新华网等政府门户网站的信任、对食药等政府监管主体官网的信任与门户网站的信任标准化系数分别为 0.644、0.910、0.828，且显著正相关；③不合格率的担忧

表 11-7　SEM 模型回归结果

	路径	参数估计值	标准误	临界比	标准化路径系数	P 值
结构模型	风险感知←自媒体的信任	0.087	0.044	1.998	0.090	*
	风险感知←门户网站的信任	0.021	0.069	0.312	0.022	0.447
	风险感知←网络信息态度	-0.853	0.138	-6.205	-0.636	***
	风险感知←媒体监管影响	-0.383	0.247	-1.549	-0.223	*
	风险感知←事件报道影响	0.197	0.037	5.263	0.147	***
测量模型	对论坛及 BBS 的信任←自媒体的信任	1.000			0.716	
	对微信的信任←自媒体的信任	1.195	0.050	24.131	0.841	***
	对博客的信任←自媒体的信任	1.203	0.044	27.317	0.896	***
	对微博的信任←自媒体的信任	1.191	0.045	26.583	0.862	***
	对食品企业网站的信任←门户网站的信任	1.000			0.622	
	对新浪网等门户网站的信任←门户网站的信任	0.849	0.048	17.654	0.644	***
	对新华网等政府网站的信任←门户网站的信任	1.314	0.069	19.086	0.910	***
	对食药监等政府监管主体官网的信任←门户网站的信任	1.256	0.071	17.668	0.828	***
	食品安全状况满意度←网络信息态度	1.000			0.410	
	不合格率的担忧程度←网络信息态度	-1.283	0.122	-10.534	-0.490	***
	对网络信息真实性的信任←网络信息态度	-1.603	0.128	-12.531	-0.768	***
	对网络信息的关注度←网络信息态度	-1.888	0.151	-12.506	-0.824	***
	网络曝光对食品企业影响←媒体监管影响	1.000			0.374	
	媒体监管起到推动食品安全治理的作用←媒体监管影响	0.967	0.156	6.212	0.365	***
	自我健康评价←媒体监管影响	0.063	0.095	0.664	0.028	0.506
	国外事件报道影响←事件报道影响	1.000			0.416	
	国内事件报道影响←事件报道影响	1.916	0.853	2.418	0.877	***

注：* 表示 P 值小于 0.05，拟合结果显著；** 表示 P 值小于 0.01，拟合结果显著；*** 表示 P 值小于 0.001，拟合结果显著；临界比相当于 t 检验值，如果此比值的绝对值大于 1.96，则参数估计值达到 0.05 显著性水平，临界值之绝对值大于 2.58，则参数估计值达到 0.01 显著性水平。

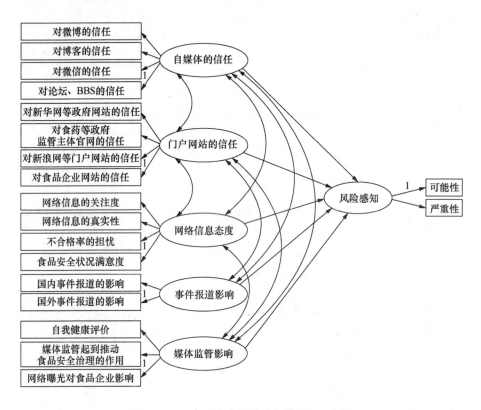

图 11-22 食品安全风险感知的 SEM 路径

程度、对网络信息真实性的信任、对网络信息的关注度与网络信息态度的标准化系数分别为 -0.490、-0.768、-0.824，且为显著负相关；④媒体监管起到推动食品安全治理的作用与媒体监管影响的标准化系数为 0.365，显著正相关；⑤国内事件报道的影响与事件报道影响标准化系数为 0.877，显著正相关。

（3）外生潜变量交互作用分析。交互作用估计如表 11-8 所示，其中，显著性水平为 0.001 时，有四条潜变量的交互作用路径，分别为①自媒体的信任与门户网站的信任；②自媒体的信任与媒体监管影响；③门户网站的信任与媒体监管影响；④网络信息态度与媒体监管影响；在显著性水平为 0.01 时，潜变量交互作用路径增加了一条，为⑤自媒体的信任与事件报道影响；当显著性水平为 0.05 时，另外两条路径也变得显著，分别为⑥自媒体的信任与网络信息态度和⑦门户网站的信任与事件报道影响。

表 11 - 8   外生潜变量交互作用估计结果

路径	参数估计值	标准误	临界比	标准化路径系数	P 值
自媒体的信任←→门户网站的信任	0.118	0.017	7.121	0.316	***
门户网站的信任←→网络信息态度	-0.012	0.009	-1.335	-0.013	0.182
自媒体的信任←→媒体监管影响	0.078	0.015	5.290	0.365	***
自媒体的信任←→网络信息态度	-0.024	0.009	-2.701	-0.072	*
门户网站的信任←→媒体监管影响	0.101	0.016	6.125	0.499	***
网络信息态度←→媒体监管影响	-0.073	0.013	-5.619	-0.497	***
自媒体的信任←→事件报道影响	0.029	0.011	2.617	0.107	**
门户网站的信任←→事件报道影响	0.028	0.011	2.580	0.105	*

注：＊表示 P 值小于 0.05；＊＊表示 P 值小于 0.01；＊＊＊表示 P 值小于 0.001。临界值相当于 t 检验值，如果此比值的绝对值大于 1.96，则参数估计值达到 0.05 显著性水平，临界比之绝对值大于 2.58，则参数估计值达到 0.01 显著性水平。

　　另外，门户网站的信任与网络信息态度的交互作用未能通过显著性检验。原因可能是态度包括真实性和关注度，网络信息的真实性与多种因素有关，虽然与信息途径的信任有关联，但更多地受信息发布主体的影响；关注度更多地与食品安全风险的特性有关，对曝光的重大食品安全事件，网民关注度会很高，因而关注度与信息途径信任之间的关联就不显著。

　　（4）个体特征对风险感知的影响。进一步将个体特征与因变量 Y_1 = 被动消费到不安全食品的可能性、Y_2 = 食用到不安全食品对自己的健康危害有多大进行回归分析，结果如表 11 - 9 所示。

表 11 - 9   个人特征对风险感知的影响

自变量	回归结果	因变量	
		Y_1	Y_2
性别	Beta/R^2	0.04 (0)	0.010 (0)
年龄	Beta/R^2	-0.11 ** (0.053)	-0.013 (0)
学历	Beta/R^2	-0.179 *** (0.034)	-0.025 (0)
职业	Beta/R^2	-0.013 (0)	-0.035 (0)
家庭月收入	Beta/R^2	-0.099 ** (0.045)	-0.105 ** (0.009)

注：＊＊表示 P 值小于 0.01，＊＊＊表示 P 值小于 0.001。

由回归结果可知，个体特征中，学历、年龄显著影响"被动消费到不安全食品的可能性"，且学历在99％水平上显著，年龄在95％水平上显著，均为负向。说明学历越高、年龄越大的受访者感知消费到不安全食品的风险可能性越小。受访者受教育程度越高，则食品安全风险的基本认知和理解知识的能力越强，对风险的判断越有信心，因此风险感知程度会降低。年龄越大，经历和经验也会给自信加分，因此，认为被动消费到不安全食品的风险感知也会降低。

家庭月收入对食用到不安全食品的可能性和影响健康的严重性，均在95％水平上显著，且为负方向。说明家庭月收入越高的消费者，认为消费食品时具有更大的选择空间，更有能力追求高品质食品，因此认为被动食用到不安全食品及其对健康影响的可能性均较小。此外，职业和性别这两个个体特征变量对受访者的食品安全风险感知没有显著影响。

由上述风险感知影响因素的路径分析可知，在现代信息技术条件下，食品安全风险交流更重要的是依靠信息网络，其效果取决于网络信息的科学性、真实性与公众的风险感知的科学素养与心理素质。因此，在构建食品安全风险交流体系的同时，要努力提高和维护网络信息的真实性，加强媒体监管力度，以及政府与相关社会组织、企业信息公开透明常态化。同时由于自媒体对食品安全事件报道影响的广泛性，在食品安全风险交流中媒体推动公众关注食品安全的作用明显，但是负面信息的影响，以及媒体人科学素养的制约，反而可能放大公众对食品安全风险的感知。尤其是新媒体时代，食品安全风险交流面临新的机遇和挑战，因此，既要鼓励媒体积极参与治理，曝光事件，推动监管水平不断提高，也要创建新媒体时代相应的法治环境，使媒体依法参与，并正向引导舆情。

九 未来风险监测评估与预警风险交流的若干重点

随着《食品安全法》（2015版）的实施，在法制与体制建设的新形势下，国家食品安全风险监测评估预警体系建设将更加完善，更有成效地发挥保障食品安全的作用。但是，由于提升基层风险监测点的质量不是短期内能够完成的，风险评估的常规项目和应急项目量多、难度大，而风险预警的建设，几乎还在初始阶段，风险预警能力远远落后于国家对食品安全风险治理的需求。未来我国食品安全风险监测评估预警交流工作必须围绕贯彻食品安全法，全面依法履职，按照健康中国 2030 年规划纲要和"十三五"食品安全专项规划确定的目标和 7 项重点工作任务，着力补齐短板、完善体系、夯实基础、不断提升履职能力，重点做好以下三个方面的若干重要工作。

（一）风险监测的未来方向

1. 纵深完善风险监测网络体系

我国农产品质量安全风险主要为农药兽药残留和重金属污染，难以尽快消除，产业化演进过程中的博弈和食品工业化管理程度存在较大的差异性，同时食品安全新的潜在的风险不断出现，将进一步加剧我国的食品安全风险。近年来，我国的食品安全风险呈现出从城市向城乡接合部和广大农村蔓延态势，农村成为重大食品安全事件的高风险区域，农民成为易受危害影响的高发人群。针对这些场所的风险监测存在很大难度，监测点的设置对于易发风险的监测和危险性评估至关重要。但是，我国边远地区和经济欠发达地区，县域乡村的监测点建设形势依然较为滞后。已有的监测点尤其是基层的监测点也存在监测能力不高的问题。扩大基层监测点并提升监测点的技术支撑，是未来国家风险监测体系建设中的重要内容。

2. 加强机制建设与提升技术能力

国家食品安全风险监测是一项系统性、连续性和综合性的任务，对公众健康和社会经济发展具有重要影响。在多部门联合制订和统一发布实施国家食品安全风险监测计划的同时，应尽快制定完善风险监测工作规范，全面规范风险监测计划方案制订、采样、检验、数据报送、技术培训、质量控制、督导检查等工作程序，并建立监测保障和激励机制，确定阶段性和长远监测规划。①

在此基础上，对风险监测部门而言，应督促各地建立长效工作机制，出台相关政策、制度，依法明确责任部门及参与部门的工作职责、权利及人力、财力、物力等资源保障机制，促进食品安全风险监测地方方案的形

---

① 张卫民、裴晓燕、蒋定国等：《国家食品安全风险监测管理体系现状与发展对策探讨》，《中国食品卫生杂志》2015 年第 5 期。

成与完善、完善监测结果的通报和会商机制。建立食品安全风险监测质量管理办法，完善报告制度和机制，不断提高风险监测报告、预警和应急处置能力。国家与地方监测要做到一体与独立相结合，既发挥地方在国家监测计划执行中的主动性，又服务地方的食品安全监管，进一步促进国家和地方食品安全监测的长期可持续发展。

对于监测技术机构而言，应设计监测技术机构分级标准，使各级机构无论在参与的监测任务、接受培训的内容还是在监测工作经费上都有所不同，借此调动各级技术机构的积极性。建立多项工作考核与奖励机制，以及多项绩效考核与管理考核机制，对监测工作中完成任务量大且有突出技术贡献的技术机构给予奖励，促使各级技术机构认真开展并完成所承担的监测任务。开展监测数据质量评比工作，发现重视监测质量工作的技术机构，并对发现存在质量问题的机构开展技术帮扶，使其明确问题所在，以确保其加强质量保证工作。

3. 创新工作方式与优化资源配置

为实现理想的监测效果，当前监测工作开展的理念和工作方式有待更新，以适应不断增加的新项目监测需要，以及当前国家充分利用社会资源的要求。主要是鉴于不同部门和各个机构具有的检测技术优势，建议在当前任务分配中，适当考虑其他部门或具有突出特色的实验室，将部分监测任务进行委托，以更好地完成监测任务；改变现有"授课＋试验"的全国性培训方式，将部分需要重点培训的技术人员安排到遴选出的实验室进行学习和实践，确保融会贯通；目前年度计划中常规监测的项目数和监测量大约是专项监测的一倍，在基本保证现有数据需要的基础上，应适当减少常规监测，强化过程监测，实现找原因、溯源头并指导生产实践；现阶段食品化学项目监测中仅30%的方法属于多组分分析方法；而微生物更是传统的一个项目一个方法，分析时间长。因此，从方法选择上，有必要根据现有项目多、检验人员紧张的特点优先选取多组分、前处理和分析时间短、结果准确变异小的分析方法；改变现有数据展示的方法，力争数据的实时、在线和自动分析，以及分析结果的图表高效展示；监测工作是一项系列性的工作，受多种因素影响，其工作质量不仅要控制好实验室检测质量，还应该从方案制订开始，开展有效的技术培训，样品采集、运输、交接、储存和分析，将相关因素和相关环节通盘考虑以取得应有效果。与此同时，加强监测成果的应用，要根据以往监测成果归纳总结形成我国中长期监测规划，既有长期项目又有年度重点，突出监测项目的精准性，为生产和监管提供可靠依据和针对性手段，为"十三五"期间监测工作的稳步健康发展做好准备。

4. 深入数据挖掘与科学使用历史数据

历史数据是了解过去风险与判断现实风险的重要基础。因此，需要对已获得的历史监测数据进行深入挖掘，掌握数据反映出的内在规律。虽然当前我国的食品安全风险监测涉及多个相关部门，但各部门仍处于相对独立的状态，各部门的数据库结构和上报系统各成体系，难以进行深入、统一的分析，进而发现现有数据存在的系统性风险。此外，基层的实际工作是数据的主要来源，需加强对基层数据的分析能力，尽快发现问题并开展相应的处置工作，避免隐患的进一步扩大。重点开展溯源、趋势和健康风险分析，逐步公开和解读监测数据，正确引导社会舆论，增强风险监测的社会价值。监测工作是食品安全风险管理中的一项基础性工作，监测数据的作用巨大。因此，深层次分析当前监测工作中存在的问题，科学设计监测计划、科学组织开展监测工作并充分利用好监测数据是今后监测工作中需要重点考虑的内容。

（二）风险评估与预警的未来方向

食品安全风险评估的项目实施，目的是为风险预警提供科学研究，面对环境污染严重的现状，应在食品、农产品、环境的大部委交叉职能下，对风险前移、人为风险、网络风险等新的风险，各有侧重、共同谋划，建立风险评估项目，更有针对性地开展中国人群的风险评估项目，加快国家层面的风险评估项目成果的产出，提高项目成效。

新的体制下，2015年国家风险监测评估预警工作保持了国家风险监测计划的连续性和地方计划的重点突出性，风险评估项目在规范化、高水平地有序稳步推动，预警体系开始进入分阶段、可实施的建设进程。随着《食品安全法》（2015版）的实施，在强化法制与体制建设的背景下，国家食品安全风险监测评估预警体系建设将更完善，更有成效地发挥保障食品安全的作用。但是，由于提升基层风险监测点的质量不可能在短期内一蹴而就，风险评估的常规项目和应急项目数量多、难度大，而风险预警的建设几乎还在初始阶段，风险预警能力远远落后于国家对食品安全风险治理的需求。未来我国食品安全风险监测评估预警体系的建设必须抓住以下三个重点①：

1. 加快建立食品污染信息预警系统

科学准确的风险预警应建立在成功的风险监测、风险评估和监管信息收集分析基础上，只有有效地落实监测、评估和信息沟通，才能实施有效预警，这需要行之有效的分工合作机制。为科学开展风险预警，应确保风险评估机构及时获得相应的食品风险信息。风险评估结果应快速准确地传达至食品监管部门。食品安全预警信息应及时客观地予以公布，使食品企业和消费者及时了解风险信息，提高食品企业自身防控风险的能力。

2. 加快创建食源性疾病预警系统

通过完善食源性疾病的报告、监测与溯源体系，建立食源性疾病危害因素数据库，结合食品污染物监测数据，建立食源性疾病危害预警与预测系统，以提高食源性疾病的预警和控制能力。此外，通过食源性疾病信息与危害物监测信息的综合分析，还可以开展食源性疾病发生和发展趋势的预测及预警，指导监管部门采取针对性的防控措施，提高食品安全水平。

3. 形成更多元化的预警举措

食品安全风险预警应在现有季节性食物消费安全提醒的基础上，发展出更多元化的预警举措，适应新常态，加强食品安全风险检查、评估预警能力的建设，为保障食品安全护航。政府监管职能部门要将预警职责制度化，人力、财力、物力匹配实质兑现的基础上，创新风险预防和控制的监管手段。例如，建立企业不安全食品召回信息通告制度，接受公众对政府监管能力的监督；主动对违法企业黑名单进行媒体曝光，建立相应处罚直至终身行业禁入。此外，食品行业协会要做到潜规则的"零容忍"，推动食品行业协会在食品安全治理中的内在动力和积极作用。

（三）风险交流的未来方向

1. 尽快建立国家层面的统一的食品安全风险信息交流系统

尽快改变中国长期以来食品安全信息部门化、单位化、课题组化状态，加快完善食品安全信息管理的统一法规制度，明确食品安全信息的范围，指定专门机构承担收集、汇总、分析食品安全信息的任务，建立相应的管理制度和技术规范。

---

① 付文丽、孙赫阳、杨大进等：《完善中国食品安全风险预警体系》，《中国公共卫生管理》2015 年第 6 期。

国家层面上统一收集的食品安全信息应包括：（1）农产品、加工食品的类别、产量和食品消费量；（2）农业种植、养殖过程中的农药及其他农业投入品的性质及用量，植物或肉用动物疫病流行的信息；（3）食品安全监管部门行政执法中发现的食品生产经营违法信息；（4）食品检验机构发现的超出食品安全标准或新发现的有毒有害物信息；（5）食品安全风险监测中收集的污染物、食源性疾病和有毒有害物信息；（6）政府经费支持的食品专项调查信息等。

2. 建立国家食品安全风险交流计划

纳入大样本量国家和地区消费者风险感知数据库，开展我国公民食品安全风险感知特征研究，在5—10年内建成中国公民食品安全风险感知特征图谱。可以由政府委托有资质的第三方机构，进行年度跟踪或定期研究评估，逐渐了解并基本掌握我国主要城市、城乡之间消费者的风险感知差异及其变化，为制定和实施有效的风险交流策略，提供科学依据。

3. 建立多样化多层面的风险交流

风险交流是食品药品监管部门和其他有关部门、食品安全风险评估专家委员会及技术机构，按照科学、客观、公开原则组织食品生产经营者、食品检验机构、认证机构、食品行业协会、消费者协会以及新闻媒体等，就食品安全风险评估信息和食品安全监督管理信息进行交流沟通，涉及监管部门、媒体、公众、检验机构、食品安全专家、标准制定者、食品生产经营者等多个层面。因此，风险交流中应注重从以下四个层面展开。①

（1）监管部门与公众交流层面。监管部门应加强信息管理，建立通畅的信息发布和反馈渠道；完善信息管理制度，明确信息公开的范围与内容，信息发布的人员、权限以及发布形式，确保信息发布的准确性、一致性；充分利用掌握的资料，适时、适度地向公众发布食品安全风险和食品安全警示信息。实际的食品安全风险交流中，监管部门首先应对掌握的食品安全风险信息进行甄别，主动和媒体沟通，避免歪曲、不实、夸大的食品安全新闻出台，利用媒体宣传必要的食品安全风险知识，变被动应对为主动引导。其次应利用官方网站、报纸电视的专栏专刊、讲座、广场集中宣传、编印食品安全知识手册等多种形式和手段，主动向公众公开必要的

---

① 《加强沟通掌控局势主动开展食品安全风险交流工作》，中国食品安全网，2015 - 05 - 14，http：//www.cfsn.cn/2015 - 05/14/content_ 262272. htm。

食品安全风险信息，宣传食品安全风险及相关知识，引导、教育公众正确看待食品安全问题。最后应在国家食品药品监督管理局网站上的食品安全风险预警交流栏目中，聘请相关专家、学者进行理性的解读，针对生活中的问题进行科学的风险交流。

（2）监管部门与生产经营者交流层面。食品安全风险交流的主要目的是避免或降低各种食品安全风险因素对人群的危害，因此，从源头上控制食品安全风险就是釜底抽薪的治本之策。在这个层面上，与食品生产经营者的风险交流就显得尤为重要。首先，应对生产经营者进行培训，增强其食品安全责任主体意识，帮助其分析危害产生的原因，提出在生产技术、工艺设备、加工过程控制、采购、运输、储存等方面的改进措施，制订整改方案，从根本上消除风险。其次，应对食品从业者进行培训，通过食品安全典型案例讲解等有效方式，使其知晓危害，掌握必要的食品安全基本常识，在生产经营过程中规范操作，降低、消除各种人为因素带来的食品安全风险。

（3）监管部门之间的交流层面。食品安全风险管理涉及多个行政部门，需要多部门协同合作。首先，应建立相关部门的信息交换和配合联动机制。食品产业链涉及范围广，监管工作牵涉农委、食药、卫生、质监、环保、粮食和检验检疫等多个部门，不同部门工作重点各不相同，只有有效地沟通协调，才能提高风险交流和食品安全风险处置工作的有效性。其次，应做好与检测机构的交流与合作。广义上分析检验机构属于食品安全的重要监管部门，各种食品安全风险的发现、判定离不开检验机构的支持。因此，需要加强与检测机构的合作，并对其出具的数据进行分析评判。

（4）监管部门的内部交流层面。机构内部顺畅高效的沟通交流是确保工作正常高效运转的前提，因此，食品药品监管部门应建立健全机构内以及上下级机构间的信息通报与协作机制。一是食品安全风险交流制度化。在机构内部各职能科室间形成明确的信息通报和协作机制，做到有章可循。二是食品安全风险交流常态化。在日常工作中常交流、常通报，对各种食品安全风险信息进行溯源、排查和消除。三是食品安全风险交流多样化。基层食品安全监管人员的食品安全风险意识和业务素质普遍不高，需要通过学习考察、参观访问和现场观摩等多种交流方式提高监管人员的食品安全风险意识及知识水平。

下 篇

食品安全风险治理中的企业、市场、社会与公众行为

第十二章　食品安全风险社会共治的理论
分析框架：基于中国实践与
国际经验的理论研究

长期以来，中国的食品安全风险的治理主体是政府。虽然政府是食品安全风险治理体系中最重要、最基本的主体，而且在保障我国食品安全方面发挥了不可替代的巨大作用。但是，食品安全风险治理有其固有的规律性，同时政府治理本身具有天然的缺陷，而弥补政府缺陷的基本路径是政府、市场、社会主体间按照社会治理的基本要求，基于在社会治理中的各自职能，有机地组合治理。本书中篇初步考察了政府食品安全风险治理体系与治理能力，初步分析了政府治理的缺陷。为适应中国社会转型的迫切需要，促进由社会管理向社会治理的转变，《食品安全法》（2015版）确立了"预防为主、风险管理、全程控制和社会共治"的食品安全风险治理的四项基本原则。因此，借鉴国际经验、总结国内实践，把握世界食品安全治理发展演化的共性规律，从中国的实际出发，正确处理政府、市场、企业与社会等方面的关系，构建具有中国特色的"食品安全风险国家治理体系"，实施真正意义上的社会共治，才能够从根本上防范食品安全风险。然而，食品安全风险社会共治在中国是一个全新的概念，国内在此方面的实践刚刚起步，在理论层面上的研究更是空白。近年来，国内学者虽然发表了一定数量的研究文献，但就基于社会共治的本质内涵来考量，目前在此领域的研究存在明显的缺失，不仅研究的水平与国外具有相当的差距，而且更由于国内实践的不足，难以真正认识社会共治。如何在借鉴西方理论研究成果的基础上，根据中国的国情，全面总结研究食品安全风险社会共治实践中的"中央自上而下推进，基层自下而上推动，相关地方与部门连接上下促进"的共性经验，提出具有中国特色的食品安全风险社会共治的理论分析框架，并以指导实践，在实践中升华理论。这是时代向学者们提出的重大而紧迫的任务。本章的研究主要尝试提出食品安全风险社会共治的理论分析框架，作为本书下篇的第一章，并依次为指导研究食品安全风险治理中的企业、市场、社会与公众行为。

一　基于全球视角的食品安全风险社会共治的产生背景

从经济学的视角来考量，食品信息不对称是食品安全问题产生的根源，同时也是政府在食品安全治理领域进行行政干预的根本原因。[①] 因此，大多数发达国家的食品安全规制集中在利用强制性标准规范食品的生产方式或安全水平上。但 1996 年暴发的源自英国且引起全世界恐慌的疯牛病（Bovine Spongiform Enceohalopathy，BSE）与其他后续发生的一系列恶性食品安全事件，严重打击了公众对政府食品安全治理能力的信心。[②③] 政府亟须寻找新的、更有效的食品安全治理方法以应对公众的期盼和媒体舆论的压力。[④] 因此，在 20 世纪末期开始，发达国家的政府开始对食品安全规制的治理结构等进行改革。[⑤⑥⑦] 作为一种更透明、更有效地团结社会力量参与的治理方式，食品安全风险社会共治（Food Safety Risk Co -

---

①　Antle, J. M. , "Effcient Food safety regulation in the food manufacturing sector", *American Journal of Agricultural Economics*, Vol. 78, 1996, pp. 1242 – 1247.

②　Cantley, M. , "How should public policyrespond to the challenges of modern biotechnology", *Current Opinion in Biotechnology*, Vol. 15, No. 3, 2004, pp. 258 – 263.

③　Halkier, B. and Holm, L. , "Shifting responsibilities for food safety in europe: An introduction", *Appetite*, Vol. 47, No. 2, 2006, pp. 127 – 133.

④　Caduff, L. and Bernauer, T. , "Managing risk and regulation in European food safety governance", *Review of Policy Research*, Vol. 23, No. 1, 2006, pp. 153 – 168.

⑤　Henson, S. and Caswell, J. , "Food safety regulation: An overview of contemporary issues", *Food Policy*, Vol. 24, No. 6, 1999, pp. 589 – 603.

⑥　Henson, S. and Hooker, N. , "Private sector management of food safety: Public regulation and the role of private controls", *International Food and Agribusiness Management Review*, Vol. 4, No. 1, 2001, pp. 7 – 17.

⑦　Codron, J. M. , Fares, M. and Rouvière, E. , "From public to private safety regulation? The case of negotiated agreements in the french fresh produce import industry", *International Journal of Agricultural Resources Governance and Ecology*, Vol. 6, No. 3, 2007, pp. 415 – 427.

goverance，FSRC）应运而生并不断发展。①②③

国际上大量的社会实践业已证明，在公共治理领域将部分公共治理功能外包可以有效地避免政府财政预算紧张和治理资源有限的问题。④⑤ 在食品生产技术快速发展、供应链日趋国际化的背景下，企业、行业协会等非政府力量在食品生产技术与管理等方面具有独一无二的优势⑥，可以成为政府食品安全治理力量的有效补充，在保障食品安全上发挥重要作用。⑦ 与传统的治理方式相比较，社会共治能以更低的成本、更有效的资源配置方式保障食品安全。⑧ 食品安全风险的社会共治已是大势所趋。然而，在我国，社会共治还是一个新概念。学术界、政府和社会等对食品安全风险社会共治的概念界定、基本内涵、内在逻辑等重大理论问题的研究处于起步阶段，尚没有形成统一的认识。这非常不利于正确认识食品安全风险社会共治的重大意义，并将其应用于治理实践。鉴于此，基于近年来国外文献，本章从食品安全风险社会共治的内涵、运行逻辑、各方主体的边界等若干个视角，全面回顾与梳理食品安全风险社会共治的相关理论问题的演进脉络，并基于中国现实，初步提出食品安全风险社会共治的理论分析框架，旨在为学者们深入展开研究提供借鉴。

---

① Ansell, C. and Vogel, D. , *The Contested Governance of European Food Safety Regulation. In what's the Beef: The Contested Governance of European Food Safety Regulation*, Cambridge, Mass: Mit Press, 2006.

② Flynn, A. , Carson, L. and Lee, R. et al. , *The Food Standards Agency: Making A Difference*, Cardiff: the Centre For Business Relationships, Accountability, Sustainability and Society (Brass), Cardiff University, 2004.

③ Vos, E. , "EU food safety regulation in the aftermath of the BES crisis", *Journal of Consumer Policy*, Vol. 23, No. 3, 2000, pp. 227 –255.

④ Osborne, D. and Gaebler, T. , *Reinventing Government: How the Entrepreneurial Spirit is Transforming the Public Sector*, Reading, Ma: Addison – Wesley, 1992.

⑤ Scott, C. , "Analysing regulatory space: Fragmented resources and institutional design", *Public Law Summer*, Vol. 1, 2001, pp. 229 –352.

⑥ Gunningham, Sinclair, *Discussing the "Assumption that Industry Knows Best how to Abate its Own Environmental Problems"*, Supra Note 17, 2007.

⑦ Henson, S. and Humphrey, J. , *The Impacts of Private Food Safety Standards on the Food Chain and on Public Standard – Setting Processes*, Rome: Joint FAO/WHO Food Standards Programme, Codex Alimentarius Commission, Alinorm 09/32/9d – Part Ii Fao Headquarters.

⑧ Marian, G. M. , Fearne, A. and Caswell, J. A. et al. , "Co – regulation as a possible model for food safety governance: Opportunities for public – private partnerships", *Food Policy*, Vol. 32, No. 3, 2007, pp. 299 –314.

二　食品安全风险社会共治的内涵

自国际上食品安全风险社会共治概念的提出至今，至少已有十多年的历史，其内涵随着实践的不断发展而日益丰富。

（一）社会治理

20世纪后期，西方福利国家的政府"超级保姆"的角色定位产生出职能扩张、机构臃肿、效率低下的积弊，在环境保护、市场垄断、食品安全等问题的治理上力不从心，引起公众的不满。与此同时，非政府组织和公民群体力量等的崛起可以有效弥补政府和市场在社会事务处理上的缺陷。到20世纪末，强调多元的分散主体达成多边互动的合作网络的社会治理理论开始兴起①，形成了内涵丰富且具有弹性的社会治理概念。

社会共治是社会共同治理的简称。而无论对社会共治还是社会治理而言，治理都是最重要的关键词。目前，基于角度不同，学术界对治理的认识也有所区别。总体来看，学者们对治理概念的认识的差异主要是考虑问题角度与背景的不同所致。

1. 基于治理目标

缪勒（Mueller）把治理定义为关注制度的内在本质和目标，推动社会整合和认同，强调组织的适用性、延续性及服务性职能，包括掌控战略方向、协调社会经济和文化环境、有效利用资源、防止外部性、以服务顾客为宗旨等内容。② 缪勒的定义突出了治理的目标，对治理的参与主体没有较多地阐述。

2. 基于治理主体

全球治理理事会（Commission on Global Governance，CGG，1995）对治理的定义则弥补了缪勒的缺陷，强调了治理的主体构成。CGG认为，治理是各种公共或私人机构与个人管理其共同事务的诸多方式的总和，是使相互冲突的或不同的利益得以调和并采取联合行动的持续的过程，既包

---

① Commission on Global Governance，*Our Global Neighbourhood*：*The Report of the Commission on Global Governance*，London：Oxford University Press，1995.

② Mueller, R. K.，"Changes in the wind in corporate governance"，*Journal of Business Strategy*，Vol. 1，No. 4，1981，pp. 8–14.

括正式制度安排，也包括非正式制度安排。①

3. 基于治理模式

布雷塞什（Bressersh）进一步细化治理的形式、主体和内容，认为治理包括法治、德治、自治、共治，是政府、社会组织、企事业单位、社区以及个人等，通过平等的合作型伙伴关系，依法对社会事务、社会组织和社会生活进行规范和管理，最终实现公共利益最大化的过程。②

在总结各国学者治理概念与相关理论研究的基础上，斯托克（Stoker）阐述了治理的内涵，认为治理的内涵应包含五个主要方面，分别是：（1）治理意味着一系列来自政府但又不限于政府的社会公共机构和行为者；（2）治理意味着在为社会和经济问题寻求解决方案的过程中存在界限和责任方面的模糊性；（3）治理明确肯定了在涉及集体行为的各个社会公共机构之间存在着权力依赖；（4）治理意味着参与者最终将形成一个自主的网络；（5）治理意味着办好事情的能力并不仅限于政府的权力，不限于政府的发号施令或运用权威。③

从学者们的研究来看，治理内涵的界定是一个多角度、多层次的论辩过程。总体来说，治理的主体包括政府、社会组织、企事业单位、社区以及社会个人等；治理的目标包括掌控战略方向、协调社会经济和文化环境、协调不同群体的利益冲突、有效利用资源、防止外部性、服务顾客，并最终实现社会利益的最大化；治理的形式包括法治、德治、自治、共治等。值得注意的是，治理中各主体之间是平等的合作型伙伴关系，这与自上而下的纵向的、垂直的、单向的政府管理活动不同。

（二）社会共治

作为治理众多形式中的一种，社会共治是在社会治理理论的基础上提出的，是对社会治理理论的细化。④ 目前，学者们主要从如下两个角度来定义社会共治。

---

① Commission on Global Governance, *Our Global Neighbourhood：The Report of the Commission on Global Governance*, London：Oxford University Press, 1995.

② Bressersh, T. A., *The Choice of Policy Instruments in Policy Networks*, Worcester：Edward Elgar, 1998.

③ Stoker, G., "Governance as theory：Five propositions", *International Social Science Journal*, Vol. 155, No. 50, 1998, pp. 17 –28.

④ Bressersh, T. A., *The Choice of Policy Instruments in Policy Networks*, Worcester：Edward Elgar, 1998.

1. 治理方式角度

Ayres 和 Braithwaite 将社会共治定义为政府监管下的社会自治[1]，Gunningham 和 Rees 认为，社会共治是传统政府监管和社会自治的结合[2]，Coglianese 和 Lazer 认为，社会共治是以政府监管为基础的社会自治[3]，而 Fairman 和 Yapp 认为，社会共治是指有外界力量（政府）监管的社会自治。[4] 可见，尽管表述有所不同，但学者们对社会共治定义趋于一致。归纳起来，就是认为社会共治是将传统的政府监管与无政府监管的社会自治相结合的第三条道路。在此基础上，Sinclair 认为，因政府监管与社会自治的结合程度具有多样性，所以社会共治的形式也必将千差万别。[5]

2. 治理主体角度

20 世纪 90 年代初，荷兰政府认为在法律的准备阶段和框架制定阶段，政府与包括公民、社会组织在内的社会力量之间的协调合作对提高立法质量非常重要。因此，在出台的旨在提高立法质量的 Zicht op wetgeving 白皮书中明确提出了辅助性原则。[6] 这是社会共治在政府文件中的早期形式。2000 年，英国政府在 Communications Act 2003 中明确纳入了社会共治的内容，并将其看作社会各方积极参与以确保达成一个有效的、可接受的方案的过程。[7] 这实际上就是把社会共治视作社会治理中政府机构和企业之间合作的一种模式。[8] 在这种合作模式中，治理的责任由政府和企业共

---

① Ayres, I. and Braithwaite, J., *Responsive Regulation. Transcending the Deregulation Debate*, New York: Oxford University Press, 1992.

② Gunningham, N. and Rees, J., "Industry self – regulation: An institutional perspective", *Law and Policy*, Vol. 19, No. 4, 1997, pp. 363 –414.

③ Coglianese, C. and Lazer, D., "Management – based regulation: Prescribing private management to achieve public goals", *Law & Society Review*, Vol. 37, 2003, pp. 691 –730.

④ Fairman, R. and Yapp, C., "Enforced self – regulation, prescription, and conceptions of compliance within small businesses: The impact of enforcement", *Law & Policy*, Vol. 27, No. 4, 2005, pp. 491 –519.

⑤ Sinclair, D., "Self – Regulation versus command and control? beyond false dichotomies", *Law & Policy*, Vol. 19, No. 4, 1997, pp. 527 –559.

⑥ Kamerstukken Ii, 1990/1991, 22 008, Nos. 1 –2.

⑦ Department for Trade and Industry and Department for Culture, Media and Sport, *A New Future for Telecommunications*, London: The Stationery Office Cm 5010, 2000.

⑧ Bartle, I. and Vass, P., *Self – Regulation and the Regulatory State: A Survey of Policy and Practices*, Research Report, University of Bath, 2005.

同承担。① Eijlander 从法律的角度进一步完善了社会共治的定义，认为社会共治是在治理过程中政府和非政府力量之间协调合作来解决特定问题的混合方法。这种协调合作可能产生各种各样的治理结果，如协议、公约，甚至是法律。② Rouvière 和 Caswell 则进一步完善了社会共治的参与主体，认为社会共治就是企业、消费者、选民、非政府组织和其他利益相关者共同制定法律或治理规则的过程。③

与此同时，学者们进一步将社会共治的概念扩展到食品安全领域。Fearne 和 Martinez 将食品安全风险社会共治定义为在确保食品供应链中所有的相关方（从生产者到消费者）都能从治理效率的提高中获益的前提下，政府和企业一起合作构建有效的食品系统，以保障最优的食品安全并确保消费者免受食源性疾病等风险的伤害。④ 马里安（Marian）等认为，食品安全风险社会共治是指政府部门和社会力量在食品安全的标准制定、进程实现、标准执行和实时监测四个阶段中展开合作，以较低的治理成本提供更安全的食品。⑤

（三）法案中社会共治的补充条款

1. 补充条款的提出

基于社会共治的丰富实践，虽然学者们或一些国家的政府从多个方面阐述了社会共治的概念与定义，但仍然难以涵盖其全部内涵。为此，欧盟的相关法案在定义社会共治的同时，增加了补充条款作为对社会共治定义的重要补充。2001 年，欧盟的 Better Regulation 将社会共治的概念应用到整个欧盟层面，指出社会共治是政府和社会共同参与的、用来解决特定问

① Organisation for Economic Cooperation and Development (OECD), *Regulatory Policies in OECD Countries, from Interventionism to Regulatory Governance*, Report OECD, 2002.

② Eijlander, P., "Possibilities and constraints in the use of self – regulation and co – regulation in legislative policy: Experience in the netherlands – lessons to be learned for the EU", *Electronic Journal of Comparative Law*, Vol. 9, No. 1, 2005, pp. 1 – 8.

③ Rouvière, E. and Caswell, J. A., "From punishment to prevention: A French case study of the introduction of co – regulation in enforcing food safety", *Food Policy*, Vol. 37, No. 3, 2012, pp. 246 – 255.

④ Fearne, A. and Martinez, M. G., "Opportunities for the co – regulation of food safety: Insights from the United Kingdom", *Choices: The Magazine of Food, Farm and Resource Issues*, Vol. 20, No. 2, 2005, pp. 109 – 116.

⑤ Marian, G. M., Fearne, A. and Caswell, J. A. et al., "Co – regulation as a possible model for food safety governance: Opportunities for public – private partnerships", *Food Policy*, Vol. 32, No. 3, 2007, pp. 299 – 314.

题的混合方法，其实施有两个附加条件：（1）在法律框架下确定参与主体的基本权利和义务，并通过后续立法和自治工作来补充相关信息；（2）在参与共治的过程中，要保证社会力量做出的承诺具有约束力。①

2. 补充条款的拓展

2002 年，欧盟的 Simplifying and Improving the Regulatory Environment 法案进一步扩展了社会共治的补充条款：（1）社会共治可以作为立法工作的基础框架；（2）社会共治的工作机制必须代表整个社会的利益；（3）社会共治的实施范围必须由法律确定；（4）社会共治框架下的相关利益方（企业、社会工作者、非政府组织、有组织的团体）的行为必须受法律的约束；（5）如果某一领域的社会共治失败，保留恢复传统治理方式的权利；（6）社会共治必须保证透明性原则，各主体之间达成的协定和措施必须向社会公布；（7）参与的主体必须具有代表性，并且组织有序、能承担相应的责任。②

2003 年，欧盟的 The Interinstitutional Agreement on Better Law – Making 第 18 条将社会共治定义为在法律的框架下，社会中的相关利益团体（如企业、社会参与者、非政府组织或团体）与政府共同完成特定目标的机制。该协议的第 17 条补充认为：（1）社会共治必须在法律的框架下实行；（2）满足透明性原则（尤其是协议的公开）；（3）相关的参与主体要有代表性；（4）必须能为公众的利益带来附加价值；（5）社会共治不能以破坏公民的基本权利或政治选择为前提；（6）保证治理的迅速和灵活，但社会共治不能影响内部市场的竞争和统一。③

（四）食品安全风险社会共治内涵的标志

综合国际学界对社会治理、社会共治、食品安全风险社会共治的定义与法案中社会共治的补充条款的论述，以及发达国家的具体实践，研究团队研究认为，食品安全风险社会共治是指在平衡政府、企业和社会（社会组织、个人等）等各方主体利益与责任的前提下，各方主体在法律的框架下平等地参与标准制定、进程实现、标准执行、实时监测等阶段的食品安全风险的协调管理，运用政府监管、市场激励、社会监督等手段，以

---

① White Paper on European Governance, Work Area No. 2, Handling The Process of Producing And Implementing Community Rules, Group 2c, May 2001.

② 参见 Com（2002）278 Final。

③ 参见 Oj 2003, C 321/01。

较低的治理成本和公开、透明、灵活的方式来保障最优的食品安全水平，实现社会利益的最大化。国际上对食品安全风险社会共治的内涵界定可用图 12 - 1 来表述。政府、企业、社会等主要参与主体在食品安全风险社会共治中的作用等，将在本章后续的研究中作进一步阐述。

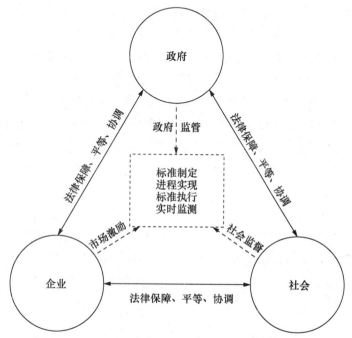

图 12 - 1　食品安全风险社会共治内涵框架示意

三　食品安全风险社会共治的运行逻辑

自 20 世纪 90 年代以来，公共治理理论发展迅速，并成为社会科学来源的研究热点。与传统社会管理理论相比较，公共治理理论成功地突破了传统的政府和市场两分法的简单思维界限，认为"政府失灵"和"市场失灵"已客观存在，甚至在某些领域同时存在政府和市场双失灵的问题，必须引入第三部门（又称"第三只手"）参与公共事务的治理，且主张政府、市场与第三部门应处于平等的地位，并通过形成协调有效的网络，才能更有效地分配社会利益，确保社会福利的最大化。基于公共治理的理论，食品安全具有效用的不可分割性，消费的非竞争性和收益的非排他性，因此，食品安全具有公共物品属性①②，一旦食品发生质量安全事件，将给公众带来身体健康的损害，也对食品产业的健康发展带来重大影响，甚至给社会与政治稳定造成巨大的威胁，故食品安全风险属于社会公共危机③④，因而防范食品安全风险，确保食品安全是政府的责任。但是，食品也是普通商品，应该依靠市场的力量，运用市场机制来解决全社会的食品生产与供应。然而，由于食品具有搜寻品、经验品、信任品等多种属性，而其中的信任品属性是购买一段时间后甚至永远都不能被消费者发现的，如蔬菜中的农药残留、火锅中的用油等，但生产者对此却往往比较清楚。⑤ 生产者和消费者之间的食品安全信息的不对称导致"市场失灵"⑥，因此需要政府监管介入以有效解决"市场失灵"。传统的食品安全风险治理的理论与实践主要以"改善政府监管"为基本范式，从食品安全风险治理制度的变迁过程来看，西方发达国家一开始也主要采取政府监管为主导的模式。然而，随着经济社会的不断发展，西方发达国家逐渐认识到，单一的政府监管为主导的模式也存在"政府失灵"现象。⑦ 由于食品安全问题具有复杂性、多样性、技术性和社会性，单纯依靠政府部门无法完全应对食品安全风险治理。所以，食品安全风险治理必须引进消费者、非政府组织等社会力量的参与，引导全社会共同治理。⑧⑨

---

① Edwards, M., "Participatory governance into the future: Roles of the government and community sectors", *Australian Journal of Public Administration*, Vol. 60, No. 3, 2001, pp. 78 – 88.

② Skelcher, Mathur, *Governance Arrangements and Public Sector Performance: Reviewing and Reformulating the Research Agenda*, 2004, pp. 23 – 24.

③ Christian, H., Klaus, J. and Axel, V., "Better regulation by new governance hybrids? governance styles and the reform of european chemicals policy", *Journal of Cleaner Production*, Vol. 15, No. 18, 2007, pp. 1859 – 1874.

④ Krueathep, W., "Collaborative network activities of thai subnational governments: current practices and future challenges", *International Public Management Review*, Vol. 9, No. 2, 2008, pp. 251 – 276.

⑤ Tirole, J., *The Theory of Industrial Organization*, The Mit Press, 1988.

⑥ Antle, J. M., "Efficient food safety regulation in the food manufacturing sector", *American Journal of Agricultural Economics*, Vol. 78, No. 5, 1996, pp. 1242 – 1247.

⑦ Burton, A. W., Ralph, L. A. and Robert, E. B. et al., "Thomas, disease and economic development: The impact of parasitic diseases in St. Luci", *International Journal of Social Economics*, Vol. 1, No. 1, 1974, pp. 111 – 117.

⑧ Cohen, J. L. and Arato, A., *Civil Society and Political Theory*, Cambridge, Ma: Mit Press, 1992.

⑨ Mutshewa, A., "The use of information by environmental planners: A qualitative study using grounded theory methodology", *Information Processing and Management: An International Journal*, Vol. 46, No. 2, 2010, pp. 212 – 232.

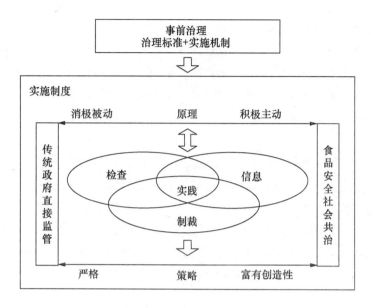

图 12 - 2　食品安全风险社会共治实施机制的分析框架

资料来源：Rouvière 和 Caswell（2012）。

　　作为一种新的监管方式，食品安全风险社会共治的出现彻底改变了人们对食品风险事后治理方式的认识，弥补了传统政府监管模式的缺陷。[1] Rouvière 和 Caswell[2] 根据 May 和 Burby[3] 的研究成果，构建了如图 12 - 2 所示的食品安全风险社会共治实施机制的分析框架。无论是从治理原理还是从治理策略的角度，食品安全风险社会共治的方法更具积极性、主动性和创造性。例如，传统政府直接监管的方式主要是通过随机的检查发现违规的食品企业，然后对其进行严厉的处罚。而食品安全风险社会共治则是将各种力量聚合起来，通过教育、培训等一系列手段预防食品企业违法，并通过有目的性的检查和市场激励促使企业遵法守法。因此，社会共治使更多的参与主体加入到食品安全治理的过程中，提高了治理方式的灵活

　　① Black, J., "Decentring regulation: Understanding the role of regulation and self regulation in a 'post - regulatory' world", *Current Legal Problems*, Vol. 54, 2001, pp. 103 - 147.

　　② Rouvière, E. and Caswell, J. A., "From punishment to prevention: A french case study of the introduction of co - regulation in enforcing food safety", *Food Policy*, Vol. 37, No. 3, 2012, pp. 246 - 275.

　　③ May, P. and Burby, R., "Making sense out of regulatory enforcement", *Law and Policy*, Vol. 20, No. 2, 1998, pp. 157 - 182.

性，增加了政策的适用程度，节省了公共成本。①②

　　学者们根据国际上尤其是发达国家食品安全风险社会共治的实践，从理论上形成了如图 12 - 2 所示的食品安全风险社会共治的实施机制或运行逻辑框架。实践证明，在发达国家食品安全风险的社会共治对食品安全风险治理产生了显著的变化。基于文献可以将这些显著的变化归纳为三个层面。

（一）治理力量实现了新组合且实现了质变式的倍增

　　与有限的政府治理资源相比，食品安全风险社会共治能够吸纳企业、社会组织和个人等非政府力量的加入。这极大地扩展了治理的主体，丰富了治理的力量。③ 社会力量在提供更高质量、更安全食品方面发挥着重要作用，其所采用和实施的治理方法都是对政府治理行为的补充。④ 食品的行业组织和食品生产厂商通常对食品的质量更了解，而政府能够产生以信誉为基础的激励来监控食品质量，则政府治理和企业、社会治理之间具有很强的互补性。⑤ 因此，社会共治能够结合各治理主体的力量，充分发挥其各自的优势⑥，其效用比传统的治理方法都要强。⑦⑧ 如在欧盟食品卫生法案的框架下，政府、企业、社会组织、公民等积极参与食品安全的治

---

　　① Ayres, I. and Braithwaite, J. , *Responsive Regulation: Transcending the Deregulation Debate*, New York, Ny: Oxford University Press, 1992.

　　② Coglianese, C. and Lazer, D. , "Management - based regulation: Prescribing private management to achieve public goals", *Law and Society Review*, Vol. 37, No. 4, 2003, pp. 691 - 730.

　　③ Marian, G. M. , Fearne, A. and Caswell, J. A. et al. , "Co - regulation as a possible model for food safety governance: Opportunities for public - private partnerships", *Food Policy*, Vol. 32, No. 3, 2007, pp. 299 - 314.

　　④ Rouvière, E. and Caswell, J. A. , "From punishment to prevention: A French case study of the introduction of co - regulation in enforcing food safety", *Food Policy*, Vol. 37, No. 3, 2012, pp. 246 - 255.

　　⑤ Nuöez, J. , "A model of selfregulation", *Economics Letters*, Vol. 74, No. 1, 2001, pp. 91 - 97.

　　⑥ Commission of the European Communities, *European Governance*, *A White Paper*, Com (2001) 428, http: //Eur - Lex. Europa. Eu/Lexuriserv/Site/En/Com/2001/Com2001_ 0428en01. Pdf, 2001 - 04 - 28.

　　⑦ Henson, S. and Caswell, J. , "Food safety regulation: An overview of contemporary issues", *Food Policy*, Vol. 24, No. 6, 1999, pp. 589 - 603.

　　⑧ Eijlander, P. , Possibilities, "Constraints in the use of self - regulation and co - regulation in legislative policy: Experiences in the Netherlands - Lessons to be Learned for the EU", *Electronic Journal of Comparative Law*, Vol. 9, No. 1, 2005, pp. 1 - 8.

理，已经在保障食品安全方面发挥了重要作用。[①]

（二）法律标准的严谨性与可操作性实现新提高

食品安全风险社会共治能够提高法律标准的严谨性与可操作性。一方面，对食品质量安全专业知识的了解是制定优秀法律的基础。[②] 企业、行业组织等非政府力量在这方面具有独特优势，将其纳入食品安全法律标准的制定中有助于使制定的法律标准更加严谨。[③] 另一方面，政府也会将企业或行业组织等制定的非政府的标准直接升格为整个国家的法律标准。[④] 由于这些标准是以食品行业专业知识为基础的，因此，就能相对完美地适用于食品工业，被认为是最充分和最有效的。[⑤⑥] 而且，因为食品企业自身参与到法律标准的制定中，因而食品企业对新的法律标准有归属感和拥有感[⑦]，也更容易理解和遵守。[⑧] 也就是说，由食品企业参与制定的法律标准更容易被企业遵守。[⑨] 在欧盟，食品安全法律标准已经实现了政府标准与行业标准、企业标准等标准间的融合。[⑩⑪] 法国于 2006 年 1 月 1 日生效的 Hygiene Package 法案便是这种模式，在保障食品从"农田到餐桌"

---

① Commission of the European Communities, *Report from the Commission to the Council and the European Parliament on the Experience Gained from the Application of the Hygiene Regulations* (Ec) No. 852/2004, (Ec) No. 853/2004 and (Ec) No. 854/2004 of the European Parliament and of the Council of 29 April 2004, Sec (2009) 1079, Brussels, 2009.

② Sinclair, D., "Self - regulation versus command and control? beyond false dichotomies", *Law and Policy*, Vol. 19, No. 4, 1997, pp. 529 – 559.

③ Gunningham, Sinclair, *Discussing the "Assumption that Industry Knows Best how to Abate its Own Environmental Problems"*, Supra Note 17, 2007.

④ Fearne, A. and Martinez, M. G., "Opportunities for the co - regulation of food safety: Insights from the united kingdom, choices: The magazine of food", *Farm and Resource Issues*, Vol. 20, No. 2, 2005, pp. 109 – 116.

⑤ Kerwer, D., "Rules that many use: Standards and global regulation", *Governance*, Vol. 18, No. 4, 2005, pp. 611 – 632.

⑥ Demortain, D., "Standardising through concepts, the power of scientific experts in international standard - setting", *Science and Public Policy*, Vol. 35, No. 6, 2008, pp. 391 – 402.

⑦ Freeman, *Collaborative Governance*, Supra Note 17, 2013.

⑧ Baldwin, R. and Cave, M., *Understanding Regulation: Theory, Strategy, and Practice*, Oxford: Oxford University Press, 1999.

⑨ Commission of the European Communities, European Governance' (White Paper) Com (2001) 428, 2001 – 07 – 25.

⑩ Ansell, C. K. and Vogel, D., *What's the Beef? The Contested Governance of European Food Safety*, Cambridge, Ma: Mit Press, 2006.

⑪ Marsden, Lee T. R. and Flynn, A., *The New Regulation and Governance of Food: Beyond the Food Crisis*, New York and London: Routledge, 2010.

安全方面具有的良好表现，成为保证产品质量、指导实践的典范。[①]

（三）治理效率与治理成本实现了新变化

食品安全风险社会共治能够减轻政府和企业的食品安全治理的负担，提高治理效率，节约治理成本。多主体的加入有助于制定出符合企业或行业实际情况的决策，因而使治理决策更具可操作性，并减轻了各方的负担。[②] 与此同时，食品安全风险社会共治能区分高风险企业和低风险企业，使政府能够集中力量有针对性地展开检查。高风险企业由此压力增加，而遵守法律的企业的负担将会减轻。[③] 在英国，政府对参与农场保险体系的农场的平均检测率为2%，而对非体系成员的农场的平均检测率为25%。这可以使参与保险体系的农场每年减少57.1万英镑的成本，同时会使当地的政府机构减少200万英镑的费用。[④]

可见，与传统的政府监管模式相比，食品安全风险社会共治的运行更加灵活、高效。在食品安全风险社会共治的运行逻辑下，食品安全治理的模式实现了从传统型的惩罚导向向现代化的预防导向的转变。[⑤]

四 政府与食品安全风险社会共治

传统的食品安全风险治理的理论研究以"改善政府监管"为主流范式，解决办法是强调严惩重典。20世纪90年代，在恶性食品安全事件频发所引致的民众压力下，西方发达国家政府基于"严惩重典"的思路，加强了对食品安全的监管力度，主要措施包括事前的法规制定和事后的直

---

① Brunsson, N. and Jacobsson, B. , *A World of Standards*, Oxford: Oxford University Press, 2000.

② Garcia, M. M. , Verbruggen, P. and Fearne, A. , "Risk – based approaches to food safety regulation: What role for co – regulation", *Journal of Risk Research*, Vol. 16, No. 9, 2013, pp. 1101 – 1121.

③ Hampton, P. , *Reducing Administrative Burdens: Effective Inspection and Enforcement*, London: HM Treasury, 2005.

④ Food Standards Agency, *Safe Food and Healthy Eating for All*, Annual Report 2007/08, London: The Food Standards Agency, 2008.

⑤ Rouvière, E. and Caswell, J. A. , "From punishment to prevention: A French case study of the introduction of co – regulation in enforcing food safety", *Food Policy*, Vol. 37, No. 3, 2012, pp. 246 – 255.

接干预。[1] 然而，食品安全风险治理集复杂性、多样性、技术性和社会性交织于一体，千头万绪。在治理实践中，西方发达国家政府逐渐认识到，单纯依靠行政部门应对食品安全风险治理存在很多问题。比如，克拉格（Cragg）[2] 研究发现，单纯政府监管在保障消费者食品安全要求的同时，也可能会破坏市场机制的正常运行；科林（Colin）等[3]的研究认为，政府监管机构在组织和形式上的碎片化，导致其治理能力被显著耗散和弱化，甚至会发生政府"寻租""设租"的行为，出现行政腐化。

尽管在传统食品安全风险治理中政府自身也存在诸多问题，甚至由于组织形式上的碎片化产生负面影响，但在新的食品安全风险社会共治框架中，政府仍然具有不可取代的作用。[4] 实际上，对政府而言，明确其在食品安全风险社会共治中的职能定位和治理边界至关重要。戴维（David）等提出，政府的职能是掌舵而不是划桨，是授权而不是服务。[5] 詹尼特和罗伯特（Janet and Robert）则主张政府的职责是服务，而不是掌舵，政府要尽量满足公民个性化的需求，而不是替民做主。[6] 具体到食品安全问题，Better Regulation Task Force 的研究认为，对于任意给定的食品安全问题，政府的干预水平可以从什么都不做、让市场自己找到解决办法，到直接管制。[7] 马里安等根据政府在食品安全治理中的介入程度，进一步将政府治理划分为无政府干预、企业自治、社会共治、信息与教育、市场激励机制、政府直接命令和管控六个阶段[8]，如表 12 - 1 所示。社会共治作为其中的第

① Henson, S. and Caswell, J., "Food safety regulation: An overview of contemporary issues", *Food Policy*, Vol. 24, No. 6, 1999, pp. 589 - 603.

② Cragg, R. D., *Food Scares and Food Safety Regulation: Qualitative Research on Current Public Perceptions (Report Prepared For Coi and Food Standards Agency)*, London: Cragg Ross Dawson Qualitative Research, 2005.

③ Colin, M., Adam, K. and Kelley, L. et al., "Framing global health: The governance challenge", *Global Public Health*, Vol. 7, No. 2, 2012, pp. 83 - 94.

④ Hutter, B. M., *The Role of Non State Actors in Regulation*, London: The Centre for Analysis of Risk and Regulation (Carr), London School of Economics and Political Science, 2006.

⑤ David, O. and Ted, G., *Reinventing Government*, Penguin, 1993.

⑥ Janet, V. D. and Robert, B. D., *The New Public Service: Serving, Not Steering*, M. E. Sharpe, 2002.

⑦ Better Regulation Task Force, *Imaginative Thinking for Better Regulation*, http://www.brtf.gov.uk/docs/pdf/imaginativeregulation.pdf, 2003.

⑧ Marian, G. M., Fearne, A. and Caswell, J. A. et al., "Co - regulation as a possible model for food safety governance: Opportunities for public - private partnerships", *Food Policy*, Vol. 32, No. 3, 2007, pp. 299 - 314.

三阶段，政府在其中的功能与作用是具体而明确的。

表 12 - 1　　　　　政府在食品安全治理中的介入程度

阶段	介入程度	具体描述
阶段一	无政府干预	不作为，自愿的行为规范
阶段二	企业自治	农场管理体系、企业的质量管理体系
阶段三	社会共治	依法管理，依靠政府的政策和管理措施治理
阶段四	信息与教育	向社会发布食品安全监管相关信息，对消费者提供信息和指导，对违规企业实名公示
阶段五	市场激励机制	奖励安全生产的企业，为食品安全投资创造市场激励
阶段六	政府直接命令和管控	直接规制，执法与检测，对违规企业制裁与惩罚

资料来源：马里安等（2007）。

进一步分析，政府在食品安全社会共治中的基本功能是：

（一）构建保障市场与社会秩序的制度环境

在食品安全风险社会共治的框架下，作为引导者，政府最重要的责任是构建保障市场与社会秩序的制度环境。[1] 政府有责任对企业的生产过程进行监管，确保企业按照法律标准生产食品。[2] 同时，政府有责任建立有效的惩罚机制，在法律的框架下对违规企业进行处罚，这有利于建立消费者对食品安全治理的信心。[3] 然而，如何确定政府监管和惩罚的程度，既可以促使企业自愿实施类似于危害分析和关键控制点（Hazard Analysis

---

[1] Hadjigeorgiou, A., Soteriades, E. S. and Gikas, A., "Establishment of a national food safety authority for cyprus: A comparative proposal based on the european paradigm", *Food Control*, Vol. 30, No. 2, 2013, pp. 727 - 736.

[2] Rouvière, E. and Caswell, J. A., "From punishment to prevention: A French case study of the introduction of co - regulation in enforcing food safety", *Food Policy*, Vol. 37, No. 3, 2012, pp. 246 - 255.

[3] Cragg, R. D., *Food Scares and Food Safety Regulation: Qualitative Research on Current Public Perceptions* (Report Prepared for Coi and Food Standards Agency), London: Cragg Ross Dawson Qualitative Research, 2005.

and Critical Control Point，HACCP）的质量保证系统，又不损害企业的生产积极性和自主生产行为决策的灵活性，是对政府的一大挑战。①

（二）构建紧密、灵活的治理结构

食品安全治理的效果取决于治理结构的水平，分散的、不灵活的治理结构会严重限制治理各方主体有效应对不断变化的食品安全风险的能力。②③ 因此，政府需要根据本国的实际情况，运用不同的政策工具组合来构建最优的社会共治结构，实现治理结构的紧密性和灵活性。④⑤ 考虑到食品供应链体系中主体间的诚信缺失会严重影响各个主体间的进一步合作⑥⑦，信息交流的制度与法规建设应成为治理结构的重要组成部分，通过信息的公开、交流来解决治理结构中的不信任问题。⑧

（三）构建与企业、社会的友好合作的伙伴关系

作为公共治理领域的主要部门，政府应发挥自身优势，不断加强与企业、社会组织、个人等治理主体在食品安全治理领域的友好合作，成为团结企业、社会的重要力量。⑨ 在食品安全风险治理的过程中，政府应广泛吸收多方力量的参与，在公民、厂商、社会组织与政府之间构建一种相互

---

① Coglianese, C. and Lazer, D. , "Management – based regulation: Prescribing private management to achieve public goals", *Law and Society Review*, Vol. 37, No. 4, 2003, pp. 691 – 730.

② Dyckman, L. J. , *The Current State of Play: Federal and State Expenditures on Food Safety*, Washington D. C. : Resource For The Future Press, 2005.

③ Merrill, R. A. , *The Centennial of Us Food Safety Law: A Legal and Administrative History*, Washington D. C. : Resource for The Future Press, 2005.

④ Dordeck – Jung, B. , Vrielink, M. J. G. O. , Hoof, J. V. et al. , "Contested hybridization of regulation: Failure of the dutch regulatory system to protect minors from harmful media", *Regulation & Governance*, Vol. 4, No. 2, 2010, pp. 154 – 174.

⑤ Saurwein, F. , "Regulatory choice for alternative modes of regulation: How context matters", *Law & Policy*, Vol. 33, No. 3, 2011, pp. 334 – 366.

⑥ Fearne, A. and Martinez, M. G. , "Opportunities for the coregulation of food safety: Insights from the united kingdom, choices: The magazine of food", *Farm and Resource Issues*, Vol. 20, No. 2, 2005, pp. 109 – 116.

⑦ Marian, G. M. , Fearne, A. and Caswell, J. A. et al. , "Co – regulation as a possible model for food safety governance: Opportunities for public – private partnerships", *Food Policy*, Vol. 32, No. 3, 2007, pp. 299 – 314.

⑧ Jia, C. and Jukes, D. , "The national food safety control system of china – systematic review", *Food Control*, Vol. 32, No. 1, 2013, pp. 236 – 245.

⑨ Eijlander, P. , "Possibilities and constraints in the use of self – regulation and co – regulation in legislative policy: Experience in the netherlands – lessons to be learned for the EU", *Electronic Journal of Comparative Law*, Vol. 9, No. 1, 2005, pp. 1 – 8.

信任、合作有序的伙伴关系，以便有效抑制治理主体的部门本位主义，减少部门间的扯皮推诿现象，提高治理政策的有效性和公平性。① 同时，为了更好地与企业、社会展开合作，政府应开诚布公地公开自身信息，增进其他主体对自己的信任，构建和谐有序的社会共治环境。② 除此之外，为食品企业及时提供信息和教育培训可以改善政府和企业之间的关系。③④

五　企业与食品安全风险社会共治

企业是食品生产的主体，其生产行为直接或间接决定着食品的质量安全。食品安全风险社会共治要求食品企业承担更多的食品安全责任。⑤ 然而，企业的最终目的是获取经济收益，食品生产者和经营者会根据生产和销售过程中的成本与收益来决定是否遵守食品安全法规，其行动的范围包括完全遵守到完全不遵守。⑥ 食品企业还会评估其内部（资源）激励和外部（声誉、处罚）激励的成本与收益，根据预算额度的限制、销售策略和市场结构决定相应的保障措施来达到一定的食品安全水平。⑦ 因此，要运用市场机制实现企业在食品安全风险社会共治中的主体责任。

（一）加强企业自律与自我管理

对于企业而言，较高的食品质量不仅可以保证企业免受政府的惩罚，

---

① Hall, D. , "Food with a visible face: traceability and the public promotion of private governance in the japanese food system", *Geoforum*, Vol. 41, No. 5, 2010, pp. 826 – 835.

② Mol, A. P. J. , "Governing china's food quality through transparency: A review", *Food Control*, Vol. 43, 2014, pp. 49 – 56.

③ Fairman, R. and Yapp, C. , "Enforced self – regulation, prescription, and conceptions of compliance within small businesses: The impact of enforcement", *Law & Policy*, Vol. 27, No. 4, 2005, pp. 491 – 519.

④ Fearne, A. , Garcia, M. M. and Bourlakis, M. , *Review of the Economics of Food Safety and Food Standards*, *Document Prepared for the Food Safety Agency*, London: Imperial College London, 2004.

⑤ Rouvière, E. and Caswell, J. A. , "From punishment to prevention: A French case study of the introduction of co – regulation in enforcing food safety", *Food Policy*, Vol. 37, No. 3, 2012, pp. 246 – 255.

⑥ Henson, S. and Heasman, M. , "Food safety regulation and the firm: Understanding the compliance process", *Food Policy*, Vol. 23, No. 1, 1998, pp. 9 – 23.

⑦ Loader, R. and Hobbs, J. , "Strategic responses to food safety legislation", *Food Policy*, Vol. 24, No. 6, 1999, pp. 685 – 706.

还可以形成良好的声誉并获取收益，加强企业自律与自我管理是保证食品质量的重要环节。[1] 企业的自我管理意味着风险分析与控制。鉴于此，在欧盟和美国的很多食品企业采纳的 HACCP 管理体系是国际上公认度最高的食品安全治理工具之一。[2] 食品质量和销量的激励能促进企业实施 HACCP 管理体系，但食品企业规模会限制企业实施该体系的能力。[3] 由于缺少资金和技术，占食品企业绝大多数的中小企业很难实施类似的管理体系，需要根据企业的实际情况来实现自我管理。[4][5]

（二）通过契约机制保障食品质量

西方发达国家的食品企业往往通过纵向契约激励来实现食品产出和交易的质量安全，食品供应链体系中下游厂商的作用尤为明显。为了更好地控制产品质量，食品供应链体系中农户、加工企业、运输企业和零售企业之间的契约激励将会越来越普遍。当出售产品的特征容易被识别时，契约条款会更多地关注财务激励；而当出售产品的特征很难被识别时，契约条款会更加细化具体的投入和行为要求。[6] 下游企业可以通过提高检测系统的精度来保障购入食品的质量安全，并在出现食品质量问题后通过契约机制获得上游企业的赔偿。这促使上游企业采取措施保障生产食品的质量安全。[7] 所以，食品供应链体系中的参与者能够通过有效的契约条款控制最

---

[1]　Fearne, A. and Martinez, M. G., "Opportunities for the co - regulation of food safety: insights from the united kingdom, choices: The magazine of food", *Farm and Resource Issues*, Vol. 20, No. 2, 2005, pp. 109 - 116.

[2]　Jones, S. L., Parry, S. M. and O'Brien, S. J. et al., "Are staff management practices and inspection risk ratings associated with foodborne disease outbreaks in the catering industry in england and wales", *Journal of Food Protection*, Vol. 71, No. 3, 2008, pp. 550 - 557.

[3]　Dimitrios, P. K., Evangelos, L. P. and Panagiotis, D. K., "Measuring the effectiveness of the haccp food safety management system", *Food Control*, Vol. 33, No. 2, 2013, pp. 505 - 513.

[4]　Fairman, R. and Yapp, C., "Enforced self - regulation, prescription, and conceptions of compliance within small businesses: The impact of enforcement", *Law and Policy*, Vol. 27, No. 4, 2005, pp. 491 - 519.

[5]　Fielding, L. M., Ellis, L. and Beveridge, C. et al., "An evaluation of HACCP implementation status in uk sme's in food manufacturing", *International Journal of Environmental Health Research*, Vol. 15, No. 2, 2005, pp. 117 - 126.

[6]　Wu, L. and Zhu, D., *Food Safety in China: A Comprehensive Review*, CRC Press, 2014.

[7]　Starbird, S. A. and Amanor - Boadu, V., "Contract selectivity, food safety, and traceability", *Journal of Agricultural & Food Industrial Organization*, Vol. 5, No. 1, 2007, pp. 1 - 23.

终到达消费者手中产品的质量。①

(三) 向消费者传递安全信息

食品企业可以通过标志认证、可追溯系统等工具向消费者传递安全信息，解决食品安全信息不对称问题。标志认证方面，除了国际认证标准和政府认证标准，国外的标志认证还有地方、私有组织或者农场层面的认证体系以及零售企业制定的质量安全标准。② 例如，在遵循《反托拉斯法》的前提下，欧洲零售商组织（Euro – Retailer Produce Working Group, EU-REP）制定了 EUREP GAP（Good Agricultural Practice）标准，包括综合农场保证、综合水产养殖保证、茶叶、花卉和咖啡的技术规范等。③ 这些技术规范体现在设备标准、生产方式、包装过程、质量管理等诸多方面，有时甚至比相关法律规范更为严格。④ 可追溯系统方面，企业实施可追溯系统能够提高食品供应链管理效率，使具有安全信任属性的食品差异化，提高食品质量安全水平，降低因食品安全风险而引发的成本，满足消费市场需求，最终获得净收益。⑤

六　社会力量与食品安全风险社会共治

社会力量是食品安全风险社会共治的重要组成部分，是对政府治理、

---

① Ajay, D. , Handfield, R. and Bozarth, C. , *Profiles in Supply Chain Management : An Empirical Examination*, 33rd Annual meeting of the Decision Sciences Institute, 2002.

② Caswell, J. A. and Mojduszka, E. M. , "Using information labeling to influence the market for quality in food products", *American Journal of Agricultural Economics*, Vol. 78, No. 5, 1996, pp. 1248 – 1253.

③ Roth, E. and Rosenthal, H. , "Fisheries and aquaculture industries involvement to control product health and quality safety to satisfy consumer – driven objectives on retail markets in europe", *Marine Pollution Bulletin*, Vol. 53, No. 10, 2006, pp. 599 – 605.

④ Grazia, C. and ammoudi, A. H. , "Food safety management by private actors : Rationale and impact on supply chain stakeholders", *Rivista Di Studi Sulla Sostenibilita'*, Vol. 2, No. 2, 2012, pp. 111 – 143.

⑤ Wu, L. , Wang, H. and Zhu, D. , "Analysis of consumer demand for traceable pork in china based on a real choice experiment", *China Agricultural Economic Review*, Vol. 7, No. 2, 2015, pp. 303 – 321.

企业自律的有力补充，决定着公共政策的成败。[1][2][3] 社会力量是指能够参与并作用于社会发展的基本单元。作为相对独立于政府、市场的"第三领域"，社会力量主要由公民与各类社会组织等构成。[4][5] 社会组织主要包括有成员资格要求的社团、俱乐部、医疗保健组织、教育机构、社会服务机构、倡议性团体、基金会、自助团体等。[6] 作为联系国家—社会与公—私领域的纽带，社会组织有利于产生高度合作、信任以及互惠性行为，降低治理政策的不确定性，是对"政府失灵"和"市场失灵"的积极反应和有力制衡。[7] 一方面，社会组织可以监督政府行为，通过自身力量迫使政府改正不当行为，起到弥补"政府失灵"的作用[8]；另一方面，在市场面临契约失灵困境时，不以营利为目的的社会组织可以有效制约生产者的机会主义，从而补救"市场失灵"，以满足公众对社会公共物品的需求。[9] 美国、欧盟等西方国家的社会组织常常通过组织化和群体化的示威、抗议、宣传、联合抵制等社会活动进行监管。[10][11]

---

① Bardach, E. , *The Implementation Game: What Happens after A Bill Becomes A Law*, Cambridge, Ma: The Mit, 1978.

② Pressman, J. L. and Wildavsky, A. , *Implementation: How Great Expectations in Washington are Dashed in Oakland 3rd Edn*, Los Angeles, Ca: University of California Press, 1984.

③ Lipsky, M. , *Street – Level Bureaucracy: Dilemmas of the Individual in Public Services*, New York: Russell Sage Foundation, 2010.

④ Maynard – Moody, S. and Musheno, M. , *Cops, Teachers, Counsellors: Stories from the Frontlines of Public Services*, Ann Arbor, Mi: University of Michigan Press, 2003.

⑤ Jeannot, G. , "Les fonctionnaires travaillent – ils de plus en plus un double inventaire des recherches sur l'activité des agents publics", *Revue Francaise De Science Politique*, Vol. 58, No. 1, 2008, pp. 123 – 140.

⑥ Lester, M. S. and Sokolowski, S. W. , *Global Civil Society: Dimensions of the Nonprofit Sector*, Johns Hopkins Center for Civil Society Studies, 1999.

⑦ Putnam, R. D. , *Making Democracy Work: Civic Traditions in Modern Italy*, Princeton: Princeton University Press, 1993.

⑧ Bailey, A. P. and Garforth, C. , "An industry viewpoint on the role of farm assurance in delivering food safety to the consumer: The case of the dairy sector of England and wales", *Food Policy*, Vol. 45, 2014, pp. 14 – 24.

⑨ Green, J. M. , Draper, A. K. and Dowler, E. A. , "Short cuts to safety: Risk and rules of thumb in accounts of food choice", *Health, Risk and Society*, Vol. 5, No. 1, 2003, pp. 33 – 52.

⑩ Davis, G. F. , Mcadam, D. and Scott, W. R. , *Social Movements and Organization Theory*, Cambridge: Cambridge University Press, 2005.

⑪ King, B. G. , Bentele, K. G. and Soule, S. A. , "Protest and policymaking: Explaining fluctuation in congressional attention to rights issues", *Social Forces*, Vol. 86, No. 1, 2007, pp. 137 – 163.

个人是其自己行为的最佳法官[1]，因此，每一个社会公民都是食品安全的最佳监管者。社会公民可以通过各种各样的途径随时随地地参与食品安全监管，如公众可以通过网络参与食品安全的治理，网络的便捷性可以让公众轻松地监管食品安全。[2] 然而，食品安全科技知识相对不足限制了公众参与食品安全治理的实际水平。提高食品安全系统的透明度和可溯源性能显著增强消费者的监管能力。[3] 以转基因食品为例，对转基因食品安全性的担忧促使公民强烈要求根据科技知识和自身偏好进行食品消费决策，并要求政府提供快捷的信息、企业贴上转基因标签等方式保障其知情权，维护自身权益。[4]

七 理论分析框架构建思路与主要内容

对食品安全风险社会共治相关外文文献进行梳理归纳的研究发现，国外现有的研究已较为深入地探讨了食品安全风险社会共治的概念内涵、运行逻辑、主体定位与边界，从理论和实证的角度分析了食品安全风险社会共治的理论框架。但国外的研究也有诸多的缺失，主要是目前的研究仅仅从治理方式和治理主体两个层面上定义食品安全风险社会共治，尚难以清楚地阐述食品安全风险社会共治的丰富内涵；单纯聚焦食品安全风险社会共治体系中各个主要主体的定位与边界，尚难以科学反映食品安全风险社会共治框架下各个主体之间的内在联系。而且由于政治制度、经济发展阶段、社会治理结构与食品工业发展水平等存在差异，国外现有的理论研究成果与社会共治的实践难以完全适合中国的现实。但食品安全风险社会共治具有世界性的共同规律，国际上对食品安全风险社会共治的理论研究和

[1] Richard, A. P. , *Economic Analysis of Law*, Aspen, 2010.

[2] Corradof, G. G. , "Food safety issues: From enlightened elitism towards deliberative democracy? an overview of efsa's public consultation instrument", *Food Policy*, Vol. 37, No. 4, 2012, pp. 427 – 438.

[3] Meijboom, F. V. and Brom, F. , "From trust to trustworthiness: Why information is not enough in the food sector", *Journal of Agricultural and Environmental Ethics*, Vol. 19, No. 5, 2006, pp. 427 – 442.

[4] Todto, "Consumer attitudes and the governance of food safety", *Public Understanding of Science*, Vol. 18, No. 1, 2009, pp. 103 – 114.

不同实践对构建具有中国特色的食品安全风险社会共治的理论分析框架具有重要的借鉴价值。

（一）理论框架构建所面临的主要问题

中国食品安全风险社会共治理论分析框架构建所面临的主要问题，可以归纳为以下三个层面。

1. *实践层面上的研究不足*

主要表现在：对中国食品安全风险社会共治所面临的重大现实问题的把握缺乏有力、有深度、全面与系统的洞察。公共社会问题基本特征的研究应该是当代国家实践研究的一个重要领域与基础性主题。然而，学界并未深入研究现阶段我国食品安全风险的本质特征——风险类型与风险危害，引发风险的主要因素、基本矛盾，以及由此产生的社会问题，由此导致展开食品安全风险社会共治实践基础的缺乏；我国食品安全风险的现实危害与危害程度、未来挑战是什么，对基于危害程度、监管资源、主体职能来展开多层次、多形态、多形式组合治理的现实研究不足，由此导致理论研究成为"水中之镜"，可看不好用；对于众多食品供应链主要生产经营主体（农业生产者、生产加工商、物流配送商、经销商与餐饮商、消费者等）现阶段的行为逻辑没有进行深入刻画，这使食品安全社会共治理论的研究缺乏微观的实践基础；政府目前对食品安全风险的治理还主要依靠"运动式"的方法，如何与社会力量组合形成新的治理工具，新的治理工具的效果如何，未见来自实践总结的文献；中央政府与地方政府之间的关系在理论上是清楚的，而且业已明确地方政府对食品安全负总责，但与负总责相配套的职能、治理工具、治理能力，几乎没有完整的实践研究；食品安全风险治理中对社会组织专业化有特殊的要求，治理的现实中缺少哪些社会组织，如何提升社会组织的治理能力，未见系统的调查研究文献；公民参与食品安全风险治理的路径与效率如何，如何保障公民权利，尤其是实现最广泛的信息共享，也难见对实践系统的归纳与提炼。

2. *理论研究的不足*

实践研究的不足直接导致理论研究的苍白，难以发挥对实践强大的理论指导作用。中国食品安全风险社会共治所面临的重大现实问题迫切需要从理论上回答如下问题：

（1）食品安全风险社会共治中主体的基本功能与相互关系。政府、市场、社会这三个最关键主体在食品安全风险共治中的基本职能、相互关系、运行机制与保障主体间有效协同的法治体系是什么？

（2）如何从我国"点多、面广、量大"的食品生产经营主体构成的复杂性出发，着眼于食品安全风险危害程度的分类，基于不同的风险类别，政府、市场与社会实施不同方式的组合治理？

（3）治理体系与治理能力相辅相成。现代社会治理理论对食品安全风险治理提出了新要求，治理工具或政策工具的探索与应用是关键环节。政府、市场与社会实施不同方式的组合治理，应该采取哪些适当的治理工具、这些治理工具如何组合、工具的治理效率如何评估？

（4）就政府治理的理论研究而言，学者们深入研究了我国食品安全监管体制的改革发展的轨迹，对如何改革政府监管提出了诸多建设性的建议，但学界的研究更侧重于"监管"职能，缺乏从优化视角对政府治理职能整合与体系设计的深入研究，以及从整体性治理的视角对食品安全风险社会共治理论的系统研究。

（5）就市场治理的理论研究而言，国内的研究大多停留在揭示食品安全单纯政府治理困境的阶段，而对于市场治理如何能有效弥补政府治理空白的理论研究尚未充分展开；对于食品安全市场治理手段和工具的理论相对零散，缺乏基于供应链整体视角来系统设计符合我国国情的市场治理机制的理论思考。

（6）就社会力量参与治理的理论研究而言，虽然以制度建设保障社会力量的食品安全风险治理职能已成为学界共识，但基于社会力量在食品安全风险治理中基本职能、作用边界与治理效率理论，国内学界并未展开有价值、有深度的社会组织参与治理的理论研究。

3. 研究方法上的不足

研究方法决定理论与实践研究结论的科学性。与国外学界相比较，目前国内学者的研究方法上存在不足，也亟须改进。具体表现在：由于对历史发展的轨迹把握不深，对中国特殊的国情理解不透，往往将中国食品安全风险治理中的表面现象视作根本性问题。食品供应链体系中主体的经济行动，既不是单纯地由成本与收益的理性计算决定的，也不是简单地由制度自动决定的，而是由基于过去、面向发展的"惯例"在市场选择过程中的遗传和变异所决定的。准确的研究视角是，把"非均衡"看作常态，以历史的眼光关注于在竞争中实现变化和进步、重组和创新的市场过程，将竞争视为一种"甄别机制"或"选择机制"，强调"路径依赖""自然选择""适应性学习"等对经济行为的演化作用，拒绝普遍存在于新古典分析中的非现实观念，聚焦于研究变革与技术、社会、组织、经济、制度变迁之间复杂的相互作用。与此同时，现有国内学界对食品安全风险治理的研究单学科的视角多，交叉性研究的思维少，缺少食品科学、社会学、管理学的深度结合，把风险简单视为危害，危害的研究不分层次，理论研究误导了现实监管资源的配置。这是缺乏交叉思维研究而产生的理论成果脱离现实的典型案例。另外，现有研究多为定性分析，停留在通过文献梳理的方式分析食品安全风险治理的理论问题，而少有的定量研究也大多停留在通过传统的回归分析方法等对问卷调查数据进行简单处理等方面。比如，在社会力量参与治理的研究中，没有把相对前沿的决策实验的网络层次分析法、多群组结构方程模型、多变量 Probit 模型等应用于社会力量的食品安全治理理论与实践中的相关研究中，难以为现实社会力量参与治理提供有力的理论支撑等。

（二）理论框架构建的研究视角

由阿什比（Ashby）揭示的"必要的多样性定律"为代表的公共治理学理论的精华是，管理者在寻求解决复杂的社会公共问题的路径时，必须适应所治理对象（系统）的复杂性，把握其最本质的特征。当代国内外学者较为一致的观点是，公共社会问题基本特征的研究应该是当代国家治理理论与实践研究的一个重要领域与基础性主题。因此，考察国内外"社会管理"到"社会治理"演变的历史轨迹，并基于社会学理论尤其是新公共治理理论来研究中国的食品安全风险社会共治体系，应该达成的一个最基本的共识是，必须首先深入研究食品安全风险这一公共社会问题的本质特征。现实的食品安全风险公共社会问题的本质特征是食品安全风险社会共治体系构建的基础来源与逻辑起点。任何一个国家或地区的食品安全风险社会共治体系与治理能力的有效性，首先取决于其与所面临的现实食品安全风险本质特征的契合程度。对于现实的食品安全风险公共社会问题的本质特征的科学性回答，这既是科学研究的起点，也是理论创新的必经之路。若形成与此前不尽相同甚至完全不同的理论，那么这种新理论就具有理论范式的演进或革命。因此，厘清食品安全风险现实问题的本质特征是构建具有中国特色的食品安全风险治理体系的基础。中国食品安全风险本质特征的研究应该包括引发风险的主要因素、风险类型与危害、基本矛盾等内容。由此，基于最新理论研究成果，分析中国现阶段食品安全风险的本质特征等，就成为理论分析框架研究的切入点，也就是研究视角。对此，可进一步展开如下分析：

1. 人源性因素与现实中国的食品安全风险

目前引发了广泛的社会关注且达成基本共识的是，中国食品安全风险固然有技术、自然的因素，但人源性因素尤为明显。对 2002—2011 年我国发生的 1001 件食品安全典型案例的研究表明，68.20% 的食品安全事件缘由供应链上利益相关者的私利或营利目的，在知情的状况下造成食品质量安全问题。这充分说明了食品生产经营者的"明知故犯"是目前食品安全问题的主要成因。而在发达国家，发生的食品安全事件大多由生物性因素、环境污染及食物链污染所致，大多不是人为因素故意污染。与发达国家发生的食品安全事件相比较，我国的食品安全事件虽然也有技术不足、环境污染等方面的原因，但更多的是生产经营主体的不当行为、不执行或不严格执行已有的食品技术规范与标准体系等违规违法的人源性因素所造成的，人源性因素是导致食品安全风险的重要源头之一。

2. 自然、环境与技术等因素与现实中国的食品安全风险

虽然目前在我国食品安全事件多数为人源性因素所致，但生物性、化学性、物理性因素等引发的食源性疾病依然是我国极为严重的食品安全问题，消耗的医疗资源与社会资源更是难以估计。以农产品为例。在我国，由于农兽药的不合理使用，重金属污染，工业"三废"和城市垃圾的不合理排放等物理性污染、化学性污染、生物性污染和本地性污染所引发的农产品安全风险的隐患日趋增多。保障食品安全的技术问题也存在突出的问题，比如，我国自然环境污染和化学物质污染食品还很严重，但是，食品检测技术水平还不高。据报道，我国 2200 种食品添加剂中还有近60% 无法检测。再如，在我国用于危险性评估的技术支撑体系尚不完善，危害识别技术、危害特征描述技术、暴露评估技术等层次有待进一步提升；食品中诸多污染物暴露水平数据缺乏，用于风险评估的膳食消费数据库和主要食源性危害的数据库还很不完善等，由此导致食品安全风险治理能力的缺陷。

3. 引发风险的主要因素与风险危害程度

以人源性因素引发的风险危害为典型案例进行分析。研究表明，在我国农产品初级生产、农产品初级加工、食品深加工、食品流通、销售、餐

饮和消费等多个环节均出现了不同程度的人源性事件，而且食品安全事件
的危害程度不同［按照我国《食品安全预案》把食品安全事件的等级划
分，一般将食品安全事件划分为特别重大事件（Ⅰ）、重大事件（Ⅱ）、
较大事件（Ⅲ）、一般食品安全事件（Ⅳ）］。对 2002—2011 年发生的
1001 件食品安全典型案例的研究表明，目前食品供应链上发生特别重大
食品安全事件（Ⅰ）的频数由大到小依次为食品深加工、农产品生产、
食品流通、农产品初加工、销售/餐饮、消费；发生重大食品安全事件
（Ⅱ）的频数由大到小依次为食品深加工、销售/餐饮、食品流通、农产
品产出、农产品初加工、消费；发生较大食品安全事件（Ⅲ）的频数由
大到小依次为食品深加工、农产品初加工、销售/餐饮、农产品产出、食
品流通、消费；发生一般食品安全事件（Ⅳ）的频数由大到小依次为食
品深加工、农产品初加工、销售/餐饮、农产品产出、食品流通、消费。
由此可知，在食品供应链不同环节中风险危害程度差异显著，而食品深加
工是危害程度最大的环节（见图 12 – 3）。食品深加工环节发生的食品安
全事件不仅涉及范围较广，而且所造成的伤害人数较多。食品安全问题最
直接的表现方式就是食源性疾病，其危害程度与覆盖面相当广泛。

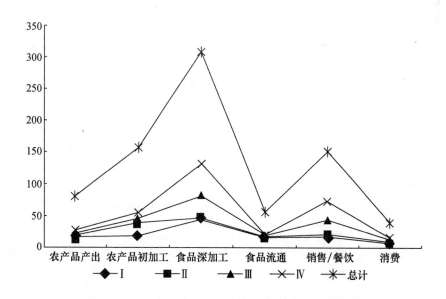

图 12 – 3　食品供应链不同环节安全风险的危害程度

资料来源：吴林海等：《中国食品安全发展报告（2013）》，北京大学出版社 2013 年版。

4. 生产经营组织方式与风险治理内在要求之间的基本矛盾构成了当前中国食品安全风险本质特征的基本矛盾

与发达国家相比，不难发现，分散化、小规模的食品生产经营方式与风险治理之间的矛盾是引发我国食品安全风险最具根本性的核心问题（见图 12 - 4）。由于我国食品工业的基数大、产业链长、触点多，更由于食品生产、经营、销售等主体的不当行为，且由于处罚与法律制裁的不及时、不到位，更容易引发行业"潜规则"，在"破窗效应"的影响下，食品安全风险在传导中叠加，必然导致我国食品安全风险的显示度高、食品安全事件发生的概率大，并由此决定了我国食品安全风险治理的长期性、艰巨性。

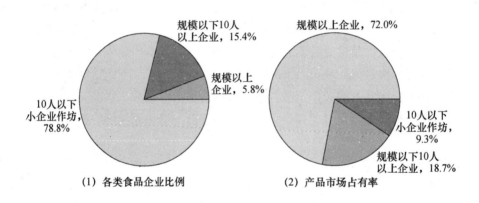

图 12 - 4　现阶段中国食品制造与加工企业比例及其产品市场占有率

5. 现实的中国食品安全风险与公共社会问题

食品安全风险是世界各国普遍面临的共同难题，全世界范围内的消费者普遍面临着不同程度的食品安全风险问题，全球每年因食品和饮用水不卫生导致约有 1800 万人死亡。即使发达国家也存在较高的食品安全风险。1999 年以前，美国每年约有 9000 人死于食品安全事件。但是食品安全风险在我国表现得更为突出，与此相对应的食品安全事件高频率地发生，难以置信。尽管我国的食品安全水平稳中有升，趋势向好，但一个不可否认的事实是，食品安全风险与由此引发的安全事件已成为我国最大的社会风险之一。现实生活中的人们或已发出了"到底还能吃什么"的巨大呐喊？对此，十一届全国人大常委会在 2011 年 6 月 29 日召开的第二十一次会议上建议把食品安全与金融安全、粮食安全、能源安全、生态安全等共同纳入"国家安全"体系，这足以说明食品安全风险已在国家层面上成为一个极其严峻、非常严肃的重大问题。

因此，理论分析框架研究设定的逻辑起点是，以我国食品安全风险类型、风险危害与引发风险的主要因素为出发点，以客观现实中的分散化、小规模的生产经营方式与风险治理内在本质要求间的基本矛盾为主要背景，以深入分析政府、社会、市场在共治中失灵的主要表现与制度、技术因素为切入点，基于整体性理论科学构建具有中国特色的食品安全风险社会共治体系，据以设计相适应的一系列制度安排。可以认为，如此推进理论分析框架的研究在视角上是独特的，具有科学性与可行性。上述关于理论分析框架研究视角科学性、可行性的阐述可以用图 12-5 来表示。

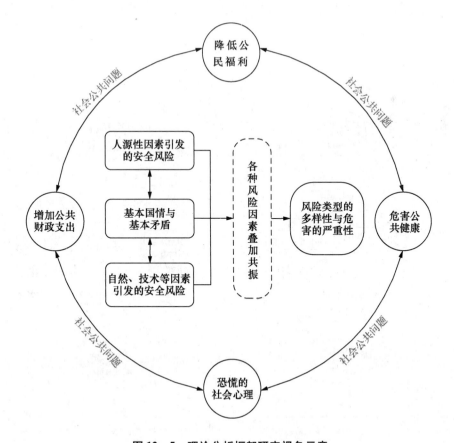

图 12-5　理论分析框架研究视角示意

（三）理论框架研究的总体思路

基于当代公共安全问题与治理体系的相关理论，从食品安全风险的规律性出发，在理论框架的研究中应该按照"整体性治理"的总体思路展开食品安全风险社会共治问题的研究。整体性治理的总体思路重点体现在以下三个方面：

1. 体现在整个理论框架的体系之中

就整体性治理的本质而言，就是以最大限度降低食品安全风险、实现食品安全风险危害回归至与经济社会发展水平相适应的区间为共治目标，政府、市场、社会等治理主体依据各自的基本职能，以协调、整合和信任为主体间共识的运行机制，基于风险类型、风险危害，采用多层次组合的治理工具对治理对象实施整体性治理。图 12－6 较为完整地显示了理论框架构建的整体性治理研究的总体思路。

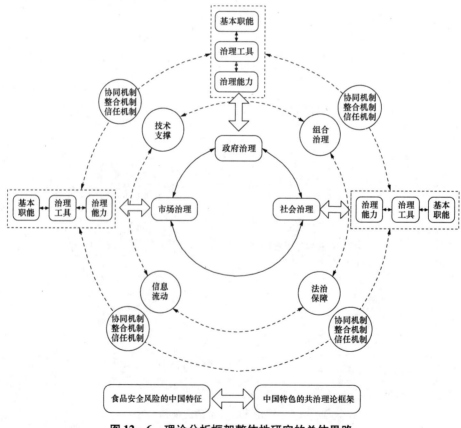

图 12－6　理论分析框架整体性研究的总体思路

2. 体现在理论框架每个子系统之中

在政府、市场、社会每个子系统研究的层次上也必须贯彻整体性治理的总体思路。比如，长期以来，我国实施的多政府部门的监管体制被称为"碎片化"的监管体制，成为行政监管不力、食品安全风险日趋严重的重要因素。2013 年 3 月，国务院再次进行机构改革，实施了由国家食品药品总局、农业部、卫生和计划生育委员会各司其职的"三位一体"的食品安全监管体制总体框架。在政府治理体系的设计与研究，继续按照整体性治理的总体思路，系统思考、研究中央政府与地方政府职能分工、同一层次地方政府内部相关部门（食药、农业）间的职能优化，政府治理责任、权限与治理能力等，试图努力设计并最终研究形成具有科学性和可行性，无缝隙且非分离的整体型、服务型、监管型政府食品安全风险治理范式。

3. 体现在关键问题的设计之中

与此同时，在关键性问题的设计与研究中同样应该深刻把握并努力体现整体性治理的总体思路。理论框架的构建涉及众多的重大问题，相互交织，构成了一个复杂的体系。但在研究重大问题时，仍然贯彻"整体性治理"的理念。图 12 - 7 示意了在理论框架构建研究中涉及的四个最关键问题的整体性研究理念。

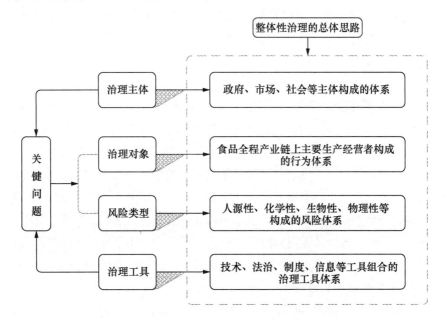

图 12 - 7　理论框架构建过程中若干关键问题的整体性研究示意

（四）理论框架的基本特色

所构建的具有中国特色的食品安全风险社会共治的理论分析框架，应该具有以下基本特色：

1. 研究视角的中国特色

所构建的食品安全风险社会共治的理论框架应该将现实的食品安全风险这一重大的公共社会问题的本质特征作为研究的基础来源和逻辑起点，体现了"公共社会问题基本特征的研究是当代国家治理理论研究与实践研究的一个基础性主题"的本质要求。食品安全风险的本质特征包括风险类型与风险危害，引发风险的主要因素、基本矛盾，以及由此产生的社会问题。中国 30 多年来改革开放的历史经验一再证实，照搬西方的理论难以有效解决中国的现实与未来复杂的问题，食品安全风险治理也同样如此。基于中国国情、中国问题、中国现实，思考食品安全风险中国特色的治理道路，实现食品安全风险治理的中国化创新探索。

2. 风险治理的实践特色

所构建的中国特色食品安全风险社会共治的理论框架应该努力建立在实践的基础上，主要总结中央"自上而下"的推进实践、基层"自下而上"的推动实践、地方与部门连接上下的促进实践，科学地总结中央经验、地方与部门经验、基层经验等相互组合的"中国经验"，在理论研究上凝练中国特色的食品安全风险社会共治体系的实践特色，丰富与发展拟构建的理论框架的内涵。

3. 共治体系的系统特色

所构建的理论框架中，应该将政府、市场和社会三个主要治理主体作为一个有机系统，从不同主体的基本职能出发，整体性地系统设计在共治体系中的相互关系。不仅如此，系统特色还体现在将食品全程产业链上各种生产经营主体，人源性、化学性、生物性、物理性等各种食品安全风险，技术、法治、制度、信息等各种风险治理工具分别作为相对独立的子系统，分别构成行为共治主体子系统、安全风险子系统、治理工具子系统，并把这些子系统分别嵌入食品安全风险治理的大系统之中，用系统、辩证的视野研究理论框架，体现系统治理、综合治理、依法治理、源头治理的特色。

4. 治理体系与治理能力、技术保障的有机统一

食品安全风险共治能否达到理想的治理目标，不仅仅取决于体系的制度安排与运行机制，也取决于主体的治理能力与体系的技术能力。在所构

建的理论框架中，既研究共治主体的基本职能，又探讨主体治理工具的设计与创新，而且把依靠科技进步，实现治理能力的现代化作为理论框架的重要内容，充分设计了实现治理的最基本技术问题。

5. 共治体系的开放特色

遵循"立足现实、提炼现实，开发传统、超越传统，借鉴国外、跳出国外"的理念，科学构建理论框架，所构建的共治体系不仅是国家治理体系的重要组成部分，而且也是全球食品安全风险治理体系的重要节点，具有高度开放的系统特色。

图 12 - 8 大体上描述与示意了具有中国特色的食品安全风险社会共治

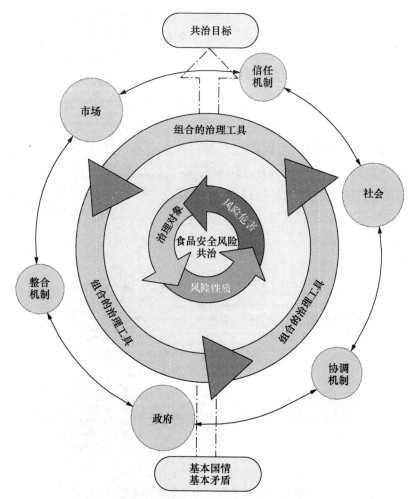

图 12 - 8　具有中国特色的食品安全风险社会共治理论框架的概念模型示意

理论框架的基本构思。图中所涉及的基本国情是指我国的分散化、小规模的食品生产经营方式，基本矛盾是分散化、小规模为主体的食品生产经营方式与食品安全风险治理内在要求间、人民群众日益增长的食品安全需求与日益显现的安全风险间的矛盾，基本目标是努力将中国的食品安全风险回归到与经济社会发展相适应的合理区间。基本国情、基本矛盾与基本目标的有机统一，构成了具有中国特色的食品安全风险社会共治理论框架的本质基础。

（五）共治主体间的协同治理研究

食品安全风险社会共治的研究应该在全面阐释食品安全风险社会共治的具体内涵的基础上，必须着力构建政府、企业、社会组织等各主体之间监管职能、监管边界，以及相互联系的分析框架。重点是：

1. 共治主体基本职能界定、相互关系与运行机制的理论研究

系统研究与综合借鉴现代公共治理理论、公共选择理论、多中心理论等理论研究成果，全面考察食品安全风险社会共治的内在本质特征与国内外可资借鉴的成功案例，沿着努力实现由传统社会的"单中心、封闭、等级、控制"的管理之道向现代社会的"多中心、开放、平等、协调"的治理之道转变的思路（见图12-9），研究食品安全风险社会共治的内涵特征，刻画共治主体的治理行为，界定共治主体的基本职能，在治理对象、治理方式、治理工具等多个层面上研究食品安全风险共治体系中政府、市场和社会的相互作用与作用边界（见图12-10）。

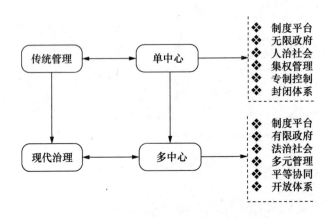

图12-9 食品安全风险思路的转变

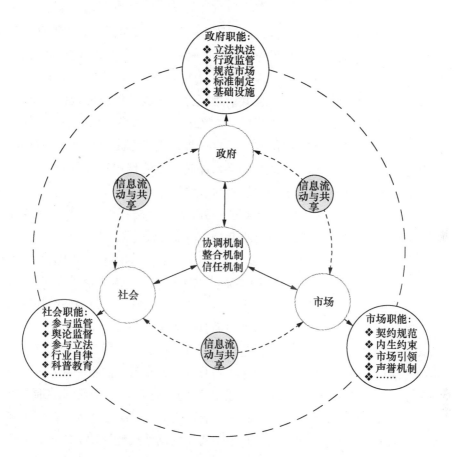

图 12 - 10　食品安全风险社会共治主体的基本职能与运行机制示意

　　与此同时，努力从政府、市场、社会主体间组合治理的有效性出发，依据整体性治理理论的内在本质，基于我国食品安全风险治理对象行为的复杂化，政府、市场、社会主体间跨"界"议题多样化的特征，构建实现主体间共治的基本运行机制（协调、整合、信任等机制）。

　　2. 基于风险危害的共治体系主体间的组合治理

　　自然因素、环境因素、人为因素，以及化学、生物、物理等技术因素，以及这些因素相互叠加，导致食品安全风险问题极其复杂，而且风险所产生的对人类健康的危害程度不一。因此，社会共治必须着眼于食品安全风险危害程度的分类，基于不同的风险类别实施不同方式的组合治理。同时也必须从我国"点多、面广、量大"的食品生产经营主体构成的复杂性出发，把握现阶段食品安全风险治理所面临的基本矛盾——分散化、小规模为主体的食品生产经营方式与风险治理内在要求间、人民群众日益增长的食品安全需求与安全风险不断显现间的矛盾，将食品安全风险危害程度与生产经营的主体规模、食品品种、具体形态等要素结合起来，寻求最有效的组合治理方式。基于公共治理理论，在食品供应链全程体系中，政府、市场、社会之间无法划分出一条绝对的权责边界，任何一个治理主体的作用发挥均具有一定的时空与地域边界，边界总是具有某种相对性、有限性，并形成界限和责任的模糊性，超越有效的作用边界就必然失灵。而共治主体之间的模糊性也为主体间的互动与组合治理带来了可能性。因此，"点多、面广、量大"生产经营的现实国情，决定了中国特色的食品安全风险共治模式具有层次性与组合性。故在上述共治体系主体的基本职能界定、相互关系等理论研究的基础上，拟以新公共治理、公共选择、委托—代理等理论为指导，从风险类别、危害程度与风险治理对象的多元性、复杂性、地域性特点出发，重点结合我国现实食品安全风险类型的危害程度，基于不同类型生产经营者负面行为的基本动机、主要行为与行为结果，按照治理主体职能对食品生产经营者动机引导、行为监督与风险危害程度治理的能力，采用行为概率与仿真理论，模拟食品生产经营者的行为与发生负面行为的边界条件，依据不同的治理对象，研究"政府—市场—社会""政府—社会""政府—市场""市场—社会"等主体间不同组合治理方式，提出不同治理主体与治理工具间的良性互动的组合式治理模式，细化并丰富具有中国特色的食品安全风险治理共治体系的内涵。

需要指出的是，本章的研究在国内具有开创性，理论研究成果有待于进一步的深化，特别是要不断基于中国的实践来加以完善。下篇的其余五章，主要是基于本章的研究成果对现阶段市场、社会与公众参与食品安全风险治理的努力进行了初步的考察。

第十三章　食品安全风险治理中企业责任与治理行为：基于猪肉供应链全程体系视角

在食品安全风险社会共治体系中，企业是风险治理的最基本的主体之一。企业确保食品质量安全的责任认知、自律行为与供应链企业间契约行为，对防范食品安全风险具有基础性的重要作用。本章以生猪养殖户和猪肉消费者对猪肉供应链中所有责任主体的责任认知为视角，运用两极尺度分析法，借助混合 Logit 模型研究了猪肉供应链体系中全部责任主体对确保猪肉质量安全应承担的责任。在此基础上，本章进一步以北京批发市场与农贸市场中的猪肉销售摊主为研究对象，考察了猪肉销售摊主的责任行为，由此研究其行为自律等。本章再次证明，企业在食品安全风险治理中的责任认知不足，自律行为不足，在食品安全风险社会共治体系中构建企业主体的风险治理体系任重而道远。

一　研究背景

美国农业部的统计数据显示，2014 年中国大陆猪肉消费量为 5716.9 万吨，占全球猪肉消费量的 52%，人均猪肉消费量为 41.9 千克，消费量约为世界其他国家平均水平的 4.6 倍[①]，中国已成为名副其实的猪肉消费大国。但猪肉质量安全事件在中国不断爆发，Chen 等的研究表明[②]，2005—2014 年，中国发生了 13278 起猪肉质量安全事件，是中国在此时

---

① 参见美国农业部的统计数据，http：//apps. fas. usda. gov/psdonline/。
② Chen, X. J. , Wu, L. H. and Qin, S. S. et al. , "Evaluating the impact of government subsidies on traceable pork market share based on market simulation: The case of Wuxi, China", *African Journal of Business Management*, Vol. 10, No. 8, 2016, pp. 169 – 181.

间段中发生安全事件数最多的食品之一。虽然国外肉类及其制品也时常发生质量安全事件，但与国外相比较，中国的猪肉质量安全事件约 90% 是由供应链中相关责任主体明知故犯的人为因素所导致。遏制中国猪肉质量安全事件，虽然加强政府监管与处罚是必要条件，但这些条件来自外部，能否发生作用与发生作用的程度取决于供应链上责任主体的责任认知。因此，有必要从供应链内部明确责任主体的责任，鼓励各个责任主体间的相互监督。事实上，在中国现实情景下，猪肉供应链的某些责任主体为了追求经济利益而未能有效坚守确保猪肉质量安全的"责任原点"，并由此导致质量安全事件的频繁发生。[1] 所谓猪肉供应链体系中责任主体的"责任原点"，按照罗曼（Roman）的研究[2]，可以理解为责任主体不仅能充分地认识到自身确保猪肉质量安全的责任，也能清晰地认知其他责任主体的责任。虽然不同责任主体履责能力具有差异性，但只要尽其所能地履行责任且主体间彼此监督，且同时政府依法加强监管，就能最大限度地保障猪肉的质量安全。[3][4] 与此同时，确保猪肉质量安全也并非仅仅是供应链上生产经营者的责任，而且也是政府、消费者等所有主体的共同责任，需要所有责任主体积极地沟通并承担各自的责任。[5] 实际上，具有独立行为的消费者必须充分了解其所消费的食品[6]，应该承担自我保护的责任，而不是传统意义上单一的消费角色。但目前在中国，消费者既很少关注其他责任主体需要承担的责任，又难以对责任主体起到监督作用，仍然单纯地充当食品消费的角色，无法履行其相应的责任。[7][8] 因此，如果生产者、消费者、政府等所有责任主体均能理性地回归各自的"责任原点"，清楚地

---

① 吴林海等：《中国食品安全发展报告（2015）》，北京大学出版社 2015 年版。

② Roman, A., "The origins of responsibility", *The Philosophical Quarterly*, Vol. 62, No. 248, 2012, pp. 217 - 220.

③ 朱永明：《企业社会责任履行能力成熟度研究》，《郑州大学学报》2009 年第 6 期。

④ 李志强、郑琴琴：《利益相关者对企业社会责任履行的影响——基于成本收益的经济学分析》，《企业经济》2012 年第 3 期。

⑤ FAO/WHO：*Assuring food safety and quality*：*Guidelines for strengthening national food control systems*, FAO Food and Nutrition Paper, 2003.

⑥ Houghton, J. R., Rowe, G. and Frewer, L. J. et al., "The quality of food risk management in Europe：Perspectives and priorities", *Food Policy*, Vol. 33, No. 1, 2008, pp. 13 - 26.

⑦ Bala, R. and Mathew, Y., "Chinese consumers' perception of corporate social responsibility (CSR)", *Journal of Business Ethics*, Vol. 88, Supplement, 2009, pp. 119 - 132.

⑧ 韩震、齐丽云、张弘钰：《基于消费者责任认知的食品安全问题研究》，《大连理工大学学报》2015 年第 2 期。

认识并履行自身责任，加强彼此间履责行为的监督，或许就可以找到治理中国猪肉质量安全事件的有效路径，这对遏制中国猪肉安全事件无疑是非常有益的。

欧盟国家的经验值得中国借鉴。由于肉类制品是全球消费者最基本的食品，因此，自 1996 年暴发疯牛病危机以来，欧盟相继出台了一系列法律法规，规定了包括牛、羊、猪在内的食品安全责任的责任归属。①② 迄今为止，欧盟共制定了 173 个与食品安全有关的法律法规，包括 31 个法令、128 个指令和 14 个决定。以牛肉为例，目前欧盟相关责任归属的法律法规已涵盖了饲养、运输、入厂、屠宰、出厂、销售等牛肉供应链的各个阶段，一旦发生质量安全事件，就能够有效地实施责任的追究。与此同时，欧盟规定，作为具有独立行为的消费者应该充分了解自己所食用的食品，参与有关食品政策的制定③，并应该了解其他责任主体的责任，与政府、生产者共同构成责任明确的利益共同体，以维护自身利益不被侵犯。④⑤ 正由于欧盟形成了规范、明确的生产者、消费者、政府各自的食品安全责任归属，有效地提升了欧盟的食品安全质量保障水平，因此，借鉴欧盟经验，研究中国猪肉供应链体系中责任主体的责任，对探索中国猪肉质量安全风险治理的新路径无疑是有益的。

二 文献回顾

猪肉供应链体系上责任主体的责任认知，其含义是某个责任主体根据其他责任主体的行为和产生的结果来判断和分析各自应该对猪肉质量安全

---

① Bergeaud – Blackler, F. and Ferretti, M. P. , "More politics, stronger consumers? A new division of responsibility for food in the European Union", *Appetite*, Vol. 47, No. 2, 2006, pp. 134 –142.

② Halkier, B. and Holm, B. , "Shifting responsibilities for food safety in Europe: An introduction", *Appetite*, Vol. 47, No. 2, 2006, pp. 127 –133.

③ Holm, B. and Halkier, B. , "EU food safety policy, localising contested governance", *European Societies*, Vol. 11, No. 4, 2009, pp. 473 –493.

④ Lenzen, M. , Murray, J. , Sack, F. et al. , "Shared Producer and Consumer Responsibility – Theory and Practice", *Ecological Economics*, Vol. 61, No. 1, 2007, pp. 27 –42.

⑤ Al – Busaidi, M. A. and David, J. J. , "Assessment of the food control systems in the Sultanate of Oman", *Food Control*, Vol. 51, No. 5, 2015, pp. 155 –169.

承担的责任，这个感知、判断和分析的过程就是责任认知的过程。①② 从食物供应链角度探讨责任主体对确保食品安全应承担的责任，欧盟国家的研究已相对成熟，但目前中国在此方面的研究尚处于起步阶段。③

消费者以往总是在自身健康受到伤害时才意识到问题的严重性，并处于被动而无所适从的状态。因此，作为食品供应链末端的直接责任主体的消费者不能被动地依赖其他主体，不是简单地充当食品消费的角色，而应该承担防范食品安全风险更多的自我保护责任。④ 比如，鉴于很多食源性疾病发生在家庭厨房，消费者必须了解日常卫生知识，也不可因贪小便宜而购买过期或劣质食品⑤，同时也应该关注政府的食品政策，当发现食品生产经营者不合规操作行为时应及时举报。由于消费者对保障食品质量安全具有重要责任，因此，对消费者责任的研究成为近年来国外研究的热点。⑥ 虽然如此，但综观现有的关于消费者如何感知自己在食品安全中的责任、如何在一个更广阔的角度界定消费者责任等方面的研究文献实际上却比较少。即便如此，欧盟国家相对有限的研究中仍然有着独特而不同的发现。⑦ 雷德蒙德（Redmond）等⑧、范·克利夫（Van Kleef）等的研究发现⑨，消费者认为，自身对食品安全应该履行很高的责任。Kjaernes 等

---

① Schlenker, B., Britt, T. and Pennington, J. et al., "The triangular model of responsibility", *Psychological Review*, Vol. 101, No. 4, 1994, pp. 632 – 652.

② 王勤学：《食品安全责任认知的知识转移研究》，硕士学位论文，大连海事大学，2014年。

③ 张弘钰：《基于消费者责任认知的食品安全问题研究》，硕士学位论文，大连海事大学，2014年。

④ 全世文、曾寅初：《食品安全：消费者的标志选择与自我保护行为》，《中国人口·资源与环境》2014年第4期。

⑤ Carbas, B., Cardoso, L. and Coelho, A. C., "Investigation on the knowledge associated with foodborne diseases in consumers of northeastern Portugal", *Food Control*, Vol. 30, No. 1, 2013, pp. 54 – 57.

⑥ 张胜荣：《消费者企业社会责任认知的影响因素分析》，《生态经济》2013年第2期。

⑦ Erdem, S., Rigby, D. and Wossink, A., "Using best – worst scaling to explore perceptions of relative responsibility for ensuring food safety", *Food Policy*, Vol. 37, No. 6, 2012, pp. 661 – 670.

⑧ Redmond, E. C. and Griffith, C. J., "Consumer perceptions of food safety risk, control and responsibility", *Appetite*, Vol. 43, No. 3, 2004, pp. 309 – 313.

⑨ Van Kleef, E., Frewer, L. J. and Chryssochoidis, G. M. et al., "Perceptions of food risk management among key stakeholders: results from a cross – European study", *Appetite*, Vol. 47, No. 1, 2006, pp. 46 – 63.

对欧盟 6 个国家的调查发现①，消费者对确保食品安全的自身责任与政府
责任在感知上具有很大的差异性。在意大利、英国、葡萄牙、丹麦、德国
和挪威分别有 35%、34%、30%、27%、25% 和 13% 的受调查的消费者
"完全同意" 消费者比政府具有更大责任的观点。而 Van Wezemael 等对德
国②、西班牙、法国和英国的研究发现，消费者认为自身应承担的责任很
少。文化的差异与受调查的消费者个体、家庭、社会特征是导致差异的主
要原因。③④⑤ 同样，Krystallis 等对欧洲消费者与专家的调查表明⑥，虽然
消费者明显地感知自己在食品安全中负有责任，但专家则倾向于食品安全
更多的是政府和生产者的责任。而 Leikas 等对芬兰的研究发现⑦，消费者
能够依据食品风险类型感知与分配自己应该承担的相应责任，但由于大量
的食品安全风险是人为造成的，生产者和零售商应该承担更多的责任，而
不是主要由消费者来承担。相应地，Van Wezemael 在德国、西班牙、法
国和英国采用焦点小组的方法就保障牛肉质量安全责任的研究发现，消费
者认为处于牛肉供应链前端的如养殖户、屠宰场主和检查员应该承担更多
的责任。Erdem 等⑧运用两极尺度分析法研究了英国消费者和养殖户对鸡
肉和牛肉两个供应链中相关责任主体的责任分配，结果显示，加工者和超
市被认为是最需要对鸡肉和牛肉质量安全负责任的主体，而运输商应承担
的责任最低，而且消费者和养殖户都认为彼此对肉食质量安全应该承担更
多的责任，但自身可以承担较少的责任。

---

① Kjaernes, U., Harvey, M. and Warde, A., *Trust in Food: A Comparative and Institutional Analysis*, Basingstoke: Palgrave Macmillan, 2007.

② Van Wezemael, L., Verbeke, W. and Kugler, J. O. et al., "European consumers and beef safety: Perceptions, expectations and uncertainty reduction strategies", *Food Control*, Vol. 21, No. 6, 2010, pp. 835 – 844.

③ Siegrist, M., "A causal model explaining the perception and acceptance of genetechnology", *Journal of Applied Social Psychology*, Vol. 29, No. 10, 1999, pp. 2093 – 2106.

④ Renn, O., "Risk perception and communication: Lessons for the food and food packaging industry", *Food Additives and Contaminants*, Vol. 22, No. 10, 2005, pp. 1061 – 1071.

⑤ 胡卫中：《消费者食品安全风险认知的实证研究》，硕士学位论文，浙江大学，2010 年。

⑥ Krystallis, A., Frewer, L. and Rowe, G. et al., "A perceptual divide? Consumer and expert attitude to food risk management in Europe", *Health Risk & Society*, Vol. 9, No. 4, 2007, pp. 407 – 424.

⑦ Leikas, S., Lindeman, M. and Roininen, K. et al., "Who is responsible for food risks? The influence of risk type and risk characteristics", *Appetite*, Vol. 53, No. 1, 2009, pp. 123 – 126.

⑧ Erdem, S., Rigby, D. and Wossink, A., "Using best – worst scaling to explore perceptions of relative responsibility for ensuring food safety", *Food Policy*, Vol. 37, No. 6, 2012, pp. 661 – 670.

食品从原材料的种植、养殖、生产加工、销售到最终消费涉及多个主体，在非常复杂的食品供应链体系中任何一个环节均面临不同的安全风险。[1] 就中国的现实而言，陈原等的研究认为[2]，生产环节最有可能发生食品质量安全事件。Wu 等的研究显示[3]，在中国，食品生产厂商为了追求经济利益经常性地不规范使用添加剂，由此引发了食品安全风险。文晓巍等（2012）对 2002—2011 年中国发生的 1001 件食品安全典型案例的研究表明[4]，68.2% 的食品安全事件是由于供应链上有关责任主体的违规违法行为造成的。事实上，国外的食品安全事件也多发生在生产加工环节。Krystallis 等[5]、Leikas 等[6]、Van Wezemael 等[7]对欧盟国家的研究结论虽不完全一致，但关于生产者应该对食品安全负有更多责任的结论却不谋而合。亨德森（Henderson）等对澳大利亚的研究表明[8]，由于经济利益驱使和政府缺乏有效管理，生产者责任意识淡薄，必须对食品安全承担更多的责任。

中国国内学者基于全程供应链对猪肉质量安全责任主体责任分配也展开了一些研究，如金艳梅[9]、孙世民等[10]、夏兆敏[11]从猪肉供应链的某个环

① 李静：《我国食品安全监管的制度困境——以三鹿奶粉事件为例》，《中国行政管理》2009 年第 10 期。

② 陈原、陈康裕、李杨：《环境因素对供应链中生产者食品安全行为的影响机制仿真分析》，《中国安全生产科学技术》2011 年第 9 期。

③ Wu, L. H., Zhang, Q. Q. and Shan, L. J. et al., "Identifying critical factors influencing the use of additives by food enterprises in China", *Food Control*, Vol. 31, No. 2, 2013, pp. 425 – 432.

④ 文晓巍、刘妙玲：《食品安全的诱因、窘境与监管：2002—2011 年》，《改革》2012 年第 9 期。

⑤ Krystallis, A., Frewer, L. and Rowe, G. et al., "A perceptual divide? Consumer and expert attitude to food risk management in Europe", *Health Risk & Society*, Vol. 9, No. 4, 2007, pp. 407 – 424.

⑥ Leikas, S., Lindeman, M. and Roininen, K. et al., "Who is responsible for food risks? The influence of risk type and risk characteristics", *Appetite*, Vol. 53, No. 1, 2009, pp. 123 – 126.

⑦ Van Wezemael, L., Verbeke, W. and Kugler, J. O. et al., "European consumers and beef safety: Perceptions, expectations and uncertainty reduction strategies", *Food Control*, Vol. 21, No. 6, 2010, pp. 835 – 844.

⑧ Henderson, J., Coveney, J. and Ward, P., "Who regulates food? Australians' perceptions of responsibility for food safety", *Australian Journal of Primary Health*, Vol. 16, No. 2, 2010, pp. 344 – 351.

⑨ 金艳梅：《饲料企业产品质量控制》，博士学位论文，中国农业科学院，2007 年。

⑩ 孙世民、彭玉珊：《论优质猪肉供应链中养殖与屠宰加工环节的质量安全行为协调》，《农业经济问题》2012 年第 3 期。

⑪ 夏兆敏：《优质猪肉供应链中屠宰加工与销售环节的质量行为协调机制研究》，博士学位论文，山东农业大学，2014 年。

节展开了研究，并一致指出，不同环节的责任主体应该承担不同的责任。但总体而言，中国国内学者在此领域的研究尚处于起步阶段。虽然现有国外的研究成果具有借鉴意义。但是，需要指出的是，国外的研究大多以发达国家的食品供应链为研究对象，由于文化习俗与经济发展水平等诸多差异，国外学者的研究结论可能难以有效地解释像中国这样的发展中大国食品供应链管理中存在的特殊问题，研究结论是否在中国具有普适性尚待于进一步的观察。本章基于目前中国猪肉供应链体系所有的责任主体，从生猪养殖户和猪肉消费者的调查入手，运用两极尺度分析法，结合混合Logit 模型研究猪肉供应链体系中所有责任主体的责任分配，分析责任主体对确保猪肉质量安全的应承担的责任，为改善猪肉质量安全提供新的思路。

三　研究方法、实验设计与样本描述

（一）方法选择

近年来，两极尺度分析法引起了食品消费行为与健康研究领域的学者们的广泛关注。[1][2] BWS 方法要求受访者根据自身的认知从一系列可供选择的产品性能的集合中选出"最优"和"最差"项目，展示其对产品性能偏好的最大差异，并通过不同受访者的群体性选择，最终获得消费偏好集。因此，BWS 又称为最大差异度量法，是专门研究受访者对产品消费偏好的重要方法，是成对比较法的延伸。[3] 一般而言，如果采用李克特五级量表等方法来评估受访者的产品偏好，面对"非常同意""同意"等多个选项时，受访者可能由于理解上的差异而出现模棱两可的情况，而使用BWS 方法则可以规避此类情形的发生。故相对于多水平偏好的研究，使

---

① Louviere, J. J. and Flynn, T. N. , "Using best – worst scaling choice experiments to measure public perceptions and preferences for healthcare reform in Australia", *The Patient*: *Patient – Centered Outcomes Research*, Vol. 3, No. 4, 2010, pp. 275 – 283.

② Marley, A. A. J. and Flynn, T. N. , "Best worst scaling: Theory and practice", *International Encyclopedia of the Social&Behavioral Sciences*2ⁿᵈ Edition, 2015.

③ Finn, A. and Louviere, J. J. , "Determing the appropriate response to evidence of public concern: The case of food safety", *Journal of Public Policy&Marketing*, Vol. 11, No. 2, 1992, pp. 12 – 25.

用 BWS 方法对于受访者而言更容易在最优和最差间做出准确的选择。[1][2] 因此，使用 BWS 方法的研究是"无尺度"的判断[3]，可以有效地消除不同偏好水平间的度量误差。[4] 因此，本章使用 BWS 方法研究猪肉供应链体系中责任主体的责任分配是恰当的。

（二）实验设计

本章所研究的猪肉供应链是沿着饲料生产与供应、生猪养殖、生猪运输、生猪屠宰与加工、猪肉销售与消费环节运动的一个延续而完整的链条体系，包括猪肉生产与消费全程供应链体系的全部主体。

1. 饲料生产与供应商

饲料是生猪生长发育的物质基础，其质量直接关系到生猪生长发育的需求、猪肉的品质与养猪户的经济效益。因此，处于猪肉供应链前端的饲料生产与供应商应该有责任向养殖户提供符合标准的饲料。[5]

2. 生猪养殖户

中国的生猪养殖户形式多样，而以家庭为生产单位的小规模养殖与农民专业合作社、家庭农场、规模化养殖场等为代表的较大规模养殖是生猪养殖户的两种基本形式。[6] 研究表明，中国生猪养殖环节的风险突出地表现为环境恶化与疫病防控技术水平偏低而导致的疫情频发，以及养殖户违规使用兽药导致兽药残留超标等。[7][8] 因此，养殖户对确保猪肉质量安全

---

[1]　Louviere, J. J., *The Best - Worst or Maximum Difference Measurement Model: Applications to Behavioral Research in Marketing*, Phoenix, Arizona, 1993.

[2]　Marley, A. and Louviere, J., "Some probabilistic models of best, worst, and best - worst choices", *Journal of Mathematical Psychology*, Vol. 49, No. 6, 2005, pp. 464 - 480.

[3]　Cohen, S. H. and Orme, B., "What's your preference? Asking survey respondents about their preferences creates new scaling decisions", *Marketing Research Magazine*, Vol. 16, No. 1, 2004, pp. 33 - 37.

[4]　Baumgartner, H. and Steenkamp, J. - B. E. M., "Response styles in marketing research: A cross - national investigation", *Journal of Marketing Research*, Vol. 38, No. 5, 2001, pp. 143 - 156.

[5]　冯杰、汪以真、蒋宗勇等：《生猪饲料安全保障综合技术研发与应用》，《中国畜牧杂志》2015 年第 8 期。

[6]　2014 年中国生猪年出栏量在 50 头以上规模的养殖户与年出栏量在 50 头以下的小规模养殖户的比例约为 42% 和 58%，参见中国农业部《全国生猪生产发展规划（2016—2020）》。

[7]　王海涛、王凯：《养猪户安全生产决策行为影响因素分析——基于多群组结构方程模型的实证研究》，《中国农村经济》2012 年第 11 期。

[8]　Garforth, C. J., Bailey, A. P. and Tranter, R. B., "Farmers' attitude to disease risk management in England: A comparative analysis of sheep and pig farmer", *Preventive Veterinary Medicine*, Vol. 110, No. 3, 2013, pp. 456 - 466.

负有责任。

3. 生猪运输商

受运输工具内部环境、运输密度、踩踏挤压等多种因素的影响，在运输过程中可能导致生猪营养物质消耗、体重下降与免疫力降低，由此发生疫病而产生猪肉质量的隐患。[①] 故按照技术规范保证运输工具内部的环境卫生，确定合理的运输密度等是生猪运输商确保猪肉质量的责任。

4. 屠宰与加工商

中国猪肉屠宰与加工商是小规模的加工作坊和规模以上企业并存的格局。[②] 屠宰与加工是将符合质量标准的生猪刺杀放血、刮毛或剥皮、去内脏、冲洗、分割、加工与检疫等一系列的过程，按照规范的技术标准、工艺流程，建立科学的质量卫生检疫保障体系进行处理，是屠宰与加工商的责任。[③][④]

5. 流通与销售商

在猪肉的流通与销售环节中如存在着温度控制不当、环境不卫生、包装材料使用不当则可能导致微生物滋生并引起猪肉腐败等问题，增加猪肉的安全隐患。[⑤][⑥] 中国农村猪肉消费的主要场所是农贸市场，而城市猪肉消费的主要场所则是超市与农贸市场。无论是超市还是农贸市场，保证销售环境卫生、包装材料安全、符合规范的温度控制是销售商的职责所在。

综上所述，本章研究的猪肉供应链全程体系中的 10 个主体，分别是饲料生产与供应商、生猪散养户与规模化养殖场、生猪运输商、屠宰场、猪肉加工作坊、猪肉加工企业、超市、农贸市场和消费者，它们分别处于猪肉供应链体系中的前端、中端和尾端（见图 13 - 1），对确保猪肉质量

----

① 聂昌林、远德龙、宋春阳：《规模化猪场对环境的影响及主要防治措施》，《猪业科学》2014 年第 5 期。

② 目前中国规模及规模以上企业的屠宰与加工量约占全国猪肉加工总量的 68%。参见中国农业部《全国生猪生产发展规划（2016—2020）》。

③ Hinrichsen, L., "Manufacturing technology in the Danish pig slaughter industry", *Meat Science*, Vol. 84, No. 2, 2010, pp. 271 - 275.

④ 周洁红、李凯、陈晓莉：《完善猪肉质量安全追溯体系建设的策略研究——基于屠宰加工环节的追溯效益评价》，《农业经济问题》2013 年第 10 期。

⑤ 沙鸣、孙世民：《供应链环境下猪肉质量链节点的重要程度分析——山东等 16 省（市）1156 份问卷调查数据》，《中国农村经济》2011 年第 9 期。

⑥ 胡向东、石自忠、王祖力：《我国生猪和猪肉流通现状研究》，《中国畜牧杂志》2013 年第 12 期。

安全负有不同的责任。

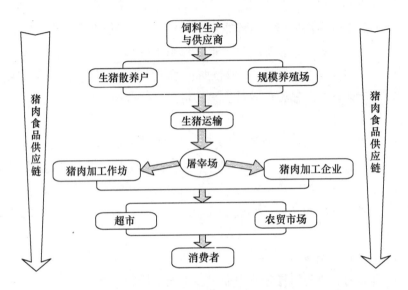

图 13-1 主要责任主体在猪肉全程供应链体系中所处的位置

生猪养殖户位于猪肉供应链的前端，对确保猪肉质量安全具有举足轻重的地位，与供应链体系中的其他生产经营责任主体有着紧密的联系，而消费者则处于猪肉供应链的末端，可以分别对供应链体系中的各个责任主体应承担的责任作出客观评价。故本章以生猪养殖户和猪肉消费者（以下简称受访者）为调查对象。研究过程中分别设计了生猪养殖户与猪肉消费者的调查问卷，问卷均分为两个部分：第一部分分别是接受调查的生猪养殖户与猪肉消费者的基本状况，调查内容存在差异性；第二部分则是基于 BWS 方法的规范要求而设计的，调查内容完全一致，主要就猪肉供应链体系中的 10 个责任主体对确保猪肉质量安全所应该承担的责任，由生猪养殖户与猪肉消费者选择最需要与最不需要负责任的主体。基于Louviere 等的研究结论①，当项目数超过 5 个时受访者可能产生疲劳，并可能产生选择偏好的偏差，故采用 SSIWeb 7.0 设计问卷，将 10 个责任主

① Louviere, J., Lings, L. and Islam, T., "An introduction to the application of (case 1) best - worst scaling in marketing research", *International Journal of Research in Marketing*, Vol. 30, No. 3, 2013, pp. 292 - 303.

体随机组合为 10 个选择组，并通过平衡不完全区组设计①，以保证每个
选择组中的选项满足正交性。与此同时，每个选择组中包含 5 个可供选择
的责任主体，确保每个责任主体在问卷中出现的频数均相同（均为 5 次）。
最需要负责任主体和最不需要负责任主体是成对出现的。调查时要求受访
者从每组的 5 个责任主体中分别选择一个最需要负责任主体和一个最不需
要负责任主体，并且面对最需要或最不需要负责任主体时，受访者需要作
出"多选一"的选择。图 13 - 2 为依据 BWS 方法而设计的调查问卷的
样例。

请您对猪肉供应链中涉及的利益相关者进行比较，从中选出您认为最需要对猪肉食品安全
负责任的主体和最不需要对猪肉食品安全负责任的主体。

最需要 负责任 主体		最不需 要负责 任主体
○	消费者	○
○	规模养殖场	○
○	生猪运输	○
○	农贸市场	○
○	猪肉加工作坊	○

图 13 - 2　BWS 的样例

（三）实验地区

研究选取江苏省阜宁县作为生猪养殖户的调查点。阜宁县是中国闻名
的生猪养殖大县，也是国家生猪标准化养殖示范县，生猪养殖以家庭为生
产经营单位的小规模养殖与农民专业合作社、家庭农场等为代表的较大规
模的养殖为基本方式。调查参考 Erdem 等的方式②，面向阜宁县辖区内所
有的 13 个乡镇，在每个乡镇随机选择一个农户收入中等水平的村，在每
个村随机调查一个村民小组 15—20 户不同规模的生猪养殖户（包括生猪
散养户和规模养殖场），最终获得有效样本 211 个。

---

① 易丹：《上海市场葡萄酒消费行为研究》，硕士学位论文，复旦大学，2012 年。

② Erdem, S. , Rigby, D. and Wossink, A. , "Using best - worst scaling to explore perceptions of relative responsibility for ensuring food safety", *Food Policy*, Vol. 37, No. 6, 2012, pp. 661 - 670.

对猪肉消费者的调查，就近在阜宁县城内人流量较大且主要猪肉购买场所的超市和农贸市场进行。为确保调查的随机性，在调查过程中统一约定调查员选择的受访者为进入视野的第三个人[1]，由此随机调查并最终获得了 209 个有效样本。对生猪养殖户与猪肉消费者的调查均由经过训练的调查员通过一对一的直接访谈的方式进行。整个调查于 2016 年 1 月间完成。

（四）样本的统计特征

如表 13 - 1 显示了受访的生猪养殖户的统计特征。在受访者中，男性占 54.98%；平均年龄为 56.72 岁，中老年人居多；学历为小学及以下与初中的居多，分别占 54.50% 与 34.60%；家庭人口数为 5 人及以上、养猪收入占家庭总收入 30% 及以下、生猪养殖劳动力占家庭人口比例 30% 及以下者居多，分别占 55.45%、43.60%、51.66%；2015 年生猪年出栏量与存栏量为 30 头及以下的养殖户比例最高，分别占 51.66% 与 73.46%；养猪年限在 10 年、兼业从事养殖的比例最高[2]，分别占 69.67%、70.62%。此外，53.55% 的受访者家庭中无 12 岁以下的小孩。

表 13 - 1　　　　　　　接受调查的生猪养殖户的统计特征

统计特征	分类指标	样本数（人）	比例（%）
性别	男	116	54.98
	女	95	45.02
学历	小学及以下	115	54.50
	初中	73	34.60
	高中（包括中等职业）	20	9.48
	大专（包括高等职业技术）	2	0.95
	本科及以上	1	0.47

---

① Wu, L. H., Xu, L. L., Zhu. D. et al., "Factors affecting consumer willingness to pay for certified traceable food in jiangsu province of china", *Canadian Journal of Agricultural Economics/revue Canadienne Dagroeconomie*, Vol. 60, No. 3, 2012, pp. 317 -333.

② 在中国，农户可以从事多种农业生产劳动，也可以从事工业、服务业的劳动。以生猪养殖为主要职业的农户称为专业户，虽然从事生猪养殖，但同时从事其他生产活动的农户，称为兼业户。

续表

统计特征	分类指标	样本数（人）	比例（%）
家庭人口数	1 人	1	0.47
	2 人	24	11.37
	3 人	30	14.23
	4 人	39	18.48
	5 人及以上	117	55.45
养猪收入占家庭总收入比重	30% 及以下	92	43.60
	31%—50%	53	25.12
	51%—80%	30	14.22
	81%—90%	16	7.58
	90% 以上	20	9.48
生猪养殖劳动力占家庭人口数的比重	30% 及以下	109	51.66
	31%—50%	52	24.64
	51%—80%	27	12.80
	81%—90%	8	3.79
	90% 以上	15	7.11
2015 年生猪出栏量	0—30 头	109	51.66
	31—100 头	63	29.86
	100 头以上	39	18.48
2015 年生猪存栏量	0—30 头	155	73.46
	31—100 头	38	18.01
	100 头以上	18	8.53
养猪年限	0—5 年	22	10.43
	6—10 年	42	19.90
	10 年以上	147	69.67
兼业或专业从事养殖状况	兼业	149	70.62
	专业	62	29.38
家中是否有 12 岁以下的小孩	有	98	46.45
	否	113	53.55

　　表 13-2 显示了猪肉消费的受访者的统计特征。在受访者中，女性占 59.33%，这与中国家庭多数由女性购买食物的实际情景相符；受访者的平均年龄为 39.85 岁，年龄分布比较适中；73.21% 的受访者为已婚，学历为大专层次、家庭人口数为 3 人、家庭年收入为 10 万元以上者居多，分别占 23.44%、40.67%、38.76%。受访者中企业职工所占比例最高，

为 29.66%。与此同时，65.07% 的受访者家中无 12 岁以下的小孩。

表 13 – 2 接受调查的猪肉消费者的统计特征

统计特征	分类指标	样本数（人）	比例（%）
性别	男	85	40.67
	女	124	59.33
婚姻状况	未婚	56	26.79
	已婚	153	73.21
学历	小学及以下	31	14.83
	初中	47	22.49
	高中（包括中等职业）	42	20.10
	大专（包括高等职业技术）	49	23.44
	本科及以上	40	19.14
家庭人数	1 人	4	1.92
	2 人	17	8.13
	3 人	85	40.67
	4 人	43	20.57
	5 人及以上	60	28.71
家庭年收入	1 万元以下	16	7.65
	1 万—3 万元	27	12.92
	3 万—5 万元	39	18.66
	5 万—10 万元	46	22.01
	10 万元以上	81	38.76
职业	公务员	5	2.39
	企业职工	62	29.66
	农民	16	7.66
	事业单位职员	22	10.53
	自由职业者	36	17.22
	退休人员	15	7.18
	无业	8	3.83
	学生	20	9.57
	其他	25	11.96
家中是否有 12 岁以下的小孩	有	73	34.93
	否	136	65.07

如表 13 - 1 和表 13 - 2 所示的接受调查的生猪养殖户与猪肉消费者的受访者特征在所调查的阜宁县具有一定的代表性。阜宁县的生猪养殖多是以家庭为单位的小规模养殖，养殖户多是文化程度偏低的中老年人，养殖户家庭人口偏多，生猪养殖不同程度地存在家庭兼业。与此同时，阜宁县地处经济相对不发达的江苏北部，消费者的消费能力和文化程度中等偏低，受访的猪肉消费者基本特征与当地消费者的总体特征基本吻合。

四　模型构建与估计

（一）混合 Logit 模型的构建

随机效用理论适合模拟人们的决策行为。假设受访者的个体行为是理性的，生猪养殖户和猪肉消费者均基于自身效用最大化而选择对确保猪肉质量安全最需要与最不需要负责任的主体。随机效用理论的一般形式可以写成：

$$U_{ijt} = V_{ijt} + \varepsilon_{ijt} \tag{13 - 1}$$

其中，生猪养殖户或猪肉消费受访者 i 在 t（$t = 1, 2, \cdots, T$）情形下选择第 j（$j = 1, 2, \cdots, J$）个责任主体的效用为 U_{ijt}。U_{ijt} 由两部分构成：一是确定项 V_{ijt}，二是随机项 ε_{ijt}，V_{ijt} 是模型的确定部分，可以表达为：

$$V_{ijt} = \beta_i X_{ijt} + \varepsilon_{ijt} \tag{13 - 2}$$

其中，β_i 表示生猪养殖户或猪肉消费受访者 i 的效用参数向量，表示受访者的个体偏好。X_{ijt} 表示可观测到的解释向量，它包括责任主体 j 的主体选择变量（选择为最需要负责任为 1，最不需要负责任为 - 1，没有被选择为 0）。ε_{ijt} 表示随机项，可以据此对生猪养殖户或猪肉消费受访者的行为做出概率陈述。[1][2]

---

① Adamowicz, W., Boxall, P. and Williams, M. et al., "Stated preference approaches for measuring passive use values: Choice experiments and contingent valuation", *American Journal of Agricultural Economics*, Vol. 80, No. 1, 1998, pp. 64 - 75.

② Lusk, J. L., Roosen, J. and Fox, J. A., "Demand for beef from cattle administered growth hormones or fed genetically modified corn: A comparison of consumers in France, Germany, the United Kingdom, and the United States", *American Journal of Agricultural Economics*, Vol. 8, No. 1, 2003, pp. 16 - 29.

养殖户是根据生猪养殖成本和收益的比较来选择生产方式，由于它掌握了更多的猪肉供应链上的信息，对不同责任主体确保猪肉质量安全的责任感知与普通猪肉消费者并不相同。由于生猪养殖户本身也是消费者，因此可以采用同样的效用函数研究生猪养殖户和猪肉消费者选择最需要与最不需要负责任的主体。

在 BWS 方法研究中，生猪养殖户与猪肉消费受访者将在所有责任主体中选出效用差异最大的一对责任主体，即最需要负责任的责任主体和最不需要负责任的责任主体。例如，假定生猪养殖户或猪肉消费受访者分别选择责任主体 j 和责任主体 k 作为最需要负责任的主体和最不需要负责任的主体，U_{ijt} 和 U_{ikt} 间的效用差异要比所有其他选择集 M 的效用差异大，其中，$M = J（J-1）-1$。假设 ε_{ijt} 服从独立同分布（I. I. D）的 I 型极值分布，则可以推出下面的条件 Logit 模型选择概率：

$$P = \frac{\exp(V_{ijt} - V_{ikt})}{\sum_{l=1}^{J} \sum_{m=1}^{J} \exp(V_{ilt} - V_{imt}) - J} \tag{13-3}$$

其中，j 被选为最需要负责的责任主体，k 被选为最不需要负责的责任主体。当生猪养殖户或猪肉消费受访者在每种 t 情形下选择一系列的最需要负责任的主体与最不需要负责任的主体组合时，可以把式（13-3）的选择概率表达为如下形式：

$$P = L_i(\beta_i) = \prod_{t=1}^{T} \frac{\exp(V_{ijt} - V_{ikt})}{\sum_{l=1}^{J} \sum_{m=1}^{J} \exp(V_{ilt} - V_{imt}) - J} \tag{13-4}$$

条件 Logit 模型假设受访者偏好同质，它的随机项相同且独立分布，但可能因不相关选择的独立性而导致误差。相关研究也指出，受访者同质性偏好假设与经验事实不符，受访者偏好具有异质性。[1][2] 而混合 Logit 模型被认为是研究存在异质性偏好的受访者决策行为较为合适的方法，是可

---

[1] Chang, K., Siddarth, S. and Weinberg, C. B., "The impact of heterogeneity in purchase timing and price responsiveness on estimates of sticker shock effects", *Marketing Science*, Vol. 18, No. 2, 1999, pp. 178-192.

[2] Bell, D. R. and Lattin, J. M., "Looking for loss aversion in scanner panel data: The confounding effect of price response heterogeneity", *Marketing Science*, Vol. 19, No. 2, 2000, pp. 185-200.

以模拟任何形式的随机效用模型[1]，尤其是需要同一个受访者做出多次重复选择时该模型尤为有效[2]，BWS 方法即是如此。

混合 Logit 概率是在不同的 β 值估计下的各个 Logit 变量的加权平均，权重是由密度函数 $\varphi(\beta_i)$ 给出，假设 β 是有平均数 b 和协方差 w 的正态分布。式（13-4）中的选择概率可表述为：

$$P_i = \int L_i(\beta_i)\varphi(\beta_i \mid b, w)\,\mathrm{d}\beta_i \qquad (13-5)$$

其中，密度函数 $\varphi(\beta_i)$ 的参数估计选用分层贝叶斯方法进行。

（二）混合 Logit 模型估计结果

采用虚拟代码为猪肉供应链体系中的全体责任主体对确保猪肉质量安全的责任进行赋值，具体见表13-3。

表13-3　　　　　　　　　　责任变量赋值

变量	变量赋值
饲料生产与供应商	最需要负责任 =1；最不需要负责任 = -1；不选项 =0
生猪散养户	最需要负责任 =1；最不需要负责任 = -1；不选项 =0
规模养殖场	最需要负责任 =1；最不需要负责任 = -1；不选项 =0
生猪运输商	最需要负责任 =1；最不需要负责任 = -1；不选项 =0
屠宰场	最需要负责任 =1；最不需要负责任 = -1；不选项 =0
猪肉作坊	最需要负责任 =1；最不需要负责任 = -1；不选项 =0
猪肉企业	最需要负责任 =1；最不需要负责任 = -1；不选项 =0
超市	最需要负责任 =1；最不需要负责任 = -1；不选项 =0
农贸市场	最需要负责任 =1；最不需要负责任 = -1；不选项 =0
消费者	最需要负责任 =1；最不需要负责任 = -1；不选项 =0

运用 SMRT 软件进行混合 Logit 估计，结果见表13-4。平均值说明个

---

[1]　McFadden, D. and Train, K., "Mixed MNL Models of discrete response", *Journal of Applied Econometrics*, Vol. 15, No. 5, 2000, pp. 447-470.

[2]　Brownstone, D. and Train, K., "Forecasting new product penetration with flexible substitution patterns", *Journal of Econometrics*, Vol. 89, No. 1-2, 1999, pp. 109-129.

体责任认知的变化,标准差说明责任认知的分散情况,标准差越大说明受访者存在认知异质性。

表 13 - 4 混合 Logit 模型参数估计结果

责任主体	消费者			责任主体	养殖户		
	平均值	标准差	责任份额		平均值	标准差	责任份额
饲料生产与供应商	0.81	0.46	16.5 [13.5, 19.5]①	饲料生产与供应商	0.90	0.44	18.7 [17.1, 20.3]
规模养殖场	0.89	0.45	13.7 [11.2, 16.2]	规模养殖场	0.77	0.65	14.8 [12.5, 17.1]
猪肉加工作坊	0.56	0.85	12.6 [9.8, 15.4]	屠宰场	0.68	0.74	13.7 [11.8, 15.6]
生猪散养户	0.64	0.85	11.6 [9.7, 13.5]	猪肉加工作坊	0.45	0.93	11.7 [10.7, 12.7]
农贸市场	0.54	0.88	10.7 [8.4, 13.0]	猪肉加工企业	0.45	0.94	11.6 [9.9, 13.3]
猪肉加工企业	0.53	0.98	10.5 [7.7, 13.3]	生猪散养户	0.21	0.99	11.0 [9.1, 12.9]
超市	0.28	0.98	9.3 [8.2, 10.4]	农贸市场	0.14	1.02	6.4 [5.2, 7.6]
屠宰场	0.05	1.02	6.0 [3.7, 8.3]	超市	-0.33	1.00	4.4 [2.6, 6.2]
生猪运输商	0.01	0.85	5.9 [4.6, 7.2]	生猪运输商	-0.45	0.93	4.2 [2.9, 5.5]
消费者	-0.93	0.37	3.2 [2.1, 4.3]	消费者	-0.97	0.23	3.6 [2.3, 4.9]

注:①表示置信度为95%的置信区间。

五 保障猪肉质量安全主体责任的结果与分析

分析表 13 - 4 数据,可以发现:

（一）饲料生产与供应商对猪肉质量安全负有最大的责任

计算结果表明，受访的生猪养殖户与猪肉消费者认为饲料生产与供应商应承担的责任比例分别为18.7%和16.5%。这一结论与中国现实情景密切相关。因为在中国，饲料中违禁药物的添加、抗生素与微量元素的超量添加使用等现象客观存在，对猪肉质量安全带来严重影响。[①] 生猪养殖户作为直接与饲料生产与供应商发生利益关系的主体，比猪肉消费者掌握了更为全面的饲料质量信息，认为饲料生产与供应商应承担的责任比例高于消费者的判断是合理的。

（二）生猪散养户和规模养殖场均被认为应承担较大的责任

受访的生猪养殖户与猪肉消费者分别认为生猪散养户和规模养殖场应承担的责任比例为11.0%、14.8%与11.6%和13.7%，且一致认为生猪规模养殖场应承担的责任均高于散养户。这一研究结论与厄尔德姆（Erdem）等的研究结果并不一致[②]，但在中国具有客观的现实基础。一方面，由于疫病等因素导致在生猪养殖环节存在的安全风险较高[③]；另一方面，养殖规模大将导致畜禽过度集中，疫病传播的危险性将相应增大，容易产生畜禽质量安全风险。[④][⑤][⑥] 因此，规模养殖场承担的责任应高于生猪散养户。生猪养殖户作为养殖环节的当事人，非常了解此环节可能存在的安全风险，更清楚大规模养殖可能产生的风险，故其分配给生猪散养户和规模养殖场的责任比例差（3.8%）高于消费者分配的责任比例差（2.1%）。

（三）猪肉加工作坊与规模及规模以上的企业应承担的责任较为接近

受访的生猪养殖户与猪肉消费者认为它们应承担的责任比例为

---

① 冯杰、汪以真、蒋宗勇等：《生猪饲料安全保障综合技术研发与应用》，《中国畜牧杂志》2015年第8期。

② Erdem, S., Rigby, D. and Wossink, A., "Using best – worst scaling to explore perceptions of relative responsibility for ensuring food safety", *Food Policy*, Vol. 37, No. 6, 2012, pp. 661 – 670.

③ 张桂新：《动物疫情风险下养殖户防控行为研究》，硕士学位论文，西北农林科技大学，2013年。

④ Shreve, B. R., Moore, P. A. and Daniel, T. C. et al., "Reduction of phosphorus in runoff from field – applied poultry litter using chemical amendments", *Journal of Environmental Quality*, Vol. 24, No. 1, 1995, pp. 106 – 111.

⑤ 郭伟奇：《畜牧业适度规模经营及影响因素分析》，《现代农业》2010年第1期。

⑥ Kilbride, A. L., Mendl, M. and Statham, P., "A cohort study of preweaning piglet mortality and farrowing accommodation on 112 commercial pig farms in England", *Preventive Veterinary Medicine*, Vol. 104, No. 3, 2012, pp. 281 – 291.

11.7%、11.6%与12.6%、10.5%，且猪肉加工作坊相对应承担更大的责任。一方面，由于加工环节是确保猪肉质量安全的重要环节，多年来爆发的安全事件也较为频繁①，猪肉加工作坊与规模及规模以上的企业均需要承担各自的责任。另一方面，猪肉加工作坊往往存在生产设备差，实际操作过程中不严格执行流程等问题，因此，承担的责任应该高于规模及规模以上的猪肉加工企业。

（四）消费者与生猪运输商对猪肉质量安全承担最小的责任

消费者承担最小的责任在中国目前的监管体制下并不难理解。由于生产者信息的不透明、不公开，且几乎没有机会参与猪肉生产与消费政策的制定。因此，消费者难以也不可能承担多大的责任。与此同时，在目前的中国，消费者确实仅仅充当了猪肉购买与消费的角色，自觉参与的意识不强。与此同时，生猪运输商也分别被受访的生猪养殖户与猪肉消费者认为责任较小（4.2%、5.9%），这一结论与 Erdem 等的研究结论完全一致。②

（五）屠宰场与超市、农贸市场应承担的责任大小结果不一

受访的猪肉消费者认为屠宰场仅需要对猪肉质量安全承担6.0%的责任，而受访的生猪养殖户却认为其应承担的责任份额是13.7%。生猪养殖户对屠宰场责任分配的相关研究结论与 Van Wezemael 等③得出的结论相似。本章得到的屠宰场承担的责任评价不一的研究结论，可能的原因是，消费者很少有机会了解屠宰场生猪屠宰分割的全面过程，而生猪养殖户则更加详细地了解屠宰场的操作与管理的情况。与此同时，销售环节的超市和农贸市场猪肉应承担的责任大小，计算结果也不一致，受访的消费者对超市和农贸市场的责任分配明显高于受访的生猪养殖户，可能的原因就在于消费者对超市和农贸市场的了解甚于生猪养殖户，虽然养殖户也是消费者，但看待确保猪肉质量安全责任分配的视角不同于普通消费者。故生猪养殖户与猪肉消费者对责任认知的差异性是产生屠宰场与超市、农贸市场

---

① 刘青、周洁红、鄢贞：《供应链视角下中国猪肉安全的风险甄别及政策启示——基于1624 个猪肉质量安全事件的实证分析》，《中国畜牧杂志》2016 年第 2 期。

② Erdem, S., Rigby, D. and Wossink, A., "Using best – worst scaling to explore perceptions of relative responsibility for ensuring food safety", *Food Policy*, Vol. 37, No. 6, 2012, pp. 661 – 670.

③ Van Wezemael, L., Verbeke, W. and Kugler, J. O. et al., "European consumers and beef safety: Perceptions, expectations and uncertainty reduction strategies", *Food Control*, Vol. 21, No. 6, 2010, pp. 835 – 844.

责任分配不一的主要原因。

六　猪肉供应链体系中责任主体的责任　行为：批发市场与农贸市场　猪肉销售摊主的案例

已有研究发现，猪肉供应链任何一个环节出现问题都将最终影响猪肉质量安全（孙世民，2006）。[①] 长期以来，研究者对生猪养殖环节、生猪屠宰加工环节的质量安全问题更加关注，而忽视猪肉销售环节的质量安全问题，但这并不意味着猪肉销售环节的质量安全问题不存在或者不严重，有学者就认为猪肉销售环节的质量安全风险甚至高于生猪养殖和生猪流通环节。[②] 故本章以批发市场与农贸市场中的猪肉销售摊主为案例展开研究。

（一）案例选择的背景

猪肉销售环节主要包括批发市场、农贸市场、超市、专营店等销售业态，已有关于猪肉销售环节质量安全问题的研究相对较少，且主要关注超市的猪肉质量安全问题。[③④⑤⑥] 超市在猪肉来源、检验检测、经营环境、质量安全承诺等方面均有严格规定，猪肉质量安全水平较高；专营店以品牌和生猪品种为竞争优势，通过供应链各环节的紧密合作加强质量安全控制，能够较好实现追溯，猪肉质量安全也有保障。实际上，为人们并不太关注的批发市场和农贸市场的猪肉质量安全风险更高。然而，直接关于批发市场和农贸市场猪肉质量安全状况的研究很少。目前批发市场仍是猪肉

① 孙世民：《基于质量安全的优质猪肉供应链建设与管理探讨》，《农业经济问题》2006 年第 4 期。

② 林朝朋：《生鲜猪肉供应链安全风险及控制研究》，博士学位论文，中南大学，2009 年。

③ 夏兆敏：《优质猪肉供应链中屠宰加工与销售环节的质量安全行为协调机制研究》，博士学位论文，山东农业大学，2014 年。

④ 卢凌霄、张晓恒、曹晓晴：《内外资超市食品安全控制行为差异研究——基于采购与销售环节》，《中国食物与营养》2014 年第 8 期。

⑤ 曲芙蓉、孙世民、彭玉珊：《供应链环境下超市良好质量行为实施意愿的影响因素分析——基于山东省 456 家超市的调查数据》，《农业技术经济》2011 年第 11 期。

⑥ 王仁强、孙世民、曲芙蓉：《超市猪肉从业人员的质量安全认知与行为分析——基于山东等 18 省（市）的 526 份问卷调查资料》，《物流工程与管理》2011 年第 8 期。

批发环节的主力军之一，猪肉零售环节中农贸市场虽然面临着来自超市和专营店的竞争压力，但不少社区中的小型农贸市场由于便利性等原因仍有较大的生存空间。鉴于此，研究批发市场和农贸市场的猪肉质量安全状况具有非常重要的现实意义。基于此，本章的研究继续通过调查的方式进行，主要以北京市为案例地，通过对批发市场和农贸市场猪肉销售商的调研，分析猪肉销售商的质量安全行为及影响因素，重点考察责任意识约束下猪肉销售商对猪肉溯源能力的评价对其质量安全行为的影响，希望回答"猪肉溯源是否有助于规范生产经营者质量安全行为？"这一问题，以期为北京市乃至全国猪肉可追溯体系建设和猪肉质量安全保障提出有针对性的对策建议。之所以选择北京市，因为作为商务部"放心肉工程"和肉类蔬菜流通追溯体系试点建设城市，北京市较早开展猪肉可追溯体系建设，从生猪养殖环节到猪肉销售环节具备实现猪肉溯源的基础和市场，可以支撑本章研究所需数据资料的调查和收集。

（二）数据来源与样本说明

1. 调查区域

北京市现有三大农产品批发市场，分别为大洋路、城北回龙观和新发地批发市场，每家批发市场都有专门的生鲜猪肉销售大厅，生猪屠宰加工企业每天深夜或凌晨将猪肉配送至各批发市场的批发大厅，与此同时，零售大厅的猪肉销售商开始从批发大厅进货，然后销售给超市（一般为小型超市）、农贸市场、饭店、机关或事业单位、工地和普通消费者。超市、农贸市场、专营店主要从事猪肉零售业务，直接面向饭店等企业或单位和普通消费者。在此背景下，本章数据源于对大洋路、城北回龙观、新发地、锦绣大地和西郊鑫源 5 家批发市场以及回龙观鑫地、健翔桥平安、明光寺、天地自立、亚运村华洋和安慧里 6 家农贸市场的办公室及猪肉销售摊主进行的调研。其中，批发市场和农贸市场办公室的调研通过访谈方式，猪肉销售摊主的调研主要通过问卷调查方式，并辅之访谈方式。最终获得问卷 201 份，有效问卷 197 份（批发市场 172 份、农贸市场 25 份），有效率为 98.01%。

2. 样本的基本特征

表 13 - 5 是样本基本特征，主要包括受访者个体特征和经营情况。首先是个体特征。从性别看，女性受访者居多，占总样本数的 68.53%，虽然大多数猪肉销售摊位由夫妻两人共同经营，但男方主要负责深夜或凌晨

繁忙时段的猪肉采购和销售业务，女方主要负责白天的猪肉销售业务，因此女性受访者居多；从年龄看，受访者多为 18—39 岁的年轻人，比例达到 59.90%，其次为 40—59 岁年龄段的人群，没有 60 岁及以上的从业人员，猪肉销售是一项耗体力、费精力的工作，中老年人并不愿意从事这项工作，因此，从业者多为年轻人；从学历看，受访者普遍具有初中学历，比例达到 59.90%，其次为高中/中专学历和小学及以下学历，具有大专及以上学历的受访者很少，可以看出北京市猪肉销售从业者的整体学历水平较低。其次是经营情况。从经营年限看，多数受访者从事猪肉销售在 10 年以下，其中，26.40% 已从业 1—4 年，36.55% 已从业 5—9 年，鉴于猪肉销售这项工作的繁重程度，从业者多不愿意将其作为一辈子的工作；从销售数量看，7.11% 的受访者表示其摊位的猪肉日平均销量在 100 千克以下，10.66% 的销量为 100—299 千克，28.93% 的销量为 300—499 千克，29.44% 的销量为 500—699 千克，23.86% 的销量为 700 千克及以上（大概相当于 10 个白条），猪肉销量的不同主要与销售业态、市场地理位置、摊位地理位置等有关，比如批发市场摊位的猪肉销量一般比农贸市场摊位大，同一批发市场内靠近出口位置摊位的猪肉销量通常更大。

表 13－5　　　　　　　　　样本基本特征

项目	选项	样本数	比例（%）	项目	选项	样本数	比例（%）
性别	男	62	31.47	经营年限	1—4 年	52	26.40
	女	135	68.53		5—9 年	72	36.55
年龄	18—39 岁	118	59.90		10—14 年	51	25.89
	40—59 岁	79	40.10		15—19 年	17	8.63
	60 岁及以上	0	0.00		20 年及以上	5	2.54
学历	小学及以下	34	17.26	销售数量	100 千克以下	14	7.11
	初中	118	59.90		100—299 千克	21	10.66
	高中/中专	40	20.30		300—499 千克	57	28.93
	大专	4	2.03		500—699 千克	58	29.44
	本科及以上	1	0.51		700 千克及以上	47	23.86

（三）描述性分析

猪肉销售环节是直接面向消费者的环节，该环节会产生哪些新的质量安全隐患？生猪养殖环节、生猪流通环节、生猪屠宰加工环节产生的问题猪肉是否会在猪肉销售环节销售给消费者？这些都是需要重点回答的问题。前期调查得知，猪肉销售环节主要存在注水肉销售、存货处理不合理、未获检疫合格证的猪肉流入市场等问题。从质量安全的角度看，对这三个问题严重性的认识应该是不同的：注水肉销售问题发生的可能性较大，危害也较为严重，应引起足够重视①；存货处理不合理问题主要是指以正常价格销售不新鲜猪肉，涉及侵犯消费者公平交易权，但基本不会对消费者的身体健康造成伤害；未获检疫合格证的猪肉流入市场可能导致病死猪肉流入市场，危害极大，需引起政府部门的足够重视，但该问题发生的可能性很低，且很难通过猪肉销售商调查反映出来，也很难对其进行定量分析。因此，本章主要将猪肉销售商的质量安全行为定位于是否存在注水肉销售情况，并且将批发市场和农贸市场猪肉销售商的质量安全行为一起进行计量分析。调查得知，合计有 38.58% 的受访者表示遇到过注水肉问题。② 接下来，分别对批发市场和农贸市场的注水肉销售情况进行介绍。

1. 批发市场注水肉销售情况

北京市零售环节的猪肉大多来自批发市场，因此批发市场的猪肉质量安全状况需引起格外关注。批发市场通过"场厂挂钩"制度可以保证猪肉来源于定点屠宰企业，并且是经动监部门检疫合格的产品。③ 另外，批

---

① 根据养猪场户和生猪屠宰加工企业调研了解到的信息，部分生猪购销商购买生猪之后，会在僻静地方给生猪注射某种药物，注射之后生猪可大量进水且不排泄，让水分保存在生猪体内。这与养猪场户卖猪之前的灌水行为不同，生猪经销商可容易地从生猪生理特征上看出生猪是否大量灌水，并且这部分水易在运输途中和待宰过程中排出，即便未排出也易被屠宰企业检测出来，由于生猪经销商与养猪场户之间是现场定级结算，而生猪屠宰企业与生猪经销商之间是宰后定级结算，显然生猪购销商有足够的动力去严格要求养猪场户的生猪灌水行为，因此注水肉问题基本不会产生于生猪养殖环节，而主要发生于生猪流通环节。生猪屠宰加工企业依据目前的代宰时间规定和检验监测标准等，在收购生猪待宰 12 小时后没有发现可疑药物，也没有检出猪肉水分超标（国家规定的猪肉含水量标准是小于等于77%，屠宰企业抽查结果多数在 74%—76%）。

② 需要说明的是，38.58% 的比例并不意味着批发市场和农贸市场上大概 38.58% 的猪肉都是注水肉，这只是说明 38.58% 的猪肉销售商发生过注水肉销售的情况，并且大多数销售商主观意愿上是不愿意采购到注水肉的，当然调查过程中确实发现有销售商专门进"水大"的肉，并以和正常猪肉差不多的价格销售给饭店、工地等，代价则是饭店、工地可以拖欠货款。

③ "场厂挂钩"制度是指批发市场必须与定点屠宰加工企业签订准入协议，批发市场只能销售与之挂钩的定点屠宰加工企业的猪肉。另外，每一个白条在出厂之前检疫合格后都会由定点屠宰企业所在区县的动监部门颁发一张猪肉检疫合格证（不同于生猪检疫合格证），外阜进京猪肉则以批次或车次为单位由定点屠宰企业所在地的动监部门颁发一张猪肉检疫合格证（还需要额外加盖进京路口检疫章），猪肉检疫合格证是市场上猪肉检疫合格的主要证明。

发市场办公室工作人员还会每天对批发大厅和零售大厅的猪肉进行抽检，检验瘦肉精和水分含量，并要求零售大厅的摊主做好购销台账，记录每天的进货日期、品种、厂家、数量、猪肉检疫合格证编号并附上原始凭证，工商等部门一般也会不定期对零售大厅的猪肉进行抽检。上述措施可以比较有效地保障猪肉质量安全，但仍存在注水肉销售隐患。

对于销售的猪肉是否有禁用药残留、药残超标以及病死猪肉，即便销售商自己也很难知道，因此是否存在上述问题猪肉很难直接通过销售商调查获得，但注水肉销售问题可以。调查发现，69 位受访者（零售大厅的猪肉销售商）表示自己经营的摊位发生过注水肉销售问题，占批发市场销售商调查样本总数的 40.12%。虽然不排除部分没经验的摊主将排酸过度反水的猪肉当成注水肉，但这种情况极少，有经验的摊主是很容易区分排酸过度反水猪肉和注水肉的，而受访者中 92.44% 经营猪肉销售的时间不低于 3 年。注水肉得以销售的主要原因在于：第一，注水肉存在市场需求，调查发现注水肉主要销往饭店、工地等；第二，缺少注水肉退货机制，因为批发大厅的猪肉都是经过市场办公室水分检验合格的，因此退货时批发大厅的猪肉经销商显然有足够理由拒绝零售大厅猪肉销售商的退货要求，并且在存在市场需求的情况下，零售大厅的猪肉销售商也不会执着于退货。

2. 农贸市场注水肉销售情况

从猪肉销量看，超市、农贸市场和专营店是三种主要零售业态，但这三种零售业态中猪肉质量安全控制措施及方式差异较大。其中，农贸市场猪肉来源渠道较多、经营环境相对简陋、市场管理松散、政府监管能力有限、质量安全隐患多，是猪肉质量安全控制的薄弱环节，存在较大的猪肉质量安全隐患，因此，本章重点关注猪肉零售环节中农贸市场的猪肉质量安全情况。调查也发现，批发市场存在的注水肉销售隐患农贸市场同样存在。

调查发现，28.00% 的受访者表示自己的摊位发生过注水肉销售问题，这比批发市场零售大厅发生该问题的比例低 12.12%，农贸市场的猪肉采购来源主要是批发市场，据对批发市场零售大厅猪肉销售商的调查了解，批发市场的注水肉主要销往饭店、工地等单位或群体，销售给超市、农贸市场、个体消费者等的比例较低。上述调查结果是合理的，从主观意愿上讲，农贸市场猪肉销售商采购注水肉的动力并不是很强，主要基于以下原因：据对农贸市场猪肉销售商的调查了解，当前个体消费者在选购猪肉时最看重的质量安全问题是否注水、是否新鲜的问题，并且随着消费者对猪肉质量安全要求的提高，其辨别猪肉是是否注水、是否新鲜的能力也在提高，在超市不断抢占农贸市场消费人群的背景下，"回头客"成为农贸市场摊主获利的主要手段，因此从这方面讲农贸市场摊主采购注水肉的动力会逐步下降。

3. 猪肉销售商对猪肉溯源能力的评价与责任意识情况

调查发现，90 位受访者表示知道"猪肉可追溯体系"或"可追溯猪肉"，占总样本数的 45.69%，其中有 74 位受访者认为自己的摊位已参与到北京市猪肉可追溯体系中，占总样本数的 37.56%。在回答"您是否相信一旦您销售的猪肉出现质量安全问题，消费者可以确切追查到您？"这一问题时，60.91% 的受访者表示"非常相信"，27.41% 表示"比较相信"，而表示"一般相信""不太相信""很不相信"的比例分别只有7.61%、4.06%、0.00%，可见，猪肉销售商对猪肉溯源能力的评价较高。在回答"出售的猪肉因养殖、流通、屠宰环节原因出现质量安全问题，您应该承担多大比例的法律责任？"这一问题时，37.56% 的受访者表示"不承担责任"，39.09% 表示"承担小部分责任"，9.64% 表示"承担一半责任"，6.60% 表示"承担大部分责任"，7.11% 表示"承担全部责任"。

（四）计量模型结果与分析

1. 模型构建

需要说明的是，猪肉销售商是否销售注水肉是可以做出自主选择的，即便不经意采购到了注水肉，也可以自主选择是否将其出售，在这个前提下分析销售商注水肉销售行为的影响因素更具有现实意义。假定模型残差项服从标准正态分布，根据前文理论分析，构建以下两个二元 Probit 模型[①]：

$$Y = f_1(T, P, J, Z, C, G, \mu_1) \qquad\qquad (13-6)$$

$$T = f_2(IV, P, J, Z, C, G, \mu_2) \qquad\qquad (13-7)$$

式（13-6）中，被解释变量 Y 是猪肉销售商注水肉销售行为，1 表

---

① 对于认为承担责任和认为不承担责任的猪肉销售商，本章分别构建计量模型，但二者模型是一样的。

示发生过注水肉销售行为。T 是猪肉销售商对溯源能力的评价，"非常信任""比较信任"用 1 表示，其他用 0 表示。其他解释变量中，P 是猪肉销售商个体特征变量，包括性别、年龄、学历；J 是经营情况变量，包括经营年限、销售数量；Z 是纵向协作关系变量，包括采购来源、采购关系、销货对象、销货关系；C 是质量安全认知变量；G 是外界监管变量，包括市场检测、政府检测、责任人惩治；μ_1 是残差项。式（13 - 7）中，IV 包括追溯体系认知、购物小票提供行为；μ_2 是残差项。

模型自变量的定义与描述性统计详见表 13 - 6。

表 13 - 6　　　　　　　　　自变量定义与描述性统计

变量	定义	均值
购物小票	是否主动提供购物小票：是 = 1，否 = 0	0.68
追溯体系认知	是否知道猪肉可追溯体系且认为已参与，其中：是 = 1，否 = 0	0.38
溯源能力评价	非常信任、比较信任 = 1，一般信任、不太信任、很不信任 = 0	0.88
性别	男 = 1，女 = 0	0.31
年龄	实际数值	35.73
学历	高中及以上 = 1，高中以下 = 0	0.23
经营年限	实际数值	7.63
销售数量	日销售量 500 公斤及以上 = 1，其他 = 0	0.53
采购来源	是否同时销售两个及以上品牌猪肉：是 = 1，否 = 0	0.56
采购关系	是否有固定的采购关系：是 = 1，否 = 0	0.61
销货对象	宾馆、饭店是否为主要销售对象：是 = 1，否 = 0	0.52
销货关系	是否有固定的销货关系：是 = 1，否 = 0	0.80
质量安全认知	平时是否关注与猪肉质量安全相关的法律法规或政策：非常关注、比较关注 = 1，一般关注、不太关注、很不关注 = 0	0.45
市场检测	非常强、比较强 = 1，一般、比较弱、非常弱 = 0	0.83
政府检测	定期检测 = 1，不定期检测 = 0	0.33
责任人惩治	非常强、比较强 = 1，一般、比较弱、非常弱 = 0	0.60

2. 模型的主要结果

通过构建联立方程组分析猪肉销售商注水肉销售行为的影响因素。前文式（13-6）和式（13-7）构成了联立方程组，若上述两个方程的残差项之间存在相关性，则对上述两式分别进行估计并不是最有效率的。[①]鉴于此，首先对式（13-6）和式（13-7）残差项之间相关性进行检验。结果发现，模型（13-6）中，Rho=0 的似然比检验的卡方值为 6.34，其相应 P 值为 0.0118，模型（13-7）中，Rho=0 的似然比检验的卡方值为 9.36，其相应 P 值为 0.0022，说明残差项之间存在显著的相关性。在该情况下，选择有限信息极大似然法（LIML）进行估计。[②] 运用 STA-TA11.0 进行估计的结果如表 13-7 所示。

表 13-7　　　　　　　　　　　　　模型估计结果

变量名称	模型（13-6）				模型（13-7）			
	溯源能力评价		质量安全行为		溯源能力评价		质量安全行为	
	系数	Z 值	系数	Z 值	系数	Z 值	系数	Z 值
购物小票	0.350	0.94			0.866 **	2.11		
追溯体系认知	-0.221	-0.52			0.124	0.20		
溯源能力评价			-1.572 ***	-4.31			2.255 ***	5.54
性别	-0.425	-1.02	0.027	0.09	0.082	0.17	0.262	0.74
年龄	0.024	0.87	-0.046 **	-2.49	0.033	0.93	-0.073 ***	-2.67
学历	0.720	1.57	0.415	1.27	0.044	0.07	-0.339	-0.75
经营年限	-0.090 **	-2.12	-0.011	-0.33	-0.028	-0.57	0.021	0.45
销售数量	0.274	0.66	0.327	1.19	0.288	0.53	-0.014	-0.04
采购来源	-0.662 *	-1.67	0.094	0.34	0.182	0.41	-0.143	-0.37
采购关系	-0.200	-0.50	-0.193	-0.66	0.481	1.20	-0.136	-0.37
销货对象	0.017	0.04	0.426	1.52	0.282	0.67	-0.172	-0.50
销货关系	-0.326	-0.61	0.044	0.12	0.680	1.30	-0.399	-0.84
质量安全认知	-0.376	-0.94	0.245	0.82	0.429	1.09	-0.510	-1.50
市场检测	0.383	0.74	-0.160	-0.42	0.728	1.57	0.509	1.10

---

① 陈强：《高级计量经济学及 Stata 应用》，高等教育出版社 2010 年版，第 329—333 页。

② 威廉·H. 格林：《计量经济分析》，张成思译，中国人民大学出版社 2011 年版，第 800—806 页。

续表

变量名称	模型（13-6）				模型（13-7）			
	溯源能力评价		质量安全行为		溯源能力评价		质量安全行为	
	系数	Z值	系数	Z值	系数	Z值	系数	Z值
政府检测	0.170	0.43	-0.604**	-2.15	-1.487***	-2.63	0.287	0.68
责任人惩治	1.141***	2.75	-0.475*	-1.65	-0.580	-1.18	-0.383	-1.04
常数项	0.929	0.76	2.843***	3.11	-1.685	-1.20	0.875	0.81
Wald χ^2	97.03				51.47			
Prob > χ^2	0.0000				0.0062			
LR χ^2（Rho=0）	6.34				9.36			
Prob > χ^2	0.0118				0.0022			

注：*、**、***分别表示10%、5%、1%的显著性水平；模型(13-6)是对123个认为承担责任的样本进行估计，模型(13-7)是对74个认为不承担责任的样本进行估计。

通过表13-7模型估计结果可知，模型(13-6)中，溯源能力评价反向显著影响销售商的注水肉销售行为，即对于认为承担责任的销售商，溯源能力评价高的销售商出售注水肉的可能性更低；模型(13-7)中，溯源能力评价正向显著影响销售商的注水肉销售行为，即对于认为不承担责任的销售商，溯源能力评价高的销售商出售注水肉的可能性更高。溯源能力评价变量的作用与预期基本一致，即溯源能力评价对猪肉销售商质量安全行为的影响受到责任意识的约束，只有对于那些认为应该为出售问题猪肉负责的销售商，溯源能力评价才会起到规范质量安全行为的作用。然而，模型(13-7)中溯源能力评价变量的作用方向与模型(13-6)中的作用方向恰好相反，这一点超出预想，可能的原因在于：在认为不承担责任的销售商看来，猪肉溯源能力高并不意味着其出售问题猪肉风险的提高，反而意味着自己可以将出售问题猪肉的风险转移给上一级猪肉经销商或生猪屠宰加工企业，此时猪肉销售商出售问题猪肉的心理用通俗的语言讲就是"大不了退货"，既不需要承担法律责任，也不会担负经济风险；而猪肉溯源能力低则意味着虽然消费者追责的可能性低，然而一旦出现该情况，销售商就要自己承担经济损失，这种经济风险的存在会促使其规范自己的质量安全行为。

上述结果已经较好地回答了"猪肉溯源是否有助于规范生产经营者质

量安全行为?"这一问题并予以验证:猪肉溯源的实现确实有助于规范猪肉销售商的质量安全行为,具体而言,溯源通过增强猪肉销售商对猪肉溯源能力的评价以发挥规范其注水肉销售行为的作用,但该作用的发挥受到猪肉销售商对猪肉安全问题责任界定认知的制约。另外注意到,当前北京市猪肉可追溯体系建设并未真正增强猪肉销售商对猪肉溯源能力的评价,因为不管是模型(13-6)还是模型(13-7)中,追溯体系认知变量对溯源能力评价的影响都不显著,可能的原因在于:当前北京市猪肉可追溯体系建设并不完善,还存在诸多问题,比如调查中发现猪肉可追溯体系试点批发市场的追溯码查询机不能有效运行甚至根本不存在、销售摊位的电子称不能打印出带有追溯码的小票,销售商对猪肉可追溯体系建设中存在的问题很清楚,由此导致猪肉可追溯体系建设并没有给猪肉销售商的溯源能力评价产生积极的作用。我们并不能据此否定当前猪肉可追溯体系建设的价值和意义,恰恰相反,应该大力推进和完善猪肉可追溯体系建设,提升猪肉溯源的深度、广度和精确度,以提高猪肉销售商对猪肉溯源能力的评价,这样才更有助于起到规范猪肉销售商质量安全行为的作用。

除了得出上述研究结果,研究还发现以下有意义的结果。

模型(13-6)中,除了溯源能力评价变量,年龄、政府检测、责任人惩治变量也显著影响猪肉销售商的注水肉销售行为。首先,年龄偏大的销售商发生注水肉销售行为的可能性更低,是否出售问题猪肉是一个受道德约束较大的行为,显然年龄偏大的销售商受到道德的约束更强烈,发生注水肉销售行为的情况更少。其次,认为政府定期检测的销售商比认为政府不定期检测的销售商发生注水肉销售行为的可能性更低,定期检测和不定期检测的主要区别在于检测频率的差异,工商等部门对批发市场或农贸市场及其内部摊位的检测采取抽检的方式(主要检测瘦肉精和水分),这也造成销售商对政府检测频率的认识不同。一般来说,定期检测通常是至少一周检测一次,不定期检测则往往一个月检测一次,对于认为应该为出售问题猪肉承担责任的销售商来说,检测频率高会增加销售商出售注水肉的风险,从而起到规范销售商质量安全行为的作用。最后,认为责任人惩治力度强的销售商发生注水肉销售行为的可能性更低,对于认为承担责任的销售商来说,政府对猪肉质量安全问题相关责任人惩治力度的增强显然会增加其出售注水肉的风险,同样会起到规范销售商质量安全行为的作用。应该认识到,模型(13-6)中变量发生作用的前提是销售商认为应该为出售问题猪肉承担责任，上述作用机理很可能对认为不承担责任的销售商不成立。另外，经营年限、采购来源、责任人惩治变量显著影响猪肉销售商的溯源能力评价。具体而言，从事猪肉销售工作年限越长的销售商对猪肉溯源能力评价低的可能性越大，同时销售两个及以上品牌猪肉的销售商比只销售一个品牌猪肉的销售商的溯源能力评价更低，认为责任人惩治力度强的销售商对猪肉溯源能力的评价更高。

模型(13-7)中，除了溯源能力评价变量，年龄变量也显著影响猪肉销售商的注水肉销售行为，而政府检测、责任人惩治变量对猪肉销售商注水肉销售行为的影响则不显著。对于认为不应该为出售问题猪肉承担责任的销售商来说，年龄变量的影响仍然存在，从年龄角度来看，是否出售问题猪肉更是一个道德问题，不会因是否承担法律责任而使得年龄的影响有所不同。另外，政府检测、责任人惩治变量对猪肉销售商注水肉销售行为的影响不显著，这两个变量主要通过增加销售商违法违规行为的法律责任风险来发生作用，但对于认为不承担法律责任的销售商而言，上述两个变量对销售商注水肉销售行为便不再起作用。同时注意到，购物小票、政府检测变量显著影响猪肉销售商的溯源能力评价。具体而言，总是主动提供购物小票的销售商对猪肉溯源能力的评价更高，认为政府相关部门定期检测猪肉质量安全的销售商对猪肉溯源能力的评价更低。

七　主要研究结论与启示

本章的研究分为两个部分：第一部分是猪肉供应链上责任主体的责任大小研究；第二部分则是以批发市场与农贸市场中的猪肉销售摊主为案例，研究了猪肉供应链体系中责任主体的责任行为。相关的研究结论是：

在猪肉供应链上责任主体的责任大小的研究中，设置了猪肉供应链全程体系中饲料生产与供应商、生猪散养户与规模化养殖场、生猪运输商、屠宰场、猪肉加工作坊、猪肉加工企业、超市、农贸市场和消费者等10个责任主体，基于阜宁县211位生猪养殖户和209位猪肉消费者的调查数据，运用BWS方法，结合混合Logit模型，研究了各个责任主体对确保猪肉质量安全的责任分配，主要的研究结论有以下几个方面：

(1)确保猪肉质量安全责任大小依次是饲料生产与供应商、生猪散养户和规模养殖场、猪肉加工作坊与规模及规模以上的企业、屠宰场、超市、农贸市场、生猪运输、消费者。

（2）假设 10 个主体平均分配责任，则饲料生产与供应商、生猪散养户与规模养殖场、猪肉加工作坊与加工企业等应承担的责任高于每个主体的平均水平，而屠宰场、生猪运输商、超市、农贸市场和消费者均低于平均水平。此研究结论对完善猪肉全程供应链管理与防范猪肉质量安全风险具有指导意义。基于目前的现实状况，政府、猪肉生产与消费者应进一步清晰地明确各自的责任，规范地进行生产、经营和消费的活动。必须重点监管饲料生产与供应商、生猪散养户与规模养殖场、猪肉加工作坊与加工企业等责任主体，同时鼓励责任主体以契约的形式规范各自责任，共同形成可追责的责任体系。要强化消费者的自我保护意识，建立相应的机制，确保消费者能够参与对责任主体的监督，实现真正意义上的由政府、市场、社会组织与公众相互协同的社会共治格局。

以批发市场与农贸市场中的猪肉销售摊主为案例，通过对北京市批发市场和农贸市场猪肉销售商的实地调研，实证分析了猪肉销售商的质量安全行为及其影响因素，并重点考察了责任意识约束下猪肉销售商对猪肉溯源能力的评价对其质量安全行为的影响，旨在回答"责任主体的责任行为与猪肉溯源是否有助于规范生产经营者质量安全行为？"这个问题，主要得出以下研究结论：北京市猪肉销售环节主要存在注水肉销售、存货处理不合理、未获得检疫合格证的猪肉可能流入市场等问题，其中注水肉销售问题更为严重，38.58% 的被调查猪肉销售商发生过注水肉销售行为，说明责任主体的责任行为确实有问题；猪肉溯源的实现有助于规范猪肉销售商的质量安全行为，溯源通过增强猪肉销售商对猪肉溯源能力的评价以发挥规范其注水肉销售行为的作用，但该作用的发挥受到猪肉销售商对猪肉安全问题责任认知的制约，只有对于那些认为应该为出售问题猪肉负责的销售商，溯源能力评价才会起到规范注水肉销售行为的作用，而对于认为不承担责任的销售商，溯源能力评价对规范其注水肉销售行为并不具有积极作用；当前北京市猪肉可追溯体系建设并未真正增强猪肉销售商对猪肉溯源能力的评价；另外，年龄变量影响销售商的注水肉销售行为，而政府检测和责任人惩治变量只影响认为应该为出售问题猪肉负责的销售商的注水肉销售行为。此研究结论蕴含以下政策启示：

首先，当前北京市市场上猪肉质量安全隐患仍然存在，政府应该建立和完善猪肉质量安全风险评估体系，对可能存在的猪肉质量安全隐患及其原因进行全面而深入的研究，同时加大对猪肉质量安全违规行为的监控和惩治力度，尤其重视对批发市场和农贸市场注水肉销售行为的监管。

其次，当前北京市正在大力建设猪肉可追溯体系，目的即是提高猪肉溯源能力以保障猪肉质量安全，但根据研究结果，溯源能力的提升能否保障猪肉质量安全还取决于猪肉销售商是否具有责任意识以及现实中猪肉能否实现有效溯源。因此，政府应该首先大力推进和完善猪肉可追溯体系建设，提升猪肉溯源的深度、广度和精确度，以提高猪肉销售商对猪肉溯源能力的评价，同时还应加大猪肉质量安全相关法律法规宣传，增强猪肉销售商对猪肉质量安全相关法律法规的正确认识。

第十四章　食品安全风险治理中市场治理能力考察：可追溯猪肉市场案例

　　传统的食品安全风险治理的理论和对策研究以"改善政府监管"为主流范式，提出的解决办法也主要集中在强调严惩重典。从食品安全风险治理制度的变迁过程来看，西方发达国家一开始也是采取政府监管为主导的模式。然而，随着经济社会的不断发展，西方发达国家逐渐认识到，食品安全问题具有复杂性、多样性、技术性和社会性交织在一起的特点，单纯依靠行政部门无法完全应对食品安全风险治理。自20世纪70年代以来，西方发达国家的食品安全风险治理已经从单一刚性的政府主导模式转向更加强调市场治理的模式。一方面，西方发达国家注重发挥食品供应链核心厂商的作用，通过纵向契约激励来实现食品产出和交易的质量安全。另一方面，国外也通过可追溯系统、标志认证等工具来引导企业在市场上自觉规范自己的行为。尤其是食品可追溯系统目前已经成为西方发达国家预防食品安全风险的主要工具之一。我国政府高度重视食品可追溯体系建设。借鉴欧美等发达国家的经验，我国自2000年起开始推进食品可追溯体系建设。2008年"三鹿奶粉"等重大食品安全事件爆发后，国家商务部、财政部加速分批在全国范围内选择若干个城市作为肉类制品可追溯体系建设的试点城市，努力培育我国安全食品市场体系。党的十八大以后，中央多次强调建设可追溯食品市场，要求通过努力使可追溯食品市场成为市场治理食品安全风险的重要政策工具。而且被称为"史上最严"的《食品安全法》（2015版）将建立食品安全全程追溯制度纳入体系之中。国家相关部门在2016年出台了相关文件，就推进可追溯体系提出了指导性意见。那么业已实施的可追溯食品市场体系能否发挥市场治理风险应有的能力？这是迫切需要在理论上回答的重大现实问题。本章以辽宁省大连市、河北省石家庄市、江苏省无锡市、甘肃省银川市、云南省昆明市的2121名消费者对不同层次安全信息的可追溯猪肉消费偏好为研究切入点，实证研究现实市场情景下，可追溯食品市场对食品安全风险治理的有效性。

一　文献回顾

　　欧美的疯牛病危机、动物饲料的二噁英污染引起了消费者对肉类制品的安全恐慌，对肉类制品的原产地标签、可追溯信息、质量认证、动物福利等属性的消费偏好和支付意愿迅速成为国际上研究的热点，并由此推动了欧美国家肉制品可追溯体系与食品标签政策的发展与完善。①②③ 本质而言，可追溯信息、质量认证等均属于食品的信任属性④，消费者在购买与消费后仍然难以识别这些信任属性。

　　可追溯信息、质量认证标签等被认为是有助于消费者恢复对食品安全信心的重要方式。⑤ Ortega 等基于消费者食品安全风险感知，运用选择实验方法研究了中国消费者对猪肉产品质量安全属性的消费偏好，结果显示，消费者偏好具有异质性，对政府认证属性具有较高的支付意愿，然后依次为第三方认证、可追溯性和产品详细信息标签。⑥ Loureiro 和 Umberger 关于美国消费者对牛肉质量安全属性的偏好和支付意愿的研究也得出相似的结论。⑦ 吴林海等运用联合分析方法研究了消费者对可追溯猪肉属性的偏好，研究结论显示，消费者对可追溯信息的认证属性最为重视，其

---

①　Clemens, R. and Babcock, B. A. , *Meat Traceability: Its Effect on Trade*, Iowa State University, Department of Economics Staff General Research Papers, 2002.

②　Dickinson, D. L. and Bailey, D. , "Meat traceability: Are US consumers willing to pay for it?", *Journal of Agricultural and Resource Economics*, Vol. 27, No. 2, 2002, pp. 348 – 364.

③　Enneking, U. , "Willingness to pay for safety improvements in the german meat sector: The case of the q&s label", *European Review of Agricultural Economics*, Vol. 31, No. 2, 2004, pp. 205 – 223.

④　Ubilava, D. and Foster, K. , "Quality certification vs. product traceability: Consumer preferences for informational attributes of pork in Georgia", *Food Policy*, Vol. 34, No. 3, 2009, pp. 305 – 310.

⑤　Verbeke, W. , "The emerging role of traceability and information in demand – oriented livestock production", *Outlook on Agriculture*, Vol. 30, No. 4, 2001, pp. 249 – 255.

⑥　Ortega, D. L. , Wang, H. H. and Wu, L. et a. l. , "Modeling heterogeneity in consumer preferences for select food safety attributes in China", *Food Policy*, Vol. 36, No. 4, 2011, pp. 318 – 324.

⑦　Loureiro, M. L. and Umberger, W. J. , "A choice experiment model for beef: What US consumer responses tell us about relative preferences for food safety, country – of – origin labeling and traceability", *Food Policy*, Vol. 32, No. 4, 2007, pp. 496 – 514.

次为价格和可追溯信息。① 张振等运用选择实验研究了消费者对食品安全属性的偏好行为，研究发现消费者对政府认证支付意愿最高，并且第三方机构的认证与政府认证具有互补性。② 而 Ubilava 和 Foster 对格鲁吉亚的研究发现，消费者对猪肉可追溯属性的支付意愿要高于对质量认证属性的支付意愿，且这两种属性具有替代关系。③ 但是，Verbeke 和 Ward 对比利时的调查研究发现，消费者比较重视质量保证和保质期等信息，对可追溯信息和原产地信息的重视程度并不高。④

食品的色泽、外观以及鲜嫩程度等属性通常是消费者判断食品质量的外在线索。Alfnes 等研究了消费者对色泽程度不同鲑鱼的支付意愿。结论显示，色泽是鲑鱼最重要的品质属性之一，消费者将色泽看作鲑鱼的质量指标，普遍愿意为色泽较红的鲑鱼多支付一定的额外费用。⑤ Grunert 在法国、德国、西班牙和英国的研究表明，消费者评价牛肉质量最重要的属性是肉质的鲜嫩度，而原产地、养殖信息并不影响消费者的质量感知。⑥

但也有诸多文献表明，原产地信息是影响消费者选择食品的重要属性。Roosen 等、Chung 等的研究表明，牛肉的原产地信息是影响消费者选择和购买牛肉最重要的因素。⑦⑧ Alfnes 等、Lim 等研究显示，消费者更偏

---

① 吴林海、王红纱、朱淀等：《消费者对不同层次安全信息可追溯猪肉的支付意愿研究》，《中国人口·资源与环境》2013 年第 8 期。

② 张振、乔娟、黄圣男：《基于异质性的消费者食品安全属性偏好行为研究》，《农业技术经济》2013 年第 5 期。

③ Ubilava, D. and Foster, K. , "Quality certification vs. product traceability: Consumer preferences for informational attributes of pork in Georgia", *Food Policy*, Vol. 34, No. 3, 2009, pp. 305 – 310.

④ Verbeke, W. and Ward, R. W. , "Consumer interest in information cues denoting quality, traceability and origin: An application of ordered probit models to beef labels", *Food Quality and Preference*, Vol. 17, No. 6, 2006, pp. 453 – 467.

⑤ Alfnes, F. , Guttormsen, A. G. and Steine, G. et al. , "Consumers' willingness to pay for the color of salmon: A choice experiment with real economic incentives", *American Journal of Agricultural Economics*, Vol. 88, No. 4, 2006, pp. 1050 – 1061.

⑥ Grunert, K. G. , "What is in a steak? a cross – cultural study on the quality perception of beef", *Food Quality and Preference*, Vol. 20, No. 4, 1997, 8 (3), pp. 157 – 174.

⑦ Roosen, J. and Lusk, J. L. , "Consumer demand for and attitudes toward alternative beef labeling strategies in France, Germany, and the UK", *Agribusiness*, Vol. 19, No. 1, 2003, pp. 77 – 90.

⑧ Chung, C. , Boyer, T. and Han, S. , "Valuing quality attributes and country of origin in the Korean beef market", *Journal of Agricultural Economics*, Vol. 60, No. 3, 2009, pp. 682 – 698.

好国产牛肉，对进口和国产牛肉的偏好和支付意愿具有显著的差别。[1][2]
与此同时，消费者对动物福利关注的日益提升正在对食品和活动物市场产
生影响。[3] Olesen 等运用真实选择实验研究了挪威消费者对鲑鱼有机认证
和动物福利标签的支付意愿，结论显示，消费者对动物福利和养殖的环境
效应同样关注，并愿意为动物福利和环保标签支付一定的费用。[4]

　　Burton 等、Loureiro 和 Umberger 等的研究涉及了消费者个体与社会特
征对其食品消费偏好的影响。[5][6] Lim 等将消费者年龄、性别、收入、受
教育程度等特征与原产地属性以交叉项的形式引入模型，测度消费者特征
对牛肉原产地属性偏好的影响。[7] Gracia 等的研究显示，在消费者众多特
征中，只有性别、收入和年龄显著影响其对动物福利的偏好。[8]

　　归纳国内外经典文献，发现虽然受消费文化和国情差异的影响，不同
国家的消费者对食品不同属性的重视程度和偏好不尽相同，但一致的结论
是，消费者普遍重视原产地、质量认证、可追溯性、外观、动物福利等属
性。目前国际上运用选择实验方法就消费者对食品质量安全属性偏好的研

---

① Alfnes, F. , "Stated preferences for imported and hormone – treated beef: Application of a mixed logit model", *European Review of Agricultural Economics*, Vol. 31, No. 1, 2004, pp. 19 – 37.

② Lim, K. H. , Hu, W. and Maynard, L. J. et al. , "U. S. consumers' preference and willingness to pay for country – of – origin – labeled beef steak and food safety enhancements", *Canadian Journal of Agricultural Economics*, Vol. 61, No. 1, 2013, pp. 93 – 118.

③ Tonsor, G. T. , Olynk, N. and Wolf, C. , "Consumer preferences for animal welfare attributes: The case of gestation crates", *Journal of Agricultural and Applied Economics*, Vol. 41, No. 3, 2009, pp. 713 – 730.

④ Olesen, I. , Alfnes, F. , Röra, M. B. and Kolstad, "Eliciting consumers' willingness to pay for organic and welfare – labelled salmon in a non – hypothetical choice experiment", *Livestock Science*, Vol. 172, No. 2, 2010, pp. 218 – 226.

⑤ Burton, M. , Rigby, D. and Young, T. et al. , "Consumer attitudes to genetically modified organisms in food in the UK", *European Review of Agricultural Economics*, Vol. 28, No. 4, 2001, pp. 79 – 498.

⑥ Loureiro, M. L. and Umberger, W. J. , "A choice experiment model for beef attributes: What consumer preferences tell us", Selected paper presented at the American Agricultural Economics Association Annual Meetings, Denver, CO, August 2004.

⑦ Lim, K. H. , Hu, W. and Maynard, L. J. et al. , "U. S. consumers' preference and willingness to pay for country – of – origin – labeled beef steak and food safety enhancements", *Canadian Journal of Agricultural Economics*, Vol. 61, No. 1, 2013, pp. 93 – 118.

⑧ Gracia, A. , Loureiro, M. L. and Nayga, Jr. R. M. , "Consumers' valuation of nutritional information: A choice experiment study", *Food Quality and Preference*, Vol. 20, No. 7, 2009, pp. 463 – 471.

究中，有关的质量安全属性及其层次设置并不符合中国的国情，比如，国外消费者在消费动物制品时非常关注动物福利信息，但目前动物福利信息并未被中国消费者广泛关注。因此，国际文献现有的研究结论是否在中国具有普适性，尚待于进一步的验证。国外学者就中国消费者对猪肉质量安全属性偏好的研究极少，国内的研究也主要集中在消费者对安全食品的支付意愿及影响因素领域。

建设可追溯体系的关键是向消费者提供涵盖全程供应链的安全信息，以便消费者识别食品安全风险。如果安全信息涵盖的环节越多、面越广，则更有助于消费者识别食品安全风险。然而，随着安全信息涵盖的深度与广度的拓展，势必将增加可追溯食品的生产成本，并最终传导到价格上，消费者对可追溯食品的消费必须在安全性与高价格间做出权衡。因此，基于食品安全风险防范与价格之间权衡，生产与供应为多数消费者可以接受的可追溯食品是建设我国安全食品市场的前提。本章研究的理论意义就在于，以食品的偏好与支付行为为研究起点，通过全轮廓联合分析（CVA）估算出可追溯猪肉各属性层次的效用分值，并进行市场模拟，基于可追溯食品市场消费需求，探究消费者可以接受的可追溯猪肉市场体系发展的基本路径。同时本章的研究也具有重要的实践价值，研究结论可能对引导食品生产方式与消费市场的转型，防范食品安全风险，保障食品安全水平提供参考。

二　研究方法

研究主要以可追溯猪肉为案例，通过分析消费者对不同属性与层次组合的可追溯食品的消费偏好，探讨发展我国可追溯猪肉市场体系的基本路径。从理论上分析，消费偏好决定效用进而影响消费者的支付行为。[①] 目前国际上学者们对消费者安全食品的消费偏好的研究主要运用假想价值评估法（CVM）、选择实验法（CE）、实验拍卖法（EA）、联合分析方法（CA）等方法展开。Angulo 等、Chien 和 Zhang、Angulo 和 Gil、吴林海

---

① Jehle, G. A. and Reny, P. J., *Advanced Microeconomic Theory*, Gosport: Ashford Colour Press Ltd., 2001.

等、Wu 等、Zhang 等运用 CVM 研究了消费者对于可追溯食品的偏好及支付意愿。①②③④⑤⑥ 然而，由于 CVM 是在假想市场环境下进行，通常会出现消费者夸大实际消费意愿的策略性偏误，其有效性和可信度备受质疑⑦⑧⑨，且难以在研究消费偏好的基础上进一步研究消费效用，更难以模拟研究消费者可以接受的安全食品的市场方案。Loureiro 和 Umberger、Ortega 等、Ubilava 和 Foster 则运用 CE 分别分析了美国、中国和格鲁吉亚（Georgia）消费者对于肉类制品的偏好。⑩⑪⑫ 然而，CE 虽然可以通过调查分析消费者对安全食品的评价并可分解研究消费者对安全食品各主要属性与层次的偏好，但是也存在难以满足不相关独立选择的缺陷。⑬ 基于显

① Angulo, A. M., Gil, J. M. and Tamburo, L., " Food safety and consumers' willingness to pay for labelled beef in Spain", *Journal of Food Products Marketing*, Vol. 11, No. 3, 2005, pp. 89 – 105.

② Chien, L. H. and Zhang, Y. C., " Food traceability system—An application of pricing on the integrated information", The 5th International Conference of the Japan Economic Policy Association, Tokyo, Japan, December 2 – 3, 2006.

③ Angulo, A. M. and Gil, J. M., " Risk perception and Consumers willingness to pay for beef in Spain", *Food Quality and Preference*, Vol. 18, No. 8, 2007, pp. 1106 – 1117.

④ 吴林海、徐玲玲、王晓莉：《影响消费者对可追溯食品额外价格支付意愿与支付水平的主要因素——基于 Logistic、Interval Censored 的回归分析》，《中国农村经济》2010 年第 4 期。

⑤ Linhai, W., Lingling, X. and Dian, Z., " Factors affecting consumer willingness to pay for certified traceable food in Jiangsu Province of China", *Canadian Journal of Agricultural Economics*, Vol. 60, No. 3, 2012, pp. 317 – 333.

⑥ Caiping, Z., Junfei, B. and Wahl, T. I., " Consumers' willingness to pay for traceable pork, milk, and cooking oil in Nanjing, China", *Food Control*, Vol. 27, No. 1, 2012, pp. 21 – 28.

⑦ Diamond, P. A. and Hausman, J. A., " Contingent valuation: Is some number better than no number? ", *The Journal of Economic Perspectives*, Vol. 8, No. 4, 1994, pp. 45 – 64.

⑧ Hanemann, W. M., " Valuing the environment through contingent valuation", *The Journal of Economic Perspectives*, Vol. 8, No. 4, 1994, pp. 19 – 43.

⑨ 张志强、徐中民、程国栋：《条件价值评估法的发展与应用》，《地球科学进展》2003 年第 3 期。

⑩ Loureiro, M. L. and Umberger, W. J., "A choice experiment model for beef: What us consumer responses tell us about relative preferences for food safety, country – of – origin labeling and traceability", *Food Policy*, Vol. 32, No. 4, 2007, pp. 496 – 514.

⑪ Ortega, D. L., Wang, H. H. and Wu, L. et al., " Modeling heterogeneity in consumer preferences for select food safety attributes in China", *Food Policy*, Vol. 36, No. 4, 2011, pp. 318 – 324.

⑫ Ubilava, D. and Foster, K., " Quality certification vs. product traceability: Consumer preferences for informational attributes of pork in Georgia", *Food Policy*, Vol. 34, No. 3, 2009, pp. 305 – 310.

⑬ Loureiro, M. L. and Umberger, W. J., "A choice experiment model for beef: What US consumer responses tell us about relative preferences for food safety, country – of – origin labeling and traceability", *Food Policy*, Vol. 32, No. 4, 2007, pp. 496 – 514.

示性偏好公理，实证经济学倾向于通过消费者支付行为研究其显示性偏好。比如，迪克森、伯利和霍布斯（Dickinson Bailey and Hobbs）分别运用 EA 研究了消费者对可追溯食品的消费偏好。①② 但 EA 操作复杂且成本较高③，这一方法也被质疑尚不是严格意义上的 RP 的研究方法④，最终实验结果还需要消费者支付行为数据的验证。

可追溯猪肉属性本质上是指消费者通过购买可追溯猪肉能够满足猪肉消费安全性需要的特性。已有的研究指出，产品的层次是产品属性的不同取值⑤，属性的不同层次组合形成产品轮廓，产品的不同属性与相对应的层次决定产品的消费效用，进而影响消费者对产品的偏好。⑥ 因此，从我国的实际出发，研究消费群体对可追溯猪肉的偏好，必须为消费者提供包括可追溯安全信息、可追溯安全信息的认证和价格等属性的不同层次组合的可追溯猪肉轮廓，并由消费者对不同属性与层次组合的可追溯猪肉轮廓进行打分、排序或选择，在此基础上借助相关的分析工具估算消费者对可追溯猪肉各属性层次的效用参数，模拟不同层次的可追溯猪肉的市场份额，由此来探讨我国发展可追溯猪肉市场体系的基本路径。而已有的研究表明，CA 是最合适的研究此问题的方法。到目前为止，CA 形成了由普通的全轮廓方法（FPA）、自适应联合分析（ACA）、全轮廓联合分析（CVA）、基于选择的联合分析（CBC）等多种方法为主体的联合分析方法体系。FPA 一直是国际上研究消费者对蛋类、肉制品、蔬菜水果、橄榄油、功能型食品、转基因食品等偏好的最常用的 CA 方法。代表性的研究有，墨菲（Murphy）等应用 FPA 研究了爱尔兰消费者对包含不同属性的

---

① Dickinson, D. L. and Bailey, D. , "Meat traceability: Are US consumers willing to pay for it?", *Journal of Agricultural and Resource Economics*, Vol. 27, No. 2, 2002, pp. 348 – 364.

② Hobbs, J. E. , Bailey, D. and Dickinson, D. L. et al. , "Traceability in the Canadian red meat sector: Do consumers care?", *Canadian Journal of Agricultural Economics*, Vol. 53, No. 1, 2005, pp. 47 – 65.

③ Ibid. .

④ 朱淀、蔡杰：《实验拍卖理论在食品安全研究领域的应用：一个文献综述》，《江南大学学报》（人文社会科学版）2012 年第 1 期。

⑤ 菲利普·科特勒：《营销管理》，中国人民大学出版社 2001 年版。

⑥ Lancaster, K. J. , "A new approach to consumer theory", *Journal of Political Economy*, Vol. 74, No. 2, 1966, pp. 132 – 157.

蜂蜜偏好，认为价格是影响消费偏好的最重要属性。[①] 同样，Mesiras 等对西班牙消费者对有机鸡蛋的偏好也得出相似的结论[②]。Mesiras 等运用 FPA 估计了牛肉不同属性的相对重要性，根据相同的消费偏好细分了消费者市场，研究表明原产地是影响西班牙消费者偏好的最重要属性，市场供应的最佳方案应该是具有是产地、质量标签、饲养方式等属性组合的多层次牛肉品种。[③] Furnols 等运用 FPA 分别研究了西班牙、法国和英国的消费偏好，认为原产地是影响羊肉消费偏好的最主要因素，而价格、饲养方式等并不是最重要的属性。[④]

CBC 也被广泛应用于对食品消费偏好的研究。近年来，国际上运用 CBC 研究消费者偏好的典型文献是，Rokka 和 Uusitalo 研究了芬兰消费者对于功能型饮料的偏好，结果显示价格、环保型包装、包装的便利性、品牌的属性相对重要性分别为 35%、34%、17%、15%。[⑤] Abidoye 等研究了美国消费者对于牛肉质量属性的偏好，得出的结论是消费者对可追溯性、用草饲养以及美国原产地属性较为重视并愿意为这些属性支付一定的溢价。[⑥] Chang 等研究了美国消费者对于豆制品相关属性的支付意愿，结论显示口味是影响消费者对豆制品偏好与支付意愿的最关键因素。[⑦] 但 CBC 的缺陷在于，相对于 CVA 需要更大的样本才能达到估计的精确度。如果属性数目设定过多，而受访者必须在做出选择前阅读几个产品轮廓信

---

① Murphy, M., Cowan, C. and Henchion, M., "Irish consumer preferences for honey: A conjoint approach", *British Food Journal*, Vol. 102, No. 8, 2000, pp. 585 – 598.

② Mesiras, F. J. and R rnez – Carrasco, F. R. J. M. et al., "Functional and organic eggs as an alternative to conventional production: a conjoint analysis of consumers' preferences", *Journal of the Science of Food Agriculture*, Vol. 91, No. 3, 2011, pp. 532 – 538.

③ Mesiras, F. J., Escribano, M. and Ledesma, A. D. et al., "Consumers' preferences for beef in the Spanish region of Extremadura: A study using conjoint analysis", *Journal of the Science of Food and Agriculture*, Vol. 85, No. 14, 2005, pp. 2487 – 2494.

④ Furnols, M. F., Realini, C. and Montossi, F. et al., "Consumer's purchasing intention for lamb meat affected by country of origin, feeding system and meat price: A conjoint study in Spain, France and United Kingdom", *Food Quality and Preference*, Vol. 22, No. 5, 2011, pp. 443 – 451.

⑤ Rokka, J. and Uusitalo, L., "Preference for green packaging in consumer product choices – Do consumers care?", *International Journal of Consumer Studies*, Vol. 32, No. 5, 2008, pp. 516 – 525.

⑥ Abidoye, B. O., Bulut, H. and Lawrence, J. D. et al., "U. S. Consumers' Valuation of Quality Attributes in Beef Products", *Journal of Agricultural and Applied Economics*, Vol. 43, No. 1, 2011, pp. 1 – 12.

⑦ Chang, J. B., Moon, W. and Balasubramanian, S. K., "Consumer valuation of health attributes for soy – based food: A choice modeling approach", *Food Policy*, Vol. 37, No. 3, 2012, pp. 335 – 342.

息，受访者的信息负荷容易超载，数据的质量就可能因此受到影响，故在数据收集上也并不是最有效率的方式。

Gerhardy 和 Ness 应用 ACA 研究了英国消费者对于鸡蛋相关属性（生产方法、价格、原产地、新鲜程度）的偏好，研究显示消费者对于鸡蛋属性的偏好具有很大的差异，并据此提出了满足多层次消费偏好的市场组合方案。[①] Mennecke 等综合运用 ACA 和 CBC 研究了美国消费者对于牛排的消费偏好，结论是原产地是最重要的属性，其次为动物繁殖信息、可追溯性、动物饲养等，产地来自安格斯（Angus），并用谷物和草混合喂养且可追溯至农场的牛排是市场上最受青睐的。[②] 但 ACA 具有容易低估价格属性的重要性、无法测算食品属性之间交互效应的缺陷[③]，被认为在属相数目超过 6 个且价格并不是研究重点的情形下最合适的方法。

黄璋如运用 CVA 探讨了中国台湾地区消费者对包括安全、认证、价格及外观四种属性的安全蔬菜的重视程度，并在此基础上分析了消费者对具有不同层次信息属性的农产品偏好。[④] 研究结果显示，消费者偏好有机农产品、政府质量认证、价格低与外观鲜嫩的农产品。当属性数目不超过 6 个，样本数据又相对较小，CVA 具有独特的优势：问卷中任务呈现的方式可以是单一轮廓或者是配对轮廓，配对轮廓一次提供受访者对比的两个产品轮廓，比较的特性使受访者能更好地区分产品属性的差异，从而获取更多的信息。

归纳现有的研究，国际上运用 FPA、CBC、ACA、CVA 等研究消费者对食品属性偏好的典型文献见表 14 - 1。进一步分析，不难发现，国外的研究也有其局限性。尤其表现在，与 FPA、CBC、ACA 等研究方法相比较，目前国际上运用 CVA 研究消费者对食品属性偏好和支付意愿的文献极少，CVA 的优势在此研究领域并未充分发挥，尤其是 CVA 能够细分食品市场，并能够估算不同属性层次同类食品的市场份额这一优势未能在

---

① Gerhardy, H. and Ness, M. R. , " Consumer preferences for eggs using conjoint analysis", *World's Poultry Science Journal*, Vol. 51, No. 5, 1995, pp. 203 - 214.

② Mennecke, B. E. , Townsend, A. M. and Hayes, D. J. et al. , "A study of the factors that influence consumer attitudes toward beef products using the conjoint market analysis tool", *Journal of Animal Science*, Vol. 85, No. 10, 2007, pp. 2639 - 2659.

③ 产品属性之间总是存在或大或小的交互作用，它反映了某一属性对其他属性效用值相互促进或抑制的作用。

④ 黄璋如：《消费者对蔬菜安全偏好之联合分析》，《农业经济半年刊》1999 年第 66 期。

表14-1　CA研究消费者对食品属性偏好的典型文献

作者	国家或地区	联合分析方法	食品类型	食品属性的相对重要性
Claret, Guerrero 等①	西班牙	FPA	海水鱼	原产地（42.96%）、储藏条件（20.58%）、价格（19.13%）、获得方式（18.01%）
Furnols 等②	西班牙、法国、英国	FPA	羊肉	原产地（56.70%）、饲养体系（26.21%）、价格（17.09%）
Schnettler, Berta 等③	智利	FPA	牛肉	原产地（40.19%）、屠宰前处理信息（32.70%）、价格（27.11%）
Lichtenberg 等④	德国	FPA	猪肉/鸡肉	价格（37%）、可追溯（27%）、QS标签（18%）、详细的标签（17%）
Krystallis 等⑤	希腊	FPA	橄榄油	原产地（21.71%）、有机标签（19.07%）、健康信息（16.96%）、HACCP认证（11.11%）、ISO认证（9.58%）、品牌（8.1%）、价格（7.17%）、包装（6.29%）
Chang 等⑥	美国	CBC	豆制品	口感、蛋白质含量、健康信息、价格

① Claret, A., Guerrero, L. and Aguirre, E. et al., "Consumer preferences for sea fish using conjoint analysis: Exploratory study of the importance of country of origin, obtaining method, storage conditions and purchasing price", *Food Quality and Preference*, Vol. 26, No. 2, 2012, pp. 259-266.

② Furnols, M. F., Realini, C. and Montossi, F. et al., "Consumer's purchasing intention for lamb meat affected by country of origin, feeding system and meat price: A conjoint study in Spain, France and United Kingdom", *Food Quality and Preference*, Vol. 22, No. 5, 2011, pp. 443-451.

③ Schnettler, B., Vidal, R. and Silva, R. et al., "Consumer willingness to pay for beef meat in a developing country: The effect of information regarding country of origin, price and animal handling prior to slaughter", *Food Quality and Preference*, Vol. 20, No. 2, 2009, pp. 156-165.

④ Lichtenberg, L. and Heidecke, S. J., Becker, T., "Traceability of meat: Consumers' associations and their willingness-to-pay", 12th Congress of the European Association of Agricultural Economists - EAAE 2008.

⑤ Krystallis, A. and Ness, M., "Consumer preferences for quality foods from a south european perspective: a conjoint analysis implementation on Greek olive oil", *International Food and Agribusiness Management Review*, Vol. 8, No. 2, 2005, pp. 62-91.

⑥ Chang, J. B., Moon, W. and Balasubramanian, S. K., "Consumer valuation of health attributes for soy-based food: A choice modeling approach", *Food Policy*, Vol. 37, No. 3, 2012, pp. 335-342.

续表

作者	国家或地区	联合分析方法	食品类型	食品属性的相对重要性
Abidoye 等①	美国	CBC	牛肉	可追溯、饲养、原产地
Rokka 等②	芬兰	CBC	功能型饮料	品牌（14.58%）、包装材料（34.01%）、包装便利性（16.90%）、价格（34.51%）
Mennecke 等③	美国	ACA & CBC	牛肉	原产地（23.12%）、生长促进剂（14.47%）、价格（12.51%）、肉质细嫩（5.80%）、挑选方式（5.64%）、动物饲养（5.36%）、保证（11.04%）、可追溯（8.96%）、有机认证（7.96%）、动物繁殖
Gerhardy 等④	英国	ACA	鸡蛋	价格、新鲜程度、原产地、生产方式
黄莹如等⑤	中国台湾	CVA	蔬菜	安全类型（34.19%）、认证（32.76%）、价格（20.98%）、外观（12.07%）

注：表中未给出属性相对重要性的情况是文献研究了多种食品，或仅分析了不同类型消费者对食品属性的相对重要性。

① Abidoye, B. O. , Bulut, H. and Lawrence, J. D. et al. , " U. S. Consumers' valuation of quality attributes in beef products", *Journal of Agricultural and Applied Economics*, Vol. 43, No. 1, 2011, pp. 1 – 12.

② Rokka, J. and Uusitalo, L. , "Preference for green packaging in consumer product choices – Do consumers care?", *International Journal of Consumer Studies*, Vol. 32, No. 5, 2008, pp. 516 – 525.

③ Mennecke, B. E. , Townsend, A. M. and Hayes, D. J. et al. , "A Study of the factors that influence consumer attitudes toward beef products using the conjoint market analysis tool", *Journal of Animal Science*, Vol. 85, No. 10, 2007, pp. 2639 –2659.

④ Gerhardy, H. and Ness, M. R. , "Consumer preferences for eggs using conjoint analysis", *World's Poultry Science Journal*, Vol. 51, No. 5, 1995, pp. 203 – 214.

⑤ 黄莹如等：《消费者对蔬菜安全偏好之联合分析》，《农业经济》（半年刊）1999 年第 66 期。

现有的文献中得以体现①；更为重要的是，目前，国际上运用 FPA、CBC、ACA、CVA 等就消费者对食品属性偏好的研究中，很显然食品的属性与层次设置不符合中国的国情，而且研究结论在中国是否具有普适性也尚待验证，比如在国外学者的研究认为生猪的饲养方式等并不是最重要的属性②，而 2013 年 3 月初发生了"黄浦江死猪事件"再次说明目前养殖环节恰恰是我国全程猪肉供应链体系中安全风险最大的环节。本章的研究基于 CVA 方法，借鉴国际上现有的研究成果，以可追溯猪肉为案例，从中国可追溯猪肉属性与层次设置的实际出发，研究消费者对不同属性与层次组合的可追溯食品的消费偏好，探讨我国可追溯食品市场体系建设的基本路径。

三　可追溯猪肉属性及层次的设定与问卷设计

我国是猪肉生产和消费大国。联合国粮农组织（FAO）与国家统计局的统计数据显示，2011 年，中国猪肉产量为 5155.88 万吨，占全球猪肉产量的 47.46%；城镇、农村居民人均猪肉消费量分别为 20.63 千克、14.42 千克，分别占肉禽类消费比重的 58.66%、69.13%③。近年来，"瘦肉精""抗生素残留超标""垃圾猪"等恶性食品安全事件的曝光，导致猪肉质量安全成为全社会关注的焦点问题。④ 出于标准化的考虑，并且为了有效排除其他猪肉品质特征对消费者选择的影响，本章选取猪后腿肉为案例展开具体研究。

完整的猪肉制品的可追溯体系所包含的安全信息不仅应具有原产地、动物福利、质量安全认证等，还应涵盖生产、加工、流通等主要环节的重

---

① Krystallis, A. and Ness, M., " Consumer preferences for quality foods from a South European perspective: A conjoint analysis implementation on Greek olive oil", *International Food and Agribusiness Management Review*, Vol. 8, No. 2, 2005, pp. 62 –91.

② Furnols, M. F., Realini, C. and Montossi, F. et al., " Consumer's purchasing intention for lamb meat affected by country of origin, feeding system and meat price: A conjoint study in Spain, France and United Kingdom", *Food Quality and Preference*, Vol. 22, No. 5, 2011, pp. 443 –451.

③ 数据来源：联合国粮农组织数据库（FAOSTAT）和《中国统计年鉴》（2012）。

④ 张跃华、邹小撑：《食品安全及其管制与养猪户微观行为——基于养猪户出售病死猪及疫情报告的问卷调查》，《中国农村经济》2012 年第 7 期。

要信息。① 姜利红等的研究认为，猪肉可追溯系统应包括养殖环节（饲料、兽药、免疫、生猪检疫）、屠宰环节（屠宰前后检验、冷却）、配送环节（配送温度、销售商与包装材料）等信息。② 张可等则认为，猪肉可追溯体系应实现猪肉养殖、屠宰、加工、物流、销售全程的信息追踪和溯源。③ 由于消费文化与国情的差异，国外学者极为关注可追溯肉类制品的原产地和动物福利信息。斯巴林（Sparling）等分析认为，动物原产地信息包含从养殖、加工到最后销售的整个供应链过程信息，而霍布斯（Hobbs）则认为，原产地信息仅指养殖环节的信息。④⑤ 动物福利强调的是动物在养殖、屠宰、运输等一系列过程中的福利待遇，国外消费者认为，动物福利的改善将会减少疫病发生的概率，提高肉类制品的安全保障，并由此比较关注动物的福利信息。国内的消费者尚未形成对可追溯肉类制品提供原产地与动物福利信息的诉求。从我国目前猪肉制品全程供应链体系的实际来分析，安全风险主要发生在生猪养殖环节，突出表现为养殖户普遍滥用抗生素、违规使用饲料添加剂、病死猪流入市场等问题⑥，而在屠宰环节也较为普遍地存在着操作不当造成病原菌交叉感染等问题，运输环节中则存在温度控制不当、环境不洁、包装材料使用不当而导致微生物滋生腐败，具有潜在的污染源等问题。⑦ 根据相关文献，图 14 - 1 汇总了中国猪肉供应链体系主要环节的安全风险。由此表明，中国目前猪肉制品的安全风险主要发生在生猪养殖、屠宰加工、流通销售等环节上。因此，基于国内外现有的研究，从我国猪肉制品全程供应链体系存在的安全

① 吴林海、卜凡、朱淀：《消费者对含有不同质量安全信息可追溯猪肉的消费偏好分析》，《中国农村经济》2012 年第 10 期。

② 姜利红、潘迎捷、谢晶等：《基于 HACCP 的猪肉安全生产可追溯系统溯源信息的确定》，《中国食品学报》2009 年第 2 期。

③ 张可、柴毅、翁道磊等：《猪肉生产加工信息追溯系统的分析和设计》，《农业工程学报》2010 年第 4 期。

④ Sparling, D., Henson, S. and Dessureault, S. et al., "Costs and benefits of traceability in the Canadian dairy – processing sector", *Journal of Food Distribution Research Distribution Research*, Vol. 37, No. 1, 2006, pp. 160 – 166.

⑤ Hobbs, J. E., "A transaction cost analysis of quality, traceability and animal welfare issues in UK beef retailing", *British Food Journal*, Vol. 98, No. 6, 1996, pp. 16 – 26.

⑥ 张跃华、邬小撑：《食品安全及其管制与养猪户微观行为——基于养猪户出售病死猪及疫情报告的问卷调查》，《中国农村经济》2012 年第 7 期。

⑦ 姜利红、潘迎捷、谢晶等：《基于 HACCP 的猪肉安全生产可追溯系统溯源信息的确定》，《中国食品学报》2009 年第 2 期。

风险的实际出发，本章的研究对可追溯猪肉设置了可追溯安全信息、可追溯安全信息的认证和价格三个属性，对应的属性设置了如表 14 - 2 所示的不同层次。其中可追溯猪肉的安全信息的属性层次设定为猪肉养殖、屠宰与运输三类信息，基本覆盖猪肉制品全程供应链体系中主要环节；可追溯安全信息的认证属性层次的设定参考黄璋如的无认证、第三方独立机构与政府机构认证三个层次[①]；根据对具有不同安全信息属性可追溯猪肉价格的估算，以普通猪肉为参照，采用上浮的方式设定可追溯猪肉的价格层次，不仅能更好地考察消费者对可追溯猪后腿肉的支付意愿，也能避免对不同城市统一价格研究产生的偏误。

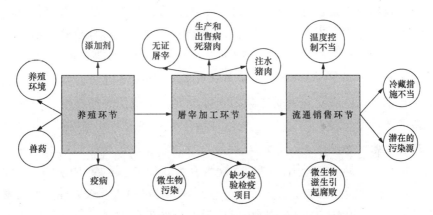

图 14 - 1　猪肉供应链主要环节安全风险具体表现示意

表 14 - 2　　　　　　　　　　可追溯猪肉属性及层次设定

属性	层次与定义	效应代码
1. 可追溯安全信息	1. 可追溯码显示养殖信息、屠宰信息、运输信息（X_1）	$X_2 = -1$；$X_3 = -1$
	2. 可追溯码显示养殖信息、屠宰信息（X_2）	$X_2 = 1$；$X_3 = 0$
	3. 可追溯码显示养殖信息（X_3）	$X_1 = 0$；$X_2 = 1$
2. 可追溯安全信息的认证	1. 政府机构认证可追溯信息（X_4）	$X_5 = -1$；$X_6 = -1$
	2. 第三方独立机构认证（X_5）	$X_5 = 1$；$X_6 = 0$
	3. 无机构认证可追溯信息（X_6）	$X_5 = 0$；$X_6 = 1$

---

① 黄璋如：《消费者对蔬菜安全偏好之联合分析》，《农业经济》（半年刊）1999 年第 66 期。

续表

属性	层次与定义	效应代码
3. 价格	1. 价格上浮 1%—10%（X_7）	$X_8 = -1$；$X_9 = -1$；$X_{10} = -1$
	2. 价格上浮 10%—20%（X_8）	$X_8 = 1$；$X_9 = 0$；$X_{10} = 0$
	3. 价格上浮 20%—30%（X_9）	$X_8 = 0$；$X_9 = 1$；$X_{10} = 0$
	4. 价格上浮 30%—40%（X_{10}）	$X_8 = 0$；$X_9 = 0$；$X_{10} = 1$

　　食品的不同属性与相对应的不同层次组合构成了食品轮廓。消费者若辨别轮廓超过15—20个将产生疲劳[1]，通过采用最少的任务数来提高消费者选择效率是合理的选择。表14 - 2 显示，本章的研究设定的可追溯猪肉不同层次的安全信息属性共有 $3 \times 3 \times 4 = 36$ 个组合轮廓，消费者需要在1260个选择集中做出比较选择，显然，这在实际操作中难以实现。因此，在运用 SSIWeb 7.0 的具体操作中引入随机法，设计多个版本的问卷，以减少受访者受心理因素以及前后关联问题的影响，并由此提高设计效率。设计的每个版本的问卷任务数均为8[2]，并选取随机生成的设计效率最高的 10 个版本。[3] 最终的问卷设计效率检验见表14 - 3。

　　从表14 - 3 可以看出，OLS 功效均值为 0.9849，达到中等水平。此外，除价格属性的第四层次实际标准差与理想标准差差异较大外，其他属性层次的设计误差均在10%以内。差异产生的原因在于，本章的研究采用了非平衡设计，且因条件限制采用纸质问卷降低了版本数量。图14 - 2 为 CVA 任务样例。每一个任务各由左右两个属性与层次不同的可追溯猪后腿肉轮廓组成，并呈现给受访者进行实验选择。受访者需在轮廓下 9 分制量表（1 代表强烈喜欢左边的产品轮廓，9 代表强烈喜欢右边的产品轮廓，5 代表无差别）进行打分。受访者在实验后还需回答年龄、性别、学历、收入等基本信息，以及购买猪后腿肉时首先考虑的因素、对当前食品

---

　　① Rossi, P. E., McCulloch, R. E. and Allenby, G. M., " The value of purchase history data in target marketing", *Marketing Science*, Vol. 15, No. 4, 1996, pp. 321 – 340.

　　② 按照部分析因设计（fractional factorial design）的要求，最少任务数 = 总层次数目 – 总属性数目 + 1。本章的研究设计中，总层次数目为 10，总属性数目为 3，所以最少任务数应该为 8。

　　③ 设计效率是从正交程度来测度问卷设计的优良性。一个好的设计应该是正交和平衡的，最高的估计效率可达 100。

安全状况的满意度、是否知道"瘦肉精"事件、对可追溯信息的认知等相关问题，用来考察相关因素对消费者偏好可能产生的影响。

表 14-3 CVA 问卷设计功效检验

属性	层次	频率	实际标准差	理想标准差*	OLS 功效
可追溯安全信息	1	50	—	—	—
	2	51	0.1607	0.1545	0.9245
	3	59	0.1536	0.1545	1.0118
可追溯安全信息的认证	1	43	—	—	—
	2	64	0.1581	0.1518	0.9226
	3	57	0.1532	0.1518	0.9818
价格	1	41	—	—	—
	2	40	0.1895	0.1808	0.9101
	3	45	0.1777	0.1808	1.0359
	4	34	0.1718	0.1808	1.1082
平均	—	—	—	—	0.9849

注：*理想标准差为满足正交设计的标准差。

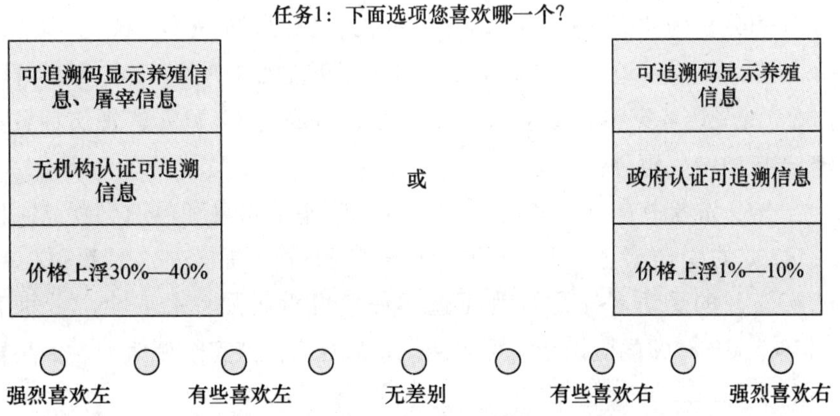

任务1：下面选项您喜欢哪一个？

可追溯码显示养殖信息、屠宰信息		可追溯码显示养殖信息
无机构认证可追溯信息	或	政府认证可追溯信息
价格上浮30%—40%		价格上浮1%—10%

○ 强烈喜欢左　○ 有些喜欢左　○ ○ 无差别 ○ ○ 有些喜欢右　○ 强烈喜欢右

图 14-2 CVA 任务样例

四　实验城市与样本统计分析

　　为加快我国可追溯食品市场体系建设，2010 年 10 月起，商务部、财政部分 2 批选择了 20 个城市作为肉类可追溯体系建设的试点城市。本章分别选取试点城市的大连市、石家庄市、无锡市、银川市、昆明市 5 个城市为实验地点。这五个城市分别分布在我国的东北、华北、华东、西北与西南地区。对 5 个城市分别展开的预调研发现，消费者猪肉的主要购买场所大多为超市和食品专卖店。在后续具体的调查中分别在这 5 个城市的城区若干个超市和食品专卖店设立调查点随机调查消费者（以下简称受访者）。比如，在无锡选择了位于无锡市区中心人流量较大的家乐福、沃尔玛和华润万家超市。调查由经过训练的调查员与受访者一对一访谈的方式进行。为了保证调查样本的随机性，在调查中统一采取选择进入调查员视线的第三位消费者作为受访者的方法。[①]　本次实验分别在上述 5 个城市均等发放 550 份数量的调查问卷（10 个不同版本，每个版本均为 55 份），对应分别回收了问卷 519 份、521 份、527 份、514 份和 528 份，共计 2609 份问卷，其中回答完整的有效问卷总计 2121 份，有效率达 77.13%。

　　表 14-4 描述了本次调查的受访者的基本统计特征。在受访者中，女性占 56.44%，比例略高于男性；年龄分布在 26—40 岁、41—55 岁的消费者比例分别为 48.99%、31.21%，构成了受访者的主体；高中学历及以下居多，占 64.36%；月收入在 2000—5999 元的受访者占 52.00%。67.85% 的受访者家中有 18 岁以下的小孩，且高达 89.11% 的受访者表示知道"瘦肉精"事件。

　　虽然受访者中有 54.95% 表示并不了解可追溯信息和可追溯食品，仅有 8.42% 的受访者十分了解可追溯信息和可追溯食品，但超过一半（57.43%）的受访者还是认为可追溯信息可以增强食品安全。分别有 35.15%、61.88% 的受访者对可追溯信息的真实性持完全相信和半信半疑

---

① Linhai, W., Lingling, X. and Dian, Z., " Factors affecting consumer willingness to pay for certified traceable food in Jiangsu Province of China", *Canadian Journal of Agricultural Economics*, Vol. 60, No. 3, 2012, pp. 317–333.

的态度。受访者对政府认证之后可追溯信息的真实性持完全相信和半信半疑态度的比例分别为 66.34%、29.21%；对第三方认证的可追溯信息的真实性，上述比例相对应为 35.15%、53.47%，说明消费者对政府认证的可追溯信息的信任度较高。分别有 72.28%、58.91% 的受访者认为养殖、屠宰是可追溯猪肉安全信息中第一、第二重要的信息，说明消费者对可追溯信息中具体信息的偏好较为一致。

表 14 – 4　　　　　　　　　　　　　样本统计特征

统计特征	分类指标	人数（人）	有效比例（%）
性别	男	924	43.56
	女	1197	56.44
年龄	25 岁及以下	231	10.89
	26—40 岁	1039	48.99
	41—55 岁	662	31.21
	56 岁及以上	189	8.91
学历	高中及以下	1365	64.36
	大专及本科	735	34.65
	研究生及以上	21	0.99
个体月收入	2000 元以下	850	40.08
	2000—5999 元	1103	52.00
	6000 元及以上	168	7.92
家中是否有 18 岁以下的小孩	是	1439	67.85
	否	682	32.15
是否知道"瘦肉精"事件	知道	1890	89.11
	不知道	231	10.89

五　CVA 模型估算消费者偏好

兰卡斯特（Lancaster）认为，消费者效用源自商品所具有的属性而非商品本身。[①] 本章在此所研究的可追溯猪肉可以被视为可追溯安全信息、可追溯安全信息的认证以及价格等属性的组合。消费者将在预算约束下选择可追溯猪肉的属性组合以实现其自身效用的最大化。CVA 通过组合可追溯猪肉各种属性的不同层次，以模拟可供消费者选择的不同轮廓，满足兰卡斯特的效用理论假设[②]，因而是模拟消费者可追溯猪肉实际偏好与购买决策的合适方法。

令 U_{imt} 为消费者 i 在 t 情形下从选择空间 C 的 J 子集中选择第 m 个可追溯猪肉轮廓所获得的效用 U_{imt}，包括两个部分[③]：一是确定部分 V_{imt}；二是误差项 ε_{imt}，即：

$$U_{imt} = V_{imt} + \varepsilon_{imt} \tag{14-1}$$

$$V_{imt} = \beta'_i X_{imt} \tag{14-2}$$

其中，β_i 表示消费者 i 的分值（Part Worth）向量，X_{imt} 表示第 m 个可追溯猪肉轮廓的属性向量。

如果 ε_{imt} 服从正态分布且不考虑情形，则式（14-1）成为 FPA 的估计方法。基于 FPA 需要对所有可追溯猪肉轮廓进行排序并打分，因此轮廓总数受到限制，格林等（Green et al., 1978）认为，FPA 的总轮廓数不能超过 30 个。[④] 为此，本章研究采用等级配对比较的 CVA 方法，受访者只需在两个可追溯猪肉轮廓中进行选择，很好地解决了 FPA 为了达到好的数据收集效果总轮廓数受限的问题。假设消费者选择第 m 个可追溯猪肉轮廓是基于 $U_{imt} > U_{int}$ 对任意 $n \neq m$ 成立。第 m 个和第 n 个轮廓的效用差值可以表示为以下线性回归方程：

$$y_{it} = U_{imt} - U_{int} = \beta'_i x_{it} + \mu_{it} \tag{14-3}$$

其中，$\Delta U_{it} \geq 0$，$\mu_{it} = \varepsilon_{imt} - \varepsilon_{int}$，$x_{it} = X_{imt} - X_{int}$。利用多元最小二乘估计回归结果见表 14-5。

表 14-5 显示，在可追溯猪肉安全信息属性中，同时含有养殖信息、

---

① Lancaster, K. J., "A new approach to consumer theory", *Journal of Political Economy*, Vol. 74, No. 2, 1966, pp. 132-157.

② Ortega, D. L., Wang, H. H. and Wu, L. et al., "Modeling heterogeneity in consumer preferences for select food safety attributes in China", *Food Policy*, Vol. 36, No. 4, 2011, pp. 318-324.

③ Ben-Akiva, M. and Gershenfeld, S., "Multi-featured products and services: Analysing pricing and bundling strategies", *Journal of Forecasting*, Vol. 17, No. 3-4, 1998, pp. 175-196.

④ Green, P. E. and Srinivasan, V., "Conjoint analysis in consumer research: Issues and outlook", *Journal of Consumer Research*, Vol. 5, No. 2, 1978, pp. 103-123.

屠宰信息以及仅含有养殖信息这两个层次在5%的水平上显著，表明消费者对上述两个层次的偏好显著低于同时含有养殖信息、屠宰信息、运输信息的最高层次；在可追溯猪肉安全信息的认证中，只有无机构认证可追溯信息这一层次在1%水平上是显著的，表明消费者对政府认证的偏好显著高于无机构认证，而第三方独立机构认证不显著的可能原因在于，消费者认为第三方机构与政府认证是无差异的；在可追溯猪肉的价格属性中，价格上浮在30%—40%的区间在1%水平上显著，价格上浮在10%—20%与20%—30%两个区间内则不显著，说明当价格上浮30%—40%时，消费者将会显著感知猪肉价格上涨。进而，如果把可追溯猪肉各属性层次分值的全距除以所有属性的分值全距之和作为各属性的重要性衡量指标，则各属性重要性由高到低依次为：可追溯安全信息的认证属性、价格属性、可追溯安全信息，重要性分别为65.07%、21.87%、13.06%。根据模型结果，可以得出以下两个基本结论：

表 14-5　　　　　　　　　属性的相对重要性及各属性层次的效用值

序号	属性	层次	效用分值	标准差	P值
1	可追溯安全信息	显示养殖信息、屠宰信息、运输信息	0.3419	—	—
		显示养殖信息、屠宰信息	-0.1340 *	0.0539	0.0182
		显示养殖信息	-0.2079 *	0.0834	0.0179
2	可追溯安全信息的认证	政府认证可追溯信息	1.6553	—	—
		第三方独立机构认证	-0.5720	0.7782	0.3044
		无机构认证可追溯信息	-1.0833 **	0.0525	<0.0001
3	价格	价格上浮 1%—10%	0.6066	—	—
		价格上浮 10%—20%	-0.1168	0.5822	0.3909
		价格上浮 20%—30%	-0.1758	0.5621	0.3798
		价格上浮 30%—40%	-0.3140 **	0.0923	0.0012

注：＊表示5%统计水平上显著，＊＊表示1%统计水平上显著；$F = 62.176 > F_{0.05}$ （6，2114）=2.1028；$R^2 = 0.85$，调整的 $R^2 = 0.72$。

第一，消费者对政府认证的可追溯安全信息具有依赖性。研究显示，受访者在普通与可追溯猪后腿肉间的购买选择首要的依据是可追溯安全信息是否由政府认证，而并非依靠自身对可追溯安全信息的鉴别与判断。这一研究结论与 Yin 等对中国消费者的研究高度吻合。① Yin 等（2010）的研究认为，政府的食品安全信息认证是影响消费者购买行为的重要变量。作为一个新兴市场，由于利益驱动且市场监管缺位，可追溯食品安全信息认证在中国的投机行为较为盛行，虚假认证大量存在，导致消费者对可追溯食品认证的信任度普遍不高。Ortega 等的研究亦有类似的发现，消费者对普通可追溯食品支付意愿不高，而对具有政府认证的可追溯食品具有较高的支付意愿。②

第二，对于消费者而言，可追溯猪肉安全信息重要性低于价格，说明消费者对可追溯猪肉的消费偏好取决于其在安全性与价格间的权衡，更有可能因价格便宜而忽视猪肉的安全。需要指出的是，这并不表明消费者不愿意为可追溯安全信息支付额外价格。实际上，当可追溯猪肉价格上浮超过 30%，消费者则可能将忽视可追溯安全信息。换言之，消费者对可追溯的安全信息支付额外价格可能在 30% 的区间内。消费者对价格的敏感性可能与消费者的收入及消费频率相关。③④⑤

六　可追溯猪肉市场模拟

基于前文论述，可追溯猪肉每一属性的第一层次的效用分值最高。毫无疑问，同时含有经过政府认证的养殖、屠宰以及运输信息，且价格上浮 1%—10% 的可追溯猪肉是消费者最偏好的。但是，出于成本考虑，可追溯猪肉的相关厂商并不一定愿意在市场上供应上述属性层次组合的可追溯猪肉。因此，提供消费者所偏好且为厂商愿意提供的相关属性组合的可追

① Yin, S. J., Wu, L. H., Du, L. L. and Chen, M., "Consumers' purchase intention of organic food in China", *Journal of the Science of Food and Agriculture*, Vol. 90, No. 8, 2010, pp. 1361 – 1367.

② Ortega, D. L., Wang, H. H. and Wu, L. et al., "Modeling heterogeneity in consumer preferences for select food safety attributes in China", *Food Policy*, Vol. 36, No. 4, 2011, pp. 318 – 324.

③ Rokka, J. and Uusitalo, L., "Preference for green packaging in consumer product choices – Do consumers care?", *International Journal of Consumer Studies*, Vol. 32, No. 5, 2008, pp. 516 – 525.

④ Mesiras, F. J., Escribano, M. and Ledesma, A. D. et al., "Consumers' preferences for beef in the Spanish region of Extremadura: A study using conjoint analysis", *Journal of the Science of Food and Agriculture*, Vol. 85, No. 14, 2005, pp. 2487 – 2494.

⑤ Chang, J. B., Moon, W. and Balasubramanian, S. K., "Consumer valuation of health attributes for soy – based food: A choice modeling approach", *Food Policy*, Vol. 37, No. 3, 2012, pp. 335 – 342.

溯猪肉才是发展可追溯猪肉市场的关键。鉴于此，并基于政府认证与第三方机构认证的无差异性，本章的研究选择以政府认证作为比较的立足点，选择如表 14 – 6 所示的 6 种可追溯猪肉轮廓并构建 8 种可追溯猪肉的市场提供方案。其中，表 14 – 7 中的第 1 种至第 4 种方案归为有政府认证类，表 14 – 8 中的第 5 种至第 8 种方案归为无政府认证类。可以表 14 – 7 为例作简单说明：在有政府认证可追溯猪肉安全信息的情形下，第 1 种方案是指市场上同时销售 A、B 两种类型的可追溯猪肉；第 2 种方案是市场上同时销售 B、C 两种类型的可追溯猪肉。以此类推。

表 14 – 6　　　　　　　　可追溯猪肉产品轮廓定义

属性层次＼可追溯猪肉类型	A	B	C	D	E	F
显示养殖信息	√			√		
显示养殖、屠宰信息		√			√	
显示养殖、屠宰、运输信息			√			√
政府认证	√	√	√			
无机构认证				√	√	√
价格上浮 1%—10%				√		
价格上浮 10%—20%	√				√	
价格上浮 20%—30%		√				√
价格上浮 30%—40%			√			

注："√"表示某类型可追溯猪肉所包含的属性与层次组合。

表 14 – 7　　政府认证情形下不同组合可追溯猪肉市场份额估计　　　单位:%

方案	A	B	C	合计
1	49.41	50.59	—	100
2	—	52.26	47.74	100
3	33.88	33.44	32.68	100
4	51.50	—	48.50	100

为避免不相关独立选择假设所产生的偏误，本章的研究引入随机首选法对各具体市场方案计算出相应的市场份额。表 14-6 显示在第 1、第 2 种方案中，如果市场上同时销售 A、B 两种类型的可追溯猪肉，或者同时销售 B、C 两种类型，那么 B 类型可追溯猪肉市场份额均为最高且都超过 50%。原因在于，C 类型可追溯猪肉价格上浮超过 30%，消费者将会降低对猪肉安全需求，转而选择 B 类型可追溯猪肉，而 A、B 两种类型可追溯猪肉价格上浮均在 30% 以内，消费者会选择相对安全的 B 类型可追溯猪肉。延续这一思路，不难解释在第 4 种方案中，A 类型可追溯猪肉市场份额超过 50% 的原因。

需要指出的是，如果市场上同时销售含 A、B、C 三种类型的可追溯猪肉，即表 14-7 中的第 3 种方案，可追溯猪肉市场份额由高到低依次为 A、B、C，分别占 33.88%、33.44%、32.68%。对此，假设当前市场上首先实施第 1 种方案，即同时销售 A、B 两种类型的可追溯猪肉，然后转变为实施第 3 种方案，即增加销售 C 类型的可追溯猪肉。按不相关独立选择假设，C 对 A、B 的影响份额是相同的，但第 3 种方案的模拟结果表明，不相关独立选择假设并不成立，C 对 B 类型可追溯猪肉替代性更强，A 类型可追溯猪肉比 B 类型获得更多的市场份额。

表 14-8 显示在无机构认证的情形下，D、E、F 三种类型可追溯猪肉价格上浮均未超过 30%。按前文的推断，消费者应更关注可追溯猪肉的安全性。第 6、第 8 种方案也反映了这一规律，即含有可追溯安全信息层次越高，市场份额越大。不过，第 5、第 7 种方案有所不同，表现为含有单个信息的 D 类型可追溯猪肉市场份额要高于 E 类型可追溯猪肉市场份额。进一步分析可以发现，在表 14-8 中 E 比 F 所涵盖的安全信息仅多了屠宰信息，而在表 14-7 的第 1 种方案中，相对于 A 类型的可追溯猪肉，消费者更偏好 B 类型的可追溯猪肉，B 类型的可追溯猪肉比 A 类型的可追溯猪肉所涵盖的安全信息增加了经过政府认证的屠宰信息。由此说明，多数消费者认为，不经过政府认证的屠宰信息并不能增强猪肉安全性，从而选择价格较低的 D 类型可追溯猪肉。这与我国长期以来实行猪肉定点屠宰制度相关，如果没有政府对屠宰信息的认证，消费者会降低对屠宰信息的信任度。

表 14 – 8　　　无机构认证情形下不同组合可追溯猪肉市场份额估计　　单位:%

方案	D	E	F	合计
5	50. 23	49. 77	—	100
6	—	47. 42	52. 58	100
7	32. 97	30. 44	36. 59	100
8	48. 11	—	51. 89	100

七　现实情景下可追溯市场治理食品安全风险的有效性

本章以大连市、石家庄市、无锡市、银川市、昆明市的 2121 名消费者对不同层次安全信息的可追溯猪肉消费偏好为研究切入点，设置了包括可追溯安全信息、可追溯安全信息的认证和价格三个属性的不同层次组合的可追溯猪肉轮廓，采用 CVA 方法估计出不同属性的相对重要性与层次的效用分值，在此基础上构建 8 种市场方案并引入随机首选法，对相应的可追溯猪肉的市场份额做出估计。

（一）研究的主要结论与国际比较

研究的主要结论有：（1）消费者对可追溯猪肉安全信息的认证这一属性最为关注，其次为价格和可追溯安全信息。可追溯猪肉安全信息的认证这一属性中政府认证具有最高的效用值。这一结论与 Umberger、Ortega 等有关消费者更愿意为安全信息属性由政府认证的牛肉和猪肉进行额外支付的结论相吻合。[1][2] 在中国可追溯体系探索建设初期，消费者对于可追溯信息不了解、不信任的事实客观存在，需要具有公信力的机构进行认证，而政府无疑是最具公信力机构。（2）消费者普遍愿意为具有安全信息的可追溯猪肉支付一定的额外价格。这一结论与 Murphy 等、Gil 等学者

[1]　Loureiro, M. L. and Umberger, W. J. , "A choice experiment model for beef: What us consumer responses tell us about relative preferences for food safety, country – of – origin labeling and traceability", *Food Policy*, Vol. 32, No. 4, 2007, pp. 496 – 514.

[2]　Ortega, D. L. , Wang, H. H. and Wu, L. et al. , "Modeling heterogeneity in consumer preferences for select food safety attributes in China", *Food Policy*, Vol. 36, No. 4, 2011, pp. 318 – 324.

使用联合分析方法研究食品得出的结论相一致。①② 但本章与上述文献并不完全相同，本章进一步明确了消费者对安全信息支付额外价格以 30% 为拐点，额外价格上浮低于 30%，消费者偏好更安全的可追溯猪肉；一旦额外价格上浮超过 30%，消费者会降低对猪肉安全性的需求。（3）政府认证与否会对可追溯猪肉市场份额产生影响。在有政府认证情形下，可追溯码显示养殖、屠宰信息，价格上浮 20%—30% 是较优的属性组合选择；而在无机构认证的情形下，可追溯码显示养殖、屠宰、运输信息，价格上浮 20%—30% 是较优的属性组合。其中屠宰信息是否经过政府认证是影响消费者对其真实性判断的关键因素。

（二）现实情景下可追溯市场治理的有效性

上述的研究初步证实，现实情景下的可追溯食品市场体系难以发挥应有的市场治理风险的作用。主要的原因是政府主导了可追溯食品市场。事实上，可追溯食品市场能否形成并发挥治理食品安全风险的市场力量，首先主要取决于消费需求。目前我国可追溯猪肉市场的可追溯猪肉品种单一，可追溯信息属性并不齐全，绝大多数可追溯猪肉缺少可追溯信息的认证，养殖、屠宰、运输信息等现实的可追溯猪肉市场上也有不同程度的缺失。因此，现实情景下可追溯市场治理的有效性仍然非常有限。基于本章研究的上述结论，我国在未来一个时期内可追溯猪肉市场体系有两种基本路径可供选择。

第一，建立政府认证的局部可追溯食品市场体系。在政府认证情形下，势必会增加可追溯食品的成本，一旦额外成本增长超出消费者可以接受的临界点，则消费者会降低对食品安全的需求，因此可以选择政府认证的涵盖局部安全信息的可追溯体系发展模式，逐步发展政府认证的涵盖全部安全信息的可追溯食品市场体系。

第二，建立无机构认证与局部信息标签认证制度结合的全局可追溯食品市场体系。基于无机构认证的可追溯体系所增加的成本较低，因此可以充分考虑食品安全，建立无机构认证的涵盖全部安全信息的可追溯食品市场体系，对于一些关键信息，如屠宰信息等，可以辅助建立标签认证

---

① Murphy, M., Cowan, C. and Henchion, M., " Irish consumer preferences for honey: A conjoint approach", *British Food Journal*, Vol. 102, No. 8, 2000, pp. 585–598.

② Gil, J. M. and Sanchez, M., " Consumer preferences for wine attributes, a conjoint approach", *British Food Journal*, Vol. 99, No. 1, 1997, pp. 3–11.

制度。

按照上述两种路径建设可追溯食品市场，应该适当加大政府财政补贴，建立消费者、厂商以及政府的可追溯食品额外成本共担机制，在可追溯体系建设的初期，政府补贴有助于推动可追溯体系的建设，但从效率的角度来看，政府补贴并非越多越好，应基于政府补贴与市场份额弹性高低，寻找政府补贴的最优点。

本章的研究也存在一些不足之处。为简单起见，本章未同时研究消费者对"无可追溯信息"猪肉（普通猪肉）的消费偏好，也未与消费者对不同属性与层次组合的可追溯猪肉的消费偏好进行比较，更未能就普通猪肉与不同属性与层次组合的可追溯猪肉同时在市场上流通时进行市场模拟研究。因此，后续的研究应该展开消费者对普通猪肉与不同属性与层次组合的可追溯猪肉的消费偏好的比较研究，并同时进行市场模拟，提出更符合客观实际的我国可追溯猪肉市场体系的发展路径。

第十五章　社会组织参与食品安全风险治理能力考察：农村村委会案例

政府和市场在食品安全风险治理中出现的政府公权和市场私权的"双重失灵"，迫切需要包括社会组织、公众等社会力量的参与。社会力量参与食品安全风险治理，既是弥补食品安全风险治理中政府与市场"双重失灵"的必然选择，也是实现我国食品安全管理由传统的政府主导型治理向"政府主导、社会协同，公众参与"的协同型治理转变的迫切需要。在风险治理体系中积极引入社会机制，引导、扶持、鼓励和加强政府与市场之外的第三方监管，这既是食品安全风险治理力量的增量改革，更是风险治理理念的重构，将对治理食品安全风险发挥难以估量的特殊作用。近年来，在我国的食品安全治理中，社会力量也正在发挥日益重要的作用，但是，就社会组织而言，由于非常复杂的原因，在食品安全治理领域面临数量较少、质量较低、作用较为有限的问题。如何培育与发展"满足治理需求、基本职能明确、类型结构合理、协同无缝对接"的多层次、多主体的社会组织体系，是构建具有中国特色的食品安全风险社会共治体系所面临的重大任务。对广大的农村地区而言，基层群众自治制度是我国农村基本的政治制度，而村民委员会（以下简称村委会）则是基层群众自治制度在农村的最基本的体现。因此，作为农村地区最重要、最基本社会组织的村委会就成为参与农村食品安全风险治理，有效弥补政府失灵与市场失灵的最为实际、最为有效的途径。[1] 本章主要以研究团队对山东省、江苏省、安徽省和河南省 63 个地级市的 1242 份有效样本为案例，就农村村委会参与食品安全风险治理能力进行考察。

---

[1] 王艳翚：《农村突发公共卫生事件应急管理机制探究：以政府的食品安全规制职能为视角》，《中国食品卫生杂志》2010 年第 2 期。

一　问题的提出

近年来，在我国广大农村地区持续爆发了一系列的食品安全事件，最典型的是病死猪肉流入市场的事件屡禁不止，而且呈现出事件曝光数量逐年上升、犯罪参与主体多元化、跨区域犯罪可能成为常态的特征。[1] 与此同时，随着城市食品安全治理力度的加大，假冒伪劣、过期等问题食品不同程度地流向农村食品市场，加剧了农村食品市场治理的难度。[2] 事实证明，我国农村食品安全风险治理领域存在着巨大问题。农村地区既是食用农产品生产的主要来源地，又是食品消费市场的重要组成部分，确保农村食用农产品生产与食品消费市场的安全对我国农业生产与食品工业的健康发展起着基础性作用，对确保农村全面实现小康社会的建设具有基础性的作用。[3][4] 然而，我国农村幅员辽阔，农产品生产以分散的农户为主，食品市场和消费场所以小卖部和小摊贩为主，呈现出布局分散、聚集程度低的特征，存在监管难度大与监管力量有限的困难。[5] 因此，相比于城市，农村地区的食品安全隐患更多，形势更为严峻，是目前我国食品安全监管最薄弱的环节。[6][7]

事实上，食品安全风险治理是世界性难题。20 世纪后期，西方福利国家的政府"超级保姆"的角色定位产生出职能扩张、机构臃肿、效率低下的积弊，在食品安全风险治理问题上显得力不从心。[8] 1996 年暴发的

---

[1]　吴林海等：《中国食品安全发展报告（2014）》，北京大学出版社 2014 年版，第 126 页。

[2]　吴林海等：《中国食品安全发展报告（2013）》，北京大学出版社 2013 年版，第 18 页。

[3]　李梅、周颖、何广祥等：《佛山城乡居民食品安全意识的差异性分析》，《中国卫生事业管理》2011 年第 7 期。

[4]　廖天虎：《论我国农村食品安全的控制体系》，《农村经济》2013 年第 3 期。

[5]　范海玉、申静：《公众参与农村食品安全监管的困境及对策》，《人民论坛》2013 年第 23 期。

[6]　吴卫：《农村流通环节食品安全监管问题探讨：以湖南省为例》，《消费经济》2009 年第 6 期。

[7]　倪楠：《农村食品安全监管主体研究》，《西北农林科技大学学报》（社会科学版）2013 年第 4 期。

[8]　Commission On Global Governance, *Our Global Neighbourhood: The Report of the Commission On Global Governance*, London: Oxford University Press, 1995.

源自英国且引起全世界恐慌的疯牛病与其他后续发生的一系列恶性食品安全事件，严重打击了公众对政府食品安全风险治理能力的信心。①② 政府亟须寻找新的、更有效的食品安全风险治理方法以应对公众的期盼和媒体舆论的压力。③ 因此，从 20 世纪末期开始，发达国家的政府开始对食品安全规制的治理结构等进行改革。④⑤⑥ 作为一种更透明、更有效地团结社会力量参与的治理方式，食品安全风险社会共治应运而生并不断发展。⑦⑧⑨ 进一步分析，更加注重社会力量作用的发挥是食品安全风险社会共治区别于传统治理方式的一大特点。⑩ 社会力量是指能够参与并作用于社会发展的基本单元，作为相对独立于政府、市场的"第三领域"，主要

---

① Cantley, M. , "How should public policy respond to the challenges of modern biotechnology", *Current Opinion in Biotechnology*, Vol. 15, No. 3, 2004, pp. 258 – 263.

② Halkier, B. and Holm, L. , "Shifting responsibilities for food safety in Europe: An introduction", *Appetite*, Vol. 47, No. 2, 2006, pp. 127 – 133.

③ Caduffand, L. and Bernauer, T. , "Managing risk and regulation in European food safety governance", *Review of Policy Research*, Vol. 23, No. 1, 2006, pp. 153 – 168.

④ Henson, S. and Caswell, J. , "Food safety regulation: an overview of contemporary issues", *Food Policy*, Vol. 24, No. 6, 1999, pp. 589 – 603.

⑤ Henson, S. and Hooker, N. , "Private sector management of food safety: Public regulation and the role of private controls", *International Food and Agribusiness Management Review*, Vol. 4, No. 1, 2001, pp. 7 – 17.

⑥ Codron, J. M. , Fares, M. and Rouviere, E. , "From public to private safety regulation? The case of negotiated agreements in the french fresh produce import industry", *International Journal of Agricultural Resources Governance and Ecology*, Vol. 6, No. 3, 2007, pp. 415 – 427.

⑦ Vos, E. , "Eu food safety regulation in the aftermath of the bes crisis", *Journal of Consumer Policy*, Vol. 23, No. 3, 2000, pp. 227 – 255.

⑧ Flynn, A. , Carson, L. and Lee, R. et al. , *The Food Standards Agency: Making A Difference*, Cardiff: The Centre for Business Relationships, Accountability, Sustainability and Society (Brass), Cardiff University, 2004.

⑨ Ansell, C. and Vogel, D. , *The Contested Governance of European Food Safety Regulation. In what's the Beef: The Contested Governance of European Food Safety Regulation*, Cambridge, Mass: Mit Press, 2006.

⑩ Eijlander, P. , "Possibilities and Constraints in the Use of Self – Regulation and Co – Regulation in Legislative Policy: Experiences in the Netherlands – Lessons to be Learned for ehe EU", *Electronic Journal of Comparative Law*, Vol. 9, No. 1, 2005, pp. 1 – 8.

由公民与各类社会组织等构成。[1][2] 各类社会组织等社会力量在保障食品安全方面发挥着重要作用，其所采用和实施的治理方法能够在不同程度上对政府治理行为发挥着不可替代的补充性作用。[3]

　　国际学界大量的研究与发达国家充分的实践表明，相比于传统的治理方式，食品安全风险社会共治能以更低的成本和更有效的资源配置提高食品安全风险治理水平[4]，已被公认为有效治理和解决食品安全风险问题的基本途径。基于国际经验，2013 年 6 月在以"社会共治同心携手维护食品安全"为主题的全国食品安全宣传周上，首次提出了构建"企业自律、政府监管、社会协同、公众参与、法治保障"的食品安全风险社会共治的概念。2015 年 4 月十二届全国人大常委会第十四次会议修订通过的《食品安全法》（2015 版）界定了社会共治的概念，由此表明了社会共治已经成为我国治理食品安全风险的基本准则。因此，食品安全风险社会共治也就理所当然成为我国治理农村食品安全风险的基本路径。

　　基层群众自治制度是我国的基本政治制度，而村委会则是基层群众自治制度在农村的体现。因此，作为农村地区最重要、最基本社会组织的村委会就成为参与农村食品安全风险治理，有效地弥补政府失灵与市场失灵的最为实际、最为有效的途径。[5] 然而，鲜有文献研究村委会在农村食品安全风险治理中的现实行为。本章基于因子分析和聚类分析的方法，研究现实情境下村委会参与农村食品安全风险治理的外部表现、内在的结构与分类维度，实证测度村委会参与农村食品安全风险治理的现实行为，并由此提出政策建议。

---

　　[1]　Maynard – Moody, S. and Musheno, M. , *Cops, Teachers, Counsellors：Stories from the Front-lines of Public Services*, Ann Arbor, Mi：University of Michigan Press, 2003.

　　[2]　Jeannot, G. , "Les fonctionnaires travaillent – ils de plus en plusceun double inventaire des recherches sur l'activité des agents publics", *Revue Francéaise De Science Politique*, Vol. 58, No. 1, 2008, pp. 123 – 140.

　　[3]　Rouvière, E. and Caswell, J. A. , "From punishment to prevention：a french case study of the introduction of co – regulation in enforcing food safety", *Food Policy*, Vol. 37, No. 3, 2012, pp. 246 – 255.

　　[4]　Fearne, A. and Martinez, M. G. , "Opportunities for the coregulation of food safety：Insights from the United Kingdom", *Choices：The Magazine of Food, Farm and Resource Issues*, Vol. 20, No. 2, 2005, pp. 109 – 116.

　　[5]　王艳翚：《农村突发公共卫生事件应急管理机制探究：以政府的食品安全规制职能为视角》，《中国食品卫生杂志》2010 年第 2 期。

二 文献回顾

从经济学的视角，生产者和消费者之间的食品信息不对称是食品安全问题产生的根源，同时也是政府在食品安全风险治理领域进行行政干预的根本原因。[①] 然而，随着经济社会的不断发展，人们逐渐认识到，单一的政府监管为主导的模式也存在"政府失灵"现象。[②] 因此，食品安全风险治理还必须引入非政府组织等社会力量的参与，引导全社会共同治理。[③④] 对此，国内外学者就社会组织在食品安全风险治理中的作用展开了大量的研究。在国外，戴维斯（Davis）等、金（King）等、贝利（Bailey）和加福斯（Garforth）的研究认为，非政府组织、消费者协会、行业自律组织第三方社会力量可以充当连接政府监管者、市场经营者和消费者的桥梁，具有矫正政府失灵和市场失灵的双重作用，在食品安全风险治理中具有重要优势。[⑤⑥⑦] 在国内，欧元军指出，市场中介组织、社会团体、基层群众性自治组织等社会中介组织是国家与企业之间的桥梁，既能协助政府做好对企业的监管工作，也能代表企业向国家提出正当的诉求，可以在食品安全监管中发挥重要功能。[⑧] 进一步地，郭志全、王晓芬和邓三、毛政

---

① Antle, J. M., "Effcient food safety regulation in the food manufacturing sector", *American Journal of Agricultural Economics*, Vol. 78, 1996, pp. 1242 – 1247.

② Burton, A. W. et al., "Disease and economic development: the impact of parasitic diseases in St. Luci", *International Journal of Social Economics*, Vol. 1, No. 1, 1974, pp. 111 – 117.

③ Cohenand, J. L. and Arato, A., *Civil Society and Political Theory*, Cambridge, Ma: Mit Press, 1992.

④ Mutshewa, A., "The use of information by environmental planners: A qualitative study using grounded theory methodology", *Information Processing and Management: An International Journal*, Vol. 46, No. 2, 2010, pp. 212 – 232.

⑤ Davis, G. F., McAdam, D. and Scott, W. R. et al., *Social Movements and Organization Theory*, Cambridge: Cambridge University Press, 2005.

⑥ King, B. G., Bentele, K. G. and Soule, S. A. et al., "Protest and policymaking: Explaining fluctuation in congressional attention to rights issues", *Social Forces*, Vol. 86, No. 1, 2007, pp. 137 – 163.

⑦ Bailey, A. P. and Garforth, C., "An industry viewpoint on the role of farm assurance in delivering food safety to the consumer: The case of the dairy sector of England and Wales", *Food Policy*, Vol. 45, 2014, pp. 14 – 24.

⑧ 欧元军:《论社会中介组织在食品安全监管中的作用》,《华东经济管理》2010 年第 1 期。

和张启胜认为在农村社会管理中的体系。①②③

　　因为在食品安全风险治理中的特殊地位，食品行业协会也受到学者们的关注，但已有的研究更多的是基于食品供应链完整体系的视角，虽然这些研究在一定程度上涉及农村地区，但专注于行业协会在农村食品安全风险治理中作用的研究相对较少。Gunningham 和 Sinclair、詹承豫和刘星宇认为，食品行业协会拥有比政府和公民更多的行业信息，可以为食品安全风险评估提供相关科学数据、技术信息等，并以各种方式将信息传递给政府、企业和社会。④⑤ 刘文萃研究发现，食品行业协会的自律监管在信息获取、监管动力、监管成本、监管范围等诸多方面均具有不可替代的功能优势，可以有效地弥补政府行政监管的不足。⑥ 范海玉和申静进一步认为，作为连接政府与公众的桥梁和纽带，食品行业协会应向消费者推荐值得信赖的优质产品，加大对劣质产品的曝光力度，将生产不合格产品的企业列入"黑名单"。与此同时，也有学者客观地分析了食品行业协会的缺陷。⑦ 郭琛研究发现，在保障农村食品安全方面，我国的食品行业协会存在相对独立的经济自治权限不完备、法人治理结构不健全等局限。⑧ 倪楠认为，农村区域大、食品经营单位分散的特点很难形成食品行业协会，现有的省市区乃至县级层面的少量的食品行业协会在农村没有基点，很难参与农村地区食用农产品的初级生产与加工的小作坊、小加工企业的自律性监管，而全国性食品行业协会的自律功能在农村食品安全风险治理领域更

　　① 张千友、蒋和胜：《专业合作、重复博弈与农产品质量安全水平提升的新机制：基于四川省西昌市鑫源养猪合作社品牌打造的案例分析》，《农村经济》2011 年第 10 期。

　　② 陈新建、谭砚文：《基于食品安全的农民专业合作社服务功能及其影响因素：以广东省水果生产合作社为例》，《农业技术经济》2013 年第 1 期。

　　③ 贺岚：《广东地区农民合作经济组织关于食品安全认识的现状调查》，《广东农业科学》2014 年第 2 期。

　　④ Gunningham, N. and Sinclair, D. , *Assumption that Industry Knows Best how to Abate Its Own Environmental Problems*, London, 1997.

　　⑤ 詹承豫、刘星宇：《食品安全突发事件预警中的社会参与机制》，《山东社会科学》2011 年第 5 期。

　　⑥ 刘文萃：《食品行业协会自律监管的功能分析与推进策略研究》，《湖北社会科学》2012 年第 1 期。

　　⑦ 范海玉、申静：《公众参与农村食品安全监管的困境及对策》，《人民论坛》2013 年第 23 期。

　　⑧ 郭琛：《食品安全监管：行业自律下的维度分析》，《西北农林科技大学学报》（社会科学版）2010 年第 5 期。

是鞭长莫及。①

　　学者们还探究了其他社会组织在农村食品安全风险治理中的作用。孙艳华、孙艳华和应瑞瑶提出了消费合作社的概念，认为在现有条件下构建消费合作社有助于保障农村食品消费安全。②③　周永博和沈敏认为，基层社会自组织——基层商会可及时通过行业自律等道德约束手段解决我国的农村食品安全问题。④　詹承豫和刘星宇认为，消费者协会可以起到联系者和信息传递者的作用，其覆盖面广、影响范围大等特点将为我国农村的食品安全风险治理贡献力量。⑤　徐旭晖认为，供销合作社在农药经营市场的规范管理上具有一定的优势，可以防止剧毒农药的非法滥用，对保障农产品的质量安全具有重要意义。⑥

　　综上所述，与发达国家相比较，我国比较独特的农村食品安全风险治理问题虽然引起了国内学者们的极大关注，但现有的研究更多地关注了消费合作社、消费者协会等社会组织尤其是农民合作经济组织、食品行业协会的作用。然而，由于农民合作经济组织往往只局限于农产品生产环节，难以全程参与农村食品安全风险治理，而食品行业协会在我国本身就数量少、发育不良，其触角能否延伸到农村并有效发挥作用也有待于进一步观察。因此，在我国农产品生产以家庭化、小规模为主体，以及农村食品市场区域大、经营分散的背景下，作为我国农村地区组织最健全、法律地位最明确、分布最广泛、与食品生产和消费联系最紧密的自治组织，村委会可以调动农产品生产与食品消费主体的广大农民的积极性，集合群体的力量有针对性地参与食品安全风险治理，能够有效弥补农民经济合作组织、其他各类公益性协会等社会组织的不足，在农村食品安全风险治理方面具有巨大潜力。然而，纵观我国农村改革与发展的历程，村委会在食品安全

---

　　①　倪楠：《农村食品安全监管主体研究》，《西北农林科技大学学报》（社会科学版）2013年第4期。

　　②　孙艳华：《消费合作社：我国农村食品安全保障机制之创新》，《农村经济》2006年第4期。

　　③　孙艳华、应瑞瑶：《制度演进——基于消费合作社的农村食品安全保障机制建构》，《经济体制改革》2006年第2期。

　　④　周永博、沈敏：《基层社会自组织在食品安全中的作用》，《江苏商论》2009年第10期。

　　⑤　詹承豫、刘星宇：《食品安全突发事件预警中的社会参与机制》，《山东社会科学》2011年第5期。

　　⑥　徐旭晖：《浅析供销合作社在农药市场中的作用》，《上海农业学报》2012年第2期。

风险治理中的作用几乎没有得到关注。

　　1982 年五届全国人大第五次会议通过的《宪法》首次明确了村委会是我国农村基层群众性自治组织的功能定位。1987 年六届全国人大常委会第二十三次会议审议通过的《村民委员会组织法（试行)》，以及 1998 年九届全国人大常委会第五次会议正式施行并于 2010 年十一届全国人大常委会第十七次会议修订的《村民委员会组织法》进一步明确了在我国农村乡镇以下设立村委会的"乡政村治"体制，由此改革开放后逐步形成的农村村民自治制度最终以法律的形式确立并基本完善。20 世纪末，由于历史条件的限制，在"政治承包责任制"下的村委会的主要工作就是落实乡镇政府下派的"三提五统"收缴任务，难以顾及农村的基本公共服务。①② 进入 21 世纪，税费的改革与农业税的取消等，使村委会能够在继续履行调解民间纠纷，协助维护社会治安等传统公共服务职能的同时，开始逐步参与新形态的农村公共服务，并成为我国新农村建设的体制性基础。诸如随着农村生态环境恶化变成农村公共服务和新农村建设的突出问题，村委会就成为农村环境治理的重要参与主体并在其中发挥着突出的作用。③④

　　现行的《村民委员会组织法》在相关条款中规定"村民委员会办理本村的公共事务和公益事业"。然而，作为农村公共服务和新农村建设的重要内容，农村食品安全的治理并未有效地纳入村委会的基本职能之中，也鲜见文献对此问题的研究。为此，基于探寻我国农村食品安全风险治理的有效路径，本章重点就村委会参与食品安全风险治理的现实行为展开初步的研究。

---

　　① 荣敬本、崔之元：《从压力型体制向民主合作体制的转变：县乡两级政治体制改革》，中央编译出版社 1998 年版，第 22 页。

　　② 李晓玲：《实践困境与关系重塑：新形势下村庄治理的一种解读》，《哈尔滨市委党校学报》2015 年第 1 期。

　　③ 陈丽华：《论村民自治组织保护环境的法律保障》，《湖南大学学报》（社会科学版）2011 年第 2 期。

　　④ 于华江、唐俊：《农民环境权保护视角下的乡村环境治理》，《中国农业大学学报》（社会科学版）2012 年第 4 期。

三　参与现实治理行为测度量表构建

村委会参与农村食品安全风险治理的现实行为是本章研究的核心问题，因此需要构建参与治理行为的测度框架。目前，学术界对治理主体参与食品安全风险治理行为有不同维度的划分，而且主要从治理内容、治理方式两个层面进行划分。[①] 从治理内容的角度，可以分为横向的内容治理与纵向的过程治理，内容治理是指农药残留的检测、重金属含量的检测、有害微生物的检测等，过程治理则主要是指对食用农产品（食品）从农田到餐桌的整个生产、流通、消费等全过程的治理。从治理方式的角度，主要是按照现有的法律规章及技术水平，可以分为标准化治理与非标准化治理。标准化治理是根据食品安全标准通过检测技术进行抽检等进行治理，非标准化治理则是指治理主体根据各自的经验等进行治理，具有一定的主观性。由于村委会不具备执法职能，也不具备检测农药残留等能力，因此其并不履行内容治理的职能，而治理方式只能也只应该是按照其自治职能对村辖范围内涉及的食用农产品与食品生产、流通、消费等进行非标准化的治理，并协助政府等治理主体监督法律法规的实施，采用村规民约约束生产经营者与对村民进行宣传等手段进行治理。总之，基于职能与客观现实，村委会参与风险治理更多的是采用间断性的过程治理和非标准化治理相结合的治理方式。

然而，目前我国农村食品安全风险治理面临的最主要的问题是，食用农产品生产过程中非法滥用农药、兽药与饲料添加剂等行为，以及长期以来土壤受过量化学品投入与重金属污染而导致农药残留与重金属超标等；无证照的小作坊式的食品加工商与小餐饮店普遍存在，流通环节销售的食用农产品与食品来源渠道不明，而糕点、熟食、干果、酒等食品散装的比例较高，部分包装食品没有标明保质期，更可怕的是假冒伪劣食品、过期食品与其他不合格食品在农村食品市场上较为普遍存在。[②] 与此同时，农

---

① 朱婧：《农村食品安全中政府监管行为与监管绩效的研究——基于 L 镇蔬果类食品的考察》，硕士学位论文，华中农业大学，2012 年。

② 张英、刘俏：《流通领域农产品质量安全对策研究》，《知识经济》2015 年第 8 期。

村食品安全科普教育落后，村民的食品安全知识匮乏，以广东省为例，仅有2.7%的农村集镇持续全面地开展食品安全科普教育，而仅在出现食品安全事故时才进行宣传的农村集镇约占37.7%，几乎没有宣传过的约占26.5%。① 因此，根据农村食品安全风险治理所面临的最主要的现实问题，并把握村委会的职能，基于间断性的过程治理和非标准化治理相结合的治理方式，本章将村委会参与治理行为设定为食用农产品生产环节与食品流通消费环节治理两个维度。同时考虑到村委会是否依据法律明确的"乡政村治"体制要求，履行参与风险治理职能对治理行为具有举足轻重的地位，故构建了食品安全风险治理职能建设维度。基于这三个维度，本章在征求相关专家组建议设计且通过预调查修改，最终确定如表15-1所示的测度村委会参与食品安全风险治理的行为量表，并通过对村干部的调

表 15-1　　村委会参与农村食品安全风险治理的行为量表

分类	题项序号	题项内容	均值	标准差
食品安全风险治理职能建设	F1	参与风险治理纳入基本职能	2.37	1.05
	F2	明确参与风险治理的村委会成员	2.19	1.13
	F3	建立食品安全知识的科普机制与实施路径	3.55	0.70
	F4	建立风险治理信息的预警制度	3.39	0.70
食用农产品生产环节的治理	F5	参与查处农产品种植过程中滥用农药的行为	3.09	1.11
	F6	参与查处畜禽养殖过程中滥用兽药与添加剂的行为	3.55	0.78
	F7	参与监督病死畜禽（如病死猪）的无害化处理	3.38	0.81
	F8	协助举报与查处非法收购病死畜禽（如病死猪）的行为	4.39	1.04
	F9	参与检查生猪屠宰场的屠宰行为	3.50	0.64
	F10	参与检查食品小作坊的生产行为	2.91	0.81
食品流通消费环节的治理	F11	参与检查食品零售店的经营行为	2.54	0.99
	F12	参与检查餐饮店的经营行为	2.53	0.98
	F13	参与检查集贸市场的经营行为	3.27	0.79
	F14	参与检查食品流动摊点的经营行为	3.09	0.87
	F15	参与报告食物中毒事件	2.88	0.86
	F16	参与监管村民群体性聚餐	2.29	0.71

① 鲍金勇、程国星、李迪等：《广东省农村食品安全科普教育现状调查与思考》，《广东农业科学》2012年第23期。

查问卷获得数据。调查问卷共确定了 16 个题项，将村干部的回答分为
"非常差""比较差""一般""比较好"和"非常好"（分别用 1—5 表
示）五个等级，据此客观测度村委会参与风险治理的行为能力。在此基
础上，展开因子分析获取村委会参与风险治理的结构维度，提取影响其参
与风险治理行为的关键因子，并基于聚类方法进行分类，获取其参与治理
行为的分类维度。

四　调查设计与统计分析

（一）问卷设计与调查组织

通过设计由村干部回答的调查问卷来获取村委会参与农村食品安全风
险治理现实行为的数据。除了设置如表 15 - 1 所示的行为量表，问卷还设
置了村干部的性别、年龄、受教育程度、在村委会中担任的职务等受访村
干部个体特征信息，以及村委会所管辖的人口、村干部每年人均补贴等村
委会基本特征信息。于 2014 年 5 月对江苏省无锡市滨湖区下辖的 12 个村
委会展开预调查，最终修正并确定调查问卷，2014 年 8 月对山东省、江
苏省、安徽省和河南省进行了正式调查。这 4 个省份既是我国食用农产品
生产大省，又是食品消费大省，且这 4 个省份的发展水平具有明显的差异
性，村委会的自治能力也各不相同。因此，以这 4 个省的村委会为样本可
以大体测度现实情境下我国村委会参与农村食品安全风险治理能力的总体
现状。调查面向上述 4 省所有的 63 个地级市，每个地级市随机选择 20 个
行政村，共调查 1260 个村委会，获得有效调查 1242 份。在实际调查中，
考虑到面对面的调查方式能有效地避免受访者对所调查问题可能存在的认
识上的偏误且问卷反馈率较高①，本调查安排经过训练的调查员对村干部
进行面对面的访谈式调查。

（二）受访村干部的个体特征

表 15 - 2 显示，受访村干部中男性比例超过 80%，占绝大多数；年

---

① Boccaletti, S. and Nardella, M., "Consumer willingness to pay for pesticide - free fresh fruit and vegetables in Italy", *The International Food and Agribusiness Management Review*, Vol. 3, No. 3, 2000, pp. 297 - 310.

龄段在46—60岁、受教育程度为高中（包括中等职业）、担任村委会主任的受访村干部的比例最高，分别为50.64%、45.17%、50.40%。超过65%的受访村干部任职时间低于5年，任职5年以上的村干部比例最高，占34.94%。

表15-2　　　　　　　　　　　受访村干部的个体特征

特征描述	具体特征	频数	有效比例（%）
性别	男	999	80.43
	女	243	19.57
年龄	18—25岁	9	0.72
	26—45岁	580	46.70
	46—60岁	629	50.64
	60岁以上	24	1.94
受教育程度	小学及以下	40	3.22
	初中	368	29.63
	高中（包括中等职业）	561	45.17
	大专	198	15.94
	本科及以上	75	6.04
在村委会中担任的职务	村委会主任	626	50.40
	村委会副主任	261	21.02
	村委会委员	355	28.58
担任村干部的时间	1年及以下	126	10.14
	2—3年	258	22.95
	3—4年	190	15.30
	4—5年	207	16.67
	5年以上	461	34.94

（三）村委会的基本特征

如表15-3所示，绝大多数被调查的村委会所辖人口在5000人以下，其中，1000—5000人的比重超过一半；村委会组成人数的分布相对分散，3人及以下、4人、5人的比重相对较高，分别为28.18%、29.15%和21.09%；有76.40%的受访村干部认为村委会在村民中的影响力较好；68.60%的被调查的村委会中村干部年人均补贴在5000元以下。

表 15 - 3   村委会的基本特征

特征描述	具体特征	频数	有效比例（%）
所辖人口	1000 人以下	370	29.79
	1000—5000 人	691	55.64
	5000—10000 人	143	11.51
	10000 人以上	38	3.06
村委会组成人数	3 人及以下	350	28.18
	4 人	362	29.15
	5 人	262	21.09
	6 人	164	13.20
	7 人及以上	104	8.38
村干部对村委会影响力的评价	影响力较好	949	76.40
	影响力一般	202	16.26
	影响力较差	91	7.34
村干部每年人均补贴	5000 元以下	852	68.60
	5000—10000 元	256	20.61
	10000 元以上	134	10.79

（四）村委会行为的外部表现

表 15 - 1 显示，现实情境下村干部对村委会参与农村食品安全风险治理行为的判断大致处于 2—4 的区间，即主要集中于"比较差""一般"和"比较好"三种层次，而且受访村干部对题项 F8 打分的均值最高，表明受访村委会在协助举报与查处非法收购病死畜禽（如病死猪）的行为方面表现最好。相比于其他题项，题项 F3、F4、F6、F7、F9 的得分均值也相对较高，且以上六项（包括 F8）的内部差异也较小（表现为标准差较小），显示与其他参与治理行为相比，村委会在参与治理滥用兽药与添加剂、病死畜禽（如病死猪）的无害化处理、生猪屠宰以及食品安全知识的科普与信息预警等方面也有相对好的表现。而与之相对应的是，题项 F1、F2、F11、F12、F16 得分均值相对较低，且这五项的内部差异相对也较大，表明村委会在参与风险治理纳入基本职能、明确参与风险治理的村委会成员以及参与治理食品零售店、餐饮店、村民群体性聚餐等方面是所有参与行为中表现较差的。同时，村委会在参与报告食物中毒事件及参与

治理流动摊点、集贸市场、食品小作坊、滥用农药等方面在所有行为中表现一般。可见，在现实情境下，受调查的村委会在食用农产品生产环节的治理具有相对较好的表现，在食品流通消费环节的治理表现相对较差，食品安全风险治理职能建设维度则分别表现出了较好和较差的两极化倾向。

五　结果分析

（一）样本的信度和效度检验

为了检验样本数据的可靠性，本章采用 SPSS 21.0 进行数据信度和效度检验。对于量表的内在信度，采用 Cronbach's α 作为评估指标，计算结果显示表 15 – 1 中 16 个题项的 Cronbach's α 系数高达 0.774，且删去任何一个题项，α 系数也无显著提高。同时单个题项与总体的相关系数均在 0.4 以上，可见量表内部的一致性、可靠性和稳定性较好，样本数据具有较高的可信度。进一步地，以 KMO 检验和 Bartlett's 球形检验为指标进行了数据的效度检验。KMO 检验是测度数据量表效度的重要指标，反映了变量间拥有共同因子的程度，测度值越高（接近 1.0 时）表明变量间拥有的共同因子越多，说明所用数据越适于进行因子分析。表 15 – 4 显示量表的 KMO 值为 0.830，则非常适合对量表数据进行因子分析。而 Bartlett's 球形检验显著性水平为 0.000，由此拒绝 Bartlett's 球形检验零假设，可以认为本问卷量表建构效度良好，满足进一步研究的需要。

表 15 – 4　　　　　　　　KMO 检验和 Bartlett's 球形检验

KMO 检验		0.830
Bartlett's 球形检验	χ^2 检验	3336.815
	自由度	120
	显著性水平	0.000

（二）村委会行为的结构维度

本章采用因子分析以考察村委会参与农村食品安全风险治理现实行为的结构维度。初次因子分析结果显示，题项 F7、F9、F10、F13、F14、F15、F16 的平均信息提取量较低，故均删除。对余下的 9 个题项进一步做因子分析，运用方差最大正交旋转法对因子载荷矩阵进行旋转，解决初始载荷矩阵结构不够清晰、难以对因子进行解释的问题，通过 6 次迭代后得到如表 15-5 所示的 9 个题项的因子负荷量。表 15-5 显示，本章所提取的四个测度村委会参与食品安全风险治理现实行为能力的关键因子可解释 66.09% 的方差。其中，第一个因子可以解释 29.15% 的方差，与题项 F11 和 F12 的因子载荷都在 0.80 以上，与参与流通消费环节中食品安全风险治理行为相关，可以聚合为食品安全流通消费因子；第二个因子可以解释 13.89% 的方差，对 F5、F6、F8 三个题项有绝对值较大的负荷系数，与参与食用农产品生产环节风险治理相关，可以聚合为食用农产品安全生产因子；第三个因子可以解释 11.75% 的方差，其负荷系数绝对值较大的题项是 F3 和 F4，与职能建设中食品安全知识的科普和信息预警相关，通过各种途径帮助村民及时获得相关食品安全信息，可以聚合为宣传职能建设因子；第四个因子可以解释 11.30% 的方差，与 F1 和 F2 两个题项的因子载荷也都在 0.80 以上，与参与风险治理纳入基本职能、有明确参与风险治理的村委会成员等基础职能建设相关，可以聚合为基础治理职能建设因子。总体来看，表 15-1 中的食品安全风险治理职能建设维度可分解为宣传职能建设因子和基础治理职能建设因子，其他关键因子与本表 15-1 构建的维度基本一致。

　　以上四个因子体现了现实情境下村委会参与农村食品安全风险的治理重点与治理方式。餐饮店、食品零售店等流通消费场所是食品安全流通消费因子所反映的治理重点，一旦这些场所发生诸如因食品过期或食品不卫生造成的食物中毒事件，很容易在周围群体中造成不良影响，而且在村民的配合下治理效果相对比较明显。据作者在实际调研中的观察，一些受访的村干部不同程度地认为参与治理农村食品流通与消费的主要场所，防范食物中毒事件的发生容易见效，此类参与治理行为的方式可以称为效果追求型。食用农产品安全生产因子反映村委会参与治理的重点在食用农产品生产环节，重点监管村民农兽药等使用情况，这比食品安全流通消费因子更进一步，从本质上分析，这一参与方式可以从源头上不同程度地防范食品安全风险，可以称为源头治理型。职能建设中建立食品安全知识的科普与预警制度是宣传职能因子所反映的治理重点，表明村委会的职能重点就是在村域范围内进行食品安全相关信息的发布与宣传，此类参与治理行为的方式可以称为信息公开型。基础治理职能建设因子表明，村委会的职能建设逐步转型，已逐步将参与食品安全治理纳入其基础工作范畴，努力通过村委会基础职能的转变来实施食品安全风险治理的参与行为，村委会的这一参与治理行为的方式可以称为职能推动型。

因子方差贡献度越大，相应地对提升村委会的食品安全风险治理能力的贡献越大。食品安全流通消费因子的方差贡献度最大，则对食品餐饮店、零售店等流通消费环节的治理是农村食品安全风险治理中最关键、最基础的环节，对其的治理能力直接影响着村委会的风险治理能力，但根据表 15 - 5 的结果，现实情境下村委会在流通消费环节的表现相对较差，表明村委会在流通消费环节的现实治理行为与贡献度存在明显的不对称。其次为食用农产品安全生产因子，农村是食用农产品的生产来源，对滥用农兽药与添加剂、非法收购病死畜禽（如病死猪）等行为的治理也是村委会风险治理能力的重要体现，是农村食品安全风险治理的第二个重要环节，村委会在这方面的表现相对较好。宣传职能建设因子和基础治理职能建设因子的方差贡献度基本相似，这是农村食品安全风险治理的更高环节，能在前两个环节的基础上优化村委会的风险治理能力。在这两个因子的驱动下，村委会将设置合理、全面的食品安全风险治理职能，这对于全面提升村委会的风险治理能力具有重要意义。另外，表 15 - 5 还表明，现实情境下，基础治理职能建设因子是村委会风险治理行为中表现最差的，说明村委会亟须加强食品安全基础治理职能建设。

表 15 - 5　　　　　　　　　旋转后的因子载荷矩阵

调查题项	因子 1 食品安全流通 消费因子	因子 2 食用农产品 安全生产因子	因子 3 宣传职能 建设因子	因子 4 基础治理职能 建设因子
F12	0.870	0.065	0.143	0.089
F11	0.849	0.169	0.128	0.088
F8	0.121	0.735	0.118	-0.039
F6	0.158	0.730	0.191	0.030
F5	-0.032	0.633	-0.107	0.355
F3	0.103	0.116	0.845	0.073
F4	0.164	0.083	0.832	0.092
F2	0.044	-0.033	0.189	0.781
F1	0.124	0.176	-0.006	0.712
特征值	2.624	1.250	1.057	1.017
特征值方差	29.15%	13.89%	11.75%	11.30%

(三) 村委会行为的分类维度

可以采用快速聚类法（K 均值聚类算法）分类描绘村委会参与食品安全风险的治理行为。作为一种常用的硬聚类算法，快速聚类具有算法简单、聚类速度快的特点，这主要得益于其事先指定远远小于记录个数的类别数，可以减少计算量而明显提高计算的速度。因此，K 均值聚类算法被广泛应用于处理多变量、较大样本数据，不占用太多计算空间和时间且效果明显。[①] 以因子分析 4 个因子得分作为聚类分析的变量，其方差分析结果如表 15 - 6 所示。对聚类结果的类别间距离进行方差分析结果表明，类别间距离差异的概率值均为 0.000 < 0.001，即聚类效果满足分析的要求。

表 15 - 6   **4 个因子聚类结果方差分析**

	聚类		残差		F 统计量	概率值
	均值平方	自由度	均值平方	自由度		
因子得分 1	283.170	3	0.316	1238	895.465	0.000
因子得分 2	257.822	3	0.378	1238	682.697	0.000
因子得分 3	253.562	3	0.388	1238	653.552	0.000
因子得分 4	237.115	3	0.398	1238	237.222	0.000

K 均值聚类的最终结果如表 15 - 7 所示，综合表 15 - 6 和表 15 - 7，基于风险治理的参与行为可以将村委会分为四个类型。在四个类型的村委会中，第 I 类型村委会约占 31.08%，此类型的村委会既不参与食用农产品生产和食品流通消费环节的风险治理，且食品安全风险治理并未有效地纳入基本职能之中，村委会职能未能与时俱进地实施改革，在食品安全治理方面几乎没有作为，可以称之为 "参与传统型" 村委会。第 II 类型村委会约占 34.30%，此类型的村委会相对注重食品流通消费环节的治理，但并不关注食用农产品生产的风险治理，尚且没有展开参与风险治理的职能建设，可以称之为 "参与起步型" 村委会。第 III 类型村委会约占 16.34%，此类型的村委会相对注重食品流通消费环节的风险治理和宣传职能建设，但在参与食用农产品生产环节风险治理上的作用有限，且在基础治理职能建设上也基本属于传统形态，可以称之为 "参与断点型" 村

[①] 林震岩：《多变量分析 SPSS 的操作与应用》，北京大学出版社 2007 年版，第 101 页。

委会。第Ⅳ类型村委会约占受访村委会比例的18.28%，此类型的村委会既注重参与风险治理的职能建设，又关注食用农产品生产环节的治理，同时也较重视食品流通消费环节的治理，相对而言，第Ⅰ类型的村委会较为全面地参与食品安全风险治理，可以称之为"参与全面型"村委会。

表 15-7　　　　　　　　　　聚类分析结果

项目	Ⅰ参与传统型	Ⅱ参与起步型	Ⅲ参与断点型	Ⅳ参与全面型
食品安全流通消费因子	1.18379	-0.80968	-0.24268	-0.27645
食用农产品安全生产因子	0.22286	0.48545	0.40617	-1.65321
宣传职能建设因子	0.33116	0.55601	-1.69740	-0.08863
基础治理职能建设因子	0.11993	-0.05920	0.13673	-0.21511
样本量	386	426	203	227
比例（%）	31.08	34.30	16.34	18.28
治理行为特征	不注重食用农产品生产、食品流通消费环节的治理，也不注重基础治理职能建设和宣传职能建设	注重食品流通消费环节的治理，不注重食用农产品生产环节的治理和宣传职能建设，也不太注重基础治理职能建设	注重宣传职能建设，也比较注重食品流通消费环节的治理，但不注重食用农产品生产环节的治理和基础治理职能建设	注重基础治理职能建设和食用农产品生产环节治理，也比较注重食品流通消费环节的治理和宣传职能建设

注：表中第一、第二、第三、第四行各数字为类别中心点，也就是各类别在各因子上的平均值。得分越小，表明该类越注重该因子。

六　主要结论与政策建议

根据以上分析，本章构建了如图15-1所示的村委会参与农村食品安全风险治理的行为路径，为提高我国村委会参与风险治理的能力提出理论依据。通过对现实情境下村委会参与农村食品安全风险治理行为的测度，可以得出的总体结论是，农村村民委员会在现实情境下参与农村食品安全风险治理能力相当的有限。具体而言，相关结论有以下几点：

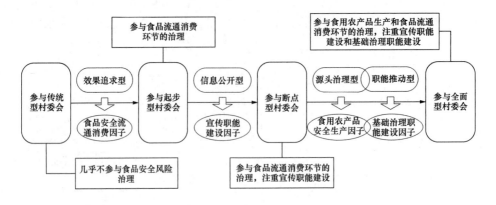

图 15 – 1 村委会参与农村食品安全风险治理的行为路径

第一，村委会参与农村食品安全风险治理的行为表现并不乐观。整体而言，村委会在参与风险治理纳入基本职能与明确参与风险治理的村委会成员等方面表现最差，表明现实情境下绝大多数村委会并未将食品安全治理纳入其基本工作重心，食品安全的治理工作在职能建设层面便没有受到重视。村委会在食品流通消费环节的治理表现也较差，这与其在农村食品安全治理中方差贡献度最大、最关键、最基础的地位存在明显的不对称。因此，目前亟须加强对村委会的政策支持力度，引导其加快职能转变，提高食品安全治理的能力和水平。

第二，村委会参与农村食品安全风险治理行为的结构维度明显，内含食用农产品安全生产、食品安全流通消费、宣传职能建设和基础治理职能建设四个因子，体现了村委会参与风险治理的不同重点和行为方式：食用农产品生产环节与源头治理型，流通消费环节与效果追求型，宣传职能建设与信息公开型，基础治理职能建设与职能推动型。可见，村委会参与农村食品安全风险治理的行为并非简单表现为治理或不治理，而是呈现复杂多维的形态，其深层次的治理重点和行为方式也并不相同。相应地，加强村委会对农村食品安全风险治理的公共政策显然不能仅仅依赖于对村委会参与风险治理行为的表面认识，而是要依据村委会的深层次的治理行为方式来展开政策制定。

第三，村委会参与农村食品安全风险治理行为的分类维度表明可以将村委会划分为参与传统型村委会、参与起步型村委会、参与断点型村委会和参与全面型村委会四种类型，它们在参与风险治理的行为上存在显著差异。这对更好地认识我国村委会参与风险治理的行为特征有着重要意义，可以对不同类型的村委会实施针对性的政策，不仅节约成本而且可以明显提高政策效果。值得注意的是，仅有 18.28% 的村委会属于参与全面型，而有近 1/3 的村委会属于参与传统型，这再次表明我国村委会参与农村食品安全风险治理的现实行为表现并不乐观。

本章的研究，虽然以农村村委会参与农村食品安全风险治理为案例，从一个侧面反映了社会组织在我国食品安全风险治理中作用发挥的现实情境。实际上即食食品安全行业性社会组织。因此，全面按照《食品安全法》（2015 版）的要求，构建具有中国特色的食品安全风险社会共治体系任务非常艰巨。故必须基于"满足共治需求、主体职能明确、类型结构合理、协同合作有效"的原则，中央政府应该顶层设计具有中国特色的食品安全风险社会共治的社会力量治理体系，并努力在社会改革中加以有效实施。

第十六章 食品安全风险治理中公众的防范意识与行为能力：食源性疾病暴发与家庭食品处理风险行为视角

食品安全风险治理的出发点与落脚点是确保公众的健康，公众是食品安全风险治理体系中的核心主体之一，具有不可替代的作用。公众的力量主要是公众的食品安全风险的防范意识与防范行为、公众参与食品安全风险防范公共政策的制定与监督政策的执行等。因此，考察现阶段中国食品安全风险治理体系与治理能力就应该研究食品安全风险治理中公众的防范意识与防范行为。考虑到食源性疾病（Food Borne Disease，FBD）是困扰包括中国在内的世界各国的共同难题。因此，以食源性疾病的防范为视角，以公众家庭食品处理风险行为为切入点，研究食品安全风险治理中公众的防范意识与行为具有重要价值。但本章研究表明，现阶段我国公众的食品安全风险防范意识不强，防范能力不高。故提高公众的防范意识与行为能力是我国未来食品安全风险治理社会共治体系建设中的基础工程。

一 食源性疾病与食物中毒：基于 2001—2015 年的数据分析

据世界卫生组织的估计，全球每年仅因食源性和水源性腹泻导致约220万人死亡。[①] 随着经济水平的提升，现代农业生产、动物饲养与食品生产加工、物流运输和消费方式等正在发生深刻变化，食源性疾病风险呈现出复杂性、潜在性和持久性的特征，许多生物性和化学性风险可随时发

---

① Food Standards Agency, *The FSA Foodborne Disease Strategy* 2010 – 15（*England*），London：Food Standards Agency，2011.

生于"农田到餐桌"各个环节，引发涵盖胃肠道、神经免疫、多器官衰竭乃至癌症等在内的 200 多种疾病。许多发达国家正在积极采取措施以防范食源性疾病。据世界卫生组织的定义，食源性疾病是指通过摄食进入人体的有毒有害物质所引起的感染性或中毒性疾病。除包含致病性病原的水体、土壤和空气等自然环境对食物及其原料的污染外，还包括消费者乐观偏见、习惯偏差和生产经营者诚信道德缺失等人为因素造成的污染。① 随着 2008 年三聚氰胺事件，以及近年来的"瘦肉精""病死猪"和"注水猪"等一系列丑闻的蔓延，我国的食品安全问题备受世界关注。② 更重要的是，"健康中国"战略的实施迫切需要深入研究我国食源性疾病的基本状况，以便为食源性疾病风险评估、预防与控制提供必要的基础信息。

（一）2001—2014 年中国食源性疾病的基本状况

食源性疾病带来的全球疾病负担不容忽视，据世界卫生组织发布的全球食源性疾病负担估计报告表明③，在所调查的涵盖 31 种病原的 32 种食源性疾病中，2010 年全球食源性疾病涉及人口约 6 亿人次，死亡 42 万人次，伤残调整生命年（Disability Adjusted Life Years，DALYs）达 3300 万年，其中发生最频繁且致死率最高的为食源性腹泻，死亡 23 万人次，伤残调整生命年达 1800 万年。美国监测的 9 种食源性病原每年约造成 4800 万人次发病，12.8 万人次住院接受治疗，并约有 3000 人次因此死亡，经济损失达 6.5 亿—350 亿美元。④ 一方面，食源性疾病涵盖病种范围广泛，现有已认知疾病仅为冰山一角，真正的疾病负担很难被精确估计；另一方面，典型的食源性疾病多以胃肠道症状为主，症状轻微且呈散发式、不易被察觉，发达国家漏报率达 90% 以上，发展中国家则达到 95% 以上。⑤ 2011 年和 2012 年卫生部分别入户调查了 6 个省 39686 人次和 9 个省

① World Health Organization, "Health Hopics – Foodborne Disease", 2016 – 02 – 12, http：// www. who. int/topics/foodborne_ diseases/en/.

② Alcorn, T. and Ouyang, Y., "China's invisible burden of foodborne illness", *The Lancet*, Vol. 379, No. 3, 2012, pp. 789 – 790.

③ 31 种食源性病原危害包括 11 种食源性腹泻病原（1 种病毒、7 种细菌以及 3 种原生动物），7 种感染性病原（1 种病毒、5 种细菌以及 1 种原生动物），10 种寄生虫与 3 种化学性物质。

④ Centers for Disease Control and Prevention, Estimates of Foodborne Illness in the United States 2011, CDC 2011 Estimates：Findings, January 8, 2014.

⑤ 陈君石：《中国的食源性疾病有多严重？》，《北京科技报》2015 年 4 月 20 日第 52 版。

52204 人次的食源性急性肠胃炎状况，推算出中国每年有 2 亿—3 亿人次发生食源性疾病的参考性数据，消耗的医疗和社会资源难以估计。因此，中国的情况可能更为严峻。

　　食源性疾病报告与监测系统是有效防范食源性疾病的重要基础。[①] 为此，卫生部在 1981 年颁布《食物中毒调查报告办法》，并于 1995 年与 2009 年分别按照《食品卫生法》和《食品安全法》的要求，正式确立了食源性疾病的法律地位，并在国家法制层面上规定了食物中毒报告制度。[②] 与此同时，我国在 2004 年开始建立起覆盖全国的突发公共卫生事件网络直报系统，于 2010 年进一步细化完善了食源性疾病被动监测报告网络，并积极探索食源性疾病的主动监测试点工作。[③] 逐步建立了以国家食品安全风险评估中心和中国疾控中心为技术总牵头，省级疾控中心为核心，地市级疾控中心为骨干，县级疾控中心、哨点医院共同参与的食源性疾病监测工作体系。截至 2014 年年底，全国已在 31 个省市区和新疆建设兵团设置了国家、省、市、县 4 级疾病监测报告体系，食源性疾病监测已覆盖全国 80% 的县级行政区域，共涵盖 1965 家哨点医院，3165 家疾病预防控制中心，分子溯源网络已覆盖 29 个省级和部分地市级疾病预防控制中心，河北、黑龙江、辽宁等地实现了监测点、哨点医院的县级区域全覆盖。2014 年全年共接到食源性疾病暴发事件 1480 起，监测食源性疾病 16 万人次，报告事件数和监测病例数较 2013 年分别增长 47.9% 和 103%。

　　图 16-1 的统计数据显示，2001—2014 年，我国食源性疾病累计暴发事件共 9228 起，累计发病 211509 人次。其中，2014 年食源性疾病暴发事件数和涉及发病人数均达到历史最高点，分别为 1480 起和 29259 人。以 2010 年为转折，2010 年之前，我国食源性疾病暴发事件数和涉及发病人数总体呈下降趋势，虽然 2011—2013 年涉及发病人数呈低位波动，但整体上看，2010 年之后，我国的食源性疾病暴发事件数与患者人数呈上升趋势。这表明，自 2010 年建立起食源性疾病主动监测网络以来，我国食

---

　　① 冉陆、张静：《全球食源性疾病监测及监测网络》，《中国食品卫生杂志》2005 年第 4 期。

　　② 《中华人民共和国食品卫生法》，法律出版社 2001 年版，第 123 页。

　　③ 戴伟、吴勇卫、隋海霞：《论中国食品安全风险监测和评估工作的形势和任务》，《中国食品卫生杂志》2010 年第 1 期。

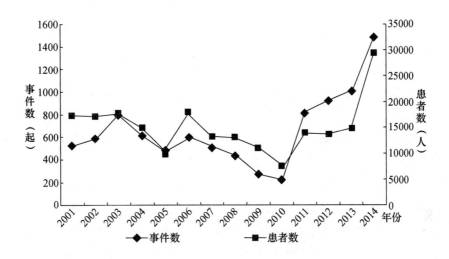

图16-1　2001—2014年中国食源性疾病暴发的总体状况

资料来源：徐君飞、张居作：《2001—2010年中国食源性疾病暴发情况分析》；《中国卫生统计年鉴》（2013—2014）；国家卫生计生委办公厅：《2014年食品安全风险监测督察工作情况的通报》。

源性疾病暴发监测与报告系统的敏感度提高，有助于防范食源性疾病。[1][2]

（二）基于食物中毒视角的食源性疾病事件分析

食物中毒是指健康人经口摄入正常数量、可食状态的"有毒食物"（指被致病菌及其毒素、化学毒物污染或含有毒素的动植物食物）后所引起的以急性、亚急性感染或中毒为主要临床特征的疾病，是食源性疾病的主要组成部分。长久以来，食物中毒一直是世界各国初期监测与食品相关疾病的主要方面，随着学术界对疾病认知程度与监测水平的提高，世界卫生组织等国际组织和欧美等发达国家（地区）均不同程度地扩大了食物中毒的概念，将食源性疾病确立为公共卫生中食品相关疾病的主要监测方面。但我国自2010年开始才逐步重视食源性疾病这一概念表述，并通过食源性疾病（食物中毒）暴发体系的完善与疑似食源性异常病例/异常健康事件监测体系的建立来搜集数据。但与食物中毒数据相比较，我国食源

① 徐君飞、张居作：《2001—2010年中国食源性疾病暴发情况分析》，《中国农学通报》2012年第27期。

② 国家卫生和计划生育委员会：《中国卫生统计年鉴》（2013—2014），中国协和医科大学出版社2013—2014年版。

性疾病数据尚存在极大的缺失，食物中毒报告的数据更能全面描述食源性疾病的总体状况。

1. 食物中毒整体状况

如图16-2和图16-3所示，自2001年以来，我国食物中毒事件数、患者数和死亡人数均呈总体下降的趋势。其中2003—2004年大幅上升，但在2005—2011年显著下降并呈低位波动的可控状况，尤其是在2006年后食物中毒报告起数和中毒人数分别以年均20.52%和14.35%的速率递减。2015年，国家卫计委共收到28个省市区食物中毒类突发公共卫生事件报告169起，中毒5926人，死亡121人。与2014年相比，事件报告数、中毒人数和死亡人数分别增加5.6%、4.8%和10.0%。且食物中毒呈现出明显的季节特征，主要以第三季度为主，在此季度内的食物中毒事件报告起数和死亡人数最多，分别占全年的43.8%和62.8%。主要的原因是，一方面第三季度气温和湿度条件适宜副溶血性弧菌、沙门氏菌和蜡样芽孢杆菌等致病菌的生长繁殖，极易引起食物的腐败变质；另一方面此季节是毒蘑菇等有毒植物的采摘期，消费者饮食也多以生鲜为主，易发生食物中毒事件。

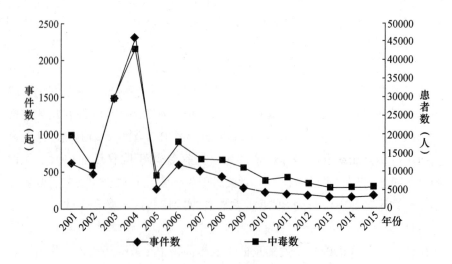

图16-2　2001—2015年中国食物中毒事件的总体状况

资料来源：国家卫生计生委办公厅：《全国食物中毒事件情况的通报》（2001—2015）。

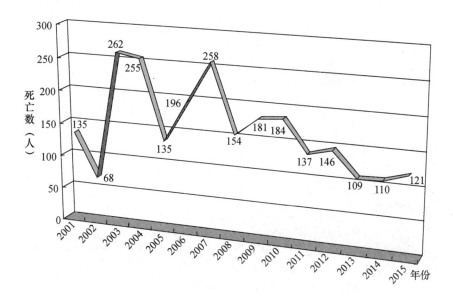

图 16 – 3　2001—2015 年中国食物中毒死亡人数状况

资料来源：国家卫生计生委办公厅：《全国食物中毒事件情况的通报》(2001—2015)。

2. 食物中毒的主要场所

如图 16 –4 所示，食物中毒的发生场所主要为家庭、集体食堂、饮食服务单位和其他四类。2000 年以后，家庭成为食物中毒报告起数和死亡人数占比最多的场所，同时受到消费者薄弱的食品安全意识、较差的有毒动植物鉴别能力，以及地方有限的医疗救助水平等因素的影响，家庭的食物中毒主要集中在贫困偏远地区。2015 年，发生在家庭的食物中毒事件报告起数和死亡人数最多，分别占全年的 46.7% 和 85.1%，与 2014 年相比，发生在家庭的食物中毒事件报告起数和中毒人数分别减少 2.5% 和14.7%，死亡人数增加 9.6%。[1][2]　农村自办家宴引起的食物中毒事件 20起，中毒 1055 人，死亡 13 人，分别占家庭食物中毒事件总报告起数、总中毒人数和总死亡人数的 25.3%、81.1% 和 12.6%。

---

① 《关于 2014 年全国食物中毒事件情况的通报》，国家卫生计生委办公厅，2015 – 02 – 15，http：//www. nhfpc. gov. cn/yjb/s3585/201502/91fa4b047e984d3a89c16194722ee9f2. shtml。

② 《关于 2015 年全国食物中毒事件情况的通报》，国家卫生计生委办公厅，2016 – 04 – 01，http：//www. nhfpc. gov. cn/yjb/s7859/201604/8d34e4c442c54d33909319954c43311c. shtm。

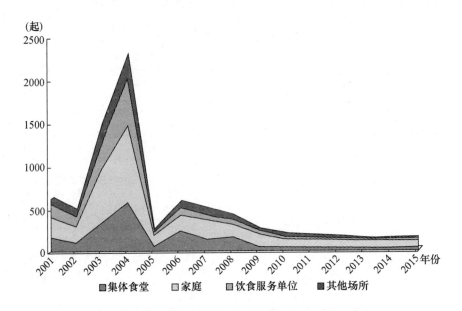

图16－4　2001—2015年全国食物中毒场所分布状况

资料来源：国家卫生计生委办公厅：《全国食物中毒事件情况的通报》（2001—2015）。

二　食源性疾病的致病因素：基于
2001—2015年的数据分析

随着未被认识的新型病原体的不断增加，现有认知的食源性病原仅为冰山一角，通常食源性疾病的常见致病因子包括各种致病微生物、真菌及其毒素、天然毒素、寄生虫和有毒化学物等[1]，且国际上一致认为，由细菌、病毒等微生物和寄生虫引起的食源性疾病是最主要的食品安全和公共卫生问题，而由农药、兽药、添加剂、重金属等化学污染物引起的化学性食源性疾病由于其较低的发生频率而往往受到忽视。

（一）基于风险病原视角的食源性疾病的主要致病因素

1. 引发食物中毒的主要致病因素

我国的食源性疾病监测工作尚处于起步阶段，数据匮乏，难以全面刻

---

[1]　沈莹：《食源性疾病的现状与控制策略》，《中国卫生检验杂志》2008年第10期。

画食源性疾病致病因素的整体面貌，因此以最具代表性的食物中毒数据进行描述更为科学。我国食物中毒的主要原因分为微生物性、化学性、有毒动植物及毒蘑菇、不明原因或尚未查明原因 4 种。2003 年，卫生部通报将食物中毒原因分为微生物性、农药和化学物、有毒动植物、不明原因；2005 年，将农药和化学物改为化学性；2010 年，将有毒动植物改为有毒动植物及毒蘑菇。如图 16-5 所示，在所有致病因素中，微生物性病原一直是食物中毒报告起数和中毒人数的首要致病因素。自 2001 年以来，因微生物性原因发生的食物中毒报告起数、中毒人数分别占各自总数的 37.91%、54.03%，多发生在夏秋炎热季节，且以沙门氏菌、大肠杆菌等肠道致病菌和葡萄球菌、肉毒杆菌等为主。化学性病原在 2005 年以前是导致食物中毒死亡的主要原因，而 2011 年其又成为食物中毒死亡的主要致病因素，以农药、兽药、假酒、甲醇、硝酸盐及亚硝酸盐为主。有毒动植物及毒蘑菇在 2006—2010 年连续成为中毒死亡的主要原因，2007 年致死人数达到 167 人，占当年中毒死亡人数的 64.73%，成为自统计以来致死比例最高的年份，主要以河豚、扁豆、毒蕈、发芽的马铃薯等为主。

　　与 2014 年相比，2015 年我国食物中毒事件中的微生物性中毒事件的报告起数和中毒人数分别减少 16.2% 和 17.0%，死亡人数减少 3 人；化学性食物中毒事件的报告起数、中毒人数和死亡人数分别增加 64.3%、151.9% 和 37.5%；有毒动植物及毒蘑菇食物中毒事件报告起数、中毒人数和死亡人数分别增加 11.5%、34.0% 和 15.6%；不明原因或尚未查明原因的食物中毒事件的报告起数和中毒人数分别增加 23.5% 和 36.3%，死亡人数减少 4 人。[①] 其中，微生物性食物中毒人数最多，占当年食物中毒总人数的 53.7%，主要致病因子为沙门氏菌、副溶血性弧菌、蜡样芽胞杆菌、金黄色葡萄球菌及其肠毒素、致泻性大肠埃希氏菌、肉毒毒素等。有毒动植物及毒蘑菇引起的食物中毒事件报告起数和死亡人数最多，分别占全年食物中毒事件总报告起数和总死亡人数的 40.2% 和 73.6%，是食物中毒事件的主要死亡原因，主要致病因子为毒蘑菇、未煮熟四季豆、乌头、钩吻、野生蜂蜜等，其中，毒蘑菇食物中毒事件占该类食物中毒事件报告起数的 60.3%。化学性食物中毒事件的主要致病因子为亚硝

---

① 《关于 2015 年全国食物中毒事件情况的通报》，国家卫生计生委办公厅，2016-04-01，http://www.nhfpc.gov.cn/yjb/s7859/201604/8d34e4c442c54d33909319954c43311c.shtm。

酸盐、毒鼠强、克百威、甲醇、氟乙酰胺等，其中，亚硝酸盐食物中毒占该类事件总报告起数的 39.1%。

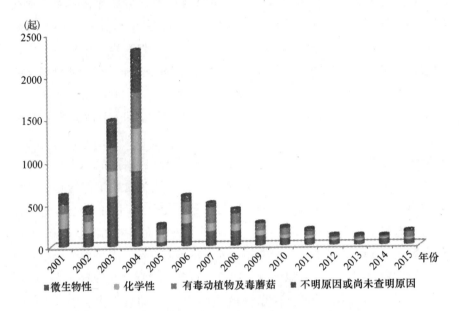

图 16－5　2001—2015 年全国食物中毒致病因素分布状况

资料来源：国家卫生计生委办公厅：《全国食物中毒事件情况的通报》（2001—2015）。

2. 食源性疾病主要致病因素分析

实际上，国际上主要通过食源性疾病负担评估食源性疾病致病因子，定位高负担病原风险并确定最有效的干预措施。据世界卫生组织对全球食源性疾病负担估计的结果表明，2010 年以我国为主的西太平洋 B 区的食源性疾病负担达 4853462 伤残调整寿命年（Disability Adjusted Life Years, DALYs），所有种类的食源性病原中，按伤残调整寿命年排序，依次为寄生虫、侵袭性微生物病原、腹泻型病原和化学与生物毒素，分别达2685609DALYs、1082347DALYs、675523DALYs 和 295166DALYs。上述研究结果与我国的食物中毒统计状况基本相一致，但分类更为细致。综合食源性疾病负担与食物中毒报告统计分析的结果，食源性疾病致病因素主要有以下几点：

（1）微生物性致病因素。微生物性致病因子是食源性疾病暴发数最多的致病因素，生命力与感染力极强，可广泛分布于自然界各种环境中。

其中流行性较高的微生物病原主要为：沙门氏菌、单核细胞增多性李斯特菌（简称单增李斯特菌）、副溶血性弧菌、金黄色葡萄球菌、弯曲杆菌及大肠埃希氏菌 O157：H7 等细菌性病原和诺如病毒等。我国的主要细菌性病原为副溶血性弧菌和沙门氏菌，其引发的食物中毒占整体的 1/3 以上①，其中沙门氏菌占 70%—80%。② 在其他微生物性致病因素中，单核李斯特菌和诺如病毒也应受到关注，单核李斯特菌的发病率虽然不高，但致死率很高，是其他细菌性病原（如沙门氏菌）的 1.2—1.3 倍③，而诺如病毒是首个被认知的引发人类食源性疾病的最常见病毒。据相关监测数据显示，沙门氏菌、金黄色葡萄球菌、产气荚膜梭菌和肉毒梭菌等是动物性食品的常见致病因素，与鱼贝类食品中毒有关的主要为副溶血性弧菌，奶及奶制品、蛋和蛋制品则是沙门氏菌病暴发的重要媒介，志贺氏菌、蜡样芽胞杆菌和大肠埃希菌是谷类、豆类和含淀粉较高的植物性食品的主要致病因素。④

（2）寄生虫类致病因素。食源性人畜共患寄生虫病（Food－borne parasitic zoonoses，FBPZs）是引发全球食源性疾病的主要疾病种类，主要由人们食用了受污染的鱼、肉、植物或水而引发⑤，对公众健康与社会经济发展都造成了十分严重的危害，在中国大陆地区尤其严重，波及将近 1.5 亿人次。⑥ 我国最主要的食源性人畜共患病包括旋毛虫病、猪囊虫病和绦虫病，以及弓形体病，不仅对人们健康造成了巨大危害，也对猪肉类工业造成了沉重打击。其中由旋毛虫引发的旋毛虫病主要发生在云南（8.3%）、内蒙古（6.3%）和青海等地区，由猪肉绦虫引起的猪囊虫病和绦虫病曾经在我国 29 个省市区广泛流行，尤其是云南、贵州、四川的

---

① 王世杰、杨杰、谌志强等：《1994—2003 年我国 766 起细菌性食物中毒分析》，《中国预防医学杂志》2006 年第 3 期。

② 毛雪丹：《2003—2008 年我国细菌性食源性疾病流行病学特征及疾病负担研究》，博士学位论文，中国疾病预防控制中心，2010 年。

③ Centers for Disease Control and Prevention－CDC，"The Food Production Chain－How Food Gets Contaminated"，U. S. Department of Health & Human Services，2015－03－24，http：// www. cdc. gov/foodsafety/outbreaks/investigating－outbreaks/production－chain. html.

④ 李泰然：《中国食源性疾病现状及管理建议》，《中华流行病学杂志》2003 年第 8 期。

⑤ J. Y. Chai，M. K. Darwin and A. J. Lymbery et al.，"Fish－borne parasitic zoonoses：Status and issues"，*International Journal of Parasitology*，Vol. 35，No. 11－12，2005，pp. 1233－1254.

⑥ P. Zhou，N. Chen and R.－L Zhang et al.，"Food－borne parasitic zoonoses in China：Perspective for control"，*Trends in Parasitology*，Vol. 24，No. 4，2008，pp. 190－196.

白族与苗族等少数民族地区，由弓形虫引起的弓形体病则流行于贵州、广西、江西等地区。[①] 我国的主要食源性人畜共患寄生虫见表16－1。

表 16－1　　　　　　　　我国的主要食源性人畜共患寄生虫病

食源性疾病	寄生虫病原	最终宿主	流行状况
旋毛虫病	旋毛虫、纤毛虫	人类温血动物	感染率为 3.3%；将近 2000 万人次感染
猪囊虫病	猪肉绦虫	人类	感染率为 0.55%；将近 700 万人次感染
弓形体病	刚地弓形虫	陆地动物	感染率为 7.9%；将近 1 亿人次感染
包虫病	细粒棘球绦虫、多房棘球绦虫	家养或野生犬类	将近 0.38 百万人次感染
支睾吸虫病	中华枝睾吸虫	人类温血动物	感染率为 2.4%；将近 1.25 千万人次感染
肺吸虫病	肺吸虫	人类、猫科动物、犬科动物和食肉动物	感染率为 1.7%；农村儿童中感染率为 29.7%
血管圆线虫病	广州管圆线虫	老鼠	400 例报告病例
血吸虫病	血吸虫	人类、哺乳动物	将近 0.73 百万人次感染
隐孢子虫病	隐孢子虫	人畜共患	儿童腹泻的感染率为 2.1%，其中浙江省儿童腹泻的感染率为 10.4%
贾第虫并	贾第鞭毛虫	人类、哺乳动物	感染率为 2.5%；将近 3000 万人次感染

资料来源：P. Zhou et al. , "Food - borne parasitic zoonoses in China: Perspective for control", *Trends in Parasitology*, Vol. 24, No. 4, 2008, pp. 190－196.

（3）化学性致病因素。化学性致病因素包括化学物质和生物毒素两种。我国的化学性和有毒动植物及毒蘑菇是导致食物中毒死亡的主要原因，化学性食物中毒以农药、兽药、假酒、甲醇、硝酸盐及亚硝酸盐为主[②]，有毒动植物及毒蘑菇以河豚、扁豆、毒蕈、发芽的马铃薯等为主。我国极其重视对化学性致病因子的监测，并不断完善相关标准。在2010—2013 年 4 年间，我国共颁布了 411 个国家食品安全标准，其中与化学性致病因素有关的食品添加剂标准就达到 271 个，约占 65.9%。

---

① Xu, L. Q. , Duncan, C. and Nol, P. et al. , "A national survey on current status of the important parasitic diseases in human population", *Chinese Journal of Parasitology & Parasite Disease*, Vol. 23, No. 5, 2005, pp. 332 –340.

② 聂艳、尹春、唐晓纯等：《1985—2011 年我国食物中毒特点分析及应急对策研究》，《食品科学》2013 年第 5 期。

2013 年全国化学性致病因素采样涉及 1318 个区县①，而 2014 年全国针对化学性致病因素的监测数据量有近 167 万个。一方面，现有化学性致病因素的疾病负担评估方法存在很大缺陷；另一方面，现代食品工业使许多新的食源性化学性风险尚没有被认知，过敏性致病原等的疾病风险尚没有得到应有的监测与分析，仍需要进一步的研究。

（二）基于供应链污染视角的食源性疾病的致病因素分析

食源性疾病风险可发生于"农田到餐桌"的各个环节。换言之，任何食品安全风险都可在食品供应链的各个节点污染食品，成为食源性疾病风险。传统观点认为，病原的来源主要与土壤、水、空气等环境污染息息相关。② 一方面，温度、湿度以及降雨量等自然环境是病原生长繁殖的必要条件；另一方面，生态随时空的不断演化会导致病原体基因型的变异修饰和寄生虫宿主种群的改变扩增。③ 但是，社会进步和技术变革带来了食用农产品"种植养殖—生产加工—物流贸易—饮食消费"的全面革新。④ 现代农业生产、食品加工以及消费习惯等增加了食源性病原污染食品的风险，而复杂的全程供应链网络及天然地理屏障作用的不断衰减加速了食源性病原的人群易感性和暴露传播，食源性病原能够随时污染食品并从地域性疾病迅速演变为世界性流行病。因此，基于供应链分析食源性疾病的致病因素，确定食品供应链中可能受到的污染及其与食源性疾病之间的内在联系，不仅是确保食品安全的关键，更是"健康中国"的要求。

食品供应链各环节可受到的污染风险包括生物性、化学性和物理性三类。生物性病原主要涵盖细菌、真菌、病毒和寄生虫等，可发生于食品供应链的各个环节；化学性病原主要包括农药残留、兽药（抗生素）残留、环境污染物（二噁英、生物毒素、氯丙醇、氯化联苯）及雌激素和重金

① 国家卫生和计划生育委员会：《中国卫生和计划生育统计年鉴》(2014)，中国协和医科大学出版社 2014 年版。

② Utaaker, K. S. and Robertson, J. L., "Climate change and foodborne transmission of parasites: A consideration of possible interactions and impacts for selected parasites", *Food Research International*, Vol. 68, 2015, pp. 16 – 23.

③ EFSA, "Scientific Opinion of the panel on biological hazards on risk assessment of parasites in fishery products", *EFSA Jounal*, Vol. 8, No. 4, 2010, p. 1543.

④ Brogliaa, A. and Kapel, C., "Changing dietary habits in a changing world: Emerging drivers for the transmission of foodborne parasitic zoonoses", *Veterinary Parasitology*, Vol. 182, No. 1, 2011, pp. 2 – 13.

属等，主要发生于农业生产环节；物理性病源为源于放射性物质开采、冶炼，以及国防、生产活动和科学实验中放射性核素的使用、废物的不合理排放及意外性的泄漏等①，在食源性疾病风险中并不常见。依据"农田到餐桌"全程食物链中"农业生产—食品运输与储存—食品生产加工—食品零售—经端消费"等环节，各个环节中存在的生物性和化学性风险可如图 16－6 所示。

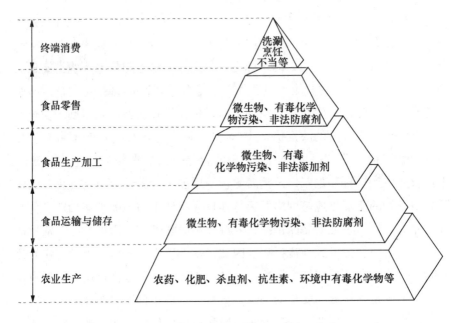

图 16－6　食品供应链可能受到的食品污染

资料来源：H. M. Lam et al. ，"Food supply and food safety issues in China"，*Lancet*，Vol. 381，No. 9882，2013，pp. 2044－2053。

1. 农业生产环节的食源性致病因子

农业生产环节主要包括农产品种植与牲畜饲养两个部分，所涵盖的风险因子包括农药残留、化肥污染、寄生虫风险、兽药残留和重金属污染等。我国是世界上农药、化肥生产和消费较高的国家之一，除长期农药、化肥施用产生的间接环境污染外，还有农药、化肥施用不当产生直接的农药残留。在中国，农业生产者对农药施用缺乏正确认知，滥用多灭灵（甲胺磷）、克百威（呋喃丹）等剧毒农药，对农村地区的生态环境、农

---

① 李泰然：《中国食源性疾病现状及管理建议》，《中华流行病学杂志》2003 年第 8 期。

作物质量与食品安全造成了严重的负面影响。① 据我国高毒农药"替代工程"的调查，发现年均约有 5 万人因农业生产者不合理用药或违规使用高毒农药造成中毒和死亡。② 同时，为保障农产品生产，我国的化肥投入数量和施用强度不断增加，但化肥过量投入和施肥技术落后等使得化肥利用率普遍偏低，大量养分通过降雨冲刷和淋融等方式流向水体或残留于土壤中，形成了较为严重的面源污染。③ 有证据表明，化肥的过量和不合理施用是农业面源污染物中总磷和总氮增加，以及一些地区湖泊和河流如滇池、淮河、巢湖和太湖等遭受污染和水体富营养化的主要原因之一。

牲畜饲养中产生的食源性致病风险主要包括两个方面：一是牲畜饲养中的人畜共患病。现有食源性疾病中，75% 都表现出人畜共患及动物间传染的特征。低劣的卫生控制是病原传播的主要途径，而为控制动物疫病产生的兽药滥用增强了细菌耐药性，两者共同主导了急性食源性人畜共患细菌病的暴发。二是激素类和抗生素类兽药的化学性污染，我国牲畜饲养中抗生素类药物的超量使用、非法违禁药品滥用以及不遵守休药期规定等造成的兽药残留，主导了皮肤、肠道、呼吸系统和中枢神经系统慢性损伤以及癌症等食源性慢性病的暴发。④ 此外，重金属污染对食品安全的影响也非常严重，大多数重金属半衰期较长，在动物体内蓄积，人们食用后能产生急性和慢性中毒反应，甚至产生致畸、致癌和致突变的潜在危害。据分析，重金属污染以粮食作物中的镉最为严重，其次是汞、铅等。

2. 食品生产加工环节的食源性致病因子

食品加工过程中可形成多种化学性风险，如罐头食品在热加工过程中形成的呋喃物质以及富含碳水化合物食品在高温烹调中形成的丙烯酰胺等。⑤ 但自三聚氰胺奶粉事件以来，超过 80% 的消费者认为食品安全问题

① 乔立娟、王健、李兴：《农户农药使用风险认知与规避意愿影响因素分析》，《贵州农业科学》2014 年第 3 期。

② 李红梅、傅新红、吴秀敏：《农户安全施用农药的意愿及其影响因素研究——四川省广汉市 214 户农户的调查与分析》，《农业技术经济》2007 年第 5 期。

③ 张锋：《中国化肥投入的面源污染问题研究——基于农户施用行为的视角》，博士学位论文，南京农业大学，2011 年。

④ Lagerkvist, C. J., Sebastian, H., Julius, O. et al., "Food health risk perceptions among consumers, farmers, and traders of leafy vegetables in Nairobi", *Food Policy*, Vol. 38, No. 1, 2013, pp. 92 – 104.

⑤ Roberts, D., Crews, C. and Grundy, H. et al., "Effect of consumer cooking on furan in convenience foods", *Food Additives and Contaminants*, Vol. 25, No. 1, 2008, pp. 25 – 31.

由食品添加剂造成①，加之近年来接连被曝光的苏丹红辣椒酱和塑化剂饮料等食品安全事件，更加深了消费者的这种认知。食品添加剂已成为食品生产加工环节的主要风险之一。实际上，食品添加剂是指为改善食品品质和色、香、味以及为防腐、保鲜和加工工艺的需要而加入的人工合成或者天然物质，对食品保鲜、食品储存、提高食品感官与营养价值起到了不可替代的作用②，包括酸度调节剂、抗结剂、消泡剂、抗氧化剂、漂白剂、膨松剂、着色剂、护色剂、酶制剂、增味剂、营养强化剂、防腐剂、甜味剂、增稠剂、食品香料等。③ 目前，我国允许使用的食品添加剂有 2300 多种。近年来，发生的如"三聚氰胺""瘦肉精""苏丹红""吊白块"等多起表面上涉及食品添加剂的食品安全事件，并非由食品添加剂本身引发，而是由食品生产加工过程中超限量使用食品添加剂、超范围使用食品添加剂，或由人为恶意非法添加非食用性化学物质造成。④ 不仅产生了许多起影响恶劣的食品安全事件，更对公众健康造成了严重威胁。

3. 食品储存运输环节的食源性疾病致病因子

食品储存运输中所产生的致病因子包括微生物性因子和化学性因子两种。随着现代食品供应链的缩短，长时间的食品运输过程中，水果、蔬菜、肉类、牛奶、鸡蛋和奶酪等营养丰富的食品，受高温、高湿等因素的影响，成为细菌、霉菌和真菌生长繁殖的温床，导致了食品的腐烂变质⑤，其中尤以米面食品储存不当产生的强致癌物黄曲霉素最广为人知。虽然现代冷链物流为食品运输中的食品安全提供了一定的保障，但有些病原微生物如产气荚膜梭菌与肉毒杆菌所产生的芽孢具有极强的存活力，仍可以在低温中存活并生长繁殖，在食用后通过胃肠黏膜进入人体，损害人体肠膜，仅数小时或数天就会引起腹痛、腹泻、恶心、呕吐等中毒症状。除微生物风险外，食品包装容器、工具、管道等食品贮存和运输材料如选择不当，其中存在的有害物质如金属铅、锌及橡胶、塑料制品中的防老剂和增塑剂等，也可在食品储存与运输过程中迁移到食品中产生化学性风险

---

① 孙宝国：《食品添加剂与食品安全》，《科学中国人》2011 年第 22 期。

② 孙金沅、孙宝国：《我国食品添加剂与食品安全问题的思考》，《中国农业科技导报》2013 年第 4 期。

③ 王静、孙宝国：《食品添加剂与食品安全》，《科学通报》2013 年第 26 期。

④ 孙宝国、王静、孙金沅：《中国食品安全问题与思考》，《中国食品学报》2013 年第 5 期。

⑤ 张语宁：《食品的储存及冷藏食品的安全》，《吉林农业》2016 年第 3 期。

损害人体健康。[①] 但这种作用微乎其微，并非主要的致病因子。

4. 食品消费环节的食源性致病因子

食品消费作为食物链的终端环节，是食源性疾病暴发的最主要环节。不仅包含"农田到餐桌"全程供应链所累积叠加的食品安全风险因子，还包含自身环节所引入的食品安全风险因子。所引入的风险主要表现为食品清洁、隔离、烹调和冷藏等处理行为不当所产生的微生物性与化学性致病因子。[②③④] 餐饮消费环节有的餐饮店用工业级洗洁精洗涮餐具，有的餐饮店使用的餐具不能达到人次消毒，有的餐饮器具不消毒或消毒不彻底，食品安全失去了必要的保证。而家庭作为食源性风险最高的环节，常因消费者的食品处理不当行为而产生致病因子，包括生、熟制品之间的交叉污染，储存不当，不正确的解冻、剩菜处理不当和烹调不彻底等。[⑤] 除此之外，受到饮食文化的影响，我国家庭环节的食源性疾病风险还包括：腌制食品中亚硝酸盐与胺类结合形成的致癌物亚硝胺类化合物；食物经过熏烤、煎炸后，形成如苯并芘和环芳烃等的强致癌物；合金、釉彩、颜料和电镀层等食品包装材料中的重金属，在不当的食品煎炸、蒸煮、烧烤中迁移进入食品中造成致病风险。

三　食源性疾病风险的公众防范能力：家庭食品处理行为案例

家庭是"农田到餐桌"环节中唯一一个主要依靠消费者来防范食品安全风险、保障食品安全的环节。但是，作为全食物链最后环节的家庭食

---

① Castle, L., "Chemical migration into food: An overview", In: K. A. Barnes, C. R. Sinclair and D. H. Watson, eds., *Chemical Migration and Food Contact Materials*. Woodhead Publishing Limited, Cambridge, England, 2007, pp. 1 – 13.

② Redmond, E. C. and Griffith, C. J., "Consumer food handling in the house: A review of food safety studies", *Journal of Food Protection*, Vol. 66, No. 1, 2003, pp. 130 – 161.

③ 巩顺龙、白丽、陈磊等：《我国城市居民家庭食品安全消费行为实证研究——基于15个省市居民家庭的肉类处理行为调查》，《消费经济》2011年第3期。

④ Taché, J. and Carpentier, B., "Hygiene in the home kitchen: Changes in behaviour and impact of key microbiological hazard control measures", *Food Control*, Vol. 35, 2014, pp. 392 – 400.

⑤ 白丽、汤晋、王林森等：《家庭食品安全行为高风险群体辨识研究》，《消费经济》2014年第1期。

品消费，并没有发挥出"最后的把关者"的作用，已成为保障全食物链安全的"最消极的一环"。①② 消费者普遍存在的"认知匮乏"与"乐观偏见"使其在家庭食品处理中经常表现出许多不当行为③④，导致了食源性疾病的发生。雷德蒙德和格里菲斯（Redmond and Griffith，2003）对欧洲、北美，以及澳大利亚和新西兰的流行病学研究发现，家庭环节产生的食源性疾病中，87%都可归因于不规范的食品处理行为。⑤ 国家卫生计生委办公厅发布的2010—2015年的全国食物中毒事件情况的通报数据显示，家庭是我国食物中毒报告数和死亡人数占比最高的场所，分别占报告总数和死亡总数的50%与80%左右。而且相关研究显示，我国30%—40%的家庭食物中毒是由不规范的食品处理行为引起的⑥，致死率甚至高达70%。⑦ 为此，世界卫生组织提出了食品安全五要点，作为消费者家庭食品安全消费的指导性原则，主要包括：保持清洁、生熟分开、做熟食物、保持食物的安全温度、使用安全的水和原材料。因此，研究团队继续采用对江苏、吉林、河南等10个省市区的调查数据（参见本书第五章），旨在了解我国消费者家庭的食品消费行为，辨析消费者家庭食品消费的最主要风险行为，为政府相关部门推进家庭食品风险防范策略与开展食品安全风险交流、科普宣传提供决策依据。

（一）　受访者家庭食用的原料安全

在食品安全五要点中，使用安全的水和原料是确保家庭食品消费安全

---

① Kennedy, J., "Deteminants of cross – contaminationduring home food preparation", *British Food Journal*, Vol. 113, No. 2 – 3, 2011, pp. 280 – 297.

② Luber, P., "Cross – contamination versus undercooking of poultry meat or eggs – which risks need to be managed first?" *International Journal of Food Microbiology*, No. 134, 2009, pp. 21 – 28.

③ McCarthy, M. Brennan, M. and Kelly, A. L. et al., "Who is at risk and what do they know? Segmenting a population on their food safety knowledge", *Food Quality and Preference*, Vol. 18, No. 2, 2007, pp. 205 – 217.

④ Sanlier, N., "The knowledge and practice of food safety by young and adult consumers", *Food Control*, Vol. 20, No. 6, 2009, pp. 538 – 542.

⑤ Redmond, E. C. and Griffith, C. J., "Consumer food handling in the house: A review of food safety studies", *Journal of Food Protection*, Vol. 66, No. 1, 2003, pp. 130 – 161.

⑥ Bai, L., Jin, T. and Yang, Y. et al., "Hygienic food handling intention: An application of the Theory of Planned Behavior in the Chinese cultural context", *Food Control*, Vol. 42, No. 8, 2014, pp. 172 – 180.

⑦ Xue, J. and Zhang, W., "Understanding China's food safety problem: An analysis of 2387 incidents of acute foodborne illness", *Food Control*, Vol. 30, No. 1, 2013, pp. 311 – 317.

的源头，一旦食品安全风险进入家庭中，就会在家庭食品处理活动中扩散、累积，不断放大并损害消费者健康。对 2005—2014 年我国大陆地区发生的食品安全事件所涉及食品种类排名中，发现肉与肉制品、蔬菜及蔬菜制品以及水果及水果制品等是风险最高的食品。[①] 同时，鉴于长期以来霉变食品，尤其是坚果与谷物霉变的高致癌性，本章主要对上述高风险食品的购买场所及腌制与霉变食品的家庭处理行为进行调查。

1. 超过 60% 受访者家庭果蔬购买场所具有可追溯性

如图 16 – 7 所示，62.19% 和 46.67% 的受访者表示家庭食用的蔬菜、水果来自"农贸市场购买的普通果蔬"和"超市购买的普通果蔬"；食用的蔬菜、水果来自"国产有机果蔬"、"进口普通果蔬""进口有机果蔬"占受访者的 10.36%、3.25%、1.97%；另外，29.68% 的受访者表示"自家种植"。但有 35.02% 的受访者表示会在路边流动摊贩处购买果蔬。调查结果表明，超过 60% 的受访者购买的果蔬产品具有可追溯性，且大部分消费者倾向于购买普通果蔬，但仍有 1/3 的受访者会在路边流动摊购买果蔬。

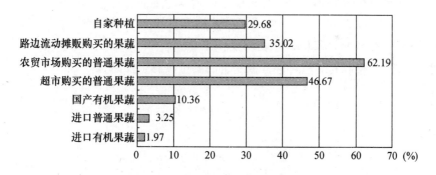

图 16 – 7　受访者家庭食用果蔬的来源

2. 受访者家庭肉类消费中以普通肉类为主

如图 16 – 8 所示，69.56% 和 56.35% 受访者的家庭食用的肉类食品分别来自"农贸市场的普通肉类"和"超市的普通肉类"；来自"超市或农贸市场的有检验检疫证的肉类"和"自家养殖的肉类"分别占 21.98% 和 16.35%；且仅有 4.14% 的受访者选择食用"超市或农贸市场的无公害或有机肉类"。调查结果表明，在肉类消费者中，消费者并不十分关注肉

---

① 吴林海等：《中国食品安全发展报告（2015）》，北京大学出版社 2015 年版，第 101 页。

类是否经过专业机构检验，多数消费者仅通过自身感官判断来选购普通肉类。

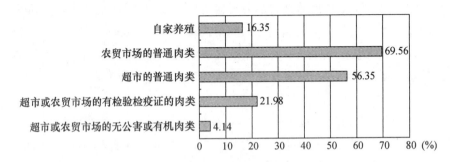

图16-8　受访者家庭食用肉类的来源

3. 过半数的受访者家庭饮食用水以自来水为主

如图16-9所示，对于家庭日常饮食用水，使用"自来水"的比例最高，受访者的比例为58.30%；其次为"纯净水"，达23.53%；使用"山泉水或井水"与"经纯水系统净化后的自来水"的比例基本相同，为9.20%和8.55%；其他选项占0.42%。因此，自来水是家庭饮食用的主要用水，自来水的品质对保证家庭食品安全具有重要意义。

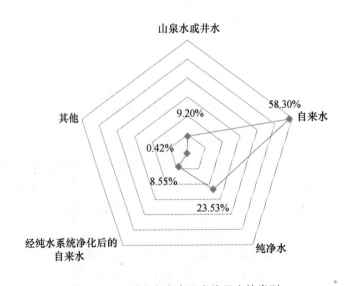

图16-9　受访者家庭日常饮用水的类别

4. 大多数受访者不会食用发霉变质的坚果

如图 16-10 所示，当吃到发霉变质的花生或者瓜子等坚果类食物时，47.03%、41.21% 的受访者表示会"马上吐出来""吐出后漱口"；7.75% 的受访者表示"霉味不重就咽下去"；另有 3.05% 和 0.96% 的受访者表示"不确定"或"直接咽下去"。这表明，大多数受访者对于发霉变质的食品采取了安全的处理行为。

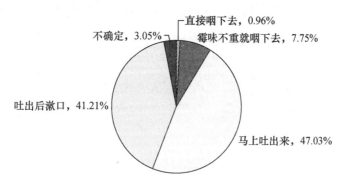

图 16-10 受访者食用到发霉变质坚果时的行为

5. 对霉变米面类食品的处理行为较为安全

如图 16-11 所示，当问及受访者家庭如何处理产生霉味、颜色发黄的米、面等食物时，66.63% 的受访者表示"不管霉变是否严重，肯定扔掉"；有 22.49% 和 6.10% 的受访者表示"不严重则淘洗煮熟，严重则扔掉"和"霉变严重，仔细淘洗后煮熟吃"；另有 3.86% 和 0.92% 的受访者选择了"不确定"和"继续照常食用"。

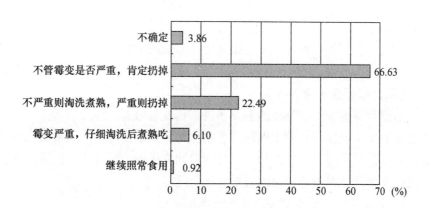

图 16-11 家中米面发霉时受访者采取的行为

6. 超过90%的受访者家庭食品运输风险行为较高

如图16－12所示，当问及受访者购买生鲜或冷冻肉类后如何运送回家时，51.04%的受访者表示会"单独包装、用普通购物袋运送回家"；有40.10%的受访者表示会"混合放置、用普通购物袋运送回家"；有5.96%和2.90%的受访者表示会"单独包装、冰袋或保鲜装置运送"和"混合放置、冰袋或保鲜装置运送"。因此，仅有5.96%的受访者的食品运输行为安全性较高，高达94.04%的受访者在生鲜或冷冻肉类放置与运输包装中存在较高的风险行为。

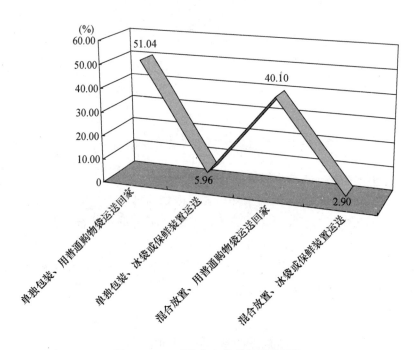

图16－12　受访者家庭食品运输行为

（二）家庭食品冷藏行为

温度是微生物生长繁殖的必要条件，因此合理温度的"冷藏"，是保持食物的安全温度，并抑制病原微生物生长繁殖、保障食品质量安全的关键，主要包括生鲜、冷冻海鲜与肉类运输回家后的冰箱冷藏、剩菜的冰箱冷藏以及食品烹调前的冷冻肉类解冻等。

1. 受访者家庭生鲜食品储存行为总体安全

如图16－13所示，对于烹调前的放置方式，受访者选择"放冰箱冷冻层直至烹调"的比例最高，接近 1/3；其他选项由高到低依次为"拿回家，立刻烹调""两小时内烹调，则室温放置"和"放冰箱冷藏层直至烹调"，分别为 27.88%、20.06% 和 19.37%，且仅有 1.02% 的受访者选择在"室温放置直至烹调"。这表明，受访者的生鲜食品储存行为呈现总体安全的态势。

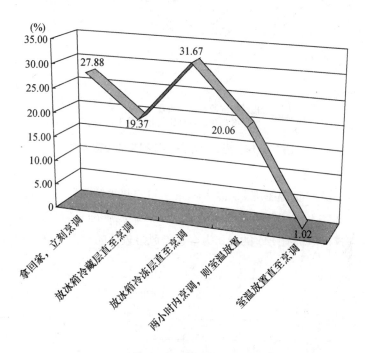

图 16 - 13　受访者家庭生鲜食品储存行为

2. 将近 1/4 的受访者家庭剩饭剩菜处理行为风险较高

如图 16 - 14 所示，在问及如何储存家庭的剩菜剩饭时，分别有 64.53%、33.43% 的受访者表示会"直接放入冰箱冷藏储存""待凉透后放入冰箱储存"，但是，有 19.92% 和 7.12% 的受访者表示选择"室温放置"或"覆盖保鲜膜后室温放置"。结果表明，仍有 1/4 的受访者家庭剩饭剩菜处理行为的风险较高。

3. 微波解冻是家庭冷冻食品的主要解冻方式

如图 16 - 15 所示，在家庭冷冻肉类解冻方式的调查中发现，"微波解冻"是冷冻肉类的主要解冻方式，占 48.32%；其次为"冰箱冷藏层解冻"

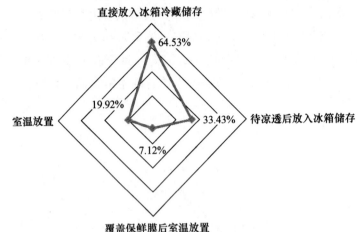

注：多选项，百分比之和不等于100%。

图16-14 受访者家庭剩饭剩菜的储存方式

注：多选项。

"流动水解冻""室温解冻""冷水解冻"和"热水解冻"，分别占35.98%、32.84%、22.13%、20.60%和3.78%。虽然微波解冻是家庭冷冻肉类解冻的主要方式，但仍有1/5的受访者会选择风险较高的室温解冻与冷水解冻。

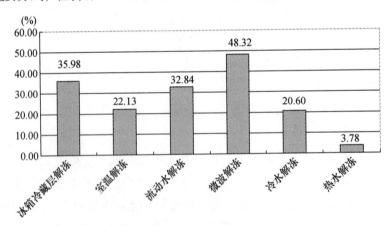

图16-15 受访者家庭冷冻肉类的解冻方式

（三）家庭食品卫生行为

有研究表明，交叉污染是家庭食品的主要风险[1]，根据图16-16所

---

① E. van Asselt, A. Fischer, A. E. I. De Jong et al. , "Cooking practices in the kitchen - observed versus predicted behavior", *Risk Analysis*, Vol. 29, No. 4, 2009, pp. 533 - 540.

示的交叉污染潜在来源及世界卫生组织的定义，交叉污染是指通过接触其他生食品、以前烧熟的食品、接触不洁表面或食品操作者不卫生的手，将生物、物理或化学性有害因素传递到其他食品。因此，保持清洁与生熟分开是食品安全五要点中的两个首要原则。主要包括生熟食品处理间的手部、案板和刀具清洁以及专板专用、专刀专用等。[①]

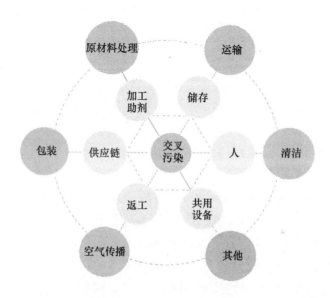

图 16 – 16　食品生产过程中可能引发交叉污染的潜在来源

资料来源：吴林海等：《中国食品安全发展报告（2015）》，北京大学出版社 2015 年版。

1. 受访者家庭食品处理中的手部行为风险较高

如图 16 – 17 所示，在问及消费者在处理家庭食品前后的洗手方式时，56.12% 的受访者表示只是用"自来水简单冲洗"，有 10.27% 和 3.93% 的消费者选择"有时洗手，有时不洗"和"一般不洗手"，有 22.71% 和 6.97% 的消费者选择"用肥皂或清洁剂仔细清洗""用专用清洁剂对手部消毒"。结果显示，虽然有 29.68% 的消费者的安全性较高，但高达 70.32% 的受访者的手部清洁行为风险较高。

---

① J. Taché and B. Carpentier, "Hygiene in the home kitchen: Changes in behaviour and impact of key microbiological hazard control measures", *Food Control*, Vol. 35, No. 1, 2014, pp. 392 – 400.

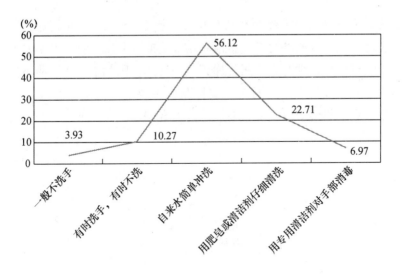

图 16 - 17 受访者的手部清洁行为

2. 受访者家庭砧板刀具处理方式风险较高

如图 16 - 18 所示，在受访者对每次使用砧板刀具后的清洁行为的回答中，发现受访者对刀具及砧板的处理方式，所占比例由高到低依次为"每次使用后用冷水冲洗清洁""很少清洁""每次使用后用热水冲洗清洁"和"每次使用后会用清洁剂等彻底清洁，并使刀具、砧板远离潮湿环境"，分别为 59.82%、14.19%、13.17% 和 12.82%。结果表明，74.01% 的受访者对砧板刀具的清洁存在严重的风险行为。

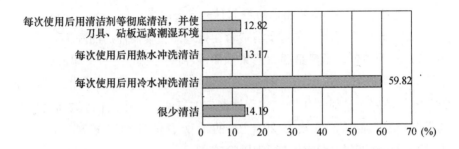

图 16 - 18 受访者对家庭砧板刀具的处理方式

3. 受访者家庭生熟分开行为风险较高

如图 16 - 19 所示，在家庭生熟食品处理中，受访者选择频率由高到低依次为"用同一套砧板、刀具""专刀专用，但是用同一块砧板""专板专用，但用同一套刀具""专板专用、专刀专用"，分别为44.75%、24.08%、17.05%和14.12%。这表明，受访者家庭在生、熟食品处理中存在着明显的交叉污染风险。

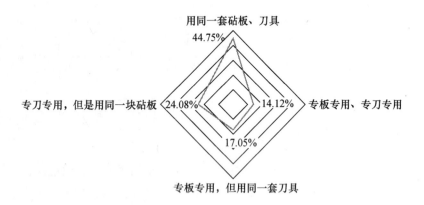

图 16 - 19　受访者家庭生熟分开行为

（四）家庭食品烹调食用行为

"烹调"是减少病原微生物数量、降低病原菌毒力、防范家庭风险的最终关键点，除了生食中未清洗完全果蔬的影响，许多家庭风险多由消费者食用了未烹调完全的肉类引发[①]，因此，做熟食物成为防范家庭食品安全风险的第三大原则。此外，烹调不当也可引发致病因素，产生食品安全风险，主要包括腌制食品中由亚硝酸盐与胺类结合形成的亚硝胺类致癌化合物，以及熏烤、煎炸食物中形成的如苯并芘和环芳烃等强致癌物等。

1. 受访者家庭食品的主要烹调习惯

如图16 - 20所示，在问及受访者家庭食品的烹调习惯时，选择"煎炒"和"清蒸或水煮"方式的占比较大，分别为70.84%和57.19%；选择"油炸""生食""烧烤"方式的分别为27.27%、9.80%、9.48%；另外，1.08%的受访者选择了"其他"。说明受访者家庭的烹调习惯偏重于煎炒、清蒸或水煮。

---

① A. Bearth, M. - E. Cousin, M. Siegrist et al., "Uninvited guests at the tables - A consumer intervention for safe poultry preparation", *Journal of Food Safety*, Vol. 33, No. 4, 2013, pp. 394 - 404.

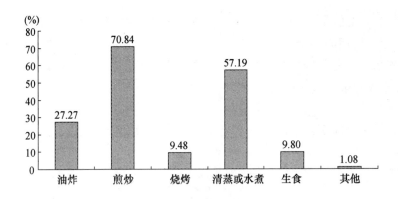

图 16 - 20　受访者家庭食品的烹调习惯

2. 受访者存在着普遍的剩菜烹调风险

如图 16 - 21 所示，97.15% 的受访者在"食品烹调中会通过搅拌、转动等方式让各个部分充分加热"，72.54% 的受访者会将"肉类菜肴彻底做熟"，由此表明，受访者的食品烹调行为安全性较高。而在剩菜食用方面，只有 22.37% 的受访者会在"肉类剩菜再次食用前热透"，而 69.28% 的受访者在"肉类剩菜再次食用前只会加热至温"，7.71% 的受访者在"肉类剩菜再次食用前不会加热"。因此，消费者的食品烹调行为中，剩菜的加热风险较高。

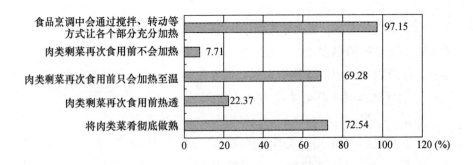

图 16 - 21　受访者家庭剩菜烹调习惯

3. 将近 1/3 的受访者腌制食品的食用风险较高

如图 16 - 22 所示，当问及受访者家庭食用腌制香肠、腊肉、咸菜等腌制食品的频率时，"一月或超过一月一次"的频率最高，占受访者的

41.93%，"两周一次"和"4—7天一次"的频率次之，占受访者的
23.82%和18.55%；仅有10.12%和5.58%的受访者表示"2—3天一次"
和"每天食用"。结果表明，消费者腌制食品食用风险并不显著偏高，但
是仍有将近1/3的受访者存在较高的腌制食品食用风险。

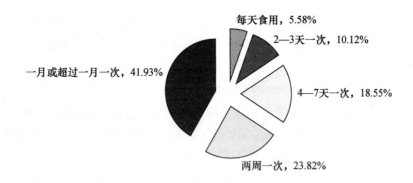

图16-22　受访者家庭腌制食品的食用频率

4. 将近1/3的受访者烧焦食品的食用风险较高

如图16-23所示，当问及受访者对家庭中烧烤食物（包括家庭烹饪
中烧焦的鱼或肉等食物）的处理方式时，41.53%的受访者表示"不会食
用"；分别有34.62%、29.08%的受访者表示"去除烧焦部分，再食用"、
"烧焦不严重就吃"；另外，7.15%和4.58%的受访者表示"不确定"和
"烧焦很严重，也照常食用"。结果表明，消费者烧焦食品食用风险并不
显著偏高，但是仍有将近1/3的受访者烧焦食品的食用风险较高。

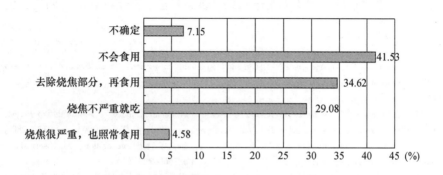

图16-23　受访者家庭烧焦食品的食用方式

四　基于食源性疾病暴发视角的家庭食品处理风险行为的主要特征

家庭食品处理不当行为已成为引发食源性疾病的关键风险因素①，并且将可能成为 21 世纪全球尤其是发展中国家或地区重要的健康战略问题。② 为此，众多国际组织与发达国家已开始实施相应的国家战略以降低食源性疾病。国际家庭卫生科学论坛（IFH）将一种基于危害分析与关键控制点的方法——卫生定向确定为家庭防范食源性疾病风险的主要方法。美国也已发起抗击细菌战略，旨在多部门间进行战略合作以明确家庭食品安全风险、提高公众风险认知与抗击食源性疾病的能力。③ 但对于食品消费居于家庭支出首要位置的我国而言④，上述工作缺失却表现得尤为明显。因此，以家庭食品处理风险行为为切入点，以家庭食源性疾病为研究视角，精准辨识关键风险行为特征，定位关键风险人群特征，在我国卓有成效地防范家庭食源性疾病风险、保障家庭健康，对实施"健康中国"战略具有重要意义。本章以家庭中的主要烹调者为调查对象，基于上述调查，以实践理论为指导，运用因子分析和聚类分析方法，实证测度家庭食品处理风险行为特征。以食源性腹泻为研究病例，利用有序多分类 Logit 回归模型分析了家庭食品处理风险行为特征与食源性疾病之间的关系，确定家庭食品处理的关键风险行为特征与人群特征。

（一）数据来源

数据来源继续采用本书第五章的江苏、福建、河南、吉林、四川、山

---

①　L. Bai, T. Jin, Y. Yang et al. , "Hygienic food handling intention: An application of the Theory of Planned Behavior in the Chinese cultural context", *Food Control*, Vol. 42, No. 8, 2014, pp. 172 – 180.

②　S. Elizabeth, "Food safety and foodborne disease in 21st century homes", *The Canadian Journal of infectious diseases - Journal Canadien Des Maladies Infectieuses*, Vol. 14, No. 5, 2003, pp. 277 – 280.

③　Jean, K. , "Identification of critical points during domestic food preparation: An observational study", *British Food Journal*, Vol. 113, No. 6 – 7, 2011, pp. 766 – 783.

④　国家统计局的统计数据显示，2012 年，中国城镇居民家庭人均食品消费支出为 6040.9 元，家庭人均消费支出为 16674.3 元；农村居民家庭人均食品消费支出为 2323.9 元，家庭人均消费支出为 5908.0 元，食品消费支出占家庭消费总支出的 40%。

东、内蒙古、江西、湖南和湖北 10 个省区的调查样本。有关受访者的个体与社会特征等已在第五章有关内容中阐述。

（二）家庭食品处理风险行为分析

本章基于前人研究成果与中国家庭食品处理行为的现实情境，研究家庭食品购买后的食品运输、食品储存、食品解冻、食品准备、食品烹饪和剩菜处理六个环节中引发食源性疾病的家庭食品处理风险行为（见图 16-24），共包含 21 个关键问题，并运用 SPSS 22.0 软件对调研结果进行分析。

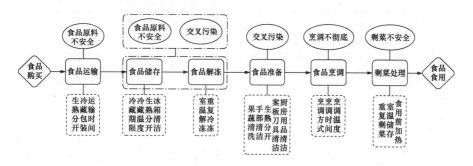

图 16-24　引发食源性疾病的家庭食品处理风险行为

1. 家庭食品处理风险行为的结构维度

引发食源性疾病的家庭食品处理风险行为的因子负荷量结果见表 16-2。采用主成分分析法共提取 11 个因子，Kaiser - Meyer - Olkin（KMO）值为 0.621，Bartlett 球形检验显著性水平为 0.000，所提取出因子的变异量解释率为 73.81%。根据所提取出问题的含义，11 个因子分别被命名为：食品运输因子，指生鲜、冷冻食品购买回家途中的包装与运输时间的风险行为；冰箱冷藏因子，指生鲜和冷冻食品的储存期限与温度的风险行为；冰箱储存因子，指冰箱储存中的生熟分开以及冰箱内部清洁的风险行为；食品解冻因子，指冷冻食品解冻与再次冷冻的风险行为；生熟分开因子，指生、熟食品准备中的案板、刀具、餐具使用的风险行为；刀具和案板清洁因子，指食品准备中刀具和案板使用前后的清洁的风险行为；手部清洁因子，指洗手节点和洗手方式的风险行为；果蔬清洗因子，指果蔬清洗方式的风险行为；厨房用品清洁因子，指厨房清洁中所使用的水槽、抹布和海绵清洗的风险行为；食品烹调因子，指食品烹调方式、时间和温度等风险行为；剩菜处理因子，指剩菜剩饭食用前后的储存、加热等风险行为。

表16-2　　家庭食品处理风险行为的因子载荷矩阵

问题/因素	食品运输因子	冰箱冷藏因子	冰箱储存因子	食品解冻因子	生熟分开因子	刀具、案板清洁因子	手部清洁因子	果蔬清洗因子	厨房用品清洁因子	食品烹调因子	剩菜处理因子
冷藏或冷冻食品在购买天后超过两小时运送回家	0.891	-0.066	0.028	-0.005	0.046	-0.005	0.018	-0.043	-0.013	0.036	0.014
回家途中将生鲜与熟食品放在同一个购物袋中	0.581	0.079	0.066	-0.072	-0.127	-0.058	-0.087	0.026	0.029	-0.133	-0.029
冷藏冷冻食品装在普通购物袋内运送回家	0.830	0.013	0.004	0.031	0.035	0.073	0.045	-0.010	-0.031	0.048	-0.020
生肉、熟食和切开的水果在室温下室温放过两小时	0.000	0.927	0.031	-0.034	-0.025	-0.029	0.051	0.028	0.001	-0.011	-0.069
冰箱冷藏室超过4℃或冷冻室超过-20℃	0.043	0.666	0.026	-0.662	-0.051	0.006	0.008	-0.024	-0.017	0.009	-0.030
生鲜食品（海鲜或肉类）冰箱冷藏超过3天或冷冻超过3个月	0.021	0.939	0.021	0.247	-0.002	0.010	0.014	0.012	-0.001	0.010	-0.041
剩饭剩菜不会立即放入冰箱储存	0.004	-0.054	-0.023	0.021	0.005	0.046	-0.030	0.062	0.099	-0.213	0.797
剩饭剩菜一次吃不完会继续剩下来	-0.051	-0.027	-0.017	0.006	0.042	0.046	-0.008	-0.021	-0.017	0.487	0.793
剩饭剩菜食用前不会加热至沸	-0.014	-0.048	-0.018	0.006	0.027	0.029	-0.038	-0.019	-0.002	-0.140	0.914
冷冻食品（海鲜或肉类）室温或冷水解冻	0.017	0.200	0.039	0.804	0.055	0.065	-0.033	0.013	0.039	0.000	0.056
冷冻食品（海鲜或肉类）解冻后吃不完再次冷冻	-0.054	-0.022	-0.035	0.892	0.059	-0.014	0.023	0.083	0.005	0.016	-0.035
生食（生肉、生海鲜）和熟食（或即食蔬菜水果）处理中使用同一套案板或刀具	-0.025	-0.042	0.041	0.133	0.856	0.092	0.067	0.029	0.126	-0.024	0.102
放过生食（生肉、生海鲜）的厨具会用来盛放熟食（或即食蔬菜水果）	-0.026	0.000	0.097	0.004	0.850	-0.075	0.062	0.174	-0.045	-0.001	-0.045
不会每次使用前/后都对刀具、案板进行清洁	-0.004	-0.031	0.009	0.060	0.013	0.917	-0.038	-0.008	0.073	-0.039	0.103

续表

问题/因素	食品运输因子	冰箱冷藏因子	冰箱储存因子	食品解冻因子	生熟分开因子	刀具、案板清洁因子	手部清洁因子	果蔬清洗因子	厨房用品清洁因子	食品烹调因子	剩菜处理因子
使用前/后只用冷水清洗刀具、案板	0.012	0.016	0.048	-0.015	0.002	0.880	0.033	0.205	0.017	-0.010	-0.007
果蔬清洗中不浸泡，只进行简单冲洗	0.005	0.028	0.016	0.072	0.110	0.186	0.105	0.832	0.141	-0.030	0.018
新鲜蔬菜水果不会用流动水仔细冲洗	-0.027	0.003	-0.029	0.038	0.091	0.018	0.043	0.899	-0.025	0.020	0.014
不用肥皂或清洁剂洗手，且每次洗手少于20s	-0.006	-0.015	-0.028	0.052	0.114	0.119	0.765	-0.130	0.057	0.008	0.154
处理完生肉或海鲜，再处理熟食之前不会洗手	-0.005	0.038	0.079	-0.032	0.026	0.030	0.819	0.121	-0.040	-0.045	-0.076
食品处理过程中手接触其他物体后再接触食品时一般不会洗手	-0.019	0.041	0.106	-0.029	-0.004	-0.162	0.614	0.158	0.048	0.063	-0.144
冰箱中生（生肉、生海鲜）、熟食品随意摆放	0.096	-0.010	0.852	0.004	0.063	0.065	0.005	-0.012	-0.005	0.068	-0.026
不会定期对冰箱内部进行清洗或消毒	0.003	0.064	0.837	-0.009	0.063	-0.013	0.141	0.000	0.054	-0.012	-0.019
不会每次做饭前/后清洗厨房水槽	-0.031	-0.017	0.046	0.023	0.124	0.137	0.003	-0.017	0.815	0.004	0.050
不会每次使用前/后清洁厨房用海绵和抹布	0.017	0.012	0.003	0.022	-0.049	-0.049	0.050	0.111	0.841	0.005	0.024
生鲜海鲜或肉类烹调中不会煮至完全熟透	0.026	0.034	0.095	0.013	-0.121	-0.049	-0.019	-0.013	-0.032	0.600	-0.068
食品烹调中不会通过搅拌、转动等方式让各个部分充分加热	-0.072	-0.036	-0.054	-0.005	0.113	0.009	0.040	0.014	0.050	0.773	-0.045

2. 家庭食品处理风险行为的分类维度

基于因子分析的结果，对样本进行 Z – scores 标准化处理以消除量纲差异，利用 K 均值聚类方法分类描绘家庭食品处理中引发食源性疾病的风险行为特征。K 均值聚类为基于划分的聚类算法，通过不断迭代进行聚类，直至达到最优解，尤其适用于大规模数据的样本聚类。[①]

模型经过 22 次迭代，K 均值聚类的最终结果如表 16 – 3 所示。基于家庭食品处理行为将消费者聚为八类，其中七类消费者具有不同的风险行为特征，而第八类消费者具有行为安全的特征。第一类消费者约占 12.25%，具有在冷藏冷冻食品购买后的运输回家途中，运输包装不到位、时间过长的行为，易导致所购买食品原料的腐败变质，产生食品原料安全风险，可以称为"食品运输不当"类；第二类消费者约占 19.33%，具有在生鲜与冷冻食品的冰箱储存中，冷藏温度过高、期限过长，并在室温解冻或采用冷热水解冻的行为，使得食品原料中微生物繁殖概率增高，易产生食品原料安全风险，可以称为"食品冷藏不当"类；第三类消费者约占 14.61%，具有对海绵、抹布和水槽等厨房清洁用品清洗不及时的行为，在家庭食品的处理中易产生交叉污染的风险，可以称为"厨房清洁用品交叉污染"类；第四类消费者约占 7.63%，具有明显的生熟食品不分的行为，尤其是食品准备中的生熟不分，具有较高的交叉污染风险，可以称为"生熟食品交叉污染"类；第五类消费者约占 9.15%，具有在食品处理中刀具、案板及手部的清洗不及时、清洁方式不当的行为特征，在与食品的接触中易导致食品的交叉污染，可以称为"清洁卫生风险"类；第六类消费者约占 13.55%，具有在食品烹饪中加热温度和时间不足、加热方式不当的行为特征，易产生烹调不彻底的风险，可以称为"烹调不彻底"类；第七类消费者约占 14.24%，具有在剩菜处理中冷藏不及时、食用前加热不充分且反复剩菜的行为，可以称为"剩菜处理不当"类；第八类消费者约占 9.25%，此类消费者在各方面的风险行为得分均较低，可以称为"食品处理行为安全"类。

[①] Hair, J., *Multivariate Data Analysis* (7th ed.), Upper Saddle River Conference, NJ: Prentice Hall, 2009.

表16－3

家庭食品处理风险行为的聚类分析

	"食品运输不当"类(n=265)		"食品冷藏不当"类(n=418)		"厨房清洁用品交叉污染"类(n=316)		"生熟食品交叉污染"类(n=165)		"清洁卫生风险"类(n=198)		"烹调不彻底"类(n=293)		"剩菜处理不当"类(n=308)		"食品处理行为安全"类(n=200)		P
	均值	SD	均值	SD	均值	SD	均值	SD	均值	SD	均值	SD	均值	SD	均值	SD	
冰箱冷藏因子	-0.084	0.061	**0.743**	0.018	0.074	0.055	0.236	0.106	-0.045	0.101	0.212	0.049	-1.224	0.003	-0.056	0.071	0.000
剩菜处理因子	0.066	0.064	0.819	0.017	-1.527	0.006	0.134	0.105	-0.124	0.097	-0.484	0.024	**0.694**	0.020	-0.071	0.066	0.000
食品解冻因子	0.036	0.063	**0.224**	0.053	0.014	0.055	-0.241	0.122	0.115	0.102	0.086	0.056	-0.389	0.023	-0.024	0.067	0.000
食品运输因子	**2.106**	0.032	-0.405	0.018	-0.401	0.023	0.024	0.108	0.045	0.104	-0.339	0.027	-0.390	0.022	-0.094	0.064	0.000
刀具、案板清洁因子	-0.300	0.027	-0.305	0.025	-0.313	0.015	2.881	0.06	**2.994**	0.043	-0.289	0.017	-0.250	0.032	-0.015	0.029	0.000
手部清洁因子	0.085	0.061	0.081	0.045	-0.005	0.057	-0.612	0.106	**0.664**	0.086	0.034	0.052	-0.142	0.050	-0.172	0.070	0.000
果蔬清洁因子	-0.037	0.061	-0.014	0.048	0.031	0.056	0.559	0.067	**0.675**	0.024	0.005	0.052	-0.073	0.054	-0.390	0.068	0.000
冰箱储存因子	0.059	0.064	-0.025	0.044	-0.078	0.056	**0.394**	0.104	-0.338	0.107	-0.017	0.054	-0.017	0.052	0.158	0.065	0.000
生熟分开因子	0.006	0.067	-0.002	0.041	-0.009	0.053	**2.925**	0.109	-0.467	0.075	-0.040	0.055	-0.039	0.051	-0.012	0.073	0.000
厨房用品清洁因子	0.190	0.040	0.263	0.027	**0.334**	0.033	0.158	0.087	0.008	0.089	0.265	0.032	0.319	0.029	-2.514	0.011	0.000
食品烹调因子	-0.093	0.052	-0.318	0.022	-0.954	0.006	-0.091	0.089	0.039	0.102	**1.605**	0.029	-0.200	0.034	0.003	0.070	0.000

（三）引发食源性疾病的家庭食品处理风险行为判别

1. 引发食源性腹泻的家庭食品处理风险行为的统计特征

考虑到食源性疾病涵盖病种范围的广泛以及食源性腹泻的严重疾病负担，同时为避免调查中的记忆与选择性误差，本章将消费者过去一年内的食源性腹泻作为考察对象，按照严重程度将其划分为四类进行研究，分别为住院治疗（Hospital treatment，HT），共 123 人，占 5.69%；药物治疗（Drug treatment，DT），共 254 人，占 11.74%；自行康复（Self - healing treatment，SHT），共 657 人，占 30.37%；以及从没有任何不适感觉（None），共 1129 人，占 52.20%。如表 16 - 4 所示，在所有引发食源性腹泻的消费者风险行为特征中，生熟食品交叉污染所占比例最高，发生人数上达到了 87.87%；其后依次为剩菜处理不当（71.71%），烹调不彻底（63.13%），清洁卫生风险（58.08%），食品冷藏不当（41.37%），厨房清洁用品交叉污染（32.92%）和食品运输不当（22.65%）。

2. 理论基础

家庭食品处理风险行为是引发食源性疾病的主要原因。而实践理论认为，行为习惯是外在结构内化的结果，源于消费者早期的社会化经历，与其个体特征与家庭特征（如职业、性别、种族、年龄、受教育程度、收

表 16 - 4　引发食源性疾病的家庭食品处理风险行为特征的卡方检验

	HT		DT		SHT		总计	
	人数	百分比（%）	人数	百分比（%）	人数	百分比（%）	人数	百分比（%）
"食品运输不当"类	2	0.75	3	1.15	55	20.75	60	22.65
"食品冷藏不当"类	7	1.91	49	11.71	116	27.75	172	41.37
"厨房清洁用品交叉污染"类	4	1.27	17	5.38	83	26.27	104	32.92
"生熟食品交叉污染"类	25	15.15	42	25.45	78	47.27	145	87.87
"清洁卫生风险"类	12	6.06	30	15.15	73	36.87	115	58.08
"烹调不彻底"类	32	10.92	57	19.45	96	32.76	185	63.13
"剩菜处理不当"类	40	12.98	54	17.53	127	41.23	221	71.71
"食品处理行为安全"类	1	0.50	2	1.00	29	14.50	32	16.00
χ^2 值	396.827 ***							

注：*** 表示 $p < 0.001$。

入水平与家庭人口数）等状况相关。[①] 具有不同个体特征和家庭特征的消费者是资本（如受教育程度）的承载者，并基于其生成轨迹内化为自身的行为习惯。现有研究也表明，消费者的个体特征和家庭特征与食品处理行为交互相关并最终影响家庭食源性疾病的发生。[②] Andrea 等对 2005 年11 月至 2006 年 3 月随机选取的 2332 个加拿大居民的家庭食源性疾病暴发研究中发现，高风险食品处理行为在消费者中十分普遍，尤其是男性、中老年人和农村居民，且随家庭收入水平显著增加。[③] Ali 对新西兰消费者的研究发现，性别、年龄、受教育程度、收入水平、职业稳定度和种族等均显著影响消费者家庭食品处理行为。[④] Yang 等对美国消费者的研究发现高风险行为在男性中更流行，且随年龄、受教育程度与收入水平的升高而升高。[⑤] 巩顺龙等和白丽等对中国消费者的调查也发现，收入水平和受教育程度低的消费者是家庭食品处理高风险人群。[⑥⑦] 而 Arzu 对土耳其消费者的研究却发现随受教育水平的增加，消费者食品处理行为规范性也显著增加[⑧]，Kennedy 等发现，消费者食品处理行为的规范性也与年龄呈显著正相关。[⑨]

3. 模型构建

社会实践理论认为，消费者行为习惯与个体特征和家庭特征交互相

---

① Bourdieu, P. , *Distinction: A social critique of the judgement of taste* (1979/2000), London: Routledge, 1979, pp. 11 – 12.

② Sharma, M. , Janet, E. , Cheryl, M. et al. , "Effective household disinfection methods of kitchen sponges", *Food Control*, Vol. 20, No. 3, 2009, pp. 310 – 313.

③ Andrea, N. , "High – risk food consumption and food safety practices in a Canadian community", *Journal of Food Protection*, Vol. 72, No. 12, 2009, pp. 2575 – 2586.

④ Ali, A. S. , "Domestic food preparation practices: A review of the reasons for poor home hygiene practices", *Health Promotion International*, Vol. 30, No. 3, 2013, pp. 427 – 437.

⑤ Yang, S. , "Multistate surveillance for food – handling, preparation, and consumption behaviors associated with foodborne diseases: 1995 and 1996 BRFSS food – safety questions. MMWR. CDC surveillance summaries: Morbidity and mortality weekly report", *CDC surveillance summaries / Centers for Disease Control*, Vol. 47, No. SS – 4, 1998, pp. 33 – 57.

⑥ 巩顺龙、白丽、陈磊等：《我国城市居民家庭食品安全消费行为实证研究——基于 15 个省市居民家庭的肉类处理行为调查》，《消费经济》2011 年第 3 期。

⑦ 白丽、汤晋、王林森等：《家庭食品安全行为高风险群体辨识研究》，《消费经济》2014 年第 1 期。

⑧ Arzu, C. M. , "Public perception of food handling practices and food safety in Turkey", *Journal of Food Agriculture & Environment*, Vol. 7, No. 2, 2009, pp. 113 – 116.

⑨ Kennedy, J. , "Deteminants of cross – contamination during home food preparation", *British Food Journal*, Vol. 113, No. 2 – 3, 2011, pp. 280 – 297.

关, 共同影响实践及其结果, 现有研究也印证了上述结论。对此, 假设为第 i 个消费者家庭食品处理实践形态, 受到行为习惯及其与消费者个体特征和家庭特征等因素的交互影响。

鉴于实践形态难以被观测的现实, 本书选择食源性腹泻程度 Y_i 作为显示变量, 其取值为 $[1, n]$。

$$Y_i = \beta X_i + \varepsilon_i \tag{16-1}$$

其中, X_i 为第 i 个食源性腹泻程度的影响因素向量, β 为待估系数向量, ε_i 为独立分布的随机扰动项。$Y_i = 1$ 代表食源性腹泻严重程度为 SHT, $Y_i = 2$ 代表食源性腹泻严重程度为 DT, $Y_i = 3$ 代表食源性腹泻严重程度为 HT。Y_i 取值越大, 代表食源性腹泻越严重, 并构建以下分类框架:

$$\begin{cases} Y_i = 1, & Y_i \leqslant \mu_1 \\ Y_i = 2, & \mu_1 < Y_i \leqslant \mu_2 \\ \vdots \\ Y_i = n, & \mu_n < Y_i \end{cases} \tag{16-2}$$

式中, μ_n 为食源性腹泻严重度变化的临界点 (满足 $\mu_1 < \mu_2 < \cdots < \mu_n$)。有序多分类 Logit 模型不要求变量满足正态分布或等方差, 可研究多分类因变量与其影响因素之间的关系, 适用于对不同程度食源性腹泻的消费者食品处理风险行为特征进行定量评价。一般而言, 假设 ε_i 的分布函数为 $F(x)$, 可得到因变量 Y_i 各选择值的概率:

$$\begin{cases} p(Y_i = 1) = F(\mu_1 - \beta X_i) \\ p(Y_i = 2) = F(\mu_2 - \beta X_i) - F(\mu_1 - \beta X_i) \\ \vdots \\ p(Y_i = n) = 1 - F(\mu_n - \beta X_i) \end{cases} \tag{16-3}$$

由于 ε_i 服从 Logit 分布, 则:

$$\begin{aligned} p(Y_i > 0) &= F(U_i - \mu_1 > 0) = F(\varepsilon_i > \mu_1 - \beta X_i) \\ &= 1 - F(\varepsilon_i < \mu_1 - \beta X_i) \\ &= \frac{\exp(\beta X_i - \mu_1)}{1 + \exp(\beta X_i - \mu_1)} \end{aligned} \tag{16-4}$$

4. 变量设置

本书将影响因素归纳为如表 16-5 所示的个体特征、家庭特征及家庭食品处理风险行为特征共三大类十个变量。

表 16 – 5   **有序 Logit 回归模型的变量名称和含义**

变量名称	变量含义
个体特征	
性别	女性 = 1；男性 = 0
年龄	实际值（周岁）
婚姻状况	未婚 = 1；已婚 = 0
受教育程度	具体受教育年限（年）
职业稳定度	分为自由职业者、企业员工和公务员或事业单位职员三类，稳定度逐渐上升
个人年收入水平	个人年纯收入实际值（万元）
家庭特征	
家庭人口数	日常居住在一起的人数（人）
家庭年收入水平	共同生活成员的家庭总收入实际值（万元）
家中是否有 18 岁以下小孩	是 = 1；否 = 0
家庭食品处理风险行为特征	基于前文研究结果，共分为八类："食品运输不当"类（R_I）"食品冷藏不当"类（R_{II}）"厨房清洁用品交叉污染"类（R_{III}）"生熟食品交叉污染"类（R_{IV}）"清洁卫生风险"类（R_V）"烹调不彻底"类（R_{VI}）"剩菜处理不当"类（R_{VII}）"食品处理行为安全"类（以"食品处理行为安全"类为参照组）
	"食品运输不当"类（R_I）（是 = 1，否 = 0）
	"食品冷藏不当"类（R_{II}）（是 = 1，否 = 0）
	"厨房清洁用品交叉污染"类（R_{III}）（是 = 1，否 = 0）
	"生熟食品交叉污染"类（R_{IV}）（是 = 1，否 = 0）
	"清洁卫生风险"类（R_V）（是 = 1，否 = 0）
	"烹调不彻底"类（R_{VI}）（是 = 1，否 = 0）
	"剩菜处理不当"类（R_{VII}）（是 = 1，否 = 0）

5. 结果分析

消费者家庭食品处理风险行为及其与消费者个体和家庭特征的交互作用对家庭食源性腹泻的影响分析结果见表 16 – 6。

表 16 – 6　　　　　　　　　　　　有序 Logit 模型参数估计结果

变量	系数	标准误	Wald 值	P 值	95% 置信区间	
					下限	上限
食品处理风险行为特征						
R I	3.631	3.139	1.338	0.247	-2.522	9.785
R II	8.748 ***	2.712	10.404	0.001	3.432	14.063
R III	8.439 **	2.834	8.867	0.003	2.885	13.994
R IV	23.001 ***	3.505	43.054	0.000	16.131	29.872
R V	12.952 ***	2.884	20.172	0.000	7.300	18.604
R VI	18.000 ***	3.290	29.942	0.000	11.553	24.448
R VII	20.981 ***	3.047	47.411	0.000	15.009	26.953
性别						
R IV × 女性	-1.136 *	0.463	6.016	0.014	-2.043	-0.228
R VII × 女性	-0.870 **	0.295	8.668	0.003	-1.449	-0.291
年龄						
R II × 年龄	0.810 ***	0.222	13.311	0.000	0.375	1.245
R IV × 年龄	1.394 **	0.514	7.353	0.007	0.386	2.401
R VI × 年龄	0.888 **	0.275	10.384	0.001	0.348	1.427
R VII × 年龄	1.281 *	0.650	3.882	0.049	0.007	2.555
婚姻状况						
R IV × 未婚	-0.711 *	0.303	5.491	0.019	-1.306	-0.116
R VII × 未婚	-2.496 **	0.917	7.404	0.007	-4.294	-0.698
受教育程度						
R IV × 受教育程度	-0.392 *	0.182	4.642	0.031	-0.748	-0.035
R VII × 受教育程度	-0.557 *	0.224	6.171	0.013	-0.996	-0.118
职业稳定度						
R II × 职业	-0.715 **	0.217	10.844	0.001	-1.141	-0.289
R IV × 职业	-2.211 **	0.691	10.246	0.001	-3.565	-0.857
R V × 职业	-1.772 ***	0.421	17.706	0.000	-2.598	-0.947
R VI × 职业	-2.058 ***	0.454	20.568	0.000	-2.947	-1.169
R VII × 职业	-1.152 ***	0.314	13.410	0.000	-1.768	-0.535
个人年收入						
R II × 个人年收入	0.939 ***	0.200	22.071	0.000	0.547	1.330
R IV × 个人年收入	1.386 **	0.408	11.516	0.001	0.585	2.186
R VI × 个人年收入	1.144 ***	0.288	15.756	0.000	0.579	1.708

续表

变量	系数	标准误	Wald 值	P 值	95% 置信区间	
					下限	上限
R_{VII} × 个人年收入	1.361 ***	0.279	23.726	0.000	0.813	1.908
家庭人口数						
R_{II} × 家庭人口数	0.610 ***	0.160	14.464	0.000	0.296	0.925
R_{IV} × 家庭人口数	0.966 *	0.377	6.570	0.010	0.227	1.705
R_{VII} × 家庭人口数	-1.250 ***	0.302	17.122	0.000	-1.842	-0.658
家庭年收入						
R_I × 家庭年收入	2.409 ***	0.494	23.765	0.000	1.44	3.378
R_{II} × 家庭年收入	1.316 ***	0.324	16.507	0.000	0.681	1.951
R_{IV} × 家庭年收入	5.585 ***	1.089	26.297	0.000	3.451	7.720
R_{VI} × 家庭年收入	1.511 ***	0.233	42.084	0.000	1.055	1.968
R_{VII} × 家庭年收入	3.030 ***	0.464	42.581	0.000	2.120	3.940
临界点						
临界点 1 μ_1	8.723 **	2.532	11.864	0.001	3.759	13.686
临界点 2 μ_2	10.967 ***	2.545	18.577	0.000	5.980	15.954
临界点 3 μ_3	15.292 ***	2.564	35.566	0.000	10.266	20.317
Nagelkerke	0.767					
Cox 及 Snell	0.684					
卡方值	2494.819 ***					

注：＊表示 p < 0.05，＊＊表示 p < 0.01，＊＊＊表示 p < 0.001。由于篇幅有限，上表中仅列出有显著性差异的变量。

表 16 – 6 显示的是家庭食品处理风险行为及其与消费者个体和家庭特征的交互对家庭食源性腹泻的影响。家庭食品处理风险行为与食源性腹泻呈显著正相关，相比于"食品处理行为安全"类，导致食源性腹泻严重程度的风险行为依照风险性排序依次为"生熟食品交叉污染"（R_{IV}）"剩菜处理不当"（R_{VII}）"烹调不彻底"（R_{VI}）"清洁卫生风险"（R_V）"食品冷藏不当"（R_{II}）和"厨房清洁用品交叉污染（R_{III}）"，变量的估计系数分别为 23.001、20.981、18.000、12.952、8.748 和 8.439。受访者性别、年龄、婚姻状况、职业稳定度、受教育程度、个人年收入、家庭人口数和家庭年收入等个体特征、家庭特征与食品处理风险行为的交互显著影

响食源性腹泻发生的严重程度。其中，"生熟食品交叉污染""剩菜处理不当"与女性、未婚人群的交互影响与食源性腹泻严重程度呈显著负相关，这种负相关性也随着受访者受教育程度和职业稳定度的增加越来越显著，却随着年龄的增加表现出显著正相关。对于个人和家庭年收入而言，这种负相关性不仅显著呈现在"生熟食品交叉污染""剩菜处理不当"行为中，还呈现在"烹调不彻底"和"食品冷藏不当"行为中。而对于家庭人口数而言，其与"食品冷藏不当"和"生熟食品交叉污染"风险行为的交互对食源性腹泻严重程度呈显著正相关，与"剩菜处理不当"风险行为的交互呈显著负相关。

根据模型结果，可以得出如下结论：

第一，"生熟食品交叉污染"是家庭食源性腹泻的首要风险行为。虽然"生熟食品交叉污染""清洁卫生风险"和"厨房清洁用品交叉污染"与家庭食源性腹泻都呈现出了显著正相关性，但食品储存与食品准备中案板、刀具及餐具中的"生熟食品交叉污染"所带来的食源性腹泻风险，远远高于"清洁卫生风险"和"厨房清洁用品交叉污染"。这与Sampers等研究相一致，其认为家庭食品处理中，"隔离"在预防交叉污染中的作用远远有效于"清洁"。① 同时，上述结论也从侧面印证了交叉污染在中国家庭食品处理中的风险地位。②

第二，"剩菜处理不当"是中国家庭食源性腹泻的关键风险行为。虽然与国际上其他地区一样，源于"营养"与"安全"的悖论，"烹调不彻底"是家庭食品处理中值得关注的风险行为。但对于中国家庭而言，"剩菜处理不当"引发的健康风险更值得关注，行为习惯的形成与地区文化息息相关，这种剩菜处理不当行为的流行可能与中国传统的节约文化相关。

第三，引发家庭食源性腹泻的食品处理风险行为具有明显的个人和家庭特征，在"生熟食品交叉污染"和"剩菜处理不当"的风险行为中表

---

① Sampers, I., Berkvens, D. and Jacxsens, L. et al., "Survey of Belgian consumption patterns and consumer behaviour of poultry meat to provide insight in risk factors for campylobacteriosis", *Food Control*, Vol. 26, No. 2, 2012, pp. 293 – 299.

② Wills, W. J., Meah, A. and Dickinso, A. M. et al., "'I don't think I ever had food poisoning': A practice – based approach to understanding foodborne disease that originates in the home", *Appetite*, Vol. 85, No. 2, 2015, pp. 118 – 125.

现尤为突出，具有国家与区域特异性。其中，与男性相比，家庭食品处理风险行为引发食源性腹泻的风险因女性而显著降低，印证了高风险行为在男性中更流行的结论。[①] 同时，随着受访者受教育程度和收入水平的增高，家庭食品处理风险行为对食源性腹泻的风险效应也得到了显著降低，这是因为受教育程度和收入水平越高的消费者在家庭食品处理中的行为越规范，虽然这一结论与 Andrea 等分别对加拿大消费者的研究相悖，但却在白丽等对中国消费者的研究中得到了支持。[②] 另外，这种效应随着年龄的增高而显著增高，这一结论与 Andrea 等和白丽等分别对加拿大和中国消费者的研究一致，但与 Kennedy 等对爱尔兰消费者的研究发现相悖。[③] 这种差异性可能与不同地区老人的食品安全风险认知与所受到的家庭食品安全教育相关。

五　食源性疾病与食品安全风险防范策略

本章针对食品安全问题与食源性疾病暴发的分析，从食物中毒的视角整体刻画了我国食源性疾病的整体状况，从"农田到餐桌"全程供应链的视角全面描绘了我国食源性疾病的致病因子，从家庭食源性疾病暴发的视角深入探索了食源性疾病暴发的风险行为。在食源性疾病的防范中，必须以"农田到餐桌"全程供应链为依托，锁定各个环节的食源性疾病致病因子，将公共健康和食品安全相结合，建设以预防为核心的食源性疾病监测和预警网络，将监管关口"前移"，从源头上控制与防范食源性疾病引发的食品安全风险，更为重要的是，制定以预防为核心的家庭食源性疾病防范策略，关注防范"末端"，从食源性疾病暴发关键点控制疾病的发生与危害。实施这些防范策略，最主要的方面依赖公众防范意识与能力的提升，但本章第四部分的研究表明，现阶段我国公众的食品安全风险防范

---

① Andrea, N., "High – risk food consumption and food safety practices in a Canadian community", *Journal of Food Protection*, Vol. 72, No. 12, 2009, pp. 2575 – 2586.

② 白丽、汤晋、王林森等：《家庭食品安全行为高风险群体辨识研究》，《消费经济》2014年第1期。

③ Kennedy, J., "Determinants of cross – contamination during home food preparation", *British Food Journal*, Vol. 113, No. 2 – 3, 2011, pp. 280 – 297.

意识不强，防范能力不高。

（一）自上而下的确保公众参与其中的政府推动

有效的食源性疾病防范需要包括公众在内的多方相关主体的共同参与，而高效的参与就需要政府与人大立法机构政策与法律的保障。加速和完善相关的法律法规和食品安全标准，加强食品安全的综合监督管理，保证食品安全；成立高层次、强有力的食品安全机构，协调各部门之间的工作，打破现有资源浪费与真空地带并存的矛盾局面，各部门齐抓共管；采取行政强制措施，要求各食品生产企业规范自身管理，提高安全生产的水平。同时最重要的是做好食源性疾病风险的监测、评估和预警工作，将食源性疾病危害降到最低。而在食源性疾病风险监测中，必须逐步扩大监测覆盖面，形成国家、省、市（区）、县四级网络并向乡镇一级纵深发展的监测体系；重视哨点医院的"前哨作用"，加强医疗机构、疾病防范机构和卫生计生部门的合作；加大投入，不断完善地方监测设备与技术水平，提高实验室阳性病原检出能力；扩展监测内容，着重对农产品、畜产品、食品加工和流通等环节的监管；增加监测频次，将食品安全事件发生概率降到最低；加强地区间合作，建立统一的病原监测网络，实现食源性病原的跨地区追踪。

在食源性疾病风险评估中，必须建立基于风险评估的常规食品控制体系。一方面，综合考虑地方差异，包括危害的地域性差异及当地的卫生状况、消费模式等，积累相关数据以克服数据匮乏的缺陷。充足的数据是保证风险评估准确性的基础，但是，风险的复杂性与长期性使得风险数据的累积具有相当的难度。以化学性风险为例，食品生产或自然环境中含有众多的化学性风险，但进入食品供应链的化学性风险基本未知，且如砷、镉、铅、汞及其他化学物质或毒素等产生的健康负效应常需数年才会显现（如黄曲霉毒素引发的肝癌、铅中毒引发的心血管疾病），同时鉴于化学性风险暴发数据有限，要获取较为完整的数据必定需要长期的积累。另一方面，在风险评估中，充分考虑区域、年龄、症状与传播路径的差异，注重风险评估的科学性。如在弧菌或肠内病毒等水生病原的风险评估中，需要正确区分传播路径，将食源性与水源性污染划分清楚，进而进行下一步的病原归因研究；又如蛔虫作为最主要的寄生虫，主要发生于中低收入国家，尤其是中国的西藏地区①，高原地区所具有的特异生态环境极有利于病原的传播②，这样特异性的流行条件并非所有地方都具备；再如由猪肉绦虫引发的绦虫病是许多地区的常见食源性寄生虫病，但其只通过猪肉食用进行传播，尤其是散养及卫生条件较差的地区，因此在高收入地区以及中东等不食用猪肉的地区，很少或完全不会发生猪肉绦虫病。③

在食品安全风险预警中，卫生部门应根据食物中毒的监测数据，及时发布预警通报，并就添加剂、农药、兽药、重金属等造成的食物中毒，有针对性地向质检、农业、环保、食药等部门通报，促使其加大整治力度，共同改善当地食品卫生状况；各部门应根据本地区食物中毒发生情况，全面分析食物中毒的发生原因，根据季节及地域特征建立有针对性的食物中毒防范体系及应急预案，加强协调配合和区域联防联动，实现信息共享，妥善应对和处置。

上述相关体系、政策与法规的制定与实施必须最大限度地吸收公众的参与，把公众从被动的旁观者努力向主动的参与者转变，在转变的过程中让公众知晓食品安全风险的危害与参与相关政策制定与监督实施等路径与方法等。

（二）及时有效地以公众为目标的风险交流

风险交流是食品安全风险管理中的三大主要元素之一，是在食品安全风险分析全过程中，风险评估人员、风险管理人员、消费者、企业、学术界和其他利益相关方就某项风险、风险所涉及的因素和风险认知相互交换信息和意见的过程。④ 但在向公众的风险沟通中存在两个主要的问题：一是政府与权威专家的缺位。风险交流需要各方专家、第三方组织及政策决策者的共同参与。专家层面上，不同的知识结构与研究经历使得社会学家与流行病学专家间的合作存在一定的困难，而且只有长期性的研究才具有意义。数据层面上，数据信息的缺失使得所获结果十分不可靠，很难从研

---

① Torgerson, P. R. Keller, K., Magnotta, M. et al., "The global burden of alveolar echinococcosis", *PLOS Neglected Tropical Diseases*, Vol. 4, No. 6, 2010, pp. e722.

② Craig, P. S. and Echinococcosis, C., "Epidemiology of human alveolar echinococcosis in China", *Parasitology International*, Vol. 55, No. 11, 2006, pp. S221 – S225.

③ Al Shahrani, D., Frayha, H. H., Dabbagh, O. et al., "First case of neurocysticercosis in Saudi Arabia", *Journal of Tropical Pediatrics*, Vol. 49, No. 1, 2003, pp. 58 – 60.

④ 世界卫生组织、联合国粮农组织：《食品安全风险分析——国家食品安全管理机构应用指南》，樊永祥主译，人民卫生出版社2008年版，第55页。

究结果中形成合理适用的政策。政策层面上，专家更注重数据的分析，而政策制定者却要受到个人经验、政策经济环境等多方影响，二者存在很大的认知偏差，且科学研究的长期性与政策制定时效性的矛盾使得科学研究与政策转化中存在严重困难。二是新闻媒体的失责。一些新媒体或自媒体，已成为谣言和不实信息的放大器，导致正确的科学信息明显处于劣势，而没有科学依据的误导信息却大占上风，对经济社会产生的危害远超过了食品安全风险对公众健康的真正损害。因此，在食品安全风险交流中，政府、专家以及媒体要恪尽其职，进行充分有效的沟通，使得风险监测与评估数据能够转化为可行的政策，并得到正确的传播。但无论何种形式的风险交流，公众是居第一位的。要针对不同的公众形成多层次、多渠道的及时有效的风险交流体系、平台与机制。

（三）自下而上的以家庭为中心的防范措施

随着我国烹调与饮食习惯的改变，家庭已经成为我国食物中毒暴发的首要场所。作为最后的"把关性"环节，家庭食品安全问题不仅对消费者的身体健康和生命安全造成了严重威胁，更使得我国的食品供应链安全保障无法达到预期效果，已完全成为制约我国全食物链安全保障的短板环节。因此，应该认识到家庭食品安全问题的重要性，将家庭食品安全教育和干预工作作为食源性疾病防范的一项重要任务。消费者按照世界卫生组织的"食品安全五要点"处理食品的同时，也需要针对不同地域文化背景和消费习惯，定位风险人群与风险行为，尤其关注引发"交叉污染"的食品安全风险行为。立足每个家庭单元，积极宣传和推广预防食源性疾病的家庭小建议。① 主要包括：（1）不买不食腐败变质、污秽不洁及其他含有害物质的食品；（2）不购买无厂名厂址和保质期等标志不全的定型食品；（3）不光顾无证无照的流动摊档和卫生条件不佳的饮食店；（4）不食用在室温条件下放置超过2小时的熟食和剩余食品；（5）不私自采食瓜果蔬菜和野生食物；（6）不食用来历不明的食品；（7）不饮用不洁净的水或者未经煮沸的自来水；（8）直接食用的瓜果应用洁净的水彻底清洗后尽可能去皮；（9）进食前或便后应将双手洗净；（10）在进食的过程中如发现或感觉食物感官性状异常，应立即停止进食。

---

① 《食品安全知识宣传资料（二）：预防食源性疾病的十项建议》，中国台湾网，2015 - 04 - 24，http：//health. xinmin. cn/jkzx/2015/04/24/27480016. html。

第十七章　食品安全风险治理中的公众参与：基于公众监督举报与消费者权益保护视角

公民参与社会治理改变了政府管制以单方强制命令为特色的传统行政模式。公民有效参与食品安全治理，能够起到弥补政府有关部门以及市场监管的不足、推动社会监督以及制约食品经营者等重要作用。因此，建立公民参与治理的畅通路径和有效方式是构建食品安全风险社会共治格局的重要内容。本章将在系统分析公众参与食品安全治理法理依据和社会作用的基础上，基于调查数据与分析全国消费者协会、食药监管系统投诉系统有关食品消费的投诉举报情况，系统总结我国食品安全风险治理中公众参与情况，为完善公众参与食品安全风险治理的现实路径提供参考。

一　公众参与食品安全风险治理的法理依据和现实作用

公众参与食品安全风险治理是指通过意见表达、阐述利益诉求、举报、提起诉讼等方式，公众直接或间接参与食品安全的决策和监管的全过程的制度安排。中国如何将公众引入到食品安全风险治理的全过程，构筑基于中国国情的公众参与食品安全风险公共治理的新模式，是构建食品安全风险社会共治中必须解决的重大现实课题。

（一）公众参与风险治理的法理依据

政府用强制性的管制保守地逼迫企业妥协和服从，容易在花费巨额的执行和管理资源后却达不到最优结果。[①] 20 世纪 90 年代后，基于传统的市场失灵模型而建立的命令和控制型的政策干预的合理性越来越受到质疑[②]。发达国家非常重视在食品安全风险治理中加强政府部门和生产企业的共同治理。食品安全监管的法律框架也开始由命令控制型向诱导企业自我规范转变。[③] 食品生产者被给予更多的管理和保障食品安全的责任。[④] 监管责任由公共部门向私人部门的转移创造出了一个集合控制措施和激励机制以实现公私合作的治理模式。[⑤] 这种新的治理模式被称为 "co - regulation"，本质核心是 "政府监管 + 食品生产经营者自律"。"co - regulation" 旨在通过政府的强制性要求和市场的经济激励的结合促使企业自觉进行质量安全生产。

我国食品安全风险治理也经历了从政府的单一强制性监管向政府监管和企业自律相结合的转变。在命令控制型监管中，政府是企业进行食品安全风险控制和管理的宏观引导者和监督者；企业是实施政府食品安全风险管理的微观主体和直接执行者。[⑥] 政府和企业间的关系通常被看作是监管与被监管者的对立关系。2009 年 2 月 28 日通过的《食品安全法》首次突出了 "企业是食品安全第一责任人"，明确提出生产者要对公众和社会负责。这从侧面表明单纯依靠政府监管的威权监管模式的失灵[⑦]，也预示着以政府为主导的食品安全风险控制体系开始向以企业为主导的食品安全保

---

① Martinez, M. G. , Fearne, A. , J. Caswell, A. et al. , "Co - regulation as a possible model for food safety governance: Opportunities for public - private partnerships", *Food Policy*, Vol. 32, No. 3, 2007, pp. 299 - 314.

② Henson, S. , "Contemporary food policy issues and the food supply chain", *European Review of Agricultural Economics*, Vol. 22, No. 3, 1995, pp. 271 - 281.

③ Codron, J. M. , Fares, M. , Rouvière, E. et al. , "From public to private safety regulation? the case of negotiated agreements in the french fresh produce import industry", *International Journal of Agricultural Resources Governance and Ecology*, Vol. 6, No. 5, 2007, pp. 415 - 427.

④ Garcia, M. and Poole, N. , "The development of private fresh produce safety standards: Implications for developing mediterranean exporting countries", *Food Policy*, Vol. 29, No. 3, 2004, pp. 229 - 255.

⑤ Andrew, F. and Martinez, M. , "Opportunities for the co - regulation of food safety: Insights from the united kingdom", *The Magazine of Food, Farm and Resource Issues*, Vol. 20, No. 2, 2005, pp. 109 - 116.

⑥ 任燕、安玉发、多喜亮等:《政府在食品安全监管中的职能转变与策略选择——基于北京市场的案例调研》,《公共管理学报》2011 年第 1 期。

⑦ 齐萌:《从威权管制到合作治理: 我国食品安全监管模式之转型》,《河北法学》2013 年第 3 期。

证体系转变。

国内外的现实都表明，食品安全风险治理是建立在"政府监管＋食品生产经营者自律"的基本框架上的。这个基本框架体现的是政府—市场共同治理的思想。但是，随着公众的参与，食品安全风险治理的基本框架开始由"政府监管＋食品生产经营者自律"的政府—市场共同治理向"政府监管＋食品生产经营者自律＋公众参与"的政府—市场—社会共同治理转变。在政府—市场—社会的治理框架中，三个治理主体的地位和关系并不是平等的。其中，通过法律政策制定和制度安排，政府决定着市场和社会的参与方式、目的等。就此意义上说，公众参与食品安全风险治理是政府引导的结果。

（二）公众参与风险治理的迫切性和必然性

党的十八届三中全会通过的《中共中央关于全面深化改革若干重大问题的决定》提出，要"推进国家治理体系和治理能力现代化"，并单列一章强调创新社会治理体制。从社会管理向社会治理的转变，要求在法治的框架下，探索公众参与社会治理的新机制和新方法。在食品安全风险治理上，历史实践和经验表明，单纯依靠政府的一元监管模式根本无法解决食品安全问题。因此，创新社会治理模式，发挥公众的力量，以合作治理食品安全风险是必然之举。

在法治社会建设进程中，公民作为建设主体具有知情权、参与权、表达权和监督权，这是具有宪法依据的。我国《宪法》第二条第三款规定："人民依照法律规定，通过各种途径和形式，管理国家事务，管理经济和文化事业，管理社会事务。"可见，宪法赋予公民对于"两事务、两事业"进行管理的宪法权利，再结合其他的宪法和法律规范，显然可以将此概括为公民的知情权、参与权、表达权和监督权，而这也是公众参与食品安全治理的权利来源和基本类型。

一些法律文件和政府文件对于公众参与行政管理和社会管理工作，包括食品安全治理工作的权利，也作了明确规定。例如，2012年颁布的《国务院关于加强食品安全工作的决定》曾指出：动员全社会广泛参与食品安全工作，大力推行食品安全有奖举报，畅通投诉举报渠道，充分调动人民群众参与食品安全治理的积极性、主动性，组织动员社会各方力量参与食品安全工作，形成强大的社会合力，还应充分发挥新闻媒体、消费者协会、食品相关行业协会、农民专业合作经济组织的作用，引导和约束食品生产经营者诚信经营。2012 年，国家食品药品监督管理局发布的《加强和创新餐饮服务食品安全社会监督指导意见》也曾提出：动员基层群众性自治组织参与餐饮服务食品安全社会监督，鼓励社会团体和社会各界人士依法参与餐饮服务食品安全社会监督，支持新闻媒体参与餐饮服务食品安全社会监督，为社会各界参与餐饮服务食品安全社会监督提供有力的保障。上述法律文件和政府文件的有关规定，也表明了国家和有关机构对于公众参与食品安全监管的一贯重视和政民合作治理食品安全的一贯决心，为全面实施《食品安全法》（2015 版），推动食品安全风险社会共治，广泛发动公众参与，提供了基础性条件。

而更为重要的是，在"互联网＋"的新形势下，科学技术的迅速发展、自媒体时代的不断推进也为公众参与食品安全治理提供了更有力的支持和保障，表现在：其一，通过互联网可使食品安全信息更具透明性，知情权更有保障；其二，通过互联网可建立起一种比较完备的交互式网络信息处理和传播机制；其三，通过互联网可增加公民参与食品安全治理的热情、方式和成效，提高行政管理和社会管理的民主性。

（三）公众参与风险治理的社会作用

实际上，政府降低政治风险的意愿不单影响着监管体制，也在很大程度上决定政府是否会将公众纳入食品安全风险治理中，以及公众参与的角色与定位。简言之，政府引导公众参与食品安全风险治理的目的是为了降低政府所面临的政治风险，以及由此导致的社会风险。如果降低政治风险的意愿不强，政府就没有动力和意愿将公众纳入食品安全风险治理中。原因是：单是依靠自身的力量，政府就可以使政治风险降低到可承受的范围内，没有必要再依靠公众的力量。相反，如果降低政治风险的意愿强烈，单是依靠政府自身的力量无法将政治风险降低到可承受范围内，公众的参与可以有效地缓解政府所面临的政治风险和社会风险。总之，公众参与食品安全风险治理发挥了较大的社会作用，主要表现在：第一，公众参与可以弥补政府管理失灵的缺陷。据不完全统计，我国的食品生产企业中，10 人以下的小作坊食品生产企业约占 80%，数量如此庞大的小型食品生产企业，使得食品安全行政监管部门常感有心无力。但是，公众作为食品的直接消费者，也是食品安全的受益者，更可成为食品安全治理的参与者，因而公众对于食品安全治理常会表现出特殊的积极性。在公众的积极参与下，政府对于食品安全违规事件的处理会更有行政效率和社会基础，由此扩大政府监管的范围并提高监管的成效。第二，公众作为社会主体的一部分，参与到食品安全治理中，有利于实现政府职能转移。政府职能由全能型政府向有限政府转变，增强行政管理的民主性和管理主体的多样性，由此提升社会自治水平，这也是建设法治政府的关键之一。第三，作为食品安全的直接受益者和相关者，公众的积极参与，所大量提供的食品安全信息和参与行为，还可减少食品安全监管的行政成本，与此同时，公众参与食品安全风险治理可以积累经验和智慧，推动相关法律法规的出台和完善，有助于加强食品安全法治建设。

二　我国城乡公众参与食品安全治理方式比较

本章仍然利用本书第五章的 10 个省区的 4358 个城乡公众样本数据，其中农村与城市受访者分别有 2195 个、2163 个，分别占 50.37%、49.63%，进一步展开城乡公众参与食品安全治理方式与方便程度的比较分析。

（一）城乡公众参与食品安全治理的方式

当问及如果受到不安全食品侵害，一般会采取的措施，参与食品安全治理时，城乡受访者虽然对选项的比例有所差异，但均表现出相同的趋势。具体来看，有 52.57% 的农村受访者会选择与经营者交涉，15.58% 的农村受访者会向消费者协会投诉，向有关政府部门投诉和向法院控诉所占比例仅分别为 9.70%、3.23%，另有 2.69% 的农村受访者选择向媒体反映，而剩下的 16.22% 的农村受访者则自认倒霉（见图 17－1）。

而同样有超过半数的城市受访者选择与经营者交涉；16.41% 的城市受访者选择向消费者协会投诉；仅有 8.72% 及 3.17% 的城市受访者选择向政府部门投诉和向法院反映；2.91% 的城市受访者选择向媒体控告；且仍有高达 18.38% 的城市受访者选择自认倒霉（见图 17－2）。

可见，我国城乡公众参与食品安全治理方式具有一定的共通性，绝大多数消费者会选择与经营者交涉或自认倒霉，忍气吞声，而向包括政府、法院、媒体、消费者协会等第三方机构进行有效监督、参与治理的方式仍然较少。

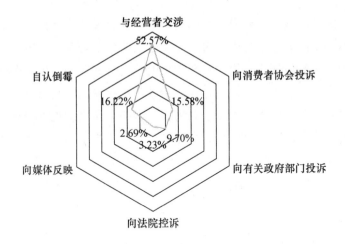

图 17 – 1　农村受访者参与食品安全治理的方式

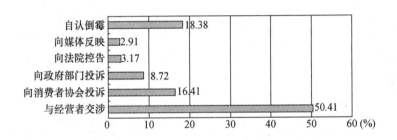

图 17 – 2　城市受访者受到不安全食品侵害首先会采取的措施

（二）城乡受访者参与食品安全治理的投诉举报渠道是否通畅

而当遇到不安全食品侵害时，选择向政府、消费者协会等第三方投诉、举报渠道不通畅和不太畅通的农村受访者比例分别是 23.60% 和 21.96%，31.39% 的农村受访者感觉投诉举报渠道通畅程度一般，16.31% 的农村受访者感觉比较畅通，而感觉畅通的农村受访者仅占 6.74%（见图 17 – 3）。表明在受到不安全食品侵害时，绝大多数农村受访者如果采用投诉或举报方式参与食品安全治理的渠道不太畅通。

当城市受访者遇到不安全食品侵害进行投诉、举报时，28.73% 及 22.26% 的城市受访者表示投诉通道不畅通和不太畅通；32.17% 的城市受访者表示一般；仅有 12.16% 和 4.68% 的城市受访者认为投诉通道比较畅通和畅通（见图 17 – 4）。与农村受访者相比，认为投诉举报渠道不畅通、不太畅通、一般的城市受访者比例均较高，而认为投诉举报渠道比较畅通、畅通的城市受访者比例则较低。结合城乡公众参与食品安全治理的方式的调查结果分析，可能正是由于城市受访者对于向政府、法院等投诉或控告的渠道不够通畅，农村受访者对于向消费者协会、媒体投诉反映的渠道不够通畅，相当大比例的城乡受访者仍然通过与经营者交涉或自认倒霉解决遭遇的食品安全问题。我国城市和农村的食品安全的第三方介入的投诉举报渠道仍有待改善。

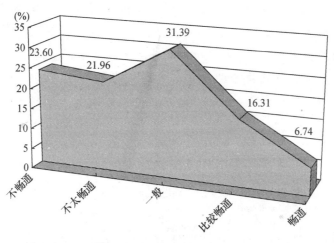

图 17-3　农村受访者在遇到不安全食品侵害时投诉或举报的渠道通畅程度

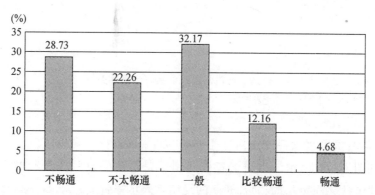

图 17-4　城市受访者遇到不安全食品侵害时投诉举报渠道是否畅通

三　公众自身参与食品安全治理意愿调查

为进一步考察我国公众自身投入食品安全治理的意愿，同时考虑到城乡的差异性，在此，本书则主要进一步利用 2163 个城市公众的调查数据展开分析公众自身参与食品安全治理的意愿。

（一）公众自身对国内外食品安全事件关注的程度

如图 17－5 所示，在受访的 2163 名城市受访者中，从不关注国内外食品安全事件的受访者比例为 10.17％，很少关注国内外食品安全事件的受访者比例为 21.17％，而表示偶尔关注国内外食品安全事件的受访者为 36.38％，经常关注国内外食品安全事件的占 26.63％，非常频繁地关注国内外食品安全事件的受访者比例则为 5.64％。该调查结果也说明，绝大多数的受访者经常关注或偶尔关注国内外食品安全事件，而很少关注或从不关注的受访者虽然没有占有较大比例，但是也呈现出一定的倾向。

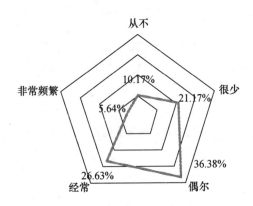

图 17－5 公众自身对国内外食品安全事件关注的程度

注：因四舍五入，百分比之和不等于 100％。

（二）公众对食品安全问题是否威胁到我国社会稳定的认知

如图 17－6 所示，当受访者被问到"是否认为食品安全问题已经威胁到我国社会稳定"时，17.38％的受访者表示很赞成，36.66％的受访者表示比较赞成，26.26％的受访者表示不大赞成，13.36％的受访者表示不赞成，6.33％的受访者表示很不赞成。由此可见，超过一半的受访者认为食品安全问题已经威胁到我国的社会稳定，自身需要对食品安全加以重视。

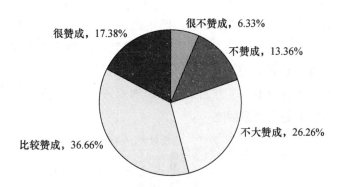

图 17-6　公众自身对食品安全问题是否威胁到我国社会稳定的认知

注：因四舍五入，百分比之和不等于100%。

（三）公众自身参与食品安全治理实质作用的认知

如图 17-7 所示，当受访者被问到对"公众自身参与食品安全治理没有实质作用"的说法是否赞成时，表示很不赞成的占 8.69%，不赞成的占 22.47%，不大赞成的占 26.77%，比较赞成的占 28.90%，很赞成的占 13.18%。由此可见，表示比较赞成或很赞成的受访者占 42.08%，而超过半数的受访者表示出不赞成倾向，即绝大多数受访者认为公众参与食品安全治理还是有实质性作用的。

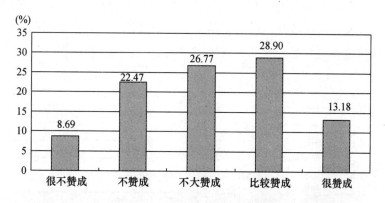

图 17-7　受访者对公众自身参与食品安全治理实质作用的认知

（四）公众自身成为宣传食品安全监督举报志愿者的频率

如图 17-8 所示，对于受访者在实践中承担宣传食品安全监督举报志愿者角色的调查显示，从不做该项志愿者的受访者占 33.93%，很少做该项志愿者的受访者比例为 36.89%，偶尔做该项志愿者的占 20.43%，经常做该项志愿者的受访者为 6.29%，而非常频繁地做该项志愿者的受访者仅占 2.45%。由此可见，能够积极主动承担宣传食品安全监督举报志愿者角色的受访者很少，一方面公众意识尚未到位，另一方面相关的宣传没有跟上可能也是主要原因之一。

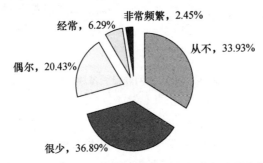

图 17-8 公众自身成为宣传食品安全监督举报志愿者的频率

注：因四舍五入，百分比之和不等于100%。

（五）公众自身参与食品安全知识宣传的频率

当受访者被问到是否经常参与食品安全知识宣传时，从不参加的受访者占 29.82%，很少参加的受访者占 36.62%，偶尔参加的受访者占 23.25%，经常参加的受访者占 7.49%，而表示非常频繁地参加食品安全知识宣传的受访者仅占 2.82%（见图 17-9）。可见，对于绝大多数的公众而言，都是很少或从不参与食品安全知识宣传，只有极少部分人经常或非常频繁地参与食品安全知识宣传。

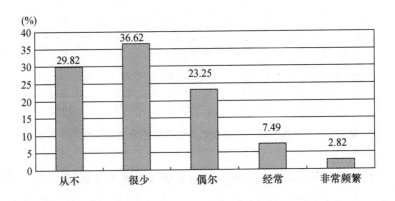

图 17-9 公众自身参与食品安全知识宣传的频率

（六）公众自身参与食品安全治理是否应不计个人得失的认知

当受访者被问及对"应该不计个人得失参与食品安全治理"的说法是否赞成时，表示很不赞成的占7.35%，不赞成的占17.61%，不大赞成的占30.79%，比较赞成的占28.80%，很赞成的占15.44%。由此可见，30.79%的受访者选择不大赞成说明他们对这一说法并不是非常赞成的。此外，24.96%的人选择了不赞成，说明政府需要提高群众对食品安全监督举报的信心，让他们可以放心，自愿且无私地加入食品安全监督举报这一行列中去（见图17-10）。

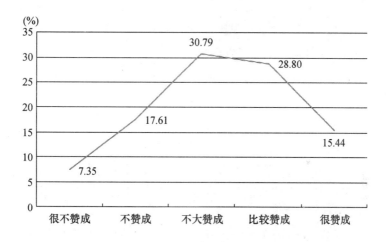

图17-10　公众自身参与食品安全治理是否应不计个人得失的认知

四　公众利用第三方监督举报食品安全问题的意愿调查

公众除自身参与食品安全治理的意愿之外，是否利用第三方监督举报食品安全问题成为体现其参与食品安全治理的切实行动。本书依据调查数据，就城市公众利用第三方监督与举报食品安全问题的具体调查结果展开分析。

（一）公众利用第三方监督举报食品安全问题的程度

图17-11中，在调查受访者是否经常利用第三方监督举报遭遇到的

食品安全问题时，表示从不利用第三方监督举报的受访者占37.12%，而选择很少利用第三方监督举报的受访者比例为36.06%，表示偶尔利用第三方监督举报的受访者占17.80%，而经常利用第三方监督举报的受访者则占6.15%，表示会非常频繁地利用第三方监督举报的受访者仅占2.87%。由此可见，能够做到利用第三方监督举报食品安全问题，参与食品安全治理的公众较少，我国公众利用第三方监督举报食品安全问题的意识亟待提高。

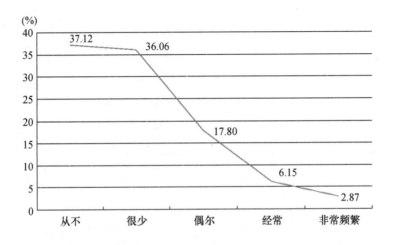

图 17-11　公众利用第三方监督举报食品安全问题的程度

（二）公众对利用社会组织参与食品安全治理的认知程度

在调查受访者对利用社会组织参与食品安全治理的认知程度时，选择利用社会组织参与食品安全治理影响较大的受访者占31.30%；而选择影响不大和影响很大的受访者比例分别为14.98%和19.13%；仅有8.88%的受访者选择了利用社会组织参与食品安全的影响很小。调查结果说明，绝大多数受访者都认为利用社会组织参与食品安全治理可以发挥较大作用。当然，也有25.71%的受访者难以确定利用社会组织参与食品安全治理的作用。如何在公众中普及利用社会组织参与食品安全治理仍然任重而道远（见图17-12）。

3. 公众利用法律手段参与食品安全治理，进行维权的认知程度

当调查受访者对"只有因食品安全问题遭受严重损失时才会采取法律手段参与食品安全治理，进行维权"这一说法是否赞成时，表示很不赞成

的受访者占 16.74%，表示不赞成的受访者占 22.01%，认为不大赞成的受访者占 26.12%，而表示比较赞成的受访者占 24.18%，表示很赞成的受访者占 10.96%。调查结果显示，绝大多数受访者对这一说法并不赞成。但也有接近 35% 的受访者表示比较赞成或很赞成。如何将公众利用法律手段参与食品安全治理的渠道进一步打通，减少公众维权成本，成为其利用法律手段参与食品安全治理的主要动力（见图 17-13）。

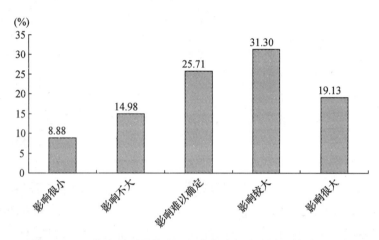

图 17-12　公众对利用社会组织参与食品安全治理的认知程度

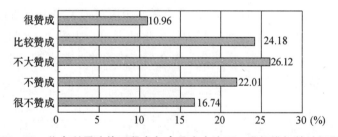

图 17-13　公众利用法律手段参与食品安全治理，进行维权的认知程度

（四）公众利用网络平台或者智能手机等手段进行举报，参与食品安全治理

如图 17-14 所示，受访者在遇到食品生产、加工销售等环节过程中违法、违规行为，能够做到通过网络平台或者智能手机等进行举报的比例占 62.23%。由此可见，由于较为便捷，绝大多数受访者还是比较愿意利用网络平台或者智能手机等手段对食品生产、加工销售等环节过程中违法、违规行为进行举报，参与食品安全治理。

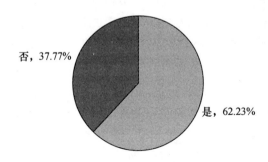

**图 17-14　公众利用网络平台或者智能手机等手段进行举报，
参与食品安全治理**

（五）公众利用第三方监督举报影响预期效果的主要原因

当受访者被问及利用第三方监督举报食品安全问题时，并未达到预期效果的主要原因时（为多选题），选择认为"获得相关信息较少"的受访者占 18.26%，而认为"没有配套的设施和设备"的受访者占 7.44%，选择认为"举证困难"的受访者占 31.21%，选择"得不到合理赔偿"的受访者占 27.28%，而认为"没有回应"的受访者占 54.18%，认为"等待时间太长"的受访者占 46.37%，认为"成本太高"的受访者占 16.92%。由此可见，超过半数的受访者利用第三方监督举报食品安全问题并未得到回复，加上等待时间太长，举证困难，也没有得到合理赔偿。相关的第三方与公众共同参与食品安全治理机构的办事流程、效率等方面均有待进一步提高（见图 17-15）。

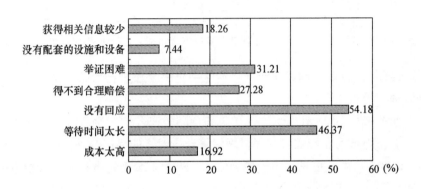

图 17-15　公众利用第三方监督举报影响预期效果的主要原因

五　食品安全的消费投诉与权益保护：基于全国消协等数据分析

　　消费者对食品安全相关问题的投诉，既是公众参与食品安全共治的重要组成部分，也是消费者维护自身权益的重要手段，本章主要采用我国消费者协会的相关数据，分析公众参与食品安全社会共治的情况。

（一）　商品大类中食品类别投诉的基本情况

　　根据我国消费者协会2016年1月发布的《2015年全国消协组织受理投诉情况分析》报告，2015年，在639324件投诉中，商品类投诉为309091件，占48.34%，比2014年下降5.72个百分点；服务类投诉为187613件，占29.34%，比2014年上升0.62个百分点。而在总投诉中，商品类投诉多于服务类投诉，但商品类投诉占比呈下降的趋势，服务类占比呈上升趋势。

　　与2014年相比（见图17-16和表17-1），商品大类投诉中，家用电子电器类、服装鞋帽类、交通工具类、日用商品类和房屋及建材类投诉量仍居前五位，食品类居第六位。除交通工具类投诉上升了1.08个百分点外，包括食品类、烟酒和饮料类在内的食品类别的投诉量均有所下降。食品类在商品大类的投诉量占比较2014年的4.27%降低了近一个百分点。

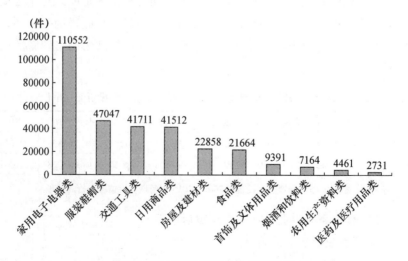

图17-16　2015年商品大类投诉量

资料来源：中国消费者协会：《2015年全国消协组织受理投诉情况分析》。

表 17 - 1 2014—2015 年商品大类投诉量变化情况

商品大类	2015 年		2014 年		比重变化（百分点）	数量变化（%）
	投诉（件）	比重（%）	投诉（件）	比重（%）		
家用电子电器	110552	17.29	128607	20.76	-3.47	-14.03
服装鞋帽	47047	7.36	50863	8.21	-0.85	-7.50
交通工具	41711	6.52	33706	5.44	1.08	23.75
日常商品	41512	6.49	43247	6.98	-0.49	-4.01
房屋及建材	22858	3.58	24599	3.97	-0.39	-7.08
食品	**21664**	**3.39**	**26459**	**4.27**	**-0.88**	**-18.12**
首饰及文体用品	9391	1.47	9448	1.53	-0.06	-0.60
烟酒和饮料*	**7164**	**1.12**	**8618**	**1.39**	**-0.27**	**-16.87**
农用生产资料	4461	0.70	5554	0.90	-0.20	-19.68
医药及医疗用品	2731	0.43	3800	0.61	-0.18	-28.13

注：*表示本表食品种类的有关分类按照中国消费者协会传统的方法。实际上，按照国家统计局的统计口径，烟、酒和饮料类也属于食品。

资料来源：中国消费者协会：《2014 年全国消协组织受理投诉情况分析》和《2015 年全国消协组织受理投诉情况分析》。

表 17 - 2 中，2015 年，食品消费投诉量也较 2014 年下降了 18.12%。而涉及食品消费的投诉，消费者反映的主要问题有：一是商家对于过期变质食品没有及时下架，仍在销售；二是市场上仍然存在假冒伪劣食品，这些食品在口味、品质上与正品有很大差距，有些甚至威胁到消费者的生命健康等。

表 17 - 2 2009—2015 年全国消协组织受理的食品消费投诉量 单位：件、%

年份	2009	2010	2011	2012	2013	2014	2015
投诉量	36698	34789	39082	39039	42937	26459	21664
比上年增长	-20.65	-5.20	12.34	-0.11	9.98	-38.38	-18.12

资料来源：根据中国消费者协会发布的 2009—2015 年受理投诉情况分析的整理。

（二）具体商品中食品相关类别投诉情况

1. 食品类投诉量仍居前十位

由于近年来国家加大了对食品安全违法行为的惩处力度，有关食品安全的投诉比例呈下降趋势。在具体商品投诉中，食品投诉量达到 14793

件，仅在通信类产品、汽车及零部件、服装、鞋之后，仍然保持 2014 年第五位的投诉量（见图 17 – 17）。

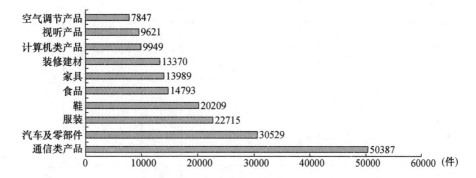

空气调节产品　7847
视听产品　9621
计算机类产品　9949
装修建材　13370
家具　13989
食品　14793
鞋　20209
服装　22715
汽车及零部件　30529
通信类产品　50387

图 17 – 17　2014 年全国消协组织受理的投诉量位居前 10 位的商品与投诉量

资料来源：中国消费者协会：《2014 年全国消协组织受理投诉情况分析》。

2015 年，全国消协组织共受理食品类的消费者投诉中，产品质量、计量、价格、合同和售后服务问题是引发投诉的主要原因，占投诉总量的七成以上，而 2/3 的投诉又与食品的质量安全有关。其中，由于质量投诉的件数位居首位，食品，烟、酒和饮料，婴幼儿奶粉，餐饮服务的相关投诉数分别为 8946 件、4239 件、132 件和 2834 件；其次，由于计量原因接到的食品投诉也较高，在食品，烟、酒和饮料，餐饮服务的投诉数分别为 1047 件、143 件、57 件；另外，烟、酒和饮料和婴幼儿奶粉、餐饮服务由于合同纠纷的投诉也较高，分别为 448 件和 28 件、1692 件，均居其各自投诉量的第 2 位；而食品，烟、酒和饮料由于价格原因收到的投诉分别为 909 件、346 件，居各自投诉量的第 3 位（见表 17 – 3）。

2. 餐饮类服务投诉位列服务类前八位

在具体服务投诉中，餐饮服务的投诉量位居服务细分领域的第 8 位，位列远程购物、移动电话服务、经营性互联网服务、美容美发服务和保养和修理服务、快递服务、住宿服务之后。与 2014 年相比，2015 年消费者对餐饮服务投诉量下降了 384 件，而在十大服务类投诉的排名则由 2014 年的第 6 名降至第 8 名（见图 17 – 18）。

3. 普通食品成为投诉举报的主要食品

2015 年，全国各级食品药品投诉举报机构共接收投诉举报信息 77 万件，其中投诉举报 47.5 万件，超过 60%。按产品类别统计，普通食品的

表17－3　　2015年食品类与烟、酒和饮料类等受理投诉的相关情况统计*

单位：件

类别	总计	质量	安全	价格	计量	假冒	合同	虚假宣传	人格尊严	售后服务	其他
一、食品类	21664	12407	476	1317	1489	358	736	1127	58	578	3118
食品	14793	8946	308	909	1047	206	495	575	42	218	2047
其中：米、面粉	306	185		11	28	2	13	20			47
食用油	185	96		13	8		9	25		3	31
肉及肉制品	855	543	11	50	72	16	19	17	6		121
水产品	309	115	3	22	63	3	31	9	2	11	50
乳制品	768	462	5	50	5	6	71	30		35	104
保健食品	2389	903	58	91	17	64	152	436		261	407
其他	4482	2558	110	317	425	88	89	116	16	99	664
二、烟、酒和饮料类	7164	4239	93	346	143	267	448	234	5	468	921
烟草、酒类	2568	1526	39	97	60	118	107	119	3	146	353
其中：啤酒	357	209	11	25	5	2	17	14	2	25	47
白酒	682	309	2	16	17	25	60	63		96	94
非酒精饮料	2144	1086	30	141	14	14	253	38		278	290
其中：饮用水	799	273	11	25		3	201	3		179	104
其他	2452	1627	24	108	69	135	88	77	2	44	278
三、婴幼儿奶粉	205	132		2		2	28	5		5	31
四、餐饮服务	9484	2834	328	838	57	17	1692	209	163	1526	1820

注：*表示本表食品种类的有关分类依照中国消费者协会传统的方法。实际上，按照国家统计局的统计口径，烟、酒和饮料类属于食品。

资料来源：中国消费者协会《2015年全国消费者协会受理投诉情况分析》。

投诉举报量最大，接近总投诉量的八成，主要原因：一是普通食品与人民群众生活息息相关，公众关注度最高；二是食品行业具有链条长、点多面广等特点，小作坊、小餐馆、小摊贩等违法违规问题较多；三是与药品、医疗器械相比，普通食品技术含量较低，问题易被发现。占比排名其次的是药品（10.50%）和保健食品（5.12%）。化妆品（3.64%）和医疗器械（2.58%）的投诉举报量相对较少。

从公众对"四品一械"投诉举报的问题来看，主要反映无证生产、无证经营，销售假冒伪劣产品，虚假宣传，标签标志不符合规定等。较为突出、典型，且呈现递增趋势的热点问题有：一是通过互联网、微信、APP移动终端等方式，无证经营"四品一械"或销售假冒伪劣产品；二是保健食品和治疗仪等医疗器械的虚假宣传；三是使用未列入《新食品原料名录》及《药食同源物品名录》的原料生产食品。

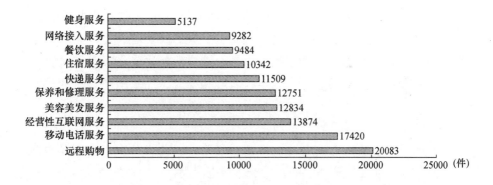

图17-18　服务大类细分领域投诉前十位

而近两年全国食品药品稽查案要案中，有一半以上来源于投诉举报线索，投诉举报已成为食品药品监管部门打击违法犯罪最重要的案源渠道。"12331"投诉举报热线及相关工作不仅成为打击食品药品违法犯罪、解决公众诉求的重要窗口，也成为群众咨询食品药品安全知识，参与社会共治的重要途径。同时，为提高投诉举报受理质量，投诉举报中心已经全面启动了食品药品投诉举报知识库升级改造建设工作，未来还将在此基础上搭建国家—省—市—县信息共享的食品药品投诉举报知识库云平台，推进省级投诉举报知识库建设，实现群众咨询答复的标准化。

4. 远程购物成为食品投诉的多发领域

近年来，我国电子商务发展迅猛，与此同时，包括食品消费在内，以网络购物、电视购物为代表的远程购物也成为消费者投诉的多发领域。2015 年，全国消协组织受理远程购物投诉 20083 件，占销售服务类投诉的 69.86%。在远程购物投诉中网络购物占 95.41%，比去年同期上升3.13%。而消费者主要投诉的对象涉及电商平台、以微商为代表的个人网络商家和电视购物等方面。

电商平台被投诉的问题有：一是商品质量不合格和假冒的现象比较严重；二是七天无理由退货难落实；三是消费者个人信息遭泄露；四是网上支付安全难保障。微商是近年来新兴的网络交易模式，发展迅速，但由于大部分微商是个人对个人的交易行为，且微商纳入政府监管的时间并不长，所以存在很多问题：一是微商缺乏信用保证体系，如出现消费纠纷，消费者维权难；二是微商存在虚假宣传行为，实物与宣传不符；三是部分微商的"积赞"等活动难以兑现承诺。而电视购物也是投诉高发区，存在的主要问题有：一是虚假宣传，误导消费者，尤其是老年消费者；二是部分商品存在质量问题，甚至涉嫌假冒伪劣；三是包括食品在内，商品出现问题后，厂商与电视台互相推脱，导致消费者维权比较困难。

5. 预付卡餐饮消费欺诈是顽疾

预付卡消费是指消费者一次性支付费用，经营者分次提供商品或服务。近年来，在餐饮消费中的预付卡消费也已成为一种新的商品服务消费方式。目前，预付卡消费领域存在的主要问题有：一是经营者诚信难保证，部分经营者利用其变相融资、集资、诈骗甚至跑路；二是在服务过程中，服务与宣传不符，服务缩水；三是经营者利用不合理格式条款限制预付卡使用期限，甚至排除消费者退卡权利等。如何保证消费者餐饮预付卡消费中的权利成为较大问题。

6. 跨国境食品消费投诉成为新热点

近年来，我国消费者跨境消费逐渐升温，同时跨境电商、海外代购等消费形式不断兴起，我国居民境外旅游购物支出增速最高的商户类别是医药品商店，其次是电器商店，百货公司、超市和食品店。① 这也造成包括食品消费在内，我国跨国跨境消费投诉呈激增的态势。跨国跨境投诉的问题主要有：一是在跨境旅游中，部分旅行社、导游，利用信息不对称欺诈消费者，或强制消费者购物；二是跨境电商、代购商品的质量存在问题，包括运输过程中造成的损耗，国内外型号不符等。由于我国目前跨境消费维权机制尚未建立，跨境消费维权环境还不成熟，跨境消费维权难度很大，成为维权的新难点。

六　公众参与食品安全治理机制的完善路径

本章的调查结果显示，我国相当大比例的城乡受访者仍然通过与经营者交涉或自认倒霉解决遭遇的食品安全问题。我国城市和农村的食品安全的第三方介入的投诉举报渠道仍有待改善。尽管绝大多数受访者认为公众参与食品安全治理还是有实质性作用的，但能够积极主动承担宣传食品安全监督举报志愿者角色的受访者很少，且大多数受访者并不认同公众自身参与食品安全治理应不计个人得失，其主要原因就是参与治理（包括投诉举报）等待时间太长。

基于全国消协组织的数据，发现在所有商品和服务大类投诉中，虽然包括餐饮消费在内，消费者的食品投诉量都有所下降，但投诉量仍居前十名。而食药监管"12331"等受理投诉的食品中八成为普通食品。当然，随着互联网的普及，包括远程购物、跨国跨境购物，食品消费的投诉呈现出新特点和新难点。与餐饮消费有关的预付卡消费也同样成为投诉顽疾。虽然公众参与食品安全风险社会共治的基础已经初步具备，但无论是公众参与意识，还是利用第三方共同参与治理所花费的成本均较高，公众参与食品安全治理任重而道远。

因此，全面实施《食品安全法》（2015 年），推进食品安全风险社会

---

① 新华 EID 和 Visa 公司：《中国跨境消费年度指数报告（2015）》，百度文库，2015 - 07 - 30，http://wenku.baidu.com/link? url = VUCqtP448FJVkKpoc6u0NMStTrJu1gq2Tt2ltFA_ 2UQcvnt - g7DfLQK6A2UMox_ EvY10GtQnRx5LxC5 Ki2 - e9TEMbSmDR1Amup3KJCenWDa。

共治，发挥公众力量，当前与未来一个时期，必须从如下六个方面来完善公众参与食品安全风险治理机制。

1. 树立民主治理型的食品安全观念体系

改革开放 30 多年来，我国逐渐实现农业化向工业化转变，并进入全球化和信息革命时代。但是，由政府实施一元化、单向管理的传统观念和方法仍普遍运用于公共事务治理，当下我国食品安全的监管主体、监管体制和监管方法还带有传统行政管理特征，解决之道的首要因素就是推动观念更新并引导制度创新。党的十八届五中全会提出，实现"十三五"时期发展目标，破解发展难题，厚植发展优势，必须牢固树立并切实贯彻创新、协调、绿色、开放、共享的发展理念，这是关系我国发展全局的一场深刻变革。而食品安全治理是一项综合、复杂、系统工程，涉及社会生活多个层面和多种利益关系，必须树立大安全观、共同治理观、全面责任观，通过观念革新推动制度、机制和方法创新，实现依法治理、源头治理和系统治理。而且，应当逐步实现国家、社会共同治理，政府、市场各尽其能，国家在共治中不断培育食品安全意识，发展食品安全公德。

2. 建立健全高效的食品安全信息系统

政府机关必须建立有效的食品安全信息传导机制，以此作为食品安全治理的重要手段，定期发布食品生产、流通全过程中市场检测等信息，为消费者和生产者提供服务，使消费者了解关于食品安全性的真实情况，减少由于信息不对称而出现的食品不安全因素，增强自我保护意识和能力。同时，提供平台帮助消费者参与改善食品安全性的控制管理。食品生产者、经营者和管理部门应重视食品安全动态的信息反馈，及时改进管理，提高社会责任感和应变能力。还要强化对大众媒体的管理，将食品报道、食品广告和食品标签纳入严格的法制轨道。各种媒体应以客观、准确、科学的食品信息传播给社会，维护社会安定，推动社会进步，不得炒作新闻制造轰动效应以谋取利益，以免加重消费者对食品安全的恐慌心理。

3. 完善食品安全监管信息公开制度

食品安全监管信息主要有三个来源：一是政府监管机构信息，主要是食品安全监管部门的基础监管信息；二是食品生产行业信息，包括行业协会的评价等；三是社会信息，包括媒体舆论监督信息、认证机构的认证信息、消费者的投诉情况等。信息公开是公众参与取得实效的基础条件，信息开放的程度和方式直接影响着公众参与的兴趣和效果。政府如果不能为公众提供充分的信息，或者公众缺乏畅通的信息获取渠道，那么公众参与食品安全治理的成效就会大打折扣。因此，很多国家为了保障公众参与食品安全监管，在判例和成文法中都明确了信息公开的内容。我国可依据新法的规定，通过确定政府和食品生产企业披露食品安全信息的义务以及披露的方式和场所，使公众能从正规渠道获得食品安全信息，保障公众知情权、参与权和监督权。实际情况表明，没有公众参与的食品安全监管是艰难、低效的，要实现对食品的安全有效监管必须要发动广大群众的积极参与。保证信息来源的真实性和全面性，政府各监管部门有责任及时向社会公开相关的食品安全政策法规。要想发动群众，首先要做的就是让公众知道食品安全和监管信息，让公众有比较全面的了解。因此，我们应建立涉及食品安全的全过程、全方位的信息公开制度，这是最有效的一种监管方式。

4. 建立便捷的食品安全监管举报机制

烦琐的举报程序或者模糊不清的举报渠道，也是阻碍公众参与食品安全治理的原因之一。在信息技术高速发展的今天，人们可以通过多种方式进行信息交流。现代信息技术的特点就是快捷、安全、便利、准确。食品安全监管的举报模式也应该多样化，多采用现代信息技术手段等多元化的信息传递方式（如各种微信、微博），可以通过互联网、手机短信等方式向食品安全监管部门反映情况。因此作为政府监管部门应该积极探索多样化的食品安全监管方式，做出必要的人财物和技术设备投入，构筑食品安全监管网络，延伸安全监管触角，把公众监督作为食品监管的强大后盾。通过聘请热心于社会公益、社会威望高、责任心强的公众代表作为食品安全信息员并进行统一培训，由其收集和反映消费者对食品安全监管的意见，促使食品安全监管部门能够随时发现、及时处理各类食品安全问题。

5. 健全公众参与食品监管的激励机制

公众参与食品安全监管是一种值得肯定和赞扬的行为，理应得到全社会的尊重和推崇。让公众看到参与食品安全治理带来的实际效果，而且这种效果与公众的心理预期一致，公众就会产生参与积极性，这是一种激励机制。同时，对食品安全的监管可能会触及不法者的利益，有可能导致违法者的不满或者报复，而且从既往查处的食品安全事件来看，有相当一部分是由于公众举报才引起监管部门予以关注和查处的，故将食品生产和销售的不法分子绳之以法，同违法行为做斗争，建立对举报者的法律保护和奖励制度，就显得十分必要，也有利于让公众更有积极性地参与食品安全治理，故应依法对举报者和证人加以有效保护，并根据查处的实际情况对公众予以适当奖励。

6. 强化公众参与食品安全治理的救济机制

我国有关公众参与的机制远不完善，公众参与能力也远不平衡，为保护公众参与食品安全治理的积极性，需要对公众参与予以指导和帮助。为保护公众的参与积极性，需要设立食品安全监管的救济制度。例如，在公众参与食品安全监管的过程中遇到困难和问题的时候，政府监管部门要通过咨询信息网络进行帮助和解答。公众参与是宪法赋予我国人民的一项权利，应获得应有的尊重和保护。一旦公众的参与权受到阻碍或侵害，应有相应的制度提供救济。例如，可尝试在政府机构内设立专门人员，解决公众参与的投诉问题，对违反公众参与食品安全治理有关规定的事项进行干预和处置，并将结果向社会公布，以实现对公众参与权利的救济和对行使行政权力的监督，从而改善执法机关形象，提升行政法治水平。

参考文献

［1］ 白丽、巩顺龙：《农民专业合作组织采纳食品安全标准的动机及效益研究》，《社会科学战线》2011 年第 12 期。

［2］ 白丽、汤晋、王林森等：《家庭食品安全行为高风险群体辨识研究》，《消费经济》2014 年第 1 期。

［3］ 鲍金勇、程国星、李迪等：《广东省农村食品安全科普教育现状调查与思考》，《广东农业科学》2012 年第 23 期。

［4］ 北京市统计局、北京市食品工业协会、北京市人民政府食品工业办公室：《北京食品工业》，北京科技出版社 1986 年版。

［5］ 陈定伟：《美国食品安全监管中的信息公开制度》，《农村经济与科技》（农业产业化）2011 年第 9 期。

［6］ 陈华东、施国庆：《农村劳动力转移的农业面源污染模型分析》，《科技进步与对策》2009 年第 1 期。

［7］ 陈君石：《食物过敏：一个值得关注的毒理学研究领域》，《中国毒理学会第六届全国毒理学大会论文摘要》，会议论文，2013 年。

［8］ 陈君石：《中国的食源性疾病有多严重?》，《北京科技报》2015 年 4 月 20 日第 52 版。

［9］ 陈丽华：《论村民自治组织保护环境的法律保障》，《湖南大学学报》（社会科学版）2011 年第 2 期。

［10］ 陈敏章：《关于〈中华人民共和国食品卫生法（修订草案）〉的说明》，《全国人民代表大会常务委员会公报》1995 年第 7 期。

［11］ 陈强：《高级计量经济学及 Stata 应用》，高等教育出版社 2010 年版。

［12］ 陈晓枫：《中国进出口食品卫生监督检验指南》，中国社会科学出版社 1996 年版。

［13］ 陈新建、谭砚文：《基于食品安全的农民专业合作社服务功能及其

影响因素：以广东省水果生产合作社为例》，《农业技术经济》2013年第 1 期。

[14] 陈雪珠：《徐汇区 30 年（1960—1989）食物中毒分析》，载上海市卫生防疫站《上海卫生防疫》，上海人民出版社 1990 年版。

[15] 陈永红：《中国稻谷生产变化与供需平衡分析》，《经济分析·农业展望》2005 年第 3 期。

[16] 陈雨生、房瑞景、尹世久等：《超市参与食品安全追溯体系的意愿及其影响因素——基于有序 Logistic 模型的实证分析》，《中国农村经济》2014 年第 12 期。

[17] 陈原、陈康裕、李杨：《环境因素对供应链中生产者食品安全行为的影响机制仿真分析》，《中国安全生产科学技术》2011 年第 9 期。

[18] 丛黎明、蒋贤根、张法明：《浙江省 1979—1988 年食物中毒情况分析》，《浙江预防医学》1990 年第 1 期。

[19] 戴伟、吴勇卫、隋海霞：《论中国食品安全风险监测和评估工作的形势和任务》，《中国食品卫生杂志》2010 年第 1 期。

[20] 戴志澄：《中国卫生防疫体系五十年回顾——纪念卫生防疫体系建立 50 周年》，《中国预防医学杂志》2003 年第 4 期。

[21] 丁翀、盛发林、朱杰等：《地区性食源性疾病病例实时监测系统的开发与实现》，《食品安全质量检测学报》2016 年第 2 期。

[22] 丁佩珠：《广州市 1976—1985 年食物中毒情况分析》，《华南预防医学》1988 年第 4 期。

[23] 杜萍、王心祥、付竹霓：《食源性疾病及食源性疾病微生物检测是全球性工作》，《医学动物防治》2008 年第 3 期。

[24] 杜树新、韩绍甫：《基于模糊综合评价方法的食品安全状态综合评价》，《中国食品学报》2006 年第 6 期。

[25] 范海玉、申静：《公众参与农村食品安全监管的困境及对策》，《人民论坛》2013 年第 23 期。

[26] 菲利普·科特勒：《营销管理》，中国人民大学出版社 2001 年版。

[27] 封俊丽：《大部制改革背景下我国食品安全监管体制探讨》，《食品工业科技》2013 年第 6 期。

[28] 冯杰、汪以真、蒋宗勇等：《生猪饲料安全保障综合技术研发与应用》，《中国畜牧杂志》2015 年第 8 期。

［29］付文丽、孙赫阳、杨大进等：《完善中国食品安全风险预警体系》，《中国公共卫生管理》2015 年第 6 期。

［30］付文丽、陶婉亭、李宁：《创新食品安全监管机制的探讨》，《中国食品学报》2015 年第 5 期。

［31］傅新红、宋汶庭：《农户生物农药购买意愿及购买行为的影响因素分析——以四川省为例》，《农业技术经济》2010 年第 6 期。

［32］傅泽强、蔡运龙、杨友孝：《中国食物安全基础的定量评估》，《地理研究》2001 年第 5 期。

［33］巩顺龙、白丽、陈磊等：《我国城市居民家庭食品安全消费行为实证研究——基于 15 个省市居民家庭的肉类处理行为调查》，《消费经济》2011 年第 3 期。

［34］巩顺龙、白丽、杨印生：《农民专业合作组织的食品安全标准扩散功能研究》，《经济纵横》2012 年第 1 期。

［35］郭琛：《食品安全监管：行业自律下的维度分析》，《西北农林科技大学学报》（社会科学版）2010 年第 5 期。

［36］郭志全：《民间组织与中国食品安全》，《安徽农业大学学报》（社会科学版）2010 年第 4 期。

［37］国家卫生和计划生育委员会：《中国卫生统计年鉴》（2014），中国协和医科大学出版社 2014 年版。

［38］韩震、齐丽云、张弘钰：《基于消费者责任认知的食品安全问题研究》，《大连理工大学学报》2015 年第 2 期。

［39］贺岚：《广东地区农民合作经济组织关于食品安全认识的现状调查》，《广东农业科学》2014 年第 2 期。

［40］洪荭、胡华夏、郭春飞：《基于 GONE 理论的上市公司财务报告舞弊识别研究》，《会计研究》2012 年第 8 期。

［41］胡瑞法、冷燕：《中国主要粮食作物的投入与产出研究》，《农业技术经济》2006 年第 6 期。

［42］胡卫中：《消费者食品安全风险认知的实证研究》，硕士学位论文，浙江大学，2010 年。

［43］胡向东、石自忠、王祖力：《我国生猪和猪肉流通现状研究》，《中国畜牧杂志》2013 年第 12 期。

［44］黄季焜、邓衡山、徐志刚：《中国农民专业合作经济组织的服务功

能及其影响因素》,《管理世界》2010 年第 5 期。

[45] 黄俐华:《广东省农民专业合作经济组织运作模式的实证分析》,《广东农业科学》2007 年第 3 期。

[46] 黄璋如:《消费者对蔬菜安全偏好之联合分析》,《农业经济半年刊》1999 年第 66 期。

[47] 黄兆勇、唐振柱:《食源性疾病的流行和监测现状》,《应用预防医学》2012 年第 2 期。

[48] 江佳、万波琴:《我国进口食品安全侵权问题研究》,《广州广播电视大学学报》2010 年第 3 期。

[49] 江佳:《我国进口食品安全监管法律制度完善研究》,硕士学位论文,西北大学,2011 年。

[50] 江泽民:《加快改革开放和现代化建设步伐 夺取有中国特色社会主义事业的更大胜利——在中国第十四次全国代表大会上的报告》,《人民日报》1992 年 10 月 21 日第 1 版。

[51] 姜利红、潘迎捷、谢晶等:《基于 HACCP 的猪肉安全生产可追溯系统溯源信息的确定》,《中国食品学报》2009 年第 2 期。

[52] 姜培红:《影响农药使用的经济因素分析》,硕士学位论文,福建农林大学,2005 年。

[53] 焦明江:《我国食品安全监管体制的完善:现状与反思》,《人民论坛》2013 年第 5 期。

[54] 金艳梅:《饲料企业产品质量控制》,博士学位论文,中国农业科学院,2007 年。

[55] 李本森:《破窗理论与美国的犯罪控制》,《中国社会科学》2010 年第 5 期。

[56] 李红梅、傅新红、吴秀敏:《农户安全施用农药的意愿及其影响因素研究——四川省广汉市 214 户农户的调查与分析》,《农业技术经济》2007 年第 5 期。

[57] 李静:《我国食品安全监管的制度困境——以三鹿奶粉事件为例》,《中国行政管理》2009 年第 10 期。

[58] 李科、赵惠燕、李振东:《社会性别敏感参与式农业科技推广模式研究》,《安徽农业科学》2007 年第 30 期。

[59] 李梅、周颖、何广祥等:《佛山城乡居民食品安全意识的差异性分

析》,《中国卫生事业管理》2011 年第 7 期。

[60] 李明、刘桔林:《基于模糊层次分析法的小额贷款公司风险评价》,《统计与决策》2013 年第 23 期。

[61] 李强、刘文、王菁等:《内容分析法在食品安全事件分析中的应用》,《食品与发酵工业》2010 年第 1 期。

[62] 李泰然:《食品安全监督管理知识读本》,中国法制出版社 2012 年版。

[63] 李泰然:《中国食源性疾病现状及管理建议》,《中华流行病学杂志》2003 年第 8 期。

[64] 李晓玲:《实践困境与关系重塑:新形势下村庄治理的一种解读》,《哈尔滨市委党校学报》2015 年第 1 期。

[65] 李旸、吴国栋、高宁:《智能计算在食品安全质量综合评价中的应用研究》,《农业网络信息》2006 年第 4 期。

[66] 李哲敏:《食品安全内涵及评价指标体系研究》,《北京农业职业学院学报》2004 年第 1 期。

[67] 李志强、郑琴琴:《利益相关者对企业社会责任履行的影响——基于成本收益的经济学分析》,《企业经济》2012 年第 3 期。

[68] 厉曙光、陈莉莉、陈波:《我国 2004—2012 年媒体曝光食品安全事件分析》,《中国食品学报》2014 年第 3 期。

[69] 廖天虎:《论我国农村食品安全的控制体系》,《农村经济》2013 年第 3 期。

[70] 林朝朋:《生鲜猪肉供应链安全风险及控制研究》,博士学位论文,中南大学,2009 年。

[71] 林震岩:《多变量分析 SPSS 的操作与应用》,北京大学出版社 2007 年版。

[72] 刘畅、张浩、安玉发:《中国食品质量安全薄弱环节、本质原因及关键控制点研究——基于 1460 个食品质量安全事件的实证分析》,《农业经济问题》2011 年第 1 期。

[73] 刘冬梅、张忠潮:《关于农产品质量安全举报制度的几点思考》,《西北农林科技大学学报》(社会科学版)2014 年第 1 期。

[74] 刘海卿、佘之蕴、陈丹玲:《金黄色葡萄球菌三种定量检验方法的比较》,《食品研究与开发》2014 年第 13 期。

[75] 刘华楠、徐锋：《肉类食品安全信用评价指标体系与方法》，《决策参考》2006 年第 10 期。

[76] 刘鹏：《中国食品安全监管——基于体制变迁与绩效评估的实证研究》，《公共管理学报》2010 年第 4 期。

[77] 刘青、周洁红、鄢贞：《供应链视角下中国猪肉安全的风险甄别及政策启示——基于 1624 个猪肉质量安全事件的实证分析》，《中国畜牧杂志》2016 年第 2 期。

[78] 刘清珺、陈婷、张经华等：《基于风险矩阵的食品安全风险监测模型》，《食品科学》2010 年第 5 期。

[79] 刘文萃：《食品行业协会自律监管的功能分析与推进策略研究》，《湖北社会科学》2012 年第 1 期。

[80] 刘於勋：《食品安全综合评价指标体系的层次与灰色分析》，《河南工业大学学报》（自然科学版）2007 年第 5 期。

[81] 刘长江、门万杰、刘彦军等：《农药对土壤的污染及污染土壤的生物修复》，《农业系统科学与综合研究》2002 年第 4 期。

[82] 柳敦江、王鹏：《一种快速鉴定猪舍空气样品中金黄色葡萄球菌的方法》，《猪业科学》2013 年第 5 期。

[83] 卢凌霄、张晓恒、曹晓晴：《内外资超市食品安全控制行为差异研究——基于采购与销售环节》，《中国食物与营养》2014 年第 8 期。

[84] 罗干：《关于国务院机构改革方案的说明》，《中华人民共和国国务院公报》1993 年第 10 期。

[85] 罗兰、安玉发、古川等：《我国食品安全风险来源与监管策略研究》，《食品科学技术学报》2013 年第 2 期。

[86] 吕律平：《国内外食品工业概况》，经济日报出版社 1987 年版。

[87] 吕志玲：《婴儿食物过敏影响因素研究》，硕士学位论文，重庆医科大学，2010 年。

[88] 马仁磊：《食品安全风险交流国际经验及对我国的启示》，《中国食物与营养》2013 年第 3 期。

[89] 马小芳：《深化我国食品安全监管体制改革》，《经济研究参考》2014 年第 30 期。

[90] 毛雪丹：《2003—2008 年我国细菌性食源性疾病流行病学特征及疾病负担研究》，博士学位论文，中国疾病预防控制中心，2010 年。

［91］毛政、张启胜：《基于 NGO 参与食品安全监管作用研究》，《中国集体经济》2014 年第 33 期。

［92］莫鸣、安玉发、何忠伟：《超市食品安全的关键监管点与控制对策——基于 359 个超市食品安全事件的分析》，《财经理论与实践》2014 年第 1 期。

［93］倪楠：《农村食品安全监管主体研究》，《西北农林科技大学学报》（社会科学版）2013 年第 4 期。

［94］倪永付：《病死猪肉的危害、鉴别及控制》，《肉类工业》2012 年第 11 期。

［95］聂昌林、远德龙、宋春阳：《规模化猪场对环境的影响及主要防治措施》，《猪业科学》2014 年第 5 期。

［96］聂艳、尹春、唐晓纯等：《1985—2011 年我国食物中毒特点分析及应急对策研究》，《食品科学》2013 年第 5 期。

［97］欧元军：《论社会中介组织在食品安全监管中的作用》，《华东经济管理》2010 年第 1 期。

［98］齐萌：《从威权管制到合作治理：我国食品安全监管模式之转型》，《河北法学》2013 年第 3 期。

［99］乔立娟、王健、李兴：《农户农药使用风险认知与规避意愿影响因素分析》，《贵州农业科学》2014 年第 3 期。

［100］曲芙蓉、孙世民、彭玉珊：《供应链环境下超市良好质量行为实施意愿的影响因素分析——基于山东省 456 家超市的调查数据》，《农业技术经济》2011 年第 11 期。

［101］全世文、曾寅初：《食品安全：消费者的标志选择与自我保护行为》，《中国人口·资源与环境》2014 年第 4 期。

［102］冉陆、张静：《全球食源性疾病监测及监测网络》，《中国食品卫生杂志》2005 年第 4 期。

［103］任端平、郗文静、任波：《新食品安全法的十大亮点（一）》，《食品与发酵工业》2015 年第 7 期。

［104］任国之、葛永元：《农村合作经济组织在农产品质量安全中的作用机制分析——以嘉兴市为例》，《农业经济问题》2008 年第 9 期。

［105］任燕、安玉发、多喜亮：《政府在食品安全监管中的职能转变与策略选择——基于北京市场的案例调研》，《公共管理学报》2011 年

第 1 期。

[106] 任中善、孟光：《浅议食品卫生监督管理权的归属》，《河南卫生防疫》1987 年第 4 期。

[107] 荣敬本、崔之元：《从压力型体制向民主合作体制的转变：县乡两级政治体制改革》，中央编译出版社 1998 年版。

[108] 沙鸣、孙世民：《供应链环境下猪肉质量链节点的重要程度分析——山东等 16 省（市）1156 份问卷调查数据》，《中国农村经济》2011 年第 9 期。

[109] 沈红：《食品安全的现状分析》，《食品工业》2011 年第 5 期。

[110] 沈莹：《食源性疾病的现状与控制策略》，《中国卫生检验杂志》2008 年第 10 期。

[111] 世界卫生组织、联合国粮农组织：《食品安全风险分析——国家食品安全管理机构应用指南》，樊永祥译，人民卫生出版社 2008 年版。

[112] 粟勤、刘晓娜、尹朝亮：《基于媒体报道的中国银行业消费者权益受损事件研究》，《国际金融研究》2014 年第 2 期。

[113] 孙宝国、王静、孙金沅：《中国食品安全问题与思考》，《中国食品学报》2013 年第 5 期。

[114] 孙宝国：《食品添加剂与食品安全》，《科学中国人》2011 年第 22 期。

[115] 孙金沅、孙宝国：《我国食品添加剂与食品安全问题的思考》，《中国农业科技导报》2013 年第 4 期。

[116] 孙世民、彭玉珊：《论优质猪肉供应链中养殖与屠宰加工环节的质量安全行为协调》，《农业经济问题》2012 年第 3 期。

[117] 孙世民：《基于质量安全的优质猪肉供应链建设与管理探讨》，《农业经济问题》2006 年第 4 期。

[118] 孙艳华、应瑞瑶：《制度演进——基于消费合作社的农村食品安全保障机制建构》，《经济体制改革》2006 年第 2 期。

[119] 孙艳华：《消费合作社：我国农村食品安全保障机制之创新》，《农村经济》2006 年第 4 期。

[120] 唐博文、罗小锋、秦军：《农户采用不同属性技术的影响因素分析——基于 9 省（区）2110 户农户的调查》，《中国农村经济》

2010 年第 6 期。

[121] 唐晓纯、赵建睿、刘文等：《消费者对网络食品安全信息的风险感知与影响研究》，《中国食品卫生杂志》2015 年第 7 期。

[122] 唐晓纯：《多视角下的食品安全预警体系》，《中国软科学》2008年第 6 期。

[123] 天津市人民委员会：《天津市人民委员会关于转发国务院批转的"食品卫生管理试行条例"的通知》，《天津政报》1965 年第17 期。

[124] 同春芬、刘韦钰：《破窗理论研究述评》，《知识经济》2012 年第23 期。

[125] 王常伟、顾海英：《我国食品安全态势与政策启示——基于事件统计、监测与消费者认知的对比分析》，《社会科学》2013 年第7 期。

[126] 王海涛、王凯：《养猪户安全生产决策行为影响因素分析——基于多群组结构方程模型的实证研究》，《中国农村经济》2012 年第11 期。

[127] 王静、孙宝国：《食品添加剂与食品安全》，《科学通报》2013 年第 26 期。

[128] 王勤学：《食品安全责任认知的知识转移研究》，硕士学位论文，大连海事大学，2014 年。

[129] 王仁强、孙世民、曲芙蓉：《超市猪肉从业人员的质量安全认知与行为分析——基于山东等 18 省（市）的 526 份问卷调查资料》，《物流工程与管理》2011 年第 8 期。

[130] 王世杰、杨杰、谌志强等：《1994—2003 年我国 766 起细菌性食物中毒分析》，《中国预防医学杂志》2006 年第 3 期。

[131] 王维业、王相明：《食源性疾病监测管理与分析》，《海南医学》2012 年第 24 期。

[132] 王晓芬、邓三：《农村食品安全监管的非权力之维》，《行政与法治》2012 年第 6 期。

[133] 王兴平：《病死动物尸体处理的技术与政策探讨》，《甘肃畜牧兽医》2011 年第 6 期。

[134] 王艳翠：《农村突发公共卫生事件应急管理机制探究：以政府的食

品安全规制职能为视角》，《中国食品卫生杂志》2010 年第 2 期。

[135] 王长庭、王根绪、刘伟等：《施肥梯度对高寒草甸群落结构、功能
和土壤质量的影响》，《生态学报》2013 年第 10 期。

[136] 威廉·H. 格林：《计量经济分析》，张成思译，中国人民大学出版
社 2011 年版。

[137] 韦琳、徐立文、刘佳：《上市公司财务报告舞弊的识别——基于三
角形理论的实证研究》，《审计研究》2011 年第 2 期。

[138] 文晓巍、刘妙玲：《食品安全的诱因、窘境与监管：2002—2011
年》，《改革》2012 年第 9 期。

[139] 邬兰娅、齐振宏、张董敏等：《养猪业环境外部性内部化的治理对
策研究——以死猪漂浮事件为例》，《农业现代化研究》2013 年第
6 期。

[140] 吴林海、卜凡、朱淀：《消费者对含有不同质量安全信息可追溯猪
肉的消费偏好分析》，《中国农村经济》2012 年第 10 期。

[141] 吴林海、王红纱、朱淀等：《消费者对不同层次安全信息可追溯猪
肉的支付意愿研究》，《中国人口·资源与环境》2013 年第 8 期。

[142] 吴林海、徐玲玲、王晓莉：《影响消费者对可追溯食品额外价格支
付意愿与支付水平的主要因素——基于 Logistic、Interval Censored
的回归分析》，《中国农村经济》2010 年第 4 期。

[143] 吴林海、钟颖琦、洪巍等：《基于随机 n 阶实验拍卖的消费者食品
安全风险感知与补偿意愿研究》，《中国农村观察》2014 年第
2 期。

[144] 吴林海等：《中国食品安全发展报告（2012—2015）》，北京大学出
版社 2012—2015 年版。

[145] 吴卫：《农村流通环节食品安全监管问题探讨：以湖南省为例》，
《消费经济》2009 年第 6 期。

[146] 吴玉鸣：《中国区域农业生产要素的投入产出弹性测算——基于空
间计量经济模型的实证》，《中国农村经济》2010 年第 6 期。

[147] 武汉医学院：《营养与食品卫生学》，人民卫生出版社 1981 年版。

[148] 武力：《从农田到餐桌的食品安全风险评价研究》，《食品工业科
技》2010 年第 9 期。

[149] 夏兆敏：《优质猪肉供应链中屠宰加工与销售环节的质量行为协调

机制研究》，博士学位论文，山东农业大学，2014 年。

[150] 徐君飞、张居作：《2001—2010 年中国食源性疾病暴发情况分析》，《中国农学通报》2012 年第 27 期。

[151] 徐维光：《食品卫生法执行中有关法规重叠问题的探讨》，《中国农村卫生事业管理》1992 年第 5 期。

[152] 徐旭晖：《浅析供销合作社在农药市场中的作用》，《上海农业学报》2012 年第 2 期。

[153] 许毅、吴婷、吕字：《2009—2011 年四川省食物中毒现况》，《职业卫生与病伤》2012 年第 3 期。

[154] 许宇飞：《沈阳市主要农产品污染调查下防治与预警研究》，《农业环境保护》1996 年第 1 期。

[155] 薛瑞芳：《病死畜禽无害化处理的公共卫生学意义》，《畜禽业》2012 年第 11 期。

[156] 杨理科、徐广涛：《我国食品工业发展迅速今年产值跃居工业部门第三位》，《人民日报》1988 年 11 月 29 日第 1 版。

[157] 杨小山、林奇英：《经济激励下农户使用无公害农药和绿色农药意愿的影响因素分析》，《江西农业大学学报》（社会科学版）2011 年第 1 期。

[158] 杨艳涛：《加工农产品质量安全预警与实证研究》，中国农业科学技术出版社 2012 年版。

[159] 易成非、姜福洋：《潜规则与明规则在中国场景下的共生——基于非法拆迁的经验研究》，《公共管理学报》2014 年第 4 期。

[160] 易丹：《上海市场葡萄酒消费行为研究》，硕士学位论文，复旦大学，2012 年。

[161] 于华江、唐俊：《农民环境权保护视角下的乡村环境治理》，《中国农业大学学报》（社会科学版）2012 年第 4 期。

[162] 臧东斌：《食品安全法律控制研究》，科学出版社 2013 年版。

[163] 曾理、叶慧珏：《尴尬的食品安全报道——从不规范的媒体行为到不健全的信息传播体系》，《新闻记者》2008 年第 1 期。

[164] 曾显光、李阳、牛小俊等：《化学农药在农业有害生物控制中的作用及科学评价》，《农药科学与管理》2002 年第 6 期。

[165] 詹承豫、刘星宇：《食品安全突发事件预警中的社会参与机制》，

《山东社会科学》2011 年第 5 期。

[166] 章志远、鲍燕娇：《食品安全监管中的公共警告制度研究》，《法治研究》2012 年第 3 期。

[167] 张保锋：《中外乳品工业发展概览》，哈尔滨地图出版社 2005 年版。

[168] 张锋：《中国化肥投入的面源污染问题研究——基于农户施用行为的视角》，博士学位论文，南京农业大学，2011 年。

[169] 张福瑞：《对卫生防疫职能的再认识》，《中国公共卫生管理杂志》1991 年第 2 期。

[170] 张桂新：《动物疫情风险下养殖户防控行为研究》，硕士学位论文，西北农林科技大学，2013 年。

[171] 张弘钰：《基于消费者责任认知的食品安全问题研究》，硕士学位论文，大连海事大学，2014 年。

[172] 张红霞、安玉发、张文胜：《我国食品安全风险识别、评估与管理——基于食品安全事件的实证分析》，《经济问题探索》2013 年第 6 期。

[173] 张红霞、安玉发：《食品生产企业食品安全风险来源及防范策略——基于食品安全事件的内容分析》，《经济问题》2013 年第 5 期。

[174] 张金亮：《基层大市场监管体制构建的困境》，《机构与行政》2015 年第 8 期。

[175] 张可、柴毅、翁道磊等：《猪肉生产加工信息追溯系统的分析和设计》，《农业工程学报》2010 年第 4 期。

[176] 张利庠、彭辉、靳兴初：《不同阶段化肥施用量对我国粮食产量的影响分析——基于 1952—2006 年 30 个省份的面板数据》，《农业技术经济》2008 年第 4 期。

[177] 张梅、郭翔宇：《食品质量安全中农业合作社的作用分析》，《东北农业大学学报》（社会科学版）2011 年第 2 期。

[178] 张千友、蒋和胜：《专业合作、重复博弈与农产品质量安全水平提升的新机制：基于四川省西昌市鑫源养猪合作社品牌打造的案例分析》，《农村经济》2011 年第 10 期。

[179] 张全军、玄兆强、张兰：《论中国食品安全新形势及〈食品安全

法〉的修订》，《农产品加工月刊》2015 年第 3 期。

[180] 张胜荣：《消费者企业社会责任认知的影响因素分析》，《生态经济》2013 年第 2 期。

[181] 张卫民、裴晓燕、蒋定国等：《国家食品安全风险监测管理体系现状与发展对策探讨》，《中国食品卫生杂志》2015 年第 5 期。

[182] 张英、刘俏：《流通领域农产品质量安全对策研究》，《知识经济》2015 年第 8 期。

[183] 张雨、何艳琴、黄桂英：《试论农产品质量标准与农民专业合作经济组织》，《农村经营管理》2003 年第 9 期。

[184] 张语宁：《食品的储存及冷藏食品的安全》，《吉林农业》2016 年第 3 期。

[185] 张跃华、邬小撑：《食品安全及其管制与养猪户微观行为——基于养猪户出售病死猪及疫情报告的问卷调查》，《中国农村经济》2012 年第 7 期。

[186] 张振、乔娟、黄圣男：《基于异质性的消费者食品安全属性偏好行为研究》，《农业技术经济》2013 年第 5 期。

[187] 张志强、徐中民、程国栋：《条件价值评估法的发展与应用》，《地球科学进展》2003 年第 3 期。

[188] 郑龙章：《茶农使用农药行为影响因素研究》，博士学位论文，福建农林大学，2009 年。

[189] 中国食品报社：《食品卫生法汇编》，中国食品出版社 1983 年版。

[190] 农牧渔业部宣传司：《新中国农业的成就和发展道路》，中国农业出版社 1984 年版。

[191] 周继军、张旺峰：《内部控制、公司治理与管理者舞弊研究——来自中国上市公司的经验证据》，《中国软科学》2011 年第 8 期。

[192] 周洁红、胡剑：《蔬菜加工企业质量安全管理行为及其影响因素分析——以浙江为例》，《中国农业经济》2009 年第 3 期。

[193] 周洁红、姜励卿：《农产品质量安全追溯体系中的农户行为分析——以蔬菜种植户为例》，《浙江大学学报》（人文社会科学版）2007 年第 2 期。

[194] 周洁红、李凯、陈晓莉：《完善猪肉质量安全追溯体系建设的策略研究——基于屠宰加工环节的追溯效益评价》，《农业经济问题》

2013 年第 10 期。

[195] 周伟杰、诸芸、艾永才:《建立食源性疾病监测预警信息系统的研究》,《中国公共卫生管理》2009 年第 2 期。

[196] 周永博、沈敏:《基层社会自组织在食品安全中的作用》,《江苏商论》2009 年第 10 期。

[197] 周泽义、樊耀波:《食品污染综合评价的模糊数学方法》,《环境科学》2000 年第 3 期。

[198] 朱淀、蔡杰:《实验拍卖理论在食品安全研究领域中的应用:一个文献综述》,《江南大学学报》(人文社会科学版)2012 年第 1 期。

[199] 朱江辉、李凤琴、李宁:《构建全国食源性疾病主动报告系统初探》,《卫生研究》2013 年第 5 期。

[200] 朱婧:《农村食品安全中政府监管行为与监管绩效的研究——基于 L 镇蔬果类食品的考察》,硕士学位论文,华中农业大学,2012 年。

[201] 朱永明:《企业社会责任履行能力成熟度研究》,《郑州大学学报》2009 年第 6 期。

[202] Abhilash, P. C. and Nandita, S. , "Pesticide use and application: An Indian scenario", *Journal of Hazard OUS Materials*, Vol. 165, No. 1, 2009, pp. 1 – 12.

[203] Abidoye, B. O. , Bulut, H. and Lawrence, J. D. et al. , "U. S. consumers' valuation of quality attributes in beef products", *Journal of Agricultural and Applied Economics*, Vol. 43, No. 1, 2011, pp. 1 – 12.

[204] Adamowicz, W. , Boxall, P. and Williams, M. et al. , "Stated preference approaches for measuring passive use values: Choice experiments and contingent valuation", *American Journal of Agricultural Economics*, Vol. 80, No. 1, 1998, pp. 64 – 75.

[205] Ajay, D. , Handfield, R. and Bozarth, C. , *Profiles in Supply Chain Management: An Empirical Examination*, 33rd Annual meeting of the Decision Sciences Institute, 2002.

[206] Ajayi, O. C. , "Pesticide use practices, productivity and farmers' health: The case of cotton – rice system in Cote d' Ivoire, West Africa", *Pesticide Policy Project*, *Special Issue Publication Series*, Vol. 12, No. 3, 2000, pp. 234 – 256.

[207] Al Shahrani, D. , Frayha, H. H. and Dabbagh, O. et al. , "First case of neurocysticercosis in Saudi Arabia", *Journal of Tropical Pediatrics*, Vol. 49, No. 1, 2003, pp. 58 – 60.

[208] Albersmeier, F. , Schulze, H. and Jahn, G. et al. , "The reliability of third – party certification in the food chain: From checklists to risk – oriented auditing", *Food Control*, Vol. 20, No. 3, 2009, pp. 927 – 935.

[209] Al – Busaidi, M. A. and David, J. J. , "Assessment of the food control systems in the Sultanate of Oman", *Food Control*, Vol. 51, No. 5, 2015, pp. l55 – 69.

[210] Alcorn, T. and Ouyang, Y. , "China's invisible burden of foodborne illness", *The Lancet*, Vol. 379, No. 3, 2012, pp. 789 – 790.

[211] Alfnes, F. , "Stated preferences for imported and hormone – treated beef: Application of a mixed logit model", *European Review of Agricultural Economics*, Vol. 31, No. 1, 2004, pp. 19 – 37.

[212] Alfnes, F. , Guttormsen, A. G. and Steine, G. et al. , "Consumers' willingness to pay for the color of salmon: A choice experiment with real economic incentives", *American Journal of Agricultural Economics*, Vol. 88, No. 4, 2006, pp. 1050 – 1061.

[213] Ali, A. S. , "Domestic food preparation practices: A review of the reasons for poor home hygiene practices", *Health Promotion International*, Vol. 30, No. 3, 2013, pp. 427 – 437.

[214] Andrea, N. , "High – risk food consumption and food safety practices in a Canadian community", *Journal of Food Protection*, Vol. 72, No. 12, 2009, pp. 2575 – 2586.

[215] Andrew, F. and Martinez, M. , "Opportunities for the co – regulation of food safety: Insights from the united kingdom", *The Magazine of Food, Farm and Resource Issues*, Vol. 20, No. 2, 2005, pp. 109 – 116.

[216] Angulo, A. M. , Gil, J. M. and Tamburo, L. , "Food safety and consumers' willingness to pay for labelled beef in Spain", *Journal of Food Products Marketing*, Vol. 11, No. 3, 2005, pp. 89 – 105.

[217] Angulo, A. M. and Gil, J. M. , "Risk perception and Consumers will-

ingness to pay for beef in Spain", *Food Quality and Preference*, Vol. 18, No. 8, 2007, pp. 1106 – 1117.

[218] Anonymous, *A Simple Guide to Understanding and Applying the Hazard Analysis Critical Control Point Concept* (2nd edition), International Life Sciences Institute (ILSI) Europe, Brussels, 1997.

[219] Ansell, C. and Vogel, D. , *The Contested Governance of European Food Safety Regulation*. In *What's the Beef: The Contested Governance of European Food Safety Regulation*, Cambridge, Mass: Mit Press, 2006.

[220] Antle, J. M. , "Effcient food safety regulation in the food manufacturing sector", *American Journal of Agricultural Economics*, Vol. 78, 1996, pp. 1242 – 1247.

[221] Arzu, C. M. , "Public perception of food handling practices and food safety in Turkey", *Journal of Food Agriculture & Environment*, Vol. 7, No. 2, 2009, pp. 113 – 116.

[222] Asfaw, S. , Mithofer, D. and Waibel, H. , "EU food safety standards, pesticide use and farm – level productivity: The case of high – value crops in Kenya", *Journal of Agricultural Economics*, Vol. 60, No. 3, 2009, pp. 645 – 667.

[223] Ayres, I. and Braithwaite, J. , *Responsive Regulation. Transcending the Deregulation Debate*, New York: Oxford University Press, 1992.

[224] Babcock, B. A. , Lichtenberg, E. and Zilberman, D. , "Impact of damage control and quality of output: Estimating pest control effectiveness", *American Journal of Agricultural Economics*, Vol. 74, No. 1, 1992, pp. 163 – 172.

[225] Bai, L. , Jin, T. and Yang, Y. et al. , "Hygienic food handling intention: An application of the theory of planned behavior in the Chinese cultural context", *Food Control*, Vol. 42, No. 8, 2014, pp. 172 – 180.

[226] Bailey, A. P. and Garforth, C. , "An industry viewpoint on the role of farm assurance in delivering food safety to the consumer: the case of the dairy sector of England and Wales", *Food Policy*, Vol. 45, 2014, pp. 14 – 24.

[227] Bala, R. and Mathew, Y. , "Chinese consumers' perception of corpo-

rate social responsibility（CSR）", *Journal of Business Ethics*, Vol. 88, No. Supplement1, 2009, pp. 119 – 132.

[228] Baldwin, R. and Cave, M., *Understanding Regulation: Theory, Strategy, and Practice*, Oxford: Oxford University Press, 1999.

[229] Barbe, R. M. S., Scott, M. B., Greenberg, E. et al., "The parent's guide to food allergies: Clear and complete advice from the experts on raising your food – allergic child", New York: Henry Holt, 2001, p. 1.

[230] Bardach, E., *The Implementation Game: What Happens after A Bill Becomes A Law*, Cambridge, Ma: The Mit, 1978.

[231] Bartle, I. and Vass, P., *Self – Regulation and the Regulatory State: A Survey of Policy and Practices*, Research Report, University of Bath, 2005.

[232] Baumgartner, H. and Steenkamp, J. – B. E. M., "Response styles in marketing research: A cross – national investigation", *Journal of Marketing Research*, Vol. 38, No. 5, 2001, pp. 143 – 156.

[233] Bearth, A., Cousin, M. E. and Siegrist, M., "Uninvited guests at the tables – a consumer intervention for safe poultry preparation", *Journal of Food Safety*, Vol. 33, No. 4, 2013, pp. 394 – 404.

[234] Bell, D. R. and Lattin, J. M., "Looking for loss aversion in scanner panel data: The confounding effect of price response heterogeneity", *Marketing Science*, Vol. 19, No. 2, 2000, pp. 185 – 200.

[235] Ben – Akiva, M. and Gershenfeld, S., "Multi – featured products and services: Analysing pricing and bundling strategies", *Journal of Forecasting*, Vol. 17, No. 3 – 4, 1998, pp. 175 – 196.

[236] Bergeaud – Blackler, F. and Ferretti, M. P., "More politics, stronger consumers? A new division of responsibility for food in the European Union", *Appetite*, Vol. 47, No. 2, 2006, pp. 134 – 142.

[237] Black, J., "Decentering regulation: Understanding the role of regulation and self – regulation in a 'post – regulatory' world", *Current Legal Problems*, Vol. 54, 2001, pp. 103 – 147.

[238] Boccaletti, S. and Nardella, M., "Consumer willingness to pay for pesticide – free fresh fruit and vegetables in Italy", *The International Food*

and Agribusiness Management Review, Vol. 3, No. 3, 2000, pp. 297 – 310.

[239] Bologua, G. J., Lindquist, R. J. and Wells, J. T., *The Accountant's Handbook of Fraud and Commercial Crime*, John Wiley & Sons Inc., 1993.

[240] Bourdieu, P., *Distinction: A social critique of the judgement of taste* (1979/2000), London: Routledge, 1979, pp. 11 – 12.

[241] Bressersh, T. A., *The Choice of Policy Instruments in Policy Networks*, Worcester: Edward Elgar, 1998.

[242] Brogliaa, A. and Kapel, C., "Changing dietary habits in a changing world: Emerging drivers for the transmission of foodborne parasitic zoonoses", *Veterinary Parasitology*, Vol. 182, No. 1, 2011, pp. 2 – 13.

[243] Brownstone, D. and Train, K., "Forecasting new product penetration with flexible substitution patterns", *Journal of Econometrics*, Vol. 89, No. 1 – 2, 1999, pp. 109 – 129.

[244] Brunsson, N. and Jacobsson, B., *A World of Standards*, Oxford: Oxford University Press, 2000.

[245] Burlingame, B. and Pineiro, M., "The essential balance: Risks and benefits in food safety and quality", *Journal of Food Composition and Analysis*, Vol. 20, No. 1, 2007, pp. 139 – 146.

[246] Burton, A. W., Ralph, L. A. and Robert, E. B. et al., "Thomas, disease and economic development: the impact of parasitic diseases in St. Luci", *International Journal of Social Economics*, Vol. 1, No. 1, 1974, pp. 111 – 117.

[247] Burton, M., Rigby, D., Young, T. and James, S., "Consumer attitudes to genetically modified organisms in food in the UK", *European Review of Agricultural Economics*, Vol. 28, No. 4, 2001, pp. 79 – 498.

[248] Caduff, L. and Bernauer, T., "Managing risk and regulation in European food safety governance", *Review of Policy Research*, Vol. 23, No. 1, 2006, pp. 153 – 168.

[249] Caiping, Z., Junfei, B. and Wahl, T. I., "Consumers' willingness to pay for traceable pork, milk, and cooking oil in Nanjing, China",

Food Control, Vol. 27, No. 1, 2012, pp. 21 – 28.

[250] Caleb, K. and Venu, G., "Sex disparity in food allergy: Evidence from the PubMed database", *Journal of Allergy*, 2009, pp. 1 – 7.

[251] Campbell, H. F., "Estimating the marginal productivity of agricultural pesticides: The case of tree – fruit farms in the Okanagan valley", *Canadian Journal of Agricultural Economics/Revue canadienne d'agro-economie*, Vol. 24, No. 3, 1976, pp. 23 – 30.

[252] Cantley, M., "How should public policy respond to the challenges of modern biotechnology", *Current Opinion in Biotechnology*, Vol. 15, No. 3, 2004, pp. 258 – 263.

[253] Carbas, B., Cardoso, L. and Coelho, A. C., "Investigation on the knowledge associated with foodborne diseases in consumers of northeastern Portugal", *Food Control*, Vol. 30, No. 1, 2013, pp. 54 – 57.

[254] Carpentier, A. and Weaver, R. D., The Contribution of Pesticides to Agricultural Production: A Reconsideration, Working Paper, Penn – sylvania State University, 1995, pp. 17 – 20.

[255] Castle, L., "Chemical migration into food: An overview", In: K. A. Barnes, C. R. Sinclair and D. H. Watson, eds., *Chemical Migration and Food Contact Materials*, Woodhead Publishing Limited, Cambridge, England, 2007, pp. 1 – 13.

[256] Caswell, J. A. and Mojduszka, E. M., "Using information labeling to influence the market for quality in food products", *American Journal of Agricultural Economics*, Vol. 78, No. 5, 1996, pp. 1248 – 1253.

[257] Centers for Disease Control and Prevention, Estimates of Foodborne Illness in the United States 2011, CDC 2011 Estimates: Findings, January 8, 2014.

[258] Chai, J. Y., Darwin, M. K. and Lymbery, A. J., "Fish – borne parasitic zoonoses: Status and issues", *International Journal of Parasitology*, Vol. 35, No. 11 – 12, 2005, pp. 1233 – 1254.

[259] Chang, J. B., Moon, W. and Balasubramanian, S. K., "Consumer valuation of health attributes for soy – based food: A choice modeling approach", *Food Policy*, Vol. 37, No. 3, 2012, pp. 335 – 342.

[260] Chang, K. , Siddarth, S. and Weinberg, C. B. , "The impact of heteroge-neity in purchase timing and price responsiveness on estimates of sticker shock effects", *Marketing Science*, Vol. 18, No. 2, 1999, pp. 178 – 192.

[261] Chen, X. J. , Wu, L. H. and Qin, S. S. et al. , "Evaluating the impact of government subsidies on traceable pork market share based on market simulation: The case of Wuxi, China", *African Journal of Business Management*, Vol. 10, No. 8, 2016, pp. 169 – 181.

[262] Chien, L. H. and Zhang, Y. C. , "Food traceability system – an applica-tion of pricing on the integrated information", The 5th International Conference of the Japan Economic Policy Association, Tokyo, Japan, December 2 – 3, 2006.

[263] Christian, H. , Klaus, J. and Axel, V. , "Better regulation by new gov-ernance hybrids? governance styles and the reform of european chemi-cals policy", *Journal of Cleaner Production*, Vol. 15, No. 18, 2007, pp. 1859 – 1874.

[264] Chung, C. , Boyer, T. and Han, S. , "Valuing quality attributes and country of origin in the korean beef market", *Journal of Agricultural E-conomics*, Vol. 60, No. 3, 2009, pp. 682 – 698.

[265] Claret, A. , Guerrero, L. and Aguirre, E. et al. , "Consumer prefer-ences for sea fish using conjoint analysis: Exploratory study of the im-portance of country of origin, obtaining method, storage conditions and purchasing price", *Food Quality and Preference*, Vol. 26, No. 2, 2012, pp. 259 – 266.

[266] Clemens, R. and Babcock, B. A. , *Meat Traceability: Its Effect on Trade*, Iowa State University, Department of Economics Staff General Research Papers, 2002.

[267] Codron, J. M. , Fares, M. and Rouviere, E. , "From public to private safety regulation? The case of negotiated agreements in the french fresh produce import industry", *International Journal of Agricultural Re-sources Governance and Ecology*, Vol. 6, No. 3, 2007, pp. 415 – 427.

[268] Coglianese, C. and Lazer, D. , "Management – based regulation: Pre-scribing private management to achieve public goals", *Law & Society*

Review, Vol. 37, 2003, pp. 691 – 730.

[269] Cohen, J. L. and Arato, A., *Civil Society and Political Theory*, Cambridge, Ma: Mit Press, 1992.

[270] Cohen, S. H. and Orme, B., "What's your preference? Asking survey respondents about their preferences creates new scaling decisions", *Marketing Research Magazine*, Vol. 16, No. 1, 2004, pp. 33 – 37.

[271] Cohenand, J. L. and Arato, A., *Civil Society And Political Theory*, Cambridge, Ma: Mit Press, 1992.

[272] Colin, M., Adam, K. and Kelley, L. et al., "Framing global health: The governance challenge", *Global Public Health*, Vol. 7, No. 2, 2012, pp. 83 – 94.

[273] Collins, E. J. T., "Food adulteration and food safety in Britain in the 19th and early 20th centuries", *Food Policy*, Vol. 18, No. 2, 1993, pp. 95 – 109.

[274] Commission of the European Communities, *European Governance*, (White Paper) Com (2001) 428, 2001 – 07 – 25.

[275] Commission of the European Communities, *Report from the Commission to the Council and the European Parliament on the Experience Gained from the Application of the Hygiene Regulations* (Ec) No. 852/2004, (Ec) No. 853/2004 and (Ec) No 854/2004 of the European Parliament and of the Council of 29 April 2004, Sec (2009) 1079, Brussels, 2009.

[276] Commission on Global Governance, *Our Global Neighbourhood: The Report of the Commission on Global Governance*, London: Oxford University Press, 1995.

[277] Cooper, J. and Dobson, H., "The benefits of pesticides to mankind and the environment", *Crop Protection*, Vol. 26, No. 9, 2007, pp. 1337 – 1348.

[278] Corradof, G. G., "Food safety issues: From enlightened elitism towards deliberative democracy? An overview of efsa's public consultation instrument", *Food Policy*, Vol. 37, No. 4, 2012, pp. 427 – 438.

[279] Cragg, R. D., *Food Scares and Food Safety Regulation: Qualitative Research on Current Public Perceptions (Report Prepared for Coi and Food*

Standards Agency), London: Cragg Ross Dawson Qualitative Research, 2005.

[280] Craig, P. S. and Echinococcosis, C. , "Epidemiology of human alveolar echinococcosis in China", *Parasitology International*, Vol. 55, No. Suppll. , 2006, pp. S221 – S225.

[281] Cranfield, J. , Henson, S. and Holliday, J. , "The motives, benefits and problems of conversion to organic production"., *Agriculture and Human Values*, Vol. 27, No. 3, 2010, pp. 291 – 306.

[282] David, O. and Ted, G. , *Reinventing Government*, Penguin, 1993.

[283] Davis, G. F. , McAdam, D. and Scott, W. R. et al. , *Social Movements and Organization Theory*, Cambridge: Cambridge University Press, 2005.

[284] Demortain, D. , "Standardising through concepts, the power of scientific experts in international standard – setting", *Science and Public Policy*, Vol. 35, No. 6, 2008, pp. 391 – 402.

[285] Diamond, P. A. and Hausman, J. A. , "Contingent valuation: Is some number better than no number?", *The Journal of Economic Perspectives*, 1994, Vol. 8, No. 4, pp. 45 – 64.

[286] Dickinson, D. L. and Bailey, D. , "Meat traceability: Are US consumers willing to pay for it?", *Journal of Agricultural and Resource Economics*, Vol. 27, No. 2, 2002, pp. 348 – 364.

[287] Dimitrios, P. K. , Evangelos, L. P. and Panagiotis, D. K. , "Measuring the effectiveness of the HACCP food safety management system", *Food Control*, Vol. 33, No. 2, 2013, pp. 505 – 513.

[288] Dong, S. X. , *Problem Food Designed for the Rural Market: Causes and Countermeasures – Analysis of Corporate Food Fraud*, Enterprise Vitality, 2011.

[289] Dordeck – Jung, B. , Vrielink, M. J. G. O. and Hoof, J. V. et al. , "Contested hybridization of regulation: Failure of the Dutch regulatory system to protect minors from harmful media", *Regulation & Governance*, Vol. 4, No. 2, 2010, pp. 154 – 174.

[290] Dyckman, L. J. , *The Current State of Play: Federal and State Expenditures on Food Safety*, Washington, D. C. : Resource for The Future, 2005.

[291] Edwards, M. , "Participatory governance into the future: Roles of the government and community sectors", *Australian Journal of Public Administration*, Vol. 60, No. 3, 2001, pp. 78 – 88.

[292] EFSA, "Scientific opinion of the panel on biological hazards on risk assessment of parasites in fishery products", *EFSA Jounal*, Vol. 8, No. 4, 2010, p. 1543.

[293] Eijlander, P. , "Possibilities and Constraints in the Use of Self – Regulation and Co – Regulation in Legislative Policy, Experiences in the Netherlands – Lessons to be Learned for ehe EU", *Electronic Journal of Comparative Law*, Vol. 9, No. 1, 2005, pp. 1 – 8.

[294] Elizabeth, S. , "Food safety and foodborne disease in 21st century homes", *The Canadian Journal of Infectious Diseases – Journal Canadian des Maladies Infectieuses*, Vol. 14, No. 5, 2003, pp. 277 – 280.

[295] Enneking, U. , "Willingness to pay for safety improvements in the german meat sector: The case of the q&s label", *European Review of Agricultural Economics*, Vol. 31, No. 2, 2004, pp. 205 – 223.

[296] Erdem, S. , Rigby, D. and Wossink, A. , "Using best – worst scaling to explore perceptions of relative responsibility for ensuring food safety", *Food Policy*, Vol. 37, No. 6, 2012, pp. 661 – 670.

[297] European Parliament and of the Council, "Directive 2003/89/EC of the European Parliament and of the Council amending Directive 2000/13/EC as regards indication of the ingredients present in foodstuffs", *Official Journal of the European Union*, Vol. 308, No. 11, 2003, pp. 15 – 18.

[298] Fairman, R. and Yapp, C. , "Enforced self – regulation, prescription, and conceptions of compliance within small businesses: The impact of enforcement", *Law & Policy*, Vol. 27, No. 4, 2005, pp. 491 – 519.

[299] FAO/WHO, *Codex Procedures Manual*, 10th edition, 1997.

[300] FAO/WHO: *Assuring food safety and quality: Guidelines for strengthening national food control systems*, FAO Food and Nutrition Paper, 2003.

[301] Fearne, A. , Garcia, M. M. and Bourlakis, M. , *Review of the Economics of Food Safety and Food Standards*, Document Prepared for the Food Safety Agency, London: Imperial College London, 2004.

[302] Fearne, A. and Martinez, M. G. , "Opportunities for the coregulation of food safety: insights from the United Kingdom", *Choices: The Magazine of Food, Farm and Resource Issues*, Vol. 20, No. 2, 2005, pp. 109 – 116.

[303] Ferandez – Cornejo, J. , Jans, S. and Smith, M. , "The Economic Impact of Pesticide Use in U. S. Agriculture", Paper presented at the 1996 NAREA meeting, Atlantic City NJ, 1996.

[304] Fernandez – Cornejo, J. , "The seed industry in US agriculture: An exploration of data and information on crop seed markets, regulation, industry structure, and research and development", *Agricultural Information Bulletins*, Vol. 23, No. 6, 2004, pp. 123 – 149.

[305] Fernando, Y. , Ng, H. H. and Walters, T. , "Regulatory incentives as a moderator of determinants for the adoption of Malaysian food safety system", *British Food Journal*, Vol. 117, No. 4, 2015, pp. 1336 – 1353.

[306] Fielding, L. M. , Ellis, L. and Beveridge, C. et al. , "An evaluation of HACCP implementation status in uk sme's in food manufacturing", *International Journal of Environmental Health Research*, Vol. 15, No. 2, 2005, pp. 117 – 126.

[307] Finn, A. and Louviere, J. J. , "Determing the appropriate response to evidence of public concern: The case of food safety", *Journal of Public Policy & Marketing*, Vol. 11, No. 2, 1992, pp. 12 – 25.

[308] Fisher, L. A. , "The economics of pest control in Canadian apple production", *Canadian Journal of Agricultural Economics*, Vol. 18, No. 3, 1970, pp. 89 – 96.

[309] Flynn, A. , Carson, L. and Lee, R. et al. , *The Food Standards Agency: Making A Difference*, Cardiff: The Centre For Business Relationships, Accountability, Sustainability and Society (Brass), Cardiff University, 2004.

[310] Food Standards Agency, *Safe Food and Healthy Eating for All*, Annual Report 2007/08, London: The Food Standards Agency, 2008.

[311] Food Standards Agency, *The FSA foodborne disease strategy* 2010 – 15 (England), London: Food Standards Agency, 2011.

[312] Freeman, I. , *Collaborative Governance*, Supra Note 17, 2013.

[313] Furnols, M. F. , Realini, C. and Montossi, F. et al. , "Consumer's purchasing intention for lamb meat affected by country of origin, feeding system and meat price: A conjoint study in Spain, France and United Kingdom", *Food Quality and Preference*, Vol. 22, No. 5, 2011, pp. 443 – 451.

[314] Garcia, M. M. , Verbruggen, P. and Fearne, A. , "Risk – based approaches to food safety regulation: What role for co – regulation", *Journal of Risk Research*, Vol. 16, No. 9, 2013, pp. 1101 – 1121.

[315] Garcia, M. and Poole, N. , "The development of private fresh produce safety standards: Implications for developing mediterranean exporting countries", *Food Policy*, Vol. 29, No. 3, 2004, pp. 229 – 255.

[316] Garforth, C. J. , Bailey, A. P. and Tranter, R. B. , "Farmers' attitude to disease risk management in England: A comparative analysis of sheep and pig farmer", *Preventive Veterinary Medicine*, Vol. 110, No. 3, 2013, pp. 456 – 466.

[317] Gerhardy, H. and Ness, M. R. , "Consumer preferences for eggs using conjoint analysis", *World's Poultry Science Journal*, Vol. 51, No. 5, 1995, pp. 203 – 214.

[318] Gil, J. M. and Sanchez, M. , "Consumer preferences for wine attributes, a conjoint approach", *British Food Journal*, Vol. 99, No. 1, 1997, pp. 3 – 11.

[319] Gracia, A. , Loureiro, M. L. and Nayga, Jr. R. M. , "Consumers' valuation of nutritional information: A choice experiment study", *Food Quality and Preference*, Vol. 20, No. 7, 2009, pp. 463 – 471.

[320] Grazia, C. and Hammoudi, A. , "Food safety management by private actors: Rationale and impact on supply chain stakeholders", *Rivista Di Studi Sulla Sostenibilita*, Vol. 2, No. 2, 2012, pp. 111 – 143.

[321] Green, J. M. , Draper, A. K. and Dowler, E. A. , "Short cuts to safety: Risk and rules of thumb in accounts of food choice", *Health, Risk and Society*, Vol. 5, No. 1, 2003, pp. 33 – 52.

[322] Green, P. E. and Srinivasan, V. , "Conjoint Analysis in Consumer Re-

search: Issues and Outlook", *Journal of Consumer Research*, Vol. 5, No. 2, 1978, pp. 103 – 123.

[323] Griliches, Z. , "Research expenditures, education, and the aggregate agricultural production function", *The American Economic Review*, Vol. 54, No. 2, 1964, pp. 961 – 974.

[324] Grunert, K. G. , "What is in a steak? a cross – cultural study on the quality perception of beef", *Food Quality and Preference*, Vol. 20, No. 4, 8 (3): 157 – 174, 1997.

[325] Gunningham, N. and Rees, J. , "Industry self – regulation: An institutional perspective", *Law and Policy*, Vol. 19, No. 4, 1997, pp. 363 – 414.

[326] Gunningham, N. and Sinclair, D. , *Assumption that Industry Knows Best how to Abate Its Own Environmental Problems*, London, 1997.

[327] Gunningham, Sinclair, *Discussing the "Assumption that Industry Knows Best how to Abate its Own Environmental Problems"*, Supra Note 17, 2007.

[328] Hadjigeorgiou, A. , Soteriades, E. S. and Gikas, A. , "Establishment of a national food safety authority for cyprus: A comparative proposal based on the european paradigm", *Food Control*, Vol. 30, No. 2, 2013, pp. 727 – 736.

[329] Hair, J. , *Multivariate Data Analysis* (7th ed.), Upper Saddle River conference, NJ: Prentice Hall, 2009.

[330] Halkier, B. and Holm, B. , "Shifting responsibilities for food safety in Europe: An introduction", *Appetite*, Vol. 47, No. 2, 2006, pp. 127 – 133.

[331] Hall, D. , "Food with a visible face: Traceability and the public promotion of private governance in the japanese food system", *Geoforum*, Vol. 41, No. 5, 2010, pp. 826 – 835.

[332] Hampton, P. , *Reducing Administrative Burdens: Effective Inspection and Enforcement*, London: HM Treasury, 2005.

[333] Hamzei, J. , "Seed, oil, and protein yields of canola under combinations of irrigation and nitrogen application", *Agronomy Journal*, Vol. 103, No. 4, 2011, pp. 1152 – 1158.

[334] Handy, S. M. , Deeds, J. R. and Ivanova, N. V. et al. , "Laboratory validated method for the generation of DNA barcodes for the identification of fish for regulatory", *Journal of AOAC International*, Vol. 94, No. 1, 2011, pp. 201 – 210.

[335] Hanemann, W. M. , "Valuing the environment through contingent valuation", *The Journal of Economic Perspectives*, Vol. 8, No. 4, 1994, pp. 19 – 43.

[336] Headley, J. C. , "Estimating the productivity of agricultural pesticides", *American Journal of Agricultural Economics*, Vol. 50, No. 1, 1968, pp. 13 – 23.

[337] Henderson, J. , Coveney, J. and Ward, P. , "Who regulates food? Australians' perceptions of responsibility for food safety", *Australian Journal of Primary Health*, Vol. 16, No. 2, 2010, pp. 344 – 351.

[338] Henson, S. , "Contemporary food policy issues and the food supply chain", *European Review of Agricultural Economics*, Vol. 22, No. 3, 1995, pp. 271 – 281.

[339] Henson, S. adn Caswell, J. , "Food safety regulation: An overview of contemporary issues", *Food Policy*, Vol. 24, No. 6, 1999, pp. 589 – 603.

[340] Henson, S. adn Heasman, M. , "Food safety regulation and the firm: Understanding the compliance process", *Food Policy*, Vol. 23, No. 1, 1998, pp. 9 – 23.

[341] Henson, S. and Hooker, N. , "Private sector management of food safety: Public regulation and the role of private controls", *International Food and Agribusiness Management Review*, Vol. 4, No. 1, 2001, pp. 7 – 17.

[342] Henson, S. and Humphrey, J. , *The Impacts of Private Food Safety Standards on the Food Chain and on Public Standard – Setting Processes*, Rome: Joint FAO/WHO Food Standards Programme, Codex Alimentarius Commission, Alinorm 09/32/9d – Part Ii Fao Headquarters.

[343] Hinrichsen, L. , "Manufacturing technology in the Danish pig slaughter industry", *Meat Science*, Vol. 84, No. 2, 2010, pp. 271 – 275.

[344] Hobbs, J. E. , "A transaction cost analysis of quality, traceability and animal welfare issues in UK beef retailing", *British Food Journal*, Vol. 98, No. 6, 1996, pp. 16 – 26.

[345] Hobbs, J. E. , Bailey, D. and Dickinson, D. L. et al. , "Traceability in the Canadian red meat sector: Do consumers care?", *Canadian Journal of Agricultural Economics*, Vol. 53, No. 1, 2005, pp. 47 – 65.

[346] Holm, B. and Halkier, B. , "EU food safety policy, localising contested governance", *European Societies*, Vol. 11, No. 4, 2009, pp. 473 – 493.

[347] Hornibrook, S. A. , McCarthy, M. and Fearne, A. , "Consumers' perception of risk: The case of beef purchases in Irish supermarkets", *International Journal of Retail & Distribution Management*, Vol. 33, No. 10, 2005, pp. 701 – 715.

[348] Houghton, J. R. , Rowe, G. and Frewer, L. J. et al. , "The quality of food risk management in Europe: Perspectives and priorities", *Food Policy*, Vol. 33, No. 1, 2008, pp. 13 – 26.

[349] Hruska, A. J. and Corriols, M. , "The impact of training in integrated pest management among Nicaraguan maize famers: Icreased net retures and reduced health risk", *International Journal of Occupation and Environmental Health*, Vol. 8, No. 3, 2002, pp. 191 – 200.

[350] Huang, J. , Hu, R. and Rozelle, S. et al. , "Transgenic varieties and productivity of smallholder cotton farmers in China", *Australian Journal of Agricultural and Resource Economics*, Vol. 46, No. 3, 2002, pp. 367 – 387.

[351] Huang, J. , Qiao, F. B. and Zhang, L. et al. , *Farm Pesticide, Rice Production, and Human Health*, Working paper, International Development Research Centre, Ottawa, Canada, 2000.

[352] Hutter, B. M. , *The Role of Non State Actors in Regulation*, London: The Centre for Analysis of Risk and Regulation (Carr), London School of Economics and Political Science, 2006.

[353] Isina, S. adn Yildirim, I. , "Fruit – growers' perceptions on the harmful effects of pesticides and their reflection on practices: The case of Kemalpasa, Turkey", *Crop Protection*, Vol. 26, No. 7, 2007, pp. 917 – 922.

[354] Janet, V. D. , Robert, B. D. and M. E. Sharpe, *The New Public Service: Serving, Not Steering*, 2002.

[355] Jean, K. , "Identification of critical points during domestic food preparation: An observational study", *British Food Journal*, Vol. 113, No. 6 - 7, 2011, pp. 766 - 783.

[356] Jehle, G. A. and Reny, P. J. , "Advanced microeconomic theory", Gosport: Ashford Colour Press Ltd. , 2001.

[357] Jha, R. K. and Regmi, A. P. , *Productivity of Pesticides in Vegetable Farming in Nepal*, SANDEE Working Paper, No. 107 - 16, 2010.

[358] Jia, C. and Jukes, D. , "The national food safety control system of china - systematic review", *Food Control*, Vol. 32, No. 1, 2013, pp. 236 - 245.

[359] Jones, S. L. , Parry, S. M. and O' Brien, S. J. et al. , "Are staff management practices and inspection risk ratings associated with foodborne disease outbreaks in the catering industry in England and wales", *Journal of Food Protection*, Vol. 71, No. 3, 2008, pp. 550 - 557.

[360] Kennedy, J. , "Deteminants of cross - contaminationduring home food preparation", *British Food Journal*, Vol. 113, No. 2 - 3, 2011, pp. 280 - 297.

[361] Kerwer, D. , "Rules that many use: Standards and global regulation", *Governance*, Vol. 18, No. 4, 2005, pp. 611 - 632.

[362] Kilbride, A. L. , Mendl, M. and Statham, P. , "A cohort study of preweaning piglet mortality and farrowing accommodation on 112 commercial pig farms in England", *Preventive Veterinary Medicine*, Vol. 104, No. 3, 2012, pp. 281 - 291.

[363] King, B. G. , Bentele, K. G. and Soule, S. A. et al. , "Protest and policymaking: Explaining fluctuation in congressional attention to rights issues", *Social Forces*, Vol. 86, No. 1, 2007, pp. 137 - 163.

[364] Kishor, A. , "Pesticide use knowledge and practices: A gender differences in Nepal", *Environmental Research*, Vol. 104, No. 2, 2007, pp. 305 - 311.

[365] Kjaernes, U. , Harvey, M. and Warde, A. , *Trust in Food: A Compar-*

ative and Institutional Analysis, Basingstoke: Palgrave Macmillan, 2007.

[366] Krueathep, W. , "Collaborative network activities of Thai subnational governments: Current practices and future challenges", *International Public Management Review*, Vol. 9, No. 2, 2008, pp. 251 – 276.

[367] Krystallis, A. , Frewer, L. and Rowe, G. et al. , "A perceptual divide? Consumer and expert attitude to food risk management in Europe", *Health Risk & Society*, Vol. 9, No. 4, 2007, pp. 407 – 424.

[368] Krystallis, A. , Frewer, L. and Rowe, G. et al. , "A perceptual divide? Consumer and expert attitude to food risk management in Europe", *Health Risk & Society*, Vol. 9, No. 4, 2007, pp. 407 – 424.

[369] Krystallis, A. and Ness, M. , "Consumer preferences for quality foods from a south european perspective: A conjoint analysis implementation on Greek olive oil", *International Food and Agribusiness Management Review*, Vol. 8, No. 2, 2005, pp. 62 – 91.

[370] Kurtzweil, P. , "Policing economic food fraud", *Consumers Research Magazine*, Vol. 82, No. 5, 1999, p. 28.

[371] Lagerkvist, C. J. , Sebastian, H. and Julius, O. et al. , "Food health risk perceptions among consumers, farmers, and traders of leafy vegetables in Nairobi", *Food Policy*, Vol. 38, No. 1, 2013, pp. 92 – 104.

[372] Lancaster, K. J. , "A new approach to consumer theory", *Journal of Political Economy*, Vol. 74, No. 2, 1966, pp. 132 – 157.

[373] Lanting, M. , "Pest management: The art of mimicking nature", *LEISA – LEUSDEN*, Vol. 23, No. 4, 2007, pp. 6 – 20.

[374] Leikas, S. , Lindeman, M. and Roininen, K. et al. , "Who is responsible for food risks? The influence of risk type and risk characteristics", *Appetite*, Vol. 53, No. 1, 2009, pp. 123 – 126.

[375] Lenzen, M. , Murray, J. and Sack, F. et al. , "Shared Producer and Consumer Responsibility – Theory and Practice", *Ecological Economics*, Vol. 61, No. 1, 2007, pp. 27 – 42.

[376] Lester, M. S. and Sokolowski, S. W. , *Global Civil Society: Dimensions of the Nonprofit Sector*, Johns Hopkins Center for Civil Society Studies,

1999.

[377] Lichtenberg, E. and Zilberman, D. , "The econometrics of damage control: Why specification matters", *American Journal of Agricultural Economics*, Vol. 68, No. 2, 1986, pp. 261 – 273.

[378] Lichtenberg, L. , Heidecke, S. J. and Becker, T. , "Traceability of meat: Consumers' associations and their willingness – to – pay", 12th Congress of the European Association of Agricultural Economists – EAAE 2008.

[379] Lim, K. H. , Hu, W. , Maynard, L. J. et al. , "U. S. consumers' preference and willingness to pay for country – of – origin – labeled beef steak and food safety enhancements", *Canadian Journal of Agricultural Economics*, Vol. 61, No. 1, 2013, pp. 93 – 118.

[380] Lipsky, M. , *Street – Level Bureaucracy: Dilemmas of the Individual in Public Services*, New York: Russell Sage Foundation, 2010.

[381] Liu, C. Y. , "Dead pigs scandal questions China's public health policy", *The Lancet*, Vol. 381, No. 9877, 2013, p. 1539.

[382] Liu, Y. , Liu, F. and Zhang, J. et al. , "Insights into the nature of food safety issues in Beijing through content analysis of an internet database of food safety incidents in China", *Food Control*, Vol. 51, 2015, pp. 206 – 211.

[383] Loader, R. and Hobbs, J. , "Strategic responses to food safety legislation", *Food Policy*, Vol. 24, No. 6, 1999, pp. 685 – 706.

[384] Loureiro, M. L. and Umberger, W. J. , "A choice experiment model for beef attributes: What consumer preferences tell us", Selected paper presented at the American Agricultural Economics Association Annual Meetings, Denver, CO. , August. 2004.

[385] Louviere, J. J. and Flynn, T. N. , "Using best – worst scaling choice experiments to measure public perceptions and preferences for healthcare reform in Australia", *The Patient: Patient – Centered Outcomes Research*, Vol. 3, No. 4, 2010, pp. 275 – 283.

[386] Louviere, J. J. , *The Best – Worst or Maximum Difference Measurement Model: Applications to Behavioral Research in Marketing*, Phoenix, Ari-

zona, 1993.

[387] Louviere, J., Lings, L. and Islam, T., "An introduction to the application of (case 1) best – worst scaling in marketing research", *International Journal of Research in Marketing*, Vol. 30, No. 3, 2013, pp. 292 – 303.

[388] Luber, P., "Cross – contamination versus undercooking of poultry meat or eggs – which risks need to be managed first?", *International Journal of Food Microbiology*, No. 134, 2009, pp. 21 – 28.

[389] Lusk, J. L., Roosen, J. and Fox, J. A., "Demand for beef from cattle administered growth hormones or fed genetically modified corn: A comparison of consumers in France, Germany, the United Kingdom, and the United States", *American Journal of Agricultural Economics*, Vol. 8, No. 1, 2003, pp. 16 – 29.

[390] Marian, G. M., Fearne, A. and Caswell, J. A. et al., "Co – regulation as a possible model for food safety governance: Opportunities for public – private partnerships", *Food Policy*, Vol. 32, No. 3, 2007, pp. 299 – 314.

[391] Marley, A. A. J. and Flynn, T. N., "Best worst scaling: Theory and practice", *International Encyclopedia of the Social&Behavioral Sciences*2nd Edition (2015), https://www. unisa. edu. au/Global/business/centres/i4c/docs/papers/wp12 – 001. pdf.

[392] Marley, A. and Louviere, J., "Some probabilistic models of best, worst, and best – worst choices", *Journal of Mathematical Psychology*, Vol. 49, No. 6, 2005, pp. 464 – 480.

[393] Marsden, Lee, T. R. and Flynn, A., *The New Regulation and Governance of Food. Beyond the Food Crisis*, New York and London: Routledge, 2010.

[394] Marshall, B. M. and Levy, S. B., "Food animals and antimicrobials: impacts on human health", *Clinical Microbiology Reviews*, Vol. 24, No. 4, 2011, pp. 718 – 733.

[395] Mas – Colell, A., Whinston, M. D. and Green, J. R., *Microeconomic Theory*, USA New York: Oxford University Press, 1995.

[396] Maumbe, B. M. and Swinton, M. S., "Hidden health costs of pesticide

use in Zimbabwe's small holder cotton growers", *Social Science and Medicine*, *Vol. 57*, *No. 9*, *2003*, *pp. 1559 – 1571.*

[397] May, P. and Burby, R., "Making sense out of regulatory enforcement", *Law and Policy*, Vol. 20, No. 2, 1998, pp. 157 – 182.

[398] Maynard – Moody, S. and Musheno, M., *Cops, Teachers, Counsellors: Stories from the Frontlines of Public Services*, Ann Arbor, Mi: University of Michigan Press, 2003.

[399] McCarthy, M., Brennan, M. and Kelly, A. L. et al., "Who is at risk and what do they know? segmenting a population on their food safety knowledge", *Food Quality and Preference*, Vol. 18, No. 2, 2007, pp. 205 – 217.

[400] McFadden, D. and Train, K., "Mixed MNL Models of discrete response", *Journal of Applied Econometrics*, Vol. 15, No. 5, 2000, pp. 447 – 470.

[401] Meijboom, F. V. and Brom, F., "From trust to trustworthiness: Why information is not enough in the food sector", *Journal of Agricultural and Environmental Ethics*, Vol. 19, No. 5, 2006, pp. 427 – 442.

[402] Mekonnen, Y. and Agonafir, T., "Pesticide sprayer's knowledge, attitude and practice of pesticide use on agriculture farms of Ethiopia", *Food Policy*, Vol. 52, No. 6, 2002, pp. 311 – 315.

[403] Mennecke, B. E., Townsend, A. M. and Hayes, D. J. et al., "A study of the factors that influence consumer attitudes toward beef products using the conjoint market analysis tool", *Journal of Animal Science*, Vol. 85, No. 10, 2007, pp. 2639 – 2659.

[404] Merrill, R. A., *The Centennial of US Food Safety Law: A Legal and Administrative History*, Washington D. C.: Resource for The Future Press, 2005.

[405] Miranowski, J. A., *The Demand for Agricultural Crop Chemicals under Alternative Farm Program and Pollution Control Solutions*, PhD thesis, Harvard University, 1975.

[406] Mol, A. P. J., "Governing china's food quality through transparency: A review", *Food Control*, Vol. 43, 2014, pp. 49 – 56.

[407] Moore, C., Spink, J. and Lipp, M., "Development and application of

a database of food ingredient fraud and economically motivated adultera-
tion from 1980 to 2010", *Journal of Food Science*, Vol. 77, No. 4,
2012, pp. 118 – 126.

[408] Mueller, R. K. , "Changes in the wind in corporate governance", *Jour-
nal of Business Strategy*, Vol. 1, No. 4 , 1981, pp. 8 – 14.

[409] Murphy, M. , Cowan, C. and Henchion, M. , " Irish consumer prefer-
ences for honey: A conjoint approach ", *British Food Journal*,
Vol. 102, No. 8, 2000, pp. 585 – 598.

[410] Mutshewa, A. , "The use of information by environmental planners: A
qualitative study using grounded theory methodology", *Information Pro-
cessing and Management: An International Journal*, Vol. 46, No. 2,
2010, pp. 212 – 232.

[411] Norwood, F. B. and Marra, M. C. , "Pesticide productivity: of bugs
and biases", *Journal of Agricultural and Resource Economics*, Vol. 36,
No. 5, 2003, pp. 596 – 610.

[412] Ntow, W. J. , Gijzen, H. J. and Kelderman, P. et al. , "Farmer per-
ceptions and pesticide use practices in vegetable production in Ghana",
Pest Management Science, Vol. 62, No. 4, 2006, pp. 356 – 365.

[413] Nuñez, J. , "A model of self – regulation", *Economics Letters*, Vol. 74,
No. 1, 2001, pp. 91 – 97.

[414] Organisation for Economic Cooperation and Development (OECD),
*Regulatory Policies in OECD Countries, from Interventionism to Regula-
tory Governance*, Report OECD, 2002.

[415] Ortega, D. L. , Wang, H. H. and Wu, L. et al. , "Modeling heteroge-
neity in consumer preferences for select food safety attributes in China",
Food Policy, Vol. 36, No. 4, 2011, pp. 318 – 324.

[416] Osborne, D. and Gaebler, T. , *Reinventing Government: How the Entre-
preneurial Spirit is Transforming the Public Sector*, Reading, Ma: Addi-
son – Wesley, 1992.

[417] Padgitt, M. , Newton, D. and Penn, R. et al. , *Production Practices for
Major Crops in U. S. Agriculture*, 1990 – 97, Working Paper,
USDA, 2000.

[418] Praneetvatakul, S. , Kuwattanasiri, D. and Waibel, H. , *The Productivity of Pesticide Use in Rice Production of Thailand: A Damage Control Approach*, Chiang Mai, Thailand, 2002.

[419] Pressman, J. L. and Wildavsky, A. , *Implementation: How Great Expectations in Washington are Dashed in Oakland 3rd Edn*, Los Angeles, Ca: University of California Press, 1984.

[420] Putnam, R. D. , *Making Democracy Work: Civic Traditions in Modern Italy*, Princeton: Princeton University Press, 1993.

[421] Rahman, M. A. , Sultan, M. Z. and Rahman, M. S. et al. , "Food adulteration: A serious public health concern in Bangladesh", *Bangladesh Pharmaceutical Journal*, Vol. 18, No. 1, 2015, pp. 1 – 7.

[422] Redmond, E. C. and Griffith, C. J. , "Consumer perceptions of food safety risk, control and responsibility", *Appetite*, Vol. 43, No. 3, 2004, pp. 309 – 313.

[423] Redmond, E. C. and Griffith, C. J. , "Consumer food handling in the house: A review of food safety studies", *Journal of Food Protection*, Vol. 66, No. 1, 2003, pp. 130 – 161.

[424] Regev, U. , Shalit, H. and Gutierrez, A. P. , "Economic conflicts in plant protection: The problems of pesticide resistance, theory and application to the Egyptian Alfalfa weevil", *Pest Management: Proceedings of an International Conference*, Vol. 39, No. 8, 1976, pp. 281 – 299.

[425] Reig, M. and Toldrá, F. , "Veterinary drug residues in meat: concerns and rapid methods for detection", *Meat Science*, Vol. 78, No. 1, 2008, pp. 60 – 67.

[426] Rendleman, C. M. , Reinert, K. A. and Tobey, J. A. , "Market – based systems for reducing chemical use in agriculture in the United States", *Environmental and Resource Economics*, Vol. 5, No. 1, 1995, pp. 51 – 70.

[427] Renn, O. , "Risk perception and communication: Lessons for the food and food packaging industry", *Food Additives and Contaminants*, Vol, 22, No. 10, 2005, pp. 1061 – 1071.

[428] Richard, A. P. , *Economic Analysis of Law*, Aspen, 2010.

[429] Roberts, D., Crews, C. and Grundy, H. et al., "Effect of consumer cooking on furan in convenience foods", *Food Additives and Contaminants*, Vol. 25, No. 1, 2008, pp. 25 – 31.

[430] Robinson, E. J. Z., Das, S. R. and Chancellor, T. B. C., "Motivations behind farmers' pesticide use in Bangladesh rice farming", *Agriculture and Human Values*, Vol. 24, No. 3, 2007, pp. 323 – 332.

[431] Rokka, J. and Uusitalo, L., "Preference for green packaging in consumer product choices – Do consumers care?", *International Journal of Consumer Studies*, Vol. 32, No. 5, 2008, pp. 516 – 525.

[432] Rola, A. C. and Pingali, P. L., *Pesticides, Rice Productivity, and Farmers' Health: An Economic Assessment*, Losbanos, Philipines, and Washington D. C.: International Rice Research Institute and World Resource Institute, 1993.

[433] Roman, A., "The origins of responsibility", *The Philosophical Quarterly*, Vol. 62, No, 248, 2012, pp. 217 – 220.

[434] Roosen, J. and Lusk, J. L., "Consumer Demand for and Attitudes toward Alternative Beef Labeling Strategies in France, Germany, and the UK", *Agribusiness*, Vol. 19, No. 1, 2003, pp. 77 – 90.

[435] Rossi, P. E., McCulloch, R. E. and Allenby, G. M., " The value of purchase history data in target marketing", *Marketing Science*, Vol. 15, No. 4, 1996, pp. 321 – 340.

[436] Roth, E. and Rosenthal, H., "Fisheries and aquaculture industries involvement to control product health and quality safety to satisfy consumer – driven objectives on retail markets in Europe", *Marine Pollution Bulletin*, Vol. 53, No. 10, 2006, pp. 599 – 605.

[437] Roth, M. J., Martin, M. A. and Brandt, J. A., "An Economic Analysis of Pesticide Use In U. S. Agriculture: A Metaproduction Function Approach", Paper presented AAEA meetings, Utah State University, Logan, Utah, 1982.

[438] Rouvière E. and Caswell, J. A., "From punishment to prevention: A french case study of the introduction of co – regulation in enforcing food safety", *Food Policy*, Vol. 37, No. 3, 2012, pp. 246 – 255.

[439] Sampers, I. , Berkvens, D. and Jacxsens, L. et al. , "Survey of Belgian consumption patterns and consumer behaviour of poultry meat to provide insight in risk factors for campylobacteriosis", *Food Control*, Vol. 26, No. 2, 2012, pp. 293 – 299.

[440] Sanlier, N. , "The knowledge and practice of food safety by young and adult consumers", *Food Control*, Vol. 20, No. 6, 2009, pp. 538 – 542.

[441] Saurwein, F. , "Regulatory choice for alternative modes of regulation: How context matters", *Law & Policy*, Vol. 33, No. 3, 2011, pp. 334 – 366.

[442] Schlenker, B. , Britt, T. and Pennington, J. et al. , "The triangular model of responsibility", *Psychological Review*, Vol. 101, No. 4, 1994, pp. 632 – 652.

[443] Schnettler, B. , Vidal, R. and Silva, R. et al. , "Consumer willingness to pay for beef meat in a developing country: The effect of information regarding country of origin, price and animal handling prior to slaughter", *Food Quality and Preference*, Vol. 20, No. 2, 2009, pp. 156 – 165.

[444] Scott, C. , "Analysing regulatory space: Fragmented resources and institutional design", *Public Law Summer*, Vol. 1, 2001, pp. 229 – 352.

[445] Shankar, B. and Thirtle, C. , "Pesticide productivity and transgenic cotton technology: The South African smallholder case", *Journal of Agricultural Economics*, Vol. 56, No. 1, 2005, pp. 97 – 116.

[446] Sharma, M. , Janet, E. and Cheryl, M. et al. , "Effective household disinfection methods of kitchen sponges", *Food Control*, Vol. 20, No. 3, 2009, pp. 310 – 313.

[447] Shoemaker, D. M. , "Principles and procedures of multiple matrix sampling", Ballinger, 1973.

[448] Shreve, B. R. , Moore, P. A. and Daniel, T. C. et al. , "Reduction of phosphorus in runoff from field – applied poultry litter using chemical amendments", *Journal of Environmental Quality*, Vol. 24, No. 1, 1995, pp. 106 – 111.

[449] Shroder, D. , Headley, J. C. and Findley, R. , "The Contribution of Pesticides and Other Technologies to Corn Production in the Corn Belt

Region, 1964 to 1979", Paper presented at the Southern Agricultural Economics Association Meeting, Orlando FL, 1982.

[450] Sicherer, S. H. and Sampson, H. A. , "Food allergy: Recent advance in pathophysiology and treatment", *Annual Review of Medicine*, Vol. 60, 2009, pp. 261 – 277.

[451] Siegrist, M. , "A causal model explaining the perception and acceptance of genetechnology", *Journal of Applied Social Psychology*, Vol. 29, No. 10, 1999, pp. 2093 – 2106.

[452] Sinclair, D. , "Self – regulation versus command and control? beyond false dichotomies", *Law & Policy*, Vol. 19, No. 4, 1997, pp. 527 – 559.

[452] Skelcher, Mathur, *Governance Arrangements and Public Sectorperformance: Reviewing and Reformulating the Research Agenda*, 2004, pp. 23 – 24.

[454] Sparling, D. , Henson, S. and Dessureault, S. et al. , "Costs and benefits of traceability in the Canadian dairy – processing sector", *Journal of Food Distribution Research Distribution Research*, Vol. 37, No. 1, 2006, pp. 160 – 166.

[455] Spike, J. and Moyer, D. C. , "Defining the public health threat of food fraud", *Journal of Food Science*, Vol. 76, No. 9, 2011, pp. 157 – 163.

[456] Spink, J. , *Defining Food Fraud and the Chemistry of The Crime*, John Wiley & Sons, Inc. , 2012.

[457] Starbird, S. A. and Amanor – Boadu, V. , "Contract selectivity, food safety, and traceability", *Journal of Agricultural & Food Industrial Organization*, Vol. 5, No. 1, 2007, pp. 1 – 23.

[458] Stifel, D. and Minten, B. , "Isolation and agricultural productivity", *Agricultural Economics*, Vol. 39, No. 1, 2008, pp. 1 – 15.

[459] Stoker, G. , "Governance as theory: Five propositions", *International Social Science Journal*, Vol. 155, No. 50, 1998, pp. 17 – 28.

[460] Strayer, E. , Everstine, K. and Kennedy, S. , "Economically motivated adulteration of honey: Quality control vulnerabilities in the international honey market", *Food Protection Trends*, Vol. 34, No. 1, 2014, pp. 8 – 14.

[461] Taché, J. and Carpentier, B. , "Hygiene in the home kitchen: changes in behaviour and impact of key microbiological hazard control measures", *Food Control*, Vol. 35, No. 2014, 2014 , pp. 392 – 400.

[462] Talpaz, H. and Borosh, I. , "Strategy for pesticide use: Frequency and applications", *American Journal of Agricultural Economics*, Vol. 56, No. 4, 1974, pp. 769 – 775.

[463] Teague, M. L. and Wade, Brorsen B. , "Pesticide productivity: What are the trends?", *Journal of Agricultural and Applied Economics*, Vol. 27, No. 1, 1995, pp. 276 – 276.

[464] Tirole, J. , *The Theory of Industrial Organization*, The Mit Press, 1988.

[465] Todto, "Consumer attitudes and the governance of food safety", *Public Understanding of Science*, Vol. 18, No. 1, 2009, pp. 103 – 114.

[466] Tonsor, G. T. , Olynk, N. and Wolf, C. , "Consumer preferences for animal welfare attributes: The case of gestation crates", *Journal of Agricultural and Applied Economics*, Vol. 41, No. 3, 2009, pp. 713 – 730.

[467] Torgerson, P. R. , Keller, K. and Magnotta, M. et al. , "The global burden of alveolar echinococcosis", *PLOS Neglected Tropical Diseases*, Vol. 4, No. 6, 2010, p. 722.

[468] Ubilava, D. and Foster, K. , "Quality certification vs. product traceability: Consumer preferences for informational attributes of pork in Georgia", *Food Policy*, Vol. 34, No. 3, 2009, pp. 305 – 310.

[469] Utaaker, K. S. and Robertson, J. L. , "Climate change and foodborne transmission of parasites: A consideration of possible interactions and impacts for selected parasites", *Food Research International*, Vol. 68, 2015, pp. 16 – 23.

[470] Valeeva, N. I. , Meuwissen, M. P. M. and Huirne, R. B. M. , "Economics of food safety in chains: A review of general principles", *Wageningen Journal of Life Sciences*, Vol. 51, No. 4, 2004, pp. 369 – 390.

[471] Van Asselt, E. , Fischer, A. and de Jong, A. E. I. et al. , "Cooking practices in the kitchen – observed versus predicted behavior", *Risk Analysis*, Vol. 29, No. 4, 2009, pp. 533 – 540.

[472] Van Kleef, E. , Frewer, L. J. and Chryssochoidis, G. M. et al. , "Per-

ceptions of food risk management among key stakeholders: results from a cross – European study", *Appetite*, Vol. 47, No. 1, 2006, pp. 46 – 63.

[473] Van Wezemael, L. , Verbeke, W. and Kugler, J. O. et al. , "European consumers and beef safety: Perceptions, expectations and uncertainty reduction strategies", *Food Control*, Vol. 21, No. 6, 2010, pp. 835 – 844.

[474] Verbeke, W. , "The emerging role of traceability and information in demand – oriented livestock production", *Outlook on Agriculture*, Vol. 30, No. 4, 2001, pp. 249 – 255.

[475] Verbeke, W. and Ward, R. W. , "Consumer interest in information cues denoting quality, traceability and origin: An application of ordered probit models to beef labels", *Food Quality and Preference*, Vol. 17, No. 6, 2006, pp. 453 – 467.

[476] Vos, E. , "Eu food safety regulation in the aftermath of the bes crisis", *Journal of Consumer Policy*, Vol. 23, No. 3, 2000, pp. 227 – 255.

[477] Wills, W. J. , Meah, A. and Dickinso, A. M. et al. , " 'I don't think I ever had food poisoning', a practice – based approach to understanding foodborne disease that originates in the home", *Appetite*, Vol. 85, No. 2, 2015, pp. 118 – 125.

[478] Wilson, J. Q. and Kelling, G. L. , "Broken windows: The police and neighborhood safety", *Atlantic Monthly*, Vol. 249, No. 3, 1982, pp. 29 – 38.

[479] Wu, L. H. , Xu, L. L. and Zhu, D. et al. , "Factors affecting consumer willingness to pay for certified traceable food in jiangsu province of china", *Canadian Journal of Agricultural Economics/revue Canadienne Dagroeconomie*, Vol. 60, No. 3, 2012, pp. 317 – 333.

[480] Wu, L. H. , Zhang, Q. Q. and Shan, L. J. et al. , "Identifying critical factors influencing the use of additives by food enterprises in China", *Food Control*, Vol. 31, No. 2, 2013, pp. 425 – 432.

[481] Wu, L. , Wang, H. and Zhu, D. , "Analysis of consumer demand for traceable pork in china based on a real choice experiment", *China Agricultural Economic Review*, Vol. 7, No. 2, 2015, pp. 303 – 321.

[482] Wu, L. H. and Zhu, D. , *Food Safety in China: A Comprehensive Re-*

view, CRC Press, 2014.

[483] Xu, L. Q. , Duncan, C. and Nol, P. et al. , "A national survey on current status of the important parasitic diseases in human population", *Chinese Journal of Parasitology & Parasite Disease*, Vol. 23, No. 5, 2005, pp. 332 – 340.

[484] Xue, J. and Zhang, W. , "Understanding china's food safety problem: An analysis of 2387 incidents of acute foodborne illness", *Food Control*, Vol. 30, No. 1, 2013, pp. 311 – 317.

[485] Yang, S. , "Multistate surveillance for food – handling, preparation, and consumption behaviors associated with foodborne diseases: 1995 and 1996 BRFSS food – safety questions. MMWR. CDC surveillance summaries: Morbidity and mortality weekly report", *CDC surveillance summaries / Centers for Disease Control*, Vol. 47, No. SS – 4, 1998, pp. 33 – 57.

[486] Yin, S. J. , Wu, L. H. , Du, L. L. and Chen, M. , "Consumers' purchase intention of organic food in China", *Journal of the Science of Food and Agriculture*, Vol. 90, No. 8, 2010, pp. 1361 – 1367.

[487] Zhou, P. , Chen, N. and Zhang, R. L. et al. , "Food – borne parasitic zoonoses in China: Perspective for control", *Trends in Parasitology*, Vol. 24, No. 4, 2008, pp. 190 – 196.

[488] Zimbardo, P. G. , *The Human Choice: Individuation, Reason, and Order Versus Deindividuation, Impulse, and Chaos*, University of Nebraska Press, 1969.

后　记

　　坚持"学科交叉、特色鲜明、实证研究"的学术理念，采用多学科组合的研究方法，我们完成了《中国食品安全风险治理体系与治理能力考察报告》的研究与撰写工作。本书是由江南大学食品安全风险治理研究院（江苏省食品安全研究基地）首席专家吴林海教授牵头，王晓莉副教授、尹世久教授（曲阜师范大学）、张晓莉教授（石河子大学）等重点协助，并以江南大学、曲阜师范大学与石河子大学等单位的学者为主，联合国内多个高校与研究机构的专家共同完成。本书的研究与撰写工作历时三年多的时间，既与近年来连续出版的系列《中国食品安全发展报告》相呼应，更是系列《中国食品安全发展报告》的总结与升华。同时，本书也是研究团队承担的 2014 年国家社会科学基金重大项目"食品安全风险社会共治研究"（14ZDA069）的阶段性研究成果，也是食品安全风险治理研究院批准为江苏省重点培育智库以来发布的第一个咨询报告。

　　本书就是团队三年多来的研究成果。我们十分感谢为此书的研究、撰写、出版而作出努力的所有成员。参加研究与撰写的主要成员有（以姓氏笔画为序）：山丽杰、王红沙、王建华、王淑娴、牛亮云（北京交通大学）、邓婕、冯蔚蔚、吕煜昕、朱中一、朱淀（苏州大学）、刘增金（上海农业科学院）、刘少伟（华东理工大学）、许国艳、李勇强（广西食品药品监督管理局）、李艳云、李哲敏（中国农业科学院）、李清光、吴蕾、张明华（南京工业大学）、张景祥、陆姣、陈秀娟、陈默、岳文、赵美玲（天津科技大学），胡其鹏、钟颖琦（浙江大学）、侯博（安徽科技学院）、洪巍、秦沙沙、徐立青、徐迎军、徐玲玲、高杨、唐晓纯（中国人民大学）、浦徐进、龚晓茹、童霞（南通大学），谢旭燕、裘光倩等。我们非常感谢所有参与本书研究的学者。

　　在研究过程中，我们得到了国家食品药品监督管理总局、国家卫生与计划生育委员会、农业部、国家质量监督检验检疫总局、国家工商行政管理总局、工业和信息化部与中国标准化研究院、中国食品工业协会等国家部委、行业协会等有关领导、专业人员的积极帮助，确保了数据的及时性、权威性与可靠性。

我们在研究过程中参考了大量的文献资料，并尽可能地在文中一一列出，但也难免会有疏忽或遗漏。研究团队对被引用文献的国内外作者表示感谢。

我们将不忘初心，不断努力，继续持续研究中国食品安全风险治理体系与治理能力等问题，为中国食品安全风险治理做出当代学者应有的贡献。

吴林海

2016 年 9 月